U0188136

第七届中华优秀出版物奖图书奖

2019年全国优秀科普作品

中国蜘蛛
生态大图鉴

CHINESE SPIDERS
ILLUSTRATED

张志升　　王露雨　　主编

重庆大学出版社

内容提要

　　本书收录了中国蜘蛛70科，种类达1 139种，占中国蜘蛛已知种类的四分之一。书中参照最新的蜘蛛分类体系，对世界和中国蜘蛛的地理分布首次进行了归纳和总结，分析了分布规律及形成原因，给出了各科的主要识别特征以及代表种类的鉴定用图版，列出了各种蜘蛛至少1张生态照，部分种类提供了蛛网、洞穴、孵卵、育幼、捕食、色型变化等多种类型的生态照片，同时提供了每种蜘蛛的识别特征、生活习性及地理分布信息等。本书共选用了近2 300张蜘蛛生态照片和130张蜘蛛显微照片，真实再现了每种蜘蛛的原色生态和代表种类的显微结构，真实反映了蜘蛛的体型、体色、体态等特征，将丰富多彩的蜘蛛世界呈现在读者面前，是一本兼具科学性与实用性的大型工具书和科普读物。

　　本书可供蛛形学、动物学、生态学、生物学相关专业的教师和学生，农林牧渔、环境保护、海关与卫生检疫及野生动物保护等专业的研究人员与管理人员，以及蜘蛛爱好者、自然爱好者、摄影爱好者和艺术工作者等人士在工作、学习和欣赏中借鉴与参考。

图书在版编目（CIP）数据

中国蜘蛛生态大图鉴 / 张志升，王露雨主编. -- 重庆 ： 重庆大学出版社，2017.10（2021.10重印）
　　ISBN 978-7-5689-0802-3

　　Ⅰ．①中… Ⅱ．①张… ②王… Ⅲ．①蜘蛛目－中国－图集 Ⅳ．①Q959.226-64

　　中国版本图书馆CIP数据核字(2017)第218613号

中国蜘蛛生态大图鉴
ZHONGGUO ZHIZHU SHENGTAI DA TUJIAN

张志升　王露雨　主编
策　划：鹿角文化工作室
责任编辑：梁　涛　袁文华　　版式设计：周　娟　钟　琛　刘　玲　何欢欢
责任校对：邹　忌　　　　　　责任印刷：赵　晟

*

重庆大学出版社出版发行
出版人：饶帮华
社址：重庆市沙坪坝区大学城西路21号
邮编：401331
电话：(023) 88617190　88617185（中小学）
传真：(023) 88617186　88617166
网址：http://www.cqup.com.cn
邮箱：fxk@cqup.com.cn（营销中心）
全国新华书店经销
天津图文方嘉印刷有限公司印刷

*

开本：889mm×1194mm　1/16　印张：60.75　字数：1 694千
2017年10月第1版　　2021年10月第2次印刷
ISBN 978-7-5689-0802-3　　定价：568.00元

中国蜘蛛生态大图鉴
CHINESE SPIDERS ILLUSTRATED

编委会

主　任：李枢强

副主任：张耀光

委　员：（拼音为序）

陈会明　陈　建　费　瑞　高久春　李元胜　林玉成　刘　杰　彭贤锦　唐贵明　图立红
王露雨　徐　湘　杨自忠　张保石　张　超　张　锋　张巍巍　张志升

主　编：张志升　王露雨
副主编：陆　天　林业杰　黄贵强　张巍巍　杨自忠　陈会明　余　锟　王彦超　吴志孙

编写者：

陈　建　张　锋　刘　杰　佟艳丰　林玉成　姚志远　林义祥　米小其　张保石　金　池
蒋玄空　张　莉　李宗煦　许　昕　陈占起　伍盘龙　周谷春　周　欢　熊　凡　袁　莉
刘志萍　Peter Jäger　Jemery Miller

摄影者：（拼音为序）

Alan Yip　Peter Jäger　Jemery Miller　陈会明　陈积金　陈　建　陈　尽　陈刘生　崔世辰
崔振英　达玛西　单子龙　范　毅　范智强　方拓展　风之子　付　宇　郭良鸿　郭　轩
寒　枫　侯　勉　侯鸣飞　黄宝平　黄贵强　黄泓桢　黄俊球　黄鑫磊　黄章明　黄　珍
霍伟立　蒋玄空　金　池　金　黎　金永强　雷　波　黎志宇　李爱民　李际斌　李连芳
李若行　李枢强　李昕然　李学斌　李娅华　李元胜　李宗煦　廖东添　林美英　林业杰
林义祥　凌瀚琨　刘成一　刘　冬　刘　辉　刘　建　刘见斌　刘　杰　刘思阳　刘彦鸣
刘　晔　刘振华　陆　天　罗　晶　吕植桐　牟光福　倪一农　钱　珺　邱　鹭　任　川
山　山　佘晨沐　史静耸　苏　杰　汤　亮　唐昭阳　王　锋　王吉申　王建赟　王　江
王九棠　王露雨　王　瑞　王瑞卿　王少山　王苇杭　王彦超　王　禹　王钰辰　王梓葳
王紫辰　韦朝泰　魏世超　吴　超　吴可量　吴新年　肖永红　徐瑞娥　萧　昀　许　昕
严　莹　杨　成　杨　南　杨卫列　杨小峰　杨自忠　姚志远　姚忠祎　余　锟　岳逸松
岳长庚　张宏伟　张　军　张钧铎　张　磊　张　鹏　张巍巍　张　旭　张志升　章渊清
赵俊军　曾贵刚　曾毅峰　赵岩岩　周达康　周谷春　周　航　周见清　朱平舟

中国蜘蛛生态大图鉴
CHINESE SPIDERS ILLUSTRATED

序

在张志升等蛛形学工作者的精心策划下，集上百位拍摄者之优秀作品，组织数十位专业学者参与，参阅大量文献，最终完成了《中国蜘蛛生态大图鉴》。该书收录了中国已知蜘蛛的全部科，数量达到了1 139种，非常难得，可喜可贺！

蜘蛛是一类常见动物，全世界已知4.4万多种，中国已知4 300多种，约占全世界种类的十分之一。蜘蛛全部为肉食性，是一类种类多、数量大的捕食者，是食物网中的重要环节，在控制农业、林业和卫生害虫方面起着重要的作用。古语"蜘蛛集则百事喜"道出了蜘蛛作为益虫的重要性。在实际工作中，利用蜘蛛进行害虫生物防治，利用蛛毒进行药物开发，利用蛛丝进行仿生学研究，等等，都是关注度非常高的领域。

《中国蜘蛛生态大图鉴》以专业摄影师的视角和高超的技艺，记录了蜘蛛世界的精彩瞬间和真实面貌，而专业的分类鉴定则注入了科学的精神与严谨的态度。摄影师与分类学家的完美结合，很好地反映了蜘蛛之真实世界，帮助人们认识蜘蛛世界。当然，也让人们认识到了跨界合作的卓越成就。

《中国蜘蛛生态大图鉴》是目前世界范围内包括种类最多、涉及蜘蛛类群最广、参与人员最多的蜘蛛类专业图鉴。无论是图片质量，还是知识理论体系，无论是科学鉴定，还是创意排版，无论是国内，还是全世界范围内，该图鉴都称得上是上乘之作。许多蜘蛛是第一次有了影像记录，让更多人有了认识和了解的机会。

书中采用了大量精美图片，既有个体硕大的宠物类蜘蛛，又有个体微小的罕见种类；既有房前屋后常见的大腹园蛛等种类，又有极其珍贵的水蛛和华模蛛；既有国内首次记录到的戴氏棘腹蛛、刺红螯蛛，又有锥头蛛属等为数不少的未定名种类。这些表明，中国的蜘蛛多样性研究远未结束，需要有更多的专业学者和爱好者参与进来。

为了这本大图鉴，有的摄影家拿出了自己二三十年前的珍藏胶片作品，或者专程选择特定时间长途爬山涉水进行专题拍摄；也有分类学家连续数月的艰苦奋战。而这些，都源自内心的热爱和责任。他们将自己的作品、技艺和知识毫无保留地通过《中国蜘蛛生态大图鉴》奉献给了读者，奉献给了社会，奉献给了自己热爱的事业。是他们成就了这本著作的成功出版，在此向他们表达诚挚的谢意！

中国蜘蛛的多样性研究与分类工作起步较晚，与欧美等地相比还有很大差距。《中国蜘蛛生态大图鉴》的出版，为更多人认识蜘蛛、了解蜘蛛、研究蜘蛛开了一个好头。我衷心希望有更多青年才俊投身于蜘蛛的相关研究中来，祝愿中国的蛛形学事业能够更上一层楼，让蜘蛛更好地服务于社会，造福于人类。

赵敬钊

2017.5.8

前 言

中国地域辽阔，具有从寒温带到热带的多种气候带，同时拥有被称为"世界第三极"的青藏高原，造就了中国独特而丰富的生物多样性。中国是世界上生物多样性最为丰富的国家之一，中国生物多样性约占世界生物多样性的十分之一。

中国蜘蛛多样性研究，真正开始于20世纪70年代。快速发展始于20世纪80年代末，相继有不少地方性专著和全国性的动物志出版，如《浙江动物志 蜘蛛类》《四川农田彩色蜘蛛图鉴》《新疆农区蜘蛛》《中国动物志 园蛛科》《中国动物志 球蛛科》和《中国动物志 蟹蛛科和逍遥蛛科》等。1999年由宋大祥等编写的《The Spiders of China》对20世纪中国蜘蛛物种多样性进行了总结，共有56科450属2 361种。进入21世纪以来，中国蜘蛛多样性研究进入了飞速发展期，相继出版了《河北动物志 蜘蛛类》《青藏高原蜘蛛》《河南蜘蛛志》《湖南动物志 蜘蛛类》《中国动物志 肖蛸科》《中国动物志 平腹蛛科》《海南简单生殖器类蜘蛛》等著作。李枢强和林玉成编写的《中国生物物种名录 蜘蛛目》中，截至2014年年底，记载的中国蜘蛛物种数量为69科735属4 282种。但中国蜘蛛多样性调查研究工作依然任重而道远。

数码相机在近些年来得以迅速普及，一方面明显促进了分类工作的进步，另一方面使普通大众有机会细致观察自然界的神奇。采用数码照片进行科研和科普创作成为一种趋势，在此背景下，《常见蜘蛛野外识别手册》的出版为中国蜘蛛的科普开了先河，但受该书"口袋书"定位的限制，客观上需要有更大体量的蜘蛛科普书。《中国蜘蛛生态大图鉴》应运而生。

对于本书的构想，源自2011年《常见蜘蛛野外识别手册》出版之时。随后，笔者、部分同行和摄影好友开始专门进行蜘蛛生态照片的拍摄，几乎走遍了全国所有省份的每一种生境，进行了大量拍摄工作，历时7年，积累了数万张蜘蛛生态照片。此外，我们还进行了广泛的照片征集，共有近200人投来了自己的千余张作品，这也给予了我们很大的信心和支持。

蜘蛛鉴定是一项极为艰辛的工作，尤其是面对大量的蜘蛛照片。对蜘蛛而言，要想准确鉴定到种，必须依靠显微镜，观察蜘蛛标本的触肢器和外雌器。为此，我们赴全国各地采集的大量标本有了用武之地，同时也向同行借阅了部分标本。十几位作者，连续鉴定了数月，查阅了大量标本和文献，同时也请国内外相关专家把关，确保了鉴定的准确性。

当鉴定即将完成之时，统计结果连我们自己也大吃一惊，竟然达到了71个科，除中国已知的69个科外，还包括水蛛科和弓蛛科。水蛛分类地位存在争议，本书参照了传统观点，将其单列为科；而弓蛛科虽目前无中国种类记述，但在西双版纳附近已经发现了该科的雌性蜘蛛，故也收入本书。在收录的种类上，更是多达1 139种，占中国已知蜘蛛种类的四分之一。至此，本书成为了第一本关于中国区域的蜘蛛生态类图鉴，是目前世界范围内收录种类最多的蜘蛛图鉴。它的出版，必将对认识中国蜘蛛多样性起到至关重要的作用，成为中国乃至周边国家蜘蛛多样性研究的重要参考资料，对向普通民众进一步普及蜘蛛知识起到积极的推动作用。

《中国蜘蛛生态大图鉴》得以顺利出版，除了感谢各位作者、编委会成员以及摄影者的辛勤劳动之外，还要向提供了照片但由于种种原因未能选用的摄影者致敬，感谢他们对本书的关注和支持，他们是：安之宇、柴义君、陈黎明、陈绍民、程子嘉、董雷、董琳杰、董志巍、杜万涛、高俊涛、龚理、韩志成、何既白、胡山林、胡悦、黄恒杰、黄宏伟、黄仁强、黄霄逍、贾星星、焦庆利、江富轩、姜明星、姜日新、寇宗庆、雷启龙、李辰亮、李冬、李虎、李鹏、李荣华、李远杰、梁飞扬、林琪、凌未恩、刘光裕、刘靖霆、刘祥宇、刘漪舟、娄敏、罗心宇、吕佳、孟泽洪、欧阳子健、潘志祥、彭博、乔伟鹏、苏靓、孙苏琇、陶才富、佟一杰、万麒嵩、王锋、王瑞寅、王帅、王婷婷、王新、邢超、阎兴华、扬成、叶茂、尹子旭、岳强、曾贵刚、曾毅峰、

2

张海华、张华炜、张宁、张鹏飞、张世梁、张炜、赵津海、周桓治、周小洲、周正中、朱博巍、朱建青等。还要感谢为我们的野外采集和拍摄提供无私帮助的朋友：杨效东教授（中国科学院西双版纳热带植物园）、周可新研究员（环境保护部南京环境科学研究所）和张古忍教授（中山大学生命科学学院）。

感谢以下保护区管理机构为我们的采集提供便利：重庆缙云山自然保护区、贵州梵净山自然保护区、贵州习水自然保护区、贵州雷公山自然保护区、贵州宽阔水自然保护区、贵州草海自然保护区、贵州月亮山自然保护区、贵州印江洋溪自然保护区、贵州思南四野屯自然保护区、贵州黄牯山自然保护区、贵州桐梓县黄莲柏箐自然保护区、四川王朗自然保护区、四川鞍子河自然保护区、福建武夷山自然保护区、内蒙古赛罕乌拉自然保护区等。

本书的野外考察与分类鉴定工作得以完成，还得益于下列项目提供的资助：国家自然科学基金项目面上项目（31672278, 31471974, 31272267）、中央高校基本科研业务费项目（XDJK2012C087, XDJK2017B003, XDJK2017D096, XDJK2017D097, XDJK2017D098）。

由于本书所涉及类群众多，加之作者水平有限、时间仓促，出现问题在所难免。如读者发现错误，还望不吝斧正。同时也恳请各位专家、学者多提宝贵意见。

最后，特别感谢中国蛛形学创始人之一——赵敬钊教授，虽已年过八十，但听说了我们在编写本书时，欣然答应为本书作序。在先生的序言中，字里行间透露出来的，是前辈的谆谆教诲和殷切期望。也正是在赵先生等一批前辈的不懈努力下，中国的蛛形学才有了今天的成就，吾等后辈才有幸出版本书。在此，特借本书向为中国蛛形学做出过突出贡献的前辈们表示最崇高的敬意。

张志升　王露雨
2017年4月

目录 *Contents*

蜘蛛的地理分布

GEOGRAPHICAL DISTRIBUTION OF SPIDERS

蜘蛛为小型陆生动物，到目前为止，记录于除南极洲外的各大洲。其物种多样性非常丰富，全世界已知113科4 048属46 618种（数据截至2017年4月8日）。而各大洲、各地区的蜘蛛种类与数量存在着显著差别，这种地理分布格局是由蜘蛛的内在因素（即其自身的演化历史）和诸多外在因素所决定的，如大陆板块漂移历史、古气候变迁、重大地质历史事件等。因此，蜘蛛的地理分布现状就如同蜘蛛体内染色体上的基因一般，饱含着蜘蛛在漫长历史演化长河中所经历的桩桩重大历史事件。

中国蜘蛛生态大图鉴
CHINESE SPIDERS ILLUSTRATED

【影响蜘蛛地理分布的重要因素】

具备现生蜘蛛纺器基本结构的化石发现于距今3.86亿年前的古生代泥盆纪中期，这表明蜘蛛在地球上经历了大约4亿年的演化。在此期间发生的地质、气候等重大历史事件，必然会影响蜘蛛的正常扩散和演变。

1.大陆板块漂移

大陆板块漂移学说（Continental Drift Theory）（后来称为板块构造学说Plate Tectonics Theory）认为：地球上的陆地在古生代石炭纪（约3亿年前）之前曾经是一个统一的整体，即泛大陆（Pangaea）；在大约2亿年前（三叠纪晚期），泛大陆分离为北边的劳亚（Laurasia）和南边的冈瓦纳（Gondwana），二者以古地中海（Tethys）相隔；在约1.35亿年前的侏罗纪晚期，两个超级大陆内部分别裂开并发生漂移：劳亚大陆形成北美大陆和欧亚大陆的一部分，冈瓦纳大陆则分裂为非洲、南美洲、马达加斯加、南极、澳大利亚、阿拉伯、新几内亚和印度等大陆，移动过程中脱落下来的大陆"碎片"形成了南亚等地的许多岛屿。阿拉伯、印度和南亚"碎片"后来"漂"过了古地中海，附在劳亚大陆上。到了第四纪初期（约200万年前），形成了现今地球上大洲和大洋的分布格局，蜘蛛和其他生物一样，也随着陆地的漂移而分化。

2.重大地质历史事件

蜘蛛演化历程的近4亿年间，地球上发生过几次重大的地质历史事件：**泥盆纪生物大灭绝**（Devounian Mass Extinction），发生在约3.65亿年前的泥盆纪后期，共历经两个高峰，中间间隔100万年，原因是地球气候变冷和海洋退却；**二叠纪生物大灭绝**（Permian Mass Extinction），发生在约2.5亿年前，是由气候突变、沙漠范围扩大、火山爆发等一系列原因造成；

3 000万年前的蜘蛛与昆虫复原图
原型来自多米尼加琥珀
蒋正强 绘

三叠纪生物大灭绝（Triassic Mass Extinction），发生在约1.95亿年前的三叠纪末期，大约有76%的物种灭绝，其中主要是海洋生物。此次灾难并无特别明显的标志，只发现海平面下降之后又上升，出现大面积缺氧的海水；**白垩纪末期生物大灭绝**（the Late Cretaceous Mass Extinction），发生在约6 500万年前，有包括恐龙在内的75%~80%的物种灭绝，是由于来自外太空的陨星雨和火山

准备飞航的三突伊氏蛛
付宇 摄

准备飞航的管巢蛛
李学斌 摄

喷发等原因，导致全球生态系统崩溃。

每次重大事件发生的直接后果是大量生物的灭绝，但同时也是其他生物大爆发、生态系统重建的过程。**白垩纪陆地生物变革**（Cretaceous Terrestrial Revolution, KTR）是指白垩纪中晚期（0.8亿~1.25亿年前）被子植物、昆虫、爬行动物、鸟类和哺乳动物的大发生事件。蜘蛛的系统发育研究表明，RTA分支类蜘蛛（见下文，占全部蜘蛛种类的一半左右）在白垩纪（0.9亿~1.25亿年前）经历了快速分化，与KTR事件有关。

3.古气候变迁

在古气候方面，最突出的表现为大冰期与大间冰期的交替出现。地球历史上至少曾经发生过5次大冰期，持续时间约占地球历史时期的十分之一。冰期的出现会导致地球温度显著下降，改变地球表面的动植物组成及其生存环境，许多生物因此而灭亡或被迫迁移，只有能够适应环境的生物，才能存活下来。而自石炭纪以来，有两次大冰期：一是晚古生代大冰期，发生在石炭纪中期至二叠纪初期（3.5亿~2.7亿年前），是地球历史上影响最为深远的一次大冰期，地球表面形成大面积的冰盖和冰

准备飞航的小水狼蛛
李学斌 摄

川，见于印度、澳大利亚、南美洲、非洲和南极大陆的边缘，澳大利亚东南部和塔斯马尼亚岛是此次大冰期冰川作为最强的地区。西藏也发现过此次冰期的证据。二是晚新生代大冰期（约2 000万年前至今），是地球历史上最近的一次大冰期，主要是指第四纪冰期（240万年前至今）。第四纪冰川主要分布在欧洲、北美和亚洲部分地区。

4.蜘蛛自身因素

蜘蛛的活动能力也是影响或制约其地理分布的重要因素，如是否能够飞航（即蜘蛛借助风力向周围扩散的过程）和快速运动等。虽然所有蜘蛛均为肉食性，以小型活体动物为食，但受环境综合因素的影响，不同蜘蛛类群选择了不同的生活生境，自然在捕食方式及猎物种类等方面出现明显分化，这需要结合具体蜘蛛类群进行具体的分析。一般来说，蜘蛛的活动能力越强，在有限时间内就能够扩散更远距离，接受更复杂环境的挑战，分化速度也会相应加快；而活动能力相对较弱的类群，则种类相对偏少，种内竞争加大，但在食物相对丰富的区域，也能够形成较高的多样性。

【世界蜘蛛的地理分布】

1.世界生物地理区划

目前,世界自然基金会将陆地及淡水划分为以下8个生物地理分布区。

生物地理分布区	面积/100万km²	范　围
古北区	54.1	包括欧亚大陆的大部分和非洲北部
新北区	22.9	包括北美洲绝大部分
埃塞俄比亚区	22.1	包括撒哈拉以南非洲和阿拉伯半岛
新热带区	19.0	包括南美洲、中美洲及加勒比地区
澳洲区	7.6	包括澳大利亚、新西兰、新几内亚、美拉尼西亚之大部分
东洋区	7.5	包括印度次大陆、东南亚、中国南部
大洋区	1.0	包括波利尼西亚(新西兰除外)、密克罗尼西亚及斐济
南极区	0.3	包括南极洲

世界生物地理分布区

古北区及新北区有时亦合称为全北区。蜘蛛分布于除南极区之外的7个区。显然,埃塞俄比亚区、新热带区、澳洲区、东洋区和大洋区与冈瓦纳古陆分离相关,而古北区和新北区与劳亚古陆相关。但大洋区由若干个小型或微型岛屿组成,本书未将其纳入。

蜘蛛琥珀(古蛛
Archaeidae sp.)

产自缅甸北部克钦邦
胡康河谷,发生于中生
代白垩纪(约9900万
年前)的冈瓦纳古陆。
以高度隆起并延长的
头区和长的螯肢与其
他蜘蛛相区别。

张巍巍 摄

2.世界蜘蛛分类体系、多样性与地理分布

世界蜘蛛名录网站详细列出了迄今为止的4万余种蜘蛛的信息。本书以该网站数据为基础，对蜘蛛各科的地理分布进行了分析和总结。(数据截止至2017年4月)

科以上归属	中文科名	拉丁科名	多样性		地理分布
			属	种	
中纺亚目	节板蛛科	Liphistiidae	8	96	东南亚
后纺亚目原蛛下目	穴蛛科	Antrodiaetidae	2	35	多数在美国，2种在日本
	地蛛科	Atypidae	3	52	东亚、东南亚、南亚、非洲、北美；少见于欧洲、中亚
	线足蛛科	Actinopodidae	3	48	南美和中美32种；澳大利亚16种
	螯耙蛛科	Barychelidae	42	296	澳大利亚最多；也见于非洲、南美、南亚、东南亚、中美
	螳蟷科	Ctenizidae	9	135	东南亚、南亚、东亚、中美、地中海、非洲、美国；少见于中亚、南美
	弓蛛科	Cyrtaucheniidae	11	107	非洲、南美、地中海、中亚、中美；少见于东南亚
	长尾蛛科	Dipluridae	26	187	非洲、南美、澳大利亚、中美、南亚、东南亚；少见于美国、中亚
	真螳蛛科	Euctenizidae	7	76	美国、墨西哥等
	异纺蛛科	Hexathelidae	12	113	澳大利亚、新西兰、东南亚、地中海、南美；少见于非洲
	异蛛科	Idiopidae	22	322	澳大利亚、新西兰、非洲、南亚、南美、中美、东南亚
	墨穴蛛科	Mecicobothriidae	4	9	美国6种，墨西哥、巴西、阿根廷和乌拉圭各1种
	小点蛛科	Microstigmatidae	7	17	南美、中美、南非
	四纺蛛科	Migidae	11	97	澳大利亚、新西兰、非洲；少见于南美
	线蛛科	Nemesiidae	45	396	澳大利亚、新西兰、南美、南亚、东南亚、地中海、东欧、美国、非洲、北非、中亚
	鳞毛蛛科	Paratropididae	4	11	中美、南美
	捕鸟蛛科	Theraphosidae	143	959	南美、中美、南亚、东南亚、非洲、墨西哥、美国、澳大利亚
后纺亚目新蛛下目原始类群	南蛛科	Austrochilidae	3	9	南美(智利、阿根廷)；1种见于塔斯马尼亚
	格拉蛛科	Gradungulidae	7	16	澳大利亚、新西兰
	古筛蛛科	Hypochilidae	2	12	中国1属2种(陕西、青海、四川北部)和美国1属10种

蜘蛛目分类体系、多样性及分布表

续表

科以上归属	中文科名	拉丁科名	多样性 属	多样性 种	地理分布
后纺亚目新蛛下目简单生殖器类	开普蛛科	Caponiidae	17	105	非洲、南美、中美、美国;少见于东南亚和西亚
	迪格蛛科	Diguetidae	2	15	南美、墨西哥、美国
	丛蛛科	Drymusidae	1	16	南美、南非;1种在中美(哥斯达黎加)
	石蛛科	Dysderidae	24	542	欧洲、地中海、西亚、中亚;1种为全世界分布
	管网蛛科	Filistatidae	19	152	非洲、南美、地中海、中亚、东亚、南亚、东南亚、中美、澳大利亚、美国
	弱蛛科	Leptonetidae	23	300	美国、欧洲、西亚、中美、东亚、地中海
	花洞蛛科	Ochyroceratidae	15	191	东南亚、非洲、中美多,南美和南亚少
	卵形蛛科	Oonopidae	114	1 747	东南亚、南亚、非洲、南美、中美、美国、澳大利亚、地中海;欧洲、新西兰和加拿大极少
	激蛛科	Orsolobidae	30	188	澳大利亚和新西兰为主,也见于南美,少见于非洲
	幽灵蛛科	Pholcidae	80	1 599	东南亚、中美、南美、非洲、中亚、地中海、西亚、东亚、澳大利亚、欧洲(少)、北美(少);3种为世界性广布
	距蛛科	Plectreuridae	2	31	美国、中美
	花皮蛛科	Scytodidae	5	233	多见于东南亚、南亚、中美、南美、非洲;少见于中亚、西亚、澳大利亚、新西兰、地中海等地;1种见于全北区和太平洋岛屿
	类石蛛科	Segestriidae	4	124	非洲、南美、中美、北美、地中海、澳大利亚、新西兰、东亚、东南亚、中亚、南亚、欧洲;古北区1种、欧洲和南美1种
	刺客蛛科	Sicariidae	3	141	非洲、南美、中美、北美(少)、澳大利亚(引入1种);1种为世界性广布
	泰莱蛛科	Telemidae	9	66	东南亚、东亚、非洲和美国;也见于太平洋岛屿、中美、南欧等地
	四盾蛛科	Tetrablemmidae	31	166	多见于东南亚和南亚;也见于非洲、南美和澳大利亚
	洞趾蛛科	Trogloraptoridae	1	1	美国(西部洞穴)
后纺亚目新蛛下目复杂生殖器类原始类群	古蛛科	Archaeidae	4	71	南非、马达加斯加、澳大利亚
	隆头蛛科	Eresidae	9	98	以非洲为主,地中海、欧洲、西亚、中亚、东亚、南亚、东南亚、南美少有分布
	长纺蛛科	Hersiliidae	16	181	以非洲、南亚、东南亚、澳大利亚为主;地中海、西亚、中亚、南美、中美也有
	全古蛛科	Holarchaeidae	1	2	澳大利亚和新西兰
	胡通蛛科	Huttoniidae	1	1	新西兰
	马尔卡蛛科	Malkaridae	4	11	以澳大利亚为主,1种分布在智利和阿根廷
	展颈蛛科	Mecysmaucheniidae	7	25	以南美为主,2属3种在新西兰

蜘蛛目分类体系、
多样性及分布表

续表

科以上归属	中文科名	拉丁科名	多样性		地理分布
			属	种	
后纺亚目新蛛下目复杂生殖器类原始类群	拟态蛛科	Mimetidae	11	149	全世界六大洲均有分布
	拟壁钱科	Oecobiidae	6	111	西亚、地中海、中美、南亚、中亚、东亚、非洲、北美、南美；2种为世界性广布
	二纺蛛科	Palpimanidae	18	142	以南美和非洲为主，东南亚、南亚、中亚、西亚、中美、地中海也有分布
	拟古蛛科	Pararchaeidae	7	35	澳大利亚、新西兰
	佩蛛科	Periegopidae	1	3	新西兰、澳大利亚
	斯坦蛛科	Stenochilidae	2	13	东南亚、南亚
后纺亚目新蛛下目复杂生殖器类圆网蛛类	安蛛科	Anapidae	57	220	以南美、中美、澳大利亚、新西兰、东南亚为主，美国、欧洲、东亚、南亚少有
	园蛛科	Araneidae	169	3 101	全世界六大洲均有分布
	杯蛛科	Cyatholipidae	23	58	非洲、马达加斯加、澳大利亚、新西兰
	妖面蛛科	Deinopidae	2	61	南美、中美、非洲、东南亚、南亚、澳大利亚
	皿蛛科	Linyphiidae	602	4 542	全世界六大洲均有分布，但绝大多数种分布地狭窄，2种为世界性广布
	密蛛科	Mysmenidae	13	137	以南美、中美、东南亚、东亚、非洲为主，欧洲、北美、澳大利亚、斯里兰卡也有分布
	络新妇科	Nephilidae	5	61	以非洲、南亚、东南亚、东亚、澳大利亚和新西兰为主，南美、中美、美国少
	类球蛛科	Nesticidae	15	278	欧洲、北美、中美、南美、东亚、东南亚、南亚相对较多，非洲少见；1种为世界性广布
	派模蛛科	Pimoidae	4	40	北美、东亚、欧洲、南亚、东北亚
	华模蛛科	Sinopimoidae	1	1	中国（西双版纳树冠）
	合鳌蛛科	Symphytognathidae	8	71	南美、中美、东亚、东南亚、南亚、澳大利亚、南非
	特园蛛科	Synaphridae	3	13	马达加斯加、地中海周边、东欧、西亚、中亚
	合蛛科	Synotaxidae	14	82	澳大利亚、新西兰、南美
	肖蛸科	Tetragnathidae	48	987	南美、中美、北美、南亚、东南亚、非洲、欧洲（少，以广布种为主）
	球蛛科	Theridiidae	124	2 475	全世界六大洲均有分布；9种为世界性广布
	球体蛛科	Theridiosomatidae	18	111	以南美、中美、东南亚、南亚、东亚为主，澳大利亚、美国、非洲少有
	妩蛛科	Uloboridae	18	281	南美、中美、北美、东亚、东南亚、南亚、欧洲、地中海、非洲、澳大利亚、新西兰（1种）

蜘蛛目分类体系、多样性及分布表

续表

科以上归属	中文科名	拉丁科名	多样性		地理分布
			属	种	
后纺亚目新蛛下目复杂生殖器类RTA分支类	漏斗蛛科	Agelenidae	78	1 236	全世界分布,以欧洲、亚洲、北美和中美为主;1种为世界性广布
	暗蛛科	Amaurobiidae	51	286	全世界分布,以欧洲和北美为多,亚洲、非洲、南美、澳大利亚、新西兰等都有相对较少的种类分布
	沙蛛科	Ammoxenidae	4	18	非洲南部、澳大利亚
	菲蛛科	Amphinectidae	32	159	以新西兰和澳大利亚为主,南美也有
	近管蛛科	Anyphaenidae	57	558	以南美和中美为主,北美、澳大利亚、新西兰、东亚也有;个别广布至欧洲、西亚和中亚
	楚蛛科	Chummidae	1	2	南非
	琴蛛科	Cithaeronidae	2	8	非洲5种,印度2种,另1种广布于非洲以外的热带地区
	管巢蛛科	Clubionidae	15	614	全世界分布。以亚洲种类为最多,占一半以上,超过30种跨两个洲分布
	圆颚蛛科	Corinnidae	67	777	以南美、非洲、澳大利亚、新西兰、南亚和东南亚为主,北美少有分布
	栉足蛛科	Ctenidae	42	505	东南亚、南亚、中美、非洲、澳大利亚、南美
	并齿蛛科	Cybaeidae	10	188	中亚、东亚、北美,少数欧洲和中美;水蛛古北区分布
	圆栉蛛科	Cycloctenidae	5	36	以新西兰为主,澳大利亚也有分布
	潮蛛科	Desidae	37	175	以澳大利亚、新西兰和附近岛屿为主,个别种出现在南亚、东南亚,甚至引入至欧洲、北美和非洲
	卷叶蛛科	Dictynidae	55	591	以欧洲、亚洲和北美为主,其他地区,南美、澳大利亚、新西兰和非洲少
	优列蛛科	Eutichuridae	12	344	东南亚、南亚、东亚、非洲、南美多;欧洲、亚洲北部、北美、澳大利亚和新西兰等区域少
	加利蛛科	Gallieniellidae	10	55	以非洲和澳大利亚为主,个别种见于阿根廷和太平洋岛屿
	平腹蛛科	Gnaphosidae	125	2 196	全世界分布,但南美、非洲、南亚、东南亚、中美等地相对较多
	栅蛛科	Hahniidae	28	249	全世界分布,南美、澳大利亚、新西兰、东南亚等地较丰富
	无齿蛛科	Homalonychidae	1	3	美国和墨西哥2种;印度1种(可能为错误鉴定)
	灯蛛科	Lamponidae	23	192	澳大利亚及附近岛屿
	光盔蛛科	Liocranidae	31	271	除南美以外的各大陆,非洲、欧洲最多,南亚、东南亚次之
	狼蛛科	Lycosidae	123	2 401	全世界分布,各大洲均较丰富,但种类明显不同,跨两大洲广泛分布的种少
	米图蛛科	Miturgidae	32	158	以澳大利亚、中美、南美、非洲、东南亚为主,少数分布于新西兰、西亚、中亚、欧洲、北美,个别种类广布古北区
	尼可蛛科	Nicodamidae	9	29	以澳大利亚为主,新西兰2属2种

蜘蛛目分类体系、
多样性及分布表

科以上归属	中文科名	拉丁科名	多样性		地理分布
			属	种	
后纺亚目新蛛下目复杂生殖器类RTA分支类	猫蛛科	Oxyopidae	9	455	以东南亚、南亚、南美、中美、非洲、澳大利亚为主;少数种见于古北区,部分属的地域性不强
	少孔蛛科	Penestomidae	1	9	非洲南部
	逍遥蛛科	Philodromidae	31	542	全世界分布,在澳大利亚少见
	刺足蛛科	Phrurolithidae	14	218	以东南亚和北美最多;欧洲、中美、古北区、中亚、非洲少
	菲克蛛科	Phyxelididae	14	64	非洲和马达加斯加为主,东南亚1属2种
	盗蛛科	Pisauridae	47	335	非洲、南美、东南亚居多;澳大利亚、新西兰、欧洲、亚洲北部和北美相对较少
	粗螯蛛科	Prodidomidae	31	309	以非洲、南美和澳大利亚为主,少数种类分布在南亚、东南亚,1种为世界性广布
	褛网蛛科	Psechridae	2	61	以东南亚为主,南亚、澳大利亚少
	跳蛛科	Salticidae	621	5 947	全世界分布
	拟扁蛛科	Selenopidae	10	257	非洲、澳大利亚、南亚、东南亚、中美、南美、地中海
	六眼蛛科	Senoculidae	1	31	中美和南美
	巨蟹蛛科	Sparassidae	87	1 215	非洲、西亚、中亚、南亚、东南亚、澳大利亚、南美、中美、美国
	斯蒂蛛科	Stiphidiidae	22	135	澳大利亚、新西兰和附近岛屿;毛里求斯
	蟹蛛科	Thomisidae	174	2 159	全世界分布,但非洲、南美、南亚、东南亚、澳大利亚和新西兰等地相对丰富
	隐石蛛科	Titanoecidae	5	53	南美、中美、东南亚、南亚、中亚、西亚、欧洲和北美
	管蛛科	Trachelidae	16	208	非洲、南美、中美、东南亚多;北美、欧洲、南亚少
	行蛛科	Trechaleidae	16	120	中美和南美;日本1属1种
	转蛛科	Trochanteriidae	19	153	澳大利亚最为丰富,非洲、印度、中国和南美有少量分布
	雨蛛科	Udubidae	4	12	非洲、马达加斯加、斯里兰卡
	绿蛛科	Viridasiidae	2	9	马达加斯加及附近的科摩罗群岛
	拟平腹蛛科	Zodariidae	84	1 126	非洲、南亚、东南亚、澳大利亚、南美、中美、地中海;欧洲、西亚、中亚少见
	逸蛛科	Zoropsidae	26	178	南美、中美、澳大利亚、非洲、美国;少数欧洲、中西亚

　　从蜘蛛目各科的地理分布来看,冈瓦纳古陆来源(埃塞俄比亚区、新热带区、澳洲区、东洋区)的蜘蛛显著多于劳亚来源(古北区和新北区),这与大部分的动物、植物区系多样性特点是一致的。最原始的节板蛛科分布仅限于东南亚。相对原始的原蛛类、简单生殖器类和复杂生殖器类中的原始类群的分布以南半球及北热带与亚热带为主。作为结网类型和游猎类型代表的圆网蛛类和RTA分支类蜘蛛则较复杂,在各大陆均有大量分布,南半球及北热带和亚热带种类相对偏多。

蜘蛛目分类体系、多样性及分布表

3.蜘蛛地理分布类型的划分

根据蜘蛛的分布范围大小及实际区域,可以划分成以下6种类型。

(1) **全世界型**(Cosmopolitan Type):指那些发现于上述除南极外的各大陆,且在各地均有大量种类分布的蜘蛛类群。通常这些类群多样性非常丰富,活动能力极强,能够进行飞航。多样性排名前5位的科(跳蛛科、皿蛛科、园蛛科、球蛛科和狼蛛科)属于此类。种类最多的跳蛛科,全世界已知近6 000种;而狼蛛科,全世界已知2 400余种。

(2) **近全世界型**(Sub-cosmopolitan Type):指那些也发现于除南极外的各大陆,但明显以某一或几块陆地为主。此类蜘蛛多样性较丰富,或活动能力较强,包括漏斗蛛科、暗蛛科、管巢蛛科、平腹蛛科和蟹蛛科等。种类较少的拟态蛛科,虽然也是全世界分布,但却是以冈瓦纳古陆分化的几块陆地为主,它之所以能够在全世界分布,可能与它们以园蛛和球蛛等其他蜘蛛为食这样一类特殊习性有关,在此也列入近全世界型。

(3) **冈瓦纳型**(Gondwana Type):指主要分布在冈瓦纳古陆起源的多块陆地的类群。这种类型包括了绝大多数蜘蛛的科(即除去其余类型,余下的科都属于此类)。这类蜘蛛通常活动能力不强,可能是自身演化、大陆板块漂移以及气候因素共同作用后而形成的分布格局。

(4) **劳亚型**(Laurasia Type):指主要分布在劳亚古陆起源的陆地的类群,即主要分布于欧洲、亚洲北部和北美的科。这类蜘蛛的习性及分布格局形成原因与冈瓦纳型类似,仅包括6个科:墨穴蛛科、石蛛科、弱蛛科、派模蛛科、并齿蛛科和卷叶蛛科。

(5) **局部型**(Limited-area Type):指仅分布于很小的一个范围。此类蜘蛛通常种类相对较少,活动能力很弱,如节板蛛科、穴蛛科、真螯蛛科、鳞毛蛛科、格拉蛛科、距蛛科、洞蚓蛛科、全古蛛科、胡通蛛科、拟古蛛科、佩蛛科、斯坦蛛科、华模蛛科、楚蛛科、圆栉蛛科、无齿蛛科、灯蛛科、尼可蛛科、少孔蛛科、菲克蛛科、六眼蛛科、斯蒂蛛科、行蛛科、雨蛛科和绿蛛科等。

(6) **孑遗型**(Relic Type):指其分布仅限于毫无关联的两个以上的小区域。通常会认为该类蜘蛛较为古老,历史上曾经广泛分布,但受冰川等因素的影响,大部分种类灭绝,仅在少数地区得以存活。昆虫里的蜚蠊目便是此类最典型的例子。蜘蛛目中属于后纺亚目新蛛下目最原始类群之一的古筛蛛科,也是此种分布类型。

4.三个具有重要意义的过渡区域

蜘蛛与其他动物一样,始终处于一个不断扩张并占领新的适宜生境的动态过程中。处于两块大陆之间的地中海、东南亚和中美地区,就成了蜘蛛在不同陆地间扩散的三个重要过渡区域。

(1) **地中海地区**:指地中海内的岛屿及周边的半岛和欧洲、非洲和亚洲大陆边缘。这一区域虽地处温带,但夏季炎热干燥,冬季温暖湿润,在世界各种气候类型中,可谓独树一帜。这里已经成为非洲分布的冈瓦纳型蜘蛛的北限,如螲蟷科、弓蛛科、异纺蛛科、线蛛科、管网蛛科、幽灵蛛科、花皮蛛科、长纺蛛科、拟壁钱科、二纺蛛科和拟扁蛛科等;也是欧洲分布的劳亚型蜘蛛的南限,如石蛛科和弱蛛科。

(2) **中美洲地区**:由墨西哥湾和加勒比海沿岸的狭长陆地及西印度群岛构成,向北至美国南端、佛罗里达和墨西哥中南部,向南至哥伦比亚和委内瑞拉北端。该地域地处北热带和北亚热带,气候以湿热为主。北美向南延伸的狭长陆地形成了大陆桥,连通了南北美大陆间的动植物区系。借助于大陆桥及洋流的作用,南美分布的冈瓦纳型蜘蛛类群向北扩散至美国南部,如长尾蛛科、线蛛科、捕鸟蛛科、开普蛛科、管网蛛科、卵形蛛科、幽灵蛛科、拟壁钱科、安蛛科、球体蛛科、圆颚蛛科和逸蛛科等。同时,北美分布的蜘蛛类群也扩散至该区域,甚至扩散至南美大陆的北端,如墨穴蛛科、并齿蛛科和卷叶蛛科。

◀

蜘蛛琥珀（跳蛛 Salticidae sp.）

产自多米尼加，发生于新生代渐新世（约3 000万年前）。以大而显著的前中眼及擅长跳跃与其他蜘蛛相区别。

张巍巍 摄

（3）**东南亚地区**：指亚洲东南部，由中南半岛和马来群岛构成，也包括了中国南方的部分区域。从陆地起源角度来看，该区域属于冈瓦纳型蜘蛛分布的区域之一，多样性原本就非常丰富。但从现有地理位置来看，该区域又是连接澳大利亚与欧亚大陆之间的桥梁，为澳大利亚的种类向北扩散提供了便利，如潮蛛科，以及狼蛛科的阿狼蛛亚科Artoriinae和佐卡蛛亚科Zoicinae，由澳大利亚向亚洲扩散至中国南方，甚至靠近秦岭南坡。而另一方面，从欧亚大陆向南可以扩散到东南亚，但尚未发现有类群扩散至澳大利亚，如刺足蛛科和漏斗蛛科的隙蛛亚科Coelotinae。

▼

捕食中的锡金仙猫蛛

李若行 摄

5.人类的活动加速了部分蜘蛛种类的扩散

蜘蛛中,有少数种类遍布了世界各大陆。

科	种	生物学习性
石蛛科	柯氏石蛛 *Dysdera crocata*	见于朽木内、石下、落叶层和室内,以鼠妇等小型动物为食;源于地中海地区,后逐渐扩散至全世界
幽灵蛛科	莱氏壶腹蛛 *Crossopriza lyoni*	室内生活;原始分布地未知,随偶然因素而扩散至泛热带地区
	家幽灵蛛 *Pholcus phalangioides*	生活于室内、洞穴、停车场、酒窖等环境的天花板处,可以杀死其他蜘蛛和同类;最早见于古北区西部的温暖区域,后来在人类的帮助下遍布于全世界,但它不能在寒冷天气条件下生存,故限于温暖的室内
	球状环蛛 *Physocyclus globosus*	见于洞穴,遍布世界温暖地区
刺客蛛科	红平甲蛛 *Loxosceles rufescens*	源于地中海地区,现遍布全世界,生活于破旧室内或有人类长期活动的洞穴内
拟壁钱科	居室拟壁钱 *Oecobius cellariorum*	见于温暖室内的墙角等处,结小型片网
	船拟壁钱 *Oecobius navus*	见于温暖室内的墙角等处,结小型片网
皿蛛科	浅斑索微蛛 *Mermessus fradeorum*	个体微小,见于农田和草地地表等生境
	黑腹骨蛛 *Ostearius melanopygius*	个体微小,多见于与人类有关的各种生境;从春天到晚秋都有成体
类球蛛科	苍白望日蛛 *Eidmannella pallida*	生活于凉爽阴暗环境,如洞穴、地窖、井、排水沟、石下等
球蛛科	滑鞘腹蛛 *Coleosoma blandum*	见于农作物枯叶与茎秆间或树干下
	红隐希蛛 *Cryptachaea blattea*	见于农田或次生林的落叶层、草丛等地
	几何寇蛛 *Latrodectus geometricus*	见于人类建筑物附近,通常在阴暗的角落结网;会随着货物运输而扩散
	温室拟肥腹蛛 *Parasteatoda tepidariorum*	见于室内角落和室外阴暗潮湿处
	白斑肥腹蛛 *Steatoda albomaculata*	见于菜地、农田以及石下等人工与自然环境
	粗肥腹蛛 *Steatoda grossa*	见于室内,天气温暖时也见于室外
	三角肥腹蛛 *Steatoda triangulosa*	见于室内外,在阴暗角落处织网
	星斑宽腹蛛 *Theridula gonygaster*	见于农田或天然植物叶片下
	华丽宽腹蛛 *Theridula opulenta*	见于灌丛
漏斗蛛科	家隅蛛 *Tegenaria domestica*	在人类居住的室内或阴暗角落处结三角形漏斗网
粗螯蛛科	红粗螯蛛 *Prodidomus rufus*	见于室内墙壁上或物品表面

世界性广布的蜘蛛
种类及其生活习性表

仔细分析这些种类的生活习性后发现,绝大多数种类喜欢生活在室内或人工环境下,甚至部分种类的扩散已经证实是由于人类的活动而引起的,如红平甲蛛。可见,人类的活动是导致这些种类形成世界性广布的主要原因。

【中国蜘蛛的地理分布】

中国地处亚洲东部,是世界唯一横跨两大地理区(古北区和东洋区)的国家,并且拥有由南亚次大陆与欧亚大陆碰撞而隆升起来的世界"第三极",以及西部高而东南部低的地势。两界的生物种类相互渗透,形成了错综复杂的区系特点。

孟凯等将中国区分为7个蜘蛛分布区,即西北区(包括青藏高原和内蒙古-新疆亚区)、中北区、东北区、中部区、东南区、西南区和中南区。但由于中国地域辽阔,蜘蛛多样性调查尚未完成,上述研究结论有待进一步证实。

长期的野外采集经验证实,高山是阻挡多数蜘蛛进一步扩散的主要因素,而江河所形成的阻碍作用仅对那些活动能力很弱的类群有效。平原地区虽然没有了屏障,但农田耕作系统的出现改变了自然环境,形成了新的、不同于自然状态的农田生态系统,部分蜘蛛类群适应了农田系统并随之扩张,具备了新的分布特点。我们所讨论的地理分布,主要是在"自然力"作用下的扩张与分布,对"人为生态系统"应区别对待。

对于国内动物区系的划分,根据不同动物类群所得出的结论也不尽相同,本书以漏斗蛛和狼蛛等部分蜘蛛类群的分布特点,将中国初步划分为15个蜘蛛分布区。

蜘蛛琥珀(光盔蛛 Liocranidae sp.)

产自多米尼加,发生于新生代渐新世(约3 000万年前)。具有发达的背甲和腹部"盔甲",形似蚂蚁,行动敏捷。

张巍巍 摄

(1) 准噶尔盆地区域

准噶尔盆地位于中国西北端的新疆北部，在阿尔泰山与天山之间。该区域以森林、草地和农田为主。蜘蛛区系与中亚甚至欧洲相近，如狼蛛科中，发现了欧洲分布的灰色熊蛛*Arctosa cinerea*和豹熊蛛*Arctosa leopardus*；中亚分布的西狼蛛属*Sibirocosa*，以及艾狼蛛属的中亚种类：贝什艾狼蛛*Evippa beschkentica*、波斯艾狼蛛*Evippa onager*和西伯利亚艾狼蛛*Evippa sibirica*。栅蛛科的中亚特有属：亚栅蛛属*Asiohahnia*，以及卷叶蛛科的欧洲种类、中亚种类也在该地区相继发现。

(2) 塔里木盆地—甘肃北部—陕西北部—宁夏—内蒙古中西部区域

塔里木盆地位于新疆南部（或称南疆），北侧是天山山脉，南侧为昆仑山脉和阿尔金山；其东侧，无高山阻挡，连通了祁连山北侧和东侧的甘肃北部、陕西北部、宁夏和内蒙古中西部广大地区，直至内蒙古中部的阴山山脉。该区域以沙漠和荒漠为主。该区域与西亚的沙漠和荒漠地区具有相似的区系成分，如狼蛛科的盐狼蛛属*Halocosa*和卷叶蛛科的带蛛属*Devade*等。

(3) 青藏高原区域

该区域包括青藏高原的绝大部分地域，海拔多在3 000 m以上，北缘以昆仑山、阿尔金山为界，南端以喜马拉雅山南坡海拔3 000~3 400 m为界（同时参考了章士美等1991年以昆虫分布特点而提出的分界）。典型代表包括漏斗蛛科的塔姆蛛属*Tamgrinia*，它只分布于这一区域及周边的高海拔区域，一旦离开高原环境，则无法存活。

(4) 喜马拉雅南坡—高黎贡山区域

该区域包括喜马拉雅山南坡海拔低于3 000 m的地区和高黎贡山区域。这里受青藏高原隆升的影响，形成了众多的沟壑，地形复杂，加之地处亚热带，受印度洋北上的热带气流影响，气温相对较高而且多雨，形成了众多的小气候，造就了极其丰富的生物多样性，是印度–缅甸生物多样性热点地区的重要组成部分，如漏斗蛛科的隙蛛亚科，在该区域具有极高的多样性。高黎贡山已记录的隙蛛超过了90种，而在尼泊尔及附近山区发现的隙蛛多达35种，喜隙蛛属*Himalcoelotes*分布于该区域以及附近的尼泊尔、印度等地。

横断山高山林
陆天 摄

热带森林
黄贵强 摄

(5) 横断山区域

该区域是指青藏高原东部，包括西藏东部边缘、云南西北角、四川西部以及青海南端和甘肃南端的邛崃山、岷山等地。这里是青藏高原向东部平原和丘陵的过渡地带，沟壑纵横，除受青藏高原的影响外，还受来自北方的寒冷气流、南方的湿润气流以及由东向西的季风等因素影响，气候复杂，小生境众多，独立演化或存活下来了大量的特有（孑遗）物种。如狼蛛科豹蛛属的塔赞豹蛛种组 *Pardosa taczanowskii*-group 在该地区多样性丰富，胸豹蛛组 *Pardosa sternalis*-group 在亚洲的种类仅分布于此（本种组目前仅见于川西横断山和北美）。

(6) 西双版纳、云南南部—广西中南部—广东西南部和海南区域

该区域是指中国最南端的区域，包括了西双版纳、云南南部、广西中南部、广东西南部和海南岛等地。这里有中国保存最完好的热带雨林，也有部分丘陵和山地。西双版纳发现了中国特有的华模蛛科，海南是南隙蛛属 *Notiocoelotes* 在中国的唯一分布区，广西南部和海南曾发现一个与南美的狼蛛相近的狼蛛新属，龙狼蛛属 *Draposa* 在中国仅发现于该区域的海边。

(7) 云贵高原区域

该区域包括云南中东部、贵州大部分和广西北部，以及相邻的四川南部、重庆南部、湖南西部等地。这里以喀斯特地貌为主，形成了诸多的溶洞、天坑、地缝等景观。隙蛛亚科的宽隙蛛属*Platocoelotes*主要生活在该区域的地表和溶洞内。

(8) 四川盆地区域

该区域包括四川大部分区域及重庆中西部和东南部等地。这里以平原和丘陵为主，四面环山，是主要的农业区，无显著的特有蜘蛛种类。

(9) 大巴山—武陵山区域

该区域包括四川东北部、重庆北部、陕西南部的大巴山区和位于重庆东北部、湖北西南部、湖南西北部以及贵州东北部等地的武陵山区。这里为典型的亚热带气候，地貌以山地和森林为主。调查发现该区域是目前为止发现卷叶蛛科洞叶蛛属*Cicurina*种类最多的区域，2016年刚刚发表的漏斗蛛科隙蛛亚科蝶隙蛛属*Papiliocoelotes*就是来自该地区的洞穴。

⌃
龙水峡地缝
张志升 摄

⌃
四川南部山地
张志升 摄
⌄
亚热带山地
黄贵强 摄

黄土高原
刘见斌 摄

河北中部山地
张志升 摄

(10) 黄土高原区域

该区域包括甘肃东南部、陕西中部、山西南部等地。这里气候干旱少雨，四季分明，生物多样性相对偏低，蜘蛛特有种极少，广布种偏多，如狼蛛科的利氏舞蛛*Alopecosa licenti*、星豹蛛*Pardosa astrigera*和漏斗蛛科的迷宫漏斗蛛*Agelena labyrinthica*等。

(11) 华北区域

该区域包括河南中北部、山西大部分地区、河北、北京、天津和山东等地。这里是重要的农业区，特有种类少见，以古北区种类为主。

(12) 华中—华东区域

该区域包括湖北中东部、湖南中东部、江西和安徽等地。这里同样为农业区，但以东洋区种类为主。

高山梯田
吴新年 摄

大兴安岭南端山地
张志升 摄

(13) 东北区域

该区域包括东北三省除长白山地区以外的区域，以及内蒙古东北部地区。这里虽然有大兴安岭和小兴安岭，但两座山海拔均不高，未形成明显的屏障。整个东北地区以大小兴安岭的林区和大面积的农田为主。林区以松树等少数树种为主，植被相对单一。狼蛛科豹蛛属火豹蛛组*Pardosa adustella*-group仅发现于该区域（国外记录于蒙古、俄罗斯远东和加拿大等地）。

长白山林地
刘冬 摄

(14) 长白山区域

特指长白山地区。该区域地处欧亚大陆边缘，是欧亚大陆东岸的最高山系，地形复杂。南端与朝鲜半岛接壤。属于受季风影响的温带大陆性山地气候，降水量丰富，具有明显的垂直气候变化带谱特征。这里分布有中国南方才有的部分蜘蛛种类，如森林漏斗蛛 *Agelena silvatica*（该种一直沿海岸线北上至俄罗斯远东地区），漏斗蛛科隙蛛亚科的满蛛属*Alloclubioides*和隅隙蛛属*Tegecoelotes*分布于该地区以及朝鲜半岛及俄罗斯远东地区，并齿蛛科并齿蛛属*Cybaeus*在中国仅发现于该区域（国外多见于日本和朝鲜半岛）。

(15) 华南—东南沿海区域

该区域包括江苏、上海、浙江、福建、湖南和江西南端、广东大部以及香港、澳门和台湾地区。这里属典型的海洋性气候，受海洋季风影响明显，生物多样性丰富。特有类群较多，如漏斗蛛科隙蛛亚科的叉隙蛛属*Bifidicoelotes*、股隙蛛属*Femoracoelotes*、弱隙蛛属*Leptocoelotes*、长隙蛛属*Longicoelotes*和壮隙蛛属*Robusticoelotes*等。

热带草地
王露雨 摄

中国蜘蛛生态图鉴

CHINESE SPIDERS
ILLUSTRATED

中国蜘蛛生态大图鉴
CHINESE SPIDERS ILLUSTRATED

漏斗蛛科

AGELENIDAE

英文名Funnel-weaver spiders或Grass spiders，因其所结的漏斗状网而得名。台湾称其为草蛛科。部分学者将异纺蛛科Hexathelidae也称为漏斗网蜘蛛（Funnel-web spider），但该科蜘蛛在眼、纺器、螯肢等结构都与漏斗蛛科差距很大（见异纺蛛科描述）。

漏斗蛛中小型，体长5~20 mm。8眼排成2列，呈4-4式排列，近于平直或强烈前凹，洞穴种类眼睛趋于退化。背甲梨形，腹部卵圆形，后侧纺器2节，显著长于其他纺

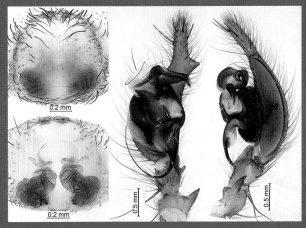

普氏亚隙蛛 *Iwogumoa plancyi*

器。步足式多为4123（少数1423），末端具3爪。通常在灌丛、洞穴、落叶层以及各种缝隙间结网，体色一般较暗，许多种类的腹部背面有数量不等的"人"字形斑纹，种间外形差异较小，但外生殖器结构复杂多样。多数种类无筛器，但分布在青藏高原周边的塔姆蛛属*Tamgrinia*等少数类群除外。

漏斗蛛的网由较平坦的网面和后端的网管构成，蜘蛛平时藏匿于网管中等待猎物，感到来自外界威胁时也会经网管后端开口逃生。漏斗蛛行动迅捷，但受限于生活环境和结网习性。家隙蛛*Tegenaria domestica*被认为是源于欧洲，随后扩散至世界各地的广布种。在中国，除少数"广布种"（如森林漏斗蛛*Agelena silvatica*、机敏异漏斗蛛*Allagelena difficilis*、阴暗拟隙蛛*Pireneitega luctuosa*）外，大多数种类扩散能力较弱，不同地域往往有不同的种类分布。

本科分4个亚科：漏斗蛛亚科Ageleninae、隙蛛亚科Coelotinae、隅蛛亚科Tegenariinae以及塔姆蛛亚科Tamgriniinae，全世界目前已知78属1 236种，中国30属近400种，但国内尚有大量种类亟待发现和描述。王新平对隙蛛亚科进行了较为系统的研究。国内有王家福、朱明生、李枢强、张志升、徐湘、刘杰等都对该科蜘蛛进行了大量研究。近期出版的《中国动物志 漏斗蛛科和暗蛛科》（朱明生、王新平和张志升主编）共收录漏斗蛛28属358种，对国内的漏斗蛛科物种进行了较为系统的总结。

森林漏斗蛛（卵囊）｜张志升 摄

森林漏斗蛛 *Agelena silvatica*

【特征识别】雌蛛体长9~19 mm。背甲黄褐色，眼区隆起，密被短毛，眼后方的中线两侧有2条褐色纵带。螯肢黑色。步足黄褐色，具刺。腹部卵圆形，背面黑褐色，中线两侧有2条黑色纵带和4个灰色"人"字形斑纹。纺器灰色，后侧纺器较长。【习性】卵囊绣球状，经吊床状的丝线固定在植物上，通常在远离人类住所的灌丛或树枝叶间结大型漏斗网，6—7月成熟。【分布】河南、湖北、湖南、贵州、四川、重庆、云南、陕西、广西、广东、安徽、浙江、江西、上海、山东；俄罗斯（远东）、韩国、日本。

森林漏斗蛛（雌蛛）｜张志升 摄

森林漏斗蛛（幼体）｜李元胜 摄

森林漏斗蛛（卵囊）｜王露雨 摄

黑背漏斗蛛（雌蛛）　林义祥 摄

黑背漏斗蛛（雄蛛）　林义祥 摄

黑背漏斗蛛 *Agelena tungchis*

【特征识别】雄蛛体长约12 mm。背甲正中具黑色宽纵带，两侧白色。步足细长，褐色，关节处具黑色环纹，多毛，多刺。腹部卵圆形，背面灰白色，具大量黑斑，密被长毛。雌蛛体长约17 mm。背甲正中具黑色宽纵带，两侧白色。步足褐色，关节处具黑色环纹。腹部卵圆形，背面灰褐色，具2条黑色纵带和多个"人"字形斑纹。【习性】在灌丛或树枝叶间结漏斗网，8月成熟。【分布】台湾。

大围山盾漏斗蛛 *Ageleradix* sp.

【特征识别】雄蛛体长约7 mm。背甲黄褐色，具2条明显的黑色斑纹和大量羽状毛，眼区隆起，中窝不明显。触肢具白毛。步足黄褐色，具刺，腿节及胫节有黑色环纹。腹部卵圆形，背面黄褐色，前端黑色，后部具白色羽状毛和6个不明显的"人"字形斑纹。纺器暗黄褐色，后侧纺器较长。【习性】在树枝和房屋附近结小型漏斗状网，10月成熟。【分布】云南。

大围山盾漏斗蛛（雄蛛）　黄贵强 摄

双纹异漏斗蛛（雌蛛）王露雨 摄

双纹异漏斗蛛（雄蛛）王露雨 摄

机敏异漏斗蛛（雌蛛）郭良鸿 摄

刺近隅蛛（雌蛛）张志升 摄

双纹异漏斗蛛 *Allagelena bistriata*

【特征识别】雄蛛体长约8 mm。背甲灰褐色，具2条明显的黑色斑纹，眼区隆起，中窝纵向，放射沟较明显。步足灰褐色，具刺，腿节及胫节有黑色环纹。腹部卵圆形，背面深褐色，密布短毛，中线两侧有1对白色纵斑和5个不明显的"人"字形斑纹。纺器褐色，后侧纺器较长。雌蛛体长约9 mm。体色较雄蛛浅。其余特征与雄蛛相似。【习性】在灌木或树枝叶间结漏斗状网，7—8月成熟。【分布】内蒙古、辽宁、吉林、黑龙江、四川。

机敏异漏斗蛛 *Allagelena difficilis*

【特征识别】雌蛛体长6~11 mm。背甲黄褐色，生有大量褐色、黑色和白色毛，眼区隆起。螯肢红褐色。腹部卵圆形，背面灰褐色，前缘中线两侧有1对黄褐色纵斑，后方有4个灰黄褐色"人"字形斑纹。纺器褐色，后侧纺器较长。【习性】通常在人类住处附近的灌丛处结漏斗状网，8—10月成熟。【分布】北京、河北、辽宁、吉林、江苏、浙江、安徽、山东、河南、湖北、湖南、广东、四川、重庆、陕西、甘肃、青海；韩国。

刺近隅蛛 *Aterigena aculeata*

【特征识别】雌蛛体长12~15 mm。背甲褐色，有1条浅褐色纵纹位于中央，头区前端颜色略深。螯肢黄褐色。步足黄褐色，被长毛，细长具刺。腹部卵圆形，背面褐色，前端近浅黑色，后部棕褐色，中线附近具1对黄褐色细纵斑和4个"人"字形斑。纺器浅褐色，后侧纺器较长。【习性】通常在地面附近结漏斗状网，网中间有1个细管通向落叶层中，5—7月成熟。【分布】河南、湖北、湖南、广西、四川、重庆、贵州。

乌江腔隙蛛 *Atricoelotes wujiang*

【特征识别】雄蛛体长4~7 mm。背甲褐色，边缘有白色短毛，头区前端颜色略深，放射沟明显。螯肢褐色。步足灰褐色，具短白毛和稀疏的刺。腹部卵圆形，黄褐色，具灰毛，前端浅黑色，后部可见4个清晰的"人"字形斑纹。纺器浅黄褐色，后侧纺器较长。雌蛛体长4~8 mm。腹部卵圆形，人字形斑纹不明显。其余特征与雄蛛相似。【习性】生活于洞中弱光带，10月成熟。【分布】重庆、贵州。

乌江腔隙蛛（雄蛛）　王露雨 摄　　乌江腔隙蛛（雌蛛）　王露雨 摄

十字隙蛛 *Coelotes decussatus*

【特征识别】雄蛛体长7~12 mm。背甲褐色，头区前端颜色偏暗，放射沟明显。螯肢及触肢深褐色。步足褐色，具短白毛和稀疏的刺。腹部卵圆形，浅黑色，密布灰白色短毛，前端有2条黄褐色纵斑，后部隐约可见4个黄褐色"人"字形斑纹。纺器黄褐色，后侧纺器较长。雌蛛体长7~12 mm。特征与雄蛛相似。【习性】在落叶层处结漏斗状网，具有明显的网管通向落叶层或岩石缝中，10—12月成熟。【分布】重庆。

十字隙蛛（雄蛛）　张志升 摄　　十字隙蛛（雌蛛）　张志升 摄

缙云隙蛛 *Coelotes jinyunensis*

【特征识别】雄蛛体长4~8 mm。背甲褐色，头区前端颜色较深，颈沟和放射沟不明显。螯肢及触肢深褐色。步足褐色，腿节以外的其他节具长毛。腹部卵圆形，黄褐色，被长毛，心脏斑黄褐色，后部有3个黄褐色波状斑纹。纺器暗黄褐色，后侧纺器较长。【习性】在落叶层中结漏斗状网，10—12月成熟。【分布】重庆。

被毛隙蛛 *Coelotes mastrucatus*

【特征识别】雄蛛体长约8 mm。背甲红褐色，头区前端深褐色。步足褐色，具长毛。腹部卵圆形，黑褐色，被长毛，背面前部的毛较后部长，心脏斑黄褐色，后部有4个黄褐色波状斑纹，侧面具有黄褐色小斑点。纺器暗黄褐色，后侧纺器较长。雌蛛体长约10 mm。背甲红褐色，头区前端隆起，颈沟稍明显。其余特征与雄蛛相似。【习性】在落叶层中结漏斗状网，9月成熟。【分布】湖南。

缙云隙蛛（雄蛛）| 黄贵强 摄

被毛隙蛛（雄蛛）| 周谷春 摄

被毛隙蛛（雌蛛）| 周谷春 摄

蛇形隙蛛(雄蛛) 王露雨 摄

蛇形隙蛛(雌蛛) 王露雨 摄

蛇形隙蛛 *Coelotes serpentinus*

【特征识别】雄蛛体长4~5 mm。背甲光滑,中部及整个头区黑色,边缘黄褐色。螯肢黑褐色。触肢黄褐色。步足黄褐色,具稀疏的刺,腿节及胫节有多个黑色环纹。腹部卵圆形,背面黑色,被长毛,心脏斑黄褐色,后部有5对黄褐色波状斑纹,侧面也有黄褐色斑纹。纺器黄褐色,后侧纺器较长。雌蛛体长3~4 mm。特征与雄蛛相似。【习性】在落叶层或岩石缝中结小型漏斗状网,10月成熟。【分布】贵州。

细弯隙蛛 *Coelotes sinuolatus*

【特征识别】雌蛛体长7~9 mm。背甲黄褐色,头区颜色略深,中窝褐色纵向,颈沟和放射沟明显,额前方具2个唇形小片。螯肢褐色。步足浅褐色,具白毛和稀疏的刺。腹部卵圆形,褐色,背面后部灰色,隐约可见4个"人"字形斑纹。纺器浅黄褐色,后侧纺器较长,末节与基节相当。【习性】在落叶层或石缝间结漏斗状网,9—10月成熟。【分布】贵州、重庆。

细弯隙蛛(雌蛛) 张志升 摄

版纳龙隙蛛 *Draconarius bannaensis*

【特征识别】雄蛛体长5~6 mm。背甲浅灰色,被细毛,头区前端具2条黑色纵带,颈沟和放射沟黑色。螯肢及触肢灰褐色。步足黄褐色,具白色长毛,腿节及胫节有黑色环纹。腹部卵圆形,黑褐色,被长毛,心脏斑黄褐色,后部隐约可见5个黄褐色"人"字形斑纹,心脏斑的两侧具黄褐色小斑点。纺器黄褐色,后侧纺器较长。【习性】在落叶层中结小型漏斗状网,10—11月成熟。【分布】云南。

版纳龙隙蛛(雄蛛) 王彦超 摄

冠龙隙蛛 *Draconarius cristiformis*

【特征识别】雄蛛体长5~6 mm。背甲红褐色，边缘被白色细毛，头区前端颜色略深，颈沟和放射沟较浅，黑色。螯肢及触肢深褐色。步足褐色，具稀疏的白毛和刺。腹部卵圆形，黑色，被长毛，隐约可见黄褐色"人"字形斑纹，侧面有黄褐色小斑点。纺器灰色，后侧纺器较长。雌蛛体长6~7 mm。特征与雄蛛相似。【习性】在落叶层或石缝间结小型漏斗状网，9月成熟。【分布】贵州。

小腔龙隙蛛 *Draconarius exiguus*

【特征识别】雄蛛体长4~6 mm。背甲黄褐色，头区前端具2条浅黑色纵带，中窝明显，颈沟和放射沟黑色。螯肢及触肢黄褐色。步足黄褐色，具白色长毛，腿节及胫节有浅黑色环纹。腹部卵圆形，黑色，密布细毛，心脏斑黄褐色，后部可见4个明显的黄褐色"人"字形斑纹。纺器黄褐色，后侧纺器较长。雌蛛体长5~7 mm。腹部卵圆形，"人"字形斑纹不明显。其余特征与雄蛛相似。【习性】在落叶层中结小型漏斗状网，10—11月成熟。【分布】云南。

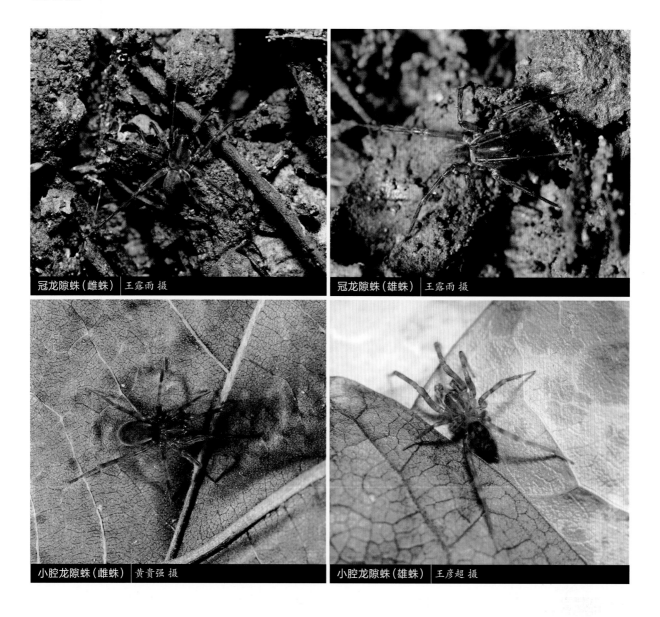

冠龙隙蛛（雌蛛）王露雨 摄

冠龙隙蛛（雄蛛）王露雨 摄

小腔龙隙蛛（雌蛛）黄贵强 摄

小腔龙隙蛛（雄蛛）王彦超 摄

小孔龙隙蛛 *Draconarius foramen*

【特征识别】雄蛛体长6~8 mm。背甲深褐色，头区前端具2条灰色纵带，颈沟和放射沟黑色。螯肢及触肢红褐色。步足褐色，被白毛，腿节及胫节有不明显的黑色环纹。腹部卵圆形，黑色，被长毛，心脏斑黄褐色，后部可见5个黄褐色"人"字形斑纹。纺器深褐色，后侧纺器较长。雌蛛体长5~7 mm。特征与雄蛛相似。【习性】在落叶层或岩石下结小型漏斗状网，9—10月成熟。【分布】贵州。

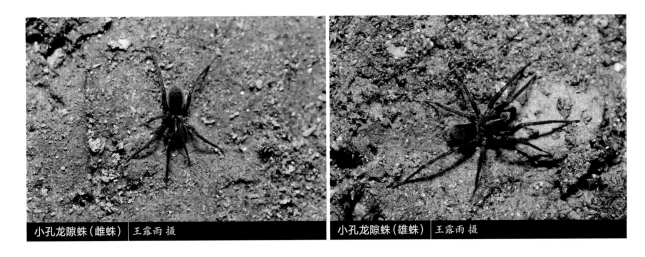

小孔龙隙蛛（雌蛛）｜王露雨 摄　　　小孔龙隙蛛（雄蛛）｜王露雨 摄

宽不定龙隙蛛 *Draconarius latusincertus*

【特征识别】雄蛛体长约11 mm。背甲红褐色，光滑，眼区具长毛，颈沟黑色，放射沟不明显。螯肢及触肢黑色。步足红褐色，多毛，具刺。腹部卵圆形，背面褐色，被长毛，心脏斑黄褐色，后部可见4个黄褐色"人"字形斑纹。纺器黄褐色，后侧纺器较长。【习性】在落叶层中结漏斗状网，9—10月成熟。【分布】云南、贵州。

宽不定龙隙蛛（雄蛛）｜王露雨 摄

污浊龙隙蛛（雄蛛）　王彦超 摄

平行龙隙蛛（雌蛛）　王露雨 摄

污浊龙隙蛛 *Draconarius lutulentus*

【特征识别】雄蛛体长6~7 mm。背甲灰黄色，光滑，颈沟和放射沟黑褐色，中窝与后眼列之间有1个褐色音叉状斑。螯肢及触肢黄褐色。步足黄褐色。腹部卵圆形，浅褐色，被毛，背面有黑色小斑点，边缘黄褐色，心脏斑灰黑色，两侧有点状小斑，后部有波状斑纹4条，并延伸到腹部侧面。纺器灰色，后侧纺器较长。【习性】在土坡和岩壁上结明显的双层漏斗网，蜘蛛多位于内层，4—10月成熟。【分布】浙江、安徽、河南、湖北、湖南、西藏、陕西。

平行龙隙蛛 *Draconarius parallelus*

【特征识别】雌蛛体长约8 mm。背甲浅褐色，中部光滑，边缘具白毛，放射沟不明显。螯肢红褐色。触肢褐色。步足浅褐色。腹部卵圆形，苍白色，密布长毛，背面隐约可见小斑点。纺器白色，后侧纺器较长。【习性】多生活于洞穴中，9月成熟。【分布】贵州。

球龙隙蛛 *Draconarius sphaericus*

【特征识别】雄蛛体长5~6 mm。背甲褐色，光滑，前端有2条黑色细纵斑，边缘具白色细毛，中窝与后眼列之间有1个黑色音叉状斑，颈沟和放射沟黑色。螯肢及触肢深褐色。步足褐色，具稀疏的毛，腿节及胫节具黑色环纹。腹部卵圆形，背面黑褐色，被短毛，心脏斑黄褐色，后部和侧面密布形状不规则的黄褐色斑纹。纺器褐色，后侧纺器较长。雌蛛体长5~8 mm。特征与雄蛛相似。【习性】在岩石缝中结小型漏斗状网，10—12月成熟。【分布】重庆。

球龙隙蛛（雄蛛）　黄贵强 摄

球龙隙蛛（雌蛛）黄贵强 摄

球龙隙蛛（雄蛛）王彦超 摄

腹叉龙隙蛛（雌蛛）王露雨 摄

腹叉龙隙蛛（雌蛛和网）王露雨 摄

腹叉龙隙蛛 *Draconarius ventrifurcatus*

【特征识别】雄蛛体长约8 mm。背甲中部及头区深褐色，边缘黄褐色，颈沟和放射沟黑色。螯肢黑色。触肢深褐色。步足黄褐色，具毛，腿节及胫节有色泽较暗的环纹。腹部卵圆形，棕褐色，被短毛，前端中线处黑色，整体的斑纹不明显。纺器褐色，后侧纺器较长。【习性】在土坡或石缝间结小型漏斗状网，10月成熟。【分布】四川。

习水龙隙蛛 *Draconarius xishuiensis*

【特征识别】雄蛛体长5~7 mm。背甲黄褐色，具明显的黑色斑。步足黄褐色，细长，多刺。腹部卵圆形，背面黄褐色，散布黑色斑点。雌蛛体长5~7 mm。背甲黄褐色，较光滑，中部具2条黑色纵带。步足黄褐色，具黑色环纹。腹部卵圆形，背面黄褐色，散布黑色斑点。【习性】在土坡和岩壁上结明显的双层漏斗网，蜘蛛多位于内层，10—12月成熟。【分布】重庆、贵州。

习水龙隙蛛（蛛网）｜张志升 摄

习水龙隙蛛（雄蛛）｜王彦超 摄

习水龙隙蛛（雌蛛）｜张志升 摄

西藏湟源蛛 *Huangyuania tibetana*

【特征识别】雌蛛体长5~9 mm。背甲黄褐色，生有许多黑色小突起，头区两侧颜色加深，头胸部以头区前端为最窄，后中眼后方橙黄褐色，中窝褐色纵向，放射沟黑色明显。螯肢黄褐色。步足暗褐色，腿节背面、胫节和后跗节具刺。腹部卵圆形，背面心脏斑明显，其两侧具多个不规则黑斑，肌斑不明显。纺器暗黄褐色，后侧纺器较长。【习性】在灌木丛、树皮缝隙或枯枝等处结小型漏斗状网，8—9月成熟。【分布】西藏、青海、四川。

波纹亚隙蛛 *Iwogumoa dicranata*

【特征识别】雌蛛体长6~11 mm。背甲褐色，眼区及两侧颜色加深，中窝褐色，纵向，颈沟和放射沟明显。螯肢红褐色。步足多刺，褐色。腹部卵圆形，灰色，具许多不规则黑斑，背面中线附近可见6个浅黄褐色"人"字形斑纹。纺器浅黄褐色，后侧纺器细长。【习性】在土坡或岩壁的缝隙中结漏斗状网，6—7月成熟。【分布】北京、河北、江苏、辽宁。

普氏亚隙蛛 *Iwogumoa plancyi*

【特征识别】雌蛛体长5~11 mm。背甲黄褐色，眼区及两侧颜色加深，中窝褐色，纵向，颈沟和放射沟明显。螯肢黄褐色。步足黄褐色，腿节背面、胫节和后跗节具刺。腹部卵圆形，灰色，具许多不规则黑斑，背面中线两侧隐约可见4个灰色"人"字形斑纹。纺器浅黄褐色，后侧纺器细长。【习性】在土坡或岩壁的缝隙中结网，9—10月成熟。【分布】北京、河北、湖北、湖南、重庆、四川、陕西、青海。

西藏湟源蛛（雌蛛）｜陆天摄

波纹亚隙蛛（雌蛛）｜王彦超摄

普氏亚隙蛛（雌蛛）｜王露雨摄

新会亚隙蛛（雌蛛）　王彦超 摄

新会亚隙蛛 *Iwogumoa xinhuiensis*

【特征识别】雌蛛体长约7 mm。背甲光滑，中部及头区黑色，边缘黄褐色，眼区多毛。螯肢红褐色。步足红褐色，被毛，腿节及胫节有黑色环纹。腹部卵圆形，密布细毛，背面和侧面灰黑色，心脏斑黑色，两侧边缘色淡，之后有3个褐色"人"字形斑纹。纺器黑色，后侧纺器较长。【习性】在砖缝或岩缝中结网，秋冬季成熟，成熟期较长。【分布】广东、广西、台湾、福建、香港。

崇左亚隙蛛 *Iwogumoa* sp.

【特征识别】雌蛛体长约8 mm。背甲黄褐色，光滑，中线两侧各有1条黑色纵带，从眼区延伸至后部，颈沟和放射沟黑色。螯肢黄褐色。步足黄褐色，被毛，具稀疏的刺，腿节及胫节有黑色环纹。腹部卵圆形，黑色，被细毛，心脏斑黄褐色，后有3个不明显的褐色"人"字形斑纹。纺器黄褐色，后侧纺器较长。【习性】在土坡或岩壁的缝隙中结网，10—11月成熟。【分布】广西。

崇左亚隙蛛（雌蛛）　王彦超 摄

近微光线隙蛛（雄蛛） 王彦超 摄

卡氏长隙蛛（雄蛛） 王彦超 摄

卡氏长隙蛛（雌蛛） 王彦超 摄

近微光线隙蛛 *Lineacoelotes subnitidus*

【特征识别】雄蛛体长6~10 mm。背甲褐色，被细毛，颈沟和放射沟灰色。螯肢及触肢褐色。步足褐色，腿节及胫节无明显环纹。腹部卵圆形，暗褐色，被长毛，边缘褐色，心脏斑褐色，后部隐约可见4个"人"字形斑纹。纺器灰色，后侧纺器较长。【习性】生活于洞口石块下，10—12月成熟。【分布】重庆。

卡氏长隙蛛 *Longicoelotes karschi*

【特征识别】雄蛛体长7~8 mm。背甲褐色，具大量灰黑色斑纹。步足灰黑色，细长，多毛。腹部卵圆形，背面灰褐色，具大量黑色纹，心脏斑明显，披针形。雌蛛体长7~9 mm。背甲灰黑色，放射沟明显。步足细长，灰褐色，多毛，具刺。腹部卵圆形，背面黑褐色，后部有3个褐色"人"字形斑纹。【习性】在土坡或岩壁的缝隙中结漏斗状网，8—10月成熟。【分布】江苏、浙江、安徽、福建。

蕾形花冠蛛(雌蛛) 王露雨 摄

蕾形花冠蛛(亚成体和网) 王露雨 摄

蕾形花冠蛛(雌蛛) 王露雨 摄

蕾形花冠蛛(雄蛛) 王露雨 摄

蕾形花冠蛛 *Orumcekia gemata*

【特征识别】雄蛛体长8~10 mm。背甲青褐色,头区稍隆起,色深,眼区具长毛,颈沟和放射沟明显。螯肢棕褐色。步足青褐色,具褐色环纹。腹部卵圆形,背面灰褐色,具许多不规则黑斑,后部可见5个白色"人"字形斑纹。雌蛛体长7~10 mm。除体色较雄蛛浅外,其余特征与雄蛛相似。【习性】在岩壁或墙角结漏斗状网,10月成熟。【分布】湖南、四川、重庆、贵州。

阴暗拟隙蛛 *Pireneitega luctuosa*

【特征识别】雄蛛体长8~12 mm。背甲暗黄褐色，眼区及两侧褐色，颈沟和放射沟明显。螯肢黑褐色。步足暗黄褐色，腿节背面、胫节和后跗节多刺。腹部卵圆形，背面黑褐色，具1对肌斑，其后方隐约可见4个"人"字形斑纹，两侧具许多不规则浅色斑纹。纺器浅黄褐色，后侧纺器较长。雌蛛体长10~13 mm。除体色较雄蛛浅外，其余特征与雄蛛相似。【习性】喜在人类房屋附近生活。【分布】山西、河北、江苏、浙江、安徽、河南、湖南、四川、重庆、贵州、陕西；韩国、日本、俄罗斯（远东）、中亚。

大拟隙蛛 *Pireneitega major*

【特征识别】雌蛛体长约16 mm。背甲中部及头区红褐色，边缘黄褐色，颈沟和放射沟浅黑色。螯肢及触肢深褐色。步足褐色，具稀疏的刺，胫节以外的其他节多毛。腹部卵圆形，背面黄褐色，被短毛，前端中线处黑色，后部多黑色小斑点。【习性】生活于落叶层石块下。【分布】甘肃、新疆；乌兹别克斯坦、塔吉克斯坦。

阴暗拟隙蛛（雌蛛） 蒋玄空 摄

阴暗拟隙蛛（雄蛛） 蒋玄空 摄

大拟隙蛛（雌蛛） 王露雨 摄

刺瓣拟隙蛛 *Pireneitega spinivulva*

【特征识别】雄蛛体长10~14 mm。背甲黄褐色，头区颜色略深，颈沟明显。螯肢黑色，侧结节黄褐色。步足黄褐色，腿节背面、胫节和后跗节多刺。腹部卵圆形，背面灰黑色，具1对肌斑、5个"人"字形斑纹以及许多不规则浅色斑。雌蛛体长11~14 mm。体色较雄蛛浅，其余特征与雄蛛相似。【习性】生活于人类房屋附近，8—10月成熟。【分布】北京、河北、山西、吉林、河南、湖南、云南、陕西、新疆、辽宁、内蒙古；韩国、日本、俄罗斯（远东）。

刺瓣拟隙蛛（雄蛛）｜王露雨 摄

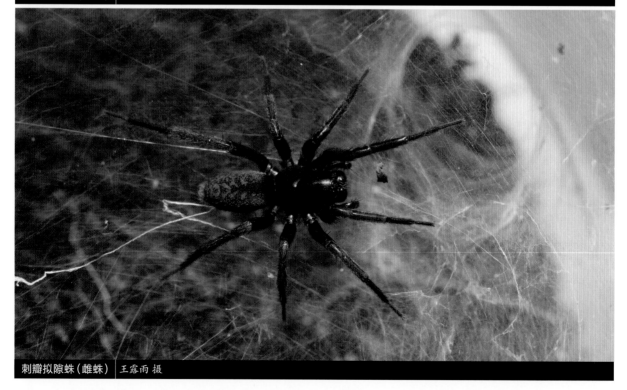

刺瓣拟隙蛛（雌蛛）｜王露雨 摄

新平拟隙蛛（雌蛛） 张志升 摄

新平拟隙蛛（雄蛛） 张志升 摄

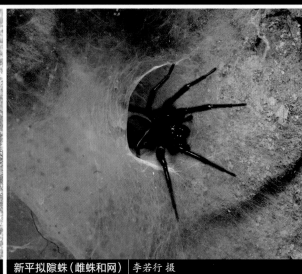

新平拟隙蛛（雌蛛和网） 李若行 摄

新平拟隙蛛 *Pireneitega xinping*

【特征识别】雄蛛体长14~16 mm。背甲黑褐色，头区色深，颈沟和放射沟明显。螯肢黑色。步足黑褐色，腿节背面、胫节和后跗节多刺。腹部卵圆形，黑褐色，密被细毛，背面及两侧具许多白色斑点。雌蛛体长16~19 mm。背甲、步足红褐色。腹部卵圆形，灰色。其余特征与雄蛛相似。【习性】生活于人类房屋附近，8—11月成熟。【分布】河南、湖北、重庆、四川、贵州、云南。

类钩宽隙蛛 *Platocoelotes icohamatoides*

【特征识别】雄蛛体长约6 mm。背甲褐色,被短毛,边缘颜色较浅,眼区被长毛,颈沟和放射沟发达,黑色。螯肢深褐色。步足黑褐色,具刺。腹部卵圆形,黄褐色,后部多毛,侧面灰黑色,具3个褐色"人"字形斑纹。雌蛛体长约8 mm。特征与雄蛛相似。【习性】多生活于洞穴环境中,5—10月成熟。【分布】湖南、贵州。

多宽隙蛛 *Platocoelotes impletus*

【特征识别】雄蛛体长5~12 mm。背甲深褐色,中间光滑,边缘具短毛,眼区被长毛,颈沟和放射沟黑色。螯肢及触肢黑褐色。步足深褐色,具短毛和刺。腹部卵圆形,被长毛,前端黄褐色,后部和侧面灰黑色,心脏斑黄褐色,后部具3~4个褐色"人"字形斑纹。雌蛛体长5~12 mm。体色较雄蛛浅,其余特征与雄蛛相似。【习性】多生活于洞穴环境中,6—10月成熟。【分布】湖南、贵州、四川。

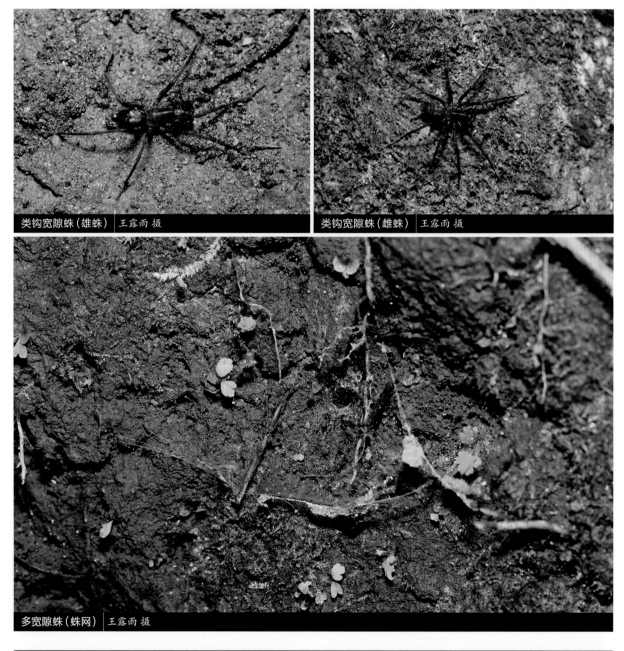

类钩宽隙蛛(雄蛛) 王露雨 摄

类钩宽隙蛛(雌蛛) 王露雨 摄

多宽隙蛛(蛛网) 王露雨 摄

多宽隙蛛（雌蛛）| 王露雨 摄

多宽隙蛛（雄蛛）| 王露雨 摄

副广宽隙蛛（雄蛛）| 蒋玄空 摄

副广宽隙蛛（雌蛛）| 蒋玄空 摄

副广宽隙蛛 *Platocoelotes paralatus*

【特征识别】雄蛛体长3~6 mm。背甲浅褐色，具短毛，颈沟和放射沟黑色。螯肢及触肢灰褐色。步足褐色，具短毛和刺。腹部卵圆形，灰黑色，被长毛，心脏斑大，黄褐色，后部具3个褐色"人"字形斑纹。雌蛛体长3~6 mm。特征与雄蛛相似。【习性】多生活于洞穴环境中，4—6月成熟。【分布】贵州。

宋氏华隙蛛（雌蛛）｜王露雨 摄

宋氏华隙蛛 *Sinocoelotes songi*

【特征识别】雌蛛体长10~12 mm。背甲褐色，头区颜色较深，颈沟和放射沟灰黑色。螯肢黑色。步足红褐色，具短毛和稀疏的刺。腹部卵圆形，背面被短毛，前端黄褐色，中线处黑色，两侧具黑色小斑点，后部灰黑色。【习性】在落叶层中结漏斗状网，7—10月成熟。【分布】贵州、重庆、湖南。

西山华隙蛛 *Sinocoelotes* sp.

【特征识别】雌蛛体长约5 mm。背甲黄褐色，光滑，颈沟和放射沟灰黑色。螯肢及触肢灰褐色。步足黄褐色，被白色短毛，腿节及胫节有黑色环纹。腹部卵圆形，背面灰黑色，被短毛，心脏斑小，黄褐色，后部有4个波浪状斑纹。【习性】在土坡和岩壁的缝隙间结漏斗状网，9—10月成熟。【分布】云南。

带旋隙蛛 *Spiricoelotes zonatus*

【特征识别】雄蛛体长6~8 mm。背甲灰色，头区颜色略深，中窝为褐色纵向凹陷，颈沟和放射沟明显，黑色。螯肢及触肢深褐色。步足灰褐色，被白色短毛，腿节背面、胫节和后跗节多刺。腹部卵圆形，背面灰黑色，心脏斑黄褐色，后部具4个"人"字形斑纹以及少许不规则浅色斑。【习性】在人类活动区域结网，5—11月皆有成熟。【分布】山西、江苏、江西、河南、湖北、湖南、四川、重庆；日本。

西山华隙蛛（雌蛛）｜王彦超 摄

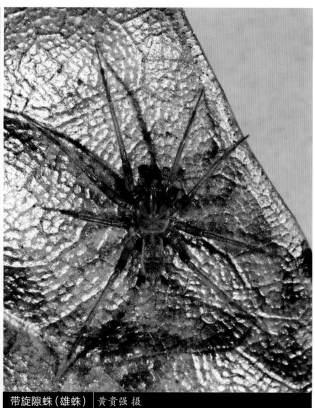

带旋隙蛛（雄蛛）｜黄贵强 摄

穴塔姆蛛（雄蛛）｜陆天 摄

侧带塔姆蛛（雌蛛）｜王露雨 摄

侧带塔姆蛛（雄蛛）｜王露雨 摄

穴塔姆蛛 *Tamgrinia alveolifera*

【特征识别】雌蛛体长15~19 mm。背甲中部及头区红褐色，头区颜色略深，边缘颜色较浅，具白毛，中窝为褐色，纵向，颈沟和放射沟明显，浅褐色。螯肢及触肢深褐色。步足红褐色，腿节以外的其他节密布白色短毛。腹部卵圆形，背面红褐色，心脏斑亮黄褐色，后部具5个"人"字形斑纹以及不规则黄褐色斑。【习性】均生活于海拔3 000 m左右地区，在朽木或岩石缝隙中结网，6—9月成熟。【分布】西藏、甘肃、青海、四川；印度。

侧带塔姆蛛 *Tamgrinia laticeps*

【特征识别】雄蛛体长约16 mm。背甲中部红褐色，头区近黑色，边缘颜色较浅，密被白毛，中窝褐色，纵向，颈沟和放射沟黑褐色，但均被白毛遮掩。螯肢及触肢深褐色。步足红褐色，具刺，腿节以外的其他节密布白色短毛。腹部卵圆形，背面黑褐色，被灰毛，前端多不规则灰白色斑纹，后部隐约可见"人"字形斑纹。纺器褐色。雌蛛体型较雄蛛稍大，其余特征与雄蛛相似。【习性】均生活于海拔3 000 m左右地区，在朽木或岩石缝隙中结网，6—9月成熟。【分布】内蒙古、西藏、陕西、甘肃、青海、四川。

方形塔姆蛛 *Tamgrinia rectangularis*

【特征识别】雌蛛体长约6 mm。背甲光滑，中部及头区黑色，边缘黄褐色，颈沟和放射沟不明显。螯肢及触肢黄褐色。步足粗短，黄褐色，腿节以外的其他节密布白色短毛，腿节及胫节有浅灰色环纹。腹部卵圆形，前端黄褐色，中线灰黑色，后部中线两侧具2条黑色纵带，侧面褐色。纺器褐色。雄蛛亚成体特征与雌蛛相似。【习性】均生活于海拔3 000 m左右地区，6—8月成熟。【分布】四川、甘肃。

方形塔姆蛛（雄蛛亚成体）| 陆天 摄

方形塔姆蛛（雌蛛）| 王露雨 摄

家隅蛛 *Tegenaria domestica*

【特征识别】雄蛛体长6~8 mm。步足褐色，多毛，具刺。腹部卵圆形，背面黄褐色，多毛。雌蛛体长6~8 mm。背甲褐色，头区稍隆起，色深。步足黄褐色，具褐色环纹。腹部卵圆形，背面黄褐色，有多个灰黑色斑块，前端中线上可见灰色心脏斑。【习性】生活于人类住处附近，在墙角、栅栏等结漏斗状网。【分布】北京、河北、贵州、山西、内蒙古、辽宁、浙江、安徽、山东、河南、湖南、四川、西藏、陕西、甘肃、青海、新疆、台湾；世界性广布。

家隅蛛（雄蛛）｜朱平舟 摄

家隅蛛（雌蛛）｜王露雨 摄

缙云扁桃蛛 *Tonsilla jinyunensis*

【特征识别】雌蛛体长10~15 mm。背甲深褐色，头区近黑色，边缘一圈颜色较浅。螯肢深褐色。步足深褐色，腿节以外的其他节多白色短毛，具刺。腹部卵圆形，背面和侧面灰褐色，被毛，背面多黄褐色不规则斑纹，隐约可见3~4个"人"字形斑纹。【习性】多生活于石块下、落叶层等缝隙中，10—12月成熟。【分布】重庆。

喙扁桃蛛 *Tonsilla rostrum*

【特征识别】雌蛛体长7~9 mm。背甲红褐色，头区颜色较深。螯肢和触肢深褐色。步足红褐色，腿节以外的其他节被毛，具刺，腿节及胫节有浅黑色的环纹。腹部卵圆形，密布长毛，背面和侧面灰黑色，背面多黄褐色不规则斑纹。【习性】多生活于落叶层，9—10月成熟。【分布】贵州。

缙云扁桃蛛（雌蛛） 张志升 摄

喙扁桃蛛（雌蛛） 王露雨 摄

猛扁桃蛛（雄蛛） 王露雨 摄

猛扁桃蛛（雌蛛和蛛网） 王露雨 摄

猛扁桃蛛 *Tonsilla truculenta*

【特征识别】雄蛛体长6~15 mm。背甲黑褐色，头区隆起，放射沟明显。螯肢、触肢黑褐色。步足长，红褐色。腹部卵圆形，背面褐色，前部色较深，后部具多个"人"字形纹。雌蛛体长6~16 mm。体色较雄蛛浅，其余特征与雄蛛相似。【习性】多生活于石块下、落叶层等缝隙中，9—10月成熟。【分布】湖南、贵州、重庆。

暗蛛科

AMAUROBIIDAE

英文名Mesh-web weavers，因其结网的形状而得名。

暗蛛小至中型，体长4~16 mm。具8眼，以4-4式排列成2行。体型与漏斗蛛相近。步足相对较短，且雄蛛步足明显长于雌蛛。步足末端具3爪，第四足后跗节背面有1列栉器。腹部卵圆形，腹面后端具3对纺器，较短。纺器前方具分隔筛器，其宽度稍窄于纺器。

暗蛛分布广泛，在北美洲、南美洲、欧洲、非洲、中亚以及印度均有分布，但在中国，真正属于暗蛛科的胎拉蛛属*Taira*发现于2007年，该属为东亚特有属，除模式种黄背胎拉蛛*Taira flavidorsalis*分布于日本外，其余均分布于中国。胎拉蛛一般在4—5月成熟，结白色乱网，通常生活在潮湿的陡坡、石壁、树干以及废弃房屋的墙壁上。其中荔波胎拉蛛*Taira liboensis*分布相对较

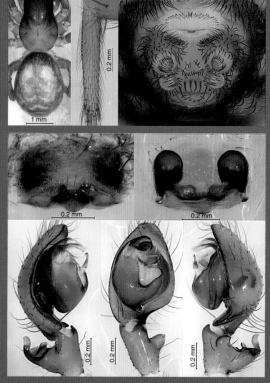

宋氏暗蛛 *Amaurobius songi*

广，在洞穴中也可见其身影。而钝胎拉蛛*Taira obtusa*可在海拔较高的灌木叶片表面结网生活。胎拉蛛常集群生活在一起，成熟季节可见雄蛛主动寻找雌蛛的网并进行求偶交配。近期在中国发现了暗蛛属*Amaurobius*的种类，成熟季节为10月左右，生活于落叶层中。

本科目前全世界已知51属286种，中国已知2属12种。张志升对中国暗蛛进行了较多研究。

宋氏暗蛛 *Amaurobius songi*

【特征识别】雄蛛体长约3.5 mm。背甲褐色，较光滑，头区明显隆起。步足褐色，颜色较浅。腹部卵圆形，红褐色，背面具多对白色斑，被白色绒毛。雌蛛体长稍大于雄蛛，约4 mm。背甲黑褐色，头区较雄蛛宽，黑色。腹部卵圆形，黑褐色，背面白斑较雄蛛小。【习性】生活于落叶层中，10月成熟。【分布】四川。

宋氏暗蛛（雄蛛）│ 王露雨 摄

宋氏暗蛛（雌蛛）│ 王露雨 摄

荔波胎拉蛛 *Taira liboensis*

【特征识别】雄蛛体长6~7 mm。背甲褐色，头区隆起，两侧由白色绒毛形成"丫"字形斑，背甲后部边缘色浅，密被白毛。步足细长，褐色，具黄褐色环纹。腹部卵圆形，背面黑褐色，密被长毛，心脏斑较明显，两侧具对称白斑。雌蛛体长8~9 mm。除体色较雄蛛深，步足较雄蛛短外，其余特征与雄蛛相似。【习性】在潮湿靠近地面的陡坡处结网生活，常藏匿于缝隙中。也可在洞穴中生活，体色变浅，4—5月可见雄蛛成体，而雌蛛4—10月均可见。【分布】四川、贵州。

荔波胎拉蛛（雄蛛）　王露雨 摄

荔波胎拉蛛（雌蛛）　陈会明 摄

荔波胎拉蛛（网）　张志升 摄

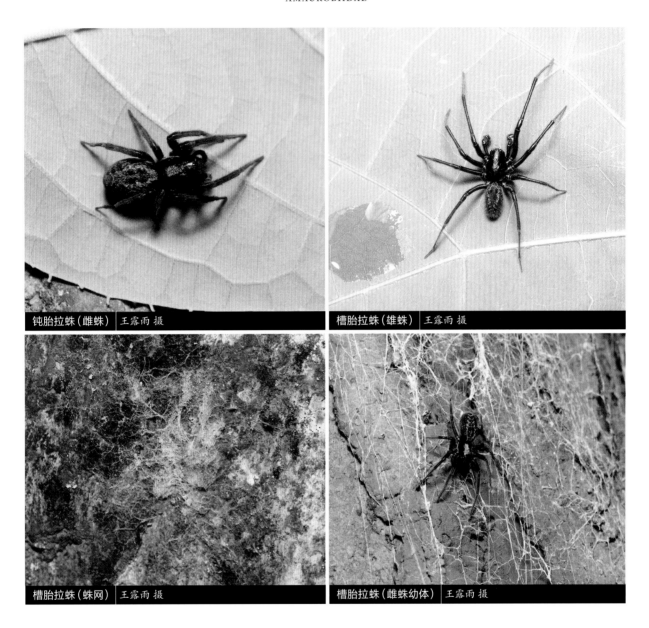

钝胎拉蛛(雌蛛) 王露雨 摄

槽胎拉蛛(雄蛛) 王露雨 摄

槽胎拉蛛(蛛网) 王露雨 摄

槽胎拉蛛(雌蛛幼体) 王露雨 摄

钝胎拉蛛 *Taira obtusa*

【特征识别】雌蛛体长6~7 mm。背甲近乎全黑,中部具白色绒毛形成的宽纵带,边缘色浅,密被白色短绒毛。步足粗壮,黑褐色。腹部卵圆形,末端稍尖,背面呈褐色,具大量不规则黑色斑,心脏斑较明显,前半部具对称分布的白色斑点,后半部具多个"人"字形白斑。【习性】多生活于海拔较高的矮小灌木叶表面,4—5月成熟,雄蛛生活史相对较短,成熟交配后不久便会死亡。【分布】湖北、贵州。

槽胎拉蛛 *Taira sulciformis*

【特征识别】雄蛛体长约6 mm。背甲黑色,较光滑,被稀疏白色毛。步足细长,其中腿节颜色最深,黑褐色。其余各节均为褐色,后跗节和跗节多毛。腹部卵圆形,黑褐色,密被白色长毛,背面具大量黑色和白色斑,心脏斑较明显,黑褐色。雌蛛体长约9 mm。背甲正中带色浅,密被白色绒毛,两侧各具1条黑褐色宽纵带,边缘色浅,黄褐色。步足色浅,长度明显短于雄蛛。腹部卵圆形,较雄蛛肥胖。其余特征与雄蛛相似。【习性】可在石壁树干等处结不规则乱网生活,4—5月成熟。【分布】福建、贵州。

万州胎拉蛛 *Taira wanzhouensis*

【特征识别】雌蛛体长5~6 mm。背甲黄褐色，头区隆起，色深，颈沟和放射沟明显。步足黄褐色，具不明显的褐色环纹，密被白色毛。腹部卵圆形，背面较花，黑色斑和黄褐色斑镶嵌排列。【习性】在树根部位结不规则乱网生活，4—5月成熟。【分布】重庆。

万州胎拉蛛（雌蛛）｜张志升 摄

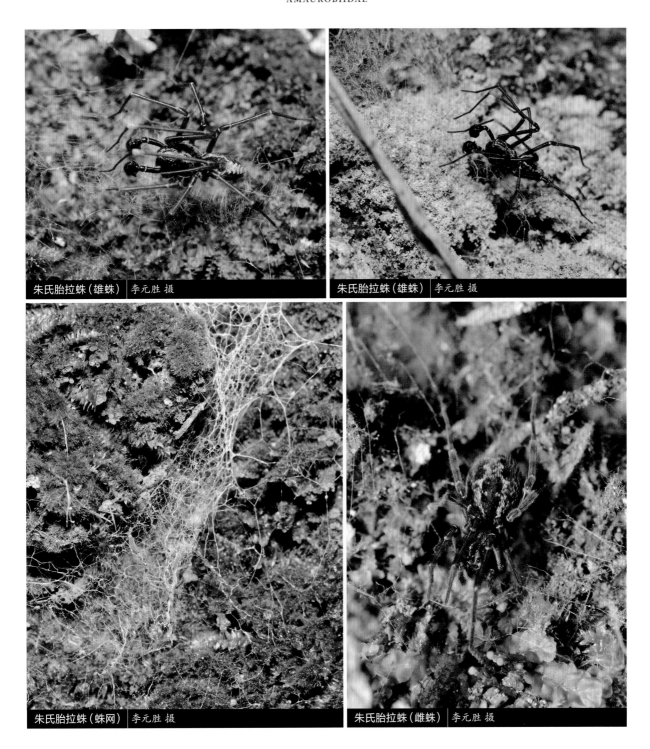

朱氏胎拉蛛（雄蛛） 李元胜 摄

朱氏胎拉蛛（雄蛛） 李元胜 摄

朱氏胎拉蛛（蛛网） 李元胜 摄

朱氏胎拉蛛（雌蛛） 李元胜 摄

朱氏胎拉蛛 *Taira zhui*

【特征识别】雄蛛体长4~5 mm。背甲黑色，头区明显隆起，最高点位于眼区后端，此处至中窝后部具白色刚毛，且背甲外缘具窄边"八"字排列的白色刚毛。触肢明显延长。步足细长，腿节颜色较深，黑褐色，其余各节则为褐色。腹部卵圆形，后半部具多个白色刚毛形成的"人"字横斑。雌蛛体长6~7 mm。体色较雄蛛浅。步足粗短。其余特征与雄蛛相似。【习性】喜生活于离地面附近长满苔藓的土坡上，4—5月成熟。【分布】重庆、四川。

台湾胎拉蛛 *Taira* sp.

【特征识别】雄蛛体长约6 mm。背甲黑褐色,较光滑,头区隆起。步足黄褐色,密被白色毛,黑褐色环纹较明显。腹部卵圆形,背面黄褐色,具大量不规则黑色斑,后半部具多个"八"字形横斑。雌蛛体长约7 mm。背甲密被白色短毛,头区较雄蛛宽。其余特征与雄蛛相似。【习性】喜在建筑物缝隙处生活,多个蜘蛛网可连在一起,形成一大片。【分布】台湾。

台湾胎拉蛛(雌蛛) 林义祥 摄

台湾胎拉蛛(雄蛛亚成体) 林义祥 摄

台湾胎拉蛛(雌蛛) 林义祥 摄

台湾胎拉蛛（雌蛛用筛器吐丝） 林义祥 摄

台湾胎拉蛛（蛛网） 林义祥 摄

安蛛科

ANAPIDAE

英文名Ground orb-web weavers。

安蛛体微小（<3 mm）。步足末端具3爪，无筛器。背甲眼区较高，6~8眼生于1个突起的眼丘上，前中眼较小甚至无。若为6眼，则6眼分为3组。螯肢不愈合，下唇中部前方有1个突起（唇距），指向两螯肢间。书肺被气管所取代。通常生活在热带雨林落叶层和地表苔藓等地，结直径小于3 cm的网。部分种类生活在洞穴内。

安蛛科由Simon于1895年建立，由Platnick & Shadab（1978，1979）重新进行了界定。Platnick & Forster（1989）提出将唇距和背甲前侧角的腺体开口作为本科的两个共有特征。

本科世界已知有57属220种，主要分布于热带和南温带，如中美和南美洲、澳大利亚和东南亚等地。中国已知7属11种。

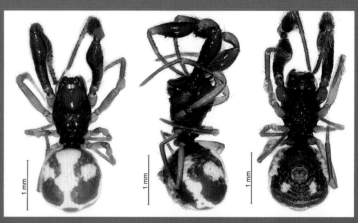

长突华安蛛 *Sinanapis lingituba*

八盖子蛛 *Gaiziapis zhizhuba*

【特征识别】雄蛛体长约1 mm。背甲红褐色,近圆形,眼区向上突起。步足浅褐色,具稀疏长毛。腹部球形,浅黄色,前部有斑点状褐色骨化点,后部有大面积褐色蝶形硬壳。雌蛛体长约1 mm。腹部浅褐色,多长毛,仅有斑点状褐色骨化点。其余特征与雄蛛类似。【习性】生活于落叶层中,结近圆形片网。【分布】云南。

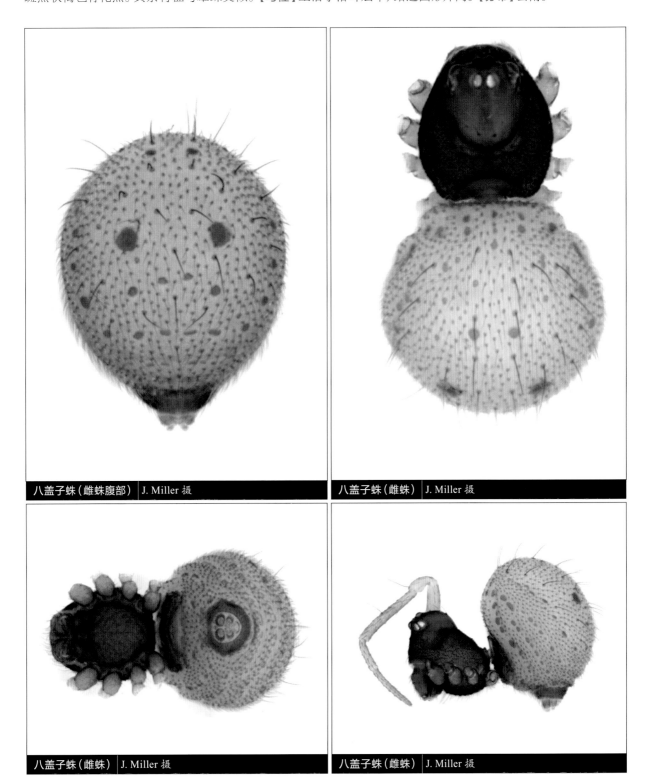

八盖子蛛(雌蛛腹部) | J. Miller 摄

八盖子蛛(雌蛛) | J. Miller 摄

八盖子蛛(雌蛛) | J. Miller 摄

八盖子蛛(雌蛛) | J. Miller 摄

八盖子蛛（雄蛛）　J. Miller 摄

八盖子蛛（雄蛛）　J. Miller 摄

八盖子蛛（蛛网）　J. Miller 摄

近管蛛科

ANYPHAENIDAE

英文名Tube spiders或Phantom spiders，来源于其生活习性，通常藏匿于管状丝囊中。本科因体型近似管巢蛛而得名。

近管蛛小到大型，体长2.5~22 mm。8眼2列，4-4式。步足末端具有2个梳齿状的爪和成对的、由片状毛组成的毛簇。腹部卵圆形，背面中部通常具1个明显黑斑。气孔发达，呈大的弧形，位于腹部腹面中央，雄蛛气孔往往长于雌蛛气孔。喜夜行。幼体多在叶片表面结不规则网，且在网中心织管状网，用于静息时藏匿，网管底部相对的叶片通常具1个小洞但不完整，当蜘蛛受到惊扰时，可从此洞逃逸。

本科目前全世界已知57属558种。绝大多数分布于南美洲。中国对于近管蛛科的研究相对较晚，1987年宋大祥和陈樟福首次报道了中国的近管蛛——莫干近管蛛*Anyphaena mogan*。目前，中国仅知近管蛛属*Anyphaena* 1属6种。

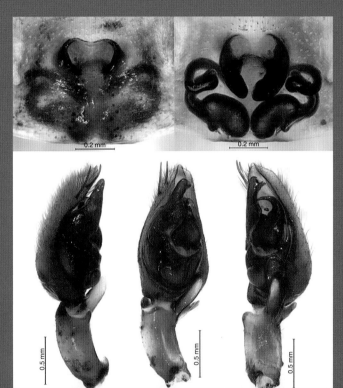

武夷近管蛛 *Anyphaena wuyi*

莫干近管蛛 *Anyphaena mogan*

【特征识别】雌蛛体长5~7 mm。背甲棕绿色,被大量白色绒毛。螯肢前侧密被白色毛。步足细长,棕绿色,上具有白色毛所形成的环纹。腹部卵圆形,颜色较背甲浅,背面中部具1个明显黑斑,周围散生黑色斑点。【习性】喜在叶片表面结不规则网生活,6月成熟。【分布】浙江、湖南。

鸟喙近管蛛 *Anyphaena rhynchophysa*

【特征识别】雌蛛体长约11 mm。背甲梨形,正中带纵向较宽,密被白毛,两侧各具1条弧形灰褐色纵带,亚边缘宽,色浅,边缘较窄,被白毛。步足较长,多刺,呈灰褐色,具黑褐色环纹。腹部长卵圆形,背面灰褐色,具大量黑色和褐色斑纹,正中具一大一小2对黑色斑,心脏斑明显,披针形。【习性】4月成熟。【分布】云南。

莫干近管蛛(雌蛛幼体) 金黎 摄

鸟喙近管蛛(雌蛛幼体) 陆天 摄

台湾近管蛛（雌蛛）│林义祥 摄

台湾近管蛛（雌蛛）│林义祥 摄

台湾近管蛛（雌蛛）│林义祥 摄

台湾近管蛛 *Anyphaena taiwanensis*

【特征识别】雌蛛体长约5 mm。背甲梨形，前端黄褐色，密被白毛，中部具梨形灰褐色斑纹。步足较长，浅黄褐色，多刺，关节处具黑褐色环纹。腹部卵圆形，颜色与背甲一致，白色毛较长，中部具2对灰褐色斑纹，其余部位散生少量灰褐色斑。【习性】5月成熟。【分布】台湾。

武夷近管蛛 *Anyphaena wuyi*

【**特征识别**】雌蛛体长约9 mm。背甲梨形，棕绿色，被大量白色绒毛形成的白色斑。步足较长，多刺，棕绿色，具大量白色环纹。腹部卵圆形，末端较尖，背面棕绿色，具大量白色斑纹，正中黑色斑不明显。【**习性**】幼体喜生活于叶片表面，5月成熟。【**分布**】福建、贵州、台湾。

武夷近管蛛（雌蛛幼体）｜王露雨 摄

武夷近管蛛（雌蛛幼体和蛛网）｜王露雨 摄

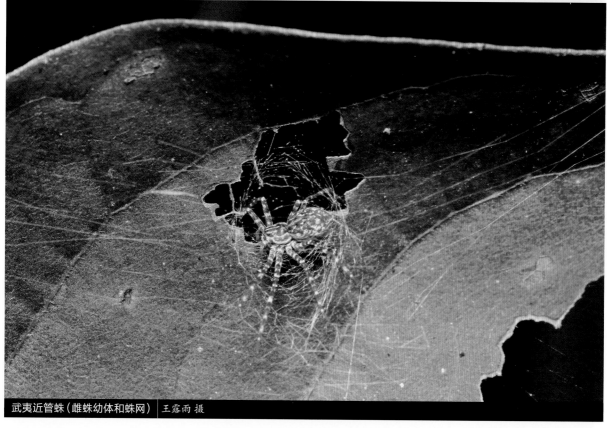

武夷近管蛛（雌蛛幼体和蛛网）｜王露雨 摄

大近管蛛（雌蛛幼体）│王露雨 摄

古田山近管蛛（雌蛛）│史静笄 摄

大近管蛛 *Anyphaena* sp.1

【特征识别】雌蛛体长约15 mm。背甲梨形，墨绿色，靠近边缘具散生白色毛。步足较长，多刺，墨绿色，具大量白色和黄褐色环纹。腹部卵圆形，末端较尖，背面墨绿色，具大量白色和黄褐色斑纹，前半部正中具4个明显黑斑。【习性】喜生活于栏杆凹陷处。【分布】贵州。

古田山近管蛛 *Anyphaena* sp.2

【特征识别】雌蛛体长约14 mm。背甲翠绿色，具不明显深色斑纹。步足细长，多刺，基节腿节翠绿色，具灰绿色环纹，后4节黄褐色，具褐色环纹。腹部卵圆形，末端稍尖，翠绿色，侧面具大量白色斑点。【习性】在矮小灌丛间结网。【分布】浙江。

园蛛科

ARANEIDAE

　　拉丁文源自于古希腊神话中向雅典娜挑战落败而羞愧自杀，后被雅典娜复活为蜘蛛的织布少女Arachne（古希腊文Αράχνη）。英文名Orb-weaver spiders或Garden spiders，指其结圆形网，常见于花园中，中文名源于后者。台湾称为金蛛科。园蛛科也是蜘蛛目最早被定名的科，由蜘蛛目研究的首篇文章（Clerck，1757年）所确立，同时也是18世纪唯一被确立的科。在蜘蛛目研究的初始阶段，所有蜘蛛均被归入此科，蜘蛛目的拉丁名称亦由此而来。

　　园蛛微小至特大型，体长2~60 mm。体色变化极大，甚至是同种也具有一些明显的体色变化。8眼排成2横列，着生在头区前端，中眼域方形或梯形，雄蛛中眼域通常向前延伸。中窝纵向、横向或点状。螯肢粗壮，有侧结节。步足多刺，末端具3爪。腹部形状多变，因种而异。触肢器复杂，触肢跗节（跗舟）基部通常具有1个钩状突起（副跗舟）。雌蛛外雌器腹面通常具1个垂体。多数种类在春夏季成熟，雄蛛个体体长通常明显小于雌蛛，且雌雄存在异形现象（即同一种的雌蛛和雄蛛在体型、体色和斑纹等方面存在差异），部分种类曾因极端的雌雄异形现象而被归入不同属中。

　　本科是蜘蛛目第三大科，是结网蜘蛛的典型代表。目前全世界共有169属3 101种。中国已知46属374种。中国有众多学者均对园蛛的研究做出了重要贡献，尹长民等所编著的《中国动物志 园蛛科》至今仍是中国唯一一本园蛛专著，在园蛛系统学方面起着举足轻重的作用。

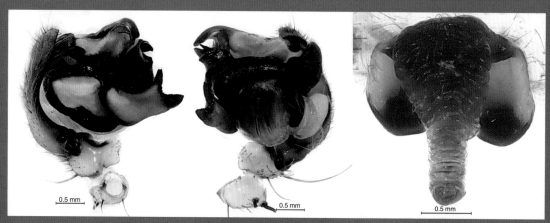

肥胖园蛛 *Araneus pinguis*

洛桑尖蛛 *Aculepeira luosangensis*

【特征识别】雌蛛体长7~9 mm。背甲黑褐色，密被白毛，头区稍隆起，色淡，白毛长。步足多刺，具褐色和黄褐色环纹。腹部卵圆形，末端较尖，腹部背面的心脏斑灰褐色，叶状斑白色，一直延伸至后端，第二对分支最宽，中后端外侧具3对小的白色斑点，背面与两侧具有明显的白色界限。【习性】在灌木丛中结网生活。【分布】西藏。

帕氏尖蛛 *Aculepeira packardi*

【特征识别】雄蛛体长约6 mm。背甲红褐色，密被白色长毛，中窝明显，纵向，黑色，中眼域明显向前方隆起。步足红褐色，多刺，具黄褐色环纹。腹部卵圆形，心脏斑明显，灰褐色，叶状斑白色，中部最宽，两侧黑褐色。雌蛛体长约11 mm。除体色较浅外，其余特征与雄蛛相似。【习性】在灌木丛中结网生活，7—8月成熟。【分布】西藏、新疆、内蒙古；哈萨克斯坦、俄罗斯、北美。

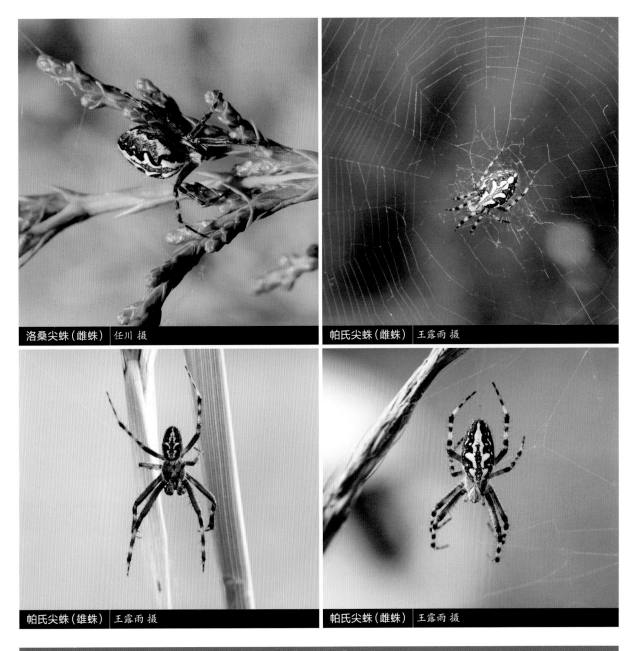

| 洛桑尖蛛（雌蛛） 任川 摄 | 帕氏尖蛛（雌蛛） 王露雨 摄 |
| 帕氏尖蛛（雄蛛） 王露雨 摄 | 帕氏尖蛛（雌蛛） 王露雨 摄 |

褐吊叶蛛 *Acusilas coccineus*

【特征识别】雄蛛体长约6 mm。头胸部呈梨形，褐色。步足红褐色，具黑色斑。腹部卵圆形，前端稍宽于后端，褐色，具4对肌斑。雌蛛体长7~10 mm。头胸部梨形，背甲红褐色，较光滑。腹部卵圆形，背面颜色多变，红褐色至黑褐色，被毛。【习性】会利用树叶在网上织个管状巢，白天潜伏其中，6—8月成熟。【分布】江苏、浙江、湖南、四川、重庆、贵州、云南、台湾；日本、印度尼西亚、马来西亚、巴布亚新几内亚。

褐吊叶蛛（雄蛛） 张志升 摄

褐吊叶蛛（雌蛛） 王露雨 摄

褐吊叶蛛（蛛网和巢） 林义祥 摄

褐吊叶蛛（蛛网和巢） 林义祥 摄

马六甲吊叶蛛 *Acusilas malaccensis*

【特征识别】雄蛛体长约3 mm。头胸部梨形，背甲红褐色。腹部前端明显宽于后端，背面黄褐色。雌蛛体长约8 mm。背甲棕黄色，头区稍高，眼黑色。螯肢、触肢棕黄色。步足前几节棕黄色，后蹠节和跗节黑色。腹部橘黄色，前缘较平直，两肩角处具2块黑斑，中后端具左右对称的"一"字形黑斑和3对肌斑。【习性】会利用树叶在网上织管状巢，白天潜伏其中，6—8月成熟。【分布】云南；泰国、老挝、马来西亚、印度尼西亚。

马六甲吊叶蛛（雌蛛）李娅华 摄

马六甲吊叶蛛（雌蛛）李娅华 摄

马六甲吊叶蛛（雄蛛）单子龙 摄

马六甲吊叶蛛（雌蛛）单子龙 摄

扁秃头蛛 *Anepsion depressum*

【特征识别】雌蛛体长约4 mm。背甲浅黄褐色，头区隆起，眼黑色。步足黑褐色。腹部圆盘状，极扁，背面黄褐色，靠近边缘散布1圈肌斑。【习性】在阴暗树林中结圆形网。【分布】海南、台湾；东南亚。

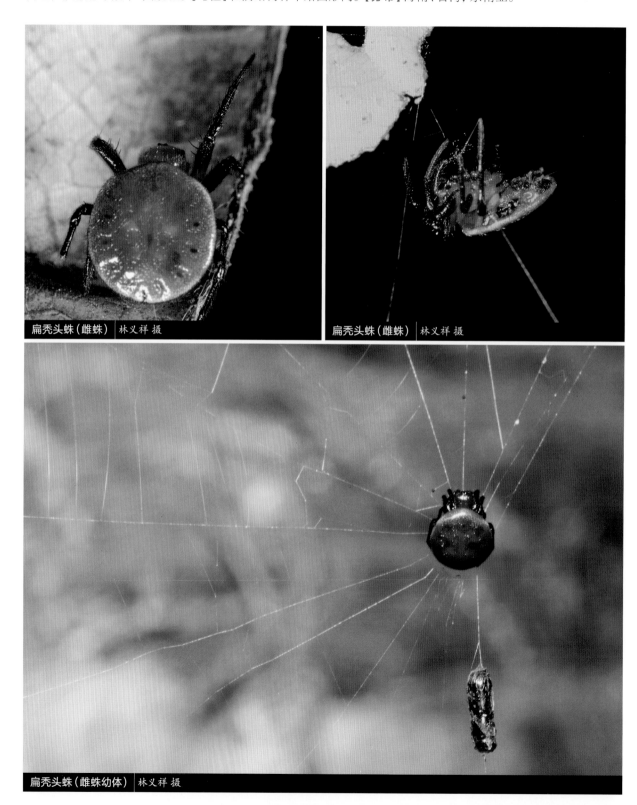

扁秃头蛛（雌蛛）林义祥 摄

扁秃头蛛（雌蛛）林义祥 摄

扁秃头蛛（雌蛛幼体）林义祥 摄

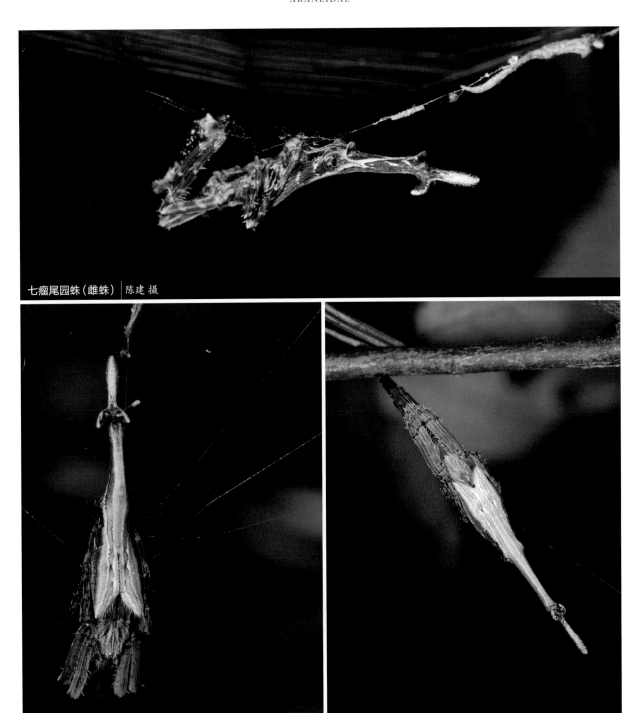

七瘤尾园蛛（雌蛛）｜陈建 摄

七瘤尾园蛛（雌蛛）｜陈建 摄

七瘤尾园蛛（雌蛛）｜陈建 摄

七瘤尾园蛛 *Arachnura heptotubercula*

【特征识别】雌蛛体长20~23 mm。背甲浅黄褐色，密被白色绒毛，头区较窄。步足黄褐色，多刺，多毛。腹部背面灰白色，前方具2个突起，每个突起下方均具有1条纵带延伸至尾部中段，尾部基部和中部均具1对瘤突，基部瘤突大且钝圆，中部瘤突粗短，尾部末端密被毛。【习性】7—8月成熟。【分布】浙江、湖南、贵州。

黄尾园蛛 *Arachnura melanura*

【特征识别】雌蛛体长13~17 mm。背甲灰褐色，具褐色斑纹，密被白色毛，胸区稍高，中窝菱形内陷。步足与背甲同色，有深褐色环纹，第一、二步足较粗壮。腹部形状奇特，前端两侧的肩部向前突出呈叉状并覆盖于胸区之上，后端变窄向后延伸如尾状，"尾"的近末端向两侧形成侧突，其后端的"尾"末端部分具白色毛。幼体多为黄色。【习性】7—8月成熟。【分布】浙江、湖南、台湾；东亚、东南亚、南亚。

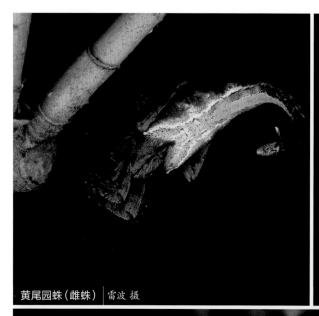

黄尾园蛛（雌蛛）雷波 摄

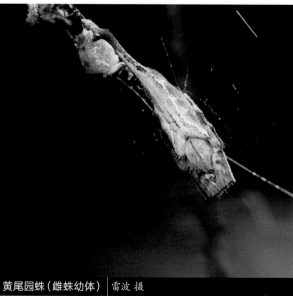

黄尾园蛛（雌蛛幼体）雷波 摄

黄尾园蛛（雌蛛幼体）雷波 摄

黄尾园蛛（雌蛛幼体）｜王露雨 摄

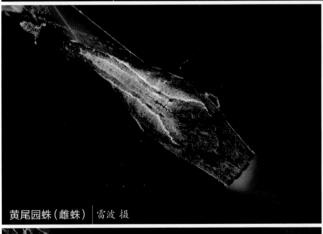

黄尾园蛛（雌蛛）｜雷波 摄

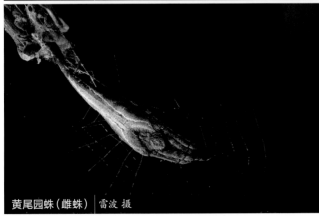

黄尾园蛛（雌蛛）｜雷波 摄

黄尾园蛛（雌蛛）｜李娅华 摄

春花园蛛 *Araneus chunhuaia*

【特征识别】雄蛛体长约10 mm。背甲黑褐色，具白色毛。步足多刺，黑色，具白色宽环纹。雌蛛体长约15 mm。背甲黑褐色，密被白色毛。腹部背面两侧具肩突，背面体色多变，灰白色至黑褐色，叶状斑可有可无，背面正中前方至中后部具白色斑块形成的纵带。【习性】在灌木丛和屋檐下等处结大型圆网生活，7—8月成熟。【分布】山西、内蒙古。

春花园蛛（雄蛛）｜王露雨 摄

春花园蛛（雌蛛）｜王露雨 摄

春花园蛛（雄蛛）｜王露雨 摄

春花园蛛（雌蛛）　王露雨 摄

春花园蛛（雌蛛）　王露雨 摄

十字园蛛（雌蛛）　王露雨 摄

十字园蛛（雌蛛）　王露雨 摄

十字园蛛 *Araneus diadematus*

【特征识别】雌蛛体长约12 mm。背甲红褐色，具白色毛。步足黄褐色，具红褐色环纹，多刺。腹部肩突不明显，背面黄褐色，正中白色斑块呈"十"字形排列，后半部具叶状斑。【习性】在灌木丛等处结大型圆网生活，7—8月成熟。【分布】河北、内蒙古、山东、甘肃、新疆；全北区。

黄斑园蛛（雌蛛）　张志升 摄

兴安园蛛（雄蛛）　王露雨 摄

兴安园蛛（雌蛛）　王露雨 摄

兴安园蛛（雌蛛）　王露雨 摄

黄斑园蛛 *Araneus ejusmodi*

【特征识别】雌蛛体长4~6 mm。背甲黑褐色，头区宽且隆起。步足黄褐色，各节远端黑褐色。腹部卵圆形，背面中央有3个"山"形黄白色斑和3对肌痕，山形纹周围黑褐色，而黑褐色斑纹外侧为黄白色，所有黄白色区均由许多鳞片状小块状斑组成，背侧后半部有4条细纵纹。【习性】在草丛中结小型圆网生活，7—8月成熟。【分布】重庆、上海、江苏、浙江、安徽、福建、江西、山东、河南、湖北、湖南、四川、贵州、台湾；韩国、日本。

兴安园蛛 *Araneus khingan*

【特征识别】雄蛛体长约10 mm。背甲灰褐色，密被白毛。步足腿节黑褐色，具1排腹刺，腿节之后具宽大白色环纹，胫节具粗壮刺。腹部灰褐色，具长刚毛。雌蛛体长13~25 mm。背甲灰白色，密被白色绒毛。步足较雄蛛短且少刺。腹部肥胖，肩突不明显，背面较花，白色、黑色和黄色斑纹相间排列，后半部叶状斑明显，边缘为白色弧形纹。雌蛛腹部腹面均具有1个橘红色大斑。【习性】在灌木丛中结大型圆网生活，7—8月成熟。【分布】内蒙古、黑龙江。

花岗园蛛 *Araneus marmoreus*

【特征识别】雄蛛体长10~11 mm。背甲浅红褐色，头区较窄，胸区近似圆形，边缘色深。步足多刺，乳白色和红褐色相间排列。腹部灰褐色，散布淡黄色斑块。雌蛛体长13~20 mm。背甲淡红褐色，密被白色绒毛。步足与雄蛛相同。腹部肥大，卵圆形，背面斑纹多变，以黄色为主，具大量黑色纹，心脏斑黄色明显或缺失，叶状斑黄色或黑色。【习性】在灌木丛中结大型圆网生活，7—8月成熟。【分布】山西、内蒙古、河南、新疆、辽宁、吉林、黑龙江；全北区。

花岗园蛛（雄蛛）　王露雨 摄

花岗园蛛（雄蛛）　付宇 摄

花岗园蛛（雌蛛）　王露雨 摄

花岗园蛛（雌蛛）　王露雨 摄

花岗园蛛（雌蛛）　王露雨 摄

黑斑园蛛 *Araneus mitificus*

【特征识别】雌蛛体长6~9 mm。背甲黄绿色，头区稍隆起。步足翠绿色。腹部近圆球形，背面斑纹颜色较复杂，背端及两侧边缘为窄的黑色斑，背面前端具1个宽的弧形黑斑，前端其他部分由白色鳞片状小斑组成，中后端有2条浅黄色横向斑纹和大量白色小鳞斑，后端具4个黑色斑块。【习性】在叶缘两侧织致密横丝，将叶片拉为弓状，白天藏匿其中。【分布】重庆、辽宁、浙江、江西、湖南、广东、广西、四川、贵州、云南、台湾、香港；菲律宾、新几内亚岛、印度。

黑斑园蛛（雌蛛）岳长庚摄

黑斑园蛛（雌蛛）陈尽摄

黑斑园蛛（雌蛛）陆天摄

黑斑园蛛（蛛网）王露雨摄

五纹园蛛 *Araneus pentagrammicus*

【特征识别】雄蛛体长约6 mm。背甲黄绿色，较光滑。步足翠绿色，具黑色长刺。腹部近似球形，背面白绿色，具4对肌斑，后半部具横纹。雌蛛体长7~10 mm。背甲黄褐色，两侧绿色。步足青绿色，胫节、后跗节和跗节远端具黑褐色的环玟。腹部背面由前向后白色、白绿色，后缘绿色，背面前端具2对肌斑，后半部有5条黑褐色横纹（故此而得名）。【习性】在树枝叶间结较大型圆网，并在圆网边缘的绿叶上做1个隐蔽所，白天时藏于其中，傍晚外出捕食。【分布】河北、江西、湖南、广西、四川、贵州、台湾；韩国、日本。

五纹园蛛（雄蛛）｜金黎 摄

五纹园蛛（雌蛛和网）｜李元胜 摄

五纹园蛛（雌蛛和网）｜李元胜 摄

肥胖园蛛 *Araneus pinguis*

【特征识别】雄蛛体长约10 mm。背甲灰褐色，被白色长毛，头区较窄，胸区近似圆形，中窝明显，纵向，黑色。步足多刺，乳白色和黑褐色相间排列。腹部黄褐色，前半部具4对肌斑，后半部具灰褐色大型叶状斑。雌蛛体长13~20 mm。背甲灰白色，密被白色绒毛。步足较雄蛛短。腹部肥胖，近似球形，背面颜色多变，乳白色至暗红色。【习性】在灌木丛和草丛中结大型圆网生活，7—8月成熟。【分布】内蒙古、辽宁、吉林、黑龙江；韩国、日本、俄罗斯。

肥胖园蛛（雌蛛）｜王露雨 摄

肥胖园蛛（雌蛛）｜王露雨 摄

肥胖园蛛（雄蛛）｜王露雨 摄

肥胖园蛛（雌蛛）｜王露雨 摄

肥胖园蛛（雄蛛） 王露雨 摄　　肥胖园蛛（雌蛛） 王露雨 摄

半黑园蛛 *Araneus seminiger*

【特征识别】雌蛛体长15~22 mm。背甲棕色，具许多白色绒毛，头区稍高。螯肢黑褐色。步足褐色，具绿色环纹。腹部近盾形，前缘较平，中间稍前突，绿色，其两侧褐色，背面多数区域为绿色，中后部具波浪形的褐色斑纹，其两侧具对称分布的褐色斑块。【习性】在灌木丛中结大型圆网生活，7—8月成熟。【分布】重庆、贵州；日本。

半黑园蛛（雌蛛）寒枫摄　　半黑园蛛（雌蛛）寒枫摄

藤县园蛛 *Araneus tengxianensis*

【特征识别】雌蛛体长4~5 mm。背甲棕褐色，颈沟和放射沟明显，中窝横向，长而深。螯肢棕褐色。步足棕褐色。腹部菱形，宽大于长，前端稍尖，背面黄绿色，前缘黑褐色，具3对肌斑，前2对明显，褐色，两肩角至后端的背面侧缘具一些左右对称的弯曲的褐色斑纹，并夹杂着白色斑块，后端较钝。【习性】在灌木丛中结小型圆网生活，7—8月成熟。【分布】广西。

藤县园蛛（雌蛛）│李娅华 摄

大腹园蛛 *Araneus ventricosus*

【特征识别】雌蛛成体大型，体长17~29 mm。体色在不同个体间常有变化，一般呈黑灰褐色，中窝横向。螯肢粗壮。步足粗壮，基节至膝节以及跗节末端黑褐色，其余各节黄褐色并有环纹。腹部前端两侧的肩角隆起，心脏斑白色或黄褐色，叶状斑明显，前端宽，边缘呈弯曲的带状，腹部两侧及腹面暗灰色或褐色。【习性】常在房屋屋檐下等房屋周围结大型圆网。【分布】重庆、北京、河北、山西、内蒙古、吉林、黑龙江、江苏、浙江、安徽、福建、江西、山东、河南、湖北、湖南、广东、广西、海南、四川、贵州、云南、陕西、青海、新疆、台湾；韩国、日本、俄罗斯。

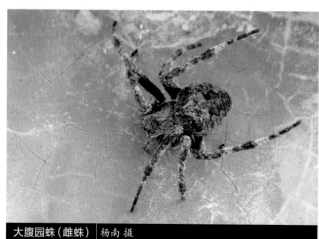

大腹园蛛（雌蛛）│杨南 摄　　　　　大腹园蛛（雌蛛）│倪一农 摄

大腹园蛛（雌蛛）　王露雨 摄

大腹园蛛（雌蛛）　倪一农 摄

大腹园蛛（雌蛛）　倪一农 摄

浅绿园蛛 *Araneus viridiventris*

【特征识别】雌蛛体长4~5 mm。背甲棕褐色，被白色短绒毛，头区隆起。螯肢棕褐色。步足棕褐色。腹部菱形，宽大于长，两肩角处最宽，背部前缘黑褐色，其余亮绿色，具3对肌斑，前2对明显，两肩角至后端具多对左右对称的白色边缘包裹的黑色斑块，后端较钝。【习性】在灌木丛中结小型圆网生活，7—8月成熟。【分布】福建、广东、浙江、台湾；日本。

六痣蛛 *Araniella displicata*

【特征识别】雌蛛体长5~9 mm。背甲颜色单一，米黄色。步足淡黄色，关节处具黑色环纹。腹部近似球形，背面黄色，前半部正中两侧具多对黑色小肌斑，后半部边缘具3对圆形黑痣。【习性】多在植物间结小型圆网。【分布】北京、山西、内蒙古、辽宁、吉林、黑龙江、江苏、安徽、山东、河南、湖北、湖南、四川、西藏、陕西、甘肃、青海、宁夏、新疆；全北区。

浅绿园蛛（雌蛛）｜杨小峰 摄

六痣蛛（雌蛛）｜张军 摄

六痣蛛（雌蛛）｜张军 摄

暗痣蛛(雌蛛) 王露雨 摄

暗痣蛛(雄蛛亚成体) 风之子 摄

暗痣蛛 *Araniella inconspicua*

【特征识别】雌蛛体长6~8 mm。背甲暗黄色或浅黄褐色，中窝横凹，头区隆起，眼明显呈黑色，两侧头区与胸区结合部具1对黑色小斑。步足自腿节开始，每节远端有1个窄的黑褐色环纹。腹部卵圆形，背面黄色或黄白色，前端具明显的2对肌斑，后端两侧边缘具3对黑痣。【习性】多在植物间结小型圆网。【分布】江西、四川、辽宁；古北区。

八木痣蛛 *Araniella yaginumai*

【特征识别】雄蛛体长约5 mm。背甲黄褐色，胸区两侧具明显黑纵斑。第一对步足黄褐色，其余3对步足黑色，具绿色环纹。腹部卵圆形，背面白色，前半部具2对肌斑，尾部具一大一小2对黑痣。雌蛛体长约7 mm。背甲淡褐色，较光滑，眼黑色。步足淡褐色，具黑色刺。腹部卵圆形，黄褐色，具3对肌斑，后端两侧边缘具3对黑痣。【习性】多在植物间结小型圆网。【分布】山西、台湾；韩国、日本、俄罗斯。

八木痣蛛（雄蛛）林义祥 摄

八木痣蛛（雄蛛）林义祥 摄

八木痣蛛（雌蛛）林义祥 摄

缙云痣蛛（雌蛛） 张巍巍 摄

缙云痣蛛（雌蛛） 张巍巍 摄

西藏痣蛛（雌蛛） 张巍巍 摄

西藏痣蛛（雌蛛） 张巍巍 摄

缙云痣蛛 *Araniella* sp.1

【特征识别】雌蛛体长约8 mm。背甲暗褐色，较光滑，眼黑色。步足黄褐色，关节处具黑色环纹，多刺。腹部卵圆形，背面黄色，前缘正中向前延伸，前半部具3对肌斑，后半部具几条细纵纹，后端两侧边缘具3对小黑痣，腹部侧缘黑色。【习性】多在植物间结小型圆网。【分布】重庆。

西藏痣蛛 *Araniella* sp.2

【特征识别】雌蛛体长约10 mm。背甲红褐色，较光滑，具白色绒毛，眼黑色。步足红褐色，末端黑色。腹部卵圆形，背面米黄色，前半部具3对肌斑，后半部具几条细纵纹，中后端两侧边缘具4对大黑痣和1对小黑痣，腹部侧缘黑色。【习性】多在植物间结小型圆网。【分布】西藏。

好胜金蛛 *Argiope aemula*

【特征识别】雌蛛体长20~25 mm。为金蛛属中较大种类。背甲灰褐色，密被白色毛。腹部较肥壮，前半部黄白色，后半部黄色，整个腹部背面有许多黑褐色横带，前半部疏，后半部密，并有若干条细纵带，交错成小格斑纹，腹面中线两侧具1对黄色纵斑。【习性】结大型圆网，且网上常见到白色的丝带。【分布】福建、河南、湖南、广东、广西、海南、云南、台湾、香港；菲律宾、印度尼西亚、瓦努阿图、印度。

好胜金蛛（一雌一雄）李爱民 摄

好胜金蛛（雌蛛）廖东添 摄

好胜金蛛（雌蛛）廖东添 摄

好胜金蛛（雌蛛）张志升 摄

悦目金蛛(雌蛛) | 张志升 摄

悦目金蛛(雌蛛) | 张志升 摄　　　伯氏金蛛(雌蛛) | 张志升 摄

悦目金蛛 *Argiope amoena*

【特征识别】雌蛛体长20~23 mm。背甲黑褐色，密被白毛。步足黑色，前2对足有灰白色环纹。腹部黑褐色，肩角隆起，前端具1条横向的白色斑纹，其后为1条横向、向前呈弧形弯曲的黄褐色横斑，接着为1条白黄相间的横斑，再向后是1条褐色的横斑，该横斑前端具5块白斑，后端还具1条白黄相间的横斑，腹部后端全部为褐色，具排成3-2的5块白斑，腹部两侧具多块白斑，腹面具2条浅黄色纵斑，纵斑向两侧伸出一长一短2个分支。纺器橙黄色。【习性】结大型圆网，网上具白色丝带。【分布】重庆、江苏、浙江、安徽、福建、江西、河南、湖北、湖南、广东、广西、海南、四川、贵州、云南、西藏、台湾；韩国、日本。

伯氏金蛛 *Argiope boesenbergi*

【特征识别】雌蛛体长13~15 mm。背甲褐色或黑褐色，密被白色绒毛，斑纹紫褐色。步足黄褐色，前2对足具黑褐色环纹。腹部短而宽，前缘平直，近长卵圆形，肩稍隆起，背面肩角附近为1条宽的黄白色横斑，中间夹杂着褐色斑点，其后端褐色，中线上有2个近椭圆形的黄斑，黄斑外侧为2个近三角形的黄斑。纺器棕褐色。【习性】其网上常见有"X"形白色丝带。【分布】重庆、浙江、湖南、四川、贵州、西藏、台湾；韩国、日本。

横纹金蛛 *Argiope bruennichi*

【特征识别】雄蛛体长约6 mm。背甲淡黄褐色，被白色绒毛。步足细长多刺，淡黄褐色，关节处具褐色环纹。腹部长卵圆形，背面正中具米黄色梯形纹，两侧银白色。雌蛛体长18~20 mm。背甲灰黄色，密被银白色毛。步足较花，具黄色、黑色、灰白色环纹。腹部长卵圆形，肩部稍隆起，背面黄色，具约12条黑褐色横纹。【习性】常在稻田和草丛中结中型圆网，其网上常见有"X"形白色丝带。【分布】重庆、河北、内蒙古、辽宁、吉林、黑龙江、江苏、浙江、安徽、福建、江西、山东、河南、湖北、湖南、广东、广西、海南、四川、贵州、云南、青海、新疆；古北区。

横纹金蛛（幼体）｜王露雨 摄　　横纹金蛛（幼体）｜王露雨 摄

横纹金蛛（雌蛛）｜王露雨 摄

横纹金蛛（雄蛛）｜王露雨 摄

横纹金蛛（雌蛛）｜王露雨 摄

恺撒金蛛 *Argiope caesarea*

【特征识别】小型金蛛，雌蛛体长约10 mm。背甲黑褐色，具白色绒毛。步足黑色。腹部中部最宽，背面具3条黑褐色和3条黄色宽横纹，后部具1个近似圆形大黑斑，末端黄色。【习性】结中型圆网，网上可见白色丝带。【分布】云南；印度、缅甸。

叶金蛛 *Argiope lobata*

【特征识别】雌蛛体长15~20 mm。背甲银白色，密被白色绒毛。步足细长，白色和黑色环纹相间排列。腹部叶片状，背面银白色，具大量黑色小凹陷，具4对肌斑，黑色，叶缘缺刻处具黑色长条斑。【习性】结大型圆网，网上可见白色丝带。【分布】云南、宁夏、新疆；古北区。

厚橡金蛛 *Argiope macrochoera*

【特征识别】雌蛛体长约12 mm。背甲淡灰褐色，密被白色绒毛。步足黄色和黑色环纹相间排列。腹部具多条宽窄不一的白色、黄色、黑色横纹，中部黑褐色横纹最宽，具1排白色圆形斑点，腹面黑色，具2条黄色纵纹和多个白色斑点。【习性】常在灌丛中结大型圆网。【分布】云南、广东、海南；印度（尼科巴群岛）。

恺撒金蛛（雌蛛）　杨自忠 摄

叶金蛛（雌蛛）　王瑞 摄

厚橡金蛛（雌蛛）　黄贵强 摄

厚橡金蛛（雌蛛）　黄贵强 摄

小悦目金蛛（雄蛛）｜王露雨 摄

小悦目金蛛（雌蛛）｜张志升 摄

小悦目金蛛（雌蛛）｜张志升 摄

小悦目金蛛（雌蛛）｜王露雨 摄

小悦目金蛛 *Argiope minuta*

【特征识别】雄蛛体长约5 mm。头胸部黄褐色，密被白色绒毛。步足黑褐色，多刺。腹部卵圆形，灰白色。雌蛛体长6~12 mm。背甲黄褐色，被白色细毛，中窝横向。螯肢黑褐色。触肢黄色，膝节和胫节的前面有深色环纹。胸板中央为1条黄色斑，两侧缘黑褐色。步足褐色，有深色环纹。腹部前端平直，肩角稍隆起，背面中前部灰黄色，具4条细的黄褐色横带，后端黑褐色，嵌有2条暗红色横纹。【习性】常在灌丛中结大型圆网。【分布】重庆、浙江、安徽、福建、江西、河南、广东、广西、湖北、湖南、四川、贵州、云南、台湾；东亚、孟加拉国。

目金蛛 *Argiope ocula*

【特征识别】雌蛛体长22~29 mm。头胸部较窄长,背甲褐色,头区前端黄白色。步足转节至膝节红褐色,其他各节黑色,具灰色环纹,腿节上有绒毛,尤以第三、四步足明显。腹部长卵圆形,肩角稍隆起,背面灰黄褐色或浅黄白色,颜色鲜艳的个体近前端1条棕黄色横纹,肩角位于这条横纹后方的白色横带两侧,背面中部具2个前白后黑的块状斑,两侧具4对眉状黑色斜纹,每个斜纹之后有1条白色纹相伴,侧面棕黄色或黄白色。【习性】常在灌丛中结大型圆网。【分布】重庆、浙江、福建、湖南、四川、贵州、台湾;日本。

目金蛛(雌蛛幼体) 李若行 摄

目金蛛(雌蛛) 王露雨 摄

目金蛛(雄蛛亚成体) 雷波 摄

目金蛛（雌蛛）｜王露雨 摄

目金蛛（雌蛛）｜王露雨 摄

孔金蛛 *Argiope perforata*

【特征识别】雌蛛体长7~12 mm。背甲灰褐色，密被白毛，放射沟明显。步足细长，黄褐色，具褐色环纹，多刺。腹部卵圆形，肩角明显，背面两侧前缘至后半部具对称分布的大黄斑，中间为1个褐色蝶形大斑，具多条黑色横纹。【习性】常在灌丛和房屋周围等处结大型圆网，网上可见"X"形白色丝带。【分布】浙江、安徽、江西、湖南、广西、四川、云南、台湾。

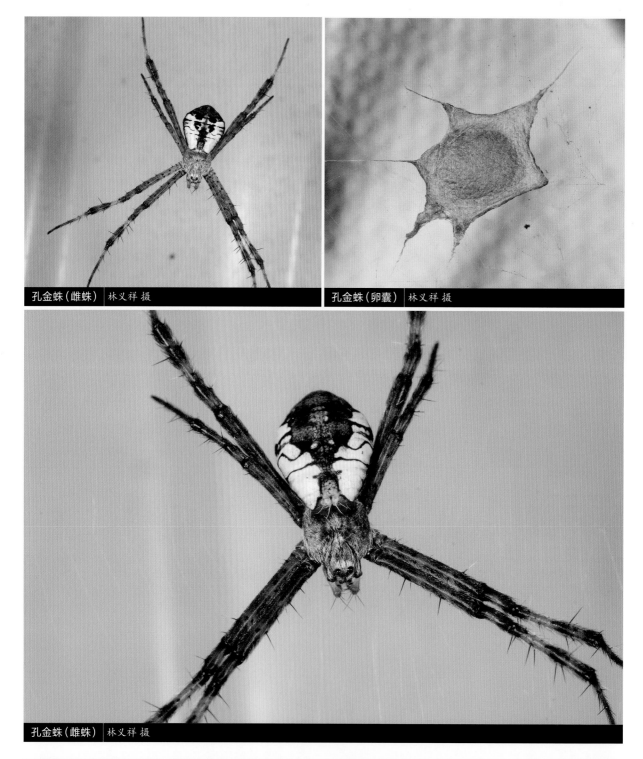

孔金蛛（雌蛛）　林义祥 摄

孔金蛛（卵囊）　林义祥 摄

孔金蛛（雌蛛）　林义祥 摄

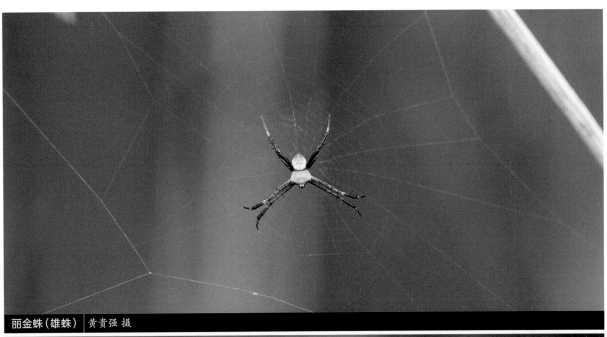

丽金蛛（雄蛛）| 黄贵强 摄

丽金蛛（雌蛛）| 杨自忠 摄

丽金蛛 *Argiope pulchella*

【特征识别】雄蛛体长约5 mm。背甲宽大于长，灰白色，密被白色绒毛。步足黑褐色，具灰白色斑纹，散生粗壮刺。腹部卵圆形，灰白色。雌蛛体长11~19 mm。外形与厚橼金蛛极其相似。背甲黑褐色，密被白色绒毛。步足较长，具黑色、白色和褐色环纹。腹部肩角较明显，银白色、黑色、黄色横纹相间排列，最宽黑色横纹之上具1排白色圆形斑点，尾部以黑色为主，散布白色和黄色斑块。【习性】常在灌丛中结大型圆网。【分布】江西、云南；印度尼西亚、印度。

三带金蛛 *Argiope trifasciata*

【特征识别】雄蛛体长约5 mm。背甲黄褐色,密被白色绒毛。步足黄褐色,第四对步足具黑色环纹。腹部长卵圆形,灰白色,具大量横纹。雌蛛体长10~13 mm。背甲黄褐色,被银白色毛。步足黄褐色具黑褐色环纹。腹部长椭圆形,前端宽,密被银白色毛,背面有多且长的黄色与褐色横纹相间排列,后端具4条纵纹。【习性】常在灌丛和草丛中结大型圆网。【分布】云南、海南;除欧洲外的其他大陆。

三带金蛛(雌蛛)｜杨自忠 摄

三带金蛛(雄蛛)｜杨自忠 摄

三带金蛛(一雌一雄)｜杨自忠 摄

多色金蛛 *Argiope versicolor*

【特征识别】雌蛛体长11~14 mm。背甲黄褐色，上被白色绒毛，斑纹紫褐色。步足基节黑色，其余各节赤褐色，有黑褐环纹及刺。腹部背面呈五角形，黄褐色，肩角隆起，3条黄白色横带明显，其余部位呈棕褐色，具白色小斑点，具2对肌斑。雄蛛明显小于雌蛛。【习性】成熟季节时雌蛛位于网中央，而雄蛛位于网边缘。【分布】四川、云南；印度尼西亚。

多色金蛛（一雌一雄）｜张巍巍 摄

苏门平额蛛 *Caerostris sumatrana*

【特征识别】雌蛛体长约18 mm。背甲黑褐色，多毛，中眼明显，黑色。步足粗短，少刺多毛。腹部近似球形，背面灰褐色，具大量类似眼睛的黑斑，前缘两侧各具1个大齿状突起。【习性】在高大乔木杆上结大型圆网。【分布】云南；婆罗洲、印度尼西亚、印度。

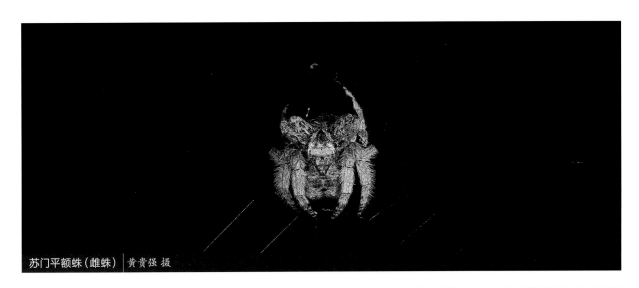

苏门平额蛛（雌蛛）｜黄贵强 摄

双室壮头蛛 *Chorizopes dicavus*

【特征识别】雌蛛体长约4 mm。背甲黑色，具白毛，头区膨大，近似球形。螯肢黑色，螯牙红褐色。步足黄褐色，具黑色环纹。腹部卵圆形，末端具4个黑色锥状突起，正中斑由白色和黑色组成，呈"土"字形。【习性】结小型圆网。【分布】湖南、广东。

双室壮头蛛（雌蛛）　雷波 摄

双室壮头蛛（雌蛛）　雷波 摄

双室壮头蛛（雌蛛）　雷波 摄

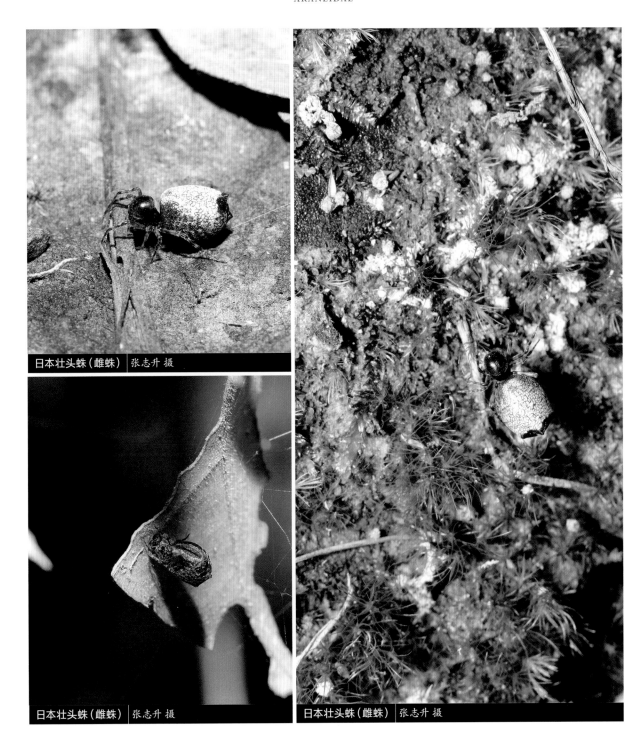

日本壮头蛛（雌蛛）　张志升 摄

日本壮头蛛（雌蛛）　张志升 摄

日本壮头蛛（雌蛛）　张志升 摄

日本壮头蛛 *Chorizopes nipponicus*

【特征识别】雌蛛体长4~5 mm。背甲黑褐色，头区及胸区前方呈球状隆起，两后中眼之间具2条细线纹直达头区后缘。螯肢黑褐色。胸板三角形，黑褐色。颚叶黄褐色，下唇黑褐色。步足纤细，无刺，黄褐色，有褐色环纹。腹部钟形，末端有4个锥状突起，后面观呈菱形排列，背面布满白色鳞片状斑，沿两侧向腹面逐渐减少，两侧除白色鳞斑之外，其余部位黑褐色，腹面灰褐色，中央具1条黑色纵斑。【习性】在草丛中结小型圆网。【分布】重庆、浙江、河南、湖北、湖南、广西；韩国、日本。

武陵壮头蛛 *Chorizopes wulingensis*

【特征识别】雄蛛体长约3 mm。背甲黑色，头区及胸区前方呈球状隆起，中眼白色。步足纤细、黑色，少刺，末端具黄褐色环纹。腹部球形，前后各有块黄褐色斑，其余部分黑色，具8个锥状突起。【习性】在草丛中结小型圆网。【分布】湖南、广西、广东、贵州。

环纹壮头蛛 *Chorizopes* sp.

【特征识别】雄蛛体长约4 mm。背甲黑褐色，头区及胸区前方呈球状隆起，中眼白色。步足纤细、黄褐色，少刺和黑褐色环纹。腹部长球形，背面灰褐色，具白色刚毛，散布黑色斑纹，末端有4个锥状突起。【习性】在草丛中结小型圆网。【分布】广东。

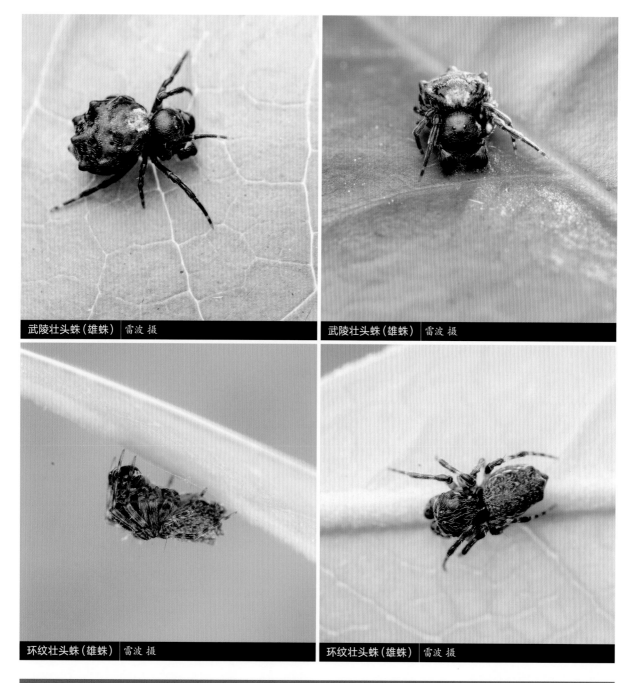

武陵壮头蛛（雄蛛）　雷波 摄　　武陵壮头蛛（雄蛛）　雷波 摄

环纹壮头蛛（雄蛛）　雷波 摄　　环纹壮头蛛（雄蛛）　雷波 摄

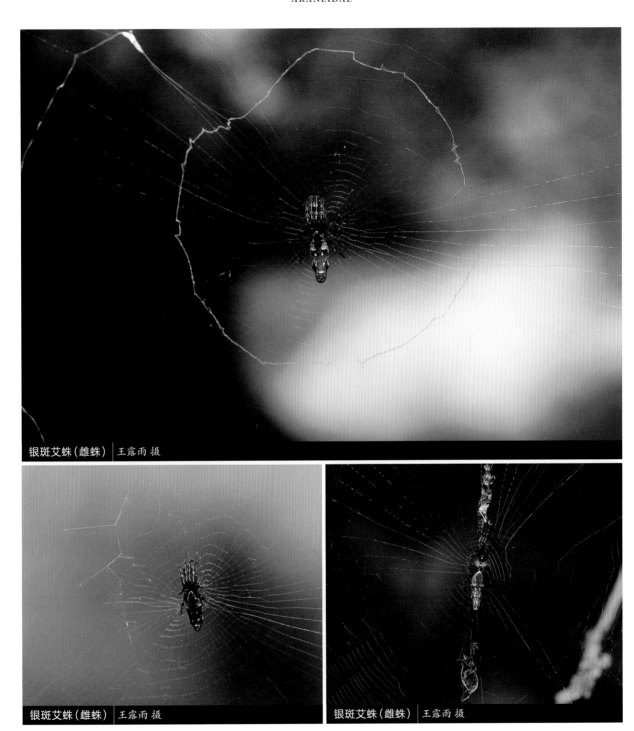

银斑艾蛛(雌蛛) 王露雨 摄

银斑艾蛛(雌蛛) 王露雨 摄

银斑艾蛛(雌蛛) 王露雨 摄

银斑艾蛛 *Cyclosa argentata*

【特征识别】雌蛛体长7~8 mm。背甲灰褐色,头区暗褐色,胸区边缘暗褐色。腹部细长,前端中间稍向前隆起,距后端1/4处两侧各有1个疣突,背面中线附近前端黑色,后端暗黄色,其两侧为由银白色鳞片状小斑块组成的白色斑纹,在前端中部左右相互连接,在前端白色斑纹之间有1对小的黑色斑块,背侧中部具1对大的黑色斑块,后端呈棕黄色,末端为1个白色鳞斑。【习性】结小型圆网。【分布】重庆、贵州、四川、云南、广东、广西、福建、台湾。

银背艾蛛 *Cyclosa argenteoalba*

【特征识别】雌蛛体长4~6 mm。背甲黑色，有光泽，颈沟明显。触肢黄色。步足黄褐色，有褐色环纹。腹部长卵圆形，前端较窄、钝圆，后端较粗，背面具大型的银白色鳞斑，仅前端及两侧的前半部呈黑色或者腹部前半部为黑色，腹面正中的银白色斑方形，其中央具2个黑色斑纹。【习性】结小型圆网。【分布】重庆、浙江、安徽、福建、江西、河南、湖南、广东、广西、四川、贵州、云南、台湾；韩国、日本、俄罗斯。

| 银背艾蛛（雌蛛） | 张志升 摄 | 银背艾蛛（雌蛛） | 张志升 摄 |

黑尾艾蛛 *Cyclosa atrata*

【特征识别】雌蛛体长8~9 mm。背甲黑色或黑褐色，头区稍隆起。螯肢和胸板黑色。步足黑褐色。腹部长圆锥形，黑色，无斑纹，前端中间略向前突出，覆盖在胸部的后缘，纺器在腹部前端1/3处，其后端为1个带疣突的长尾。【习性】结小型圆网。【分布】浙江、安徽、河南、湖北、广西、湖南、四川、贵州、云南；韩国、日本、俄罗斯。

| 黑尾艾蛛（雌蛛） | 山山 摄 |

黑尾艾蛛（雌蛛和蛛网）　山山 摄

黑尾艾蛛（雌蛛）　山山 摄

浊斑艾蛛（雌蛛）　崔世辰 摄

浊斑艾蛛（雌蛛）　杨自忠 摄

浊斑艾蛛 *Cyclosa confusa*

【特征识别】雌蛛体长5~8 mm。背甲黑褐色。触肢和步足黄褐色，有褐色环纹。腹部长卵圆形，前端稍尖且隆起，后端尖，有3个突起，尾突尖，左右侧突较钝，背面黄褐色，有黑褐色块斑及银色碎斑，正中线两侧各有1条断续的银色纵带，此纵带中段有2对侧支，前支斜向前，后支斜向后，形成1个"X"形斑，腹面正中有1个"I"字形黑褐色斑，其两侧为1个"括号"形银色斑，腹面两侧为黑褐色、黄褐色条纹相间排列，还有银色碎斑。【习性】结小型圆网。【分布】福建、湖南、云南、台湾；韩国、日本。

柱艾蛛 *Cyclosa cylindrata*

【特征识别】雌蛛体长约7 mm。背甲黑褐色。步足黄褐色，具黑色环纹，少刺。腹部长筒形，背面银白色，两侧具黑色斑，中部两侧稍隆起。【习性】在灌丛中结小型圆网，会将废弃杂物织于网上。【分布】云南。

戈氏艾蛛 *Cyclosa koi*

【特征识别】雌蛛体长约4 mm。背甲深黑褐色，具白色毛，颈沟明显。步足淡黄褐色，具黑色和褐色环纹。腹部近卵圆形，背面黑褐色，正中具不明显褐色纵带，两侧具浅色斑，尾部背面观呈三叉状。【习性】在灌丛中结小型圆网。【分布】台湾。

山地艾蛛 *Cyclosa monticola*

【特征识别】雌蛛体长5~8 mm。背甲深黑褐色。触肢和步足褐色，有黑色环纹。腹部近长筒形，前端尖圆，中段宽，末端圆钝，近末端两侧稍隆起，正中为银色条斑，其中间心脏斑褐色，呈树枝状，中段和后段为黑褐色间银色碎斑，腹部两侧红色，两侧红色斑与背面斑纹之间具1条纵向的白色界限，腹面正中黑色。【习性】会将杂物织于网上，形成1个棍状堆积物，自己藏于其中。【分布】重庆、浙江、安徽、福建、江西、河南、湖北、湖南、四川、贵州、云南、甘肃、新疆、台湾；韩国、日本、俄罗斯。

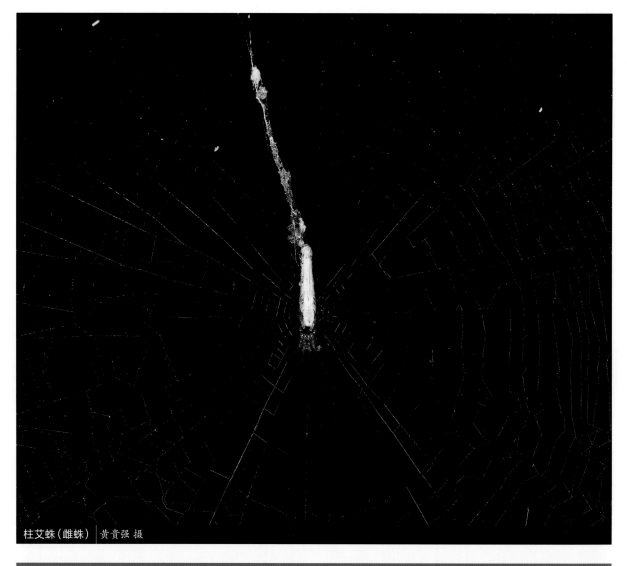

柱艾蛛（雌蛛）｜黄贵强 摄

戈氏艾蛛（雌蛛） 林义祥 摄

山地艾蛛（雌蛛） 张巍巍 摄

山地艾蛛（雌蛛） 王露雨 摄

角腹艾蛛 *Cyclosa mulmeinensis*

【特征识别】雄蛛体长约3 mm。背甲黑色。步足淡黄褐色和黑色环纹相间排列。腹部球形,背面黑色,具1对白色大斑。雌蛛体长3~5 mm。背甲黑色,具白色长毛。腹部球形,背面银白色,具大量褐色和黑色斑块,靠近正中具1对黑褐色角状突起。【习性】可产多枚球形卵囊,悬挂蛛网上。【分布】湖南、广东、海南、云南、台湾;日本、菲律宾、非洲。

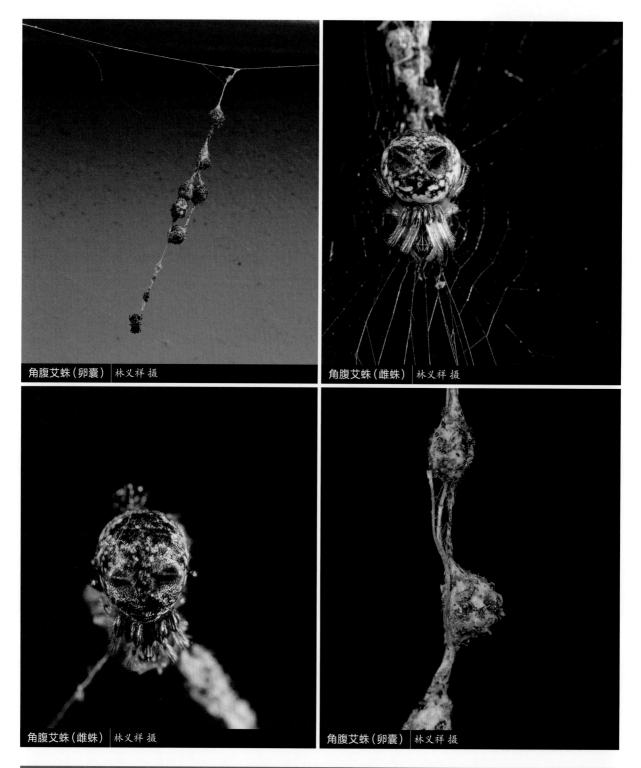

角腹艾蛛(卵囊) 林义祥 摄

角腹艾蛛(雌蛛) 林义祥 摄

角腹艾蛛(雌蛛) 林义祥 摄

角腹艾蛛(卵囊) 林义祥 摄

角腹艾蛛（蛛网） 林义祥 摄

角腹艾蛛（雄蛛） 林义祥 摄

角腹艾蛛（雌蛛幼体） 林义祥 摄

角腹艾蛛（雌蛛） 林义祥 摄

黑腹艾蛛 *Cyclosa nigra*

【特征识别】雌蛛体长5~8 mm。背甲深黑褐色,有金属光泽。步足黄褐色,具褐色环纹。腹部近长筒形,前端尖圆,中段宽,末端圆钝,近末端两侧稍隆起,背面具2条银白色纵带,其中间和两侧红褐色和黑褐色相间排列。【习性】结小型圆网。【分布】湖南、云南。

八瘤艾蛛 *Cyclosa octotuberculata*

【特征识别】雄蛛体长约8 mm。背甲深黑色。步足黑色,具褐色环纹,多刺。腹部黑色,具少量白色斑,背面具8个角状突起。雌蛛体长9~14 mm。除体色较浅外,其余特征与雄蛛相似。【习性】结小型圆网。【分布】辽宁、吉林、浙江、安徽、福建、江西、山东、河南、湖北、湖南、广东、广西、四川、贵州、云南、陕西、甘肃、台湾;韩国、日本。

黑腹艾蛛(雌蛛) 杨自忠 摄

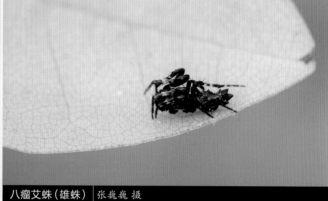

八瘤艾蛛(雄蛛) 张巍巍 摄

八瘤艾蛛(雌蛛) 陈尽 摄

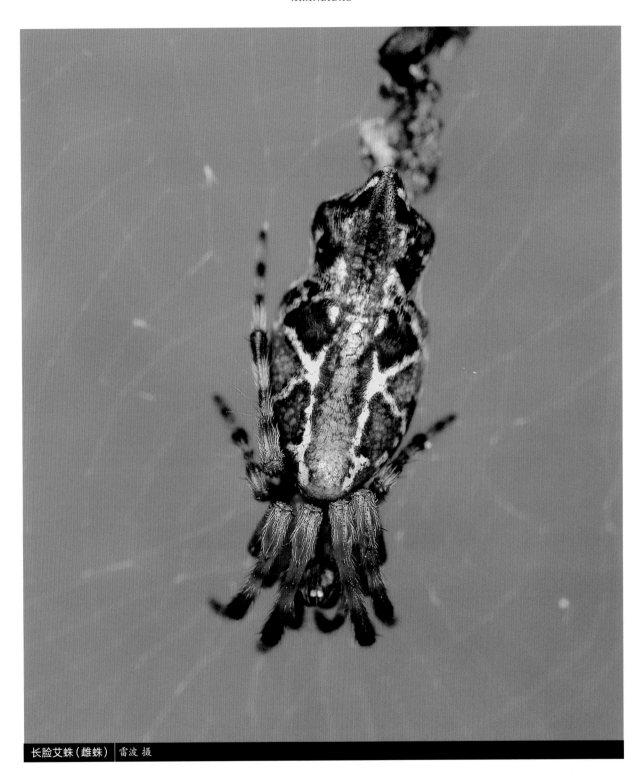

长脸艾蛛（雌蛛）｜雷波 摄

长脸艾蛛 *Cyclosa omonaga*

【特征识别】雌蛛体长3~8 mm。背甲黑褐色。步足暗黄色，具黑色环纹。腹部长卵圆形，前端中部稍尖，后端钝，背面具大量银白色斑纹，中间为1条黑色纵斑，其两侧在白色斑之间也夹杂着部分黑斑，近后端两侧具3个较钝的黑色突起。【习性】结小型圆网。【分布】浙江、安徽、湖南、四川、云南、台湾；韩国、日本。

五斑艾蛛 *Cyclosa quinqueguttata*

【特征识别】雄蛛体长约3 mm。背甲黑色。步足黑色和黄褐色环纹相间排列。腹部球形，背面具大量黄色和黑色斑块，正中具1对角状突起。雌蛛体长3~5 mm。除体色较浅外，其余特征与雄蛛相似。【习性】可产多枚球形卵囊，悬挂蛛网上。【分布】云南、台湾。

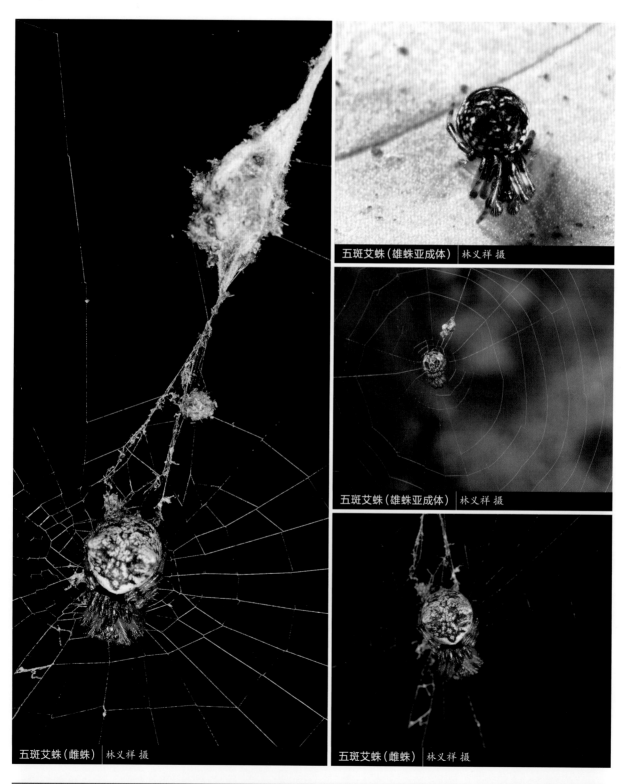

五斑艾蛛（雄蛛亚成体） 林义祥 摄

五斑艾蛛（雄蛛亚成体） 林义祥 摄

五斑艾蛛（雌蛛） 林义祥 摄

五斑艾蛛（雌蛛） 林义祥 摄

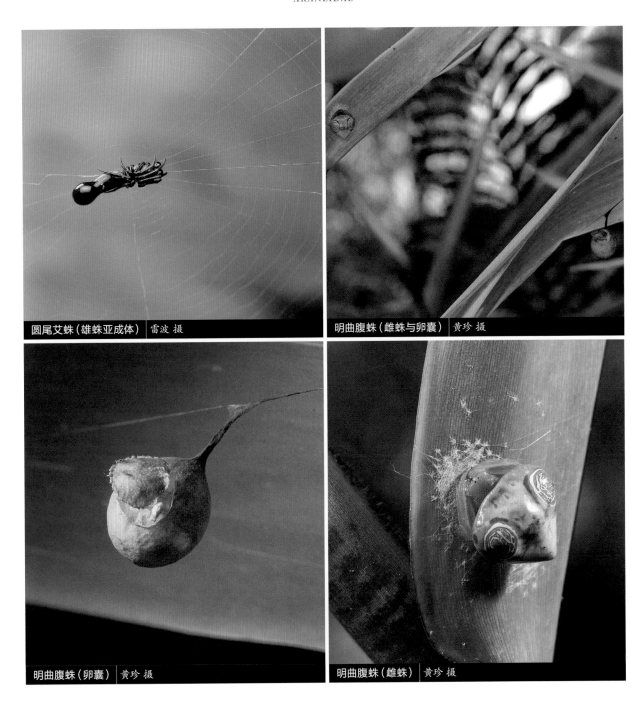

明尾艾蛛（雄蛛亚成体）| 雷波 摄

明曲腹蛛（雌蛛与卵囊）| 黄珍 摄

明曲腹蛛（卵囊）| 黄珍 摄

明曲腹蛛（雌蛛）| 黄珍 摄

圆尾艾蛛 *Cyclosa* sp.

【特征识别】雄蛛体长约4 mm。背甲黑色。步足褐色，关节处色浅。腹部筒状，亮黑色，中部变细，末端膨大，圆球形。【习性】结小型圆网。【分布】广东。

明曲腹蛛 *Cyrtarachne akirai*

【特征识别】雌蛛体长8~13 mm。背甲淡黄色，眼睛周围黄色，中窝不明显。步足淡黄色，跗节颜色逐渐变深，末端为黑色。腹部米黄色，呈倒三角形，腹部前端中央有3个较大的肌斑，肩部后端稍隆起，形成左右对称的圆形斑纹，颜色较深。【习性】结小型圆网。【分布】福建、湖南、广西、贵州、云南、台湾；韩国、日本。

蟾蜍曲腹蛛 *Cyrtarachne bufo*

【特征识别】雌蛛体长8~10 mm。背甲黄褐色,具小瘤突,中窝、颈沟和放射沟不明显。步足淡黄色,具黄色小刺。腹部呈倒三角形,前端中央有3个较大的肌斑,背面白色,肩部稍隆起,黑褐色,形成左右对称的圆形斑纹。【习性】结小型圆网。【分布】福建、河南、湖南、四川、贵州、云南、台湾;韩国、日本。

蟾蜍曲腹蛛(雌蛛) 黄俊球 摄

蟾蜍曲腹蛛(雌蛛) 黄俊球 摄

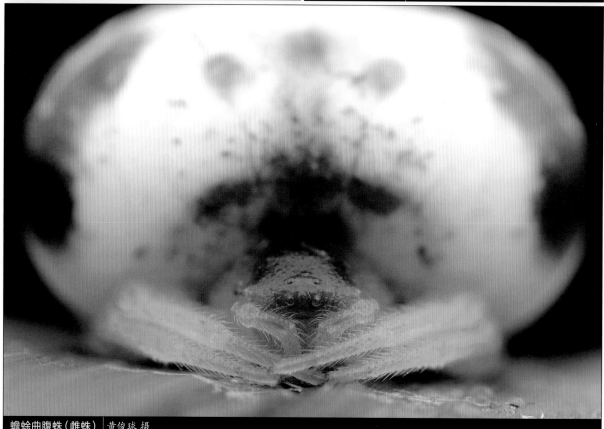
蟾蜍曲腹蛛(雌蛛) 黄俊球 摄

防城曲腹蛛（雌蛛）｜王锋 摄

湖北曲腹蛛（雌蛛）｜王锋 摄

湖北曲腹蛛（雌蛛）｜雷波 摄

防城曲腹蛛 *Cyrtarachne fangchengensis*

【特征识别】雌蛛体长7~10 mm。背甲橙黄色，步足与背甲同色。腹部三角形，白色，肩部隆起呈褐色，具白色斑纹，背面近前缘具3个肌斑，肩部隆起之间具1对肌斑，其后端可见3对肌斑，腹面正中黑色。【习性】结小型圆网。【分布】广西。

湖北曲腹蛛 *Cyrtarachne hubeiensis*

【特征识别】雌蛛体长9~12 mm。背甲暗黄色，头区颜色加深。步足暗黄色，无刺。腹部三角形，前宽后窄，末端钝圆，前缘中央略向后凹入，凹陷的部分有3个褐色的椭圆形肌痕，其两侧有一些小的浅色斑点，肩部各有1个大隆起，上有几圈不规则的环形黄白色斑纹，隆起的顶端及前半部暗绿褐色，后半部及两隆起之间黄白色，其两侧有3对肌痕，腹面黄白色。【习性】结小型圆网。【分布】贵州、湖北、四川、广东。

赤斑曲腹蛛 *Cyrtarachne induta*

【特征识别】雌蛛体长4~6 mm。背甲红褐色。步足红褐色，较粗壮，少刺。腹部宽大于长，扇形，前缘中央稍凹陷，黑色略带金属光泽，前端边缘附近具3个肌斑，其后端具1条棕褐色过渡带，其后方为棕黄色斑块，后端两侧具2块黑色斑纹，腹面枣红色，两侧黑色。【习性】多在灌木草丛中结小型圆网。【分布】重庆、福建；日本。

赤斑曲腹蛛（雌蛛）寒枫摄　　赤斑曲腹蛛（雌蛛）王露雨 摄

长崎曲腹蛛 *Cyrtarachne nagasakiensis*

【特征识别】雌蛛体长5~6 mm。背甲褐色或红褐色，中窝和放射沟不明显。胸板褐色，略呈三角形，有稀疏的褐色长毛。腹部扁卵圆形，宽大于长，背面前半部最宽处有1条白色宽横带，整个背面散布有黄褐色圆斑，由前向后共有5列，这些斑的中央各有1对黑褐色肌痕，腹面黄褐色，两侧有灰黄色斜条斑。【习性】多在灌木草丛中结小型圆网。【分布】重庆、安徽、湖南、四川、贵州、云南、西藏、台湾；韩国、日本。

长崎曲腹蛛（雌蛛）寒枫摄

舒氏曲腹蛛 *Cyrtarachne schmidi*

【特征识别】雌蛛体长约3 mm。头胸部较小。背甲黑色。步足较细,黑色。腹部三角形,宽大于长,背面颜色多变,前缘黑色,肩角褐色或白色,其余亮白色或褐色,上具3对肌斑,中间1对周围具大黑斑。【习性】多在灌木草丛中结小型圆网。【分布】云南、西藏;印度。

舒氏曲腹蛛(雌蛛) 李娅华 摄

舒氏曲腹蛛(雌蛛) 李娅华 摄

舒氏曲腹蛛(雌蛛) 李娅华 摄

汤原曲腹蛛 *Cyrtarachne yunoharuensis*

　　【特征识别】雌蛛体长3~5 mm。背甲红褐色。胸板和附肢均为红褐色。步足较粗壮，少刺。腹部宽大于长，背面红褐色，具对称排列的黄白色斑，前缘的1对呈长方形，中间的1对较大，呈蝶形，其外侧各有3个黄白色斑，肌痕明显，肩部具1对黑色斑块，腹面枣红色。纺器红褐色。【习性】多在河边灌木草丛中结小型圆网，白天多隐藏于叶背面，晚上活动。【分布】福建、河南、湖南、贵州、云南、台湾；韩国、日本。

汤原曲腹蛛（雌蛛）｜张志升 摄

汤原曲腹蛛（雌蛛）｜寒枫 摄

汤原曲腹蛛（雌蛛）｜陈积金 摄

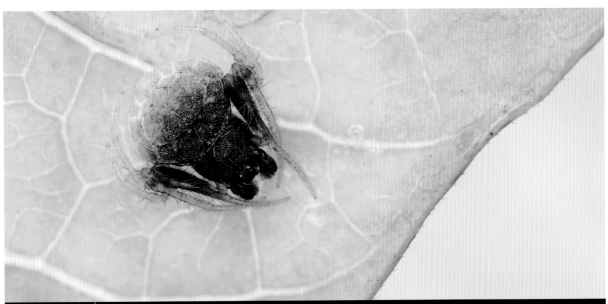

褐曲腹蛛（雄蛛）｜雷波 摄

小曲腹蛛（雄蛛）｜雷波 摄

褐曲腹蛛 *Cyrtarachne* sp.1

【特征识别】雄蛛体长约3 mm。背甲褐色，表面为波浪状，具稀疏长毛。步足腿节褐色，其余节几乎透明，多刺。腹部近似圆形，斑纹类似龟壳，前半部褐色，后半部黄褐色。【习性】生活于叶背面。【分布】广东。

小曲腹蛛 *Cyrtarachne* sp.2

【特征识别】雄蛛体长约2 mm。背甲红褐色，具黄褐色放射状宽纹，眼明显。步足多毛，多刺，腿节褐色，其余节几乎透明。腹部近似菱形，背面前方色深，红褐色，向尾部依次变淡至淡黄褐色，具少量长毛。【习性】生活于叶背面。【分布】广东。

云南曲腹蛛 *Cyrtarachne* sp.3

【特征识别】雌蛛体长8~13 mm。背甲黑褐色，两侧色浅，具小瘤突。步足黄褐色。腹部三角形，黄褐色，肩部旋涡状隆起，具白色环纹，隆起外缘具1个黑色环纹，背面近前缘具3个肌斑，肩部隆起之间具1条淡褐色纵带。【习性】在灌木草丛中结小型网。【分布】云南。

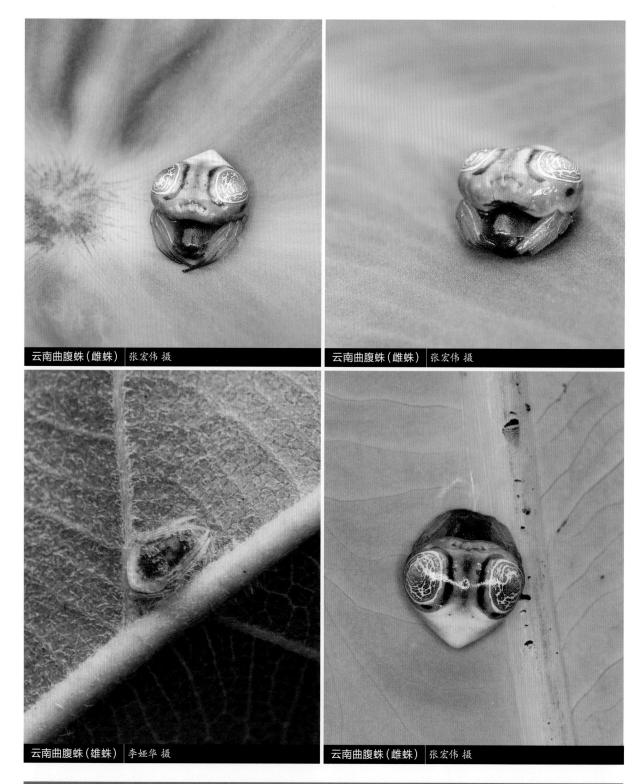

云南曲腹蛛（雌蛛） 张宏伟 摄

云南曲腹蛛（雌蛛） 张宏伟 摄

云南曲腹蛛（雄蛛） 李娅华 摄

云南曲腹蛛（雌蛛） 张宏伟 摄

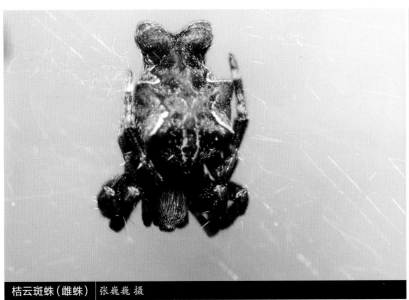

桔云斑蛛（雌蛛） 张巍巍 摄

桔云斑蛛（雌蛛） 李娅华 摄

桔云斑蛛（雌蛛） 杨自忠 摄

桔云斑蛛 *Cyrtophora citricola*

【特征识别】雌蛛体长11~15 mm。背甲黑褐色，被白毛，其上有不规则黑色网纹。触肢和步足褐色，少刺而有浅色环纹。腹部背面前端两侧、中部两侧和后端具3对突起，第一对和第二对较小，直立，第三对最大，伸向腹部末端，背面正中为1条宽的黑褐色纵带，两侧做规则的波浪状弯曲，腹面中央具白色细碎块斑，其上有黑色斑，两侧为黑色细纹。【习性】结大型复杂皿网。【分布】四川、云南；非洲、欧洲、亚洲和中美地区。

花云斑蛛 *Cyrtophora exanthematica*

【特征识别】雄蛛体长约3 mm。整体亮黑色。腹部背面具多对肌斑,纺器黄褐色。雌蛛体长17~19 mm。背甲褐色,具白色毛。步足褐色,具浅色环纹。腹部前端宽,后端窄,背面黄褐色,肩角不明显,肩角至尾部具波浪形纹,2条纹之间色深,尾部具叉状突起。幼体色深。【习性】结大型复杂皿网。【分布】湖南、台湾;缅甸、菲律宾、澳大利亚。

花云斑蛛(雌蛛幼体)│林义祥 摄

花云斑蛛(雌蛛)│林义祥 摄

花云斑蛛(雄蛛)│林义祥 摄

花云斑蛛（蛛网） 林义祥 摄

花云斑蛛（雌蛛） 林义祥 摄

花云斑蛛（雌蛛） 林义祥 摄

生驹云斑蛛 *Cyrtophora ikomosanensis*

【特征识别】雄蛛体长约5 mm。背甲红褐色，具黑色波浪状纵带。步足灰绿色，具黑褐色环纹。腹部卵圆形，斑纹艳丽，无肩突。雌蛛体长14~23 mm。背甲黄褐色，密布白色细毛，颈沟和放射沟明显。螯肢褐色。步足和触肢灰黑色，步足的基节、转节和腿节呈灰黑色，其余各节黑色，具白色环纹，第四步足腿节为红色。腹部前端白色，两肩部具2个突起，突起的前端内侧黑色，后端外侧白色，肩突后方具许多白色的斑纹和黑色的斑点，底纹呈浅黄褐色，腹部末端黄褐色。【习性】结大型复杂皿网。【分布】贵州、台湾；日本。

生驹云斑蛛（雌蛛）| 林义祥 摄

生驹云斑蛛（雌蛛）| 王露雨 摄

生驹云斑蛛（雌蛛幼体）| 王露雨 摄

生驹云斑蛛 (雄蛛) 王露雨 摄 | 生驹云斑蛛 (雄蛛) 王露雨 摄

刻纹云斑蛛 *Cyrtophora lacunaris*

【特征识别】雌蛛体长约10 mm。背甲灰绿色，被白色绒毛。步足灰绿色，具黑褐色环纹。腹部卵圆形，白色、灰绿色条纹相间排列，肩角明显，前缘黑色，后缘白色。【习性】结大型复杂皿网，倒挂网上。【分布】云南。

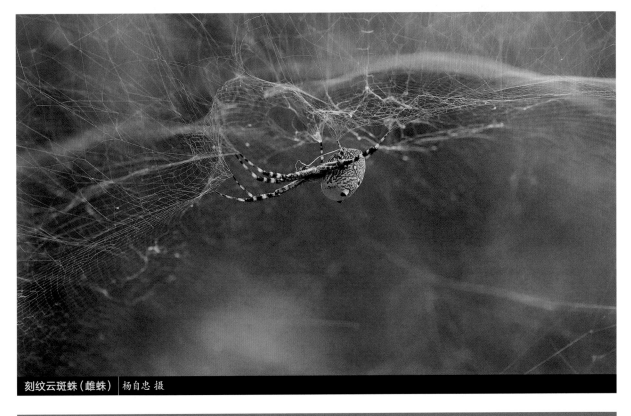

刻纹云斑蛛 (雌蛛) 杨自忠 摄

摩鹿加云斑蛛 *Cyrtophora moluccensis*

【特征识别】雄蛛体长约5 mm。背甲颜色艳丽，橘红色。步足灰蓝色。腹部卵圆形，无肩突，绿色为底，具大量白色纵带和斑块。雌蛛体长14~23 mm。背甲翠绿色，密被白色细毛。步足腿节和腿节之前灰绿色，具黑色斑点，后几节由黑色和白色环纹组成，多刺。腹部背面肩角隆起，前端白色，中后端布满白色小圆斑，白斑周围为黑绿色底斑或具一些黄色小斑点，两侧翠绿色，具白色斑点。【习性】结大型复杂皿网，倒挂网上。【分布】浙江、安徽、福建、江西、河南、湖南、广西、四川、贵州、云南、台湾；东亚、东南亚、南亚、澳大利亚。

摩鹿加云斑蛛（雌蛛）｜张宏伟 摄

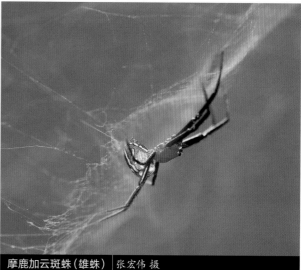

摩鹿加云斑蛛（雄蛛）｜张宏伟 摄

摩鹿加云斑蛛（蛛网）｜吴可量 摄

全色云斑蛛(雌蛛) 张宏伟 摄

全色云斑蛛(雌蛛幼体) 黄贵强 摄

黑色丘园蛛(雌蛛) 雷波 摄

全色云斑蛛 *Cyrtophora unicolor*

【特征识别】雌蛛体长18~28 mm。背甲红褐色，多毛，眼黑色。触肢、螯肢与背甲同色。步足红褐色，多毛，多刺，膝节背面黑褐色。腹部三角形，肩突明显，背面橘红色，具大量瘤突，瘤突黑褐色。幼体整体颜色较浅，黄褐色。【习性】结大型复杂皿网，利用枯叶在网上做窝。【分布】浙江、贵州、云南、台湾；日本、菲律宾、斯里兰卡、新几内亚岛、澳大利亚（圣诞岛）。

黑色丘园蛛 *Deione* sp.

【特征识别】雌蛛体长约10 mm。背甲亮黑色，中眼域明显前伸。触肢、螯肢和步足黑色。步足少刺，多毛。腹部前缘中部向前延伸，位于背甲之上，顶端白色，背面黑色，具白色斑纹，两侧及尾部均有球形隆起。【习性】在低矮植物间结小型圆网，白天藏于叶背面。【分布】广东。

低褶蛛 *Talthybia depressa*

【特征识别】幼体身体极扁，斑纹多变。雌蛛体长约18 mm。背甲黑褐色，密被白色短绒毛。步足灰绿色，具大量黑色斑，多毛，多刺。腹部扁圆形，背面灰绿色，被密毛，前方具大量眼斑。【习性】在树干间结中型圆网，白天蛰伏于树干上，极难发现。【分布】海南、云南；缅甸、菲律宾。

低褶蛛（雌蛛） 黄贵强 摄

低褶蛛（雌蛛） 黄贵强 摄

版纳毛园蛛 *Eriovixia bannaensis*

【特征识别】雄蛛体长约3 mm。背甲淡黄褐色,密被白色绒毛,眼区毛长。步足几乎透明,具大量褐色长刺。腹部末端较尖,背面白色,腹部向后延伸,末端稍向两侧膨大或不膨大。雌蛛体长5~9 mm。体色多变,灰白、黑色或黄色。【习性】可产多枚卵囊,黏附于叶背面。【分布】云南。

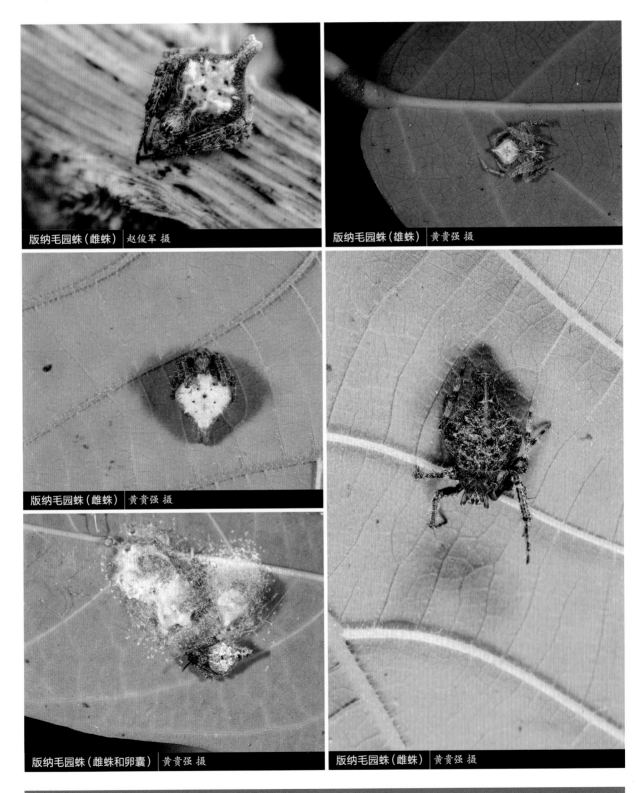

版纳毛园蛛(雌蛛) 赵俊军 摄

版纳毛园蛛(雄蛛) 黄贵强 摄

版纳毛园蛛(雌蛛) 黄贵强 摄

版纳毛园蛛(雌蛛和卵囊) 黄贵强 摄

版纳毛园蛛(雌蛛) 黄贵强 摄

卡氏毛园蛛 *Eriovixia cavaleriei*

【特征识别】雄蛛体长3~4 mm。背甲暗黄色，前部边缘灰黑色，中窝前方有1个灰黑色三叉斑。步足灰褐色，有黑灰色环纹。腹部灰褐色，卵圆形，前端有1对白色纵斑，其后端具对称的白色斑块，末端向背面稍隆起。雌蛛体长3~6 mm。腹部呈心形，明显宽于头胸部，背面具许多鳞片状斑点和2对肌斑，末端尖，中后部两侧具黑白短毛组成的斑块以及对称的曲线形斑纹。【习性】在低矮草木之间结小型圆网。【分布】重庆、北京、福建、江西、湖南、广东、广西、海南、贵州、云南、甘肃。

拖尾毛园蛛 *Eriovixia laglaizei*

【特征识别】雄蛛体长6~7 mm。背甲黄褐色，具黑色斑，中窝呈"十"字形。步足黄褐色，腿节具黑褐色长条纹，具大量黑褐色长刺。腹部近似菱形，背面黄白色，后端有1个尾状突，种名因此而来。雌蛛体长6~10 mm。体色多变，黄褐色至黑褐色，存在无尾状突个体，背面具3对褐色肌斑，幼体时腹部呈暗黄色，具大量白色鳞片状斑点。【习性】结小型圆网，白天多藏于叶背面。【分布】云南、广东、海南、台湾；菲律宾、新几内亚岛、印度。

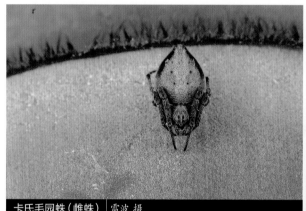

卡氏毛园蛛（雌蛛）　雷波 摄

卡氏毛园蛛（雌蛛）　雷波 摄

卡氏毛园蛛（雄蛛）　王露雨 摄

拖尾毛园蛛（雄蛛幼体） 雷波 摄

拖尾毛园蛛（雄蛛） 雷波 摄

拖尾毛园蛛（雌蛛幼体） 雷波 摄

拖尾毛园蛛（雌蛛） 黄贵强 摄

拖尾毛园蛛（雌蛛） 雷波 摄

勐仑毛园蛛 *Eriovixia menglunensis*

【特征识别】雌蛛体长约4 mm。背甲黑褐色,具白色毛。触肢和前3对步足黑色,第四对步足黑色和黄褐色环纹相间排列。腹部近似圆形,背面前半部黄褐色,正中具1条黑褐色斑纹和2对肌斑,两侧具1对椭圆形黑斑,背面后半部黑色。【习性】结小型圆网。【分布】云南。

伪尖腹毛园蛛 *Eriovixia pseudocentrodes*

【特征识别】雌蛛体长4~5 mm。背甲黄褐色,具白色绒毛。螯肢、触肢和步足棕褐色,步足跗节末端浅黄色。腹部呈细长三角形,前端较平直,后端尖,两侧在中部靠后的位置稍向内凹,背面红褐色,其外侧边缘及后缘褐色,具2对肌斑,黑褐色,两侧具1条明显的白色界限。【习性】结小型圆网,白天多藏于叶背面。【分布】福建、江西、贵州、云南、广东、台湾;日本、老挝。

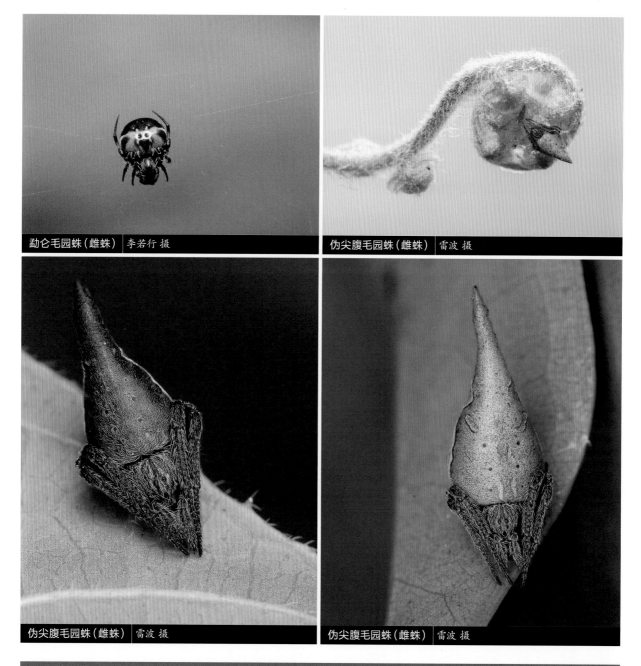

勐仑毛园蛛(雌蛛) 李若行 摄

伪尖腹毛园蛛(雌蛛) 雷波 摄

伪尖腹毛园蛛(雌蛛) 雷波 摄

伪尖腹毛园蛛(雌蛛) 雷波 摄

崎枝氏毛园蛛(雄蛛) 林义祥 摄

崎枝氏毛园蛛(雄蛛) 林义祥 摄

崎枝氏毛园蛛(雌蛛) 林义祥 摄

崎枝氏毛园蛛(雄蛛幼体) 林义祥 摄

崎枝氏毛园蛛(雄蛛幼体) 林义祥 摄

崎枝氏毛园蛛 *Eriovixia sakiedaorum*

【特征识别】雄蛛体长约3 mm。背甲亮黑色，两侧具白毛。前3对步足黑色，多毛，多刺，第四对步足腿节后段和膝节黑色，其余各节黄褐色。腹部近似三角形，背面黑色，侧缘具黄色斑，正中具白色不连续纵带，2对肌斑明显。雌蛛体长约4 mm。背甲黑褐色，被大量黄白色毛。腹部前缘中部向前延伸，背面黄褐色，后半部色深，具3对明显肌斑。【习性】生活于低矮树林，结不规则网。【分布】海南、台湾；日本。

斑点毛园蛛 *Eriovixia sticta*

【特征识别】雄蛛体长约3 mm。背甲前半部以黑色为主，后半部浅黄褐色。步足黄褐色，具黑色环纹，多毛，多刺。腹部近似坚果形，背面黄褐色，被大量白毛，靠近前缘中部具1对白色短纵斑，两侧至尾部具3对白色斜斑。【习性】结小型圆网，白天多藏于叶背面。【分布】云南、广东；日本。

斑点毛园蛛（雄蛛） 雷波 摄

圭峰山毛园蛛 *Eriovixia* sp.1

【特征识别】雄蛛体长约3 mm。背甲红褐色，边缘黑色，中窝至边缘具放射形黑条纹，眼区中间具1个指向前方的短突起。步足红褐色，基部色浅。腹部坚果形，末端稍上翘，背面红褐色，多毛，后端边缘具波浪形白纹。【习性】结小型圆网，白天多藏于叶背面。【分布】广东。

圭峰山毛园蛛（雄蛛） 黄俊球 摄 圭峰山毛园蛛（雄蛛） 黄俊球 摄

截腹毛园蛛 *Eriovixia* sp.2

【特征识别】雄蛛体长约5 mm。背甲褐色，具白色刚毛。步足褐色，具大量白色刚毛。腹部末端稍上翘，平截，背面红褐色，具4对白色纵斑，第三对外侧具1对白色弧形斑，腹部侧缘具波浪形白纹。【习性】结小型圆网，白天多藏于叶背面。【分布】广东。

截腹毛园蛛（雄蛛幼体）｜黄俊球 摄

截腹毛园蛛（雄蛛亚成体）｜黄俊球 摄

截腹毛园蛛（雄蛛亚成体）｜黄俊球 摄

台湾毛园蛛 *Eriovixia* sp.3

【特征识别】雌蛛体长约7 mm。背甲黄褐色,多毛。步足黄褐色,关节处具褐色环纹。腹部近似长三角形,背面黄褐色,斑块状,中部两侧具醒目白色大斑,正中具1条不明显的纵条纹,两侧具2对肌斑。【习性】在禾本科植物中结网生活。【分布】台湾。

戴氏棘腹蛛 *Gasteracantha dalyi*

【特征识别】雌蛛体长约10 mm。头胸部较宽,背甲黑褐色,具白色毛。腹部具3对黑色棘,第一、三对短小且尖,第二对长,且粗壮,腹部背面白色,前缘具10个黑色肌痕,正中具1条黑色短纵纹,两侧具2对黑色肌痕,第二对棘之间具1排黑色肌痕。【习性】结中型圆网。【分布】云南;印度、巴基斯坦。

台湾毛园蛛(雌蛛) 林义祥 摄

戴氏棘腹蛛(雌蛛) 单子龙 摄

戴氏棘腹蛛(雌蛛) 单子龙 摄

戴氏棘腹蛛（雌蛛） | 李若行 摄

戴氏棘腹蛛（雌蛛） | 单子龙 摄

菱棘腹蛛 *Gasteracantha diadesmia*

【特征识别】雌蛛体长6~8 mm。背甲黄褐色，被白色绒毛，头区较胸区高。触肢和步足均赤褐色，步足上被稀疏白色细毛。腹部背面及两侧3对棘皆赤褐色，有3条鲜黄色横带及多个对称分布的赤褐色肌痕，腹面散生许多褐色斑和少数白色斑，肌痕数个，对称分布，其中位于边缘6枚较大。【习性】结中型圆网。【分布】广东、广西、云南；东南亚、南亚。

菱棘腹蛛（雌蛛）| 杨自忠 摄

菱棘腹蛛（雌蛛）| 单子龙 摄

菱棘腹蛛（雌蛛）| 陈尽 摄

哈氏棘腹蛛 *Gasteracantha hasselti*

【特征识别】雌蛛体长8~10 mm。背甲黑褐色。步足黄褐色，有褐色或红褐色环纹。腹部背面鲜黄色，有10对对称排列的红褐色肌痕，两侧各有3个黑褐色棘，大小相差不大，前半部两侧边缘有4对肌斑。【习性】结中型圆网。【分布】湖南、广东、海南、云南；东南亚、南亚。

哈氏棘腹蛛（雌蛛）│雷波 摄

库氏棘腹蛛 *Gasteracantha kuhli*

【特征识别】雌蛛体长5~8 mm。背甲和螯肢红褐色或黑褐色。胸板盾形，褐色。步足褐色，有浅黄褐色环纹。腹部覆盖背甲的大部分，前缘稍凹陷，背面淡黄白色，中间具左右对称的数个对称排列的褐色肌痕，前缘及两侧还有灰褐色斑块，棘刺3对，黑褐色，锥形，第三对棘相对粗大，腹面灰褐色，有褐色肌痕及黄色斑。【习性】结中型圆网。【分布】重庆、北京、辽宁、广东、广西、江苏、安徽、福建、山东、河南、湖南、贵州、云南、台湾、香港；日本、东南亚、南亚。

库氏棘腹蛛（雌蛛）│寒枫 摄

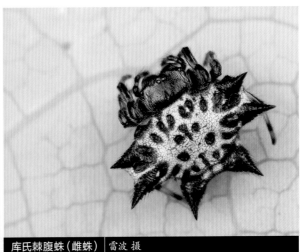

库氏棘腹蛛（雌蛛）│雷波 摄

索氏棘腹蛛 *Gasteracantha sauteri*

【**特征识别**】雌蛛体长约9 mm。外形与菱棘腹蛛非常相似，无黄色横纹，有黄色和黑色2种色型。头胸部较宽，头区稍隆起。腹部两侧及后方具3对棘，中间棘最大，末端较菱棘腹蛛尖，背面具23个肌痕。【**习性**】结中型圆网。【**分布**】海南、台湾。

索氏棘腹蛛（雌蛛）｜黄鑫磊 摄

索氏棘腹蛛（雌蛛）｜雷波 摄

索氏棘腹蛛（雌蛛）｜雷波 摄

索氏棘腹蛛（雌蛛）｜雷波 摄

刺佳蛛 *Gea spinipes*

【特征识别】雄蛛体长约4 mm。背甲橘红色，被白色绒毛。步足红褐色至黑褐色，具大量刺。腹部近似卵圆形，末端窄，背面红褐色，具黑褐色斑。雌蛛体长约10 mm。体色多变，有黑色型和红褐色型。腹部肩角不明显，前缘具3块明显白斑，其后具大量白色斑。【习性】结中型圆网，卵囊呈六边形，位于网上。【分布】贵州、云南、台湾；印度、婆罗洲。

刺佳蛛（雌蛛）｜林义祥 摄

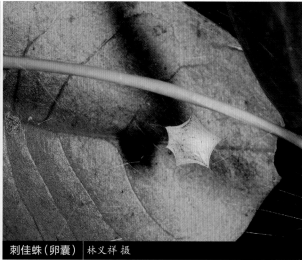

刺佳蛛（卵囊）｜林义祥 摄

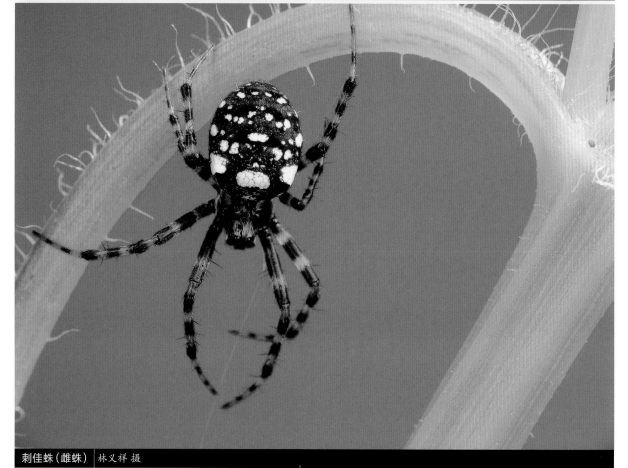

刺佳蛛（雌蛛）｜林义祥 摄

刺佳蛛（雄蛛）｜林义祥 摄

刺佳蛛（雌蛛）｜林义祥 摄

黑氏高亮腹蛛（雄蛛）｜单子龙 摄

黑氏高亮腹蛛（雄蛛）｜单子龙 摄

黑氏高亮腹蛛 *Hypsosinga heri*

【特征识别】雄蛛体长约4 mm。背甲橘红色，眼区黑色。螯肢橘红色。步足橘红色，具黑色长刺，膝节背面开始出现黑色条纹，一直延伸至步足末端。腹部卵圆形，背面橘红色，具4个黑色圆斑。【习性】在草丛间结小型圆网。【分布】内蒙古、辽宁；古北区。

四点高亮腹蛛 *Hypsosinga pygmaea*

【特征识别】雄蛛体长3~4 mm。背甲橙红色，眼区黑色。螯肢红色。步足黑褐色，具红色环纹。腹部褐色，卵圆形，无斑纹，背面明显可见2对肌斑。【习性】在草丛间结小型圆网。【分布】北京、内蒙古、黑龙江、江苏、浙江、安徽、福建、江西、山东、河南、湖北、湖南、广东、广西、四川、贵州、云南、陕西、甘肃、青海、宁夏、新疆、台湾；全北区。

淡绿肥蛛 *Larinia phthisica*

【特征识别】雄蛛体长5~7 mm。背甲淡黄灰色。螯肢、触肢和步足均淡黄褐色。步足多刺，多毛。腹部长卵圆形，背面黄褐色，具多条白色纵纹，散布黑色斑点。雌蛛体长7~12 mm。除体色较深外，其余特征与雄蛛相似。【习性】在草丛间结小型圆网。【分布】台湾、福建、湖南、广西、四川、云南；日本、菲律宾、越南、巴布亚新几内亚、印度、澳大利亚。

四点高亮腹蛛（雄蛛） | 雷波 摄

淡绿肥蛛（雄亚成体蛛） | 雷波 摄

淡绿肥蛛（雌蛛） | 雷波 摄

北方肥蛛 *Larinia* sp.1

【特征识别】雄蛛体长约6 mm。背甲淡灰黄色，中间及两侧具灰褐色纵条纹。步足与背甲颜色相同，具大量黑刺。腹部长卵圆形，背面白色和褐色纵条纹相间排列。【习性】在草丛间结小型圆网。【分布】内蒙古。

北方肥蛛（雄蛛）| 王露雨 摄

越西肥蛛 *Larinia* sp.2

【特征识别】雌蛛体长约10 mm。背甲淡黄褐色，被白色绒毛。步足与背甲同色，具大量黑色刺。腹部长卵圆形，弧形，背面黄褐色，具4块明显黑斑，前缘中部向前延伸。【习性】在草丛间结小型圆网。【分布】四川。

越西肥蛛（雌蛛）| 魏世超 摄

黄金拟肥蛛（幼体）　王九棠 摄

黄金拟肥蛛（雄蛛）　雷波 摄

角类肥蛛（雄蛛）　王露雨 摄

角类肥蛛（雌蛛）　王露雨 摄

黄金拟肥蛛 *Lariniaria argiopiformis*

　　【特征识别】雄蛛体长9~11 mm。背甲黄褐色（幼体浅黄色），后中眼至中窝之间有2条褐色细条纹，中窝红褐色，细长。触肢、步足黄褐色至浅褐色，多刺，细弱。腹部近圆柱形，背面具多条黄色及红褐色纵条纹，末端具黑色斑。【习性】在草丛间结小型圆网。【分布】河北、江苏、浙江、安徽、江西、山东、河南、湖北、湖南、广东、四川、贵州、西藏、陕西、台湾；韩国、日本、俄罗斯。

角类肥蛛 *Larinioides cornutus*

　　【特征识别】雄蛛体长约6 mm。背甲淡褐色，具大量白色毛。步足黄褐色，具黑褐色环纹。腹部卵圆形，背面黄褐色，具大量白色斑，后半部叶状斑明显，斑内色深，黑褐色。雌蛛体长约10 mm。背甲淡褐色，具大量白毛。步足灰褐色。腹部近似圆球形，背面灰白色，前半部具1个近似"山"字形灰黑色斑，后半部叶状斑灰黑色，明显。【习性】在草丛低矮灌木处结中型圆网，7月成熟。【分布】北京、河北、山西、内蒙古、辽宁、吉林、黑龙江、浙江、江西、河南、湖北、湖南、四川、贵州、云南、陕西、甘肃、青海；全北区。

弓长棘蛛 *Macracantha arcuata*

【特征识别】雌蛛体长7~9 mm。背甲黑色，密被白色长绒毛，中眼域前方有1条黄褐色横斑。胸板黑色。腹部背面梯形，后缘略成弧形，色彩多变（蓝褐色、暗红色、白色、黄褐色等），前缘密被白色细刚毛，亚缘位置上有1圈排列整齐的橘红色圆斑，倒棘3对，黑色，第二对棘最长，为腹部长度的5.3倍。【习性】在低矮灌木处结中型圆网，白天多藏于叶背面。【分布】云南；婆罗洲、马来西亚、印度。

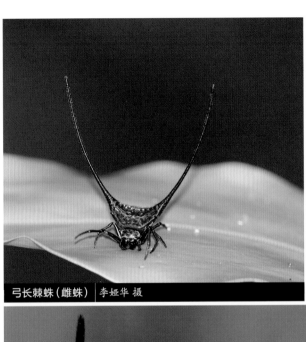

弓长棘蛛（雌蛛）　李娅华 摄

弓长棘蛛（雌蛛）　范毅 摄

弓长棘蛛（雌蛛）　赵俊军 摄

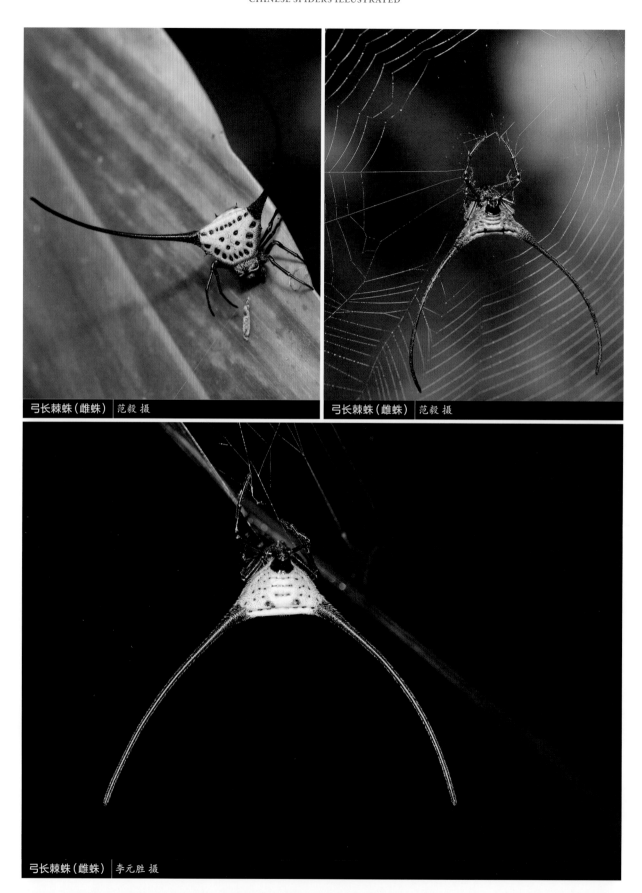

弓长棘蛛(雌蛛) 范毅 摄

弓长棘蛛(雌蛛) 范毅 摄

弓长棘蛛(雌蛛) 李元胜 摄

广东芒果蛛 *Mangora* sp.

【特征识别】雌蛛体长约6 mm。背甲淡黄褐色，眼睛黑色，眼后至中窝具红褐色纵纹。步足黄褐色，具黑褐色环纹，多刺。腹部卵圆形，背面黄褐色，具4条白色斑块形成的纵带，2对肌斑明显，后部具3对黑色斑。【习性】在低矮灌木草丛中结小型圆网。【分布】广东。

阿奇新园蛛 *Neoscona achine*

【特征识别】雄蛛体长约8 mm。背甲灰褐色，正中密被白色绒毛。步足细长，灰黑色，具大量黑色刺。腹部近似三角形，背面灰黑色，正中具白色长菱形斑，外侧具黑色短横纹。【习性】在灌丛中结中型圆网，7—8月成熟。【分布】云南、西藏；印度。

广东芒果蛛（雌蛛） 雷波 摄

阿奇新园蛛（雄蛛） 杨自忠 摄

灌木新园蛛 *Neoscona adianta*

【特征识别】雌蛛体长6~9 mm。背甲淡黄褐色，密被白色绒毛。步足与背甲同色，关节处色深，具大量黑色刺。腹部圆球形，背面黄色，具1个大型黑色"V"字形斑纹，侧缘具黑色条带。【习性】在灌丛中结中型圆网，网斜上方会织鸟窝状巢，白天生活于其中。【分布】河北、内蒙古、辽宁、吉林、黑龙江、河南、四川、贵州、台湾；古北区。

灌木新园蛛（雌蛛） 王露雨 摄

灌木新园蛛（雌蛛） 王露雨 摄

景洪新园蛛 *Neoscona jinghongensis*

【特征识别】雌蛛体长约10 mm。体色多变，灰黄色至红褐色，全身被白色绒毛和白色刚毛。腹部近似三角形，无斑纹，背面具3对肌斑，第二对最大。【习性】在灌丛中结中型圆网，7—8月成熟。【分布】云南。

景洪新园蛛（雌蛛）│黄贵强 摄

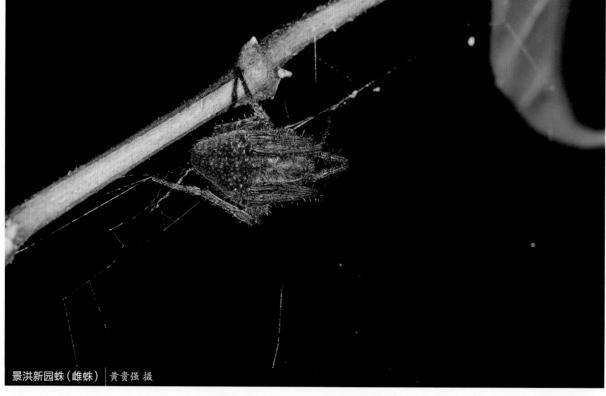

景洪新园蛛（雌蛛）│黄贵强 摄

梅氏新园蛛（雌蛛） 任川 摄

梅氏新园蛛（雌蛛） 郭良鸿 摄

梅氏新园蛛（雄蛛） 陆天 摄

梅氏新园蛛 *Neoscona mellotteei*

【特征识别】雄蛛体长约7 mm。背甲褐色，两侧具黑色弧形纵带，中窝黑色。步足较粗壮，褐色，具黑褐色环纹，多刺。腹部背面绿色，两侧黄褐色。雌蛛体长5~8 mm。背甲褐色，被银白色绒毛，颈沟和放射沟明显。步足黄褐色，具黄褐色环纹。腹部背面嫩绿色或黄绿色，两侧褐色。【习性】在灌丛中结中型圆网，7—8月成熟。【分布】重庆、贵州、北京、福建、浙江、河南、湖南、广西、四川、台湾；韩国、日本。

多褶新园蛛 *Neoscona multiplicans*

【特征识别】雄蛛体长5~9 mm。背甲灰褐色，密被白色绒毛。步足粗壮，灰褐色，多刺。腹部前端宽，背面灰白色，白色叶状斑明显。雌蛛体长7~12 mm。背甲褐色，密被白色绒毛。腹部体色多变，具明显叶状斑或叶状斑被大型黑斑代替。【习性】在灌丛中结中至大型圆网，7—8月成熟。【分布】贵州、浙江、福建、湖南、广西、海南、云南；韩国、日本。

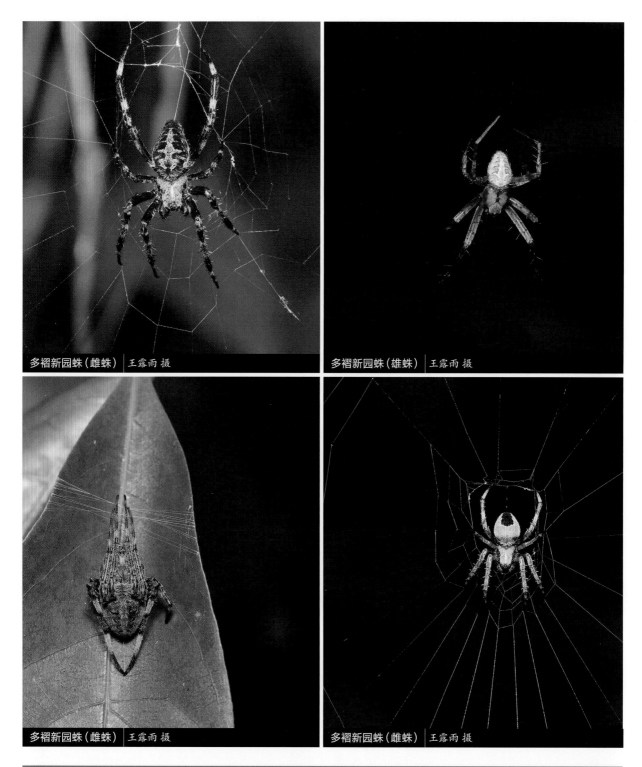

多褶新园蛛（雌蛛）｜王露雨 摄

多褶新园蛛（雄蛛）｜王露雨 摄

多褶新园蛛（雌蛛）｜王露雨 摄

多褶新园蛛（雌蛛）｜王露雨 摄

嗜水新园蛛 *Neoscona nautica*

【特征识别】雌蛛体长9~10 mm。背甲黑褐色，密被细绒毛。步足黄褐色，具黑褐色环纹。腹部近圆形，末端稍尖，背面灰黑色，心脏斑长披针形，灰白色，两侧具对称分布的黑色短横纹，与心脏斑组成大的叶状斑。【习性】在灌丛中结中至大型圆网，7—8月成熟。【分布】山西、黑龙江、江苏、浙江、安徽、福建、江西、山东、河南、湖北、湖南、广东、广西、海南、四川、贵州、云南、西藏、陕西、台湾；热带地区。

嗜水新园蛛（雌蛛） 杨自忠 摄

拟嗜水新园蛛 *Neoscona pseudonautica*

【特征识别】雄蛛体长5~6 mm。背甲淡褐色，被白色绒毛，中窝褐色，纵向。步足浅褐色，多刺。腹部圆球形，背面黄色，具黑色斑。雌蛛体长6~10 mm。背甲淡褐色，被白色短绒毛。步足暗黄色，关节处具褐色环纹，密布粗壮的黑刺。腹部前缘及中线两侧为黄白色，具5对白色"人"形斑纹，"人"形斑后缘为黑色横向的细线斑。【习性】在灌草丛中结中型圆网，7—8月成熟。【分布】贵州、浙江、福建、河南、湖南、海南；韩国。

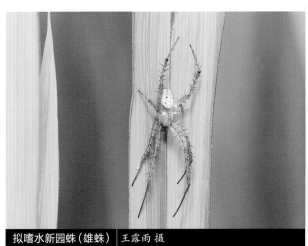

拟嗜水新园蛛（雄蛛） 王露雨 摄

拟嗜水新园蛛（雌蛛） 王露雨 摄

青新园蛛 *Neoscona scylla*

【特征识别】雄蛛体长8~10 mm。背甲褐色，密被白色刚毛。步足褐色，具多个灰白色环纹和粗壮的短刺。腹部密被长毛，灰褐色。雌蛛体长12~15 mm。背甲黑褐色，密被白色长毛。腹部近似卵圆形，有大型白色串珠状斑，腹面黑色，具1对白色椭圆形斑。【习性】在灌丛中结大型圆网。【分布】江苏、浙江、福建、江西、河南、湖北、湖南、四川、贵州、云南、台湾；韩国、日本、俄罗斯。

类青新园蛛 *Neoscona scylloides*

【特征识别】雌蛛体长6~10 mm。背甲黄褐色，密被灰白色绒毛。步足黄褐色，膝节、腿节和胫节远端有褐色环纹，腿节绿色。腹部翠绿色，后端色深，背面具多个小黄色斑点，前端向两侧延伸有1条黄色斑纹，具2对肌斑。【习性】在灌草丛中结中型圆网。【分布】浙江、安徽、福建、江西、山东、河南、湖南、四川、贵州、辽宁、台湾；韩国、日本。

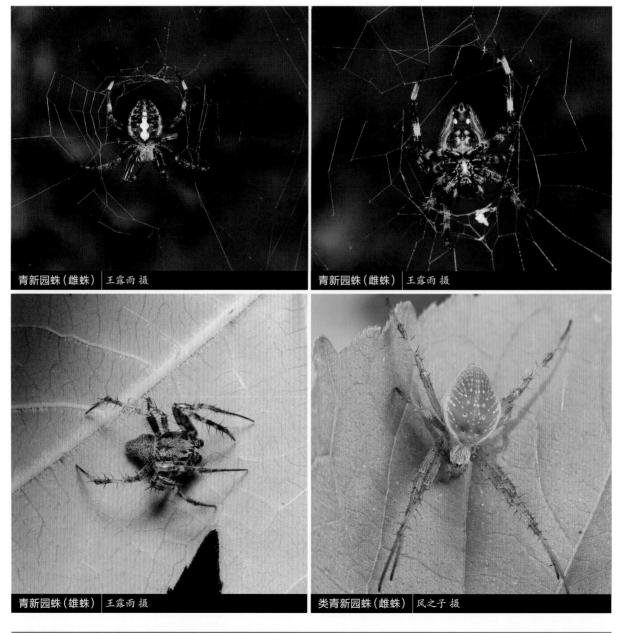

青新园蛛（雌蛛）｜王露雨 摄

青新园蛛（雌蛛）｜王露雨 摄

青新园蛛（雄蛛）｜王露雨 摄

类青新园蛛（雌蛛）｜风之子 摄

类青新园蛛（雌蛛）寒枫 摄

西隆新园蛛（雌蛛）杨自忠 摄

西隆新园蛛（雌蛛）杨自忠 摄

西隆新园蛛（雌蛛）杨自忠 摄

西隆新园蛛 *Neoscona shillongensis*

【特征识别】雌蛛体长11~13 mm。背甲黑褐色，密被白色绒毛。步足黄褐色，具黑褐色环纹。腹部颜色多变，黑色或灰褐色，多毛，正中有1条黄白纵斑，两端尖细，两侧波浪形叶状斑明显。【习性】在灌丛中结中型圆网。【分布】云南、西藏；印度、巴基斯坦。

茶色新园蛛 *Neoscona theisi*

【特征识别】雌蛛体长约10 mm。背甲灰褐色，密被白色绒毛。步足黄褐色，具黑色环纹。腹部卵圆形，背面灰白色，正中具1个大型灰白色斑，侧缘黑色波浪形，外缘具3对白色短斜斑，内侧黑色。【习性】在灌草丛中结中型圆网。【分布】河北、浙江、安徽、福建、江西、山东、河南、湖北、湖南、广东、四川、云南、贵州、西藏、陕西、甘肃、台湾；印度、太平洋诸岛。

天门新园蛛 *Neoscona tianmenensis*

【特征识别】雌蛛体长9~14 mm。背甲灰黑色，密被白色绒毛。步足黑褐色，多毛，多刺，后跗节和跗节具明显灰白色和黑色环纹。腹部灰褐色，多毛，背面叶状斑较明显。【习性】在灌丛中结中型圆网。【分布】湖南、云南；韩国。

茶色新园蛛（蛛网）| 林义祥 摄   茶色新园蛛（雌蛛）| 林义祥 摄

天门新园蛛（雌蛛）| 杨自忠 摄

警戒新园蛛（雌蛛）│杨自忠 摄

西山新园蛛（雌蛛）│杨自忠 摄

警戒新园蛛 *Neoscona vigilans*

　　【**特征识别**】雌蛛体长7~14 mm。背甲黑褐色，被长毛。步足黄褐色，具黑色环纹，多毛，多刺。腹部卵圆形，黄褐色，前端正中有1个三角斑，其后为浅色条斑，直达腹部末端，三角斑的两侧有1对深褐色弧形斑。【**习性**】在灌丛中结中型圆网。【**分布**】云南、山东、湖北、湖南、广东、海南、四川、西藏、青海、台湾；东南亚、非洲。

西山新园蛛 *Neoscona xishanensis*

　　【**特征识别**】雌蛛体长8~14 mm。背甲灰褐色，边缘色深。步足黄褐色，膝节、胫节和后跗节的远端黑褐色。腹部长卵圆形，黄褐色，背面前缘色深，后部正中具1个大型黑斑。【**习性**】在灌丛中结中型圆网。【**分布**】四川、浙江、贵州、云南、陕西。

绿斑新园蛛 *Neoscona* sp.1

【特征识别】雌蛛体长约12 mm。背甲灰褐色，密被白色毛。步足黄褐色，具黑褐色环纹。腹部近似卵圆形，背面褐色，正中具1块大型菱形绿斑。【习性】在灌草丛中结中型圆网。【分布】广东。

橙色新园蛛 *Neoscona* sp.2

【特征识别】雄蛛体长约10 mm。背甲淡黄褐色，被白色绒毛，无斑纹，中窝纵向，褐色细缝状。腹部前端宽，背面黄褐色，被大量白色长毛，具2对肌斑。【习性】在灌草丛中结中型圆网。【分布】广东。

钉纹新园蛛 *Neoscona* sp.3

【特征识别】雌蛛体长约12 mm。背甲黄褐色，头区红褐色，被白色绒毛。步足深红褐色，多毛，多刺。腹部近似三角形，背面深红褐色，具1个大型白色"钉"形纹。【习性】在灌草丛中结中型圆网。【分布】云南。

绿斑新园蛛（雌蛛）｜雷波 摄

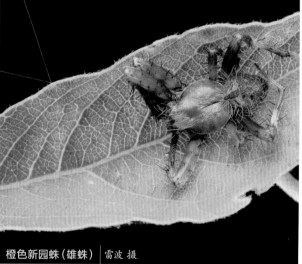

橙色新园蛛（雄蛛）｜雷波 摄

钉纹新园蛛（雌蛛）｜张宏伟 摄

绿色新园蛛 *Neoscona* sp.4

【特征识别】雄蛛体长约8 mm。背甲黄褐色，两侧黑褐色。步足黄褐色，远端色深。腹部近似三角形，背面淡绿色，后部侧缘具3对黑色斑。雌蛛体长约10 mm。背甲较雄蛛色浅。腹部肥大，背面淡绿色，后部侧缘具3对黑色斑。【习性】在灌草丛中结中型圆网。【分布】台湾。

绿色新园蛛（雄蛛）｜林义祥 摄　　绿色新园蛛（雌蛛）｜林义祥 摄

广西新园蛛 *Neoscona* sp.5

【特征识别】雌蛛体长约7 mm。背甲褐色，具有灰褐色的绒毛，胸区后缘浅褐色。螯肢暗褐色。步足浅褐色，具深色环纹。腹部浅绿色，具黑色斑纹，中线上形成4个绿色小斑。【习性】结大型圆网。【分布】广西。

广西新园蛛（雌蛛）｜侯勉 摄

版纳新园蛛 *Neoscona* sp.6

【特征识别】雌蛛体长约9 mm。背甲灰蓝色，密被绒毛。步足灰蓝色，密被灰白色毛，多刺。腹部灰蓝色，背面前方具1对白色大斑，大斑边缘灰褐色，其后隐约可见1对灰黑色斑。【习性】结大型圆网。【分布】云南。

何氏瘤腹蛛 *Ordgarius hobsoni*

【特征识别】雌蛛体长8~10 mm。背甲赤褐色，头区前端中线上有2个疣突，前后排列，前突较大，两侧各有2个小突起。步足黄褐色，具褐色环纹。腹部宽大于长，两侧较高，中间低凹如马鞍，底色黄褐色，有深色斑纹和许多对称的瘤突，整个腹部形状如鸟粪，背面两侧及边缘具大小不一的瘤突。幼体全身浅黑色。【习性】结不规则网。使用具有信息素的小黏球引诱捕食，号称流星锤蛛。【分布】湖南、广东、云南；日本、印度、斯里兰卡。

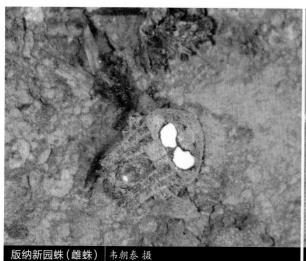

版纳新园蛛（雌蛛）　韦朝泰 摄

何氏瘤腹蛛（雌蛛）　雷波 摄

何氏瘤腹蛛（雌蛛幼体）　杨自忠 摄

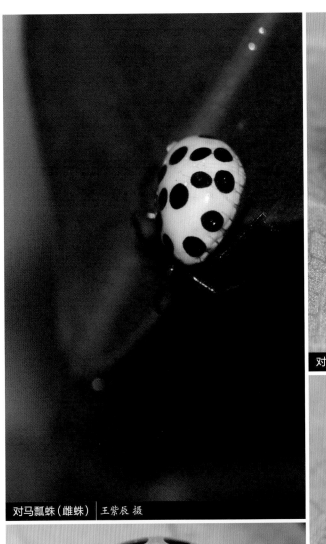

对马瓢蛛（雌蛛）　王紫辰 摄

对马瓢蛛（雌蛛幼体）　雷波 摄

对马瓢蛛（雌蛛）　雷波 摄

对马瓢蛛（雌蛛）　雷波 摄

对马瓢蛛 *Paraplectana tsushimensis*

【特征识别】雌蛛体长9~10 mm。体形似瓢甲。背甲及附肢均橙黄色。步足跗节黑色。腹部前端向前延伸，覆盖背甲胸区的大部分，背面橙黄色，具16块黑色斑纹，对称性分布，后端隐约可见叶状细斑。幼体时腹部呈黄色或暗黄色。【习性】在低矮灌草丛间结小型圆网。【分布】广东、浙江、湖南、台湾；日本。

德氏拟维蛛 *Parawixia dehaani*

【特征识别】雌蛛体长18~28 mm。背甲灰黑色，具白色毛。步足灰黑色，基部色深。腹部背面前端两侧有1对锥形角突，腹部末端尖锐成角，使整个腹部呈三角形，两肩角之间有1个小的突起，前缘附近具红色斑纹，肩角向后发出波浪形的界限，其内侧浅褐色，外侧土黄色。有的个体腹部背面灰褐色，无明显的斑纹。【习性】在灌木间结大型圆网。【分布】湖南、广东、广西、海南、四川、云南、台湾、香港；菲律宾、新几内亚岛、印度。

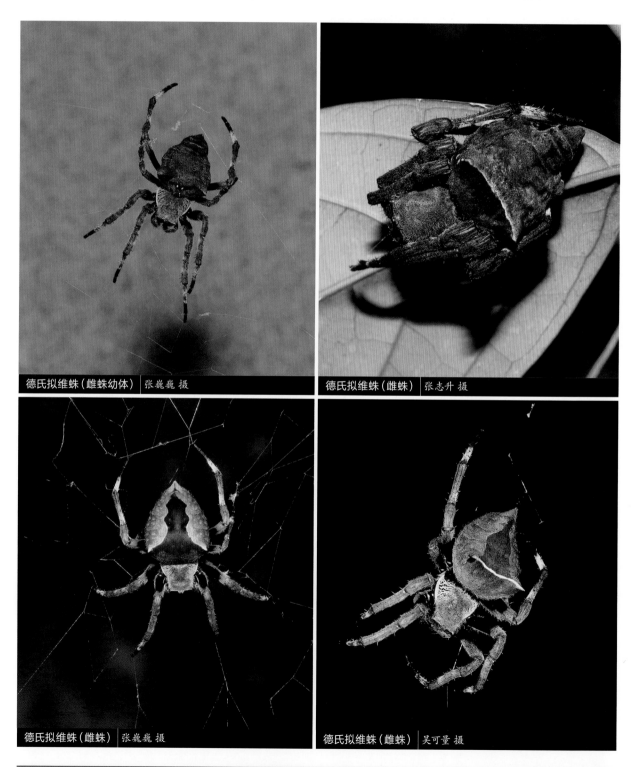

德氏拟维蛛（雌蛛幼体）张巍巍 摄

德氏拟维蛛（雌蛛）张志升 摄

德氏拟维蛛（雌蛛）张巍巍 摄

德氏拟维蛛（雌蛛）吴可量 摄

蟾蜍菱腹蛛（雌蛛幼体）　林义祥 摄

蟾蜍菱腹蛛（雌蛛幼体）　林义祥 摄

蟾蜍菱腹蛛（雌蛛幼体）　林义祥 摄

蟾蜍菱腹蛛（雌蛛）　林义祥 摄

蟾蜍菱腹蛛（雌蛛）　林义祥 摄

蟾蜍菱腹蛛 *Pasilobus bufoninus*

【特征识别】雌蛛体长约8 mm。背甲深褐色。步足褐色。腹部宽大于长，背面褐色，具大量瘤突，似蟾蜍皮肤，两肩角向前强烈隆起，具3对肌斑。【习性】在低矮灌草丛间结三角网。【分布】中国台湾；马来西亚、印度尼西亚。

羽足普园蛛 *Plebs plumiopedellus*

【特征识别】雌蛛体长8~11 mm。头区隆起，黑褐色，被有白色细毛。步足红褐色，有黄褐色环纹，第四步足的胫节和后跗节密被黑色羽状长毛。腹部长卵圆形，前宽后窄，肩角强烈隆起，背面褐色，两肩突的前方各具1个黄色的不规则斑，正中具1个长三角形大斑。【习性】在灌丛间结中型圆网。【分布】重庆、四川、浙江、江西、湖南、贵州、台湾。

柱状锥头蛛 *Poltys columnaris*

【特征识别】雌蛛体长8~12 mm。背甲黄褐色。步足褐色，具黑褐色环纹。腹部柱状，前端强烈向前延伸，颜色类似枯枝颜色，前端平截，末端钝圆，具类似眼睛形状的黑斑。【习性】在树枝间结中型圆网，静息时多立于树枝处伪装自己。【分布】中国台湾；印度、斯里兰卡、印度尼西亚、日本。

羽足普园蛛（雌蛛）　张志升 摄

羽足普园蛛（雌蛛）　赵岩岩 摄

柱状锥头蛛（雌蛛）　林义祥 摄

柱状锥头蛛（雌蛛）　林义祥 摄

柱状锥头蛛（雌蛛） 林义祥 摄

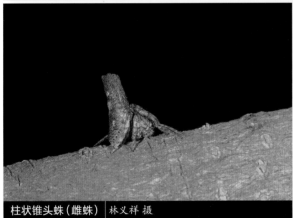

柱状锥头蛛（雌蛛） 林义祥 摄

柱状锥头蛛（雌蛛） 林义祥 摄

柱状锥头蛛（雌蛛） 林义祥 摄

枯叶锥头蛛 *Poltys idae*

【特征识别】雌蛛体长18~20 mm。成体背甲橘红色。步足淡红褐色，被白色短绒毛。腹部前端突起细长如鞭状，背面观如枯叶，中后部具1个橘红色大斑，两侧淡褐色。幼体绿色或黄色。【习性】在树枝间结中型圆网。【分布】广东、海南、云南、台湾；婆罗洲。

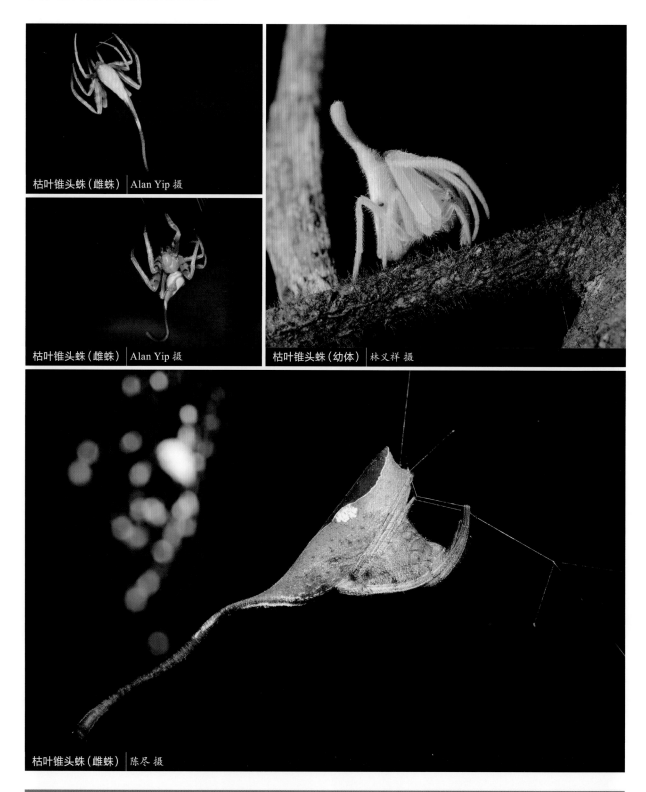

枯叶锥头蛛（雌蛛） | Alan Yip 摄

枯叶锥头蛛（雌蛛） | Alan Yip 摄

枯叶锥头蛛（幼体） | 林义祥 摄

枯叶锥头蛛（雌蛛） | 陈尽 摄

枯叶锥头蛛（雌蛛）　林义祥 摄

枯叶锥头蛛（雌蛛）　林义祥 摄

枯叶锥头蛛（雌蛛）　陈尽 摄

枯叶锥头蛛（雌蛛）　陈尽 摄

枯叶锥头蛛（雌蛛）　林义祥 摄

枯叶锥头蛛（雌蛛）　吴超 摄

枯叶锥头蛛（雌蛛）　周见清 摄

枯叶锥头蛛（雌蛛）　林义祥 摄

丑锥头蛛 *Poltys illepidus*

【特征识别】雌蛛体长10~12 mm。背甲土黄色。步足黄褐色，密被白色绒毛。腹部近似圆形，前端具大量角突，两肩角处突起最大，末端三叉状。【习性】在树枝间结中型圆网。【分布】中国台湾；印度、东南亚、澳大利亚。

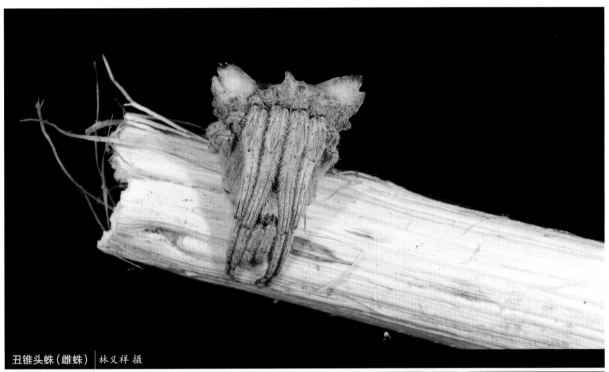

丑锥头蛛（雌蛛）│林义祥 摄

丑锥头蛛（雌蛛）│林义祥 摄

淡黑锥头蛛 *Poltys stygius*

【**特征识别**】雌蛛体长约13 mm。背甲灰黑色，密被绒毛。步足粗壮，灰褐色，多毛。腹部近似圆形，侧缘具大量瘤突，背面颜色多变，灰白色或锈黄色，前半部具扇形纹，之后两侧具明显角状突起，后半部具椭圆形斑。【**习性**】在树枝间结中型圆网。【**分布**】广东、台湾；东南亚、澳大利亚。

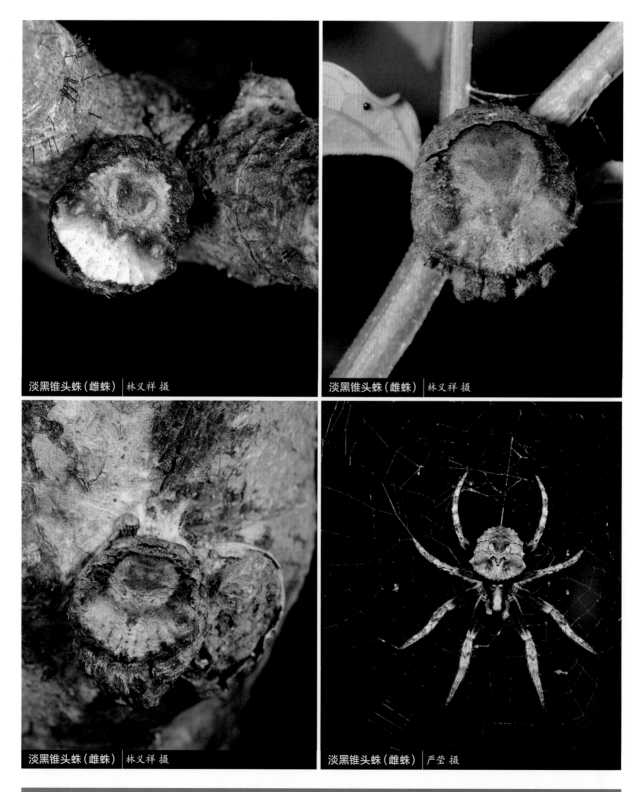

淡黑锥头蛛（雌蛛）｜林义祥 摄

淡黑锥头蛛（雌蛛）｜林义祥 摄

淡黑锥头蛛（雌蛛）｜林义祥 摄

淡黑锥头蛛（雌蛛）｜严莹 摄

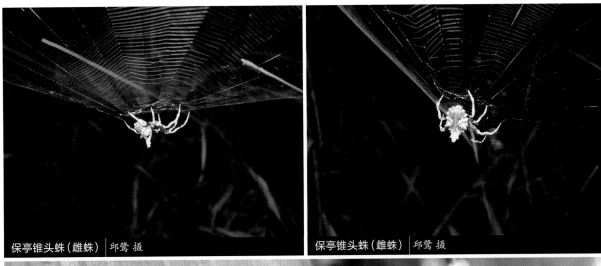

保亭锥头蛛（雌蛛） 邱鹭 摄　　保亭锥头蛛（雌蛛） 邱鹭 摄

锈锥头蛛（雌蛛） 黄贵强 摄

保亭锥头蛛 *Poltys* sp.1

【特征识别】雌蛛体长约12 mm。背甲黑褐色，具白色绒毛。步足腿节红褐色，其余节灰白色，多毛。腹部中后近似圆形，前缘中部具向前的山峰状隆起，腹部背面灰白色，正中具灰绿色纵带，背面及侧面具8对大角突，肩角突最大。【习性】在树枝间结中型圆网。【分布】海南。

锈锥头蛛 *Poltys* sp.2

【特征识别】雌蛛体长约14 mm。背甲铁锈色，多毛。步足较长，与背甲同色。腹部中后部圆形，前缘中部具较大的柱状突起，腹部背面密布瘤突。【习性】在灌丛间结中型圆网。【分布】广东。

叉状锥头蛛 *Poltys* sp.3

　　【特征识别】雄蛛体长约8 mm。背甲灰褐色，多毛。步足较长，灰褐色，多毛。腹部灰褐色，具小瘤突。雌蛛体长约13 mm。背甲淡黄褐色，密被白色绒毛。腹部前缘具叉状突起，乳白色，其后翠绿色，具眼睛状瘤突。【习性】在灌丛间结中型圆网。【分布】台湾。

叉状锥头蛛（雌蛛）｜王露雨 摄

叉状锥头蛛（雌蛛）｜王露雨 摄

叉状锥头蛛（雄蛛）｜王露雨 摄

叉状锥头蛛（雌蛛）｜王露雨 摄

叉状锥头蛛（雌蛛）｜王露雨 摄

叉状锥头蛛（雄蛛）｜王露雨 摄

叉状锥头蛛（雌蛛）｜王露雨 摄

芽锥头蛛 *Poltys* sp.4

【特征识别】雌蛛体长约6 mm。背甲及步足均呈棕黄色,密布短的绒毛。腹部前端向背侧隆起,前末端具小的突起,后端钝圆,腹部黄绿色,具棕黄色绒毛。【习性】在灌丛间结中型圆网。【分布】海南。

台湾锥头蛛 *Poltys* sp.5

【特征识别】雌蛛体长约10 mm。背甲及步足均呈灰黑色,密被短绒毛。腹部近似圆形,背面灰褐色,具1个明显黑色"T"字形纹。【习性】在灌丛间结中型圆网。【分布】台湾。

芽锥头蛛(雌蛛) | 林美英 摄

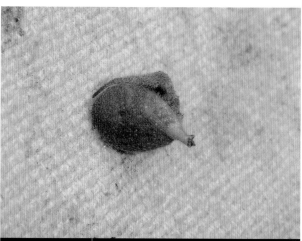

芽锥头蛛(雌蛛) | 林美英 摄

台湾锥头蛛(雌蛛) | 林义祥 摄

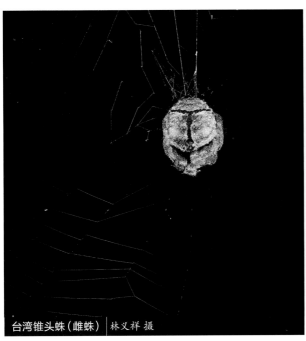

台湾锥头蛛(雌蛛) | 林义祥 摄

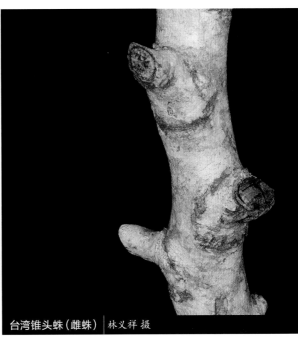

台湾锥头蛛(雌蛛) | 林义祥 摄

长锥头蛛 *Poltys* sp.6

【特征识别】雌蛛体长约10 mm。背甲灰褐色。步足细长，灰褐色。腹部柱状，高是体长的2倍，前端平截，末端较尖。【习性】在灌丛间结中型圆网。【分布】海南。

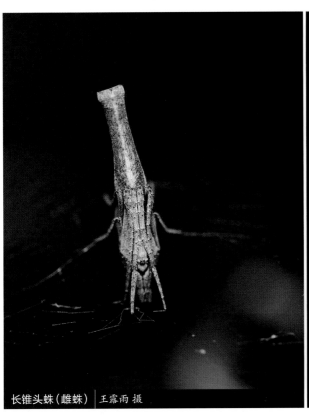

长锥头蛛(雌蛛) | 王露雨 摄

长锥头蛛(雌蛛) | 王露雨 摄

坚果锥头蛛（雌蛛）　张宏伟 摄

坚果锥头蛛（雌蛛）　张宏伟 摄

绿色锥头蛛（雌蛛）　雷波 摄

坚果锥头蛛 *Poltys* sp.7

【特征识别】雌蛛体长约12 mm。背甲黑色，中部具褐色绒毛。步足较长，红褐色，多毛，多刺。腹部圆形，背面灰褐色，前缘具10条棘，其后两侧具大量角状突，犹如坚果。【习性】在灌丛间结中型圆网。【分布】云南。

绿色锥头蛛 *Poltys* sp.8

【特征识别】雌蛛体长7~11 mm。背甲浅黄褐色，头区后端隆起，眼区黑色。螯肢褐色。触肢和步足黑褐色。步足长，具白色绒毛。腹部柱状，褐色，具浅褐色斑纹，前端向背侧高高隆起，使得腹部和头胸部近于垂直。【习性】在灌丛间结中型圆网。【分布】广东。

山地亮腹蛛 *Singa alpigena*

【特征识别】雌蛛体长7~8 mm。背甲红褐色,中窝横向,颈沟明显。螯肢、下唇、颚叶和胸板均为红褐色。步足黑褐色,腿节的颜色较浅。腹部椭圆形,背面黑色,中央具1个"中"字形白斑,肌痕较明显。【习性】在低矮灌草丛间结小型圆网。【分布】安徽、福建、湖北、湖南、广西、贵州。

黑亮腹蛛 *Singa hamata*

【特征识别】雌蛛体长约8 mm。背甲黑褐色,被稀疏短绒毛。步足黄褐色,远端色深,少刺。腹部卵圆形,正中和两侧具3条白色纵带,其间有2条黑色纵带,黑色纵带中部具4对白色斑。【习性】在低矮灌草丛间结小型圆网。【分布】北京、河北、山西、内蒙古、辽宁、吉林、黑龙江、江苏、浙江、安徽、山东、河南、湖北、湖南、广东、四川、贵州、陕西、甘肃、青海、宁夏、新疆;古北区。

山地亮腹蛛(雌蛛) 寒枫 摄

山地亮腹蛛(雌蛛) 王露雨 摄

黑亮腹蛛(雌蛛) 达玛西 摄

乳突瘤蛛 *Thelacantha brevispina*

【特征识别】雌蛛体长6~9 mm。背甲黑褐色，前端隆起，被白色短绒毛。步足黄褐色，短，密被绒毛。腹部颜色多变，背面边缘具大量肌痕，侧面和尾部具6个乳头状突起。【习性】在低矮灌草丛间结小型圆网。【分布】贵州、湖南、广东、广西、云南、台湾；东南亚、南亚、澳大利亚、马达加斯加。

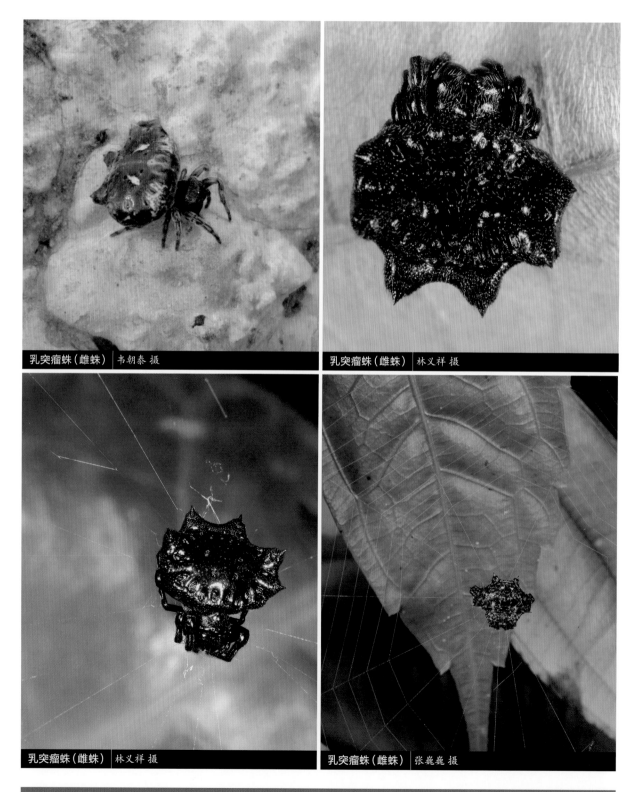

乳突瘤蛛（雌蛛）　韦朝泰 摄

乳突瘤蛛（雌蛛）　林义祥 摄

乳突瘤蛛（雌蛛）　林义祥 摄

乳突瘤蛛（雌蛛）　张巍巍 摄

乳突瘤蛛（雌蛛和网）| 林义祥 摄

乳突瘤蛛（雌蛛）| 林义祥 摄

乳突瘤蛛（雌蛛）| 林义祥 摄

乳突瘤蛛（雌蛛）| 林义祥 摄

乳突瘤蛛（雌蛛）| 林义祥 摄

叶斑八氏蛛 *Yaginumia sia*

【特征识别】雄蛛体长4~5 mm。背甲黑褐色，密被稀疏白色长毛。步足黄褐色，有黑褐色环纹，多毛，多刺。腹部卵圆形，边缘密被白色长毛，正中有1个大型的黑色叶状斑。雌蛛体长9~12 mm。背甲黑褐色。腹部灰白色，中间有1个深色的叶状斑。【习性】多在房屋附近结中型圆网。【分布】江苏、浙江、福建、河南、湖北、湖南、广东、广西、四川、贵州、云南、台湾；韩国、日本。

白斑园蛛 *Araneidae sp.1*

【特征识别】雌蛛体长约7 mm。背甲黑褐色，胸区具明显褐色斑，头区隆起，被稀疏白毛。步足黑褐色，具黄褐色环纹，被稀疏白色毛。腹部近似球形，背面除尾部2个突起和突起基部周围黑色外，其余均乳白色，前后各具1对角突，具3对肌斑。【习性】在低矮灌草丛中结小型圆网。【分布】广东。

叶斑八氏蛛（雄蛛）｜王露雨 摄

叶斑八氏蛛（雌蛛）｜王露雨 摄

白斑园蛛（雌蛛）｜雷波 摄

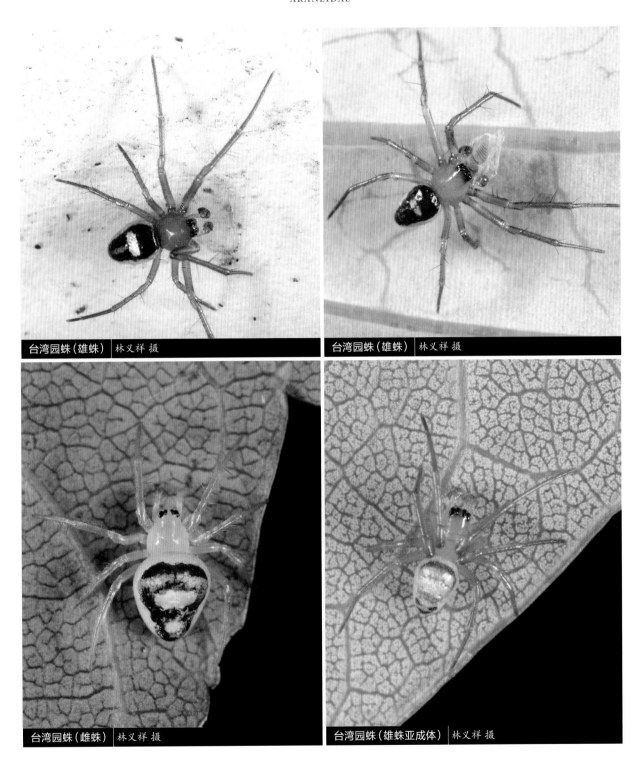

台湾园蛛(雄蛛) | 林义祥 摄

台湾园蛛(雄蛛) | 林义祥 摄

台湾园蛛(雌蛛) | 林义祥 摄

台湾园蛛(雄蛛亚成体) | 林义祥 摄

台湾园蛛 Araneidae sp.2

【特征识别】雄蛛体长1.5~3 mm。背甲褐色，光滑，眼区黑色。步足黄褐色，多刺。腹部近似三角形，背面正中具1条大红褐色纵纹，纵纹中间具1条黄色大横斑，纵纹侧缘黄色。雌蛛体长2~3 mm。背甲淡黄褐色，光滑，8眼黑色。步足淡黄褐色，多刺。腹部近似三角形，背面具2条黄色横斑，横斑被红色大斑包围，红色大斑外围近似黄色。【习性】多生活于低矮草丛。【分布】台湾。

水蛛科

ARGYRONETIDAE

英文名Water Spider。拉丁名、中文名和英文名均因其终生生活在水中而得名。水蛛也是最早被记述的蜘蛛之一。

水蛛体中型,体长10~20 mm。是为数不多的雄蛛明显大于雌蛛的蜘蛛。8眼,以4-4式排列成2列,各眼几乎等大。步足末端具3爪。全世界4万多种蜘蛛中,水蛛是唯一在水下完成其生活史的蜘蛛,通常生活在流速较缓、水生植物丰富的溪流、湖泊、池塘等水体环境中,以小型水生动物为食,例如水虱、蜉蝣若虫、小鱼和小虾等。水蛛在中国的分布记录最早可追溯至1866年,国外学者波坦宁(Potanin)在中国扶彝厅(现属甘肃省)采得标本。1983年,朱传典描述了一头曾于1972年在吉林省伊尔施柴元林场(现属内蒙古自治区)采得的雄性水蛛标本。此后,1987年刘凤想和王家福等在内蒙古锡林郭勒盟的小型水体采到一定数量的水蛛;1989年刘凤想随中国农业电影制片厂赴锡盟拍摄了有关水蛛的纪录片(遗憾一直未播出,影像资料随着时间的推移而不知去向);2002年刘凤想和张志升曾专门赴锡盟再次寻找水蛛,但无功而返;2004年蔡柏歧和李文报道了曾于1995年在河南新乡市郊菜场获得一定数量的水蛛标本。但上述水蛛标本中的绝大部分因保存不善而损坏。2003年内蒙古师范大学的白小栓等在内蒙古做水生昆虫调查时,在锡盟再次发现了少量水蛛。2008年刘凤想与中央电视台合作在锡盟拍摄了纪录片《寻找水蛛》。2011年和2012年张志升等两次赴锡盟采集到了部分水蛛标本;2013年王露雨在新疆首次发现了水蛛。截至目前,水蛛在国内的分布记录仅限上述的内蒙古和新疆,其完整分布状况仍有待进一步调查。

水蛛对水质要求较高。随着人类活动的影响,水体生态环境日益恶化,对水质造成了严重影响,严重破坏了水蛛的生活环境,导致水蛛赖以生存的水体环境日趋减少,水蛛的生存状况十分堪忧。韩国、日本、斯洛文尼亚和塞尔维亚等国家或将水蛛列为濒危物种,已经开始注意对这个物种的保护。国内记录的水蛛分布地点,从最早的甘肃省,到20世纪七八十年代的吉林省和内蒙古,直至2004年报道的河南，这些地点大多已不见水蛛的踪影。这很可能与人类活动导致的生境破坏有关。目前在国内，水蛛仅在内蒙古和新疆的少数水体中被发现，但调查同时也发现，上述地区水体已经受到污染，土地沙漠化严重，水蛛尚能坚持多久不得而知，水蛛的保护应当引起广泛的关注。

Clerck于1757年发现水蛛并将其命名为*Araneus aquaticus*，此后的几个世纪，水蛛的系统发育地位发生了多次改变，并且其分类地位一直饱受争议。曾经归属于漏斗蛛科、卷叶蛛科、并齿蛛科等，也独立成科——水蛛科。目前，世界蜘蛛名录将其归入并齿蛛科，但最新的研究显示它和部分卷叶蛛科的物种亲缘关系较近。

水蛛全世界仅有1属1种，在国外的分布主要集中在欧洲，包括欧洲的北部和中部地区，如奥地利、比利时、保加利亚、法国、德国、马其顿等均有分布。亚洲有水蛛记录的国家有中国、韩国、日本、伊朗和土耳其。

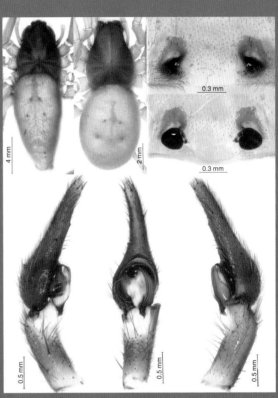

水蛛 *Argyroneta aquatica*

水蛛 *Argyroneta aquatica*

【特征识别】雄蛛体长10~20 mm。背甲黄褐色，较光滑，头区略隆起，中窝纵向。步足灰褐色，多毛，尤其第四对步足，毛密且长，犹如试管刷。腹部弯曲略呈拱形，末端较尖，被浓密的黑褐色毛。雌蛛体长10~15 mm。背甲褐色，放射沟较明显。步足黑褐色，密被褐色毛，第三、四对步足多刺。腹部卵圆形，背面灰黑色，被浓密的黑褐色毛。水蛛具有发达的书肺和高度复杂的气管系统，以适应水生生活。气孔位于腹部腹面中部，与近管蛛科类似。【习性】终生生活于水下，可在水草间织1个致密的钟形网，通过腹部和步足浓密的毛运送空气至钟形网中，使钟形网充满空气。水蛛多待于钟形网形成的气泡中，伺机捕食。【分布】甘肃、河南、新疆、内蒙古；古北区。

水蛛（雌蛛和其气泡）｜王露雨 摄

水蛛（雌蛛和其水下气泡）｜王露雨 摄

水蛛（雌蛛和其倒影）｜林业杰 摄

水蛛（雌蛛）｜李宗煦 摄

水蛛（雄蛛）｜李宗煦 摄

水蛛（雄蛛）｜李宗煦 摄

水蛛（雌蛛）｜李宗煦 摄

水蛛 李宗煦 摄

水蛛（水蛛卵囊） 李宗煦 摄

水蛛（水蛛生境） 王露雨 摄

地蛛科

ATYPIDAE

英文名Purseweb spiders，意指部分种类会编织其特有的袋状网巢。本科绝大多数种类长期居住在地下，营典型的穴居生活，故得中文名地蛛科。地蛛属*Atypus*的种类通常将巢的地上部分搭织在树根或石块一侧，外层覆以苔藓或泥土进行伪装。蜘蛛伏于巢内，待猎物爬行经过时，从巢内壁刺出螯牙将其杀死并拖入巢内进食。遇敌害，钻入巢穴的地下部分躲避。

地蛛中到大型，体长10~30 mm。同属的种类外观差异小，体色单一。8眼集于1丘或分为3组，排列于头区前端。中窝横向，浅而不明显。螯肢发达，长度通常大于背甲长的2/3。颚叶发达，前伸。步足粗短，末端具3个爪。腹部背面生1个角质背板。触肢器结构简单，但具1个雏形化的引导器，种间差异小。雌蛛具多个纳精囊。雄蛛通常于6—8月成熟并外出求偶。雌蛛1次产卵可达300枚以上。硬皮地蛛属*Calommata*成蛛形态差异较大，雄蛛成年后不再进食，交配时用螯牙支撑于雌蛛下唇，将雌蛛抬起，俯身交配。地蛛属雄蛛求偶时钻入雌蛛巢内，交配并同居数周，7—8月采集时往往可在同一巢内采得雌雄成对地蛛。

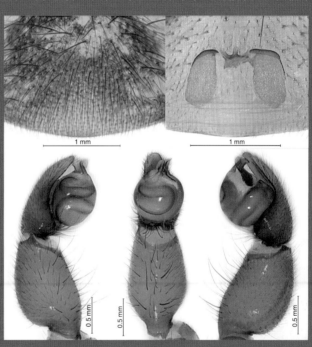

地蛛 *Atypus* sp.

本科目前全世界已知3属52种，中国已知2属15种（地蛛属13种，硬皮地蛛属2种）。分布广，亚、非、美洲均有分布，国内的种类多分布于南方地区。但其隐蔽的生活方式及形态的高度近似性，为分类工作带来较大难度。朱明生2006年对中国的地蛛属进行了修订。

异囊地蛛 *Atypus heterothecus*

　　【特征识别】雄蛛体长10~15 mm。背甲光滑，呈黑色，头区隆起。步足细长，末端红褐色。腹部角质背板明显。雌蛛体长18~25 mm。背甲褐色，长大于宽，眼丘紧贴背甲前缘。步足粗短，被少许棕红色毛。腹部棕黄色，角质背板较雄蛛小而不明显。【习性】在石块或树根处织袋状网，地上部分可达20~40 cm，6—8月成熟。【分布】河南、安徽、四川、湖北、湖南、江西、福建、广西、重庆、贵州。

异囊地蛛（雄蛛）　王露雨 摄

异囊地蛛（雌蛛）　黄贵强 摄

异囊地蛛（蛛在网中）　黄贵强 摄

异囊地蛛（网）　黄贵强 摄

卡氏地蛛(雄蛛) 周达康 摄

歌乐山地蛛(雌蛛) 余锟 摄

歌乐山地蛛(雄蛛) 余锟 摄

卡氏地蛛 *Atypus karschi*

【特征识别】雄蛛体长10~15 mm。背甲黑色，头区隆起。螯肢粗长。步足细长，呈黑色。腹部黑灰色，角质背板大而明显。雌蛛体长15~25 mm。背甲褐色，长略大于宽。步足粗短，黑褐色。腹部黄褐色，角质背板小而不明显。【习性】在石块或树根处织袋状网，地上部分通常较短，长5~15 cm，6—8月成熟。【分布】北京、河北、安徽、四川、贵州、湖南、福建、台湾；日本。

歌乐山地蛛 *Atypus* sp.1

【特征识别】雄蛛体长8~13 mm。背甲光滑，呈红棕色，头区隆起。步足细长，末端灰红色。腹部角质背板明显。雌蛛体长12~18 mm。背甲黄褐色，长近于宽，眼丘紧贴背甲前缘。步足粗短，被稀疏毛。腹部褐色，角质背板较明显。【习性】在石块或树根处织袋状网，地上部分可达5~15 cm，5—7月成熟。【分布】重庆。

广西地蛛 *Atypus* sp.2

【特征识别】雄蛛体长10~15 mm。背甲光滑，头区隆起，但不延伸至中窝处。步足细长，黑色，仅跗节呈暗红色。腹部棕红色，角质背板大而明显。纺器末端呈指状。【习性】雄蛛7月前后外出求偶。【分布】广西。

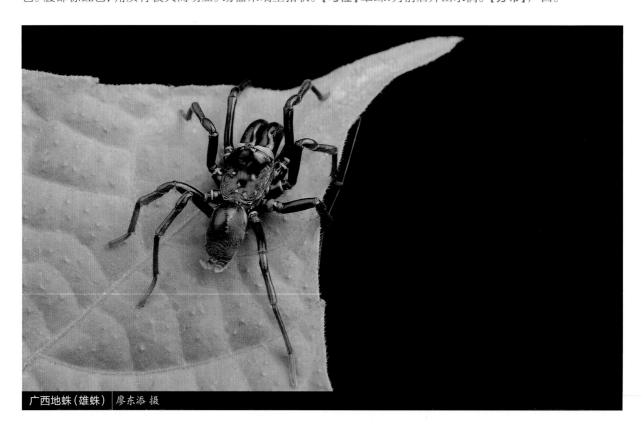

广西地蛛（雄蛛）| 廖东添 摄

沟纹硬皮地蛛 *Calommata signata*

【特征识别】雌蛛体长10~15 mm。背甲光滑，头区隆起，呈黄棕色，8眼分为3组，中眼域高度突起。螯肢上冲，螯基呈茶红色，螯牙镰刀状，中部略粗于两端。第一、二步足明显细短于第三、四步足。腹部土黄色，具1个角质背板。【习性】穴居，洞口略高于地面，白天常用丝覆于洞口，夜间守于洞口捕食，5—8月成熟。【分布】山西、陕西、河南、山东、湖南、湖北、四川、贵州、广东；韩国、日本。

沟纹硬皮地蛛（雌蛛）| 周谷春 摄

沟纹硬皮地蛛（雌蛛）| 周谷春 摄

缙云硬皮地蛛 *Calommata* sp.

【特征识别】雄蛛体长7~10 mm。背甲黑色，头区隆起，8眼分为3组。触肢膨大，膝节白色。步足细长，整体黑色，后跗节、跗节暗红色。腹部1个不明显的角质背板。雌蛛体长15~25 mm。背甲光滑，呈黄棕色，8眼分为3组，中眼域高度隆起。螯肢前伸、上冲，呈暗红色。第一、二步足明显细短于第三、四步足。腹部土黄色，具1个角质背板。【习性】穴居，洞口略高于地面，白天常用丝覆于洞口，夜间守于洞口捕食，5—8月成熟。【分布】重庆。

缙云硬皮地蛛（雌蛛）｜黄贵强 摄

缙云硬皮地蛛（雌蛛）｜黄贵强 摄

缙云硬皮地蛛（雌蛛）｜黄贵强 摄

缙云硬皮地蛛（雄蛛）｜王露雨 摄

缙云硬皮地蛛（蛛网）｜陆天 摄

管巢蛛科

CLUBIONIDAE

英文名Sac spiders。台湾称其为袋蛛科。蛛巢多由丝将叶片卷曲而成，或将成对叶片粘在一起，或在树皮和落叶下的卵茧内，也隐蔽在植物表面的凹陷内。有的将叶卷成管状或折成苞，做巢于其内，故名"管巢蛛"，英文名也因此而来。

管巢蛛微小至中型，体长2~13 mm。8眼2列，成4-4式排列。身体圆柱形，多以淡黄色、褐色或绿色为主。步足末端具2爪，不结网。雄蛛触肢器通常简单，胫节突起各异；盾板具有清晰而明显的精管，无中突。雌蛛外雌器插入孔通常是体表唯一的角质化部分；具2对纳精囊，第一纳精囊壁厚，颜色较深；第二纳精囊壁薄，颜色较浅或半透明。为游猎型蜘蛛，多数为夜行性种类，而白天则躲在隐蔽所内。

本科全世界分布，目前全世界已知15属614种，中国已知4属109种。张古忍和张锋等学者对中国的管巢蛛进行了较多研究。

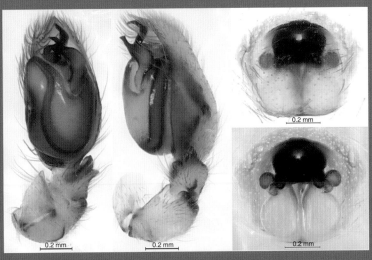

近扁管巢蛛 *Clubiona subapplanata*

达氏管巢蛛 *Clubiona damirkovaci*

【特征识别】雄蛛体长约4 mm。背甲褐色，头区颜色加深，眼区黑色。步足黄褐色，多毛，少刺。腹部卵圆形，灰褐色，密被白色绒毛。【习性】白天藏于缝隙中，晚上外出活动。【分布】海南、云南；马来西亚。

达氏管巢蛛（雄蛛） 黄贵强 摄

斑管巢蛛 *Clubiona deletrix*

【特征识别】雌蛛体长4~8 mm。背甲黄褐色，有2条"Y"形褐色带，头区边缘处呈黑色，中窝深褐色，纵向。螯肢黑褐色。步足黄褐色，关节处具黑褐色环纹。腹部卵圆形，背面淡黄褐色，具大量灰褐色斑，心脏较明显，灰褐色。【习性】多生活于落叶层中。【分布】上海、江苏、浙江、安徽、福建、山东、湖北、湖南、广东、海南、四川、重庆、贵州、陕西、新疆、台湾；日本、印度。

斑管巢蛛（雌蛛） 张志升 摄

叉管巢蛛 *Clubiona dichotoma*

【特征识别】雌蛛体长约6 mm。背甲淡黄褐色，光滑，被毛，眼白色。步足几乎透明，被白色绒毛，少刺。腹部卵圆形，颜色较头胸部浅，被大量白色绒毛。【习性】多生活于落叶层中。【分布】贵州。

钳形管巢蛛 *Clubiona forcipa*

【特征识别】雌蛛体长6~9 mm。背甲灰褐色，被白色绒毛。步足黄褐色，多毛，少刺。腹部长卵圆形，背面黄褐色，密被白色长毛，心脏斑明显，灰褐色，披针形，腹部背面后半部具多条横纹。【习性】多生活于水边植物中。【分布】河北、内蒙古。

球管巢蛛 *Clubiona globosa*

【特征识别】雄蛛体长约5 mm。背甲黄褐色，中窝褐色纵向，裂缝状，头区色深，具长毛。步足黄褐色，多毛，少刺。腹部卵圆形，背面浅黄褐色，被少量毛。【习性】生活于落叶层中。【分布】贵州。

叉管巢蛛（雌蛛）│王露雨 摄

钳形管巢蛛（雌蛛）│王露雨 摄

球管巢蛛（雄蛛）│王露雨 摄

会明管巢蛛 *Clubiona huiming*

【特征识别】雄蛛体长约4 mm。背甲淡黄褐色，光滑，眼区具长毛。步足黄褐色，多毛，少刺。腹部长卵圆形，背面淡黄褐色，前缘具黑褐色长毛，其后被白色绒毛。【习性】生活于落叶层中。【分布】贵州。

刺管巢蛛 *Clubiona interjecta*

【特征识别】雄蛛体长约7 mm。背甲灰褐色，被白色绒毛，头区色深，眼区具长毛。触肢黄褐色，生殖球色深。步足淡黄褐色，多毛，少刺。腹部卵圆形，背面灰褐色，密被灰白色绒毛。【习性】多生活于水边植物中。【分布】吉林、黑龙江、河南、内蒙古、四川；蒙古、俄罗斯。

会明管巢蛛（雄蛛）│王露雨 摄

刺管巢蛛（雄蛛）│王露雨 摄

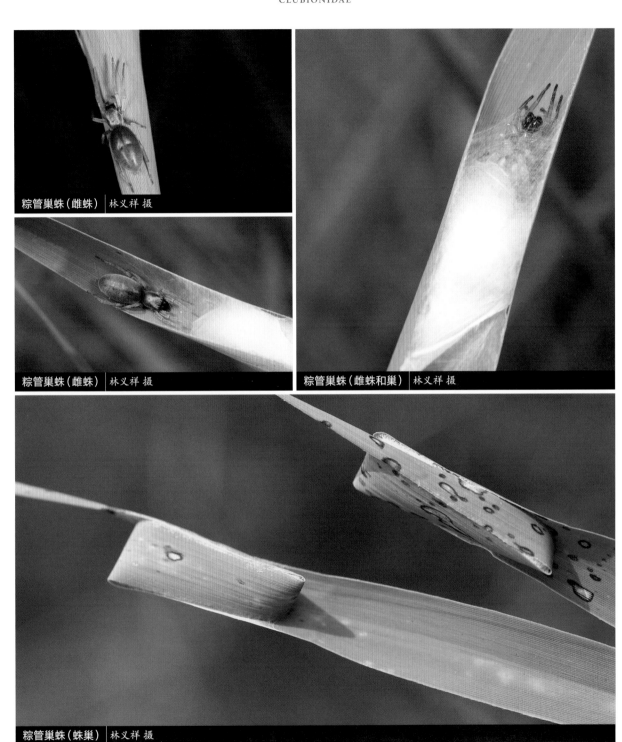

粽管巢蛛（雌蛛）｜林义祥 摄

粽管巢蛛（雌蛛）｜林义祥 摄

粽管巢蛛（雌蛛和巢）｜林义祥 摄

粽管巢蛛（蛛巢）｜林义祥 摄

粽管巢蛛 *Clubiona japonicola*

【特征识别】雌蛛体长4~9 mm。背甲黄褐色，头区色深，较高，密被白色绒毛。螯肢黑色。步足黄褐色，多毛，少刺。腹部卵圆形，背面灰褐色，密被白色短绒毛，心脏斑明显，黄褐色，披针形。【习性】将植物叶片折叠，形成1个粽包，雌蛛在此粽包中产卵孵幼。【分布】北京、河北、山西、辽宁、吉林、上海、浙江、安徽、河南、福建、湖北、湖南、四川、贵州、云南、陕西、台湾；菲律宾、印度尼西亚、泰国、日本、韩国、俄罗斯。

漫山管巢蛛 *Clubiona manshanensis*

【特征识别】雄蛛体长4~7 mm。背甲灰黑色，头区较高，被白色短绒毛。螯肢黑色。步足灰褐色，多毛，少刺。腹部长卵圆形，背面灰褐色，密被白色短绒毛。雌蛛体长6~11 mm。除体色较雄蛛稍浅外，其余特征与雄蛛相似。【习性】多在低矮植物中活动。【分布】河北、浙江、福建、河南、湖北、湖南、四川、贵州、云南。

墨脱管巢蛛 *Clubiona medog*

【特征识别】雌蛛体长约10 mm。背甲红褐色，光滑，头区色深，眼区黑色。螯肢黑色，具长毛。步足褐色，具少量黑褐色环纹，多毛，少刺。腹部卵圆形，背面淡黄色，具大量长毛，心脏斑隐约可见。【习性】多在低矮植物和落叶层中活动。【分布】西藏、云南。

| 漫山管巢蛛（雄蛛） | 王露雨 摄 | 漫山管巢蛛（雌蛛） | 王露雨 摄 |

墨脱管巢蛛（雌蛛） | 王露雨 摄

褐管巢蛛 *Clubiona neglecta*

【特征识别】雌蛛体长约8 mm。背甲黄褐色，被稀疏黄褐色毛。螯肢黑褐色。步足黄褐色，多毛，少刺。腹部长卵圆形，背面黄褐色，密被白色毛，心脏斑明显，褐色，背面后半部具大量褐色斑。【习性】多在低矮植物中活动。【分布】河北、内蒙古、浙江、湖南、四川、西藏、陕西、青海；古北区。

褐管巢蛛（雌蛛）│王露雨 摄

拇指管巢蛛 *Clubiona pollicaris*

【特征识别】雌蛛体长约7 mm。背甲黄褐色，被稀疏白色毛。螯肢红褐色。步足黄褐色，多毛，少刺。腹部长卵圆形，背面淡黄褐色，具大量白色长毛。【习性】多在低矮植物中活动，夜行性。【分布】云南。

拇指管巢蛛（雌蛛）│黄贵强 摄

水边管巢蛛 *Clubiona riparia*

【特征识别】雌蛛体长约10 mm。背甲灰黄色，密被白色短绒毛。螯肢黑色。步足淡黄褐色，多毛，少刺。腹部长卵圆形，背面黄褐色，密被白色绒毛，心脏斑细长，黑褐色。【习性】多在水边低矮植物中活动。【分布】吉林、内蒙古、黑龙江、贵州；蒙古、日本、俄罗斯、北美。

近扁管巢蛛 *Clubiona subapplanata*

【特征识别】雄蛛体长约5 mm。背甲淡黄褐色，被白色短绒毛。步足黄褐色，多毛，少刺。腹部卵圆形，背面颜色较头胸部浅，密被白色绒毛，具少量褐色刺。雌蛛体长约6 mm。除体色较浅外，其余特征与雄蛛相似。【习性】生活于落叶层中。【分布】贵州。

水边管巢蛛（雌蛛） 陆天 摄　　近扁管巢蛛（雄蛛）王露雨 摄

近扁管巢蛛（雌蛛） 王露雨 摄

近筒管巢蛛(雄蛛)　王露雨 摄

亚喙管巢蛛(雌蛛)　王露雨 摄

亚喙管巢蛛(雄蛛)　雷波 摄

亚喙管巢蛛(雄蛛)　雷波 摄

近筒管巢蛛 *Clubiona subcylindrata*

【特征识别】雄蛛体长约11 mm。背甲褐色，头区稍高，密被白色短绒毛。螯肢褐色。步足褐色，多毛，少刺。腹部长卵圆形，末端稍尖，背面黄褐色，密被白色绒毛，具2对肌斑。【习性】多在水边低矮植物中活动，夜行性。【分布】贵州、重庆。

亚喙管巢蛛 *Clubiona subrostrata*

【特征识别】雄蛛体长约8 mm。背甲褐色，头区稍隆起。螯肢黑色，具白色长毛。触肢较长。步足细长，黄褐色，多毛，少刺。腹部卵圆形，背面褐色。纺器前端色深。雌蛛体长约10 mm。除背甲较雄蛛色深外，其余特征与雄蛛相似。【习性】多在水边低矮植物中活动，夜行性。【分布】福建、湖南、广东、贵州。

南昆山管巢蛛 *Clubiona* sp.1

【特征识别】雄蛛体长约9 mm。背甲淡黄色，较光滑，8眼明显。螯肢、触肢、步足均淡黄色，几乎透明。生殖球膨大，光滑。步足少刺。腹部长筒形，背面淡黄褐色，具1个褐色长"U"形斑，靠近纺器处具多条横斑。【习性】多在低矮植物中活动。【分布】广东。

菜阳河管巢蛛 *Clubiona* sp.2

【特征识别】雌蛛体长约8 mm。背甲灰褐色，具多条黑色细条纹，头区隆起，密被白色毛。步足淡黄褐色，具黑褐色斑和少量刺。腹部卵圆形，末端稍尖，背面灰褐色，具大量黑色斑。【习性】多在低矮植物中活动。【分布】云南。

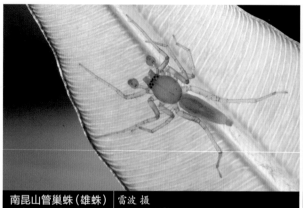

南昆山管巢蛛（雄蛛）｜雷波 摄

菜阳河管巢蛛（雌蛛）｜雷波 摄

南岭管巢蛛 *Clubiona* sp.3

【特征识别】雌蛛体长约6 mm。背甲米黄色，密被白色短绒毛，8眼明显。螯肢褐色。步足较背甲色浅，几乎透明，少刺。腹部卵圆形，背面米黄色，密被白色绒毛，前端具数根黑褐色长毛。【习性】多在低矮植物中活动。【分布】广东。

红褐管巢蛛 *Clubiona* sp.4

【特征识别】雄蛛体长约6 mm。背甲红褐色，较光滑，被白色绒毛。步足黄褐色，多毛，少刺。腹部卵圆形，末端稍尖，背面红褐色，被白色绒毛。【习性】多在低矮植物中活动。【分布】重庆。

南岭管巢蛛（雌蛛）｜雷波 摄

红褐管巢蛛（雄蛛）｜李元胜 摄

本溪管巢蛛 *Clubiona* sp.5

【特征识别】雄蛛体长约8 mm。背甲淡褐色，头区稍隆起，被白色绒毛。螯肢褐色。触肢较长。步足细长，淡黄褐色，多毛，少刺。腹部卵圆形，背面褐色，密被白色绒毛。雌蛛体长约10 mm。除体色较雄蛛浅外，其余特征与雄蛛相似。【习性】多在低矮植物中活动。【分布】辽宁。

赤峰管巢蛛 *Clubiona* sp.6

【特征识别】雄蛛体长约5 mm。背甲褐色，头区稍隆起，密被白色短绒毛。步足黄褐色，具褐色环纹，多毛，少刺。腹部卵圆形，末端尖，背面褐色，被大量白色绒毛。【习性】多在低矮植物中活动。【分布】内蒙古。

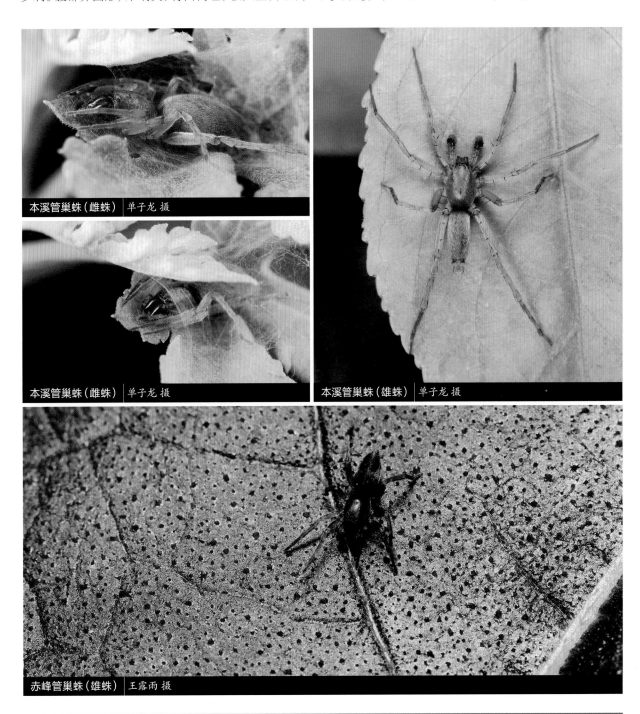

本溪管巢蛛（雌蛛）｜ 单子龙 摄

本溪管巢蛛（雌蛛）｜ 单子龙 摄

本溪管巢蛛（雄蛛）｜ 单子龙 摄

赤峰管巢蛛（雄蛛）｜ 王露雨 摄

广东管巢蛛 *Clubiona* sp.7

【特征识别】雌蛛体长约6 mm。背甲浅黄色，眼丘黑色。螯肢浅黄褐色。步足浅黄色，无斑纹，多毛，少刺。腹部卵圆形，后端稍尖，背面灰褐色，密被白色绒毛，无斑纹。纺器暗黄色。【习性】多在低矮植物中活动。【分布】广东。

辽宁管巢蛛 *Clubiona* sp.8

【特征识别】雄蛛体长约5 mm。背甲褐色，密被白色绒毛，眼丘黑色。步足褐色，无斑纹，多毛，少刺。腹部卵圆形，后端稍尖，背面灰褐色，密被白色绒毛，无斑纹。【习性】多在低矮植物中活动。【分布】辽宁。

铲形马蒂蛛 *Matidia spatulata*

【特征识别】雌蛛体长约8 mm。背甲浅黄褐色，光滑。触肢、步足细长，浅米黄色，几乎透明，多毛。腹部长筒形，背面浅米黄色。【习性】多在低矮植物中活动。【分布】台湾。

广东管巢蛛（雌蛛）｜雷波 摄

辽宁管巢蛛（雄蛛）｜单子龙 摄

铲形马蒂蛛（雌蛛）｜林义祥 摄

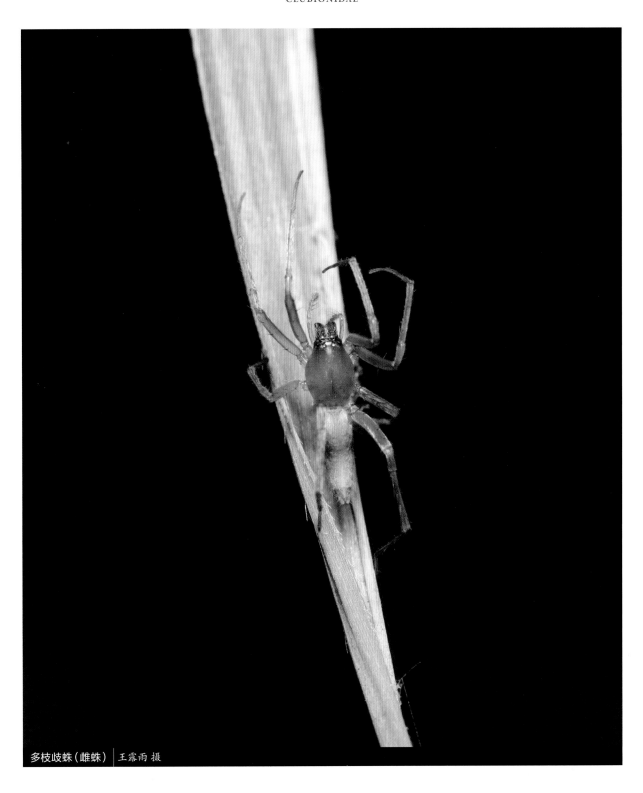

多枝歧蛛（雌蛛）│王露雨 摄

多枝歧蛛 *Pristidia ramosa*

【特征识别】雌蛛体长约10 mm。背甲褐色，较光滑，眼区色深。螯肢褐色，具大量白毛。步足黄褐色，多毛，少刺。腹部筒形，背面灰白色，密被白色绒毛。【习性】多在低矮植物中活动。【分布】湖南、广西、江西、贵州。

圆颚蛛科

CORINNIDAE

英文名Dark sac spiders或Ant-like sac spiders。台湾称其为管蛛科，但该科下的管蛛亚科和台湾的这个别称无关。Ramírez（2014）将管蛛亚科Trachelinae提升为科，独立于本科之外。

圆颚蛛小到中型，体长3~10 mm。无筛器，体被盔甲，许多种类外形似蚂蚁，体色多为黑色，英文名因此而来。模仿蚂蚁的种类背甲长，有的骨化。8眼2列，互相远离，或靠近，或在前端隆起。步足末端具2爪，具毛簇；拟蚁种类步足细长。前侧纺器相互靠近。腹部在书肺区域常骨化。雄蛛触肢器盾板向插入器方向渐趋窄；无中突；输精管在盾板的近端部盘成1个明显的环；多数种类生殖球无中突。外雌器形态各异，腹面多骨化。

本科全世界分布，目前全世界已知67属777种，中国已知3属13种。张锋等学者对中国的圆颚蛛进行了较多的研究。

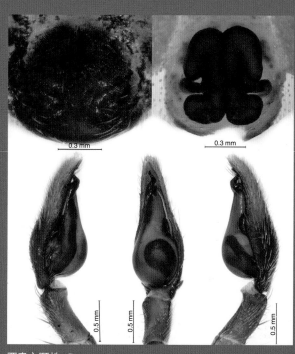

严肃心颚蛛 *Corinnomma severum*

孟连龄蛛 *Aetius* sp.

【特征识别】雌蛛体长约11 mm。背甲黑色，具大量灰白色斑，被稀疏白色长毛，靠近腹柄处膨大隆起。步足细长，黑色，具少量白色和褐色环纹。腹部近似球形，背面黑色，具大量白色斑，末端具白色长毛丛。【习性】多在低矮灌木中活动。【分布】云南。

贡山纯蛛 *Castianeira* sp.1

【特征识别】雌蛛体长约7 mm。背甲红褐色，具辐射状黄色斑纹。触肢黑色。步足红褐色，具黄色毛。腹部卵圆形，背面黑褐色，具3条黄色横纹。【习性】多在低矮植物中活动。【分布】云南。

孟连龄蛛（雌蛛）｜雷波 摄

贡山纯蛛（雌蛛）｜王露雨 摄

严肃心颚蛛 *Corinnomma severum*

【特征识别】雄蛛体长8~9 mm。背甲黑色，光滑，被白色短绒毛。螯肢黑色。步足黑褐色，具大量白色绒毛，少刺。腹部梨形，末端圆，背面黑褐色，具白色绒毛形成的宽横纹。雌蛛体长约10 mm。除体色较雄蛛稍浅外，其余特征与雄蛛相似。【习性】多生活于低矮植物中，行动迅速。【分布】广东、贵州、重庆、湖北、湖南；印度、菲律宾、印度尼西亚。

严肃心颚蛛（雌蛛）│ 黄俊球 摄   严肃心颚蛛（雄蛛）│ 黄俊球 摄

版纳波浪蛛 *Fluctus bannaensis*

【特征识别】雄蛛体长约10 mm。背甲黑色，正中纵带灰白色，密被短绒毛。触肢黑色。步足黑色，密被白色绒毛。腹部长卵圆形，背面黑色，正中具灰白色纵带，纵带两侧缘波浪状。幼体较成体色浅。【习性】多生活于低矮植物和落叶层中。【分布】云南。

版纳波浪蛛（雄蛛）│ 金池 摄   版纳波浪蛛（雌蛛幼体）│ 黄贵强 摄

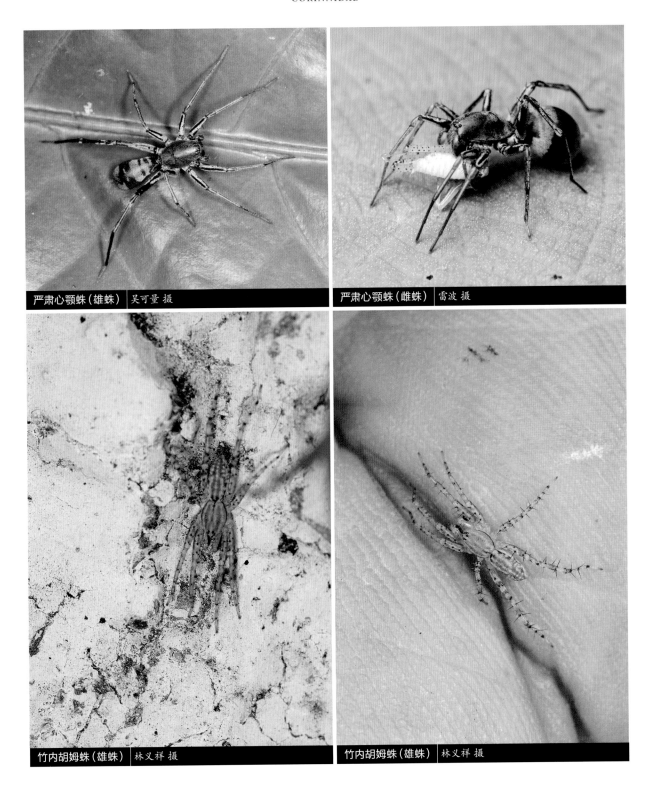

严肃心颚蛛（雄蛛）　吴可量 摄

严肃心颚蛛（雌蛛）　雷波 摄

竹内胡姆蛛（雄蛛）　林义祥 摄

竹内胡姆蛛（雄蛛）　林义祥 摄

竹内胡姆蛛 *Humua takeuchii*

　　【特征识别】雄蛛体长约5 mm。背甲黄褐色，具淡褐色弧形纵纹，8眼集中。触肢黄褐色。步足淡黄褐色，具大量黑色刺，刺基部具黑斑。腹部长卵圆形，背面黄褐色，具大量白色毛形成的白色斑。【习性】多生活于低矮植物中。【分布】中国台湾；日本。

版纳中块蛛 *Medmassa* sp.

【特征识别】雌蛛体长约7 mm。背甲黑褐色，较光滑，头区隆起。螯肢黑色。触肢黄褐色，多刺。步足黄褐色，具大量黑色斑，第一、二对步足胫节腹面具成对刺。腹部卵圆形，背面灰褐色，近末端有黄褐色大斑。【习性】多生活于植物树干上。【分布】云南。

马氏班布蛛 *Pranburia mahannopi*

【特征识别】雌蛛体长约8 mm。体型体色极似蚂蚁。背甲黑褐色，具白色绒毛，8眼较集中。步足黑褐色，第一对步足细长，腿节具毛丛。腹部蚁腹状，黑褐色，具黑色环纹，环纹前具白斑。【习性】活动时第一步足抬起，模仿蚂蚁。【分布】云南；泰国、老挝、柬埔寨、马来西亚。

版纳中块蛛（雌蛛）　黄贵强 摄

马氏班布蛛（雌蛛）　赵俊军 摄

马氏班布蛛（雌蛛）　赵俊军 摄

缙云山刺突蛛（雄蛛）｜王露雨 摄

缙云山刺突蛛（雌蛛）｜王露雨 摄

白斑刺突蛛（雌蛛）｜雷波 摄

缙云山刺突蛛 *Spinirta jinyunshanensis*

【特征识别】雄蛛体长约9 mm。背甲黑色，正中具白色绒毛形成的宽纵带。触肢较长，黑褐色。步足腿节黑褐色，其余各节红褐色。腹部卵圆形，背面正中具白色纵向斑纹，其两侧褐色。雌蛛体长约11 mm。背甲白色绒毛较雄蛛少，其余特征与雄蛛相似。【习性】生活于树林中。【分布】重庆。

白斑刺突蛛 *Spinirta* sp.1

【特征识别】雌蛛体长约8 mm。背甲黑褐色，8眼2列。螯肢黑褐色，侧结节棕褐色。触肢和步足的基节、转节和腿节呈黑褐色，其余各节棕黄色。腹部卵圆形，背面具白色纵向斑纹。【习性】生活于树林中。【分布】广东。

赤水刺突蛛 *Spinirta* sp.2

【特征识别】雄蛛体长约9 mm。背甲黑色，正中具白色绒毛形成的宽纵带。螯肢、触肢、步足均黑色，步足后3节色浅。腹部卵圆形，背面正中具白色纵向斑纹，其两侧黑色。【习性】生活于落叶层中。【分布】贵州。

梵净山刺突蛛 *Spinirta* sp.3

【特征识别】雌蛛体长约10 mm。背甲黑色，头区稍隆起，具稀疏白色短绒毛。螯肢黑色。步足腿节黑色，其余各节红褐色。腹部卵圆形，背面正中具白色纵向斑纹，其两侧黑色。【习性】生活于落叶层中。【分布】贵州。

雅安刺突蛛 *Spinirta* sp.4

【特征识别】雌蛛体长约12 mm。背甲黑色，头区稍隆起，眼褐色。螯肢黑色。触肢红褐色。步足腿节黑色，其余各节红褐色。腹部卵圆形，背面红褐色，具黄褐色大斑。【习性】生活于树林中。【分布】四川。

赤水刺突蛛（雄蛛）｜王露雨 摄　　梵净山刺突蛛（雌蛛）｜王露雨 摄

雅安刺突蛛（雌蛛）｜王建赟 摄

万州刺突蛛（雌蛛）｜张志升 摄

南宁刺突蛛（雌蛛）｜侯勉 摄

万州刺突蛛 *Spinirta* sp.5

【**特征识别**】雌蛛体长约10 mm。背甲黑色，头区稍隆起，被稀疏白色短毛。螯肢黑色，具毛。触肢红褐色。步足红褐色。腹部卵圆形，背面正中具白色纵向斑纹，其两侧黑褐色。【**习性**】生活于落叶层中。【**分布**】重庆。

南宁刺突蛛 *Spinirta* sp.6

【**特征识别**】雌蛛体长约12 mm。背甲黑色，头区稍隆起，被稀疏白色短毛。螯肢黑色，具毛。触肢红褐色。步足红褐色，腿节黑色。腹部卵圆形，背面正中具白色纵向斑纹，其两侧黑褐色。【**习性**】生活于落叶层中。【**分布**】广西。

栉足蛛科

CTENIDAE

　　英文名Tropical wolf spiders，因其外形与狼蛛极其相似，且主要分布在热带地区而得名。中文名因其步足具有栉状排列的刺而得名。台湾称其为栉蛛科。

　　栉足蛛中到特大型，体长5~40 mm。无筛器（极少数种类具筛器），身体棕色到浅黄褐色。绝大多数8眼，强烈后凹成3列（以2-4-2或者4-2-2式排列）或者4列，前侧眼较小，位于后中眼和后侧眼之间，与后中眼较为接近；洞穴种类无眼。步足转节具深的缺刻，末端具2爪。前侧纺器圆锥形，间距较近。外雌器具喇叭口，触肢器具向背侧凹陷的中突。

　　栉足蛛属于夜行性游猎型蜘蛛，通常在叶间或地面上捕猎，极少数能够到达更高处。

　　本科目前世界已知42属505种，中国已知4属10种。中国学者尹长民、朱明生、张锋、陈会明等先后描述过栉足蛛。

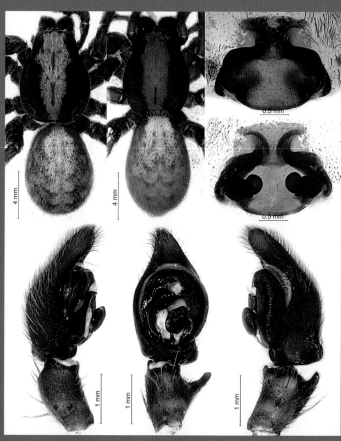

石垣栉足蛛 *Ctenus yaeyamensis*

田野阿纳蛛 *Anahita fauna*

【特征识别】雄蛛体长5~8 mm。背甲中部有1条淡黄色纵带，两侧褐色，边缘具有黑褐色纹，眼区具白毛。触肢和步足浅褐色，多刺。腹部卵圆形，密被黄色毛，心脏斑明显，其后有数对黑点。雌蛛体长5~9 mm。体色较雄蛛深。步足较雄蛛短粗。腹部卵圆形，背面具有2条波状黑色纵纹。其余特征与雄蛛相似。【习性】多生活于草地中。【分布】河北、吉林、浙江、安徽、山东、湖南、重庆、贵州、广东、台湾、香港；韩国、日本、俄罗斯。

尖峰阿纳蛛 *Anahita jianfengensis*

【特征识别】雌蛛体长9~11 mm。背甲褐色，中部有1条白色纵带，两侧各有1条黑褐色纵带。触肢以及步足颜色均为褐色，步足具刺。腹部卵圆形，中部有1条白色纵带，心脏斑明显，其后有数对黑斑。【习性】喜生活于草丛、灌木丛等生境中，地表游猎。【分布】海南。

田野阿纳蛛（雌蛛）｜王露雨 摄

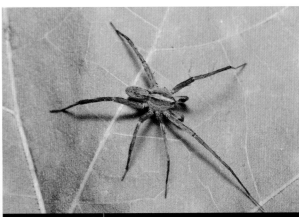
田野阿纳蛛（雄蛛）｜王露雨 摄

尖峰阿纳蛛（雌蛛）｜黄鑫磊 摄

茂兰阿纳蛛 *Anahita maolan*

【特征识别】雄蛛体长约6 mm。背甲正中具1条黄白色纵带，两侧黑褐色。步足粗壮，灰黑色，具黄褐色毛。腹部卵圆形，背面前端具白色长毛，正中具1条黄白色宽纵带，两侧灰褐色。雌蛛体长6~10 mm。体色较雄蛛浅，正中纵带灰白色。其余特征与雄蛛相似。【习性】喜生活于草丛、灌木丛等生境中，地表游猎。【分布】湖南、贵州、江西、广东。

茂兰阿纳蛛（雄蛛）｜吴可量 摄

茂兰阿纳蛛（雌蛛）｜吴可量 摄

圭峰山阿纳蛛 *Anahita* sp.

【特征识别】雌蛛体长7~10 mm。背甲中部具1条白色纵带，两侧褐色，边缘浅褐色，具稀疏白毛，眼区具白毛。步足褐色，多刺，腿节具稀疏白毛。腹部卵圆形，中部有1条白色纵带，两侧褐色，具少量白色斑点。【习性】多生活于草地中，夜间活动。【分布】广东。

圭峰山阿纳蛛（雌蛛）｜黄俊球 摄

圭峰山阿纳蛛（雌蛛）｜黄俊球 摄

枢强栉足蛛 *Ctenus lishuqiang*

【特征识别】雄蛛体长11~14 mm。背甲中央具有白色宽纵带，纵带前端较宽，两侧黑色。步足褐色，腿节色深。腹部卵圆形，背面前端具白斑，两侧各有1个黑斑。雌蛛体长12~15 mm。背甲中央具有较宽的黄色纵带，两侧黑褐色，背甲边缘黄色。步足褐色，密被白毛，多刺。腹部卵圆形，黄褐色，前端有浅褐色斑。卵囊大，白色。【习性】多生活于地面，喜夜间活动。【分布】四川、重庆。

枢强栉足蛛（雄蛛） 王露雨 摄

枢强栉足蛛（雄蛛） 王露雨 摄

枢强栉足蛛（雌蛛） P. Jäger 摄

石垣栉足蛛 *Ctenus yaeyamensis*

【特征识别】雄蛛体长9~12 mm。背甲中央具有白色纵带，前端较窄，两侧褐色。触肢和步足褐色。步足具刺。腹部卵圆形，背面前端具白斑，两侧黑褐色，在腹部中部有数对黑色斑点。【习性】多生活于地面，喜夜间活动。【分布】云南、台湾；日本。

版纳栉足蛛 *Ctenus* sp.

【特征识别】雌蛛体长10~14 mm。背甲褐色，中央具有黄褐色纵带，两侧各有1条黑色细带。步足褐色，密被褐色毛，少刺。腹部卵圆形，背面褐色，散布黑色斑点。【习性】多生活于地面，喜夜间活动。【分布】云南。

石垣栉足蛛（雄蛛）｜王露雨 摄

版纳栉足蛛（雌蛛）｜陈尽 摄

螲蟷科

CTENIZIDAE

　　最早以蛈蝪（tiě tāng）一名记载于战国到西汉年间的古籍《尔雅》，后作"螲蟷"。唐代《本草拾遗》将其列为解毒药材之一。中文科名沿用古称。营穴居，洞口通常覆以可灵活开合的活盖，故在欧美国家被称为Cork-lid trapdoor spiders。活盖外常附着苔藓或泥土，外观与地表高度一致。常见于土壤较厚的斜坡处。蜘蛛常伏于洞口，待猎物经过时冲出俘获。遇敌害时，由洞内紧拉活盖，防止捕食者进入。

　　螲蟷蛛中到特大型，体长10~40 mm。体色单一，通常较为暗淡。8眼集于1丘，着生于头区前缘。中窝横向，深而明显。螯肢发达，螯基前端具由硬刺排列而成的螯耙。步足粗短，末端具3爪。腹部多呈椭圆形，少数种类腹部末端具1个角质化的腹盘，末端通常仅具4个纺器。触肢器简单，通常仅具生殖球和插入器。雌蛛纳精囊袋状。成熟时间因种而异，如拉土蛛属*Latouchia*、盘腹蛛属*Cyclocosmia*于夏季成熟，而锥螲蟷属*Conothele*常成熟于11月至次年2月。

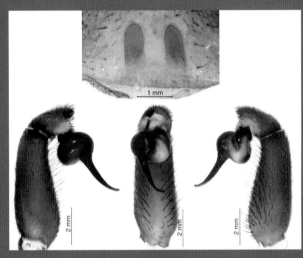

盘腹蛛 *Cyclocosmia* sp.

　　本科目前世界已知9属135种。中国已知4属20种。由于其独特隐秘的生活习性，螲蟷蛛难以为常人所认知，长期以来相关文献较少，图片资料更是少之又少。（注：盘腹蛛属*Cyclocosmia*和拉土蛛属*Latouchia*所在的盘腹蛛亚科近期被提升为盘腹蛛科Halonoproctidae。）

四叠冲锥螲蟷 *Conothele sidiechongensis*

【特征识别】雄蛛体长15~20 mm。背甲圆盘形，黑色，粗糙，磨砂状，头区隆起。螯肢粗短。步足细长，呈黑褐色。腹部灰黑色，多颗粒状凸起。【习性】营穴居，洞口覆1个活盖，巢穴浅，深度通常仅3~4 cm，11月至次年2月成熟。【分布】云南。

海南锥螲蟷 *Conothele* sp.1

【特征识别】雌蛛体长10~15 mm。背甲光滑，呈红棕色，头区隆起，8眼集于1丘，紧贴背甲前缘。步足粗短，胫节颜色由前端向后端自浅至深渐变，第三步足胫节背面具1个马鞍形内陷。腹部近圆形，背面黑褐色，具大量小疣突。【习性】营穴居，洞口覆1个活盖，巢穴浅，深度通常仅1~3 cm。【分布】海南。

四叠冲锥螲蟷（雄蛛） 黄贵强 摄

海南锥螲蟷（雌蛛） 余锟 摄

南宁锥螱蟷 *Conothele* sp.2

【特征识别】雌蛛体长18~25 mm。背甲光滑，呈黑色，8眼集于1丘，紧贴背甲前缘。步足粗短，呈红黑色，第三步足胫节背面具1个马鞍形内陷。腹部近球形，背面黑色，具大量小疣突。【习性】营穴居，洞口覆1个活盖，巢穴浅，深度通常仅2~3 cm。【分布】广西。

凭祥锥螱蟷 *Conothele* sp.3

【特征识别】雌蛛体长20~25 mm。背甲红褐色，头区隆起，8眼集于1丘，紧贴背甲前缘。步足粗短，呈红褐色，第三步足胫节背面具1个马鞍形内陷。腹部近球形，背面红灰色，具大量小疣突。【习性】营穴居，洞口覆1个活盖，巢穴浅，深度通常仅3~4 cm。【分布】广西。

南宁锥螱蟷（洞穴）｜余锟 摄

南宁锥螱蟷（雌蛛）｜余锟 摄

凭祥锥螱蟷（雌蛛）｜余锟 摄

兰纳盘腹蛛 *Cyclocosmia lannaensis*

【特征识别】雄蛛体长15~25 mm。背甲近圆盘形，黑色，粗糙，磨砂状，头区隆起，8眼集于1丘。步足细长，整体呈黑色，末端红黑色。腹部板栗状，呈黑色，末端具1个腹盘，腹盘具肋40~52根。【习性】营穴居，洞口覆1个活盖，6—8月成熟。【分布】云南；泰国。

宽肋盘腹蛛 *Cyclocosmia latusicosta*

【特征识别】雄蛛体长20~25 mm。背甲粗糙，磨砂状，呈黑色，头区隆起，8眼集于1丘。步足细长，呈黑色。腹部板栗状，末端具1个高度角质化的腹盘，腹盘具肋52~54根，上方1对肌斑内具纽扣状突起。雌蛛体长25~35 mm。背甲较光滑，呈黑褐色。步足粗短，少毛。腹部末端具1个腹盘，腹盘具肋52~54根。【习性】营穴居，洞口覆1个活盖，6—8月成熟。【分布】广西、云南；越南。

兰纳盘腹蛛（雄蛛）　金黎 摄

宽肋盘腹蛛（雄蛛）　王露雨 摄

宽肋盘腹蛛（雄蛛）　王露雨 摄

宽肋盘腹蛛（雄蛛）　王露雨 摄

宽肋盘腹蛛（雄蛛） 王露雨 摄

宽肋盘腹蛛（雄蛛） 王露雨 摄

宽肋盘腹蛛（雌蛛） 王露雨 摄

宽肋盘腹蛛（雌蛛） 王露雨 摄

宽肋盘腹蛛（雌蛛） 王露雨 摄

近里氏盘腹蛛 *Cyclocosmia subricketti*

【特征识别】雄蛛体长15~22 mm。背甲光滑，呈黑色，头区隆起，8眼集于1丘，中窝括号形。步足细长，呈红褐色。腹部板栗状，呈黄褐色，末端具1个高度角质化腹盘，腹盘具肋62~65根。雌蛛体长25~35 mm。背甲光滑，呈黑褐色。步足粗短，少毛。腹部末端具1个腹盘，腹盘具肋62~70根。【习性】营穴居，洞口覆1个活盖，6—8月成熟。【分布】重庆、四川。

近里氏盘腹蛛（雄蛛）│李宗煦 摄

近里氏盘腹蛛（雌蛛）│李枢强 摄

近里氏盘腹蛛（雌蛛）│李枢强 摄

蒲江盘腹蛛(雌蛛) 余锟 摄

蒲江盘腹蛛(雌蛛) 余锟 摄

蒲江盘腹蛛(雌蛛) 余锟 摄

蒲江盘腹蛛(雌蛛) 余锟摄

蒲江盘腹蛛 *Cyclocosmia* sp.1

【特征识别】雌蛛体长20~30 mm。背甲光滑，呈红褐色，8眼集于1丘。步足粗短，少毛。腹部末端具1个腹盘，腹盘具肋70~74根，肋的末端与中心肌斑间隔的沟较宽。【习性】营穴居，洞口覆1个活盖，6—8月成熟。【分布】四川。

浙江盘腹蛛 *Cyclocosmia* sp.2

【特征识别】雄蛛体长20~25 mm。背甲粗糙，磨砂状，呈黑色，头区隆起，8眼集于1丘。步足细长，呈黑色。腹部板栗状，呈褐黄色，末端具1个高度角质化的腹盘，腹盘具肋74根。【习性】营穴居，洞口覆1个活盖，8—10月成熟。【分布】浙江。

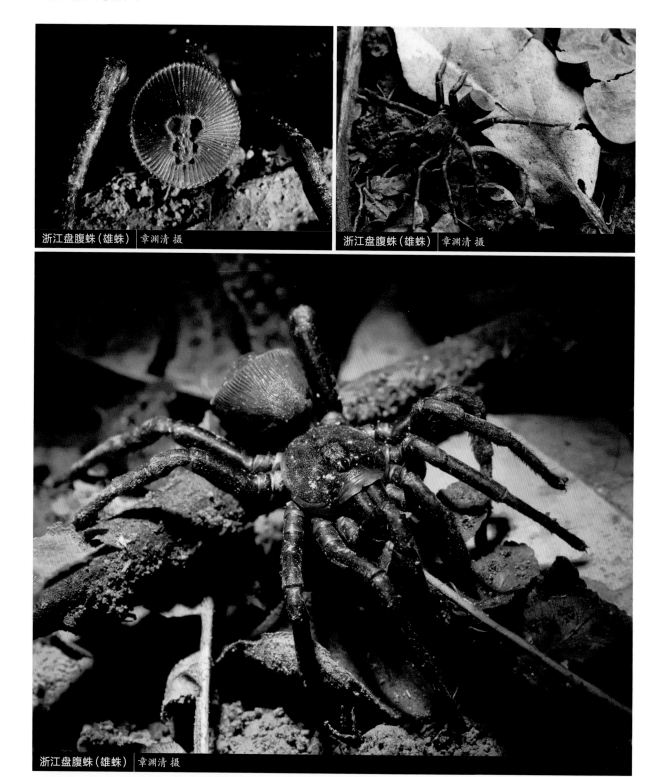

浙江盘腹蛛（雄蛛）｜章渊清 摄

浙江盘腹蛛（雄蛛）｜章渊清 摄

浙江盘腹蛛（雄蛛）｜章渊清 摄

浙江盘腹蛛（雄蛛）｜章渊清 摄

角拉土蛛（雌蛛）｜余锟 摄

角拉土蛛（雌蛛）｜余锟 摄

角拉土蛛 *Latouchia cornuta*

【特征识别】雌蛛体长15~20 mm。背甲光滑，呈黄褐色。整肢粗短，呈黑色。步足粗短，呈红褐色，少毛。腹部卵圆形，背面褐色，无明显斑纹。【习性】营穴居，洞口具1个活盖，5—8月成熟。【分布】陕西、湖北。

巴氏拉土蛛 *Latouchia pavlovi*

【特征识别】雄蛛体长10~15 mm。背甲黑色,较光滑,呈皮革状,头区微隆起,8眼集于1丘,紧贴背甲前缘。步足细长,黑色,末端红褐色。腹部近球形,背面棕黑色,具2~3对不明显的叶状斑纹。【习性】营穴居,洞口具1个活盖,1个巢或具2个不同出口,5—8月成熟。【分布】河北、河南、陕西、山东、四川。

| 巴氏拉土蛛(雄蛛) | 王吉申摄 | | 巴氏拉土蛛(雄蛛) | 王吉申摄 |

暗红拉土蛛 *Latouchia* sp.1

【特征识别】雄蛛体长10~15 mm。背甲红褐色,头区微隆起,8眼集于1丘,紧贴背甲前缘。步足细长,腿节黑褐色,腿节以外的其他节红褐色。腹部红褐色,具4~5对明显的叶状斑纹。雌蛛体长13~18 mm。背甲光滑,呈黑褐色。步足粗短,腿节黑褐色,腿节以外的其他节红褐色。腹部背面具4~5对模糊的叶状斑纹。【习性】营穴居,洞口具1个活盖,12月至次年2月成熟。【分布】重庆。

| 暗红拉土蛛(雄蛛) | 佘锟 摄 | | 暗红拉土蛛(雌蛛) | 佘锟 摄 |

风王沟拉土蛛（雌蛛）｜余锟 摄

歌乐山拉土蛛（雌蛛）｜余锟 摄

风王沟拉土蛛 *Latouchia* sp.2

【特征识别】雌蛛体长10~15 mm。背甲光滑，呈深棕色。步足粗短，红褐色，被少许黑色毛。腹部卵圆形，背面深褐色，无斑纹。【习性】营穴居，洞口具1个活盖，1个巢或具2个不同出口。【分布】陕西。

歌乐山拉土蛛 *Latouchia* sp.3

【特征识别】雌蛛体长10~15 mm。背甲光滑，呈黄棕色。步足粗短，呈红褐色，无斑纹。腹部卵圆形，背面红棕色，背面具4对较明显的叶状斑纹。【习性】营穴居，洞口具1个活盖，活盖上常伴有苔藓。【分布】重庆。

骊山拉土蛛 *Latouchia* sp.4

【特征识别】雌蛛体长25~35 mm。背甲光滑,呈青黑色,8眼集于1丘,着生于头区前端。螯肢短粗,深黑色。步足粗短,呈黄褐色或红褐色。腹部卵圆形,背面灰黑色,无明显斑纹。【习性】营穴居,洞口具1个活盖,1个巢或具2个不同出口。【分布】陕西。

渭南拉土蛛 *Latouchia* sp.5

【特征识别】雌蛛体长15~23 mm。背甲光滑,呈黄灰色,8眼集于1丘。螯肢粗壮,黑褐色。步足粗短,呈红褐色或黄褐色。腹部卵圆形,背面灰色,隐约可见1个黑色横纹。【习性】营穴居,洞口具1个活盖,1个巢或具2个不同出口。【分布】陕西。

骊山拉土蛛(洞穴) 余锟 摄　　骊山拉土蛛(洞穴) 余锟 摄

骊山拉土蛛(雌蛛) 余锟 摄　　渭南拉土蛛(雌蛛) 余锟 摄

渭南拉土蛛（洞穴） 佘锟 摄

并齿蛛科

CYBAEIDAE

英文名Soft spiders。

并齿蛛小至大型，体长4~21 mm。背甲长和宽近于相等，较平坦，有些种类头区稍向上突起。8眼分为2列，后眼列后凹，前眼列平直。中窝明显。螯肢较发达，有侧结节。步足末端具3爪。雄蛛触肢无中突，引导器强烈骨化，沟槽状，末端靠近胫节前缘，胫节外侧突明显，并齿蛛属*Cybaeus*的膝节突上有多个微齿。腹部常有"人"字形纹。纺器3对，有些种类前侧纺器末端常呈半球形。

并齿蛛大部分种类曾置于漏斗蛛内，由Forster（1970）依据中气管强壮且强烈分支至头胸和步足等特征，将其提升为科。包括后来移入的水蛛在内，共有2个亚科，即水蛛亚科（本书中单列为科）和并齿蛛亚科，而后者外形近似于漏斗蛛科的隙蛛亚科或漏斗蛛亚科，但触肢器不具中突；又近似于卷叶蛛科，但腹部无筛器。

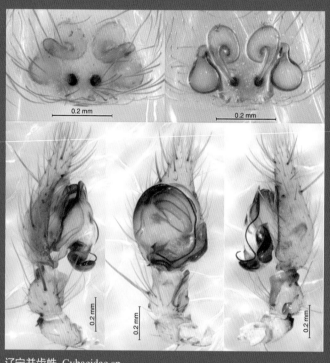

辽宁并齿蛛 Cybaeidae sp.

本科世界已知10属188种（包括水蛛），全北区分布，但并齿蛛属占去了157种，其中日本分布82种，中国已知1属5种，分布于长白山地区。对本科蜘蛛的研究十分匮乏，美国学者Bennett曾做过一些研究，本科需要进行系统性的修订。

辽宁并齿蛛 *Cybaeus* sp.

【特征识别】雌蛛体长约6 mm。背甲光滑,头区稍隆起,黑褐色。螯肢粗壮,褐色。触肢褐色。步足腿节黑色,其余各节褐色。腹部卵圆形,背面可见多对字形黄褐色宽纹。【习性】生活于林间石块下。【分布】辽宁。

辽宁并齿蛛(雌蛛) 王露雨 摄

妖面蛛科

DEINOPIDAE

英文名Net-casting spiders或Ogre-faced spiders。台湾称其为鬼面蛛科。

妖面蛛有筛器，中到大型，体长6~30 mm。背甲长大于宽，被密毛，中窝较深。8眼3列，后中眼大如车灯，前中眼最小，前侧眼具眼柄。步足末端具3爪，前2对步足长约为体长的3倍。腹部筒形，中部常常向两侧隆起。

妖面蛛在捕食时，首先织1个四边形的"渔网"，紧接着使用前两对足抓握住网的四角，身体倒吊在灌木上，当观察到猎物经过时，便将"渔网"抛出，兜住下面的猎物。

本科为小类群，目前全世界仅知2属61种，多分布于热带地区，如澳大利亚、东南亚、马达加斯加岛和非洲等地。王家福于1983年首次报道了采自景洪的妖面蛛（时称巨眼蛛科）1个幼体，2002年尹长民、Griswold与颜亨梅发表了六库亚妖面蛛 Asianopis liukuensis，这是我国第一种妖面蛛。不时有摄影爱好者在其他区域拍到妖面蛛。2012年，Coddington、Kuntner和Opell在借阅大量标本的基础上对该科进行了修订性研究。

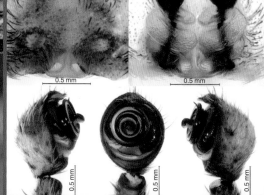

六库亚妖面蛛 *Asianopis liukuensis*

六库亚妖面蛛 *Asianopis liukuensis*

【特征识别】雄蛛体长约15 mm。背甲灰褐色，正中具2条白色纵带，两侧灰黑色，边缘色浅。步足细长，灰褐色，少刺。腹部长筒形，灰褐色，正中具黑色纵带。雌蛛体长约20 mm。后中眼发达，头胸部棕褐色。步足长，第一步足最长，其余步足长度依次递减。腹部长棒状，背面棕褐色，中部稍向背侧弯曲，背面正中有1个褐色纵条斑，两侧灰褐色。【习性】生活于低矮灌丛，雄蛛不结网。雌蛛将自己倒挂空中，前2对步足携带小型渔网状网主动捕食。【分布】云南、广西、广东、海南；印度。

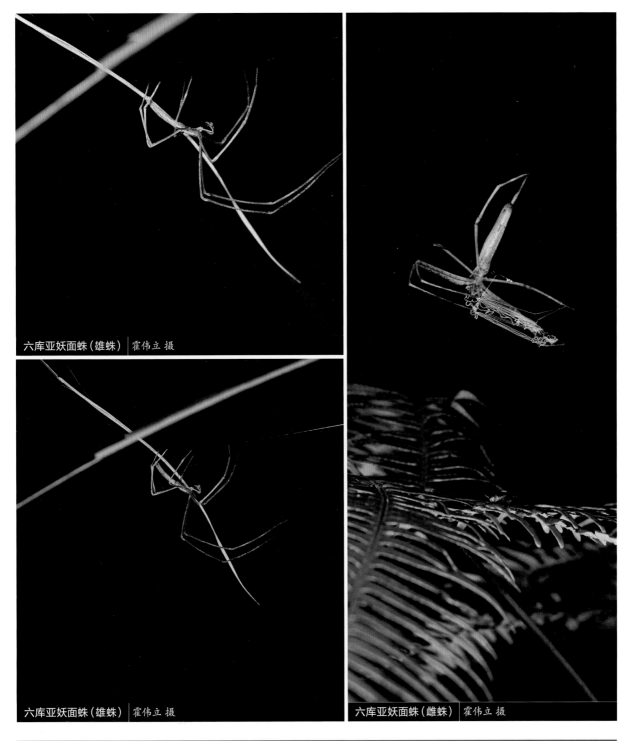

六库亚妖面蛛（雄蛛）｜霍伟立 摄

六库亚妖面蛛（雄蛛）｜霍伟立 摄

六库亚妖面蛛（雌蛛）｜霍伟立 摄

六库亚妖面蛛（雌蛛）　赵俊军 摄

六库亚妖面蛛（雌蛛）　霍伟立 摄

六库亚妖面蛛（雌蛛）　雷波 摄

六库亚妖面蛛（雄蛛）　王露雨 摄

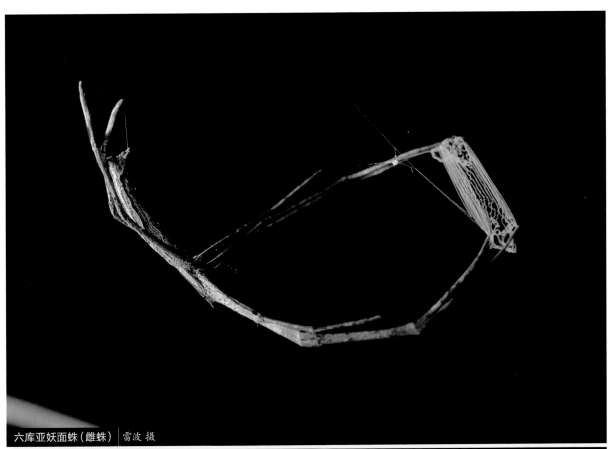

六库亚妖面蛛（雌蛛）｜雷波 摄

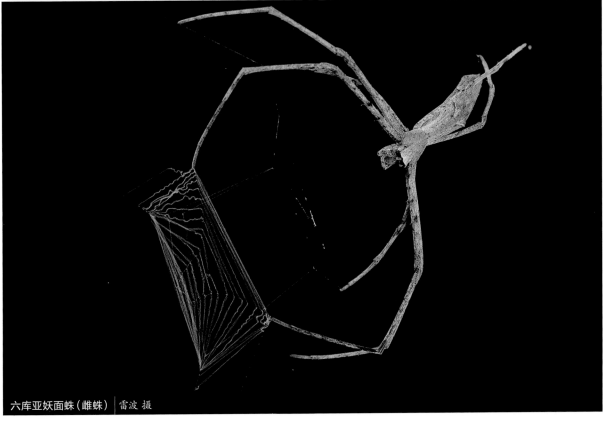

六库亚妖面蛛（雌蛛）｜雷波 摄

台湾亚妖面蛛 *Asianopis* sp.1

【特征识别】雌蛛体长约20 mm。背甲灰褐色，具大量短毛，头区较窄，类似鸟头。步足细长，黄褐色，密被短绒毛，具短状刺。腹部筒形，略弯曲，背面灰褐色，具黑褐色斑，中部两侧具膨大角突。【习性】生活于低矮灌丛中，雌蛛将自己倒挂在空中，前2对步足携带小型渔网状网主动捕食。【分布】台湾。

崇左亚妖面蛛 *Asianopis* sp.2

【特征识别】雌蛛体长约22 mm。背甲灰褐色，外缘具大量短毛，头区较窄。步足细长，黄褐色，密被短毛，具短状刺。腹部筒形，弯曲，背面灰褐色，多毛，具黑褐色斑，中部两侧具膨大角突。【习性】生活于低矮灌丛中，雌蛛将自己倒挂在空中，前2对步足携带小型渔网状网主动捕食。【分布】广西。

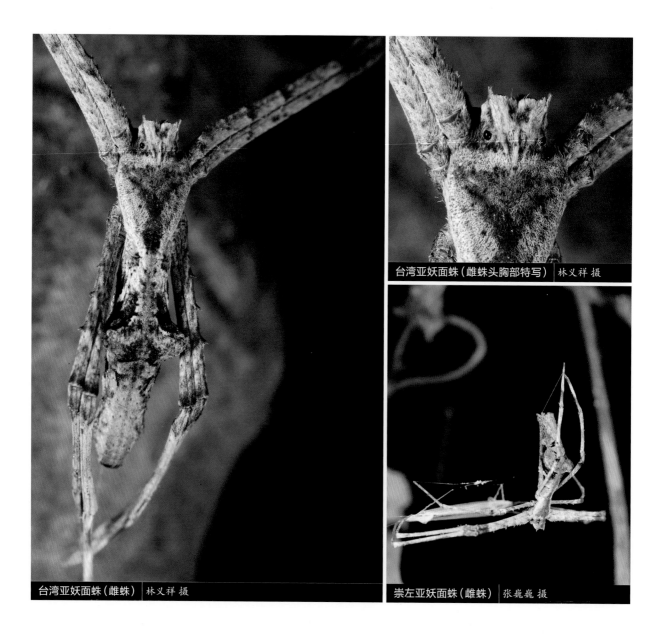

台湾亚妖面蛛（雌蛛头胸部特写） 林义祥 摄

台湾亚妖面蛛（雌蛛） 林义祥 摄

崇左亚妖面蛛（雌蛛） 张巍巍 摄

崇左亚妖面蛛（雌蛛）张巍巍 摄

海南亚妖面蛛（雌蛛）吴超 摄

海南亚妖面蛛 *Asianopis* sp.3

【特征识别】雌蛛体长约18 mm。背甲褐色，具短毛，头区较窄。步足细长，褐色，腿节多毛，多刺，后3节较光滑。腹部筒形，略弯曲，背面褐色，被黄褐色毛，中部两侧具膨大角突。【习性】生活于低矮灌丛中，雌蛛将自己倒挂在空中，前2对步足携带小型渔网状网主动捕食。【分布】海南。

潮蛛科

DESIDAE

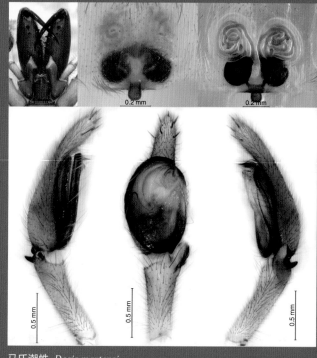

马氏潮蛛 *Desis martensi*

英文名Long-jawed intertidal spiders。

潮蛛中型,体长6~10 mm。多数种类有筛器。背甲长大于宽,中窝明显。8眼2列,呈4-4式排列,眼列宽度大约为背甲宽的一半。螯肢在不同属之间大小不同,但在迈伦蛛亚科Myroninae中仅雄蛛螯肢膨大。步足末端具3爪。腹部具有分支的气管。本科既有结网型,又有游猎型的种类。

潮蛛的模式属:潮蛛属*Desis*的蜘蛛,生活于海边潮间带,不同于大多数蜘蛛远离海岸和海水。涨潮时,潮蛛会钻入巢穴中,利用巢穴空隙中储存的氧气可度过长达十几个小时的涨潮,即便是被困半个月以上,潮蛛依然能够得以存活。

本科目前世界上已知37属175种,主要分布于澳洲,中国已知1属1种,即唐氏社蛛*Badumna tangae*,发现于高黎贡山中部和北部。近期在中国海南发现了潮蛛属的种类。

唐氏社蛛 *Badumna tangae*

【特征识别】雌蛛体长约8 mm。背甲褐色，具少量黑褐色斑。触肢浅黄褐色。步足黄褐色，具黑褐色环纹。腹部卵圆形，背面亮黄褐色，心脏斑披针形，灰褐色，其后具多对黑色斑。【习性】生活于树皮下和落叶层中。【分布】云南。

马氏潮蛛 *Desis martensi*

【特征识别】雄蛛体长约7 mm。身体长筒形，幼体色浅，近白色。背甲褐色，前半部分色深。螯肢膨大，黑褐色，向前强烈延伸。步足淡黄褐色，多毛。腹部长卵圆形，背面淡灰褐色，无明显斑纹，被密毛。雌蛛体长约9 mm。体色较雄蛛深，步足毛较雄蛛浓密。其余特征与雄蛛相似。【习性】生活于海边潮间带，涨潮时躲入巢穴中。【分布】海南；马来西亚。

唐氏社蛛（雌蛛）│ 王露雨 摄

马氏潮蛛（幼体）│ 王露雨 摄

马氏潮蛛（雄蛛）　王露雨 摄

马氏潮蛛（雌蛛）　王露雨 摄

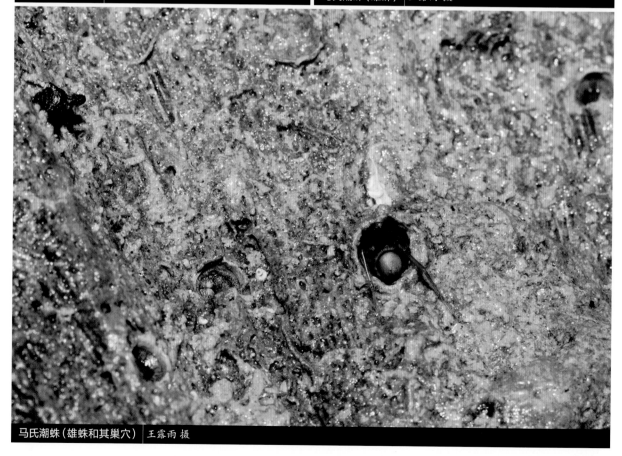

马氏潮蛛（雄蛛和其巢穴）　王露雨 摄

卷叶蛛科

DICTYNIDAE

英文名Meshweb spiders。拉丁学名来源于拉丁词"dicty"，意为"网状的"。大多数卷叶蛛结渔网状乱网。台湾称其为叶蛛科。

卷叶蛛小到中型（<6 mm），多数种类有筛器，筛器多分隔（少数种类具不分隔筛器）。头区明显高于胸区，并被密细毛。多数8眼2列，呈4-4式排列，少数6眼（前中眼退化）甚至无眼。步足末端具3爪。雄蛛触肢器无中突，多数种类交配管为透明膜质的大囊状结构。

最早的卷叶蛛是由林奈在1758年所发表的芦苇卷叶蛛*Dictyna arundinacea*（最初放在园蛛属）。卷叶蛛科是由O. Pickard-Cambridge于1871年建立。目前的卷叶蛛为全世界分布，已知55属591种，Chamberlin & Gertsch（1958）修订了北美的卷叶蛛；Forster（1970）研究了新西兰的卷叶蛛；Almquist（2006）记述了11属20种瑞典的卷叶蛛。中国目前已知卷叶蛛13属48种。李枢强等（2017）报道了采自洞穴的24种卷叶蛛。张志升对中国的卷叶蛛进行了较为全面的研究。

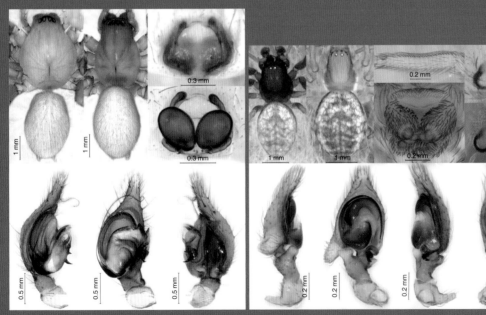

萼洞叶蛛 *Cicurina calyciforma*　　　　巾阿卷叶蛛 *Ajmonia capucina*

巾阿卷叶蛛 *Ajmonia capucina*

【特征识别】雄蛛体长约3 mm。背甲红褐色，两侧具黑褐色弧形纵纹，头区隆起，被稀疏白色毛。螯肢、触肢均红褐色。步足腿节红褐色，其余各节色浅。腹部卵圆形，背面黄褐色，被白毛。雌蛛体长约4 mm。背甲红褐色，被大量白毛。步足浅黄褐色。腹部卵圆形，背面红褐色，被大量白毛。幼体颜色偏绿。【习性】生活于低矮灌木叶片背面。【分布】北京、甘肃、辽宁、内蒙古。

巾阿卷叶蛛（雄蛛）｜王露雨 摄

巾阿卷叶蛛（雌蛛幼体）｜王露雨 摄

巾阿卷叶蛛（雌蛛）｜王露雨 摄

脉纹阿卷叶蛛(雄蛛) 雷波 摄

脉纹阿卷叶蛛(雄蛛) 雷波 摄

脉纹阿卷叶蛛 *Ajmonia nervifera*

　　【特征识别】雄蛛体长约3 mm。背甲黑褐色，被稀疏白色毛，边缘色浅。触肢黑色。步足腿节前半截黑色，后半截黄褐色，其余各节色浅。腹部卵圆形，背面黑色，具大量白毛形成的不规则斑和"人"字形斑。【习性】生活于叶片背面。【分布】重庆、福建、湖北、贵州、湖南、广东。

康古卷叶蛛 *Archaeodictyna consecuta*

【特征识别】雌蛛体长约2 mm。背甲黑褐色，头区隆起，密被白毛。步足浅黄褐色，细弱。腹部卵圆形，背面灰褐色，密被短毛。【习性】生活于叶片背面和草根部位，结不规则乱网。【分布】河北、新疆、青海、内蒙古；古北区。

康古卷叶蛛（雌蛛）│周航 摄

开展婀蛛 *Argenna patula*

【特征识别】雌蛛体长约3 mm。背甲深黑褐色，较光滑，被少量白色绒毛。步足红黄褐色。腹部卵圆形，背面褐色，具大量黑褐色短绒毛形成的不规则斑。【习性】生活于土缝和草根部位，结不规则乱网。【分布】新疆；古北区。

开展婀蛛（雌蛛）│王露雨 摄　　　　　　　开展婀蛛（雌蛛和网）│王露雨 摄

指布朗蛛 *Brommella digita*

【特征识别】雄蛛体长约4 mm。背甲灰褐色，较光滑，头区色浅，眼白色。步足细长，灰褐色，腿节具金属光泽。腹部卵圆形，几乎全白色。雌蛛体长约5 mm。背甲灰白色，头区颜色较深。步足色浅，几乎透明，腿节色深，具金属光泽。腹部卵圆形，背面白色，被白色毛。【习性】生活于洞穴中，结不规则乱网。【分布】贵州。

散斑布朗蛛 *Brommella punctosparsa*

【特征识别】雌蛛体长2~3 mm。背甲淡黄褐色，头区颜色较深。步足较长，与背甲颜色相同。腹部卵圆形，背面灰黑色，密被灰白色短绒毛，可见金属光泽。【习性】生活于落叶层、洞穴、石块下、老房屋内。结不规则乱网。【分布】贵州、重庆、浙江、安徽、河南、湖南；韩国、日本。

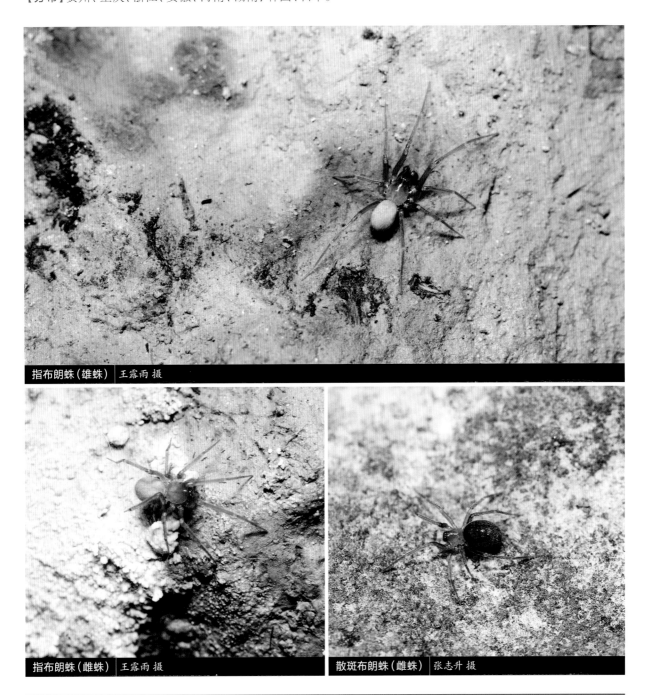

指布朗蛛（雄蛛）　王露雨 摄

指布朗蛛（雌蛛）　王露雨 摄

散斑布朗蛛（雌蛛）　张志升 摄

萼洞叶蛛 *Cicurina calyciforma*

【特征识别】雄蛛体长约4 mm。背甲灰色，头区隆起，色深。步足灰褐色，具刺。腹部卵圆形，黄褐色，密被长毛。雌蛛体长约5 mm。背甲青灰色，光滑，眼区色深，具长毛。步足黄褐色，腿节具金属光泽。腹部卵圆形，黄褐色，无斑纹，密被长毛。【习性】生活于落叶层中。【分布】安徽。

缙云山洞叶蛛 *Cicurina* sp.1

【特征识别】雄蛛体长约3 mm。背甲黄褐色，较光滑，头区色深。步足黄褐色，多毛，多刺。腹部卵圆形，背面黄褐色，心脏斑较明显，披针形，黑褐色，其后具多对黑色横纹。【习性】生活于落叶层中。【分布】重庆。

萼洞叶蛛（雌蛛）　李宗煦 摄

萼洞叶蛛（雄蛛）　李宗煦 摄

缙云山洞叶蛛（雄蛛）　王露雨 摄

井冈山洞叶蛛（雄蛛）｜黄贵强 摄

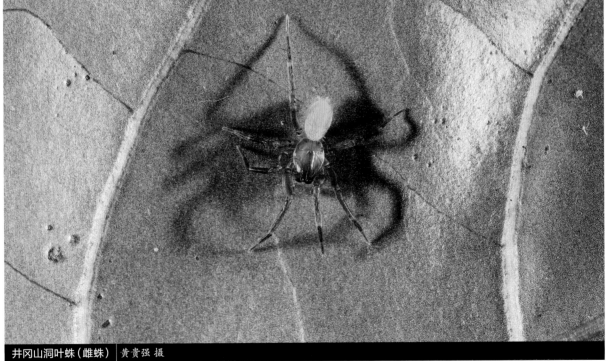

井冈山洞叶蛛（雌蛛）｜黄贵强 摄

井冈山洞叶蛛 *Cicurina* sp.2

【特征识别】雄蛛体长约3 mm。背甲青灰色，光滑，头区颜色较深。步足青灰色，后两节色深。腹部卵圆形，近似白色，密被长毛。雌蛛体长约4 mm。背甲褐色，头区色深。步足褐色，腿节具金属光泽。腹部卵圆形，米黄色，被褐色长毛。【习性】生活于落叶层中。【分布】江西。

且末带蛛 *Devade qiemuensis*

【特征识别】雄蛛体长约4 mm。背甲淡黄褐色，头区色深，褐色。步足多毛，几乎透明。腹部卵圆形，背面灰褐色，密被白色短毛。雌蛛体长约5 mm。背甲黄褐色，较光滑。步足黄褐色，多毛。腹部卵圆形，背面灰白色，多毛，具多个"人"字形黑斑。【习性】生活于水边沙地，在石块、废弃物、动物粪便下结不规则乱网。【分布】新疆。

且末带蛛（蛛网）王露雨 摄

且末带蛛（雌蛛）王露雨 摄

且末带蛛（雄蛛）王露雨 摄

内蒙带蛛（雌蛛） 陆天 摄

内蒙带蛛（雌蛛） 黄贵强 摄

内蒙带蛛 *Devade* sp.

【特征识别】雌蛛体长约5 mm。背甲黄褐色，头区颜色较深。螯肢褐色。步足黄褐色，多毛。腹部卵圆形，背面灰白色，具多条黑色横纹。【习性】生活于水边沙地和杂草丛中。【分布】内蒙古。

猫卷叶蛛 *Dictyna felis*

【特征识别】雄蛛体长3~4 mm。背甲红褐色，密被白色短绒毛。步足红褐色，多毛。腹部卵圆形，末端稍尖，背面褐色，密被白色绒毛。雌蛛体长4~6 mm。背甲暗褐色，头区有3~5纵行白毛，颈沟、放射沟和中窝颜色较深。步足褐色，密被白色绒毛。腹部背面的前半部正中有纵斑，后半部有数个"山"字形纹。【习性】生活于低矮灌丛中。【分布】北京、山西、辽宁、吉林、浙江、河南、湖北、湖南、四川、陕西、甘肃、台湾；韩国、日本、俄罗斯。

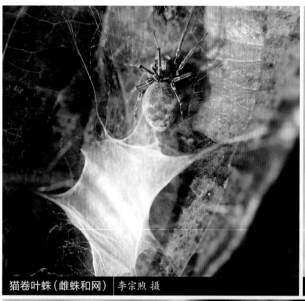

猫卷叶蛛（雌蛛和网） 李宗煦 摄

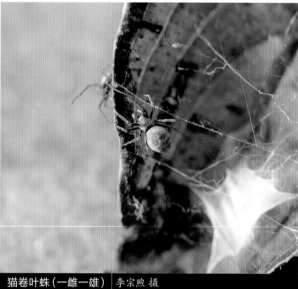

猫卷叶蛛（一雌一雄） 李宗煦 摄

猫卷叶蛛（雄蛛和网） 李宗煦 摄

猫卷叶蛛（雄蛛）｜李宗煦 摄

猫卷叶蛛（雄蛛）｜李宗煦 摄

大卷叶蛛 *Dictyna major*

【**特征识别**】雄蛛体长约2 mm。背甲黑褐色。步足黄褐色，关节处具白色环纹。腹部卵圆形，末端稍尖，背面灰白色，心脏斑明显，黑色，其后具大型褐色三角形斑。雌蛛体长约3 mm。背甲黑褐色，头区隆起，密被白色绒毛。步足浅黄褐色。腹部肥圆。其余特征与雄蛛相似。【**习性**】常在建筑物墙角、低矮灌丛结不规则网。【**分布**】河北、内蒙古、吉林、青海；全北区。

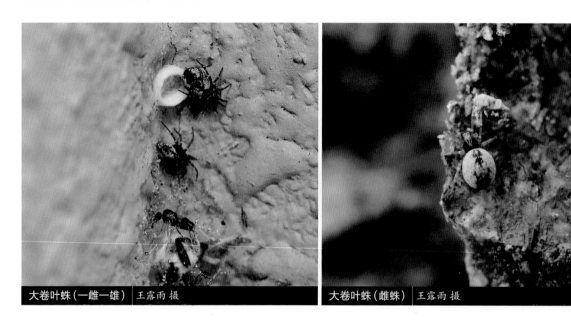

大卷叶蛛（一雌一雄） 王露雨 摄 | 大卷叶蛛（雌蛛） 王露雨 摄

王氏卷叶蛛 *Dictyna wangi*

【**特征识别**】雌蛛体长约3 mm。背甲红褐色，密被白色短绒毛。步足黄褐色，关节处具白色环纹。腹部肥圆，灰白色，密被白色短绒毛，背面具不规则褐色斑。【**习性**】多生活于柳树树皮下。【**分布**】新疆；哈萨克斯坦、蒙古、俄罗斯。

王氏卷叶蛛（蛛网） 王露雨 摄 | 王氏卷叶蛛（雌蛛） 王露雨 摄

红色卷叶蛛 *Dictyna* sp.1

【特征识别】雌蛛体长约2.5 mm。背甲红色，头区稍隆起，被白色短毛。螯肢黄褐色。步足黄褐色，具黑色宽环纹。腹部球形，肥圆，黑红色，密被白色短毛，无斑纹。【习性】在植物叶片结不规则网。【分布】辽宁。

浅色卷叶蛛 *Dictyna* sp.2

【特征识别】雌蛛体长约3 mm。背甲色浅，密被白毛，两侧具青绿色斑纹。步足乳白色，多毛。腹部卵圆形，背面具白色鳞斑和数条青绿色细纹。【习性】在植物叶片结不规则网。【分布】新疆。

红色卷叶蛛（雌蛛） 单子龙 摄

红色卷叶蛛（雌蛛） 单子龙 摄

浅色卷叶蛛（雌蛛） 刘辉 摄

近阿尔隐蔽蛛 *Lathys subalberta*

【特征识别】雌蛛体长约2 mm。背甲褐色，头区稍隆起，头区两侧具黑色纵条纹。步足黄褐色，具黑褐色环纹。腹部肥圆，背面黄褐色，具白色和黑色斑点，心脏斑明显，黑色，其后具多对黑色斑。【习性】生活于树皮下。【分布】陕西、湖北、四川、重庆、贵州、安徽、江苏、吉林。

赫氏苏蛛 *Sudesna hedini*

【特征识别】雄蛛体长约3 mm。背甲黑红色，头区隆起，黄褐色，密被白毛。步足黄白色，多毛。腹部白色，具褐色斑纹，肌斑明显。雌蛛体长约4 mm。整体白色。眼睛透明如水滴，头区两侧具褐色纵纹。步足色浅，多毛。腹部肥圆，具1个褐色小斑和1个黑色大斑，肌斑3对。【习性】在低矮灌丛叶片背面结网。【分布】北京、河北、山西、浙江、甘肃、陕西、贵州；韩国。

近阿尔隐蔽蛛（雌蛛）｜王露雨 摄

赫氏苏蛛（雄蛛和蛛网）｜王露雨 摄

赫氏苏蛛（雌蛛）｜王露雨 摄

赫氏苏蛛（雌蛛和蛛网）｜王露雨 摄

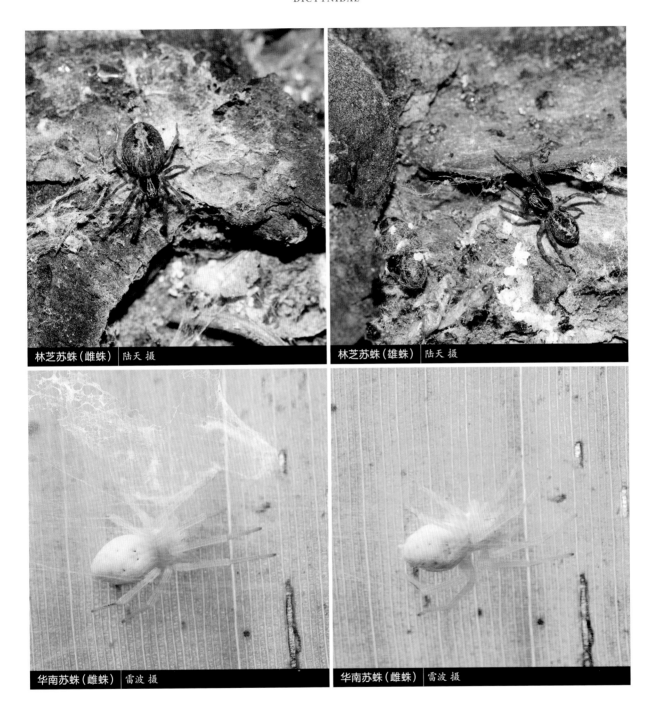

林芝苏蛛(雌蛛) 陆天 摄

林芝苏蛛(雄蛛) 陆天 摄

华南苏蛛(雌蛛) 雷波 摄

华南苏蛛(雌蛛) 雷波 摄

林芝苏蛛 *Sudesna linzhiensis*

【特征识别】雄蛛体长约2.5 mm。背甲黑褐色,边缘色浅,头区稍隆起,具3条白色纵纹,后端相连。步足黄褐色,具褐色环纹。腹部卵圆形,背面褐色,具2条白色纵带。雌蛛体长约3 mm。除体色较雄蛛浅外,其余特征与雄蛛相似。【习性】生活于树皮下。【分布】西藏、四川。

华南苏蛛 *Sudesna* sp.

【特征识别】雌蛛体长约4 mm。全身白色,密被白色绒毛,头区稍高。螯肢具侧结节。第四步足后跗节具有明显的栉器。腹部背面可见2对肌斑。【习性】生活于叶片背面。【分布】广东。

长尾蛛科

DIPLURIDAE

英文名Curtain-web spiders，中文名与其较长的纺器有关。台湾称其为上户蛛科。

长尾蛛科由法国博物学家Simon建立于1889年，最初涵盖类群较多，后来异纺蛛科、线蛛科等皆自本科独立出去。现与异纺蛛科互为姐妹群，但与异纺蛛科的区别在于：异纺蛛科下唇具大量疣状突起，体色较单一。多数种类会编织漏斗状网，并布以薄纱状乱网于其上。偏好于朽木、石缝、树根缝隙中藏身。

长尾蛛中到特大型，体长15~60 mm。体色因种或属而异。背甲光滑，头区微隆起。中窝横向。螯肢纵向，但相对较为细瘦，无螯耙。步足细长，末端具3爪。腹部卵圆形，有花纹或无花纹，末端具4~6个纺器，后侧纺器极长。雄蛛触肢器简单，仅具生殖球与针状的插入器；雌蛛纳精囊形状变化大，因种属而异。

本科目前全世界已知26属187种，主要分布于非洲、南美洲、中美洲、澳大利亚、东南亚（泰国）和南亚等地。中国仅台湾记录1种：美丽上户蛛*Euagrus formosanus*。本种由日本学者Saitó发表于1933年，模式标本为采于台北的1头雌蛛。但模式标本疑似已遗失，原始文献中该种仅有文字描述而无明确图例，且多年以来并无人再次获得或镜检过该种标本，世界蜘蛛名录里标注该种可能是错定。依据其分布地来看，在中国台湾和南方各地发现该科蜘蛛是正常的。故本图鉴里增列1种，来自马达加斯加，以示参考。

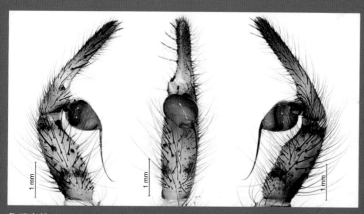

鲁氏突蛛 *Thelechoris rutenbergi*

鲁氏突蛛（雄蛛） 黄贵强 摄于马达加斯加

鲁氏突蛛（蛛网） 黄贵强 摄于马达加斯加

石蛛科

DYSDERIDAE

英文名Long-fanged six-eyed spiders。

石蛛小到中型，体长3~20 mm。无筛器，背甲较为粗糙，长大于宽。额较为狭窄。中窝不甚明显。6眼，较为紧凑，分为3组。书肺后方有1对极为明显的气孔。螯基和螯牙均较长。下唇与胸板分离，胸板与步足基节中央之间具骨片。步足末端具2爪或3爪。

石蛛为地表或树干游猎型蜘蛛，白天会在丝囊中休憩，夜间外出捕猎。部分种类（如*Harpactea karaschkhan*）适应洞穴生活，个别种类眼退化，步足长。石蛛属*Dysdera*种类多以鼠妇为食。

本科全世界目前已知24属542种，主要分布于欧洲，大部分种类分布狭窄。中国仅知1个世界性广布种：柯氏石蛛*Dysdera crocata*。Le Peru在其2011年出版的《The spiders of Europe, a synthesis of data: Volume 1, Atypidae to Theridiidae》中记录了200多种石蛛。

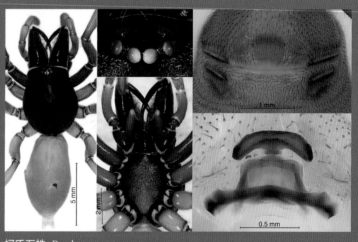

柯氏石蛛 *Dysdera crocata*

柯氏石蛛 *Dysdera crocata*

【特征识别】雌蛛体长约13 mm。背甲红褐色,较粗糙,中窝不明显。螯牙极长,约为背甲的2/3。步足黄褐色,布有短毛,基节较长,前2对步足腿节和基节色深。腹部近卵圆形,浅褐色,被有密毛,前端隐约可见纵纹。【习性】在落叶层中活动,喜夜行。【分布】中国台湾;世界性广布。

柯氏石蛛(卵) | 余锟 摄

柯氏石蛛(雌蛛) | 余锟 摄

隆头蛛科

ERESIDAE

　　英文名Ladybird spiders或Velvet spiders。因为隆头蛛属*Eresus*的雄蛛腹部颜色鲜艳，有黑斑，类似于瓢虫，因此而得名；同时本科成员身体密被短毛，似天鹅绒织物。

　　隆头蛛小至特大型，体长3~30 mm。3爪，有筛器。背甲矩形，头区隆起，密被短毛，额部突出，中窝圆形。8眼，中眼相互聚集，侧眼宽。螯肢发达，步足较粗短。

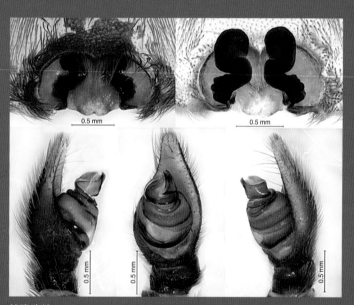

粒隆头蛛 *Eresus granosus*

　　本科目前共有9属98种，绝大多数分布于非洲。国内目前共记载了2属3种，其中2种属于隆头蛛属，即柯氏隆头蛛*Eresus kollari*和粒隆头蛛*E. granosus*，因雄蛛腹部红色的背面具4个黑斑而被一些中国爱好者称为四饼蛛或骰子蛛。隆头蛛活动能力相对较弱，柯氏隆头蛛模式产地在欧洲，故中国的柯氏隆头蛛极有可能是错误鉴定。粒隆头蛛模式产地为北京北部山区，因此本书将产地为北京的隆头蛛定为粒隆头蛛。从多处反馈的采集来看，隆头蛛属在中国北方广泛分布，种类可能不止一两种，但隆头蛛行踪隐秘，若非雄蛛外出寻找雌蛛，是很难得一见的。雌性隆头蛛多呈黑色，在地面上将矮草用丝粘拢，搭成帐篷形，在帐篷内挖洞穴居。中国记录的第三种隆头蛛：胫穹蛛*Stegodyphus tibialis*，发现于云南大理，喜好在灌木上结鸟窝状乱网。穹蛛中存在着食亲行为，即幼蛛出生后会以母蛛为食，同时在成熟之前会经历7~8次蜕皮。

　　由于标本相对难获得，因此隆头蛛相关研究较少，中国仅王家福与杨自忠有过相关研究。Kovács G.等于2010年和2015年对欧洲的隆头蛛属进行了相关研究。原本隆头蛛科包括2个亚科，即隆头蛛亚科Eresinae和Penestominae，Miller J. 等（2010）将后者提升为科，即少孔蛛科Penestomidae。

粒隆头蛛 *Eresus granosus*

【特征识别】雄蛛体长约9 mm。背甲方形，黑色，中窝不明显。步足较粗短，黑色，后2对步足被有红色毛。腹部卵圆形，黑色，背面红色，有2对黑斑。雌蛛体长约17 mm。整体黑色，较为肥壮。【习性】穴居，在地表结帐篷状网。【分布】北京；俄罗斯。

粒隆头蛛（雄蛛） 张志升 摄

粒隆头蛛（雌蛛） 张志升 摄

粒隆头蛛（雄蛛） 吴超 摄

粒隆头蛛（雌蛛） 吴超 摄

山西隆头蛛 *Eresus* sp.1

【特征识别】雄蛛体长约8 mm。背甲方形，黑色，后部具稀疏白色毛，侧缘后部红色。步足较粗短，黑色，具有白色环纹，后2对步足被有红色毛。腹部卵圆形，黑色，背面红色，外缘白色，有2对黑斑。【习性】穴居，在地表结帐篷状网。【分布】山西。

山西隆头蛛（雄蛛） 王露雨 摄

新疆穹蛛 *Stegodyphus* sp.

【特征识别】雌蛛体长约10 mm。背甲近似方形，黑色，具大量白色毛，头区隆起。步足黑色，具大量白色环纹。腹部椭圆形，背面黑色，具大量白色毛形成的斑纹。【习性】多生活于木块中。【分布】新疆。

新疆穹蛛（雌蛛） 王钰辰 摄

胫穹蛛 *Stegodyphus tibialis*

【特征识别】雌蛛体长约11 mm。背甲方形，黑色，密被黄灰色长毛，中窝不明显。螯牙较大，末端黑色。步足较粗短，褐色，生有黄色密毛。腹部卵圆形，浅褐色，多黄色细毛，具3对肌斑。【习性】生活于灌木上，结鸟巢状网。【分布】云南；缅甸、泰国、印度。

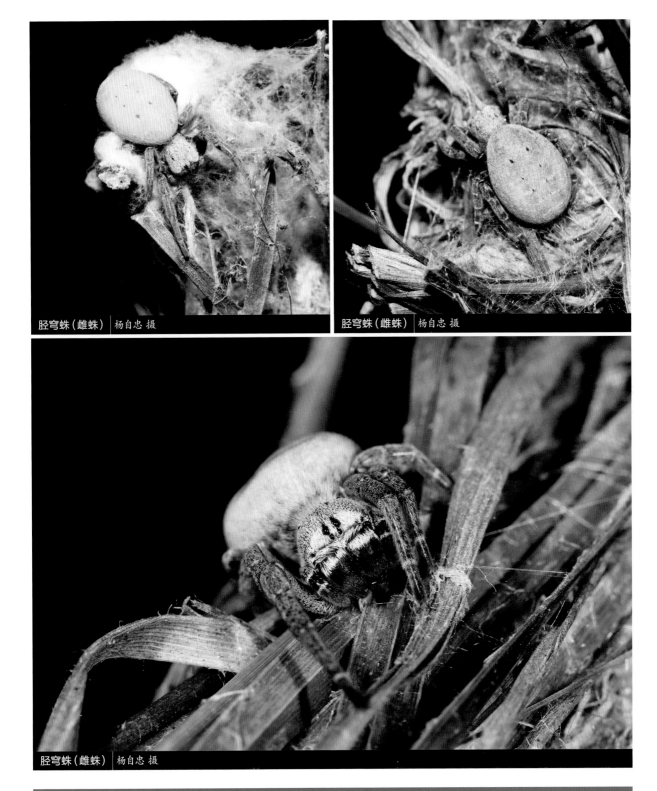

胫穹蛛（雌蛛） 杨自忠 摄

胫穹蛛（雌蛛） 杨自忠 摄

胫穹蛛（雌蛛） 杨自忠 摄

优列蛛科

EUTICHURIDAE

中文名源于拉丁名的直接音译。

优列蛛科以前为米图蛛科的1个亚科Eutichurinae。本科为中等体型，体长4~13 mm。具有胫节外侧突，步足末端2爪，有毛簇。它们与其他二爪类蜘蛛的不同之处在于前侧纺器圆锥形且相邻。后后中纺器圆锥形，后侧纺器末端伸长。眼域宽，几乎充满整个头区。侧眼在突起处聚集。无中窝。侧眼中部具反光色素层，呈明显的带状，红螯蛛属Cheiracanthium的部分种类具较浅的中窝和一舟状的反光色素层，与有些优列蛛成员一样有着跗舟后侧突。腹部前端无刚毛。在红螯蛛属中，雄蛛螯肢较大，常呈红色。

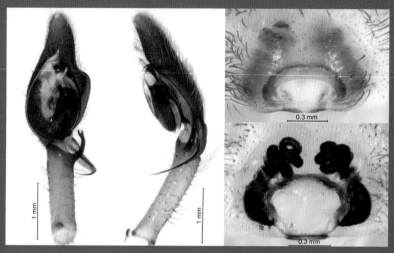

绿色红螯蛛 *Cheiracanthium virescens*

优列蛛多数种类都会将叶子卷成粽形巢，在其中产卵。雌蛛有很强的护卵习性。

本科目前全世界已知12属344种，其中最大的属——红螯蛛属包含了210种。在中国，优列蛛科仅知红螯蛛属的38种。（注：近期研究中将红螯蛛Cheiracanthium移至红螯蛛科Cheiracanthiidae）

短刺红螯蛛 *Cheiracanthium brevispinum*

【特征识别】雌蛛体长约7 mm。背甲褐色,眼区黑色,被稀疏白色毛。螯肢黑色。步足黄褐色,腿节、后跗节及跗节色深,多毛,少刺。腹部卵圆形,背面灰白色,密被白色绒毛,心脏斑模糊。【习性】生活于草丛中。【分布】北京、河北、山西、内蒙古、贵州、湖南;韩国。

岛红螯蛛 *Cheiracanthium insulanum*

【特征识别】雄蛛体长约6 mm。背甲黄褐色,头区被白毛。步足细长,浅黄褐色,多毛,少刺,腿节具金属光泽。腹部卵圆形,背面灰褐色,密被白色绒毛,心脏斑明显,灰褐色。纺器较长。【习性】生活于低矮灌草丛中。【分布】安徽、河南、湖南、四川、广东、台湾;缅甸、老挝、印度尼西亚、菲律宾。

短刺红螯蛛(雌蛛) 王露雨 摄

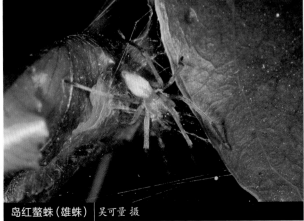

岛红螯蛛(雄蛛) 吴可量 摄

岛红螯蛛(雄蛛) 吴可量 摄

长尾红螯蛛 *Cheiracanthium longtailen*

【特征识别】雌蛛体长约14 mm。背甲褐色,被稀疏白色。步足细长,褐色,被白色毛。腹部卵圆形,背面米黄色,心脏斑黄褐色,披针形。【习性】生活于低矮灌草丛中。【分布】安徽、贵州。

长尾红螯蛛(雌蛛) 王露雨 摄

宁明红螯蛛 *Cheiracanthium ningmingense*

【特征识别】雄蛛体长约10 mm。背甲黄褐色,被白色绒毛。触肢较长,黄褐色。步足细长,黄褐色,后2节色深,多毛,多刺。腹部长卵圆形,背面褐色,被白色短绒毛。纺器较长。【习性】用丝将叶子卷起做巢。【分布】湖南、广西、贵州。

宁明红螯蛛(蛛巢) 陈会明 摄

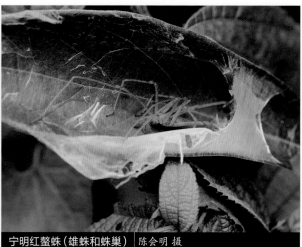

宁明红螯蛛(雄蛛和蛛巢) 陈会明 摄

宁明红螯蛛（雄蛛）｜陈会明 摄

彭妮红螯蛛（雄蛛）｜陆天 摄

彭妮红螯蛛 *Cheiracanthium pennyi*

【特征识别】雄蛛体长约8 mm。背甲浅褐色，较光滑，眼黑色。步足青灰色，多毛。腹部卵圆形，背面黄色，心脏斑披针形，褐色，其后具1条褐色麦穗状纵纹。【习性】生活于低矮灌草丛中。【分布】河北、山西、内蒙古、辽宁、山东、湖南、广东、四川、陕西、青海、新疆；古北区。

刺红螯蛛 *Cheiracanthium punctorium*

【特征识别】雄蛛体长约10 mm。背甲红色，被稀疏白色短绒毛。螯肢前半截红色，后半截和螯牙黑色。触肢较长。步足细长，多毛，青灰色。腹部卵圆形，背面黄色，腹面黑色。雌蛛体长约12 mm。体色较雄蛛浅，其余特征与雄蛛相似。【习性】生活于低矮灌草丛中。【分布】新疆；欧洲。

绿色红螯蛛 *Cheiracanthium virescens*

【特征识别】雄蛛体长约11 mm。背甲红褐色，较光滑。螯肢黑红色。触肢细长。步足细长，黄褐色，多毛，关节处具黑色环纹。腹部卵圆形，背面黄褐色，正中具褐色纵斑。雌蛛体长约12 mm。背甲灰褐色。螯肢黑色。步足细长，灰绿色。腹部卵圆形，背面灰绿色。【习性】雌蛛用丝将叶片折叠成粽包形，在此包内产卵孵化，幼体孵化后取食母亲。【分布】河北、内蒙古、河南、四川；古北区。

刺红螯蛛（一雌一雄）｜王瑞 摄

绿色红螯蛛（雌蛛和巢）｜王露雨 摄

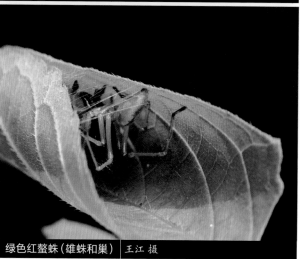

绿色红螯蛛（雄蛛和巢）｜王江 摄

绿色红螯蛛（蛛巢）　王露雨 摄

长肢红螯蛛（雄蛛）　张宏伟 摄

绿色红螯蛛（雄蛛）　王江 摄

长肢红螯蛛（雄蛛）　张宏伟 摄

长肢红螯蛛 *Cheiracanthium* sp.1

【特征识别】雄蛛体长约10 mm。背甲黄褐色，被稀疏白色绒毛。触肢较长，黄褐色。步足细长，黄褐色，多毛。腹部长卵圆形，背面黄褐色，心脏斑明显，披针形。纺器较长。【习性】生活于低矮灌草丛中。【分布】云南。

黑红螯蛛 *Cheiracanthium* sp.2

【特征识别】雄蛛体长约11 mm。背甲黑色。螯肢黑色。触肢腿节、胫节黄褐色，跗舟黑色。步足细长，黄褐色，具黑色壮刺，后跗节和跗节腹面具黑色毛丛。【习性】生活于低矮灌草丛中。【分布】云南。

黑红螯蛛（雄蛛）　张宏伟 摄

广东红螯蛛 *Cheiracanthium* sp.3

【特征识别】雄蛛体长约7 mm。背甲淡黄褐色。触肢黄褐色。步足细长，黄褐色，多毛。腹部长卵圆形，淡黄褐色。雌蛛体长约8 mm。背甲淡黄色，头区稍高且颜色较深。螯肢深黄色。步足淡黄色，细长。腹部浅灰绿色，心脏斑明显。后侧纺器长，黄褐色。【习性】生活于低矮灌草丛中。【分布】广东。

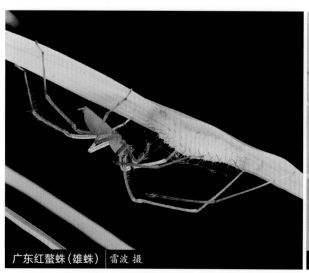

广东红螯蛛（雄蛛）　雷波 摄

广东红螯蛛（雌蛛）　雷波 摄

管网蛛科

FILISTATIDAE

　　英文名Crevice weaver spiders，指其利用缝隙织网。中文名与其织管状网有关。台湾称其为缩网蛛科。

　　管网蛛小至中型，体长3~15 mm。具筛器。头区前部显著收窄，8眼密集着生在1个小的眼丘上。螯肢小，基部愈合；无侧结节；螯牙短，螯牙沟无齿。下唇长宽相当，与胸板愈合。颚叶向内倾斜，在下唇前部汇合。步足相对长，雄蛛尤为明显；在胫节和后跗节腹面具许多刺和成对的刚毛；具3爪，爪下具多个锯齿；在膝节和胫节连接处具自断点。具1对书肺，后气孔靠近纺器。筛器小、分隔；栉器短。雄蛛触肢器跗舟呈"U"形至圆柱形，盾板与亚盾板愈合。外雌器简单。

　　管网蛛喜夜行，生活于石缝或墙缝中。

　　本科目前全世界已知19属152种，主要分布于南美洲、中美洲、南亚、东南亚和中亚等地。Brescovit等（2016）对加勒比海地区的管网蛛进行了研究。中国4属20种，主要分布于南方。王家福（1987）曾以第四对步足后跗节具三列栉器而建立了三栉毛蛛属*Tricalamus*。

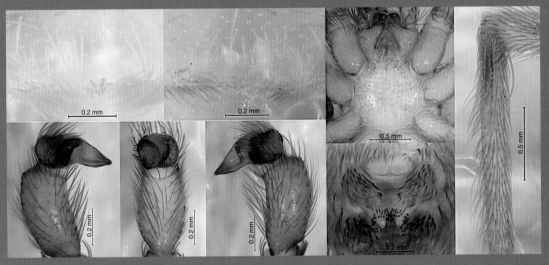

甘谷三栉蛛　*Tricalamus* sp.1

甘谷三栉蛛 *Tricalamus* sp.1

【特征识别】雌蛛体长约4 mm。背甲近圆形，有浓密毛，额部向前突出，眼区黑色，后具黑色纵纹。步足浅棕色，有浅褐色毛。腹部卵圆形，背面黄褐色，具大量黑色毛。【习性】生活于土墙缝隙中。【分布】甘肃。

甘谷三栉蛛（蛛网）｜王露雨 摄

甘谷三栉蛛（雌蛛和幼蛛）｜王露雨 摄

甘谷三栉蛛（雌蛛）｜王露雨 摄

巴塘三栉蛛（雌蛛和卵囊）｜陆天 摄

巴塘三栉蛛 *Tricalamus* sp.2

【特征识别】雌蛛体长约7 mm。背甲近圆形，有浓密毛，额部向前突出，眼区黑色，后具1对黑色弧状纹，外缘浅灰色。步足浅棕色，有浅褐色毛，腿节黑色。腹部卵圆形，背面深褐色，有浅褐色斑点，心脏斑灰白色。【习性】多生活于干燥地区石块下。【分布】四川。

藏南三栉蛛 *Tricalamus* sp.3

【特征识别】雌蛛体长约6 mm。背甲近圆形，有浓密毛，额部向前突出，黑褐色，外缘浅灰色。步足黑褐色，有浅褐色毛，腿节色深。腹部卵圆形，背面深褐色，有浅褐色斑点。【习性】生活于树皮下。【分布】西藏。

贵阳三栉蛛 *Tricalamus* sp.4

【特征识别】雌蛛体长约6 mm。背甲近圆形，有浓密毛，额部向前突出，黑褐色，外缘浅灰色。前2对步足黑褐色，后2对步足浅褐色。腹部卵圆形，背面深褐色，有黄褐色斑点。【习性】生活于房屋缝隙中。【分布】贵州。

藏南三栉蛛（雌蛛）｜张巍巍 摄　　　　贵阳三栉蛛（雌蛛）｜张鹏 摄

贵阳三栉蛛（雌蛛）｜张鹏 摄　　　　贵阳三栉蛛（雌蛛）｜张鹏 摄

平腹蛛科

GNAPHOSIDAE

英文名Flat-bellied ground spiders，中文名与其腹部扁平有关。台湾称其为鹫蛛科。

平腹蛛体型中等，体长3~17 mm。背腹扁平或略呈圆柱状。头胸部背面覆以低平的盾状背甲。眼8个，排成前后2列。步足转节腹面后缘无缺刻或有缺刻。狂蛛类的后跗节端部腹面有1个清理梳。后跗节和跗节有1个刷状的毛垫，即毛丛。爪下方有毛簇，部分种类爪下缘有小齿。腹部通常长柱形，背腹面扁平。成熟雄蛛背面常有闪光色泽的背盾。雌蛛和雄蛛均可能有花纹，通常是由白色或黑色的毛所组成的带。纺器3对，均只有1节，在腹部的末端聚成簇；前侧纺器长于后纺侧器，粗大圆筒状、基部相互远离，末端平截如刀切。

多数平腹蛛生活在干燥的场所，如石质的山坡、草原、树皮缝隙等处。只有少数种类生活在湿润的田野、草地或沼泽中，在稠密的森林几乎无踪迹。少数平腹蛛生活在人们的住所内，常见于人的住宅或库房中。大多数平腹蛛生活在地面，少数种类生活在植物上，与管巢蛛一样把叶子卷起来，但并不构成管道。多数平腹蛛在石块或地表碎屑下方用丝构筑隐蔽所，当不活动时即隐藏其内。一些种类将卵囊附着于地面，而有的卵囊织在隐蔽处，卵囊结构从简单到复杂不等。平腹蛛不织网，它们靠快速而有力的动作捕食猎物，并用宽的丝带捆缚猎物，部分种类甚至会侵占其他蜘蛛的巢穴。捕食对象为许多地面生活的小动物，多为蚂蚁、白蚁、其他昆虫或蜘蛛。

本科目前全世界已知125属2 196种，全世界分布。世界著名蛛形学家N.I. Platnick对该科的系统学做出了巨大贡献。中国已记录32属204种，宋大祥、朱明生和张锋（2004）出版的《中国动物志 平腹蛛科》是中国平腹蛛最主要的参考资料。

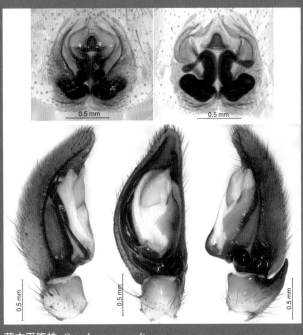

蒙古平腹蛛 *Gnaphosa mongolics*

小枝疣蛛 *Cladothela parva*

【特征识别】雄蛛体长5~6 mm。背甲黑褐色，光滑，眼白色。触肢黑褐色。步足深黄褐色，具黑褐色纹。腹部卵圆形，亮黑色。【习性】游猎型，行动迅速。【分布】重庆、浙江、安徽、湖南、四川；日本。

巴卡卷蛛 *Coillina baka*

【特征识别】雄蛛体长约7 mm。背甲褐色，被白色绒毛，后中眼白色，"八"字形排列。触肢褐色。步足褐色，被短毛和刺。腹部卵圆形，背面黑褐色，隐约可见3对肌斑。纺器褐色。【习性】喜夜行。【分布】云南。

小枝疣蛛（雄蛛）｜张志升 摄

巴卡卷蛛（雄蛛）｜黄贵强 摄

石掠蛛 *Drassodes lapidosus*

【特征识别】雌蛛体长约9 mm。背甲灰褐色，被褐色短绒毛。螯肢褐色。步足褐色，被白色短绒毛和少量刺。腹部卵圆形，背面灰褐色，密被白色亮毛。【习性】游猎型。【分布】北京、四川、西藏、甘肃、青海、新疆；古北区。

石掠蛛（雌蛛）｜张钧铎 摄

长刺掠蛛 *Drassodes longispinus*

【特征识别】雄蛛体长约10 mm。背甲黄褐色，密被灰白色毛，后中眼白色。触肢较长。步足浅黄褐色，被白色短绒毛，少刺。腹部长卵圆形，背面黄褐色，密被灰白色毛，心脏斑明显，灰黑色。纺器较长。雌蛛体长约11 mm。腹部心脏斑明显，黑色，其两侧和后方具多对黑色斑。其余特征与雄蛛相似。【习性】多在草地游猎。【分布】内蒙古、河北、河南、广西、西藏；俄罗斯。

长刺掠蛛（雄蛛）｜陆天 摄

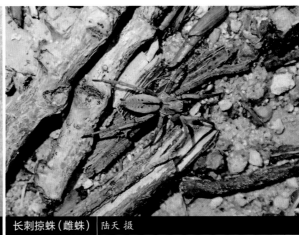

长刺掠蛛（雌蛛）｜陆天 摄

那曲掠蛛 *Drassodes nagqu*

【特征识别】雌蛛体长约10 mm。背甲黄褐色，具金属光泽，密被褐色毛，头区隆起，颜色较亮，两侧颜色加深。步足褐色，密被短绒毛，少刺。腹部长卵圆形，背面灰褐色，密被褐色毛，隐约可见2对肌斑，无斑纹。【习性】地表游猎。【分布】西藏。

锯齿掠蛛 *Drassodes serratidens*

【特征识别】雌蛛体长约9 mm。背甲黑褐色，密被黄褐色短毛，后中眼白色，"八"字形。步足细长，黄褐色，密被褐色短毛，少刺。腹部卵圆形，背面棕黄色，心脏斑明显，黑色，其两侧和后方具多对黑色斑，背面后半部具不明显黑色横纹。【习性】地表游猎。【分布】河北、内蒙古、安徽、河南、湖南、四川、西藏、甘肃、新疆；韩国、日本、俄罗斯。

三门近狂蛛 *Drassyllus sanmenensis*

【特征识别】雄蛛体长约6 mm。背甲亮黑色，光滑。步足后跗节和跗节褐色，其余各节黑色。腹部卵圆形，背面黑色，隐约可见2对肌斑。纺器黑色，末端平截。【习性】地表游猎。【分布】重庆、浙江、安徽、湖北、湖南、四川；韩国、日本。

那曲掠蛛（雌蛛） 张巍巍 摄

锯齿掠蛛（雌蛛） 王露雨 摄

三门近狂蛛（雄蛛） 张志升 摄

细平腹蛛 *Gnaphosa gracilior*

【特征识别】雄蛛体长约10 mm。背甲梨形，黑褐色，后中眼白色，"八"字形。步足黄褐色，多毛。腹部卵圆形，心脏斑黄褐色，具黑色斑点，其余均为黑色。雌蛛体长约11 mm。背甲褐色，较光滑。腹部黑褐色，散布黄褐色斑块。【习性】地表游猎。【分布】内蒙古、青海、新疆；蒙古、俄罗斯。

细平腹蛛（雄蛛）｜王露雨 摄

细平腹蛛（雌蛛）｜王露雨 摄

欠虑平腹蛛 *Gnaphosa inconspecta*

【特征识别】雌蛛体长约6 mm。背甲亮黑色。步足深黑褐色，多毛，少刺。腹部卵圆形，背面灰褐色，多毛，具少量褐色斑，隐约可见肌斑。【习性】地表游猎。【分布】重庆、西藏、宁夏；古北区。

曼平腹蛛 *Gnaphosa mandschurica*

【特征识别】雄蛛体长约9 mm。背甲梨形，具金属光泽，黄褐色，具不规则黑色斑，后中眼白色，"八"字形。步足黄褐色，多毛，少刺。腹部卵圆形，背面黑褐色，具少量褐色斑。纺器深褐色，末端平截。【习性】地表游猎。【分布】河北、内蒙古、辽宁、四川、西藏、甘肃；尼泊尔、蒙古、俄罗斯。

欠虑平腹蛛（雌蛛） 张志升 摄

曼平腹蛛（雄蛛） 王露雨 摄

安之辅希托蛛(雌蛛) | 王露雨 摄

北京岸田蛛(雌蛛) | 李连芳 摄

安之辅希托蛛 *Hitobia yasunosukei*

【**特征识别**】雌蛛体长约6 mm。背甲亮黑色，被白毛。步足黑色，膝节黄褐色，被毛，少刺。腹部卵圆形，背面前缘具少量白色毛，中后部具1条白色横带，其余均为黑色。纺器黑色，末端平截。【**习性**】地表游猎。【**分布**】贵州、浙江、福建、江西、湖南；日本。

北京岸田蛛 *Kishidaia* sp.

【**特征识别**】雌蛛体长约7 mm。背甲梨形，深黑褐色，密被褐色毛。步足粗壮，黄褐色，多毛，少刺，腿节色深。腹部卵圆形，背面黑色，前缘和中部具黑色斑纹。纺器黑褐色。【**习性**】地表游猎。【**分布**】北京。

北京小蚁蛛 *Micaria* sp.

【特征识别】雌蛛体长约4 mm。背甲亮黑褐色，被稀疏毛。步足黄褐色，具金属光泽，腿节色深。腹部卵圆形，背面黑色，具灰白色横纹。【习性】地表游猎，行动迅速。【分布】北京。

西宁小蚁蛛 *Micaria xiningensis*

【特征识别】雌蛛体长约5 mm。背甲浅褐色，密被白色短绒毛。步足黄褐色，背面具白色纵毛带。腹部卵圆形，背面灰黑色，具多个白色短横纹。【习性】地表游猎，行动迅速。【分布】青海、内蒙古。

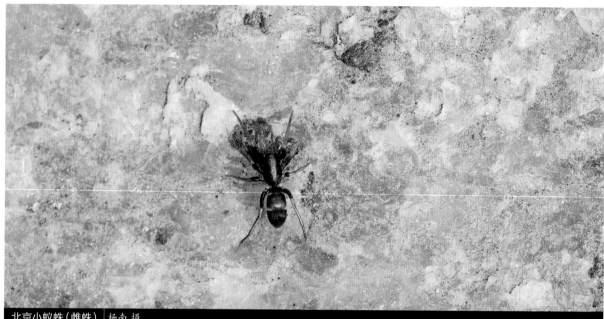

北京小蚁蛛（雌蛛）｜杨南 摄

西宁小蚁蛛（雌蛛）｜陆天 摄

宋氏丝蛛（雄蛛）｜张志升 摄

贡山丝蛛（雌蛛）｜王露雨 摄

宋氏丝蛛 *Sergiolus songi*

【特征识别】雄蛛体长6~7 mm。背甲梨形，亮黑色。步足黑色，密被白色短毛。腹部卵圆形，背面黑色，前缘具1条白色宽横纹，中后部具1条白色窄横纹。纺器黑色。外形与安之辅希托蛛极为相似。【习性】低矮植物、地表游猎，行动迅速。【分布】重庆、安徽、湖北。

贡山丝蛛 *Sergiolus* sp.

【特征识别】雌蛛体长6~7 mm。背甲梨形，亮黑褐色，密被褐色毛。步足黑褐色，具金属光泽，被褐色短毛和黑色长毛，少刺。腹部卵圆形，背面亮棕色，具2个近三角形的大黑斑。【习性】地表游猎。【分布】云南。

亚洲狂蛛 *Zelotes asiaticus*

【特征识别】雄蛛体长约5 mm。背甲亮黑色。步足褐色，多毛，后跗节和跗节色浅。腹部卵圆形，黑色，被白色毛。雌蛛体长稍大于雄蛛，其余特征与雄蛛相似。【习性】地表游猎。【分布】河北、浙江、安徽、河南、湖北、湖南、四川、贵州、台湾、香港；东亚。

亚洲狂蛛（雄蛛）| 王露雨 摄

亚洲狂蛛（雌蛛）| 王露雨 摄

栅蛛科

HAHNIIDAE

英文名Comb-tailed spiders，因其纺器横向排列成栅栏状而得名。台湾称其为横疣蛛科。

栅蛛微小至中型，体长1~6 mm。具8眼（排成2列）或6眼（前中眼消失）。体型与漏斗蛛相近。无筛器。背甲长大于宽，淡褐到深褐色，边缘黑；头区高、较窄。中窝纵向、短。螯肢有侧结节，齿堤具齿。栅蛛属*Hahnia*雄蛛螯肢外侧面具发声嵴，颚叶长大于宽，前端趋窄，下唇宽稍大于长；步足具刺，跗节末端具3爪，无毛簇；腹部卵圆形，背面常具"人"字形斑纹，腹面无舌状体，气孔横向，远离纺器基部，常位于纺器与生殖沟中间，所有纺器排列成一横列。新安蛛属*Neoantistea*腹柄背侧的腹部前端表面具2块由黑色短毛组成的黑斑，与之相对应，背甲胸区后端表面具有数个棘突样结构，构成发声器。栅蛛在地表落叶层中游猎，或者在近地表处织纤细的平网，蜘蛛藏于网边的缝隙中；多生活在阴暗潮湿处，如靠水的灌木下层、树干上的苔藓中、石下或洞穴中，也见于树林和草原。

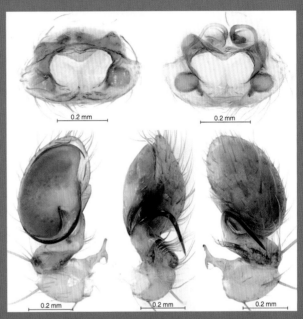

近马氏栅蛛 *Hahnia submaginii*

本科目前全世界已知28属249种，中国目前已知4属22种。国内多位学者都曾报道过栅蛛，《中国动物志 卷叶蛛科和栅蛛科》已经由张志升等完成。

栓栅蛛 *Hahnia corticicola*

【特征识别】雄蛛体长约1.8 mm。背甲黑褐色，较光滑。步足腿节黑褐色，其余部位浅褐色。腹部黑褐色，卵圆形，背面具2~3个不规则的"人"字形浅褐色斑纹。雌蛛体长稍大于雄蛛，约2.1 mm。【习性】生活于草丛、田边杂草间以及泥缝中。【分布】河北、山西、吉林、浙江、山东、河南、湖北、湖南、四川、陕西、青海、台湾；韩国、日本、俄罗斯。

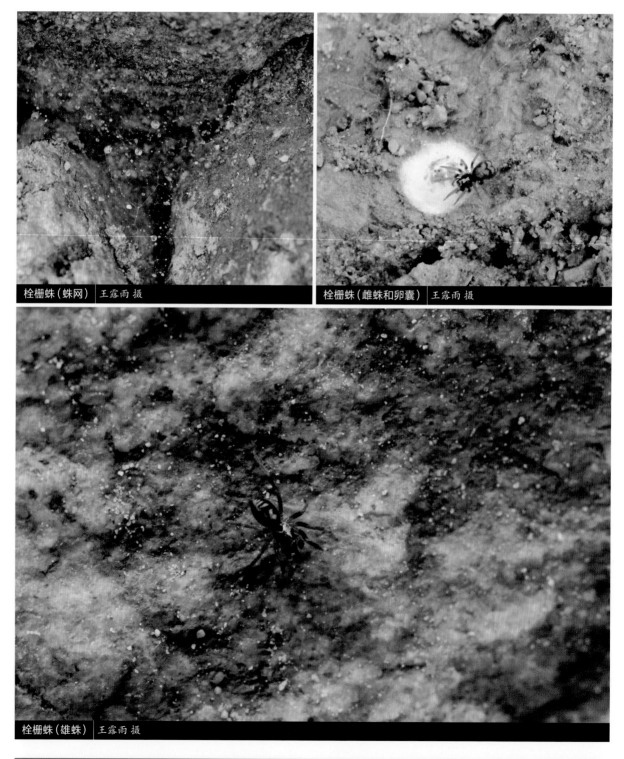

栓栅蛛（蛛网）王露雨 摄

栓栅蛛（雌蛛和卵囊）王露雨 摄

栓栅蛛（雄蛛）王露雨 摄

喜马拉雅栅蛛 *Hahnia himalayaensis*

【特征识别】雄蛛体长约2.6 mm。背甲褐色，较光滑，头区颜色较深，胸区边缘黑褐色。步足褐色，具灰褐色斑纹。腹部褐色，卵圆形，具深褐色斑纹，背面中线附近具3~4个"人"字形和4个不规则的褐色斑纹。雌蛛体长约3 mm。除体色较雄蛛浅外，其余特征与雄蛛相似。【习性】生活于石缝、泥缝和落叶层中。【分布】西藏、云南、四川、贵州；越南。

喜马拉雅栅蛛（雄蛛）│黄贵强 摄

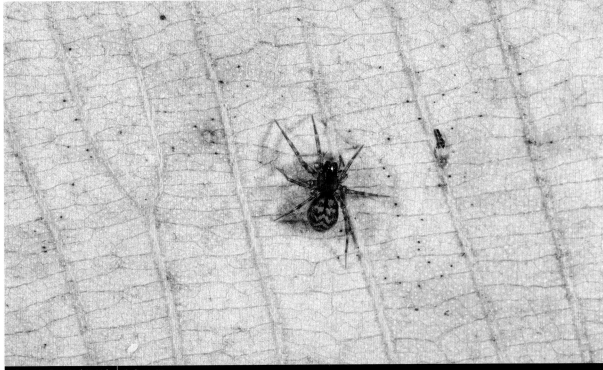

喜马拉雅栅蛛（雌蛛）│黄贵强 摄

囊栅蛛 *Hahnia saccata*

【特征识别】雌蛛体长约3 mm。背甲深褐色,较光滑,头区稍隆起,具白色毛。步足褐色,具灰褐色斑纹。腹部卵圆形,背面褐色,中线附近具2个近圆形和3个"人"字形褐色斑纹。【习性】生活于落叶层中。【分布】云南。

囊栅蛛(雌蛛) 黄贵强 摄

近栓栅蛛 *Hahnia subcorticicola*

【特征识别】雄蛛体长约1.8 mm。背甲灰褐色,较光滑,头区隆起,色深。步足黄褐色,具灰褐色环纹。腹部卵圆形,背面黑褐色,中线附近具1个近梯形和3个"人"字形褐色斑纹。雌蛛体长约2 mm。体型体色与雄蛛相似。【习性】生活于落叶层中。【分布】重庆、湖北、安徽。

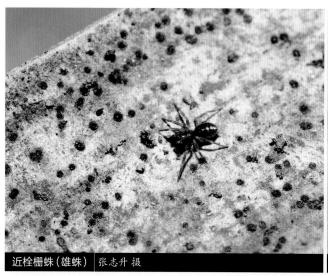

近栓栅蛛(雄蛛) 张志升 摄

近栓栅蛛(雌蛛) 张志升 摄

近马氏栅蛛 *Hahnia submaginii*

【特征识别】雌蛛体长约2.8 mm。背甲深褐色，较光滑，头区稍隆起。步足黄褐色，具黑褐色环纹。腹部卵圆形，背面灰褐色，中线附近具4个不规则斑纹和3个"八"字形褐色斑纹。【习性】生活于落叶层中。【分布】云南。

托氏栅蛛 *Hahnia thorntoni*

【特征识别】雌蛛体长约3 mm。背甲褐色，头区、胸区的中部和边缘颜色较深。步足褐色，具黑褐色环纹。腹部卵圆形，背面褐色，隐约可见2个"人"字形斑纹。【习性】生活于石缝和落叶层中。【分布】云南、江西、湖南、重庆、四川、香港、广西；老挝。

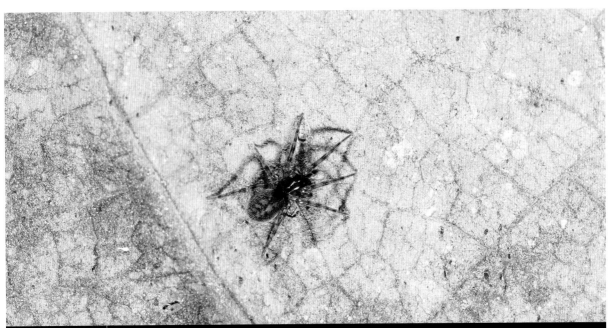

近马氏栅蛛（雌蛛）　黄贵强 摄

托氏栅蛛（雌蛛）　张志升 摄

浙江栅蛛 *Hahnia zhejiangensis*

【**特征识别**】雄蛛体长约2.5 mm。背甲褐色，较光滑，头区、胸区的中部和边缘颜色较深。步足黄褐色，具黑褐色环纹。腹部卵圆形，背面黑色。雌蛛体长约3 mm。体色较雄蛛浅。腹部背面具明显的"人"字形斑纹。其余特征与雄蛛相似。【**习性**】生活于石缝和落叶层中。【**分布**】浙江、江西、安徽、湖北、湖南、重庆、四川、海南、台湾；越南。

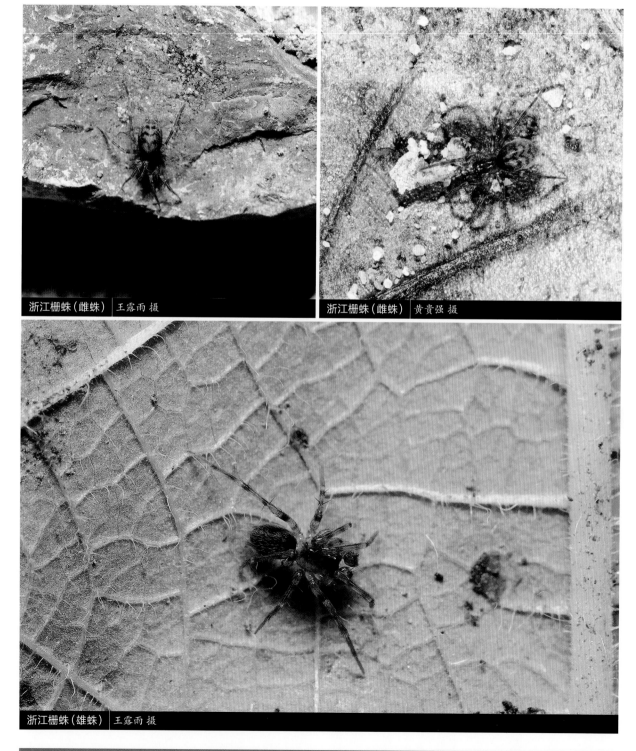

浙江栅蛛（雌蛛）　王露雨 摄

浙江栅蛛（雌蛛）　黄贵强 摄

浙江栅蛛（雄蛛）　王露雨 摄

朱氏栅蛛（交配）　王露雨 摄

朱氏栅蛛（雌蛛）　黄贵强 摄

三突栅蛛（雌蛛）　李宗煦 摄

朱氏栅蛛 *Hahnia zhui*

【特征识别】雄蛛体长约1.8 mm。背甲褐色。步足黄褐色，具黑褐色环纹。腹部卵圆形，背面灰褐色，具多条"人"字形斑。雌蛛体长约2.5 mm。背甲灰褐色。腹部灰褐色，散布黑色斑纹，中线具多条"人"字形黑斑。【习性】生活于落叶层中。【分布】四川、贵州、重庆。

三突栅蛛 *Hahnia* sp.1

【特征识别】雌蛛体长约3 mm。背甲褐色，较光滑，具灰褐色斑纹。步足黄褐色，具灰褐色环纹。腹部卵圆形，背面黄褐色，两侧散布黑色斑块，后部中线具4个"人"字形黑色斑纹。【习性】生活于杂草和落叶层中。【分布】安徽、浙江。

梵净山栅蛛 *Hahnia* sp.2

【特征识别】雄蛛体长约1.5 mm。背甲灰褐色，较光滑，头区颜色较深。步足灰褐色，少刺。腹部卵圆形，背面黄褐色，多毛，具多条黑褐色横纹。【习性】生活于高海拔落叶层中。【分布】贵州。

大新安蛛 *Neoantistea* sp.

【特征识别】雄蛛体长约4 mm。背甲黑褐色，光滑，头区稍隆起。步足黄褐色，具黑褐色环纹。腹部卵圆形，背面褐色，具黑色斑块，中线附近具4个"人"字形黑色斑纹。【习性】生活于落叶层中。【分布】吉林。

梵净山栅蛛（雄蛛）｜王露雨 摄

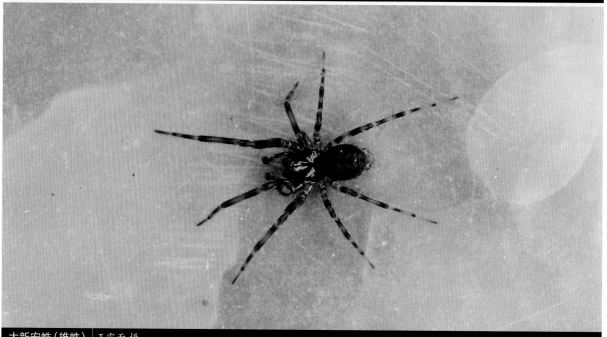

大新安蛛（雄蛛）｜王露雨 摄

长纺蛛科

HERSILIIDAE

　　长纺蛛中文名因纺器极长而得名，台湾称其为长疣蛛科。英文名Long-spinnered spiders、Two-tailed spiders或Whirligig spiders。第三个英文名是因为在树干上游猎的种类抓住猎物后，会绕着猎物快速旋转，用丝包裹猎物。

　　长纺蛛中型，体长5~10 mm。身体扁平，3爪，无筛器。8眼生在1个大的眼丘上，两眼列强烈后凹。背甲卵圆形且扁平，中窝纵向。后侧纺器长，向末端渐细。雄蛛触肢器无胫节突。长纺蛛有的种类在树干上游猎，也有的种类在地面上结网。游猎的种类抓住猎物后会绕着猎物旋转，用丝将猎物包裹起来。地上结网的种类会以丝悬挂在岩石上，并用丝将卵包裹起来。

　　本科为小科，目前全世界已知16属181种，主要分布于热带与亚热带区的非洲、澳大利亚、东南亚、南亚、中亚和地中海地区。中国已知2属10种，主要见于南方的石壁和树干上。

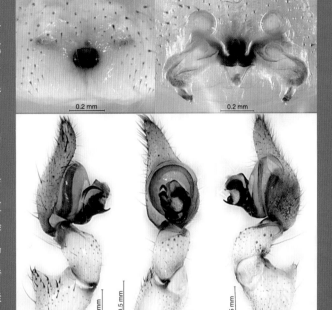

波纹长纺蛛 *Hersilia striata*

亚洲长纺蛛 *Hersilia asiatica*

【特征识别】雄蛛体长约7 mm。背甲黄褐色，密被白色绒毛，边缘黑色，眼区隆起。步足细长，灰白色，具褐色环纹。腹部背面灰白色，具不明显绿色纹，前缘两侧黑褐色，肌斑4对。纺器长，浅黄褐色，具黑褐色环纹。雌蛛体长约10 mm。背甲褐色。步足细长，黑色和黄褐色环纹相间排列，第三对步足长是其他步足的一半左右。腹部颜色较雄蛛深。【习性】生活于树干上。【分布】贵州、重庆、浙江、湖南、广东、台湾；泰国、老挝。

亚洲长纺蛛（雌蛛）| 王露雨 摄

亚洲长纺蛛（雄蛛）| 雷波 摄

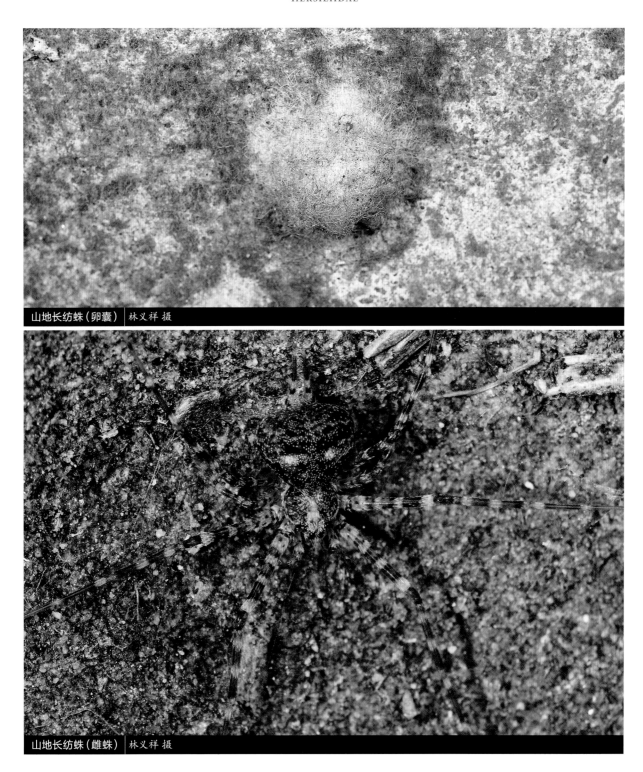

山地长纺蛛（卵囊）│林义祥 摄

山地长纺蛛（雌蛛）│林义祥 摄

山地长纺蛛 *Hersilia montana*

【特征识别】雄蛛体长约6 mm。背甲黄褐色，密被白色短毛，头区隆起。步足细长，黄褐色，具绿褐色环纹。腹部扁圆形，背面密被短绒毛，具大量白色、灰绿色和褐色斑，前缘两侧黑褐色，肌斑较明显。纺器长，黄褐色和灰绿色环纹相间排列。雌蛛体长约8 mm。其余特征与雄蛛相似，幼体颜色较深。【习性】生活于墙壁上，卵囊圆球形，表面絮状。【分布】台湾。

苏门答腊长纺蛛 *Hersilia sumatrana*

【特征识别】雌蛛体长约8 mm。背甲黄褐色，密被白色短绒毛。步足细长，白色，具黑褐色宽环纹。腹部扁圆形，背面灰白色，具灰绿色横纹，心脏斑明显。纺器细长，白色，具褐色环纹。【习性】生活于树干上。【分布】云南；印度、马来西亚、印度尼西亚、婆罗洲。

波纹长纺蛛 *Hersilia striata*

【特征识别】雄蛛体长约9 mm。背甲褐色，密被白毛，放射沟明显。步足细长，褐色，多毛，第三对步足明显较短。腹部卵圆形，背面灰绿色，多毛。纺器较长，超过体长。雌蛛体长约10 mm。背甲褐色，具黑色波浪状纹。步足细长，褐色，具灰白色环纹。腹部前端窄后端宽，两侧黑色，背面具黑色、灰绿色和白色鳞状斑。【习性】生活于树干上。【分布】云南、广东、台湾；缅甸、泰国、印度尼西亚、印度。

苏门答腊长纺蛛（雌蛛）　张宏伟 摄

波纹长纺蛛（雄蛛）　张志升 摄

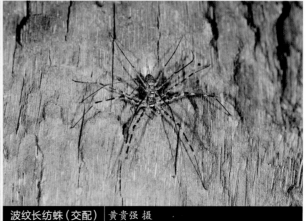

波纹长纺蛛（交配）　黄贵强 摄

波纹长纺蛛（雌蛛）│黄贵强 摄

台湾长纺蛛（雌蛛）│林义祥 摄

台湾长纺蛛（雌蛛幼体）│林义祥 摄

台湾长纺蛛 *Hersilia taiwanensis*

【特征识别】雌蛛体长约6 mm。背甲浅黄褐色，被白色短毛，具不规则褐色斑。步足细长，白色，具黄褐色环纹。腹部扁圆，两侧黑褐色，背面灰白色，多毛，心脏斑较明显，披针形，浅褐色。【习性】生活于墙壁上。【分布】台湾。

宽腹长纺蛛 *Hersilis* sp.1

【特征识别】雌蛛体长约6 mm。正中具1条黑色纵条纹，贯穿头胸部和腹部。背甲灰绿色，被白色毛。步足细长，灰绿色，具黑褐色斑纹，第三对步足短于其余步足的一半。腹部宽大于长，背面具大绿斑和白色、黑色斑，中后隐约可见数条褐色"人"字形斑。【习性】生活于树干上。【分布】云南。

红纹长纺蛛 *Hersilis* sp.2

【特征识别】雌蛛体长约7 mm。背甲褐色，具不规则暗红色斑，被黄褐色短毛。步足细长，黄褐色，具红褐色环纹。腹部扁圆形，背面颜色较花，具数条红色横纹，横纹之间为灰绿色。纺器细长，浅黄褐色，具浅红褐色斑纹。【习性】生活于树干上。【分布】云南。

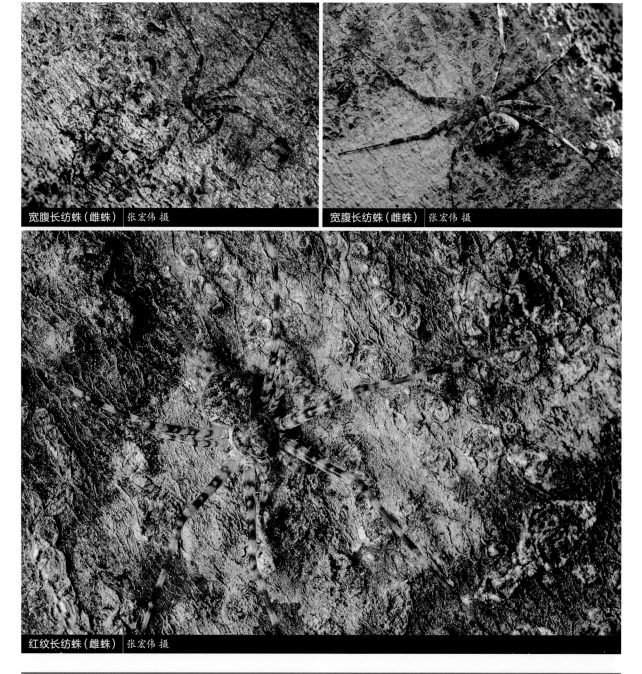

宽腹长纺蛛（雌蛛）｜张宏伟 摄

宽腹长纺蛛（雌蛛）｜张宏伟 摄

红纹长纺蛛（雌蛛）｜张宏伟 摄

异纺蛛科

HEXATHELIDAE

　　英文名Funnel-web mygalomorphs，意为结漏斗状网的原蛛类蜘蛛。早年中文名译为六疣蛛科（科名希腊语意：六+乳头）。后因大疣蛛亚科Macrothelinae仅具4纺器，不同于本科的另外两个亚科（六疣蛛亚科Hexathelinae与近疣蛛亚科Plesiothelinae皆具6纺器）而更名为异纺蛛科。部分种类编织漏斗状网巢，故在部分地区，英文名Funnel-web spiders亦指称此类群。，但该漏斗网的形态与漏斗蛛结的网细微结构有差别。异纺蛛偏好于石块或树根的潮湿缝隙，营穴居，洞口布乱网或连接一漏斗状网，待猎物经过或落网时迎出捕食。部分种类具有较强毒性，如巨大疣蛛Macrothele gigas，据记载，其成年雄蛛曾杀死公鸡。

　　异纺蛛为蜘蛛中较原始的原蛛类蜘蛛。中到特大型，体长20~70 mm。体色单一，通常较为暗淡，少数种类腹部具有成对的叶状斑。8眼集于1丘，着生于背甲前端。中窝横向。螯肢粗壮，呈黑色或暗红色。下唇一般具大量疣状突起。步足多刺，末端具3爪，无毛丛或毛簇。腹部椭圆形，多毛，后端具4~6枚纺器，后侧纺器通常远长于其余纺器。触肢器简单，仅具生殖球与插入器。雌蛛生殖沟内具2~4个纳精囊。通常成熟于春夏季，雄雌外观差异小。部分种类雄蛛第二步足具婚距。

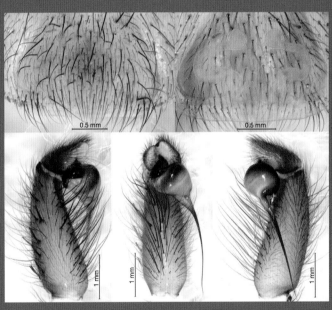

版纳大疣蛛 *Macrothele bannaensis*

　　本科目前全世界已知12属113种。中国仅知1属（大疣蛛属*Macrothele*）13种，遍布南方各省。（注：近期研究中将大疣蛛属*Macrothele*移至大疣蛛科Macrothelidae）

版纳大疣蛛 *Macrothele bannaensis*

【特征识别】雄蛛体长15~25 mm。背甲光滑，呈黑色，头区隆起。步足细长，整体黑色。腹部卵圆形，后侧纺器长。雌蛛体长20~30 mm。背甲近梨形，光滑，呈黑色，眼丘紧贴背甲前缘。步足细长，少毛。腹部灰黑色，无斑纹。后侧纺器长。【习性】于石块或树根的潮湿缝隙营穴居，洞口布乱网或连接一漏斗状网，待猎物经过或落网时迎出捕食，1—3月成熟。【分布】云南。

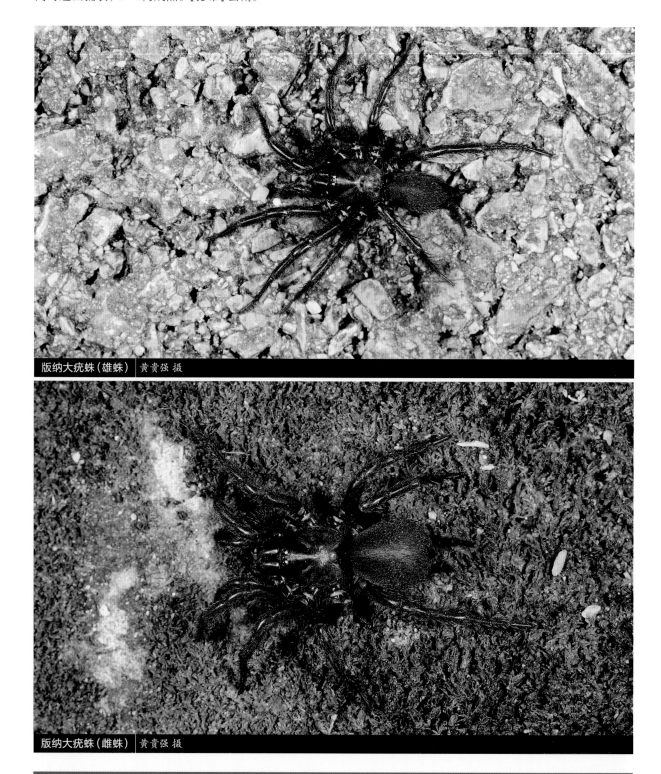

版纳大疣蛛（雄蛛）｜黄贵强 摄

版纳大疣蛛（雌蛛）｜黄贵强 摄

巨大疣蛛（雌蛛）｜林业杰 摄

贵州大疣蛛（雌蛛）｜佘锟 摄

贵州大疣蛛（雄蛛）｜佘锟 摄

巨大疣蛛 *Macrothele gigas*

【特征识别】雌蛛体长45~65 mm。背甲呈黑色，或被少许绒毛，眼丘紧贴背甲前缘。螯肢暗红或鲜红色。步足细长，少毛。腹部灰黑色，无斑纹。后侧纺器长。【习性】于石块或树根的潮湿缝隙营穴居，洞口布乱网或连接一漏斗状网，待猎物经过或落网时迎出捕食，4—6月成熟。【分布】中国台湾；日本。

贵州大疣蛛 *Macrothele guizhouensis*

【特征识别】雄蛛体长30~40 mm。背甲椭圆形，光滑，呈黑色，头区隆起。步足细长，整体黑色。腹部卵圆形。后侧纺器长。雌蛛体长40~45 mm。背甲呈黑色，光滑，眼丘紧贴背甲前缘。步足细长，少毛。腹部灰黑色，无斑纹。后侧纺器长。【习性】于石块下营穴居，洞口稍布乱网，6—8月成熟。【分布】贵州、四川。

霍氏大疣蛛 *Macrothele holsti*

【特征识别】雌蛛体长30~35 mm。背甲呈黑色，被少许绒毛，眼丘紧贴背甲前缘。步足细长，少毛。腹部红褐色，无斑纹。后侧纺器长。【习性】于石块或树根的潮湿缝隙营穴居，洞口布乱网，待猎物经过或落网时迎出捕食，6—9月成熟。【分布】台湾。

湖南大疣蛛 *Macrothele hunanica*

【特征识别】雄蛛体长20~30 mm。背甲光滑，呈黑色，头区隆起。步足细长，整体黑色，后跗节红灰色。腹部卵圆形。后侧纺器长。【习性】于石块或树根的潮湿缝隙营穴居，洞口布乱网，5—8月成熟。【分布】湖南、湖北、贵州、四川、重庆、浙江。

霍氏大疣蛛（雌蛛）｜林义祥 摄

湖南大疣蛛（雄蛛）｜王露雨 摄

单卷大疣蛛 *Macrothele monocirculata*

【特征识别】雄蛛体长40~60 mm。背甲圆形,光滑,呈黑色,头区隆起。步足细长,整体黑色。腹部卵圆形,后侧纺器长。雌蛛体长50~60 mm。背甲呈黑色,被少许绒毛,眼丘紧贴背甲前缘。步足细长,少毛。腹部灰黑色,无斑纹。后侧纺器长。【习性】于石块或树根的潮湿缝隙营穴居,洞口布乱网或连接一漏斗状网,待猎物经过或落网时迎出捕食,6—8月成熟。【分布】湖南、贵州、广西、四川、重庆。

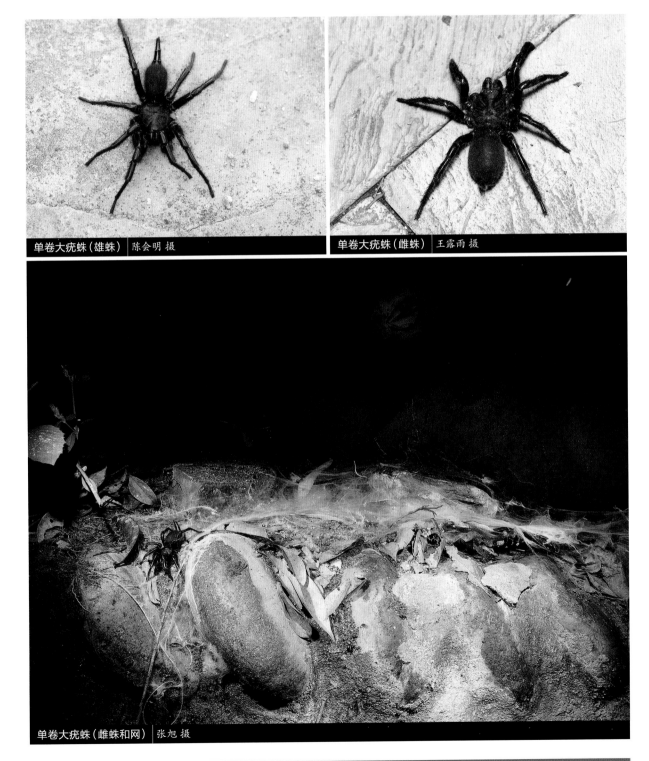

单卷大疣蛛(雄蛛) 陈会明 摄

单卷大疣蛛(雌蛛) 王露雨 摄

单卷大疣蛛(雌蛛和网) 张旭 摄

雷氏大疣蛛 *Macrothele raveni*

【特征识别】雌蛛体长50~60 mm。背甲呈黑色，眼丘紧贴背甲前缘。步足细长，少毛。腹部灰黑色，无斑纹。后侧纺器长。【习性】于石块或树根的潮湿缝隙营穴居，洞口布乱网或连接一漏斗状网，待猎物经过或落网时迎出捕食，6—9月成熟。【分布】广西、湖南、贵州、四川、重庆。

雷氏大疣蛛（雌蛛） 余锟 摄

雷氏大疣蛛（雌蛛） 张志升 摄

颜氏大疣蛛 *Macrothele yani*

【特征识别】雄蛛体长35~45 mm。背甲圆形，光滑，头区隆起，具金属光泽。步足细长，部分位置被金色毛。腹部卵圆形。后侧纺器长。雌蛛体长45~55 mm。背甲呈黑色，具金属光泽，眼丘紧贴背甲前缘。步足细长。腹部灰黑色，无斑纹。后侧纺器长。【习性】于石块或树根的潮湿缝隙营穴居，洞口布乱网或连接一漏斗状网，待猎物经过或落网时迎出捕食，3—5月成熟。【分布】云南。

颜氏大疣蛛（雄蛛） 杨自忠 摄

颜氏大疣蛛（雌蛛） 杨自忠 摄

古筛蛛科

HYPOCHILIDAE

英文名Lampshade-web spiders。为新蛛下目中比较原始的蜘蛛类群。

古筛蛛中型，体长7~13 mm。有筛器。头胸部长大于宽，扁平；额短直；中窝长而宽，后部较深，占据头胸部中央1/3长度；边缘有长的半卧的黑色刚毛。8眼2列后凹。前中眼圆形，小于其他眼；其他眼白色椭圆形，大小相同。古筛蛛可以轻易通过颚叶有几列微齿与其他新蛛类蜘蛛相区别。栉器由2列毛组成，占第四步足后跗节近1/4长度。跗节没有毛簇，末端具3爪。腹部覆有长而直立的黑色刚毛；2对书肺，位于纺器与生殖沟之间。筛器宽、短而不分隔。雄蛛触肢器有具刺的副跗舟，复杂的生殖球依附于其下方。雌蛛外雌器腹面无明显开口，内侧有2个纳精囊。

本科目前全世界仅知2属12种，延斑蛛属*Ectatosticta*仅知2种，已知分布在中国陕西和青海；古筛蛛属*Hypochilus*仅知10种，全部分布在美国。延斑蛛属*Ectatosticta*多见于第四纪冰川遗迹的流石滩，在石缝间结类似褛网蛛的片网，蜘蛛倒挂其下，遇到轻微震动立即掉落石缝中，有假死习性。

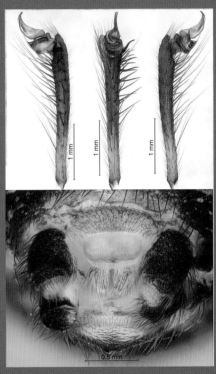

延斑蛛 *Ectatosticta* sp.

大卫延斑蛛 *Ectatosticta davidi*

【特征识别】雌蛛体长约11 mm。背甲黄褐色，正中具褐色纵带，边缘褐色，具金属光泽，眼白色。步足细长，黄褐色，具黑褐色斑纹，腿节具金属光泽。腹部球形，褐色，具不规则黄褐色斑。【习性】在石缝间结片网，蜘蛛倒挂网上。【分布】陕西。

大卫延斑蛛（雌蛛）　王露雨 摄　　　大卫延斑蛛（雌蛛）　王露雨 摄

大卫延斑蛛（蛛网）　P. Jäger 摄

大卫延斑蛛（雌蛛）｜王露雨 摄

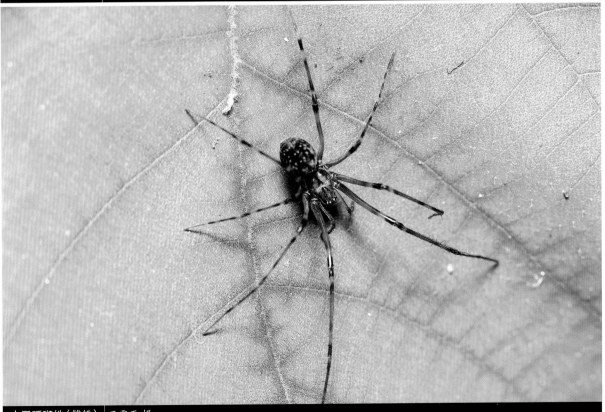

大卫延斑蛛（雌蛛）｜王露雨 摄

如来延斑蛛 *Ectatosticta rulai*

【特征识别】雄蛛体长约13 mm。背甲红褐色。触肢黄褐色，极长。步足细长，黄褐色，具黑褐色宽环纹。腹部球形，黄褐色，具大量褐色斑。雌蛛体长约14 mm。背甲灰褐色。螯肢黑褐色。步足细长，浅黄褐色，具明显黑色环纹。腹部球形，颜色较雄蛛深。【习性】在石缝间结片网，蜘蛛倒挂网上。【分布】四川。

如来延斑蛛（雄蛛）│王露雨 摄

如来延斑蛛（雌蛛）│王露雨 摄

如来延斑蛛（雄蛛）│王露雨 摄

如来延斑蛛（蛛网）│王露雨 摄

神农架延斑蛛（雌蛛） 王露雨 摄

神农架延斑蛛（雄蛛） 王露雨 摄

神农架延斑蛛 *Ectatosticta shennongjiaensis*

【特征识别】雄蛛体长约13 mm。背甲红褐色。触肢黄褐色，极长。步足细长，黄褐色，具黑褐色宽环纹。腹部球形，黄褐色，具大量褐色斑。雌蛛体长约18 mm。背甲灰褐色。螯肢黑褐色。步足细长，浅黄褐色，具明显黑色环纹。腹部球形，颜色较雄蛛深。【习性】在石缝间结片网，蜘蛛倒挂网上。【分布】湖北。

松潘延斑蛛 *Ectatosticta songpanensis*

【特征识别】雄蛛体长约13 mm。背甲红褐色。触肢黄褐色，极长。步足细长，黄褐色，具黑褐色宽环纹。腹部球形，黄褐色，具大量褐色斑。雌蛛体长约17 mm。背甲灰褐色。螯肢黑褐色。步足细长，浅黄褐色，具明显黑色环纹。腹部球形，灰褐色。【习性】在石缝间结片网，蜘蛛倒挂网上。【分布】四川。

松潘延斑蛛（雌蛛）｜王露雨 摄

松潘延斑蛛（雄蛛）｜王露雨 摄

弱蛛科

LEPTONETIDAE

英文名Midget cave spiders。

弱蛛体型微小（<2 mm）。无筛器。体色为浅褐色、浅黄色或灰白色。6眼呈4-2排列，形成2组，前眼列4眼形成1组并明显后凹，后眼列2个眼相互紧靠在一起。部分种类适应洞穴或黑暗环境生活，退化形成4眼、2眼，甚至无眼。螯肢前齿堤具齿，有的种类具发声嵴。下唇与胸板不愈合。胸板大而微凸。步足相对细长，末端3爪；步足腿节上有时会有金属光泽。

弱蛛通常生活在洞穴或石下黑暗的空隙里，结直径2~4 cm的片状网。每次的产卵量极少，甚至有时仅1个，附着在光滑的石壁上。

本科目前全世界已知23属300种，分布于欧亚大陆、北美和中美洲等地。修订性研究缺乏。中国分布5属69种，研究者包括佟艳丰、林玉成和陈会明等。

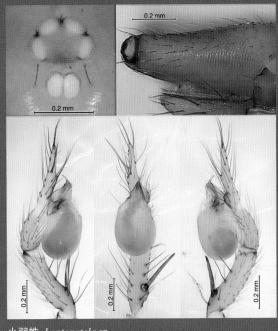

小弱蛛 *Leptonetela* sp.

多刺小弱蛛 *Leptonetela multiseta*

【特征识别】雌蛛体长约1.5 mm。头胸部米黄色。步足细长，几乎透明，具金属光泽。腹部球形，米黄色，无斑纹。【习性】生活于洞穴中，多在洞穴角落、缝隙等处结不规则网。【分布】贵州。

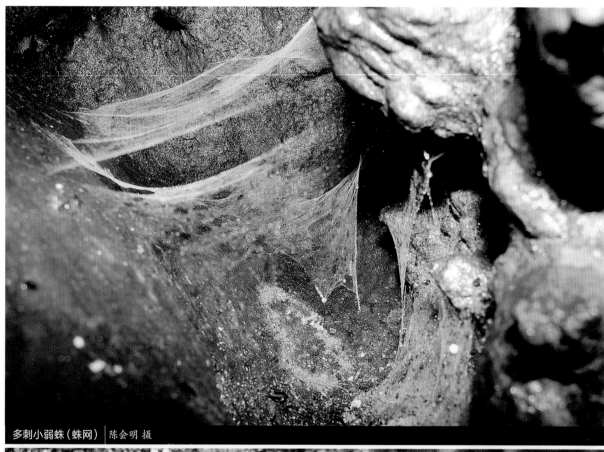

多刺小弱蛛（蛛网）│陈会明 摄

多刺小弱蛛（雌蛛）│陈会明 摄

裸小弱蛛 *Leptonetela nuda*

【特征识别】雄蛛体长约1 mm。头胸部褐色。步足细长，褐色。腹部近似球形，褐色。雌蛛体长约2 mm。体型、体色与雄蛛相似。【习性】生活于洞穴中，多在洞穴角落、缝隙等处结不规则网。【分布】贵州。

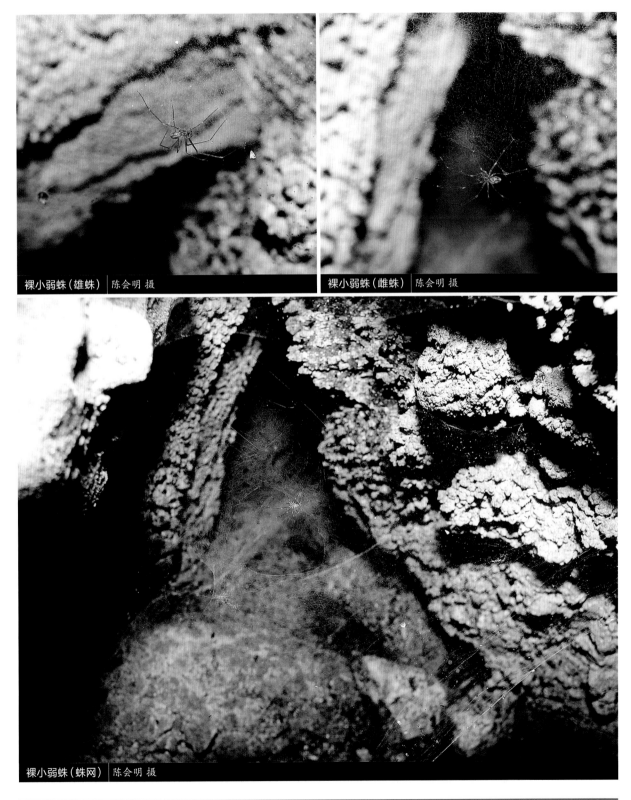

裸小弱蛛（雄蛛）陈会明 摄

裸小弱蛛（雌蛛）陈会明 摄

裸小弱蛛（蛛网）陈会明 摄

五刺小弱蛛 *Leptonetela quinquespinata*

【特征识别】雄蛛体长约1 mm。头胸部米黄色。步足细长，米黄色。腹部近似球形，米黄色。雌蛛体长约2 mm。体型、体色与雄蛛相似。【习性】生活于洞穴中，多在洞穴角落、缝隙等处结不规则网。【分布】贵州。

五刺小弱蛛（一雌一雄）｜陈会明 摄

黑色小弱蛛 *Leptonetela* sp.1

【特征识别】雄蛛体长约1.5 mm。背甲浅黄褐色，眼区色深。步足细长，几乎透明，少刺，腿节具金属光泽。腹部球形，灰褐色，无斑纹。【习性】生活于洞穴中，多在洞穴角落、缝隙等处结不规则网。【分布】贵州。

黑色小弱蛛（雄蛛）｜王露雨 摄

无眼小弱蛛 *Leptonetela* sp.2

【特征识别】雌蛛体长约2 mm。背甲米黄色，无眼。步足细长，淡黄褐色，少刺，腿节具金属光泽。腹部球形，浅灰褐色，具不明显浅褐色斑，被白色毛。【习性】生活于洞穴中，多在洞穴角落、缝隙等处结不规则网。【分布】贵州。

无眼小弱蛛（雌蛛）｜王露雨 摄

无眼小弱蛛（雌蛛）｜王露雨 摄

无眼小弱蛛（雌蛛）｜王露雨 摄

梵净山小弱蛛 *Leptonetela* sp.3

【特征识别】雄蛛体长约1.5 mm。背甲浅灰褐色。触肢几乎透明。步足细长，淡黄褐色，腿节具金属光泽。腹部球形，浅灰褐色，被白色短毛。【习性】生活于洞穴中，多在洞穴角落、缝隙等处结不规则网。【分布】贵州。

梵净山小弱蛛（蛛网）｜王露雨 摄

梵净山小弱蛛（雄蛛）｜王露雨 摄

梵净山小弱蛛（雄蛛）｜王露雨 摄

长腿小弱蛛 *Leptonetela* sp.4

【特征识别】雌蛛体长约2 mm。背甲淡黄褐色。步足细长，淡黄褐色，少刺。腹部球形，灰褐色，无斑纹。【习性】生活于洞穴中，多在洞穴角落、缝隙等处结不规则网。【分布】贵州。

长腿小弱蛛（卵囊）| 王露雨 摄

长腿小弱蛛（雌蛛）| 王露雨 摄

皿蛛科

LINYPHIIDAE

英文名Hammock-web spiders或Dwarf spiders。台湾称其为皿网蛛科。

皿蛛体型小或微小，少数种类中等体型（<6 mm）。无筛器，头胸部变化多样；额高通常大于中眼域高；头胸部前端常凸起，在微蛛亚科Erigoninae的雄蛛中此部分通常具有修饰。8眼2列，前中眼略黑。螯肢粗壮，齿堤上通常有强壮的齿；无侧结节；螯肢侧面具发声嵴。步足相对细长并伴有刚毛，特别是后跗节和跗节；跗节末端具3爪。腹部有斑纹（皿蛛亚科Linyphiinae）或亮黑色无斑纹（微蛛亚科Erigoninae）。2个书肺，气门靠近纺器。外雌器多样，常为具有被沟、下凹、缺口所修饰的外观（微蛛亚科Erigoninae）；或常具垂体（皿蛛亚科Linyphiinae）；副跗舟通常较小（微蛛亚科Erigoninae）。有舌状体。纺器短。

皿蛛在树枝或灌木之间、较高的草丛织精致的薄片状网。薄片网平坦，中部略高（呈半球形，似倒放的碗底）或略低（呈吊床形）；在薄片上部，若干单独的丝组成支架网。蜘蛛倒挂在薄片网下。有些种类生活在落叶层、石下、朽木或缝隙等地，结小网或不结网。

本科多样性非常丰富，为蜘蛛目第二大科，全世界已知600属4 537种，中国154属371种。中国蜘蛛分类研究的奠基人，白求恩医科大学（后并入吉林大学）的朱传典教授曾在皿蛛分类学方面做出突出贡献，李枢强、陈建等学者也做了大量工作，完成了两本专著。

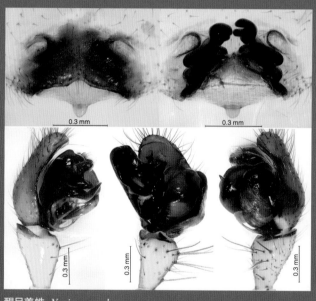

醒目盖蛛 *Neriene emphana*

台湾美毛蛛 *Callitrichia formosana*

【特征识别】雌蛛体长约2.5 mm。背甲浅黄褐色，较光滑，头区稍隆起，眼黑色。步足细长，淡黄褐色。腹部卵圆形，背面黄褐色，两侧对称分布黑斑。【习性】多生活于植物叶片背面。【分布】中国台湾；日本、孟加拉。

台湾美毛蛛（雌蛛） 林义祥 摄

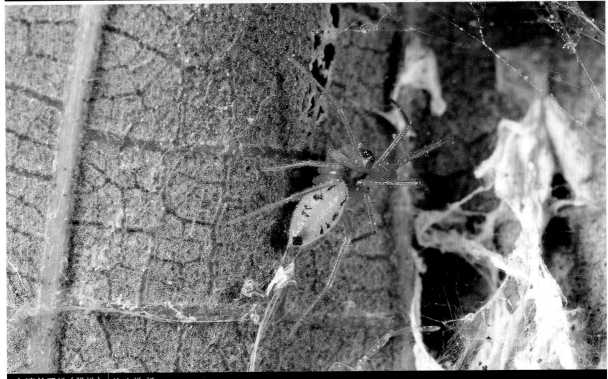

台湾美毛蛛（雌蛛） 林义祥 摄

三角弗蛛 *Floronia bucculenta*

【特征识别】雌蛛体长约5 mm。背甲淡黄褐色，边缘具黑褐色弧形纹。步足细长，黄褐色，少刺。腹部球形，背面浅褐色，散布白色鳞状斑，两侧及后部具黑色斑。【习性】生活于草丛中。【分布】内蒙古、河北、辽宁、吉林、云南、青海；俄罗斯、欧洲。

草间钻头蛛 *Hylyphantes graminicola*

【特征识别】雌蛛体长3~4 mm。背甲红褐色，头区隆起。步足淡黄褐色。腹部卵圆形，黑色，无斑纹。【习性】生活于叶片背面。【分布】河北、山西、辽宁、吉林、上海、江苏、浙江、安徽、福建、江西、山东、河南、湖北、湖南、广东、广西、四川、贵州、云南、陕西、青海、宁夏、新疆、台湾；古北区。

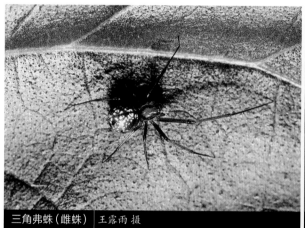

三角弗蛛（雌蛛）｜王露雨 摄

草间钻头蛛（雌蛛）｜张志升 摄

草间钻头蛛（雌蛛和卵巢）｜林义祥 摄

神农架斑皿蛛(雌蛛) 陈建 摄

卡氏盖蛛(雌蛛) 郭良鸿 摄

卡氏盖蛛(雌蛛) 雷波 摄

卡氏盖蛛(交配) 陈建 摄

神农架斑皿蛛 *Lepthyphantes* sp.

【特征识别】雌蛛体长约8 mm。背甲黑褐色，头区稍隆起。步足细长，红褐色，具明显黑色环纹。腹部卵圆形，末端稍尖，背面灰褐色，后半部具多条黑色横纹，侧面灰褐色，具白色鳞状斑和黑色斑。【习性】在植物间结皿状网，蜘蛛倒挂网上。【分布】湖北。

卡氏盖蛛 *Neriene cavaleriei*

【特征识别】雄蛛体长约6 mm。背甲黑褐色。步足细长，黑色。腹部黑色，末端向背面翘起。雌蛛体长5~6 mm。背甲黑色。步足黄褐色，具黑色环纹。腹部背面黑色，具不规则褐色斑，侧面具明显白斑，末端向上隆起。【习性】在植物间结复杂皿网，蜘蛛倒挂网上。【分布】重庆、浙江、福建、湖北、湖南、广西、广东、四川、贵州、甘肃；越南。

醒目盖蛛 *Neriene emphana*

【特征识别】雌蛛体长约5 mm。背甲淡黄褐色。步足细长，灰褐色至青灰色，被短绒毛，少刺。腹部卵圆形，背面黑色，具大量白色斑。【习性】在植物间结复杂皿网，蜘蛛倒挂网上。【分布】内蒙古、北京、河北、山西、安徽、福建、湖北、湖南、四川、贵州、西藏、陕西；古北区。

醒目盖蛛（雌蛛）｜张志升 摄

醒目盖蛛（雌蛛）｜王露雨 摄

日本盖蛛（雌蛛）　陈建 摄

长肢盖蛛（交配）　陈建 摄

日本盖蛛 *Neriene japonica*

【特征识别】雌蛛体长约2.5 mm。背甲黄褐色，头区隆起，色深。步足黄褐色，具褐色环纹。腹部近似球形，背面褐色，具白色鳞状斑和不规则黑色斑。【习性】在植物间结复杂小皿网。【分布】河北、山西、辽宁、吉林、黑龙江、江苏、浙江、安徽、江西、河南、湖北、湖南、四川、陕西、贵州；韩国、日本、俄罗斯。

长肢盖蛛 *Neriene longipedella*

【特征识别】雄蛛体长约8 mm。背甲红褐色，具黑色斑。步足细长，灰黑色。腹部圆筒形，末端大于前端，黑色和白色斑纹相间排列。雌蛛体长约7 mm。背甲黄褐色，边缘色深。步足细长，灰黑色。腹部卵圆形，黑色和白色斑纹相间排列。【习性】在植物间结复杂皿网，蜘蛛倒挂网上。【分布】山西、吉林、黑龙江、浙江、安徽、湖北、湖南、四川、陕西、甘肃；韩国、日本、俄罗斯。

黑斑盖蛛 *Neriene nigripectoris*

【**特征识别**】雌蛛体长约4 mm。背后黄褐色，具不明显灰褐色斑。步足淡黄褐色，关节处具黑色环纹。腹部近似球形，背面正中具1条黑色纵条纹。腹部前半部白色，后半部具黑斑，侧面具黑褐色大斑。【**习性**】在植物间结复杂皿网，蜘蛛倒挂网上。【**分布**】河北、吉林、安徽、福建、江西、湖北、湖南、广东、广西、四川、贵州；韩国、日本、俄罗斯。

黑斑盖蛛（蛛网） 陈建 摄

黑斑盖蛛（雌蛛） 陈建 摄

大井盖蛛（雌蛛）｜王露雨 摄

大井盖蛛（雌蛛）｜王露雨 摄

大井盖蛛（雌蛛）｜王露雨 摄

大井盖蛛 *Neriene oidedicata*

【特征识别】雌蛛体长约7 mm。背甲红褐色，边缘色深，8眼黑色。步足细长青灰色，具刺。腹部圆筒形，末端钝圆，背面白色，正中具1条细褐色纵条纹，侧面黄褐色，尾部具大型黑斑。【习性】在植物间结复杂皿网，蜘蛛倒挂网上。【分布】吉林、黑龙江、江苏、浙江、安徽、山东、河南、湖北、湖南、四川、贵州、台湾；韩国、日本、俄罗斯。

花腹盖蛛 *Neriene radiata*

【特征识别】雌蛛体长约5 mm。背甲黑色，正中具白色斑。步足细长，灰黑色，少刺。腹部球形，黑色，具多条白色纵纹和横纹。【习性】在植物间结复杂皿网，蜘蛛倒挂网上。【分布】河北、山西、辽宁、吉林、江苏、浙江、安徽、河南、湖北、湖南、四川、贵州、云南、陕西、甘肃、宁夏、台湾；全北区。

南岭盖蛛 *Neriene* sp.1

【特征识别】雄蛛体长约9 mm。背甲橘黄色，中窝褐色。触肢浅黄褐色。步足细长，浅黄褐色，后几节颜色加深。腹部筒形，背面黄褐色，末端具黑色斑。【习性】在植物间结复杂皿网，蜘蛛倒挂网上。【分布】广东。

花腹盖蛛（雌蛛） 杨自忠 摄

南岭盖蛛（雄蛛） 雷波 摄

黑尾盖蛛 *Neriene* sp.2

【特征识别】雄蛛体长约7 mm。背甲橘红色，眼周围黑色。步足细长，灰褐色，关节处具黑色环纹。腹部胶囊形，末端黑色，其余均为黄褐色。【习性】在植物间活动。【分布】广东。

本溪盖蛛 *Neriene* sp.3

【特征识别】雄蛛体长约8 mm。背甲亮黑色。触肢黑色。步足细长，灰黑色，关节处具褐色环纹。腹部卵圆形，中部收缩，背面黑色，收缩处具不明显白色横纹。【习性】在植物间活动。【分布】辽宁。

黑尾盖蛛（雄蛛）　雷波 摄　　本溪盖蛛（雄蛛）　单子龙 摄

河南华皿蛛 *Sinolinyphia henanensis*

【特征识别】雌蛛体长约6 mm。背甲黑色，头区隆起。螯肢黑色。步足细弱，黄褐色，具黑色环纹。腹部背面黑色，具不规则白斑，末端向上隆起。【习性】在植物间结复杂皿网，蜘蛛倒挂网上。【分布】重庆、辽宁、河南、湖北、湖南、陕西。

河南华皿蛛（蛛网）　陈建 摄　　河南华皿蛛（雌蛛）　陈建 摄

黑腹皿蛛 Linyphiidae sp.1

【特征识别】雄蛛体长约2.5 mm。背甲黄褐色，头区隆起，颜色较深。步足浅黄褐色。腹部卵圆形，背面黑色。雌蛛体长稍大于雄蛛。背甲黄褐色。腹部肥圆，背面黄褐色，具大量黑色斑。【习性】多生活于叶片背面。【分布】广东。

黑腹皿蛛（一雌一雄）｜雷波 摄

本溪皿蛛 Linyphiidae sp.2

【特征识别】雄蛛体长约2 mm。背甲红褐色，眼区黑色。步足黄褐色，后跗节和跗节黑色。腹部卵圆形，末端稍尖，背面黑色。雌蛛稍大于雄蛛。除步足颜色较雄蛛深外，其余特征与雄蛛相似。【习性】多生活于叶片背面。【分布】辽宁。

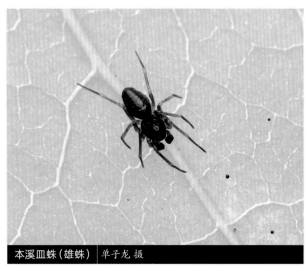

本溪皿蛛（雄蛛）｜单子龙 摄

本溪皿蛛（一雌一雄）｜单子龙 摄

华南皿蛛（雄蛛）｜雷波 摄

黑斑皿蛛（一雌一雄）｜雷波 摄

华南皿蛛 Linyphiidae sp.3

【**特征识别**】雄蛛体长约3 mm。背甲黄褐色，头区色深。步足黄褐色，少刺。腹部卵圆形，背面黄褐色，前端和后端具不规则黑色斑。【**习性**】在植物间结皿网，蜘蛛多倒挂网上。【**分布**】广东。

黑斑皿蛛 Linyphiidae sp.4

【**特征识别**】雄蛛体长约3 mm。背甲黑褐色。步足黄褐色，少刺。腹部卵圆形，整体黑色。雌蛛体长约3.5 mm。背甲黄褐色，头区稍隆起。腹部黄褐色，两侧隐约可见黑色斑，末端具明显黑斑，其余特征与雄蛛相似。【**习性**】多生活于叶片背面。【**分布**】广东。

光盔蛛科

LIOCRANIDAE

英文名Spiny-legged sac spiders，由其腿部的特征而得名。中文名可能与其部分种类体表光滑且硬化（如盔甲）有关。台湾称其为辉蛛科。

光盔蛛小到中型，体长3~10 mm。2爪，无筛器。8眼2列，光盔蛛亚科的种类各眼相互靠近，前眼列平直，后眼列弯曲（前凹或后凹）；船厅蛛亚科种类前中眼大且分两部分（中部暗，外侧白色），少数种类眼退化为4个。光盔蛛亚科腹部背面骨化而变硬。

光盔蛛科曾经包括3个亚科，但Ramírez（2014）将其中的1个亚科，即刺足蛛亚科Phrurolithinae提升为了科（见刺足蛛科Phrurolithidae），故本科目前包括2个亚科：光盔蛛亚科Liocraniinae和船厅蛛亚科Cybaeodinae，但Ramírez也认为本科不是单系群。

光盔蛛是典型的游猎型蜘蛛，见于地表、落叶层、草丛、树干和树冠等各种生境，多数种类行动迅捷，较难采集。目前全世界已知31属271种，世界性分布。中国已知7属16种。张锋等对中国的光盔蛛进行了较多研究。

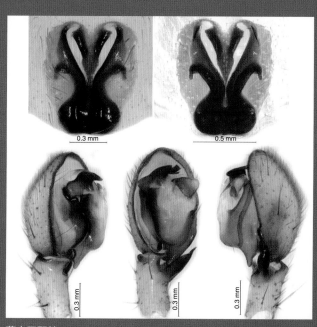

蒙古田野蛛 *Agroeca mongolica*

蒙古田野蛛 *Agroeca mongolica*

【特征识别】雌蛛体长约8 mm。背甲褐色，边缘色深，正中两侧具黑褐色宽纵纹。步足深黄褐色，多毛，少刺。腹部卵圆形，背面黄褐色，具大量黑褐色波浪状纹。【习性】多生活于草丛和落叶层中。【分布】内蒙古、辽宁、黑龙江、青海；蒙古、韩国。

朱氏雅佳蛛 *Jacaena zhui*

【特征识别】雄蛛体长约10 mm。背甲亮黑色。触肢黑色。步足红褐色，腿节颜色较深。腹部卵圆形，背面黑色。雌蛛体长约11 mm。除体色较雄蛛浅外，其余特征与雄蛛相似。【习性】生活于潮湿落叶层中。【分布】云南。

普氏膨颚蛛 *Oedignatha platnicki*

【特征识别】雌蛛体长约11 mm。背甲黑色。螯肢膨大，黑褐色。步足细长，黄褐色，腿节颜色稍深。腹部卵圆形，末端较尖，背面具1个黑色硬壳，其余为红褐色。【习性】生活于潮湿落叶层中。【分布】台湾、广东、香港。

蒙古田野蛛（雌蛛）　王露雨 摄

朱氏雅佳蛛（雄蛛）　黄贵强 摄

朱氏雅佳蛛（雌蛛）　黄贵强 摄

普氏膨颚蛛（雌蛛）　张钧铎 摄

节板蛛科

LIPHISTIIDAE

英文名Segmented spiders。被认为是现生蜘蛛中最原始的科，也是中纺亚目Mesothelae下唯一的科，其腹部具有明显的分节痕迹，中英文名均由此而来。营地下穴居生活，洞口常覆有1个可灵活开合的盖子，故英文名亦为Trapdoor spiders（但其他蜘蛛类群也有此称谓）。部分种类，如节板蛛属*Liphistius*的种类，会在洞口铺设数根放射状丝线。与螯蝎科不同，该科种类大多种类遇敌害时并无紧拉活盖的习性。

节板蛛中到特大型，体长15~60 mm。体色单一，即使不同属种也有近似外观。头区隆起。8眼集于1丘，位于背甲前端。中窝横向，通常较浅。螯肢粗壮，部分种类无毒腺。触肢与步足近长。步足末端具3爪，无毛丛或毛簇。

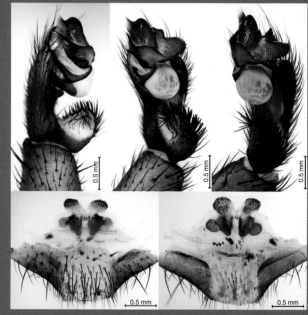

杭州宋蛛 *Songthela hangzhouensis*

腹部多为球形，背面具数个分节背板。腹面中央具6~8枚纺器，部分种类具1舌状体。触肢器形状复杂。雌蛛生殖沟内纳精囊排列方式多变，因种而异。通常成熟于春夏季，部分种类雄雌外观差异大。

本科目前全世界已知8属96种，中国已知5属24种。为亚洲特有科，分布于东南亚等地。节板蛛是蜘蛛目的"活化石"，近年来其系统分类与演化研究取得一定进展。许昕等进行了大量研究。

茨坪赣蛛 *Ganthela cipingensis*

【特征识别】雄蛛体长约13 mm。背甲灰黑色，眼区隆起，8眼集于1丘，眼丘紧贴背甲前缘。螯肢粗短，黑褐色。步足灰黑色，粗壮，具长刺。腹部具数片分节背板。雌蛛体长13~20 mm。背甲青黑色，头区隆起。步足粗短，整体青黑色，具有少许黑色硬刺。腹部具数片分节背板，后端背板较小。【习性】营穴居，洞口通常覆1个土壤颗粒黏合成的活盖。【分布】江西。

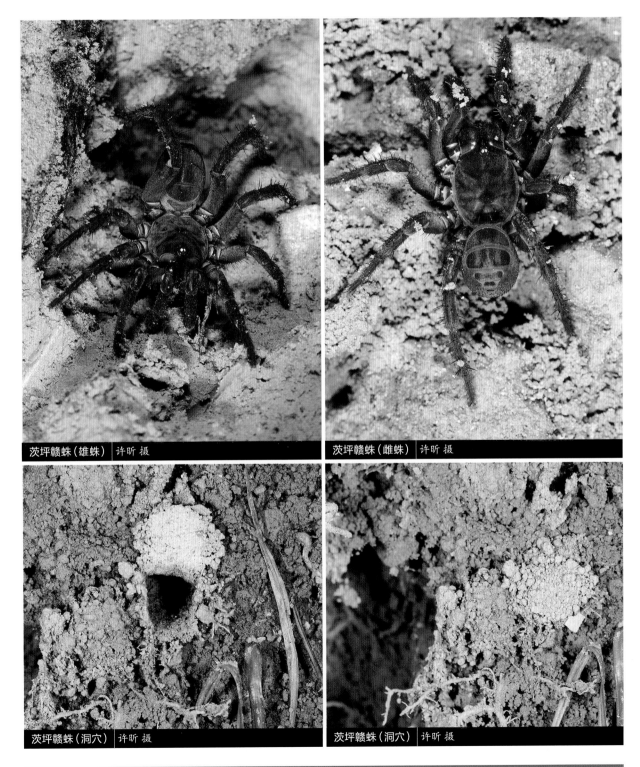

茨坪赣蛛（雄蛛）　许昕 摄

茨坪赣蛛（雌蛛）　许昕 摄

茨坪赣蛛（洞穴）　许昕 摄

茨坪赣蛛（洞穴）　许昕 摄

云顶赣蛛 *Ganthela yundingensis*

【特征识别】雄蛛体长15~22 mm。背甲圆形，呈青黑色，头区隆起。步足细长，整体青黑色，具有少许黑色硬刺。雌蛛体长13~23 mm。背甲青黑色，头区隆起，8眼集于1丘，紧贴背甲前缘。螯肢粗短，青黑色。步足粗短，整体青黑色，具有少许黑色硬刺。腹部具数片分节背板，后端背板较小。【习性】营穴居，洞口通常覆1个土壤颗粒黏合成的活盖。【分布】福建。

云顶赣蛛（雌蛛）许昕 摄

云顶赣蛛（雄蛛）许昕 摄

云顶赣蛛（洞穴）许昕 摄

白沙琼蛛 *Qiongthela baishaensis*

【特征识别】雄蛛体长15~22 mm。背甲呈青灰色，头区隆起。步足细长，具有少许黑色硬刺。腹部背面具数片分节背板。雌蛛体长20~25 mm。背甲青灰色，头区隆起，8眼集于1丘，紧贴背甲前缘。螯肢粗短，青黑色。步足粗短，整体青灰色，具有少许黑色硬刺。腹部具数片分节背板，后端背板较小，与腹部其他区域颜色差异不大。【习性】营穴居，洞口通常覆1个土壤颗粒黏合成的活盖。【分布】海南。

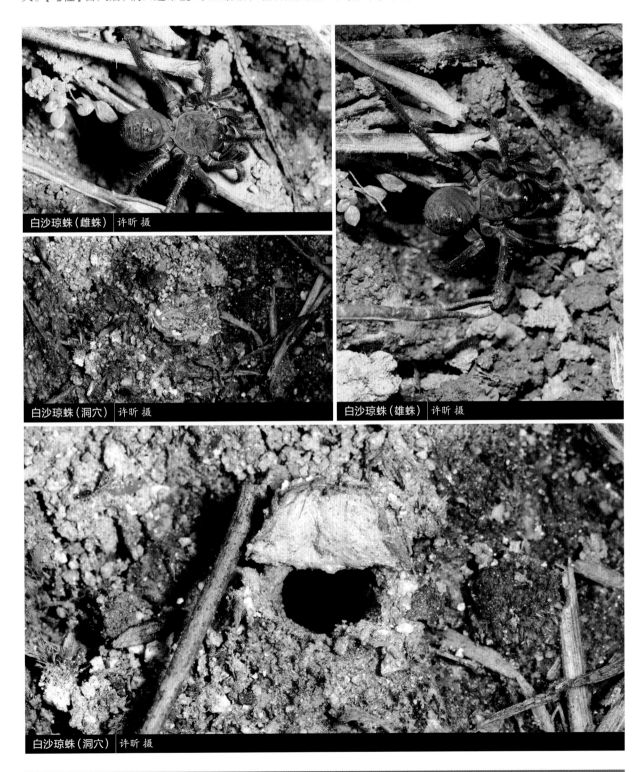

白沙琼蛛（雌蛛）　许昕 摄

白沙琼蛛（洞穴）　许昕 摄

白沙琼蛛（雄蛛）　许昕摄

白沙琼蛛（洞穴）　许昕 摄

中华华纺蛛 *Sinothela sinensis*

【特征识别】雌蛛体长25~30 mm。背甲红灰色，边缘具有少量黑色斑纹，眼丘紧贴背甲前缘。螯肢灰黑色。步足粗短，红褐色，带少许黑色硬刺。腹部棕黄色，具数个灰黑色的分节背板。【习性】营穴居，洞口通常覆1个土壤颗粒黏合成的活盖，6—8月成熟。【分布】山东、河南、河北、山西、陕西。

中华华纺蛛（雌蛛）　史静耸 摄

中华华纺蛛（雌蛛）　史静耸 摄

杭州宋蛛（雌蛛）许昕摄

杭州宋蛛（雄蛛）许昕摄

杭州宋蛛（洞穴）许昕摄

杭州宋蛛（洞穴）许昕摄

杭州宋蛛 *Songthela hangzhouensis*

【特征识别】雄蛛体长15~20 mm。背甲光滑，头区隆起。步足较雌蛛细长，带少量黑色硬刺。腹部具多个分节背板。雌蛛体长17~23 mm。背甲黄褐色，头区隆起，呈灰黑色，眼丘紧贴背甲前缘。步足粗短，腿节青灰色，腿节以外的其他节红灰色。腹部土黄色，背面具多个分节背板。【习性】营穴居，洞口通常覆1个土壤颗粒黏合成的活盖，盖上常伴有苔藓，6—8月成熟。【分布】浙江。

歌乐山宋蛛 *Songthela* sp.1

【特征识别】雌蛛体长20~25 mm。背甲黄棕色,头区隆起,青黑色,眼丘紧贴背甲前缘。螯肢粗壮,灰黑色。步足粗短,整体青黑色,局部红褐色。腹部土黄色,背面具多个分节背板,背板颜色较腹部其他区域更深。【习性】营穴居,洞口通常覆1个土壤颗粒黏合成的活盖,盖上常伴有苔藓。【分布】重庆。

歌乐山宋蛛(雌蛛) 余锟 摄

缙云山宋蛛 *Songthela* sp.2

【特征识别】雄蛛体长15~20 mm。背甲椭圆形,光滑,头区微隆起。步足细长,腿节青灰色,腿节以外的其他节红褐色,带少量黑色硬刺。腹部具多个分节背板。雌蛛体长18~25 mm。背甲青黑色,头区隆起,眼丘紧贴背甲前缘。螯肢粗壮,灰黑色。步足粗短,整体青黑色,局部红褐色。腹部土黄色,背面具多个分节背板。【习性】营穴居,洞口通常覆1个土壤颗粒黏合成的活盖,盖上常伴有苔藓,6—8月成熟。【分布】重庆。

缙云山宋蛛(洞穴) 李元胜 摄

缙云山宋蛛(雌蛛和洞穴) 李元胜 摄

缙云山宋蛛（雄蛛） 王露雨 摄

缙云山宋蛛（雌蛛） 李元胜 摄

麻阳河宋蛛（雌蛛） 王露雨 摄

香港越蛛（雌蛛） 黄宝平 摄

麻阳河宋蛛 *Songthela* sp.3

【特征识别】雌蛛体长18~30 mm。背甲铅灰色，头区隆起，眼丘紧贴背甲前缘，眼区周围略带灰黑色。步足粗短，腿节青灰色，腿节以外的其他节红灰色。腹部青灰色，背面具多个分节背板。【习性】营穴居，洞口通常覆1个土壤颗粒黏合成的活盖。【分布】贵州。

香港越蛛 *Vinathela hongkong*

【特征识别】雌蛛体长18~30 mm。背甲灰黑色，头区稍隆起，眼丘紧贴背甲前缘，眼区周围色深。步足粗短，黄褐色，具青灰色斑纹，密被壮刺。腹部球形，灰褐色，背面具多个分节背板。【习性】营穴居，洞口通常覆1个土壤颗粒黏合成的活盖。【分布】香港。

狼蛛科

LYCOSIDAE

英文名Wolf spiders。拉丁科名Lycosidae来源于拉丁词"Lyco-"，狼的意思。因其极善游猎，行动敏捷，捕食量大，性凶猛，故名狼蛛。其模式属的模式种为塔兰图拉狼蛛*Lycosa tarantula*，但塔兰图拉（tarantula）后来被用来指代所有地下穴居、大型或特大型的罕见蜘蛛，特别是原蛛下目的捕鸟蛛，故有学者将"Tarantula"作为"捕鸟蛛科"的英文名称，但也有人将"Tarantula"翻译为"狼蛛"，混淆了捕鸟蛛与狼蛛，但实际上二者在分类地位和形态结构上均有很大差异。

狼蛛具8眼，以4-2-2式排列成3列。前眼几乎等大，后中眼最大，为主眼。步足末端具3爪。雌蛛具有用纺器携带卵囊和腹部携幼等特殊行为而区别于其他科蜘蛛。狼蛛体长跨度较大，从体长1 mm左右的佐卡蛛

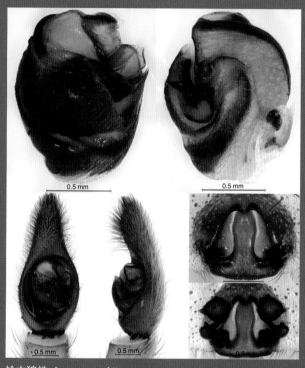

铃木狼蛛 *Lycosa suzukii*

Zoica spp.到体长超过30 mm的穴居狼蛛*Lycosa singoriensis*。体色多以暗灰色为主。习性多样，有穴居的山西狼蛛*Lycosa shansia*、王氏狼蛛*Lycosa wangi*等；有结大型漏斗状网的迅蛛属*Ocyale*、狼马蛛*Hippasa lycosina*等；有结小型漏斗状网的猴马蛛*Hippasa holmerae*等；有结超小型片状网的亚狼蛛属*Lysania*；有结管状网的小水狼蛛属*Piratula*；有极其善于游猎的豹蛛属*Pardosa*；有特化适应沙漠生活的盐狼蛛属*Halocosa*；也有特化适应水边生活，可长时间潜入水中的熊蛛属*Arctosa*和细纹舞蛛*Alopecosa cinnameopilosa*。

本科目前全世界已知123属2 400种，全世界分布。中国已知26属310种。中国学者虞留明、陈军和尹长民等均对中国狼蛛科的分类学研究作出了重要贡献。目前较为活跃的狼蛛科分类学者主要有俄罗斯的Yuri M. Marusik（欧洲）、阿根廷的Luis Piacentini（南美洲）和澳大利亚的Volker Framenau（澳大利亚）等。张志升等自2009年开始对中国和东南亚地区狼蛛进行分类研究。

鲍氏刺狼蛛 *Acantholycosa baltoroi*

【特征识别】雄蛛体长约8 mm。头胸部正中具黄褐色不规则斑，前部有2个黑斑，中窝黑色，侧纵带和侧斑黑色，具不连续黄色纵纹。步足褐色，有黑白相间斑纹。腹部卵圆形，浅褐色，心脏斑颜色略深，旁有2对黑斑，腹部中后部有3对黑斑。雌蛛体长约9 mm。体色较雄蛛浅，其余特征与雄蛛相似。【习性】生活于大块岩石之间的缝隙中，天晴时爬于石顶，6—7月成熟。【分布】河北、内蒙古、吉林、四川、西藏、陕西；尼泊尔。

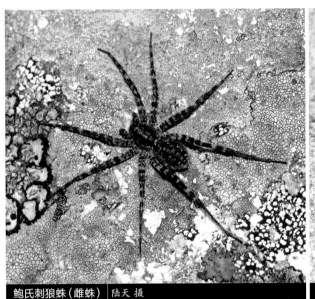

鲍氏刺狼蛛（雌蛛）｜陆天 摄

鲍氏刺狼蛛（雄蛛）｜陆天 摄

鲍氏刺狼蛛（雄蛛）｜陆天 摄

黄氏异獾蛛 *Allotrochosina huangi*

【特征识别】雄蛛体长约3 mm。正中具1条白色纵条纹贯穿头胸部和腹部。背甲黄褐色，白斑两侧黑褐色，亚边缘黄褐色，边缘黑褐色。第一对步足后跗节和跗节白色，其余节和后3对步足黄褐色，隐约可见黑褐色环纹，少刺。腹部卵圆形，白斑两侧黄褐色，具黑斑。雌蛛体长约5 mm。背甲黄褐色，两侧具黑褐色大斑。步足黄褐色，具灰褐色环纹。腹部卵圆形，背面黄褐色，具黑褐色斑。【习性】生活于潮湿落叶层中。【分布】海南。

黄氏异獾蛛（雄蛛）　王露雨 摄　　黄氏异獾蛛（雌蛛）　王露雨 摄

刺舞蛛 *Alopecosa aculeata*

【特征识别】雌蛛体长约11 mm。背甲黑褐色，正中具灰白色纵带，被白色毛。步足粗壮，灰褐色，密被毛，少刺。腹部卵圆形，背面灰褐色，密被毛，心脏斑明显。【习性】生活于较高海拔丛林中。【分布】北京、吉林、黑龙江、山东、河南、陕西、宁夏、新疆；全北区。

刺舞蛛（雌蛛）　王露雨 摄

白纹舞蛛（雌蛛）　王露雨 摄

白纹舞蛛（雄蛛）　王露雨 摄

白纹舞蛛（雄蛛）　黄贵强 摄

白纹舞蛛（雄蛛）　王露雨 摄

白纹舞蛛（雌蛛和洞穴）　王露雨 摄

白纹舞蛛 *Alopecosa albostriata*

　　【特征识别】雄蛛体长约11 mm。体色多变。背面正中具宽纵带，灰白色，密被毛，正中带两侧黑褐色至黑色。步足较长，黄褐色至褐色，腿节色深。腹部卵圆形，背面灰褐色至黑褐色，正中具1条明显或不明显白色纵纹。雌蛛体长约19 mm。背甲灰褐色，密被黄褐色毛。步足粗壮，黄褐色，少刺。腹部卵圆形，背面灰褐色，具不规则黑色斑。【习性】多生活于干旱山谷草地中，半穴居。【分布】北京、河北、山西、内蒙古、吉林、黑龙江、山东、河南、云南、四川、贵州、陕西、甘肃、青海、新疆；韩国、俄罗斯、哈萨克斯坦。

耳毛舞蛛 *Alopecosa auripilosa*

【特征识别】雄蛛体长约12 mm。背甲灰黄褐色，头区两侧具明显黑色斑，背甲靠近腹柄具1个大黑斑。步足粗壮，黄褐色，少刺。腹部卵圆形，背面黄褐色，前端具1个大型黑斑，中部具1对近圆形黑斑。雌蛛体长约17 mm。背甲灰黑色，密被毛，头区两侧黑斑不明显，背甲后端黑斑明显。除体色较雄蛛深外，其余特征与雄蛛相似。【习性】多生活于高海拔草地中。【分布】辽宁、黑龙江、四川、西藏、甘肃、青海、新疆、内蒙古；韩国、俄罗斯。

细纹舞蛛 *Alopecosa cinnameopilosa*

【特征识别】雌蛛体长约14 mm。背甲灰褐色，密被短毛。步足灰褐色，多毛，多刺。腹部卵圆形，背面灰黑色，密被褐色毛。【习性】生活于水边草丛中，潜水能力较强。【分布】北京、河北、山西、内蒙古、吉林、安徽、山东、湖南、甘肃、新疆；韩国、日本、俄罗斯。

耳毛舞蛛（雄蛛）｜王露雨 摄　　耳毛舞蛛（雌蛛）｜王露雨 摄

细纹舞蛛（雌蛛）｜陆天 摄

楔形舞蛛（雄蛛）｜陆天 摄

楔形舞蛛（雄蛛）｜王露雨 摄

楔形舞蛛（雌蛛）｜陆天 摄

楔形舞蛛 *Alopecosa cuneata*

【特征识别】雄蛛体长约8 mm。背甲黑褐色，正中具灰白色纵带，密被白色毛。触肢黑褐色。第一对步足色深，黑褐色，胫节膨大，黑色，后3对步足黄褐色，密被毛，少刺。腹部卵圆形，前缘被白色长毛，心脏斑较大，菱形，黑色，周围具灰白色大菱形斑，外围色深。雌蛛体长约8 mm。除体色较雄蛛深外，其余特征与雄蛛相似。【习性】多生活于高海拔草地中。【分布】内蒙古、新疆、四川；古北区。

疾行舞蛛 *Alopecosa cursor*

【特征识别】雌蛛体长约11 mm。背甲正中具1条灰白色宽纵带，密被白色毛，其两侧色深，近黑色，边缘色浅。步足灰白色，腿节侧面黑色。腹部卵圆形，背面灰白色，具多条不明显"人"字形斑。【习性】多生活于草地中。【分布】西藏、新疆；古北区。

疾行舞蛛（雌蛛）｜陈刘生 摄

伊犁舞蛛 *Alopecosa iliensis*

【特征识别】雌蛛体长约16 mm。背甲灰褐色，具大量黑色斑，正中纵带不明显。步足粗壮，灰黑色，密被黑褐色毛。腹部卵圆形，背面灰黑色，心脏斑较明显，黑色，后部具不明显"人"字形斑纹。【习性】草地穴居，洞穴深约10 cm。【分布】新疆。

伊犁舞蛛（雌蛛）｜王露雨 摄

莱塞舞蛛 *Alopecosa lessertiana*

【特征识别】雌蛛体长约18 mm。背甲灰黑色，正中纵带稍明显，色浅，被白色毛。步足粗壮，灰褐色，多毛，少刺。腹部卵圆形，背面灰褐色，前端具白色长毛。【习性】生活于高海拔草地中。【分布】四川。

利氏舞蛛 *Alopecosa licenti*

【特征识别】雄蛛体长约15 mm。背甲正中带宽，灰白色，密被灰白色毛，两侧黑褐色，边缘色浅。步足粗壮，灰褐色，密被黄褐色毛，少刺。腹部卵圆形，背面正中为1条灰白色宽纵带，纵带两侧具明显黑色斑。雌蛛体长约17 mm。除体型较雄蛛宽大外，其余特征与雄蛛相似。【习性】生活于农田、草原和山地中。【分布】北京、河北、山西、内蒙古、辽宁、吉林、黑龙江、山东、河南、四川、陕西、甘肃、青海、宁夏；韩国、蒙古、俄罗斯。

莱塞舞蛛（雌蛛） 陆天 摄

利氏舞蛛（雄蛛） 王露雨 摄

利氏舞蛛（雌蛛） 王露雨 摄

林站舞蛛 *Alopecosa linzhan*

【特征识别】雄蛛体长约7 mm。背甲褐色，较光滑，正中纵带不明显。步足褐色，较长。腹部卵圆形，前端具黄褐色毛，背面黄褐色，两侧黑褐色。【习性】生活于深草草丛和林地中。【分布】内蒙古、黑龙江。

圆囊舞蛛 *Alopecosa orbisaca*

【特征识别】雌蛛体长约15 mm。背甲黑褐色，被白色绒毛。步足粗壮，黑褐色，密被黄褐色毛，少刺。腹部卵圆形，前端两侧具明显黑斑，背面灰黄色，密被黄褐色毛，具多个对称黑斑。【习性】生活于高海拔草地中。【分布】青海、四川。

林站舞蛛（雄蛛）｜王露雨 摄

圆囊舞蛛（雌蛛）｜陆天 摄

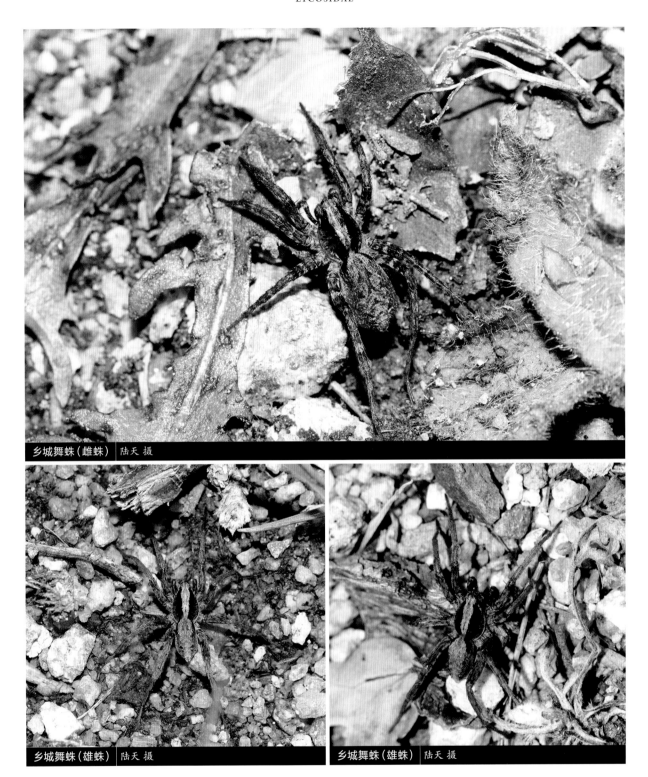

乡城舞蛛(雌蛛) 陆天 摄

乡城舞蛛(雄蛛) 陆天 摄

乡城舞蛛(雄蛛) 陆天 摄

乡城舞蛛 *Alopecosa qagchengensis*

【特征识别】雄蛛体长约9 mm。背甲正中纵带灰白色,密被灰白色毛,两侧褐色,被褐色毛。步足黄褐色,腿节色深。腹部卵圆形,前端两侧具明显黑斑,近尾部具2对黑色斑,背面灰褐色,密被灰褐色毛。雌蛛体长约12 mm。除体色较雄蛛暗外,其余特征与雄蛛相似。【习性】生活于高海拔草地中。【分布】四川。

独行舞蛛 *Alopecosa solivaga*

【特征识别】雄蛛体长约10 mm。背甲褐色，正中纵带灰白色，密被灰白色毛。步足黄褐色，腿节色深，密被黄褐色毛，少刺。腹部卵圆形，前端被长毛，两侧具明显黑色斑，背面灰褐色，密被毛。【习性】生活于高海拔林地中。【分布】黑龙江、内蒙古、吉林；蒙古、俄罗斯。

针舞蛛 *Alopecosa spinata*

【特征识别】雄蛛体长约12 mm。背甲正中纵带近白色，密被白色毛，两侧灰褐色，被灰白色毛。步足较长，黄褐色，多毛，少刺。腹部卵圆形，前端两侧具明显黑斑，背面黄褐色，密被黄褐色毛。雌蛛体长约17 mm。背甲黑褐色，正中纵带灰白色。步足黑褐色，较长。腹部卵圆形，背面灰褐色，多毛。卵囊大。【习性】生活于高海拔草地，半穴居。【分布】四川、西藏。

独行舞蛛（雄蛛）｜王露雨 摄

针舞蛛（雌蛛）｜王露雨 摄

针舞蛛(雄蛛) 王露雨 摄

针舞蛛(雄蛛) 王露雨 摄

近新疆舞蛛(雌蛛) 王露雨 摄

近新疆舞蛛 *Alopecosa subxinjiangensis*

【特征识别】雌蛛体长约13 mm。背甲正中纵带近白色，密被灰白色毛，两侧具黑色纵带，边缘色浅，黄褐色，密被白色毛。步足黄褐色，密被灰白色毛。腹部卵圆形，背面灰褐色，密被灰白色毛，心脏斑较明显，灰黑色。【习性】生活于草地中。【分布】新疆。

新疆舞蛛 *Alopecosa xinjiangensis*

【特征识别】雄蛛体长约10 mm。背甲正中纵带宽，灰白色，两侧具黑色宽纵带，边缘色深。步足灰褐色，腿节色深。腹部卵圆形，背面具灰白色宽纵带，两侧黑褐色。雌蛛体长约11 mm。腹部无明显斑纹，其余特征与雄蛛相似。【习性】生活于草地中。【分布】新疆。

新疆舞蛛（雌蛛）｜王少山 摄

新疆舞蛛（雌蛛捕食）｜陈刘生 摄

新疆舞蛛（雄蛛）｜陈刘生 摄

新疆舞蛛（雌蛛）｜陈刘生 摄

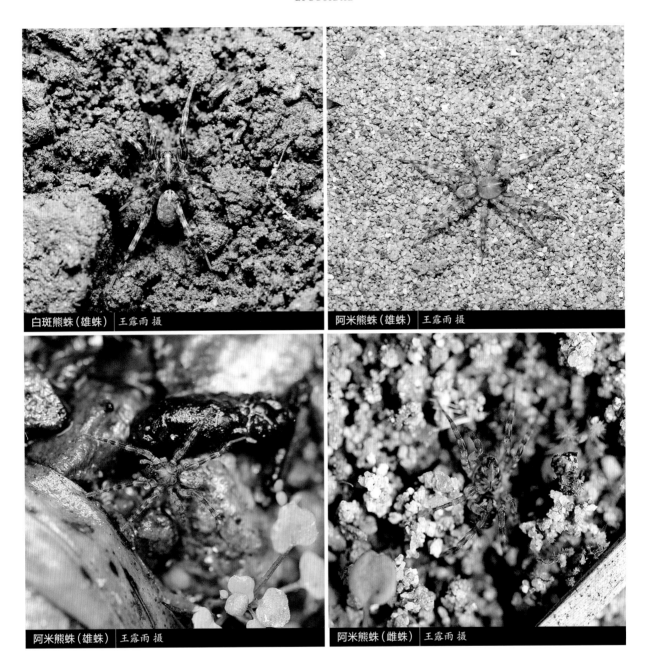

白斑熊蛛(雄蛛) 王露雨 摄

阿米熊蛛(雄蛛) 王露雨 摄

阿米熊蛛(雄蛛) 王露雨 摄

阿米熊蛛(雌蛛) 王露雨 摄

白斑熊蛛 *Arctosa albosticta*

【特征识别】雄蛛体长约7 mm。背甲黑褐色，密被黄褐色短绒毛。步足黄褐色，具黑褐色环纹。腹部卵圆形，背面灰褐色，密被短绒毛，心脏斑明显，披针形，黄褐色，腹部末端具1个大灰白色斑。【习性】生活于河边泥缝中。【分布】四川。

阿米熊蛛 *Arctosa amylaceoides*

【特征识别】雄蛛体长约6 mm。体色因生活环境不同而不同。背甲淡黄褐色至褐色，较光滑，眼区颜色较深。步足黄褐色，具褐色环纹，多毛。腹部卵圆形，背面黄褐色，具大量黑褐色长毛，心脏斑较明显。雌蛛体长约7 mm。背甲黄褐色，具不规则黑色斑。步足颜色较雄蛛深，环纹明显。腹部背面黄褐色，具大量黑色斑。【习性】生活于河边干净沙地中。【分布】四川、云南、贵州；泰国、马来西亚。

灰色熊蛛 *Arctosa cinerea*

【特征识别】雄蛛体长约14 mm。背甲黑色，具大量白色毛丛形成的白斑。步足较长，白色和黑色环纹相间排列。腹部卵圆形，密被毛，背面灰白色，具大量黑色斑，心脏斑明显，两侧隐约可见红色斑纹。雌蛛体长约16 mm。体色较雄蛛暗淡，其余特征与雄蛛相似。【习性】生活于河边石块下。【分布】新疆；刚果、古北区。

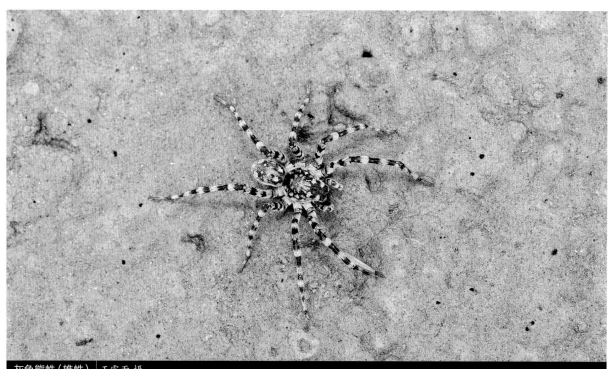

灰色熊蛛（雄蛛）｜王露雨 摄

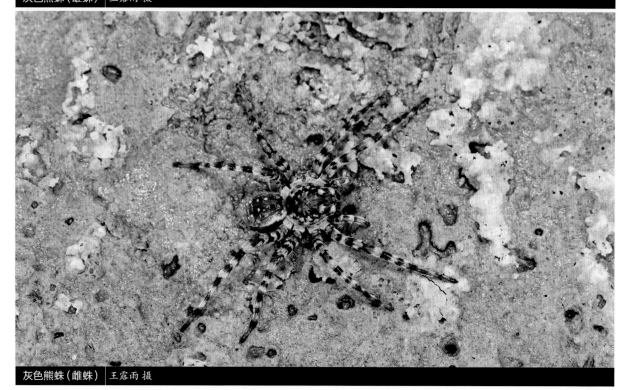

灰色熊蛛（雌蛛）｜王露雨 摄

掠熊蛛 *Arctosa depectinata*

【特征识别】雄蛛体长约4 mm。背甲黄褐色，具灰褐色斑，眼区色深。步足细长，黄褐色具黑褐色环纹。腹部卵圆形，末端稍尖，背面黄褐色，具不规则褐色斑，心脏斑明显，黄褐色。雌蛛体长约5 mm。体色较雄蛛深，其余特征与雄蛛相似。【习性】生活于河边干净沙地中。【分布】福建、海南、江西、山东、云南、香港；日本、婆罗洲。

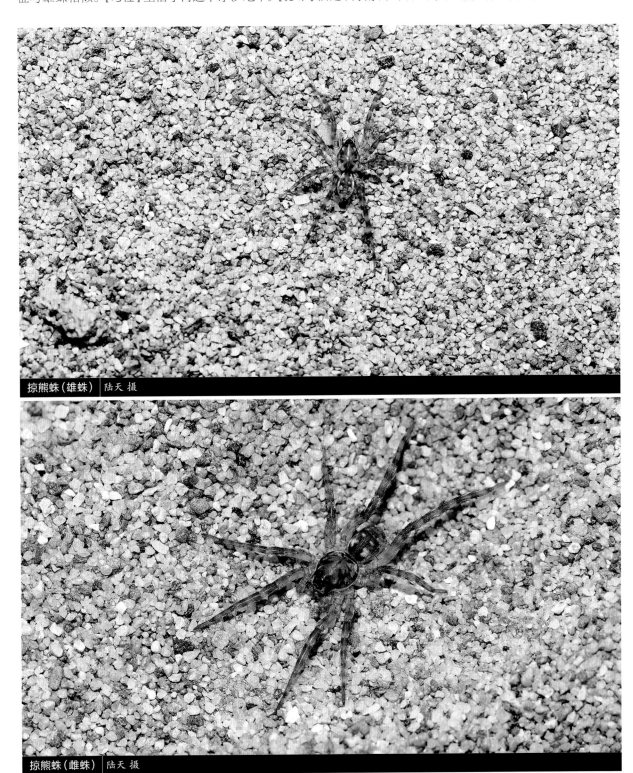

掠熊蛛（雄蛛）陆天 摄

掠熊蛛（雌蛛）陆天 摄

埃比熊蛛 *Arctosa ebicha*

【特征识别】雌蛛体长约15 mm。背甲红褐色，具少量黑色斑。步足粗壮，红褐色，后3节密被灰黑色毛。腹部卵圆形，背面灰褐色，密被毛，散布黑色斑点。【习性】多生活于河边、湖边、水库以及稻田等地的草丛中。【分布】吉林、河北、四川；韩国、日本。

埃比熊蛛（雌蛛） | 王露雨 摄

费氏熊蛛 *Arctosa feii*

【特征识别】雄蛛体长约6 mm。背甲黑褐色，被毛。步足褐色，具黑褐色环纹，多毛。腹部卵圆形，背面褐色，具大量黑色斑，心脏斑明显，褐色。雌蛛体长约7 mm。除体色较雄蛛浅外，其余特征与雄蛛相似。【习性】生活于稻田边泥缝和水库边沙缝中。【分布】辽宁、吉林、黑龙江、内蒙古。

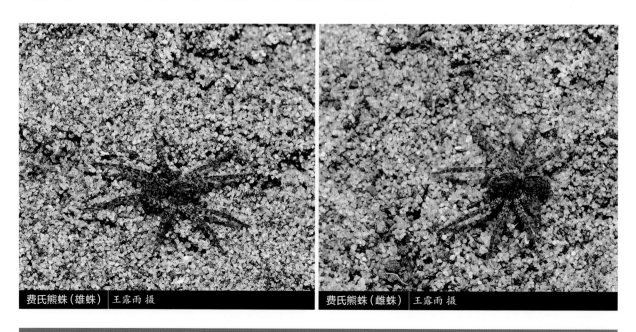

费氏熊蛛（雄蛛） | 王露雨 摄　　费氏熊蛛（雌蛛） | 王露雨 摄

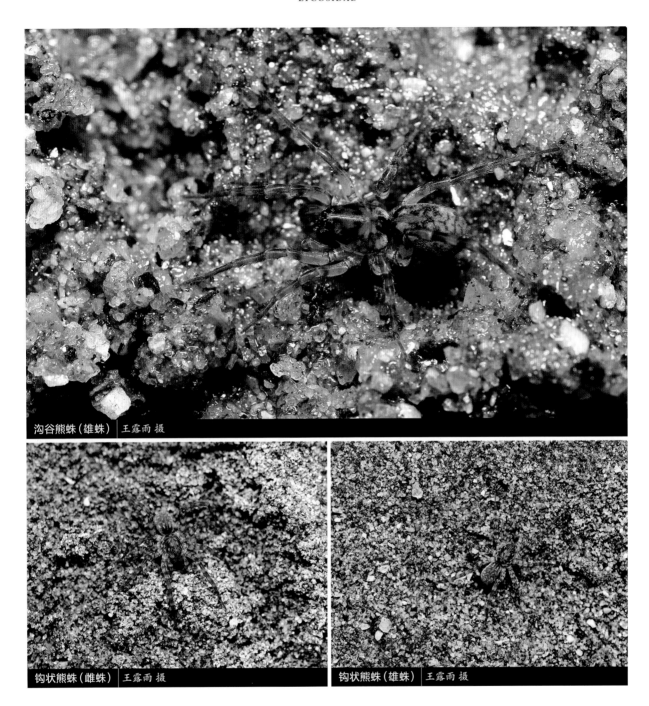

沟谷熊蛛（雄蛛）｜王露雨 摄

钩状熊蛛（雌蛛）｜王露雨 摄

钩状熊蛛（雄蛛）｜王露雨 摄

沟谷熊蛛 *Arctosa gougu*

【特征识别】雄蛛体长约5 mm。背甲黄褐色，光滑，似覆盖一层蜡，具不规则黑色斑。步足黄褐色，具黑褐色环纹。腹部卵圆形，背面黄褐色，具黑色斑。【习性】生活于小溪边干净沙地中。【分布】云南；泰国、马来西亚。

钩状熊蛛 *Arctosa hamate*

【特征识别】雄蛛体长约6 mm。背甲灰褐色，具大量黑褐色斑和少量白色毛丛。步足细长，黄褐色，具黑褐色环纹。腹部卵圆形，背面灰褐色，具不规则黑褐色斑和白色毛丛。雌蛛稍大于雄蛛，其余特征与雄蛛相似。【习性】生活于山区小溪边干净沙地中。【分布】台湾。

胡氏熊蛛 *Arctosa hui*

【特征识别】雄蛛体长约7 mm。背甲黄褐色，多毛，具不规则褐色斑。步足黄褐色，多毛，具黑褐色环纹。腹部卵圆形，背面黄褐色，具不规则黑色斑和白色毛丛。【习性】生活于湖边干净沙地中。【分布】新疆、宁夏。

印熊蛛 *Arctosa indica*

【特征识别】雄蛛体长约8 mm。背甲黑褐色，具大量白色毛丛。步足黑褐色，多毛，散布白色毛丛。腹部卵圆形，背面黑褐色，散布白色毛丛，心脏斑明显，黄褐色。雌蛛体长约9 mm。除体色较雄蛛深外，其余特征与雄蛛相似。【习性】生活于稻田泥缝中。【分布】云南、海南；泰国、印度。

胡氏熊蛛（雄蛛） | 王露雨 摄

印熊蛛（雄蛛） | 王露雨 摄

印熊蛛（雌蛛） | 王露雨 摄

己熊蛛(雌蛛) 黄贵强 摄

己熊蛛(雄蛛) 黄贵强 摄

己熊蛛 *Arctosa ipsa*

【特征识别】雄蛛体长约10 mm。背甲正中具白色毛丛形成的大型斑，两侧及后部黑褐色。步足黑褐色，第一对步足胫节具白色毛丛形成的宽环纹。腹部卵圆形，背面正中具1个大型白斑，两侧黑色，散布白色斑点。雌蛛体长约11 mm。背甲黑色，正中白色斑较小。步足黑褐色，多毛。腹部卵圆形，背面正中白色斑较小，其余均为黑褐色。【习性】生活于农田土缝中。【分布】江苏、湖北；俄罗斯、日本、韩国。

江西熊蛛 *Arctosa kiangsiensis*

【特征识别】雄蛛体长约7 mm。背甲黑色，被黄褐色毛。步足黄褐色，具黑褐色环纹，腿节色深，第一对步足膝节和胫节白色。腹部卵圆形，背面黑褐色，散布白色斑。雌蛛体长约8 mm。背甲较雄蛛窄，其余特征与雄蛛相似。【习性】生活于水边泥缝中。【分布】浙江、安徽、福建、湖南、江西。

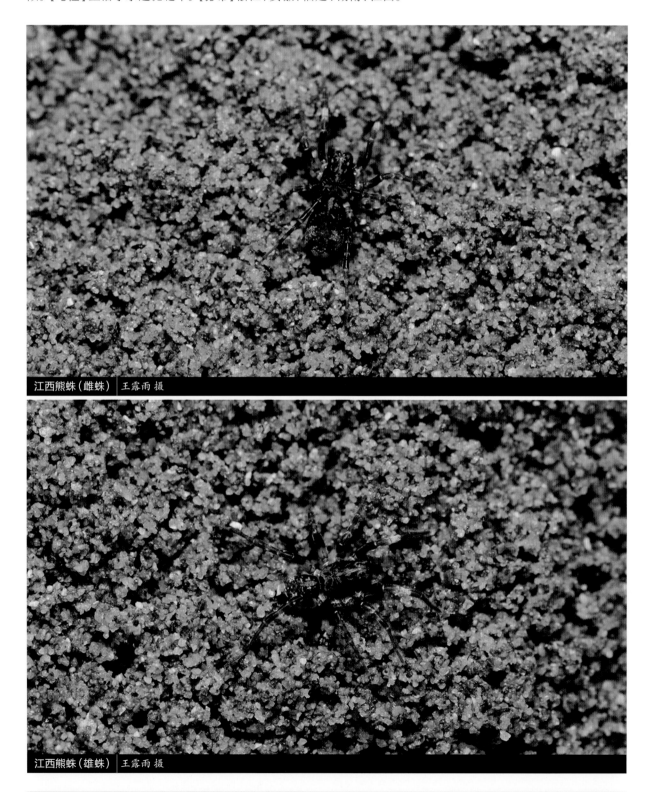

江西熊蛛（雌蛛） 王露雨 摄

江西熊蛛（雄蛛） 王露雨 摄

片熊蛛(雄蛛) 王露雨 摄

宽带熊蛛(雄蛛) 王露雨 摄

片熊蛛 *Arctosa laminata*

【特征识别】雄蛛体长约8 mm。背甲黄褐色,具大量黑色斑和少量白色毛丛。步足黄褐色,具黑褐色环纹。腹部卵圆形,背面黄褐色,具大量黑褐色斑和少量白色毛丛,心脏斑明显,披针形,黄褐色。【习性】生活于山脚小溪边干净沙地中。【分布】安徽、福建、河南、湖南、新疆、浙江;日本。

宽带熊蛛 *Arctosa latizona*

【特征识别】雄蛛体长6~8 mm。背甲黑褐色,散布白色毛丛。步足褐色,具黑色环纹。腹部卵圆形,背面具大量白色毛形成的斑纹,白斑之中散布黑色斑,两侧黑色。【习性】生活于河边、稻田等地泥缝中。【分布】云南。

湄潭熊蛛 *Arctosa meitanensis*

【特征识别】雌蛛体长约8 mm。背甲灰褐色，具大量黑色斑。步足褐色，多毛，具黑褐色环纹。腹部卵圆形，背面黄褐色，具大量不规则黑色斑。卵囊较大，白色。【习性】生活于水边湿地中。【分布】重庆、贵州、河北、河南、陕西、云南、辽宁；俄罗斯。

后凹熊蛛 *Arctosa recurva*

【特征识别】雌蛛体长约10 mm。背甲褐色，正中具1个大型白色斑。步足褐色，具不明显黑褐色环纹。腹部卵圆形，背面心脏斑及周边白色，其余灰褐色。【习性】生活于农田土块下。【分布】重庆、福建、贵州、湖南、四川、浙江。

湄潭熊蛛（雌蛛）│陆天 摄

后凹熊蛛（雌蛛）│王露雨 摄

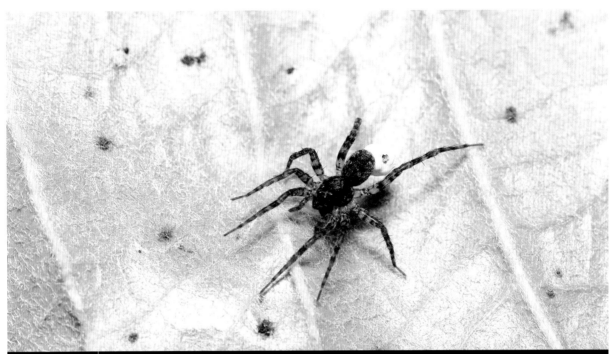

锯齿熊蛛（雌蛛）│王露雨 摄

锯齿熊蛛（雄蛛）│王露雨 摄

锯齿熊蛛 *Arctosa serrulata*

【特征识别】雄蛛体长约6 mm。背甲黄褐色，具大量不规则黑色斑。步足黄褐色，具黑色环纹。腹部卵圆形，背面黄褐色，具大量黑色斑，心脏斑明显，披针形，黄褐色。雌蛛体长约8 mm。除体色较雄蛛浅外，其余特征与雄蛛相似。卵囊白色。【习性】多生活于潮湿山谷中。【分布】重庆、福建、甘肃、贵州、湖北、湖南、河南、江西、四川、陕西、云南。

泉熊蛛 *Arctosa springiosa*

【特征识别】雄蛛体长约6 mm。背甲黑褐色，正中色浅，被黄褐色毛。步足腿节黑色，其余各节黄褐色，具黑色环纹。腹部卵圆形，背面黄褐色，具少量黑色斑，侧面黑色。【习性】生活于水边。【分布】重庆、福建、海南、湖南、云南；泰国。

泉熊蛛（雄蛛）│王露雨 摄

泉熊蛛（雄蛛）│王露雨 摄

近阿米熊蛛 *Arctosa subamylacea*

【特征识别】雄蛛体长约8 mm。背甲灰褐色，具大量黑色斑。步足淡黄褐色，具黑色环纹。腹部卵圆形，背面灰褐色，具大量不规则黑褐色斑，心脏斑明显，披针形。雌蛛体长约11 mm。除体色较雄蛛深外，其余特征与雄蛛相似。【习性】生活于河边、湖泊、水库等水边沙地中。【分布】内蒙古、陕西、辽宁、吉林、黑龙江、河北；日本。

近阿米熊蛛（雄蛛） 王露雨 摄

近阿米熊蛛（雌蛛） 王露雨 摄

近江西熊蛛 *Arctosa subkiangsiensis*

【特征识别】雄蛛体长约7 mm。背甲黑褐色,具大量白色斑。步足黄褐色,具褐色环纹和白色斑,第一对步足胫节具1个白色宽环纹。腹部卵圆形,背面黄褐色,散布白色斑,心脏斑明显,黄褐色。雌蛛体长约8 mm。颜色较雄蛛深,无白斑,其余特征与雄蛛相似。【习性】生活于水边泥缝和沙缝中。【分布】云南。

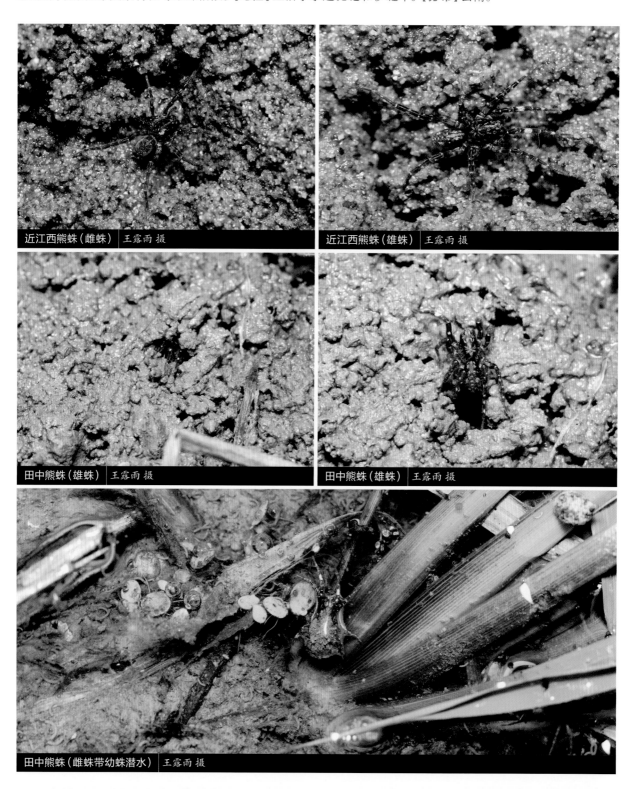

近江西熊蛛(雌蛛) 王露雨 摄

近江西熊蛛(雄蛛) 王露雨 摄

田中熊蛛(雄蛛) 王露雨 摄

田中熊蛛(雄蛛) 王露雨 摄

田中熊蛛(雌蛛带幼蛛潜水) 王露雨 摄

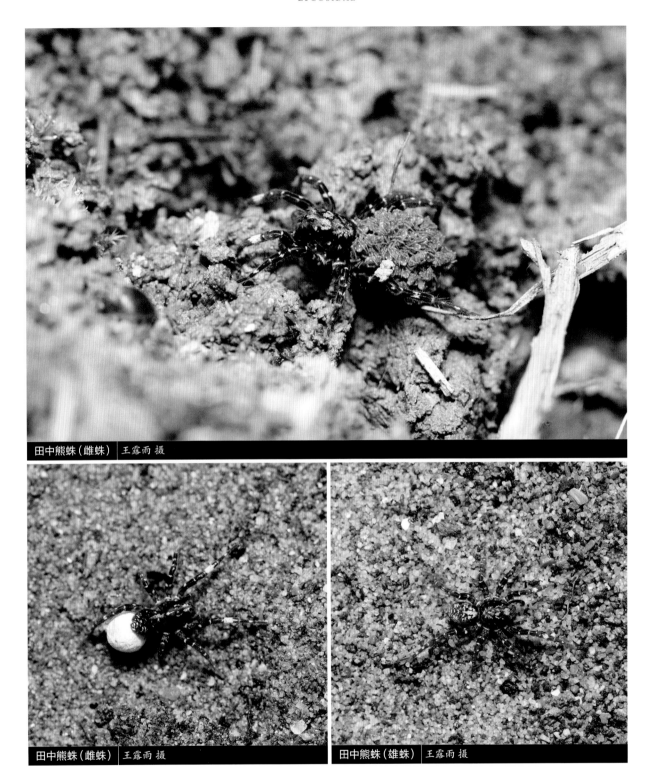

田中熊蛛（雌蛛）　王露雨 摄

田中熊蛛（雌蛛）　王露雨 摄

田中熊蛛（雄蛛）　王露雨 摄

田中熊蛛 *Arctosa tanakai*

　　【特征识别】雄蛛体长约8 mm。背甲黑褐色，具白色斑。步足黑褐色，散布白色斑块，第一对步足胫节具1个白色宽环纹。腹部卵圆形，背面灰褐色，具大量白色斑。雌蛛体长7~9 mm。体色斑纹与雄蛛相似。【习性】生活于稻田泥缝中。【分布】云南、重庆、四川；泰国、马来西亚、菲律宾。

旬阳熊蛛 *Arctosa xunyangensis*

【特征识别】雄蛛体长约8.5 mm。背甲黄褐色，具不规则黑色斑。步足黄褐色，具黑褐色环纹。腹部卵圆形，背面黄褐色，密被毛，具黑褐色和白色斑。【习性】生活于河边。【分布】陕西、四川、贵州、河南、湖北、湖南、山东。

旬阳熊蛛（雄蛛亚成体）　王露雨 摄

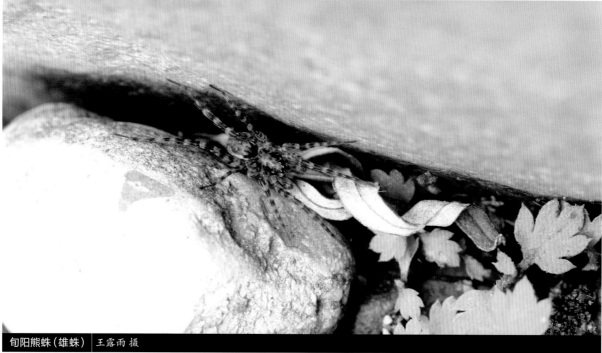

旬阳熊蛛（雄蛛）　王露雨 摄

稍小阿狼蛛 *Artoria parvula*

【特征识别】雄蛛体长约2.5 mm。背甲黑色，边缘白色，头区稍隆起，胸区具2个白色斑和1个黄褐色斑。第一对步足黑色，其余步足黄褐色，具黑褐色环纹和少量白色斑。腹部卵圆形，灰褐色，具大量白色斑。【习性】生活于水边湿地。【分布】云南；泰国、马来西亚、菲律宾、印度尼西亚、澳大利亚。

稍小阿狼蛛（雄蛛）│王露雨 摄

针龙狼蛛 *Draposa aciculifera*

【特征识别】雄蛛体长约3 mm。头胸部正中斑浅褐色，侧纵斑褐色，侧斑浅黄色覆有大量白毛。步足黄褐色，腿节密被白毛，触肢跗舟黑色。腹部卵圆形，中后部有4条白色横纹，背面黄褐色，密被白毛，心脏斑红褐色。【习性】生活于较为干燥的枯枝落叶下，6—7月成熟。【分布】海南；泰国。

针龙狼蛛（雄蛛）│王露雨 摄

舍氏艾狼蛛（雌蛛） 黄贵强 摄

舍氏艾狼蛛（雄蛛） 黄贵强 摄

舍氏艾狼蛛（雌蛛） 黄贵强 摄

舍氏艾狼蛛（雌蛛） 黄贵强 摄

舍氏艾狼蛛 *Evippa sjostedti*

【特征识别】雄蛛体长约10 mm。背甲灰褐色，正中两侧具1条黑色纵纹，头区隆起，后部凹陷。步足特长，灰白色，具黑褐色斑和大量刺。腹部卵圆形，背面灰褐色，具大量黑色斑，心脏斑较明显，较大，灰褐色。雌蛛体长约14 mm。腹部密被毛，除体色较雄蛛浅外，其余特征与雄蛛相似。【习性】生活于荒漠地区，行动迅速。【分布】新疆、青海、陕西、河南、山西、宁夏、内蒙古。

角盐狼蛛 *Halocosa cereipes*

【特征识别】雄蛛体长约7 mm。体色与生活环境相似。背甲灰白色,具灰褐色斑。步足灰白色,具浅褐色环纹。腹部卵圆形,末端稍尖,背面灰白色,具大量浅褐色斑,心脏斑明显,披针形,灰褐色。雌蛛体长7~9 mm。体型及体色与雄蛛相同。【习性】生活于荒漠地区,行动迅速。【分布】新疆、内蒙古;乌克兰、俄罗斯、阿塞拜疆、伊朗;中亚。

哈腾盐狼蛛 *Halocosa hatanensis*

【特征识别】雄蛛体长约7 mm。体色与生活环境相似。背甲灰褐色,密被毛,具不规则灰褐色斑纹。步足较长,灰白色,具浅褐色环纹。腹部长卵圆形,背面灰白色,密被毛,前端具长毛。雌蛛体长约8 mm。背甲灰白色,具浅褐色斑纹。步足较长,灰白色,具浅褐色环纹。腹部长卵圆形,背面灰白色,具大量浅褐色斑。【习性】生活于荒漠地区,行动迅速。【分布】新疆、宁夏、内蒙古。

角盐狼蛛(雌蛛) 陆天 摄

角盐狼蛛(雄蛛) 陆天 摄

哈腾盐狼蛛(雌蛛) 王露雨 摄

哈腾盐狼蛛(雄蛛) 陆天 摄

喜马拉雅马蛛 *Hippasa himalayensis*

【特征识别】雌蛛体长约11 mm。背甲黑色，密被白色毛。步足较长，黑色，具白色环纹，被大量褐色毛和刺。腹部卵圆形，背面灰褐色，具大量白斑和黑色横纹。【习性】结大型漏斗状网。【分布】广西；马来西亚、印度。

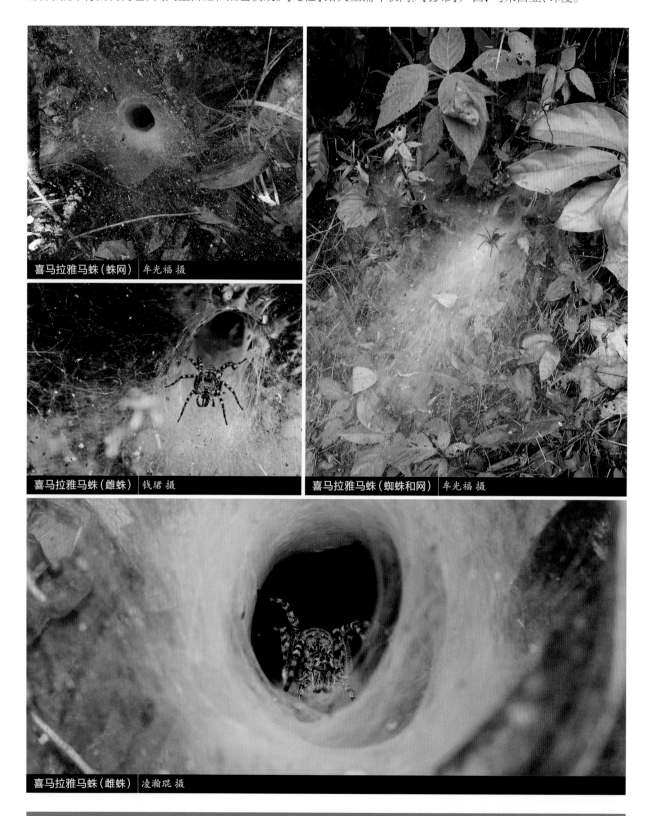

喜马拉雅马蛛（蛛网）│牟光福 摄

喜马拉雅马蛛（雌蛛）│钱珺 摄

喜马拉雅马蛛（蜘蛛和网）│牟光福 摄

喜马拉雅马蛛（雌蛛）│凌瀚琨 摄

猴马蛛(雄蛛) 吴可量 摄

猴马蛛(雄蛛) 王露雨 摄

猴马蛛(雌蛛) 王露雨 摄

猴马蛛(雄蛛) 陆天 摄

猴马蛛 *Hippasa holmerae*

【特征识别】雄蛛体长约5 mm。背甲灰绿色至黄褐色，被白色毛。步足细长，灰绿色至黄褐色，多毛，多刺，具黑色环纹。腹部长卵圆形，背面灰绿色至黄褐色，心脏斑明显，褐色，外围黑色，腹部后部具多条白色横纹。雌蛛体长约6 mm。体色较雄蛛深外，其余特征与雄蛛相似。【习性】结小型漏斗状网。【分布】海南、广东、台湾、广西、福建、云南、江西、湖南；泰国、马来西亚、新加坡、菲律宾、印度。

狼马蛛 *Hippasa lycosina*

【特征识别】雌蛛体长约14 mm。背甲灰绿色,被白色绒毛,正中具1条白色窄纵纹,亚边缘白色。步足粗壮,较长,灰绿色,多毛,多刺,具少量黑色环纹。腹部长卵圆形,背面灰绿色,心脏斑两侧具1对白色纵条纹,后部具数条白色横纹,横纹两侧具白色斑点。【习性】结大型漏斗状网。【分布】云南;老挝、印度。

树穴狼蛛 *Hogna trunca*

【特征识别】雌蛛体长14~18 mm。背甲灰褐色,较厚实。螯肢黑色,侧结节橘红色。步足粗壮,褐色,密被黄褐色毛,腹面黑色。腹部卵圆形,密被黄褐色毛,背面灰褐色,心脏斑较明显,灰褐色。卵囊较大,白色。【习性】穴居,夜行性。【分布】浙江。

狼马蛛(雌蛛幼体) | 黄贵强 摄

树穴狼蛛(雌蛛) | 金黎 摄

树穴狼蛛(雌蛛) | 金黎 摄

黑腹狼蛛(雄蛛) 张志升 摄

黑腹狼蛛(雌蛛) 张志升 摄

黑腹狼蛛 *Lycosa coelestis*

【特征识别】雄蛛体长7~12 mm。背甲正中纵带宽，白色，两侧黑色。步足黄褐色，多毛，少刺，第一对步足胫节灰白色。腹部卵圆形，前端两侧黑色，中部具长毛，背面灰白色，两侧黑色。雌蛛体长9~15 mm。背甲正中纵带灰白色，较宽，两侧黑色。步足粗壮，灰黑色。腹部近似球形，背面灰褐色。卵囊较大，白色。【习性】生活于灌草丛中。【分布】浙江、福建、江西、河南、湖北、湖南、重庆、四川、云南、台湾；韩国、日本。

格氏狼蛛 *Lycosa graham*

【特征识别】雌蛛体长约18 mm。体色多变，灰色至黄褐色。背甲正中纵带灰色至黄褐色，两侧具少量黑色斑，后端具明显黑色斑。步足粗壮，较长，灰色至黄褐色。腹部卵圆形，背面灰色至灰黑色，具多对黑色斑。【习性】喜夜行。【分布】四川、云南、海南。

格氏狼蛛（雌蛛）王露雨 摄

格氏狼蛛（雌蛛）杨自忠 摄

格氏狼蛛（雌蛛）杨自忠 摄

山西狼蛛 *Lycosa shansia*

【特征识别】雌蛛体长25~30 mm。背甲黄褐色至灰黑色，具放射状黑色斑。螯肢黑褐色至红褐色。步足粗壮，黄褐色至灰黑色，具黑色斑。腹部卵圆形，背面黄褐色至灰黑色，散布黑色斑点，后半部具不明显"人"字形纹。【习性】穴居，洞深可达60 cm。【分布】河北、天津、山西、内蒙古、山东、辽宁、吉林、黑龙江、河南、甘肃、青海、宁夏、新疆；蒙古。

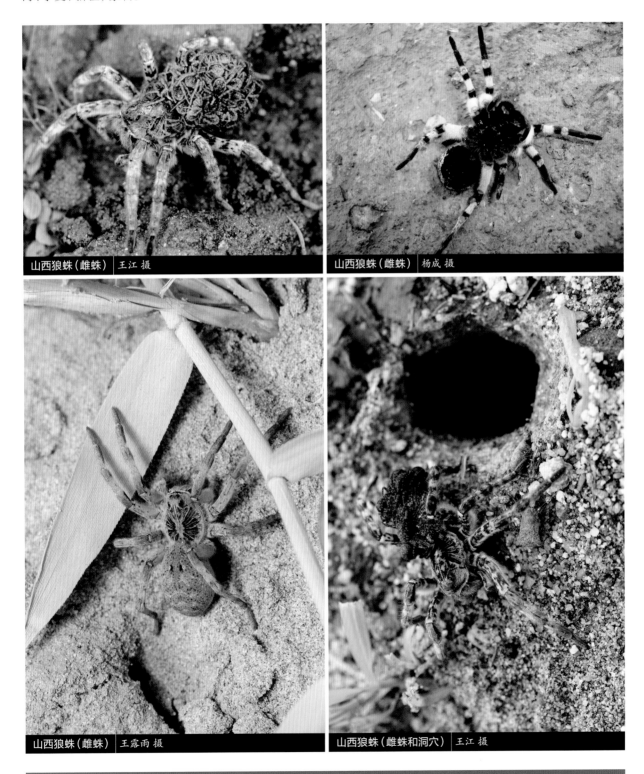

山西狼蛛（雌蛛）｜王江 摄

山西狼蛛（雌蛛）｜杨成 摄

山西狼蛛（雌蛛）｜王露雨 摄

山西狼蛛（雌蛛和洞穴）｜王江 摄

穴居狼蛛 *Lycosa singoriensis*

【特征识别】雌蛛体长25~32 mm。背甲灰褐色至灰黑色，具放射状黑色斑，密被毛。步足粗壮，较长，密被黄褐色长毛。腹部卵圆形，背面灰褐色至灰黑色，密被毛，具黑色斑。【习性】穴居，雌蛛孵化量大，可超300枚。【分布】内蒙古、新疆；古北区。

穴居狼蛛（雌蛛）│ 王瑞 摄

穴居狼蛛（雌蛛）│ 王瑞 摄

穴居狼蛛（雌蛛）│ 王露雨 摄

穴居狼蛛（雌蛛）│ 王瑞 摄

铃木狼蛛（雌蛛）｜王江 摄

铃木狼蛛（雄蛛）｜陆天 摄

铃木狼蛛（雌蛛）｜陆天 摄

铃木狼蛛 *Lycosa suzukii*

【特征识别】雄蛛体长15~18 mm。背甲正中纵带窄，灰褐色，两侧具黑色宽纵带，背甲边缘灰褐色。步足粗壮，较长，灰褐色。腹部卵圆形，前端两侧黑色，背面灰褐色，正中具黑色斑。雌蛛体长约26 mm。背甲与雄蛛相同。步足粗壮，灰褐色，腿节黑色。腹部较大，卵圆形，背面灰褐色，散布灰褐色斑点，心脏斑两侧和后方具黑斑。【习性】穴居，喜夜行。【分布】河北、山西、吉林、安徽、湖北、陕西；韩国、日本、俄罗斯。

带斑狼蛛 *Lycosa vittata*

【特征识别】雄蛛体长约15 mm。背甲红褐色，正中纵带较窄，灰白色，近边缘处具白色纵纹。步足褐色至红褐色，较长，前2对步足胫节和后跗节背面具白毛。腹部卵圆形，末端较尖，心脏斑较大，黑色，两侧具1对灰白色弧形斑，延伸至腹部末端，腹部侧面黑褐色。雌蛛体长约16 mm。除第一对步足无白色毛外，其余特征与雄蛛相似。【习性】生活于稻田泥缝中。【分布】云南、海南、广西；泰国、马来西亚。

带斑狼蛛（雄蛛）│王露雨 摄

带斑狼蛛（雌蛛）│王露雨 摄

王氏狼蛛 *Lycosa wangi*

【特征识别】雄蛛体长约16 mm。背甲黄褐色,密被黄褐色毛,后端具黑色斑。步足粗壮,黄褐色,少刺。腹部卵圆形,背面黄褐色,前端两侧、中部均具明显黑色斑。雌蛛体长约22 mm。体色较雄蛛深,黑斑较小。其余特征与雄蛛相似。【习性】穴居,洞深可达20 cm,夜行性。【分布】云南。

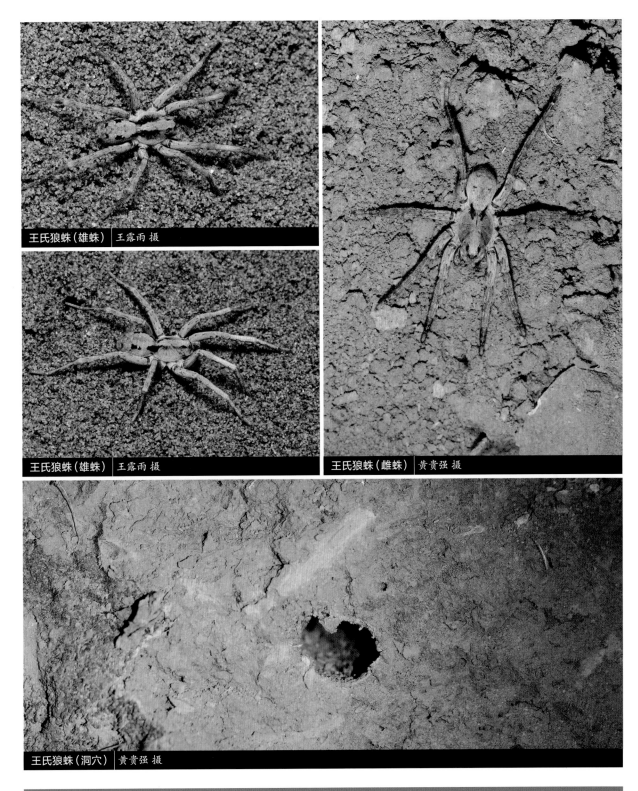

王氏狼蛛(雄蛛) 王露雨 摄

王氏狼蛛(雄蛛) 王露雨 摄

王氏狼蛛(雌蛛) 黄贵强 摄

王氏狼蛛(洞穴) 黄贵强 摄

丹巴狼蛛 *Lycosa* sp.1

【特征识别】雄蛛体长约16 mm。背甲正中纵带宽，灰白色，密被白色毛，两侧黑色，边缘白色。步足较长，灰褐色，密被毛。腹部卵圆形，背面灰白色，侧面黑褐色，后部具多条"人"字形白色纹。【习性】生活于高海拔地区。【分布】四川。

丹巴狼蛛（雄蛛）　王露雨 摄

黑斑狼蛛 *Lycosa* sp.2

【特征识别】雄蛛体长约18 mm。背甲正中纵带宽，黄褐色，两侧具黑褐色斑纹，边缘黄褐色，密被毛。腹部卵圆形，背面灰褐色，密被黄褐色短毛和灰褐色长毛。【习性】喜夜行。【分布】云南。

黑斑狼蛛（雄蛛）　王露雨 摄

黑斑狼蛛（雄蛛）　王露雨 摄

矮亚狼蛛 *Lysania pygmaea*

【特征识别】雄蛛体长约3.5 mm。背甲黑色，具金属光泽，正中具1条白色窄纵纹，眼区具白毛。步足细长，黑褐色，具白色环纹，第一对步足后两节白色。腹部筒形，背面具硬壳，泛蓝光。雌蛛体长约3 mm。背甲黑色，边缘白色，后半部具白色毛丛。步足黄褐色，具白色环纹。腹部卵圆形，黑褐色，具大量白色斑。【习性】结小型片网，多见于橡胶林中。【分布】广西、云南、海南；马来西亚、泰国。

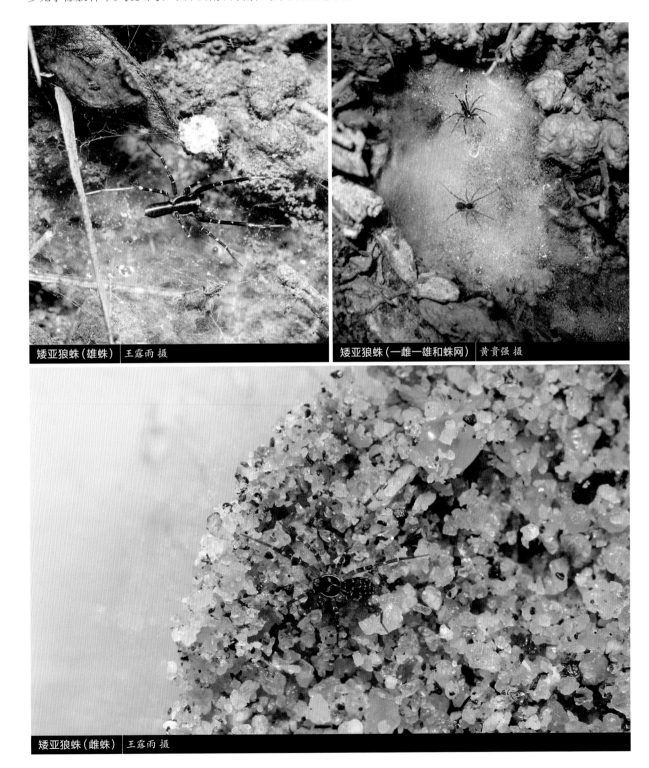

矮亚狼蛛（雄蛛）　王露雨 摄

矮亚狼蛛（一雌一雄和蛛网）　黄贵强 摄

矮亚狼蛛（雌蛛）　王露雨 摄

琼中迅蛛 *Ocyale qiongzhongensis*

【特征识别】雄蛛体长约19 mm。背甲灰白色，密被白色长毛，具不规则黑褐色斑。步足较长，灰白色，具褐色环纹，密被白色长毛。腹部卵圆形，背面灰白色，密被白色长毛，具黑色斑点。雌蛛体长约22 mm。除体色较雄蛛浅外，其余特征与雄蛛相似。【习性】在河边结漏斗状网，幼体黑色，7—8月成熟。【分布】海南。

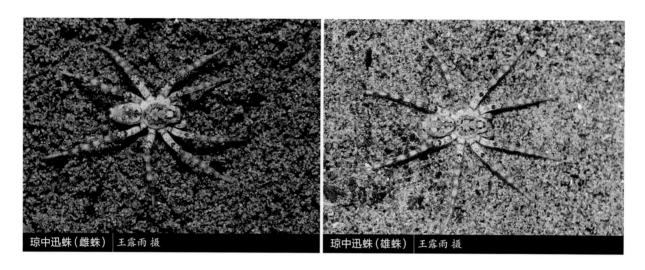

琼中迅蛛（雌蛛）｜王露雨 摄　　琼中迅蛛（雄蛛）｜王露雨 摄

云南迅蛛 *Ocyale* sp.

【特征识别】雌蛛体长约20 mm。背甲黄褐色，密被灰白色毛，具少量黑色斑。步足较长，黄褐色，具褐色环纹，密被白色长毛。腹部卵圆形，背面灰白色，密被白色长毛，具大量黑褐色斑。【习性】在河边结漏斗状网，幼体黑色，7—8月成熟。【分布】云南。

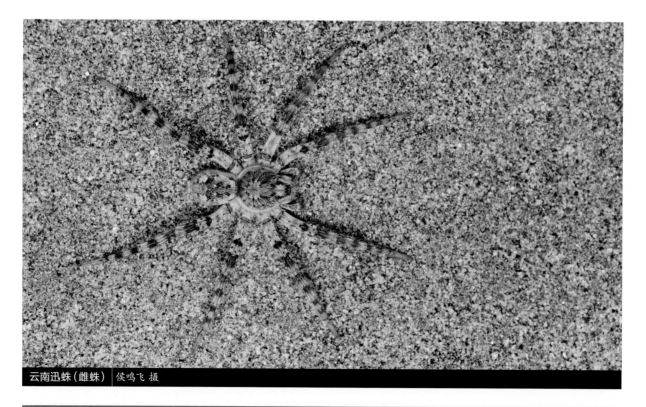

云南迅蛛（雌蛛）｜侯鸣飞 摄

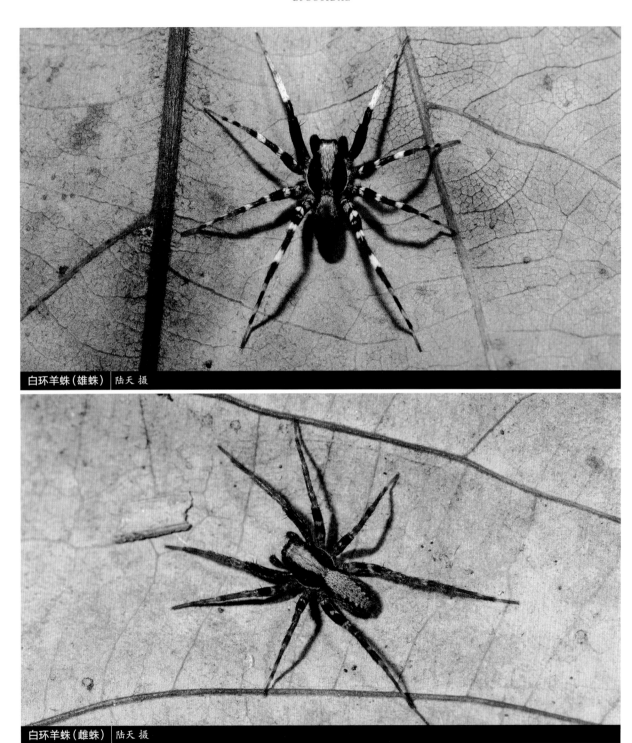

白环羊蛛(雄蛛) 陆天 摄

白环羊蛛(雌蛛) 陆天 摄

白环羊蛛 *Ovia alboannulata*

【特征识别】雄蛛体长约4 mm。头胸部正中斑宽呈卡其色,背部其他部分黑褐色,背甲边缘白色,头胸部斑纹与腹部相连。步足褐色,具白色和黑色相间环纹,第一步足基节至膝节黑色,后跗节和跗节白色,触肢黑色。腹部卵圆形,中央有1条褐色宽纵带,两侧各有1条黑色斑纹。雌蛛体长约5 mm。身体斑纹与雄蛛近似,步足环纹不明显。【习性】生活于落叶层中,5—6月成熟。【分布】浙江、重庆、四川。

麦里芝羊蛛 *Ovia macritchie*

【特征识别】雄蛛体长约4 mm。头胸部亮黑色，泛金属光泽，无其他斑纹。步足黄褐色，具2条黑色纵斑，第一对步足基节至膝节黑色，后跗节和跗节白色，触肢黑色。腹部卵圆形，亮黑色，前端具白毛。雌蛛体长约5 mm。身体斑纹与雄蛛近似，体色略浅。【习性】生活于潮湿落叶层中，5—6月成熟。【分布】云南；马来西亚、新加坡。

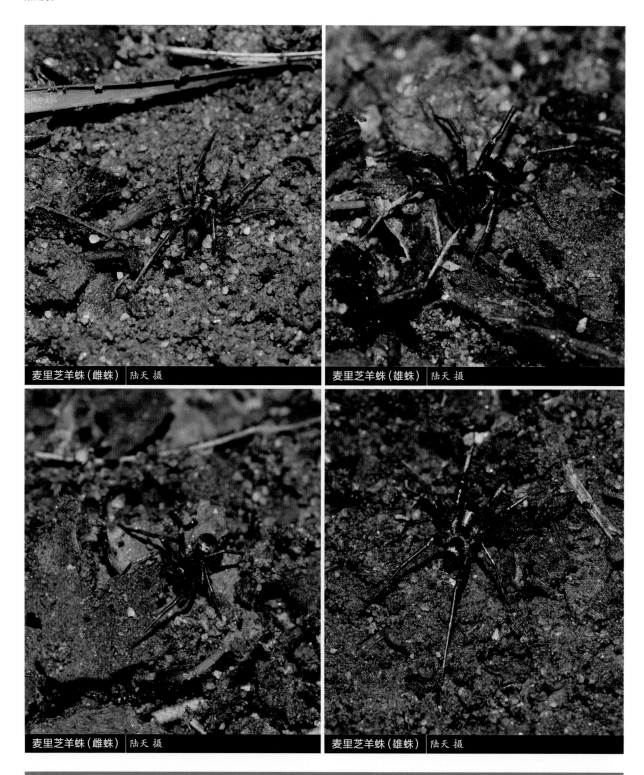

麦里芝羊蛛（雌蛛）　陆天 摄

麦里芝羊蛛（雄蛛）　陆天 摄

麦里芝羊蛛（雌蛛）　陆天 摄

麦里芝羊蛛（雄蛛）　陆天 摄

火豹蛛(雄蛛) 陆天 摄

锚形豹蛛（雌蛛） 陆天 摄

锚形豹蛛（雌蛛） 陆天 摄

火豹蛛 *Pardosa adustella* (火豹蛛组 *Pardosa adustella*-group)

【特征识别】雄蛛体长约6 mm。背甲黑色具金属光泽，中窝有白毛，侧缘有不规则白色条带。步足细长，红褐色，具有细微绒毛，且基部有白色细毛。腹部卵圆形，背面有金色金属光泽绒毛，且间杂白色绒毛，心脏斑褐色，边缘黑色，较宽，腹部中后部有4对由大到小排列的黑斑和4个不明显白斑。【习性】生活于杂草、枯枝、朽木等间隙较大的地表，6—7月成熟。【分布】内蒙古；蒙古、俄罗斯。

锚形豹蛛 *Pardosa anchoroides* (火豹蛛组 *Pardosa adustella*-group)

【特征识别】雌蛛体长约5 mm。头胸部背甲正中斑黄色倒三角形，中窝黑色，不明显，侧纵斑和侧斑暗红褐色，中间被白色纵纹间隔，背甲边缘具白色纵纹。步足褐色，具不规则黑色斑纹，基节有白色细毛。腹部卵圆形，背面黄褐色，心脏斑不明显，被不规则黑色斑纹包围，后部具4对黑斑和4对白点，斑点之间有一大一小2个黑色三角斑纹和2个白色细纹。【习性】常生活于水边石滩草丛中，6—7月成熟。【分布】吉林、内蒙古、宁夏、甘肃。

阿尔豹蛛 *Pardosa algoides* (阿尔豹蛛组 *Pardosa algoides*-group)

【特征识别】雄蛛体长约7 mm。背甲黑色，具金属光泽，正中斑黄褐色不明显，眼区后具1对楔形大黑斑，占据大部分正中斑前部，中窝黑色，较宽。步足黄褐色，有白色绒毛，基节有白色细毛，转节黄色，腿节具不规则黑色斑纹。腹部椭圆形，背面黑褐色，间杂白色细毛，心脏斑黄褐色，形状似弯尾花纹章，腹部中后部有4对白斑，白斑间有不明显的白色横纹和浅黄褐色斑纹。雌蛛体长约8 mm。体色较雄蛛浅，斑纹更明显，其余特征与雄蛛相似。【习性】生活在裸露的河床上的石块周围或河边草丛周围，6—7月成熟。【分布】甘肃、青海、新疆、四川、西藏；孟加拉、印度。

阿尔豹蛛（交配）陆天 摄

阿尔豹蛛（雌蛛）陆天 摄

阿尔豹蛛（雄蛛）陆天 摄

四齿豹蛛（雄蛛）｜陆天 摄

四齿豹蛛（雌蛛）｜陆天 摄

黑豹蛛（雄蛛）｜陆天 摄

黑豹蛛（雌蛛）｜陆天 摄

四齿豹蛛 *Pardosa quadridentata* (**阿尔豹蛛组** *Pardosa algoides*-group)

【特征识别】雄蛛体长约6 mm。头胸部正中斑黄褐色，眼区后有1对黑斑，中窝黑色，其他部分亮黑色，背甲边缘黄褐色。步足红褐色，有不规则黑褐色斑纹，触肢跗舟黑褐色，其余部分同步足。腹部椭圆形，黄褐色，前端有1簇白毛和1对黑斑，心脏斑不明显，边缘有不连续黑纹包围，中后部有3对黑斑和3条白色横纹。雌蛛体长约7 mm。步足黑斑明显，其余特征与雄蛛相似。【习性】生活于干涸河床的碎石周围，6—7月成熟。【分布】宁夏、内蒙古。

黑豹蛛 *Pardosa atrata* (**黑豹蛛组** *Pardosa atrata*-group)

【特征识别】雄蛛体长约7 mm。背甲正中斑黄色，不明显，中窝黑色，侧纵带亮黑色，侧斑为白色细纹。步足红褐色，腿节背面具黑色斑纹，触肢黑色。腹部椭圆形，背面黄褐色，密被细毛，心脏斑浅黄色，边缘黑色，腹部中央具1个"V"字形黄斑，边缘黑色，腹部后部具数对不明显白斑。雌蛛体长约8 mm。体色较浅，其余特征与雄蛛相似。【习性】生活于水边草丛间。7月成熟。【分布】内蒙古；古北区。

双带豹蛛 *Pardosa bifasciata* (**双带豹蛛组** *Pardosa bifasciata*-group)

【特征识别】雄蛛体长约4 mm。背甲正中斑白而直，中窝黑色，侧纵带和侧斑呈亮黑色而直，被白色纵纹相隔，背甲边缘白色。步足黄褐色，基节、腿节、膝节密被白毛，具不规则黑斑，触肢黑色。腹部褐色，卵圆形，密被白毛，前缘具1簇白毛，两侧各具1个黑斑，心脏斑白色，边缘不明显，中后部5对黑斑连接成带，黑斑间间杂5对白斑，白斑间有5条白色横纹。雌蛛体长约6 mm。体色较雄蛛浅，白毛少于雄蛛，其余特征与雄蛛相似。本种组与其他种组的区别在于身体斑纹长而直，且体型较小。【习性】生活于干燥或潮湿的草间，6—7月成熟。【分布】河北、甘肃、青海、新疆、四川、西藏；古北区。

双带豹蛛（雄蛛）｜陆天 摄

双带豹蛛（雌蛛）｜陆天 摄

汉拿山豹蛛（雄蛛）　陆天 摄

汉拿山豹蛛（雌蛛）　陆天 摄

汉拿山豹蛛 *Pardosa hanrasanensis* (双带豹蛛组 *Pardosa bifasciata*-group)

　　【特征识别】雄蛛体长约3 mm。身体多浓密白毛，后中眼与后侧眼之间有橘色眼影，正中斑白色；侧纵带和侧斑褐色覆白毛，被白纹间隔，背甲边缘白色。步足红褐色，密被白毛。腹部卵圆形，密被白毛，黑斑排列呈"V"字形，心脏斑不明显。雌蛛体长约4 mm。背甲侧纵带黑褐色明显，其余特征与雄蛛相似。本种与同种组其他种的区别在于雄蛛体色灰白。【习性】常生活在草地、草坡间，6—7月成熟。【分布】内蒙古、四川；俄罗斯、蒙古、韩国。

申氏豹蛛 *Pardosa schenkeli* (**双带豹蛛组** *Pardosa bifasciata*-group)

【特征识别】雄蛛体长约4 mm。头胸部正中斑白而直，侧纵斑橙褐色，通至眼区，侧纵带白色伴有不连续橙褐色细纹。步足红褐色，基节至后跗节密被白色细毛，触肢红褐色。腹部椭圆形白色，前端有1簇白毛和1对橙褐色条纹，与腹部中后部黑色条纹相接，心脏斑不明显。雌蛛体长约6 mm。侧纵带与腹部斑纹连成两条褐色纵带，正中斑与腹部中央斑纹连成白色纵带，心脏斑边缘有纵纹。其余特征与雄蛛相似。本种与双带豹蛛近似，区别在于前者体色较白。【习性】可生活于较为干燥的草丛间和石块下，6—7月成熟。【分布】山西、内蒙古、新疆；古北区。

申氏豹蛛（雄蛛）｜陆天 摄

申氏豹蛛（雌蛛）｜陆天 摄

阿拉善豹蛛（雄蛛） 陆天摄

阿拉善豹蛛（雌蛛） 陆天摄

镰豹蛛（雄蛛） 陆天摄

镰豹蛛（雌蛛） 陆天摄

阿拉善豹蛛 *Pardosa* sp.1（**双带豹蛛组** *Pardosa bifasciata*-group）

【**特征识别**】雄蛛体长约4 mm。头胸部正中斑白而直，其余部分黑褐色，背甲边缘白色。步足褐色，从基节至腿节有白色绒毛，触肢黑色。腹部椭圆形，白色，中后部具4对黑斑。雌蛛体长约5 mm。侧纵带明显，侧斑白色且具黑色细纹，体表白毛较雄蛛少，其余特征与雄蛛相似。本种与同种组其他种的区别在于本种雄蛛头胸部黑色，仅正中斑白色。【**习性**】可生活于较干燥的草丛周围，6—7月成熟。【**分布**】内蒙古。

镰豹蛛 *Pardosa falcata*（**镰豹蛛组** *Pardosa falcata*-group）

【**特征识别**】雄蛛体长约5 mm。正中斑黄褐色，较宽，中窝不明显，侧纵带和侧带黑褐色，后半部被不规则黄褐色纵纹相隔。步足褐色，具不规则黑色斑纹，触肢跗舟黑色，其他与步足颜色相同。腹部椭圆形，褐色，心脏斑不明显，边缘有不规则黑斑，前部具2簇白毛，各具1个黑斑，中后部有4对白斑和4条白色横纹。雌蛛体长约6 mm。斑纹较雄蛛浅，其余特征与雄蛛相似。【**习性**】生活在水边草丛间，也可以在较干燥的草原、荒漠中生存，6—7月成熟。【**分布**】吉林、内蒙古、河北、天津、北京、山西、山东、河南、陕西、宁夏、甘肃、青海、新疆；蒙古、韩国。

赫氏豹蛛 *Pardosa hedini*

【特征识别】雌蛛体长约5 mm。正中斑白而直，侧纵带宽，黑褐色，侧斑不明显。步足褐色，具黑色不规则斑纹。腹部黑褐色，卵圆形，心脏斑不明显，中央具1条白色纵斑，上有3对黄斑。本种组与其他种组区别在于其身体中央白色纵带明显，两侧斑纹均为黑色。【习性】常生活在草丛间和枯枝落叶下，5—6月成熟。【分布】黑龙江、吉林、河北、山东、陕西、甘肃、浙江、湖南、湖北、四川、贵州、云南；韩国、日本、俄罗斯。

赫氏豹蛛（雌蛛） 陆天 摄

拉普兰豹蛛 *Pardosa lapponica* (拉普兰豹蛛组 *Pardosa lapponica*-group)

【特征识别】雄蛛体长约6 mm。背甲黑色，正中斑黄褐色，不明显，背甲后部边缘具淡黄色细纹。步足棕褐色，第一对步足的胫节、后跗节具短羽状毛，第三、四对步足腿节具淡黄色细毛，触肢跗舟黑色。腹部椭圆形，黄褐色，斑纹较杂，前端具3簇白毛，心脏斑淡黄色，中后部具4对白斑和4对黑斑。雌蛛体长约7 mm。颜色较雄蛛浅，正中斑前部具1对棒状斑，侧纵带和侧斑黑色，被不规则白斑间隔。第一对步足无羽状毛。其余特征与雄蛛相似。【习性】生活在草原和树林的草丛间和枯枝落叶下，6—7月成熟。【分布】内蒙古、青海；全北区。

拉普兰豹蛛（雌蛛） 陆天 摄　　　　拉普兰豹蛛（雄蛛） 陆天 摄

保山豹蛛 *Pardosa baoshanensis* (**沟渠豹蛛组** *Pardosa laura*-group)

【特征识别】雄蛛体长约5 mm。背甲正中斑浅黄褐色，火炬状，中窝窄，黑色，侧纵带及侧斑亮黑色，界限不明显。步足褐色，具不规则黑色斑纹，基节具白毛，腿节具黄褐色细毛，触肢胫节、膝节白色，其余黑色。腹部卵圆形，黄褐色，多毛，前部有1簇白毛，前中部两侧各有1条明显黑带，黑带末端有两对黑斑，心脏斑不明显。雌蛛体长约5 mm。体色和斑纹较雄蛛浅，其余特征与雄蛛相似。本种组与赫氏豹蛛体色相近，但其斑纹不平行。【习性】生活于树林边缘的草地中。每年两代，分别于5—6月和9—10月成熟。【分布】云南。

保山豹蛛（雄蛛）陆天 摄

保山豹蛛（雄蛛）陆天 摄

保山豹蛛（雌蛛）陆天 摄

沟渠豹蛛 *Pardosa laura* **(沟渠豹蛛组** *Pardosa laura*-group**)**

【特征识别】雄蛛体长约5 mm。后眼具橘色眼圈，正中斑球棒状黄褐色，侧纵带宽亮黑色。步足褐色，具不规则黑色花纹，每只步足后跗节末端具黑色斑纹，第一对步足较其他步足密被白毛，触肢腿节末端及膝节白色，其余部分黑色。腹部卵圆形，黄褐色，前端具1簇白毛，前半部两侧各具1个黑色大斑，腹部中央有1条黄褐色斑。雌蛛体长约5 mm。颜色较雄蛛浅，其余特征与雄蛛相似。与保山豹蛛相比，其第一对步足无白毛。【习性】生活在农田和树林周围的枯枝落叶和土缝周围，5—6月成熟。【分布】吉林、辽宁、河南、陕西、宁夏、青海、安徽、江苏、浙江、江西、湖南、湖北、四川、贵州、云南、福建、台湾；韩国、日本、俄罗斯。

白斑豹蛛 *Pardosa* sp.2 **(沟渠豹蛛组** *Pardosa laura*-group**)**

【特征识别】雄蛛体长约5 mm。头胸部正中斑和腹部中央连成1条白色纵带，背面其余部分黑褐色。步足褐色，具白色斑纹，第一对步足基节至腿节黑色，其余部分覆有浓密白毛。腹部椭圆形，两侧有深色纵带。与同种组豹蛛相比，其第一对步足和触肢有明显区别。【习性】生活于草丛间和枯枝落叶下。5月成熟。【分布】江西。

沟渠豹蛛（雄蛛）｜陆天摄

沟渠豹蛛（雌蛛）｜陆天摄

白斑豹蛛（雄蛛）｜陆天摄

阿里豹蛛（雄蛛） 陆天 摄

阿里豹蛛（雌蛛） 陆天 摄

阿里豹蛛 *Pardosa alii* (**凡豹蛛组** *Pardosa modica*-group)

【特征识别】雄蛛体长约7 mm。背甲色暗，正中斑和侧斑深红褐色，侧纵带亮黑色，中窝黑色。步足红褐色，腿节背面具"米"字形黑斑，触肢黑色。腹部椭圆形，背面深褐色，密被细毛，心脏斑特别明显，白色，且被不规则黑色条纹包围，前缘有1簇白色长毛，腹部中央具1个"V"字形黄斑，其两侧有5对白斑，白斑之间有不明显白色横纹。雌蛛体长约7 mm。体色较雄蛛浅，正中斑黄褐色，侧纵带亮黑色，侧斑黄褐色，各具1条白色纵纹，背甲边缘具不规则黑色条纹。腹部及步足特征近似雄蛛，除心脏斑外均不明显。本种组与黑豹蛛组相近，区别在于其头胸部斑纹和腹部心脏斑更明显。【习性】生活在水边潮湿草间，6—7月成熟。【分布】四川；印度。

蒙古豹蛛 *Pardosa mongolica* (蒙古豹蛛组 *Pardosa mongolica*-group)

【特征识别】雄蛛体长约6 mm。正中斑黄褐色，前端不明显，后端有白色斑纹，头胸部其余部分黑色，边缘中后部有白色细纹。步足黄褐色，第一对步足基节至腿节褐色。腹部卵圆形，黄褐色，心脏斑不明显，腹部中央有1条白色纵斑，中后部有4对黑斑和3对白斑。雌蛛体长约7 mm。体色较雄蛛浅，正中斑及侧斑白色，侧纵带黑色。步足褐色，具不规则黑斑并覆有白毛。腹部卵圆形，褐色，中后部具4对黑斑和4条白色横纹。【习性】生于草丛间和枯枝落叶下，6—7月成熟。【分布】内蒙古、吉林、黑龙江、四川、西藏、甘肃、青海、新疆；尼泊尔、塔吉克斯坦、蒙古、俄罗斯。

蒙古豹蛛（雄蛛）　陆天 摄

蒙古豹蛛（雌蛛）　陆天 摄

蒙古豹蛛（雌蛛）　陆天 摄

近蒙古豹蛛（雌蛛） 陆天 摄

近蒙古豹蛛（雄蛛） 陆天 摄

近蒙古豹蛛 *Pardosa* sp.3 (蒙古豹蛛组 *Pardosa mongolica*-group)

【特征识别】雄蛛体长约6 mm。头胸部正中斑白色，其余部分亮黑色。步足黄褐色，腿节黑褐色，触肢黑色。腹部卵圆形，前端有1簇白毛和2个黑斑，中央有1条明显白色梭形纵带，心脏斑褐色，中后部有3对黑斑和3条白色横纹。雌蛛体长约7 mm。侧斑白色，具黑色细纹，其余特征与雄蛛相似。【习性】生活于草丛和石块周围，6—7月成熟。【分布】四川。

田野豹蛛 *Pardosa agrestis* (山栖豹蛛组 *Pardosa monticola*-group)

【特征识别】雄蛛体长约6 mm。头胸部正中斑白色,细长,且直达头区前端,侧纵带褐色,侧斑白色,有褐色细纹。步足黄褐色,有白色细毛,第一对步足后跗节和跗节有长羽状毛,触肢跗舟黑色,其余部分覆有白毛。腹部卵圆形,褐色,前端有1簇白毛和2个深褐色斑,心脏斑白色,周围有2对黑斑,中央白色,侧面具白毛,中后部有4对白斑和4对黑斑。雌蛛体长约7 mm。体色较雄蛛浅,其余特征与雄蛛相似。本种组雄蛛头胸部正中斑细长,此特征与双带豹蛛组相近,但第一对步足的羽状毛可用与后者相区分。【习性】生活于河边草丛间或枯枝落叶下,6—7月成熟。【分布】河北、山西、内蒙古、河南、四川、甘肃、青海、宁夏、新疆;古北区。

田野豹蛛(雄蛛) 陆天 摄

田野豹蛛(雄蛛) 陆天 摄

田野豹蛛(雌蛛) 陆天 摄

短羽豹蛛 *Pardosa* sp.4 (山栖豹蛛组 *Pardosa monticola*-group)

【特征识别】雄蛛体长约6 mm。头胸部正中斑白色，细长，背甲其余部分亮黑色。步足黑褐色，有亮黑色细毛，第一对步足后跗节和跗节有不明显的短羽状毛，触肢黑色。腹部卵圆形，深褐色，前端有1簇白毛和2个黑斑，心脏斑黄褐色，周围有1对括号形黑斑，腹部中央褐色，侧面黑褐色。雌蛛体长约7 mm。头胸部正中斑白色细长，侧纵带褐色，侧斑白色且有褐色细纹。腹部卵圆形，褐色，前端有1簇白毛和2个深褐斑，心脏斑白色，周围有2对黑斑，腹部侧面白色，腹部中后部有6对黑斑。本种雄蛛与同种组其他种相比体色较黑。【习性】生活于河边草丛间或枯枝落叶下，6—7月成熟。【分布】四川。

短羽豹蛛（雌蛛） 陆天 摄

短羽豹蛛（雄蛛） 陆天 摄

短羽豹蛛（雄蛛） 陆天 摄

黑尖豹蛛 *Pardosa* sp.5 **(山栖豹蛛组** *Pardosa monticola*-group**)**

【特征识别】雄蛛体长约6 mm。头胸部正中斑白色，细长，侧纵带和侧斑黑色，间隔白色细纵纹。步足黄褐色，腿节背面有黑色尖斑，第一对步足后跗节和跗节有羽状毛，触肢黑色，膝节两侧有白毛。腹部卵圆形，深褐色，前端有1簇白毛和2个黑斑，心脏斑黄褐色，腹部侧面白毛。雌蛛体长约7 mm。头胸部正中斑白色，细长，侧纵带黑色，侧斑白色且有褐色细纹，其余特征与雄蛛相似。本种雄蛛与同种组其他种相比腿部斑纹明显不同。【习性】生活于河边草丛间或枯枝落叶下，6—7月成熟。【分布】四川。

黑尖豹蛛（雄蛛）｜陆天 摄

黑尖豹蛛（雄蛛）｜陆天 摄

黑尖豹蛛（雌蛛）｜陆天 摄

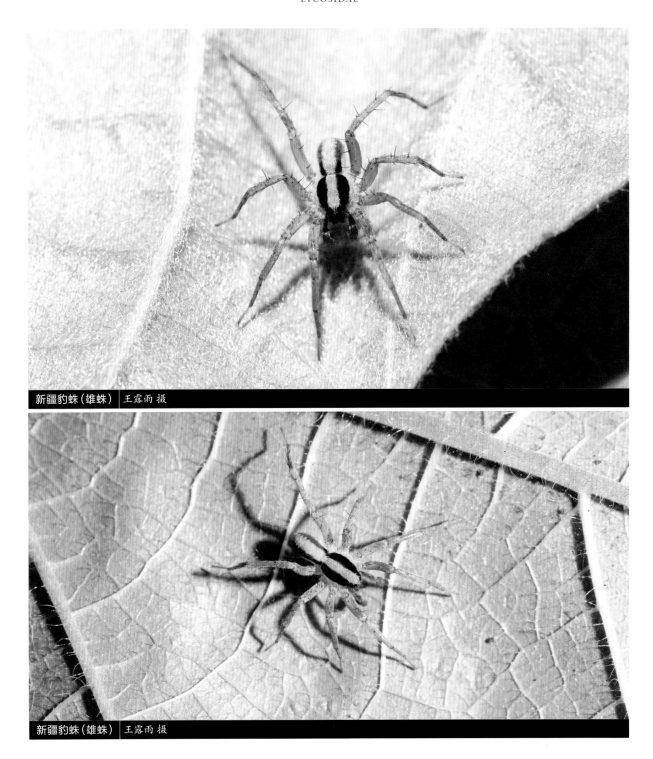

新疆豹蛛（雄蛛）｜王露雨 摄

新疆豹蛛（雄蛛）｜王露雨 摄

新疆豹蛛 *Pardosa xinjiangensis* （多瓣豹蛛组 *Pardosa multivaga*-group）

【特征识别】雄蛛体长约6 mm。头胸部正中斑和侧斑黄色，侧纵斑黑而直。步足青褐色，较粗短，触肢颜色与步足相同。腹部椭圆形，黄褐色，背面有2个纵条纹与侧纵斑相连，中后部具3个白色横纹。本种组与双带豹蛛斑纹相近，但其体型更加粗壮。【习性】生活在荒漠绿洲的草丛和石块周围，6—7月成熟。【分布】内蒙古、甘肃、青海、新疆。

布拉桑蒂豹蛛 *Pardosa burasantiensis* (**雾豹蛛组** *Pardosa nebulosa*-group)

【特征识别】雄蛛体长约5 mm。背甲黑白分明，后眼有橘色眼影，正中斑较宽，白色，中窝黑色，侧纵带黑褐色，侧斑白色，具不连续黑色细纹。步足黄褐色，基节、腿节密被白毛，具不规则黑斑，触肢除跗舟黑色外，其余节与步足颜色相同。腹部卵圆形，白色，具明显黄褐色椭圆形斑区，心脏斑不明显，边缘具不连续细纹，前部有白毛簇，两侧各具1个黑斑，中后部具2对大黑斑和1对小黑斑，同时具5对白斑和5条白色细纹。雌蛛体长约6 mm。体色较雄蛛浅，其余特征与雄蛛相似。本种组后眼周围常有橘色眼影，可以此与其他种组豹蛛区别。【习性】生活于水边草丛间或枯枝落叶下，5—6月成熟。【分布】云南、湖南；印度。

布拉桑蒂豹蛛（雄蛛）｜陆天 摄　　布拉桑蒂豹蛛（雌蛛）｜陆天 摄

查氏豹蛛 *Pardosa chapini* (**雾豹蛛组** *Pardosa nebulosa*-group)

【特征识别】雌蛛体长约11 mm。头胸部灰黑色，正中斑不明显，侧纵带相拢呈圆形，侧斑灰白色，中窝黑色。步足灰白色，腿节具白色斑纹。腹部卵圆形，灰黑色，前端有白毛，心脏斑不明显，背面有若干白斑。本种与本种组其他种豹蛛相比，体色为灰白色。【习性】常生活在水边大石块间缝隙中，6—7月成熟。【分布】北京、河北、山西、山东、河南、湖北、湖南、四川、云南、西藏、陕西、甘肃。

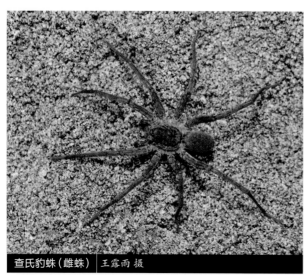
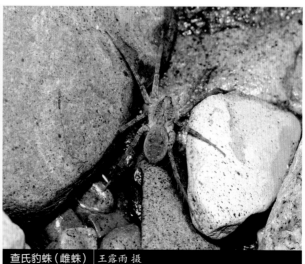

查氏豹蛛（雌蛛）｜王露雨 摄　　查氏豹蛛（雌蛛）｜王露雨 摄

细豹蛛 *Pardosa pusiola* (**雾豹蛛组** *Pardosa nebulosa*-group)

【特征识别】雄蛛体长约5 mm。后眼具橘色眼圈，头胸部正中斑白色，中窝黑色，其余部分黑褐色，背甲边缘白色。步足浅褐色，腿节具黑色和白色相间斑纹，触肢黑色。腹部卵圆形，浅红褐色，前端有白毛，心脏斑不明显，两侧具3对黑斑，腹部两侧有2条纵纹。雌蛛体长约6 mm。侧斑白色，具黑色短纹，其余特征与雄蛛相似。本种与同种组豹蛛区别在于头胸部和触肢颜色均更黑。【习性】常生活于草丛中，6—7月成熟。【分布】江西、湖北、湖南、广东、广西、海南、云南；印度、斯里兰卡、印度尼西亚、马来西亚。

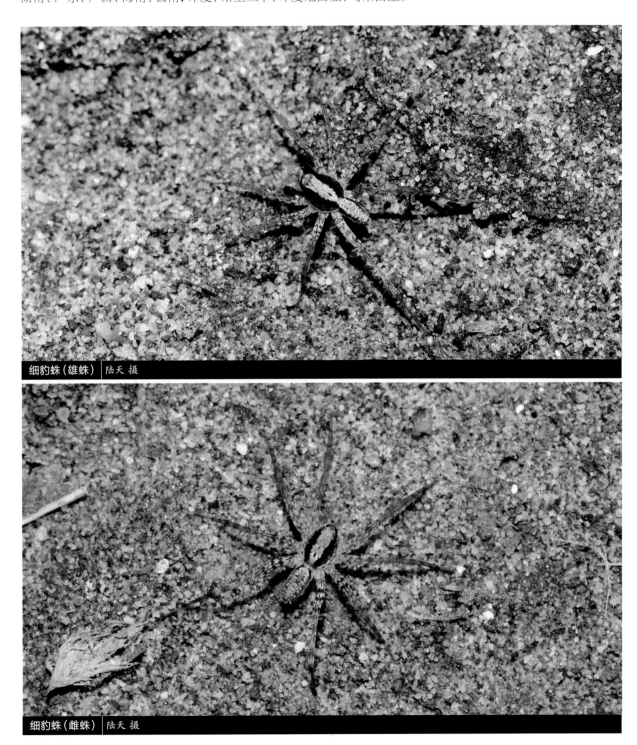

细豹蛛（雄蛛）│陆天 摄

细豹蛛（雌蛛）│陆天 摄

苏门答腊豹蛛 *Pardosa sumatrana* (**雾豹蛛组** *Pardosa nebulosa*-group)

【特征识别】雄蛛体长约7 mm。头胸部后眼具橘色眼圈，正中斑褐色，侧纵带青色，侧斑浅褐色。步足黄褐色，具青黑色不规则斑纹，触肢黑色。腹部卵圆形，前端具3簇白毛，心脏斑不明显，边缘有3对小黑斑，腹部中后部有3对黑斑。雌蛛体长约8 mm。头胸部侧纵带青色，有白色斑纹，侧斑白色，有青色白纹。步足具白色和青褐色相间斑纹。腹部斑纹与雄蛛近似，在每个黑斑周围有白斑。本种与同种组豹蛛区别在于头胸部花纹不规则。【习性】生活于水边草丛和石块周围。【分布】浙江、福建、湖北、湖南、广东、广西、海南、四川、贵州、云南、西藏；印度、菲律宾、印度尼西亚。

苏门答腊豹蛛（雄蛛）　陆天 摄

苏门答腊豹蛛（雄蛛）　陆天 摄

苏门答腊豹蛛（雌蛛）　陆天 摄

突盾豹蛛（雄蛛）　陆天 摄

突盾豹蛛（雌蛛）　陆天 摄

突盾豹蛛（雌蛛）　陆天 摄

突盾豹蛛 *Pardosa lyrata* (**暗豹蛛组** *Pardosa nigra*-group)

【**特征识别**】雄蛛体长约7 mm。头胸部背面黄褐色，中窝黑色，侧纵带和侧带黑色，间有白色细纹，背甲边缘白色。步足褐色，具不规则黑色斑纹，基节至腿节一半深褐色，具明显白毛，触肢黑色。腹部卵圆形，黄褐色，前部有1簇白毛，两侧有1对黑斑，心脏斑不明显，两侧有1对黑斑，中央有3个明显三角形黑斑和2个小黑斑，每个黑斑下均有1条白色横纹，后部两侧有3对黑斑，中间1对最小。雌蛛体长约8 mm。颜色浅但斑纹更明亮，体色从黄色至褐色不等。其余特征与雄蛛相似。本种与其他豹蛛相比花纹较多，与鲍氏刺狼蛛主要区别在于腹部的3个三角黑斑。【**习性**】多发现于草丛间、枯枝落叶下、倒伏朽木下及树干基部。【**分布**】内蒙古；蒙古、俄罗斯。

理塘豹蛛 *Pardosa litangensis* (铲豹蛛组 *Pardosa palavulva*-group)

【特征识别】雄蛛体长约6 mm。头胸部背面正中斑灰白色，侧纵带和侧斑黑色，背甲边缘白色。步足浅黄褐色，生有白色细毛，仅基节、转节和腿节的一半为黑色，触肢黑色。部分个体斑纹不明显，身体趋褐色。腹部褐色，卵圆形，前端具1簇白毛，两侧各具1个黑斑，心脏斑白色，边缘褐色，背面中央是1个"V"字形白色纵带，中后部有4对黑斑和3对白色横纹。雌蛛体长约5 mm。身体上白毛较雄蛛少，斑纹红褐色，眼区具3个黑短纹，呈"品"字形排列。步足基节至腿节褐色，膝节至后跗节黄褐色，具不规则黑色斑纹。腹部红褐色，后部具3条横纹。本种组与蒙古豹蛛组区别在于雌蛛斑纹有明显区别，与拉普兰豹蛛组区别在于第一步足无羽状毛。【习性】生活在草丛边及枯枝落叶下，6—7月成熟。【分布】四川。

理塘豹蛛（雄蛛）　陆天 摄

理塘豹蛛（雌蛛）　陆天 摄

理塘豹蛛（雄蛛）　陆天 摄

铲豹蛛（雌蛛）陆天 摄

铲豹蛛（雌蛛）陆天 摄

铲豹蛛（雄蛛）陆天 摄

铲豹蛛 *Pardosa palavulva* (铲豹蛛组 *Pardosa palavulva*-group)

【特征识别】雄蛛体长约5 mm。头胸部正中斑棕黄色，侧纵带黑色，其余部分亮灰白色。步足黄色，基节至腿节有白色细毛。触肢跗舟黑色，胫节前端有1簇白毛，其他部分黄色。腹部卵圆形，褐色，前端有1簇白毛和2个黑斑，黑斑后有"U"形黄斑，心脏斑不明显。雌蛛体长约5 mm。斑纹与雄蛛类似，腹部心脏斑红褐色，两侧有2对白毛，腹部中央有明显纵斑，黄色或红色，后部有3对黑斑和3条白色细纹。本种与理塘豹蛛相比，颜色更浅。【习性】生活于枯枝落叶下或草丛间。【分布】四川、西藏；印度。

拟荒漠豹蛛 *Pardosa paratesquorum*

【特征识别】雌蛛体长约9 mm。头胸部正中斑暗褐色，不明显，黑褐色的侧纵带与侧斑之间有白色不连续纵纹。步足浅褐色，有不规则黑色斑纹。腹部卵圆形，黑褐色，两侧有花斑，心脏斑黄褐色，自心脏斑两侧至腹部末端中央有成对黄斑。该种花纹较多，但腹部斑纹可与突盾豹蛛相区别。【习性】生活于石头山岩石之间的缝隙中，在天晴时会出来晒太阳。7月成熟。【分布】北京、河北、山西、内蒙古、甘肃、青海；蒙古、俄罗斯。

拟荒漠豹蛛（雌蛛）｜陆天 摄

拟荒漠豹蛛（雌蛛）｜陆天 摄

拟环纹豹蛛（雄蛛）｜陆天 摄

拟环纹豹蛛（雌蛛）｜陆天 摄

拟环纹豹蛛（雌蛛）｜陆天 摄

拟环纹豹蛛 *Pardosa pseudoannulata*

【特征识别】雄蛛体长约8 mm。头胸部正中斑黄色，不明显，中窝黑色，眼区颜色较深，其后有2个青色纵纹，占据正中斑大部分，侧纵带青色，侧斑较复杂，为2条青色纵纹和1条白色宽条纹，背甲边缘白色。步足青褐色，具不规则褐斑，自基节至腿节密被白毛，触肢跗舟具浓密黑毛，其他部分覆有浓密白毛。腹部椭圆形，黄褐色，前端有黑毛间杂白毛，心脏斑不明显，腹部中央有3个明显黑斑，后部有3对黑斑，每个黑斑后都有1个白斑，两侧密被白毛。雌蛛体长约9 mm。体色较雄蛛浅，其余特征与雄蛛相似。该种头胸部侧斑较为特殊，结合触肢特征可与其他豹蛛相区别。【习性】生活于水稻田中、池塘边的草丛间和土块下，遇到危险时会逃到周围水面或水底。【分布】江苏、浙江、安徽、福建、江西、山东、河南、湖北、湖南、广东、广西、海南、四川、贵州、云南、西藏、甘肃、新疆、台湾；东亚、东南亚、南亚。

琼华豹蛛 *Pardosa qionghuai*

【特征识别】雄蛛体长约5 mm。头胸部正中斑浅褐色，其余部分亮黑色，背甲边缘白色。步足褐色，具黑色不规则斑纹。腹部卵圆形，花褐色，前端有1簇白毛，心脏斑不明显，两侧有3对黑斑，后端有3对黑斑。雌蛛体长约6 mm。斑纹与雄蛛类似。该种与塔赞豹蛛组相近，但第一对步足无羽状毛。【习性】生活于草丛间、枯枝落叶下，7—8月成熟。【分布】福建、湖北、四川、云南、陕西、宁夏。

琼华豹蛛（雌蛛） 陆天 摄

琼华豹蛛（雌蛛） 陆天 摄

琼华豹蛛（雄蛛） 陆天 摄

四川豹蛛（雄蛛）　陆天 摄

四川豹蛛（雄蛛）　陆天 摄

四川豹蛛（雌蛛）　陆天 摄

四川豹蛛 *Pardosa sichuanensis*

【特征识别】雄蛛体长约6 mm。头胸部正中斑浅褐色，侧纵带深褐色，侧斑浅褐色。步足褐色，由基节开始颜色逐渐变浅，毛较细短使足可反光，每节中部微微膨大，触肢黑色，每节中部膨大。腹部卵圆形，花褐色，前端具3簇白毛和2对黑斑，心脏斑白色，中部具3对黑斑和3条横纹。雌蛛体长约6 mm。颜色较雄蛛浅，侧纵带白色伴有褐色细纹，其余特征与雄蛛相似。本种与黑豹蛛组、凡豹蛛组斑纹相近，但颜色趋棕色，且步足每节中部隆起。【习性】生活于草丛间和枯枝落叶下，6—7月成熟。【分布】四川。

舰豹蛛 Pardosa sp.6 (胸豹蛛组 Pardosa sternalis-group)

【特征识别】雄蛛体长约6 mm。头胸部正中斑灰白色，铲形，前端中央有1个暗色大斑，背部其他部分深褐色。步足褐色，有白毛，有不规则黑色浅斑，触肢跗舟黑色，其余同步足。腹部卵圆形，褐色，前端有1簇白毛和2个黑斑，心脏斑颜色略深，周围有3对黑斑，中后部有3对黑斑。雌蛛体长约6 mm。体色较雄蛛深，其余特征与雄蛛相似。本种与同种组其他豹蛛相比体色灰白。【习性】生活于草丛周围，6—7月成熟。【分布】四川。

舰豹蛛（雄蛛）陆天 摄

舰豹蛛（雄蛛）陆天 摄

舰豹蛛（雌蛛） 陆天 摄

钳形豹蛛（雄蛛） 陆天 摄

钳形豹蛛（雌蛛） 陆天 摄

钳形豹蛛 *Pardosa* sp.7 (胸豹蛛组 *Pardosa sternalis*-group)

【特征识别】雄蛛体长约6 mm。头胸部正中斑棕红色，铲形，前端颜色较暗，背部其他部分亮黑色，背甲边缘白色。步足黄褐色，腿节背面有黑斑，触肢跗舟黑色，其余同步足。腹部卵圆形，红褐色，前端有1簇白毛和2个黑斑，心脏斑不明显，周围有3对黑斑，中后部有3对白斑和3对黑斑。雌蛛体长约6 mm。体色较雄蛛浅，步足具明显波浪状黑斑，其余特征与雄蛛相似。本种与钳形豹蛛相近，但体色和心脏斑有明显区别。【习性】生活于河边草丛间或枯枝落叶下，6—7月成熟。【分布】四川。

近钳形豹蛛 *Pardosa* sp.8 (胸豹蛛组 *Pardosa sternalis*-group)

【特征识别】雄蛛体长约6 mm。头胸部正中斑白色，铲形，前端中央有1对黑斑，背部其他部分深褐色，背甲边缘白色。步足褐色，腿节背面有不规则黑色浅斑，触肢跗舟黑色，其余同步足。腹部卵圆形，黑褐色，前端有1簇白毛和2个黑斑，心脏斑红褐色，周围有3对黑斑，中央有1条淡红色纵带，中后部有4对白色细纹。雌蛛体长约6 mm。体色较雄蛛浅，其余特征与雄蛛相似。本种与同种组其他豹蛛相比，步足斑纹不同且心脏斑更明显。【习性】生活于河边草丛间或枯枝落叶下，6—7月成熟。【分布】四川。

近钳形豹蛛（雄蛛） 陆天 摄

近钳形豹蛛（雌蛛） 陆天 摄

近钳形豹蛛（雄蛛） 陆天 摄

长城豹蛛（雄蛛）　陆天 摄

长城豹蛛（雄蛛）　陆天 摄

长城豹蛛（雌蛛）　陆天 摄

长城豹蛛 *Pardosa* sp.9 (胸豹蛛组 *Pardosa sternalis*-group)

【特征识别】雄蛛体长约6 mm。体色黄色至黄褐色。头胸部正中斑黄色，铲形，前端颜色较暗，背部其他部分亮黑色。步足黄褐色，有明显白斑，触肢跗舟黑色，其余同步足。腹部卵圆形，淡黄色，前端有1簇白毛和2个黑斑，心脏斑后部黄褐色，周围有3对黑斑，中后部有3对白斑和3对黑斑。雌蛛体长约7 mm。体色较雄蛛深，步足黑斑比雄蛛明显，其余特征与雄蛛相似。本种与舰豹蛛相似，但其体色偏黄，心脏斑后部颜色明显加深。【习性】生活于河边草丛间或枯枝落叶下，6—7月成熟。【分布】四川。

萨瑟兰豹蛛 *Pardosa sutherlandi* (**萨瑟兰豹蛛组** *Pardosa sutherlandi*-group)

【特征识别】雌蛛体长约9 mm。头胸部覆有白色绒毛，正中斑和侧斑黄褐色，侧纵带青黑色。步足青褐色，具黑褐色斑纹。腹部椭圆形，褐色，前端密被白毛，中后部有成对黑色和白色斑纹。本种与拟环纹豹蛛斑纹相近，区别在于正中斑更为宽大。【习性】生活在溪流旁的石块周围。【分布】西藏；印度。

萨瑟兰豹蛛（雌蛛）｜陆天 摄

萨瑟兰豹蛛（雌蛛）｜陆天 摄

星豹蛛（雌蛛）　陆天 摄

星豹蛛（雄蛛）　陆天 摄

星豹蛛（雄蛛）　陆天 摄

星豹蛛 *Pardosa astrigera* (塔赞豹蛛组 *Pardosa taczanowskii-group*)

【特征识别】雄蛛体长约6 mm。头胸部正中斑黄褐色，不规则，侧纵带黑色，侧斑黄褐色。步足黄褐色，有黑色小斑点，第一对步足具羽状毛，触肢黑色。腹部卵圆形，黄褐色，前端有3簇白毛和2个黑斑，中后部有3对黑斑和4条白色横纹，心脏斑颜色略浅，不明显。雌蛛体长约7 mm。颜色较雄蛛浅，其余特征与雄蛛相似。本种组与镰豹蛛组、拉普兰豹蛛组相似，但第一对步足的长羽状毛可与其他种组相区别。【习性】生活于草丛间或枯枝落叶下，6—7月成熟。【分布】北京、天津、河北、山西、内蒙古、辽宁、吉林、黑龙江、上海、江苏、浙江、安徽、江西、山东、河南、湖北、湖南、广西、四川、贵州、云南、西藏、陕西、甘肃、青海、宁夏、新疆、台湾；韩国、日本、俄罗斯。

类钩豹蛛 *Pardosa unciferodies* (塔赞豹蛛组 *Pardosa taczanowskii*-group)

【特征识别】雄蛛体长约7 mm。头胸部正中斑黄褐色，前端具"人"字形黑斑，前纵带黑色，侧斑黄褐色，具黑斑。步足褐色，具黄黑相间斑纹，第一步足具羽状毛，触肢跗舟黑色，其余部分同步足。腹部卵圆形，金黄色，前端有3簇黄毛和2个黑斑，心脏斑边缘具成对黑斑点，腹部斑纹不明显。雌蛛体长约8 mm。体色较雄蛛浅，其余特征与雄蛛相似。本种与斧形豹蛛相近，但其花纹更多，体色趋黄。【习性】生活于草丛间或枯枝落叶下，6—7月成熟。【分布】云南。

类钩豹蛛（雄蛛）｜陆天 摄　　类钩豹蛛（雌蛛）｜陆天 摄

类钩豹蛛（雄蛛）｜陆天 摄

灯笼豹蛛（雌蛛）　陆天 摄

灯笼豹蛛（雌蛛）　陆天 摄

灯笼豹蛛（雄蛛）　陆天 摄

灯笼豹蛛 *Pardosa* sp.10 (塔赞豹蛛组 *Pardosa taczanowskii*-group)

【特征识别】雄蛛体长约7 mm。头胸部正中斑金黄色，背甲其余部分亮黑色，边缘白色。步足红褐色，腿节有不规则黑斑，第一对步足具羽状毛，触肢黑色。腹部卵圆形，金黄色，前端有3簇白毛和2个黑斑，腹部斑纹不明显。雌蛛体长约8 mm。头胸部侧斑黄褐色，具黑色杂斑。步足基节至腿节具白色细毛。腹部心脏斑边缘具黑色细纹，中后部具3对黄斑和黑斑。其余特征与雄蛛相似。本种头胸部黑色侧纵斑和腹部金色斑纹可与本种组其他豹蛛均可用以区别。【习性】生活于草丛间或枯枝落叶下，6—7月成熟。【分布】四川。

斧形豹蛛 *Pardosa* sp.11 (**塔赞豹蛛组** *Pardosa taczanowskii*-group)

【**特征识别**】雄蛛体长约7 mm。头胸部正中斑白色，不规则，侧纵带黑褐色，侧斑白色。步足红褐色，基节至腿节有白色细毛，第一对步足具羽状毛，触肢跗舟黑色，其余部分具白毛。腹部卵圆形，金黄色，前端有3簇白毛和2个黑斑，中央颜色较浅，中后部有若干条白色横纹。雌蛛体长约8 mm。腹部具4对逐渐愈合黄斑和3对黑斑。其余特征与雄蛛相似。本种身体两侧白色细毛较多，且身体趋白可与本种组其他豹蛛区别。【**习性**】生活于草丛间或枯枝落叶下，6—7月成熟。【**分布**】四川。

斧形豹蛛（雄蛛）｜陆天 摄

斧形豹蛛（雄蛛）｜陆天 摄

斧形豹蛛（雌蛛）｜陆天 摄

胃豹蛛（雄蛛）　陆天 摄

胃豹蛛（雌蛛）　陆天 摄

胃豹蛛（雌蛛）　陆天 摄

胃豹蛛 *Pardosa* sp.12 (塔赞豹蛛组 *Pardosa taczanowskii*-group)

【特征识别】雄蛛体长约7 mm。头胸部亮黑色。步足红褐色，基节至腿节黑色，第一对步足具羽状毛，触肢黑色。腹部卵圆形，金黄色，前端有3簇白毛，背面无明显斑纹。雌蛛体长约8 mm。头胸部正中斑浅褐色，背甲后侧具2个白斑，步足褐色且具黑白相间斑纹。其余特征与雄蛛相似。本种与同种组其他豹蛛相比其体色更黑，无明显花纹。【习性】生活于草丛间或枯枝落叶下，6—7月成熟。【分布】四川。

荒漠豹蛛 *Pardosa tesquorum* (**荒漠豹蛛组** *Pardosa tesquorum*-group)

【特征识别】雄蛛体长约5 mm。头胸部正中斑白色，细长，背面其余部分黑色，边缘有白色花纹。步足褐色，基节至腿节有白色细毛，触肢黑色，膝节有白色细毛。腹部卵圆形，黑褐色，前端有3簇白毛和2个黑斑，心脏斑白色，中后部有4对白斑。雌蛛体长约6 mm。头胸部正中斑有1个倒"八"字形黑斑。其余特征与雄蛛相似。本种组雄蛛与山栖豹蛛组相近，但第一对步足无羽状毛，雌蛛头胸部与凡豹蛛组、黑豹蛛组、火豹蛛组相似，但腹部斑纹更多而心脏斑不明显。【习性】生活于草丛、石块周围，6—7月成熟。【分布】内蒙古；蒙古、俄罗斯、加拿大、美国。

荒漠豹蛛（雄蛛）｜陆天 摄

荒漠豹蛛（雌蛛）｜陆天 摄

荒漠豹蛛（雄蛛）｜陆天 摄

类荒漠豹蛛（雄蛛）陆天 摄

类荒漠豹蛛（雄蛛）陆天 摄

类荒漠豹蛛（雌蛛）陆天 摄

类荒漠豹蛛 *Pardosa tesquorumoides* (荒漠豹蛛组 *Pardosa tesquorum*-group)

【特征识别】雄蛛体长约5 mm。头胸部正中斑白色，细长，背部其余部分亮黑色，背甲边缘白色。步足黄褐色，腿节基部有黑色斑纹。腹部卵圆形，前端有3簇白毛和2个黑斑，心脏斑白色，边缘有2条黑色条纹，中央有1条白色条纹，条纹两侧有5对白斑。雌蛛体长约6 mm。头胸部侧纵带红褐色，侧斑有白色细纹。腹部红褐色，斑纹较雄蛛艳丽，可见每个白斑上方有1个黑斑。其余特征与雄蛛相似。本种腹部中央有1条明显纵斑，雌蛛腹部斑纹艳丽，可与火豹蛛组、凡豹蛛组、黑豹蛛组相区别。【习性】生活于草丛、石块周围。【分布】北京、四川、西藏、青海、新疆。

武夷豹蛛 *Pardosa wuyiensis* (武夷豹蛛组 *Pardosa wuyiensis*-group)

【特征识别】雄蛛体长约6 mm。头胸部正中斑黄色,背甲其余部分黑色。步足黄褐色,第一对步足基节至腿节黑色,第二对步足腿节末端黑色,触肢黑色。腹部卵圆形,黑褐色,前端有1块较大黄斑。雌蛛体长约7 mm。斑纹与雄蛛类似,颜色较浅。本种独特黄斑可与其他豹蛛相区别。【习性】生活于树林边缘枯枝落叶层中,7—8月成熟。【分布】贵州、湖南、福建、浙江。

武夷豹蛛(雄蛛) 郭轩 摄

武夷豹蛛(雌蛛) 郭轩 摄

武夷豹蛛(雄蛛) 郭轩 摄

齿豹蛛(雌蛛) 陆天 摄

齿豹蛛(雌蛛) 陆天 摄

齿豹蛛(雄蛛) 陆天 摄

齿豹蛛(雄蛛) 陆天 摄

齿豹蛛 *Pardosa* sp.13

【特征识别】雄蛛体长约6 mm。头胸部正中斑黄褐色，背面其余部分黑褐色，自背甲边缘向内延伸有灰黄色绒毛。步足褐黄色，基节有灰黄色绒毛，触肢黑色，其余同步足。腹部卵圆形，褐色，前端有1簇白毛和2条延伸至后部的黑色纵带，心脏斑暗褐色，中央有白色绒毛。雌蛛体长约6 mm。颜色较雄蛛浅。腹部斑纹有或不明显。其余特征与雄蛛相似。本种与胸豹蛛组斑纹极为相近，区别为其头胸部正中斑更宽大。【习性】常生活于草丛间和枯枝落叶下，6—7月成熟。【分布】四川。

壶形豹蛛 *Pardosa* sp.14

【特征识别】雄蛛体长约6 mm。头胸部黑色,背甲后缘有黄色细纹。步足深褐色,具黑色斑纹,触肢黑色。腹部椭圆形深褐色,密被细毛,心脏斑褐色,两侧有2对白斑,中后部有3对白斑和3对黑斑。本种与鲍氏刺狼蛛雄蛛斑纹相似,但头胸部正中斑和腹部斑纹有区别。【习性】生活在低矮灌木基部或草丛周围,6—7月成熟。【分布】四川。

壶形豹蛛(雄蛛) 陆天 摄

壶形豹蛛(雄蛛) 陆天 摄

喙豹蛛(雌蛛) 陆天 摄

喙豹蛛(雄蛛) 陆天 摄

喙豹蛛(雄蛛) 陆天 摄

喙豹蛛 *Pardosa* sp.15

　　【特征识别】雄蛛体长约5 mm。头胸部正中斑浅黄褐色,背部其余部分亮黑色。步足黄褐色,腿节背面具不规则黑斑,前2对步足颜色浅于后2对步足,触肢跗舟黑色,其余同步足。腹部卵圆形,红褐色,前端具1簇白毛和2条黑色纵带,心脏斑不明显,前缘黄色,中后部有3条横纹。雌蛛体长约6 mm。黄褐色侧纵带明显,步足褐色,具黑色波形纹,其余特征与雄蛛相似。本种与齿豹蛛身体斑纹极为相近,但生殖结构有明显区别。【习性】常生活于草丛落叶下,6—7月成熟。【分布】四川。

刺足帕狼蛛 *Passiena spinicrus*

【特征识别】雄蛛体长约3 mm。头胸部正中斑黄色，背甲其余部分黑色。步足黄色，触肢黑色。腹部卵圆形，黑褐色，前端有1簇白毛，中央有1条白色纵带。雌蛛体长约3.5 mm。斑纹与雄蛛类似，颜色较浅。本属与豹蛛属沟渠豹蛛组斑纹形态相似，但体型大小和生殖结构都有明显区别。【习性】生活于橡胶林的枯枝落叶层中。【分布】广西；泰国、马来西亚。

刺足帕狼蛛（雌蛛）｜王露雨 摄于马来西亚

刺足帕狼蛛（雄蛛）｜王露雨 摄于马来西亚

指形水狼蛛（雄蛛） 林义祥 摄

指形水狼蛛（雄蛛） 林义祥 摄

指形水狼蛛 *Pirata digitatus*

【特征识别】雄蛛体长约3 mm。背甲黑色，两侧黄褐色。触肢黑色。步足黄褐色，少刺，第一对步足腿节黑色。腹部卵圆形，背面黑褐色，中部及后部具多对白色圆斑，前端两侧具白色纵斑。【习性】4月成熟。【分布】台湾。

真水狼蛛 *Pirata piraticus*

【特征识别】雄蛛体长4~6 mm。背甲青灰色，正中纵带色浅，两侧具灰褐色弧形纵带。步足青灰色，细长，少刺。腹部卵圆形，侧缘具白色毛，背面灰黄褐色，具大量白色斑，心脏斑明显，浅黄褐色。雌蛛体长5~8 mm。体色较雄蛛深，其余特征与雄蛛相似。【习性】生活于水边。【分布】内蒙古、吉林、湖南、四川、新疆；全北区。

真水狼蛛（雌蛛）　王露雨 摄

真水狼蛛（雄蛛）　陆天 摄

拟水狼蛛 *Pirata subpiraticus*

【特征识别】雌蛛体长6~10 mm。背甲深黄褐色，具黑褐色斑。螯肢黄褐色。步足褐色，具白色环纹。腹部卵圆形，背面褐色，心脏斑明显，褐色，披针形。除心脏斑外，其余均具大量白色斑。【习性】生活于水边。【分布】北京、江苏、浙江、安徽、福建、江西、山东、湖北、湖南、广东、广西、海南、四川、贵州、云南、西藏、青海、台湾；韩国、日本、俄罗斯、菲律宾、印度尼西亚。

拟水狼蛛（雌蛛）　侯勉 摄

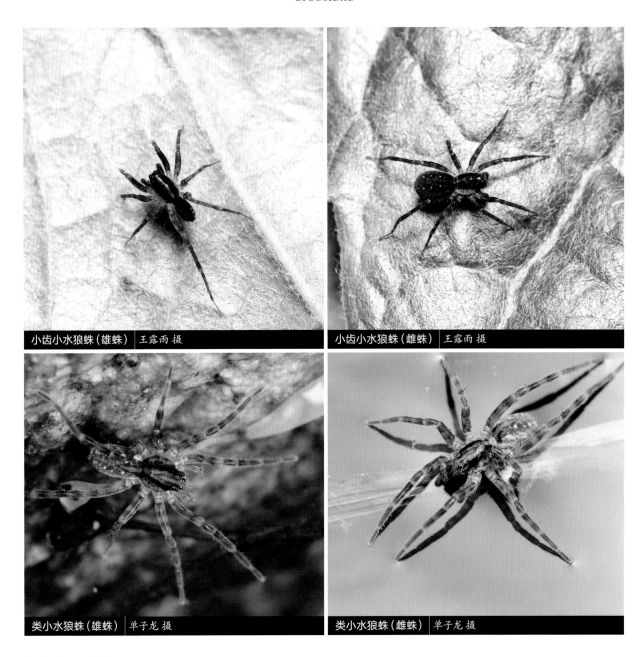

小齿小水狼蛛（雄蛛）｜王露雨 摄

小齿小水狼蛛（雌蛛）｜王露雨 摄

类小水狼蛛（雄蛛）｜单子龙 摄

类小水狼蛛（雌蛛）｜单子龙 摄

小齿小水狼蛛 *Piratula denticulata*

【特征识别】雄蛛体长约3.5 mm。背甲正中纵带窄，黄褐色，两侧具黑色宽纵带，外缘黄褐色。触肢黑色。第一对步足腿节褐色，膝节黄褐色，其后3节白色，其余步足黄褐色，具黑褐色环纹。腹部卵圆形，背面黄褐色，具大量黑褐色斑和少量白色斑点。雌蛛体长约4.5 mm。体色较雄蛛深，第一对步足无白色。其余特征与雄蛛相似。【习性】多生活于潮湿山谷。【分布】浙江、福建、湖南、广西、贵州、台湾；俄罗斯。

类小水狼蛛 *Piratula piratoides*

【特征识别】雄蛛体长约4 mm。背甲深黄褐色，具黑褐色纵纹。步足黄褐色，具褐色环纹。腹部卵圆形，背面黄褐色，具大量黑色斑，心脏斑明显，披针形，浅黄褐色，其后具多对白色斑点。雌蛛体长约5 mm。体型体色与雄蛛相似。【习性】多生活于稻田中。【分布】河北、山西、吉林、黑龙江、江苏、浙江、安徽、福建、江西、山东、河南、湖北、湖南、广东、广西、四川、贵州、云南、陕西、甘肃；韩国、日本、俄罗斯。

前凹小水狼蛛 *Piratula procurva*

【特征识别】雄蛛体长约4 mm。背甲深褐色，具黑色宽纵纹，亚边缘浅褐色。步足黄褐色，具褐色环纹。腹部卵圆形，背面黑褐色，具多个灰白色斑点。雌蛛体长约5 mm。背甲黄褐色，具灰褐色纵带，近边缘浅黄褐色。步足黄褐色。腹部卵圆形，背面黑褐色，具多对白色斑点。卵囊较小，白色。【习性】生活于水边。【分布】北京、浙江、安徽、福建、江西、山东、湖北、湖南、广东、广西、贵州、陕西；韩国、日本。

前凹小水狼蛛（雄蛛）｜王露雨 摄　　　前凹小水狼蛛（雌蛛）｜王露雨 摄

中华小水狼蛛 *Piratula sinensis*

【特征识别】雄蛛体长4~6 mm。背甲正中纵带窄，色浅，两侧具黑色宽纵带，背甲边缘浅黄褐色。第一对步足腿节黑色，其余各节白色，其余步足黄褐色，具黑褐色环纹。腹部卵圆形，背面灰褐色，心脏斑明显，其后两侧具多对白色斑点。雌蛛体长4~7 mm。第一对步足黄褐色。腹部背面无白色斑点。其余特征与雄蛛相似。【习性】生活于水边。【分布】贵州、浙江、湖北、湖南、四川、重庆、广西、广东、福建、安徽、海南。

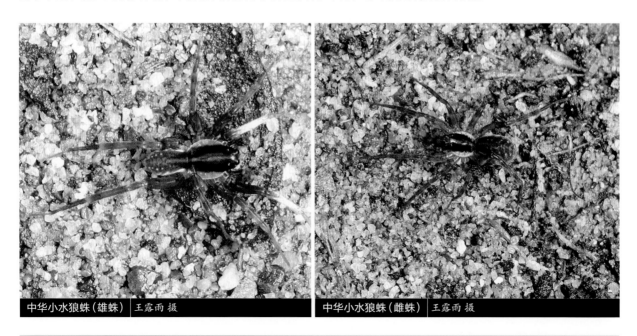

中华小水狼蛛（雄蛛）｜王露雨 摄　　　中华小水狼蛛（雌蛛）｜王露雨 摄

细毛小水狼蛛 *Piratula tenuisetacea*

【特征识别】雌蛛体长约5 mm。背甲黄褐色，具不明显褐色纵纹。步足黄褐色，具褐色环纹和白色斑。腹部卵圆形，背面灰褐色，具黑色斑和多对白色斑点。【习性】生活于水边，结管状网。【分布】浙江、福建、江西、山东、河南、湖北、湖南、陕西、四川。

细毛小水狼蛛（蛛网） 王露雨 摄

细毛小水狼蛛（雌蛛） 王露雨 摄

八木小水狼蛛 *Piratula yaginumai*

【特征识别】雄蛛体长约4 mm。背甲黄褐色，具灰褐色纵纹。步足细长，灰褐色，环纹不明显。腹部卵圆形，背面黄褐色，具大量黑色斑和多对白色斑点。【习性】生活于水边。【分布】北京、山东、湖北、四川、河北、辽宁、陕西；韩国、日本、俄罗斯。

八木小水狼蛛（雄蛛）｜王露雨 摄

八木小水狼蛛（雄蛛）｜王露雨 摄

陈氏刺熊蛛 *Spinarctosa cheni*

【特征识别】雄蛛体长约7 mm。背甲正中带较窄,黄褐色,两侧褐色,被黄褐色毛。前2对步足腿节黑色,其余步足褐色,少刺。腹部卵圆形,背面灰黑色,心脏斑明显,披针形,黄褐色。雌蛛体长约8 mm。体色较雄蛛浅,其余特征与雄蛛相似。【习性】多生活于人工林地,2—3月成熟。【分布】四川、甘肃。

陈氏刺熊蛛(雄蛛) | 王露雨 摄

陈氏刺熊蛛(雌蛛) | 王露雨 摄

宁波刺熊蛛 *Spinarctosa ningboensis*

【特征识别】雌蛛体长约9 mm。背甲黄褐色，正中纵带较宽，两侧色深。步足黄褐色，具大量褐色斑。腹部卵圆形，背面黄褐色，具黑褐色斑，心脏斑明显，黄褐色。【习性】多生活于人工林地，2—3月成熟。【分布】浙江、安徽。

宁波刺熊蛛（雌蛛） 蒋玄空 摄

朱氏刺熊蛛 *Spinarctosa zhui*

【特征识别】雄蛛体长约7 mm。背甲正中带较窄，黄褐色。两侧黑褐色。前2对步足腿节黑色，少刺，其余步足黄褐色，具褐色环纹。腹部卵圆形，背面灰黑色，心脏斑不明显。雌蛛体长约8 mm。体色较雄蛛浅，其余特征与雄蛛相似。【习性】多生活于人工林地，2—3月成熟。【分布】重庆、湖北、湖南、江西。

朱氏刺熊蛛（雄蛛） 王露雨 摄

朱氏刺熊蛛（雌蛛） 王露雨 摄

版纳獾蛛 *Trochosa bannaensis*

【特征识别】雄蛛体长约5 mm。背甲正中纵带较宽,灰白色,密被黄褐色毛,两侧黑色。步足腿节、膝节和胫节褐色,第一对步足后跗节白色,其余各节黄褐色。腹部卵圆形,背面黄褐色,两侧黑色。雌蛛体长约6 mm。体色多变,黑色较常见。背甲黑色,正中纵带不明显。步足灰褐色,具黑色环纹。腹部卵圆形,背面黑色,具不明显黄褐色斑。【习性】多生活于潮湿林地和草地。【分布】云南、广西、广东、海南;泰国。

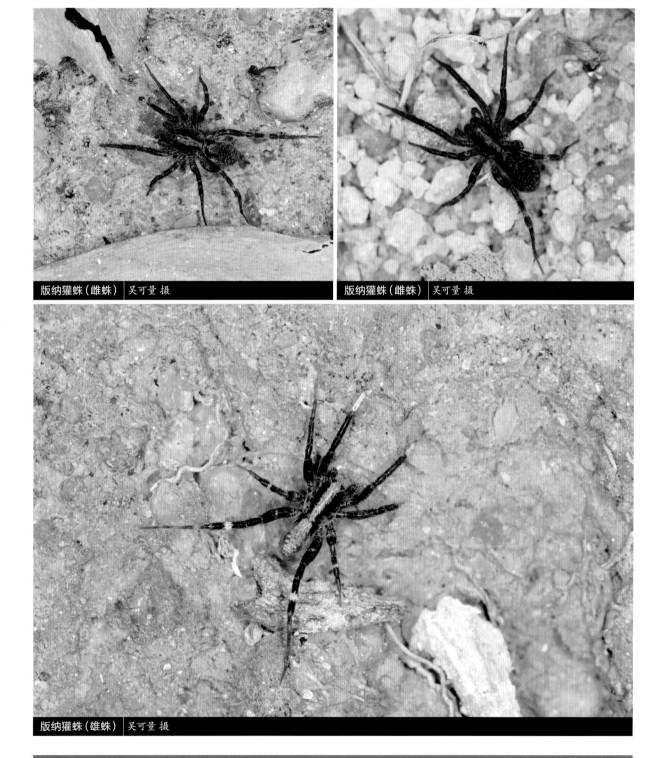

版纳獾蛛(雌蛛) 吴可量 摄

版纳獾蛛(雌蛛) 吴可量 摄

版纳獾蛛(雄蛛) 吴可量 摄

奇异獾蛛 *Trochosa ruricola*

【特征识别】雌蛛体长约10 mm。背甲赤褐色。胸甲淡褐色,有黑褐色刚毛。螯肢黑褐色。步足黄褐色且略带赤褐色,隐约可见灰色斑纹,环纹不明显。腹部卵圆形,背面灰褐色,心脏斑明显,灰白色。【习性】夜行性。【分布】北京、河北、吉林、山东、陕西、甘肃、宁夏、新疆;全北区、百慕大群岛。

类奇异獾蛛 *Trochosa ruricoloides*

【特征识别】雄蛛体长约8 mm。背甲红褐色,正中斑较窄,两侧具褐色宽纵带。步足灰褐色,多毛。腹部卵圆形,背面灰褐色,具大量黑色斑。雌蛛体长约10 mm。体色和斑纹与雄蛛相似。【习性】多生活于水边泥缝,夜行性。【分布】浙江、福建、江西、湖北、湖南、广东、海南、四川、云南、西藏、陕西、台湾。

奇异獾蛛(雌蛛) 李宗煦 摄

类奇异獾蛛(雌蛛) 吴可量 摄

类奇异獾蛛(雄蛛) 吴可量 摄

陆獾蛛 *Trochosa terricola*

【特征识别】雄蛛体长约9 mm。背甲黑色，具灰褐色纵带。触肢黑色。步足粗壮，灰黑色。腹部卵圆形，背面灰黑色，心脏斑明显，披针形，灰白色。【习性】多生活于水边泥缝中，夜行性。【分布】北京、辽宁、吉林、甘肃、青海、新疆；全北区。

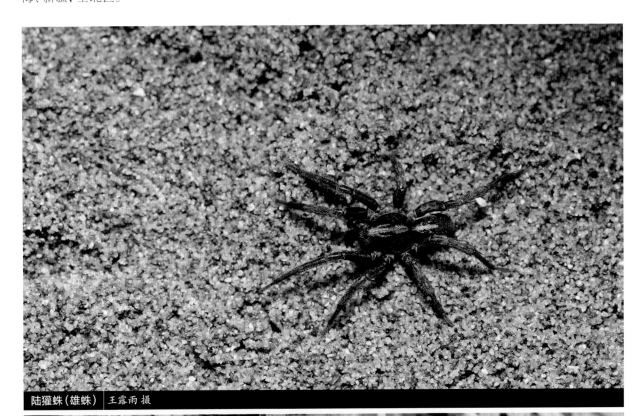

陆獾蛛（雄蛛）| 王露雨 摄

陆獾蛛（雄蛛）| 王露雨 摄

九寨沟獾蛛 *Trochosa* sp.

【特征识别】雄蛛体长约11 mm。背甲正中纵黄褐色，两侧褐色纵纹较宽。步足粗壮，褐色，具黑色环纹。腹部卵圆形，背面灰褐色，具大量黑色斑，心脏斑明显，披针形，灰白色。雌蛛体长约12 mm。背甲纵带较宽，黄褐色，两侧黑色，亚边缘近灰白色。步足粗壮，灰褐色。腹部卵圆形，背面灰褐色，散布黑色斑点，心脏斑明显，黄褐色。【习性】生活于潮湿泥缝、石块下，夜行性。【分布】四川。

九寨沟獾蛛（雄蛛）｜王露雨 摄

九寨沟獾蛛（雌蛛）｜王露雨 摄

旋囊脉狼蛛 *Venonia spirocysta*

【特征识别】雄蛛体长约3 mm。背甲黑色，侧缘黄褐色。触肢黑色，第一对步足腿节黑色，其后灰白色，其余步足黄褐色。腹部卵圆形，背面黑色，具4对白色圆形斑。雌蛛体长约4 mm。背甲灰褐色，侧缘黄褐色。步足黄褐色，具褐色环纹。腹部卵圆形，背面灰黑色，具褐色斑。卵囊较小，白色。【习性】生活于潮湿草丛中。【分布】浙江、福建、江西、湖南、广西、贵州、台湾。

旋囊脉狼蛛（雌蛛）｜陆天 摄

旋囊脉狼蛛（雄蛛）｜陆天 摄

旋囊脉狼蛛（雌蛛）｜王露雨 摄

大理娲蛛 *Wadicosa daliensis*

【特征识别】雄蛛体长约6 mm。背甲黄褐色，具褐色斑。触肢黄褐色。步足黄褐色，多毛，多刺。腹部卵圆形，背面黄褐色，无明显斑纹。雌蛛体长约8 mm。体色较雄蛛稍浅，其余特征与雄蛛相似。【习性】生活于水边沙地中。【分布】云南、海南。

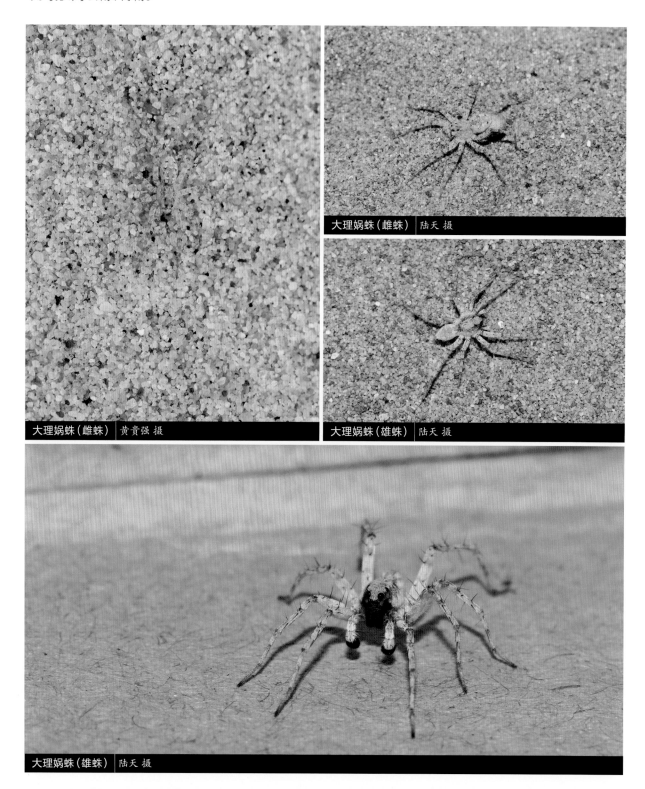

大理娲蛛（雌蛛）　黄贵强 摄

大理娲蛛（雌蛛）　陆天 摄

大理娲蛛（雄蛛）　陆天 摄

大理娲蛛（雄蛛）　陆天 摄

忠娲蛛 *Wadicosa fidelis*

【特征识别】雄蛛体长约6 mm。背甲黄褐色至黑色，正中斑色浅，两侧色深。步足黄褐色至黑色，具黑褐色环纹，多刺。腹部卵圆形，背面黄褐色至黑褐色，心脏斑较明显，黄褐色。【习性】多生活于水边和农田中。【分布】浙江、福建、江西、湖北、湖南、广东、广西、海南、四川、云南、西藏；古北区。

忠娲蛛（雄蛛）｜王露雨 摄

忠娲蛛（雄蛛）｜陆天 摄

森林旱狼蛛 *Xerolycosa nemoralis*

【特征识别】雄蛛体长约5 mm。背甲正中纵带白色，较宽，两侧黑色，背甲边缘色浅。步足灰褐色，密被毛。腹部卵圆形，前端两侧黑色，背面灰褐色，密被毛。雌蛛体长约7 mm。背面正中纵带黄褐色，两侧黑色，背甲边缘黄褐色。步足灰褐色，多毛，少刺。腹部卵圆形，背面灰褐色。【习性】多生活于碎石堆中。【分布】吉林、黑龙江、内蒙古；古北区。

森林旱狼蛛（雄蛛） 陆天 摄

森林旱狼蛛（雌蛛） 陆天 摄

钩佐卡蛛 *Zoica unciformis*

【特征识别】雌蛛体长约1.3 mm。背甲灰褐色，眼区色深。步足浅黄褐色，隐约可见灰褐色环纹。腹部卵圆形，背面深灰褐色，无明显斑纹，密被灰褐色毛。【习性】生活于潮湿落叶层和稻田田埂上。【分布】云南。

钩佐卡蛛（雌蛛）｜黄贵强 摄

拟态蛛科

MIMETIDAE

英文名Pirate spiders，来源于其特殊习性。

拟态蛛小至中型，体长3~7 mm。背甲梨形，胸区倾斜。胸板盾形，长大于宽。8眼，前中眼通常最大，侧眼近似相等，有眼柄，前中眼常稍突出。它的最主要鉴别特征在于第一、二步足胫节与后跗节上一根长刺与数根短刺交替排列，步足末端具3爪，第一、二步足极长，跗节和后跗节相对较弯曲。

拟态蛛最不寻常的特征在于捕食行为。它主要的捕食对象是园蛛与球蛛，当进入猎物的网时，会用前足试探蛛丝的位置，同时缓慢前进，以减小网的震动，避免惊扰到网内蜘蛛。它会模仿其猎物的行动模式，因此拟态蛛在猎物的网上行进不会有任何困难。当到达网上适当位置后，便会利用步足震动蛛网，使得猎物爬到它身边。猎物靠近后，它会将其抱住，用螯牙注入毒液。在入侵球蛛的网时，拟态蛛有时候还会咬开球蛛的卵囊，将蛛卵吃掉。

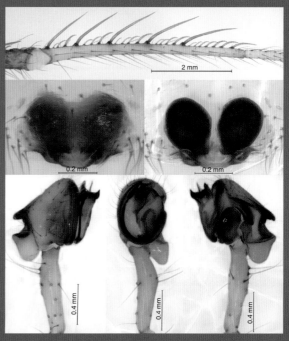

蒙诧蛛 *Ermetus mongolicus*

本科蜘蛛较为少见，世界目前已知11属149种，中国仅知3属19种。王家福曾对中国的拟态蛛做过梳理。

蒙诧蛛 *Ermetus mongolicus*

【特征识别】雄蛛体长约6 mm。背甲黄褐色，外缘浅黑色。步足黄褐色，有褐色环纹，胫节和后跗节具长刺。腹部近圆形，背面黄褐色，有白色鳞状斑，中部具疣突。雌蛛体长约7 mm。体色较雄蛛深，其余特征与雄蛛类似。【习性】生活于草丛根部。【分布】内蒙古。

蒙诧蛛（雄蛛）│王露雨 摄

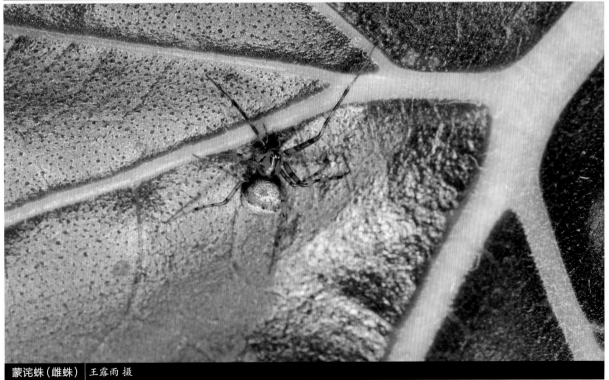

蒙诧蛛（雌蛛）│王露雨 摄

沟突腹蛛 *Ero canala*

【特征识别】雌蛛体长约7 mm。背甲黄褐色，具黑色不规则纵纹，头区黑色。步足浅褐色，有黑色环纹，胫节和后跗节具长刺。腹部近圆形，背面褐色，有黑斑。【习性】多生活于低矮灌草丛中。【分布】重庆、湖南。

沟突腹蛛（雌蛛）｜张志升 摄

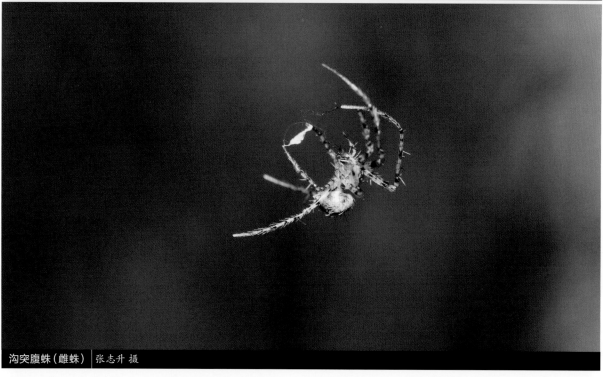

沟突腹蛛（雌蛛）｜张志升 摄

刺拟态蛛 *Mimetus echinatus*

【特征识别】雄蛛体长约6 mm。背甲黄褐色，具黑色不规则纵纹，外缘浅黑色，头区稍突出。步足浅褐色，有黑色环纹，腿节色深，胫节和后跗节具长刺。腹部近圆形，背面褐色，被黄褐色长毛，具大量黑色斑。【习性】多生活于低矮灌草丛中。【分布】湖南、贵州。

刺拟态蛛（雄蛛）｜王露雨 摄

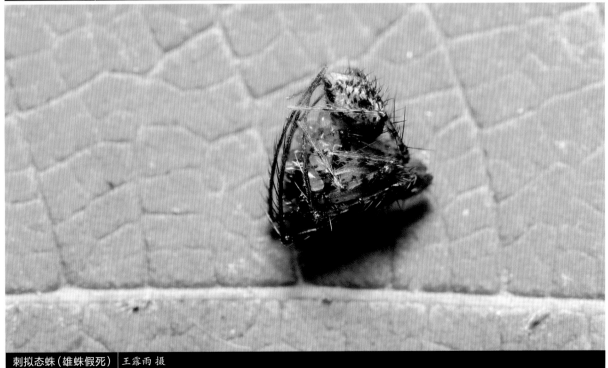

刺拟态蛛（雄蛛假死）｜王露雨 摄

中华拟态蛛 *Mimetus sinicus*

【特征识别】雌蛛体长约6 mm。背甲淡黄褐色，具黑色不规则纵纹，颈沟有红色"V"形纹，头区稍突出。步足浅褐色，有黑斑，腿节末端与膝节红黑色，胫节和后跗节具长刺。腹部近圆形，背面黄褐色，有橙褐色斑点，中部具1对角突，角突前方具黑斑。【习性】多生活于低矮灌草丛中。【分布】湖北、贵州。

中华拟态蛛（雌蛛） 王露雨 摄

中华拟态蛛（雌蛛） 王露雨 摄

突腹拟态蛛 *Mimetus testaceus*

【特征识别】雄蛛体长约7 mm。背甲黄褐色，具黑色斑点状不规则纵纹，头区稍突出。步足浅褐色，有黑斑和环纹，胫节和后跗节具长刺。腹部近圆形，背面褐色，中部具1对黑色突起，心脏斑白色。【习性】多生活于低矮灌草丛中。【分布】浙江、湖南、广西、贵州；韩国、日本。

突腹拟态蛛（雄蛛） 张志升 摄

云南拟态蛛 *Mimetus* sp.1

【特征识别】雄蛛体长约7 mm。背甲近白色，具灰褐色斑块，头区稍突出。步足灰白色，具黑斑，关节处色深，胫节和后跗节具红斑和长刺。腹部近圆形，背面褐色，具长毛，其基部有黑斑，具大量白色鳞状斑。雌蛛体长约8 mm。体色较雄蛛深，其余特征与雄蛛相似。【习性】多生活于低矮灌草丛中。【分布】云南。

云南拟态蛛（雄蛛） 张宏伟 摄

云南拟态蛛（雄蛛） 张宏伟 摄

叉拟态蛛 *Mimetus* sp.2

【特征识别】雄蛛体长约8 mm。背甲黄褐色，正中具灰黑色纵纹，边缘中后灰黑色，头区稍突出。步足浅黄褐色，有黑色宽环纹，胫节和后跗节具长刺。腹部近菱形，背面浅黄褐色，中部有1对突起，后部有黑色横纹。【习性】多生活于低矮灌草丛中。【分布】云南。

白斑拟态蛛 *Mimetus* sp.3

【特征识别】雄蛛体长约7 mm。背甲浅黄褐色，正中具灰黑色纵纹，头区稍突出。步足浅黄褐色，具大量黑色斑纹，胫节和后跗节具长刺。腹部近圆形，背面浅褐色，中后部有白斑，其内具多个黑斑。【习性】多生活于低矮灌草丛中。【分布】重庆。

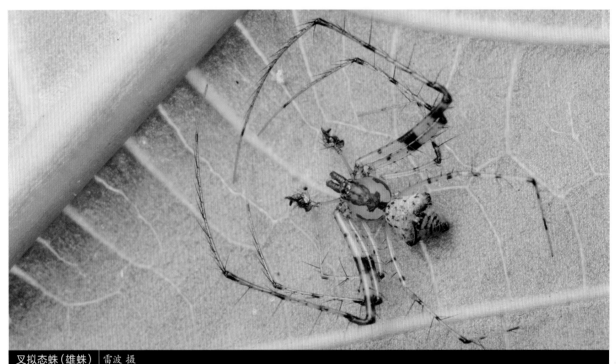

叉拟态蛛（雄蛛）｜雷波 摄

白斑拟态蛛（雄蛛）｜张巍巍 摄

版纳拟态蛛 *Mimetus* sp.4

【特征识别】雌蛛体长约6 mm。背甲黄褐色,正中具黑色不规则纵纹,头区稍突出。步足浅黄褐色,有黑色环纹,胫节和后跗节具长刺。腹部近菱形,背面浅褐色,具大量黑色斑块,中部有1对突起。【习性】多生活于低矮灌草丛中。【分布】云南。

版纳拟态蛛(雌蛛) | 单子龙 摄

米图蛛科

MITURGIDAE

英文名Prowling spiders。中文名源于拉丁名的直接音译。

　　米图蛛小到大型，体长5~28 mm。体色从红褐色到暗黄色。背甲长大于宽，通常具有明显的斑纹。胸板呈平坦的椭圆形，末端钝。8眼2列，后眼列前凹或后凹。螯肢发达。颚叶增大，侧缘具较弱的锯齿；下唇长，前端通常较平整。步足末端具2爪，部分种类具有毛簇；后跗节、跗节以及部分雌蛛的胫节具毛丛；跗节具听毛2列；转节具凹陷；第一、二步足胫节腹面具3对弱刺；雌蛛步足相对长而粗壮，雄蛛步足较雌蛛细长。腹部卵圆形，通常具条纹或斑点。后侧纺器两节，末端锥形，纺管只存在于雌蛛后后中纺器末端。无筛器，具舌状体。具1对书肺；气管开口于纺器前。

　　本科为夜行性的游猎型蜘蛛，大多数种类在囊状巢穴中生活并产下卵囊，有护卵的习性。全世界已知32属158种，主要分布在澳大利亚、非洲、南美洲，少数分布于欧亚大陆等地。中国记述5属9种。

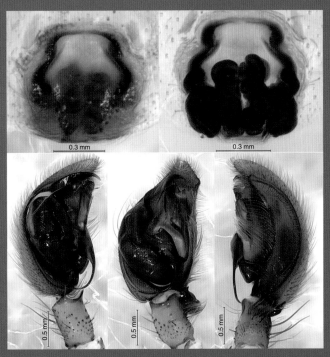

草栖毛丛蛛 *Prochora praticola*

草栖毛丛蛛 *Prochora praticola*

【特征识别】雄蛛体长约7 mm。背甲红褐色，梨形，多细毛，中间区域颜色较深。步足较粗短，红褐色，被密毛。腹部筒状，浅褐色，有数对黑斑，心脏斑褐色。雌蛛体长约8 mm。体色较雄蛛深，其余特征与雄蛛相似。【习性】生活于草丛和落叶层中。【分布】重庆、贵州、广东、湖南、江苏、浙江、江西、台湾；韩国、日本。

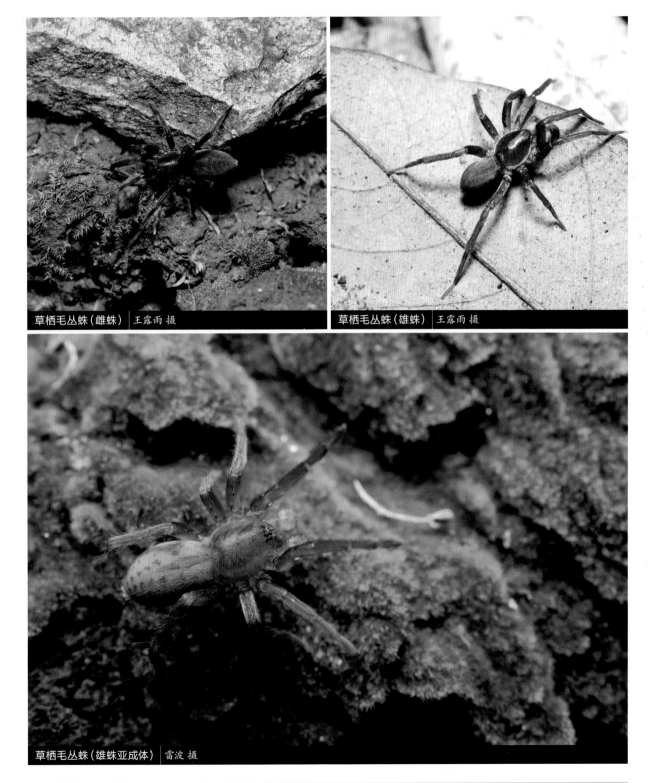

草栖毛丛蛛（雌蛛）｜王露雨 摄

草栖毛丛蛛（雄蛛）｜王露雨 摄

草栖毛丛蛛（雄蛛亚成体）｜雷波 摄

刺佐蛛 *Zora spinimana*

【特征识别】雄蛛体长约4 mm。背甲褐色，梨形，多细毛，正中具1条灰白色纵纹，两侧具1对黑色宽纵纹。步足细长，褐色，被密毛。腹部筒状，心脏斑较大，近菱形，两侧隐约可见灰白色斑。雌蛛体长约5 mm。体色较浅，其余特征与雄蛛相似。【习性】生活于灌丛和落叶层中。【分布】内蒙古、吉林、辽宁、新疆；古北区。

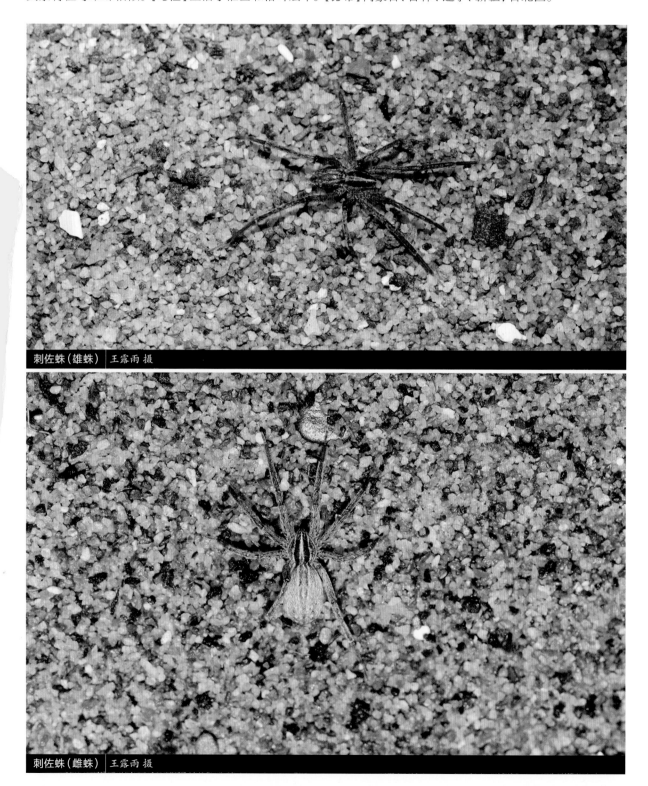

刺佐蛛（雄蛛） 王露雨 摄

刺佐蛛（雌蛛） 王露雨 摄

密蛛科

MYSMENIDAE

英文名Minute clasping weavers。

密蛛小或微小型（<3 mm）。背甲较高，眼后部最高（*Isela*属和*Klilfina*属中背甲较为平坦）。胸板前端平截。8眼2列，前中眼通常大于其余眼；侧眼聚集，靠近前中眼。螯堤的齿之间还有小齿，下唇前缘膨大且加厚。步足末端具3爪，雄蛛第一对步足后跗节弯曲，有1根壮刺，可以与近缘科相区分开来。雌蛛的第一步足腿节的近端部有1个硬化斑，此特征有些时候也可在雌蛛的第二对步足上出现；跗节和后跗节近似等大，第四步足跗节无刚毛；雌蛛触肢末端无爪。腹部较软，球形，常具有长刚毛，无舌状体。常无书肺，用气管呼吸。

密蛛的分类地位较为模糊，曾经处于球蛛科中，后又作为1个亚科被放入合螯蛛科中，Coddington & Levi（1991）将其归入园蛛总科，作为合螯蛛科的姐妹群。最新的研究表明它与球体蛛科应为姐妹群的关系。

本科体型微小，很难采集。目前全世界已知13属137种，主要分布于热带地区。中国已知9属38种，林玉成和李枢强对密蛛的分类做了大量工作。

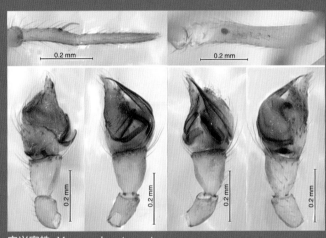

宝兴密蛛 *Mysmena baoxingensis*

鼻密蛛 *Mysmena bizi*

【特征识别】雄蛛体长约0.8 mm。背甲黄褐色，头区强烈隆起，眼区黑色。步足黄褐色，具灰黑色斑纹，第一对步足后跗节稍弯曲，具1根壮刺。腹部球形，黑褐色，前端具白色斑，后端具白色横纹。雌蛛体长约1 mm。背甲黄褐色，眼区黑色。步足黄褐色，第一对步足腿节腹面具红色斑点。腹部球形，灰褐色，中部具4个大白斑，后部具1对白色斜纹。【习性】地表树枝间结小立体网。【分布】云南。

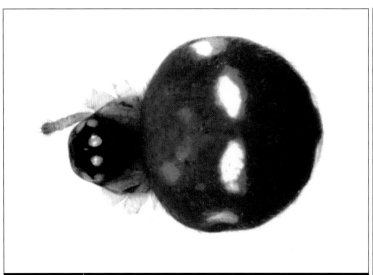

鼻密蛛（雌蛛） | J. Miller 摄

鼻密蛛（雌蛛腹部） | J. Miller 摄

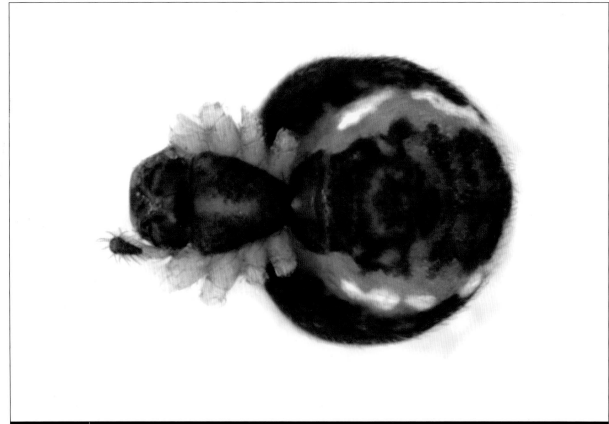

鼻密蛛（雌蛛） | J. Miller 摄

鼻密蛛（雄蛛）｜ J. Miller 摄

鼻密蛛（雌蛛）｜ J. Miller 摄

鼻密蛛（蛛网）｜ J. Miller 摄

梃钩子密蛛 *Mysmena changouzi*

【特征识别】雄蛛体长约0.7 mm。背甲黄褐色，头区强烈隆起，眼区色深。步足浅黄褐色，第一对步足后跗节稍弯曲，具1根壮刺。腹部球形，灰褐色，中部具白色斑。雌蛛体长约0.9 mm。背甲黄褐色，眼区黑色。腹部球形，灰褐色，前端具1对白色大斑，其后具3对白色小斑。【习性】地表树枝间结小立体网。【分布】云南。

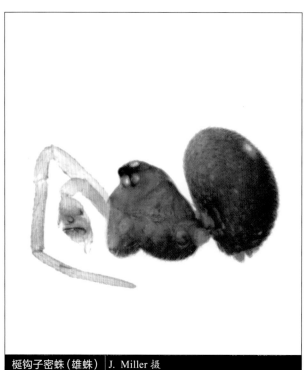

梃钩子密蛛（雄蛛） | J. Miller 摄

梃钩子密蛛（雌蛛） | J. Miller 摄

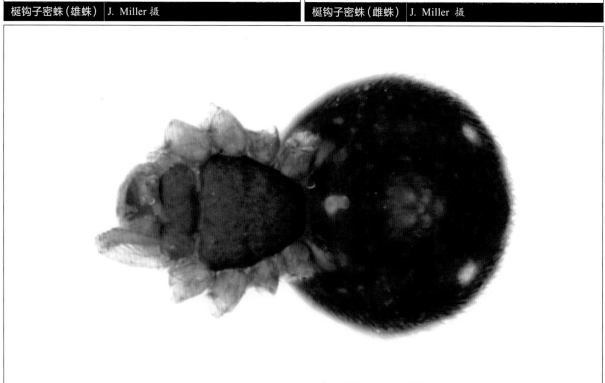

梃钩子密蛛（雌蛛） | J. Miller 摄

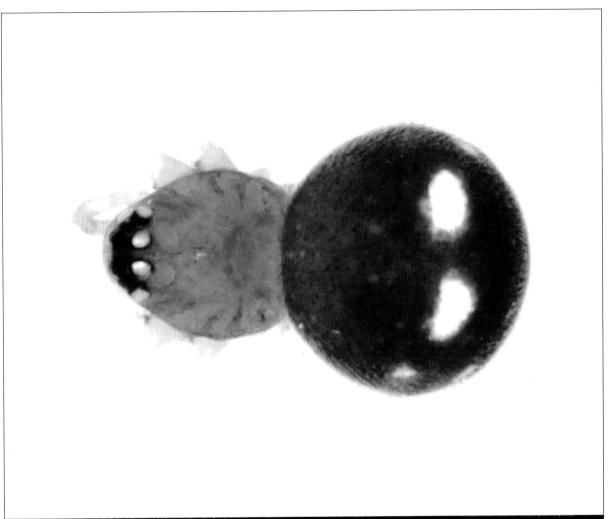

梃钩子密蛛（雌蛛） | J. Miller 摄

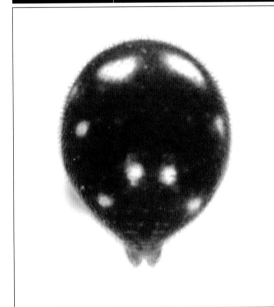

梃钩子密蛛（雌蛛腹部） | J. Miller 摄

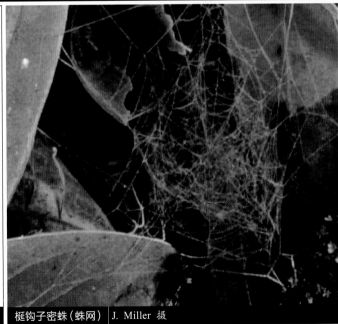

梃钩子密蛛（蛛网） | J. Miller 摄

沟道密蛛 *Mysmena goudao*

【特征识别】雄蛛体长约0.7 mm。背甲黄褐色，头区强烈隆起，眼区色深。步足浅黄褐色，第一对步足后跗节稍弯曲，具1根壮刺。腹部球形，灰褐色，后部具白色斑。雌蛛体长约1 mm。背甲黄褐色，具放射状褐色斑，眼区黑色。腹部球形，黄褐色，末端颜色加深，具2对白色斑。【习性】地表树枝间结小立体网。【分布】云南。

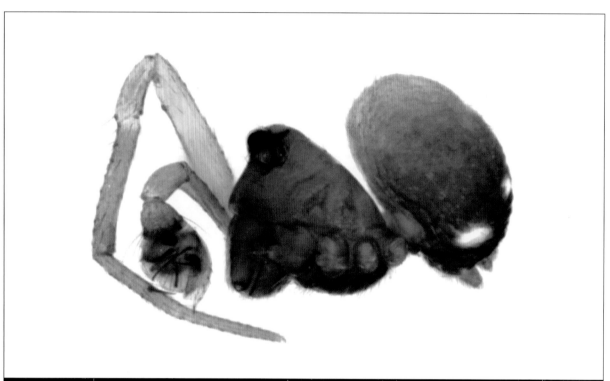

沟道密蛛（雄蛛） | J. Miller 摄

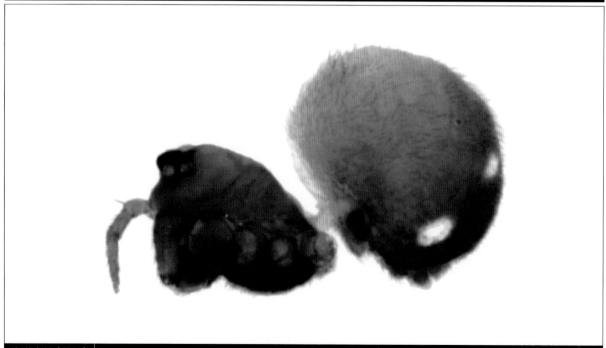

沟道密蛛（雌蛛） | J. Miller 摄

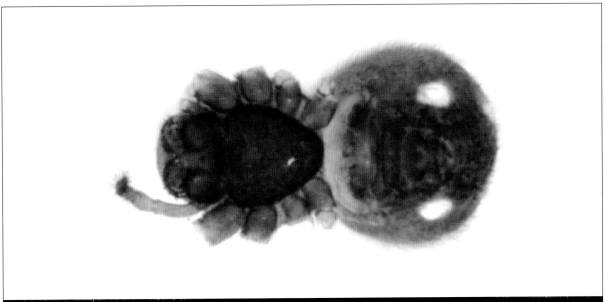

沟道密蛛（雌蛛） J. Miller 摄

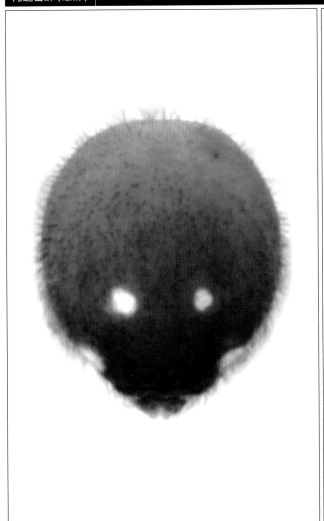

沟道密蛛（雌蛛腹部） J. Miller 摄

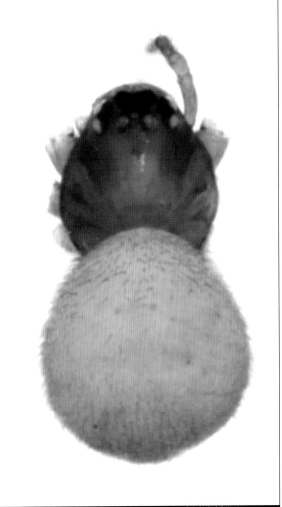

沟道密蛛（雌蛛） J. Miller 摄

姚家思茅蛛 *Simaoa yaojia*

【特征识别】雄蛛体长约0.7 mm。背甲黄褐色，具黑色斑纹，头区强烈隆起，眼区黑色。步足浅黄褐色，具灰黑色斑，第一对步足后跗节稍弯曲，具1根壮刺。腹部球形，灰褐色，中部具白色斑，后部具白色弧形斑，其后浅黄褐色。雌蛛体长约1 mm。背甲褐色，具大量黑色斑，眼区黑色。腹部球形，末端具角突，背面灰褐色，中部具4个白色椭圆形大斑，后部具白色弧形斑，其后淡黄褐色。【习性】地表树枝间结小立体网。【分布】云南。

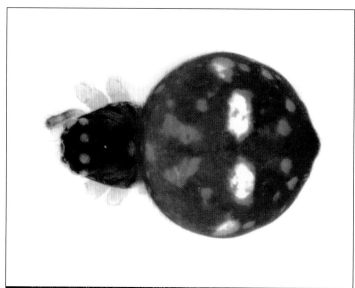

姚家思茅蛛（雌蛛） J. Miller 摄

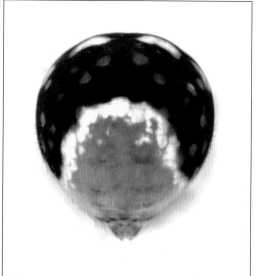

姚家思茅蛛（雌蛛腹部） J. Miller 摄

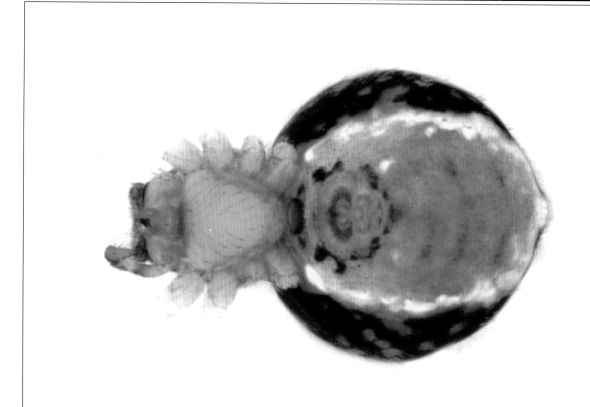

姚家思茅蛛（雌蛛） J. Miller 摄

姚家思茅蛛(雌蛛) | J. Miller 摄

姚家思茅蛛(雄蛛) | J. Miller 摄

线蛛科

NEMESIIDAE

英文名Tube-trapdoor spiders或Wishbone trapdoor spiders。

早年的线蛛类（Nemesieae）被归于长尾蛛科Dipluridae下。Raven于1985年将它提升为线蛛科。与长尾蛛科区别于：后侧纺器短，间距较窄。绝大部分种类营穴居，多于石块下筑巢。一般洞穴无明显出口，外观与地面无异，故活体样本采集难度较大。

线蛛中到特大型，体长8~40 mm。体色单一，无明显变化。背甲较低，头区微隆起。8眼集于1丘，着生于背甲前端。中窝横向，通常较浅。螯肢粗壮，仅内齿堤具齿。部分种类具螯耙。部分种类下唇具疣突。步足末端具3爪，有毛丛，但无毛簇。腹部卵圆形，末端一般具4纺器，部分种类仅具2纺器。触肢器形状简单，仅具生殖球与插入器。通常成熟于5—8月，雄雌外观差异小。

本科目前全世界已知45属396种，主要分布于南美洲、澳大利亚、南亚与东南亚。中国已知3属18种。

屏边雷文蛛 *Raveniola* sp.

安徽雷文蛛 *Raveniola* sp.1

【特征识别】雄蛛体长14~18 mm。背甲光滑，呈黑色，头区微隆起。步足细长，整体黑褐色，末端红褐色，被少量毛。腹部卵圆形，黄灰色，背面具少量不明显的成对斑纹。【习性】在石块下的缝隙中生活，6—8月成熟。【分布】安徽。

梵净山雷文蛛 *Raveniola* sp.2

【特征识别】雄蛛体长10~15 mm。背甲光滑，青黑色，头区微隆起。步足细长，整体黑色，被少量毛。腹部卵圆形，红灰色。【习性】在石块下的缝隙中生活，6—8月成熟。【分布】贵州。

安徽雷文蛛（雄蛛）│ 王露雨 摄

梵净山雷文蛛（雄蛛）│ 王露雨 摄

麻阳河雷文蛛 *Raveniola* sp.3

【特征识别】雄蛛体长10~13 mm。背甲光滑，青黑色，头区隆起。步足细长，整体红棕色，被少量毛和黑色硬刺。腹部卵圆形，红褐色，无斑纹。【习性】在石块下的缝隙中营穴居生活。【分布】贵州。

四面山雷文蛛 *Raveniola* sp.4

【特征识别】雄蛛体长12~15 mm。背甲光滑，呈黑色，头区微隆起。螯肢粗壮，呈黑色。步足细长，整体红褐色，末端红灰色。腹部卵圆形，黄褐色，带少量不规则点状斑纹。【习性】在石块下的缝隙中生活，6—8月成熟。【分布】重庆。

麻阳河雷文蛛（雄蛛）｜王露雨 摄

四面山雷文蛛（雄蛛）｜王露雨 摄

宁夏雷文蛛（雌蛛） 黄鑫磊 摄

重庆雷文蛛（雄蛛） 王露雨 摄

中华华足蛛（雌蛛） 张钧铎 摄

宁夏雷文蛛 *Raveniola* sp.5

【特征识别】雌蛛体长10~15 mm。背甲光滑，银灰色，眼丘紧贴背甲前缘，中窝较深。螯肢红黑色。步足细长，整体银灰色，局部具有红灰色。腹部卵圆形，呈黄灰色，无明显斑纹。【习性】在石块下的缝隙中营穴居生活。【分布】宁夏。

重庆雷文蛛 *Raveniola* sp.6

【特征识别】雄蛛体长10~13 mm。背甲光滑，呈红褐色，头区微隆起。步足细长，整体红褐色，被少量毛。腹部卵圆形，黄褐色。【习性】在石块下的缝隙中生活，6—8月成熟。【分布】云南、四川、重庆。

中华华足蛛 *Sinopesa sinensis*

【特征识别】雌蛛体长20~25 mm。背甲黑色，头区隆起，眼丘紧贴背甲前缘。螯肢粗壮，黑色。步足粗短，呈红黑色。腹部红灰色，背面具数对黄灰色斑纹。【习性】在石下或土缝中营穴居，洞穴无明显开口，白天常用泥土封住，待夜间外出捕食，7—9月成熟。【分布】北京、河北、河南、山西、陕西。

络新妇科

NEPHILIDAE

英文名Giant orb-web spiders（络新妇属*Nephila*）或Coin spiders（裂腹蛛属*Herennia*）。

络新妇科曾经作为园蛛科或肖蛸科的1个亚科，2006年M. Kuntner将这一类群提升为科。这一类群属于中到特大型蜘蛛，存在显著的雌雄异型现象，雌蛛中到特大型（12~50 mm），雄蛛小到中型（3~8 mm）。3爪，无筛器，8眼2列，侧眼远离中眼；螯肢具有显著的侧结节；腹部加长或者向两侧突出形成若干个突起。雄蛛触肢器具1个较长的插入器，被引导器包被着。

络新妇属的雌蛛会结大型圆网，甚至这个圆网可分为3层，网上具有很强的黏丝。雄蛛极小，通常会寄生在雌蛛的网上，甚至1个网上会有几头雄蛛，更有甚者，1张网上会有2种不同的雄蛛。雄蛛因个体小，会经历比雌蛛少的蜕皮次数，故会在雌蛛是亚成体的时候就等在旁边。

本科目前全世界共记述5属61种，主要分布在热带和亚热带地区。中国已知3属6种，主要分布在南方。棒络新妇*Nephila clavata*有随着全球温度变暖而向北扩散的现象。斑络新妇雌蛛体长达50 mm。丝的韧性极强，甚至可以捕住小鸟。络新妇的网上经常可以看到有球蛛科银斑蛛属*Argyrodes*蜘蛛，这些蜘蛛会偷窃络新妇的猎物。（注：近期研究将本科归入园蛛科Araneidae，棒络新妇 *Nephila clavata*和劳氏络新妇 *Nephila laurinae*移入毛络新妇属*Trichonephila*。）

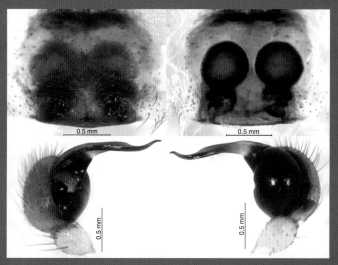

棒络新妇 *Nephila clavata*

多斑裂腹蛛 *Herennia multipuncta*

【特征识别】雄蛛体长约4 mm。背甲红褐色。步足除腿节为橙色外,其余各节黑色。腹部黑色,球形。雌蛛体长约10 mm。背甲黑色,较为粗糙,中窝与外缘黄褐色,胸甲黄色。步足除后跗节为褐色外,其余各节浅黄色,有黑色环纹,第一对步足黑色环纹面积最大,具稀疏黑刺。腹部背面白色,扁平革质,具大量黑色凹陷,腹面橙色,具1个大黑斑,腹部末端锯齿形。【习性】生活于树干上,结不规则网,受威胁时掉落,腹部朝上起威吓作用。【分布】海南、云南、台湾;印度、印度尼西亚、婆罗洲。

多斑裂腹蛛(一雌一雄) 李元胜 摄

多斑裂腹蛛(雌蛛) 王露雨 摄

多斑裂腹蛛(雌蛛) 赵俊军 摄

多斑裂腹蛛(雌蛛和卵囊) 王露雨 摄

棒络新妇 *Nephila clavata*

【特征识别】雄蛛体长约6 mm。背甲褐色，具黑色纵斑。步足黑色，有橙色环纹。腹部筒形，褐色，有黄斑。雌蛛体长约21 mm。背甲黑色，有大量银色长毛。触肢黄色，步足黑色，有黄色环纹，具稀疏黑刺。腹部背面有蓝黄相间的花纹，腹侧黄色，前半部有黑色条纹，后半部为红色，腹面黑色，有黄色斑纹。【习性】树间结大型乱网，中有黄色蛛丝。【分布】北京、河北、山西、辽宁、浙江、安徽、山东、河南、湖北、湖南、广西、海南、四川、贵州、云南、陕西、台湾；南亚、东南亚、东亚。

棒络新妇（捕食）｜吴超 摄

棒络新妇（一雌一雄）｜王子葳 摄

棒络新妇（雌蛛）｜罗晶 摄

棒络新妇（一雌多雄）｜杨自忠 摄

劳氏络新妇 *Nephila laurinae*

【特征识别】雌蛛体长约37 mm。背甲黑色,有大量银色长毛。触肢与步足黑色,具稀疏刺,关节处有橙黄色环纹,第三对步足色最浅,除第三对步足外,其余步足胫节具长毛。腹部筒形,背面褐色,近前缘有1条白色横带,沿中线分布有2列黄斑。【习性】树间结大型乱网。【分布】广东、海南;东南亚。

劳氏络新妇(雌蛛) 周见清 摄

斑络新妇 *Nephila pilipes*

【特征识别】雄蛛体长约6 mm。背甲红色,具白色细毛。步足暗红色,腿节颜色较浅。腹部筒形,红色。雌蛛体长约40 mm。背甲黑色,有大量黄色长毛。触肢红色,端部黑色。步足黑色,具稀疏黑刺。腹部黑色,近前缘有1条黄白色横带,背面沿中线分布有1对黄色纵条纹,腹侧黑色,具多条白色纵条纹和白斑,腹面黑褐色,有白色斑纹。除此之外存在黑色型雌蛛,背甲与腹部黑色,腿部红色,关节处黑色,但也有个体步足全黑。【习性】树间结大型圆网。【分布】浙江、广东、海南、贵州、云南、台湾;南亚、东南亚、澳大利亚。

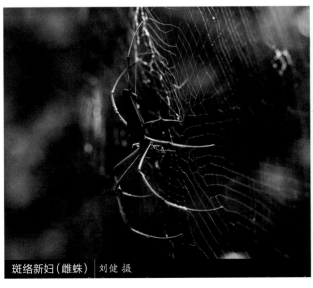

斑络新妇(雌蛛) 刘健 摄

斑络新妇(雌蛛) 刘健 摄

斑络新妇（雌蛛蜕皮） 刘健 摄

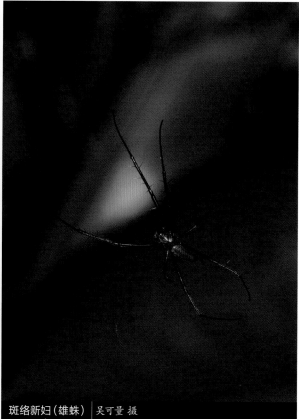

斑络新妇（雄蛛） 吴可量 摄

斑络新妇（求偶） 黄俊球 摄

斑络新妇(雌蛛)｜邱鹭 摄

斑络新妇(雌蛛和蛛网)｜黄俊球 摄

斑络新妇（雌蛛）｜张宏伟 摄

斑络新妇（蜕皮与交配）｜霍伟立 摄

斑络新妇（蜕皮与交配）｜霍伟立 摄

斑络新妇（一雌多雄）｜霍伟立 摄

斑络新妇（求偶）｜霍伟立 摄

斑络新妇（雌蛛）｜黄俊球 摄

马拉近络新妇 *Nephilengys malabarensis*

【特征识别】雄蛛体长约5 mm。背甲红色，具白色细毛。步足除基节、转节和腿节基部为红色外，其余各部分黑色。腹部红色，卵圆形，末端黑色。雌蛛体长约16 mm。背甲黑色，较为粗糙，多短毛。步足黑色，有浅黄色环纹，具稀疏黑刺。腹部近圆形，背面褐色，有褐色宽纵带，纵带中间还有灰色细纵纹，腹侧黑色，有数道白色斜纹，腹面黑色，有多个红色斑点。【习性】在树干和屋檐下结类漏斗形网。雌蛛产卵后会在卵囊外围织紫色铁丝网形防护网。【分布】云南；南亚、东南亚、东亚。

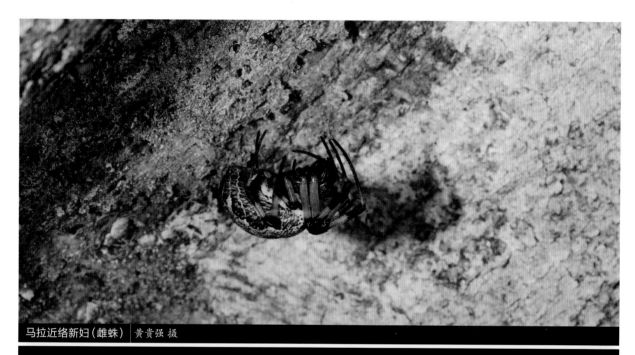

马拉近络新妇（雌蛛） 黄贵强 摄

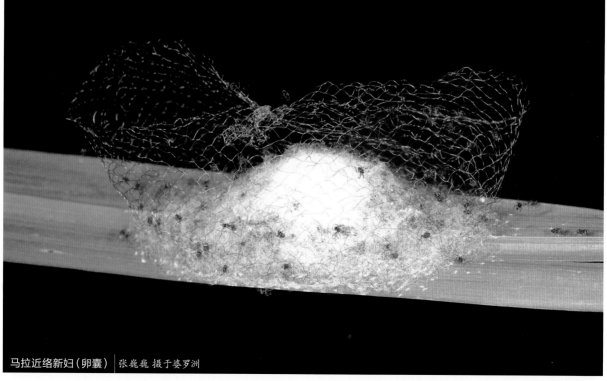

马拉近络新妇（卵囊） 张巍巍 摄于婆罗洲

马拉近络新妇（雌蛛） 杨自忠 摄

马拉近络新妇（雄蛛） 黄贵强 摄

类球蛛科

NESTICIDAE

英文名Cave cobweb spiders，意为洞穴生活的球蛛类蜘蛛。中文名因其近似于球蛛科而得名。台湾称其为类球腹蛛科。

类球蛛微小到中型，体长2~6 mm。无筛器，8眼2列，洞穴生活种类眼睛退化或消失。螯肢前齿堤2~3齿，后齿堤有大量的不规则的小齿。步足无壮刺，但胫节和膝节上有长的直立毛。3爪，爪下具梳状齿。第四对步足跗节有锯齿状直立毛。腹部球形，有暗的栅栏状对称斑点或条纹。舌状体发达，呈宽的三角状或指状。雄蛛触肢器跗舟基部外侧具1个突起，称为副跗舟。外雌器相对简单。

类球蛛织不规则网，网上通常有弹性黏丝。卵囊球形，常固定在网上或用螯肢携带。这类蜘蛛通常在阴暗的地方结网，也经常发现于洞穴中。

本科目前全世界记述15属278种，除个别种类为全世界分布外，主要分布在亚洲和北美、南美，少量种类见于欧洲和非洲。中国已知6属56种。林玉成等（2016）一次性描述了亚洲和马达加斯加的43个新种。

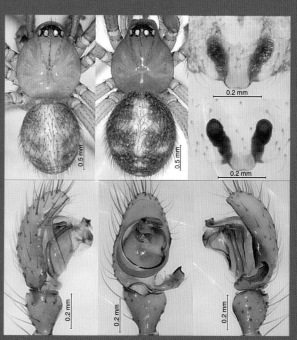

桓仁小类球蛛 *Nesticella* sp.

底栖小类球蛛 *Nesticella mogera*

　　【特征识别】雄蛛体长约2 mm。背甲红色，头区稍隆起。步足被长毛，关节处浅黄色。腹部黑色，被密毛。雌蛛体长约3 mm。颜色较深。【习性】生活于落叶层中。【分布】内蒙古、浙江、山东、贵州、陕西；韩国、日本、阿塞拜疆、美国（夏威夷）、斐济、德国。

底栖小类球蛛（雄蛛）｜张志升 摄

底栖小类球蛛（雌蛛）｜张志升 摄

黔小类球蛛 *Nesticella* sp.1

【特征识别】雌蛛体长约4 mm。背甲浅褐色。步足被长毛,近透明。腹部黑色,被密毛。【习性】生活于洞穴内。【分布】贵州。

黔小类球蛛(雌蛛) 刘晔 摄

沿河小类球蛛 *Nesticella* sp.2

【特征识别】雌蛛体长约3 mm。背甲浅褐色,有褐色纵斑,外缘褐色,头区稍隆起。步足被长毛,黄褐色,有黑色环纹。腹部浅褐色,被密毛,有不明显花纹。【习性】生活于洞穴内。【分布】贵州。

罗甸小类球蛛 *Nesticella* sp.3

【特征识别】雄蛛体长约3 mm。背甲红棕色,头区稍隆起。步足被长毛,深褐色。腹部黑色,被密毛。【习性】生活于洞穴内。【分布】贵州。

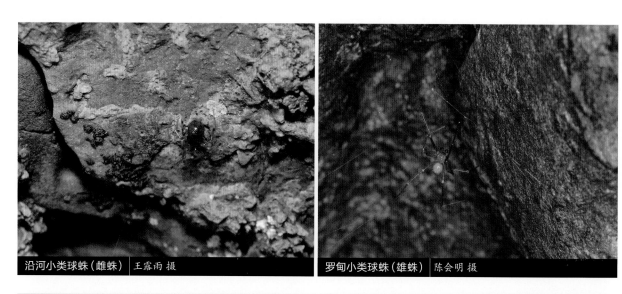

沿河小类球蛛(雌蛛) 王露雨 摄　　罗甸小类球蛛(雄蛛) 陈会明 摄

花洞蛛科

OCHYROCERATIDAE

英文名Midget ground weavers。

花洞蛛小或微小型，体长0.6~3 mm。棕色，腹部有时具有紫色斑纹。背甲长略大于宽，近圆形，额向前突出，较长；胸板前端明显平截，较宽；6眼，呈4-2式排列，侧眼聚拢；螯肢不愈合，中部至末端有1薄片，常有发声嵴；前齿堤3~7齿，后齿堤2齿或缺失。下唇前端锯齿状，在裸斑蛛亚科Psilodercinae中为圆形；颚叶长大于宽，在下唇上方相互靠近。步足较长，几乎无刺，末端具3爪；跗节无听毛；腹部卵圆形或球形，在有些属中生殖沟向前延伸并开口于腹侧。舌状体长为宽的2倍；裸斑蛛亚科中具有2个书肺，其他亚科中书肺被气管代替，气门开口邻近纺器。触肢器各部分具刺或突起，生殖球膨大；插入器具突起。

本科行踪隐蔽，目前全球仅已知15属191种，主要分布于热带地区。中国已记载6属13种，发现于云南西双版纳和海南岛。常于阴湿处结片网，有的种生活在洞穴中，还有些种类可单性生殖，用螯肢携带卵囊。佟艳丰、李枢强和王春霞等发现并记述了中国的花洞蛛。

我们未能找到花洞蛛科的生态照片。在此展示2种花洞蛛的形态照片，即克氏阿瑟蛛*Althepus christae*和曲足曲胫蛛*Flexicrum flexicrurum*。（注：近期研究中将曲足曲胫蛛*Flexicrum flexicrurum*和克氏阿瑟蛛*Althepus christae*移入了裸斑蛛科Psilodercidae。）

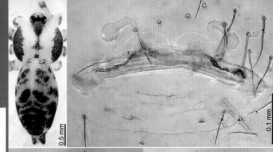

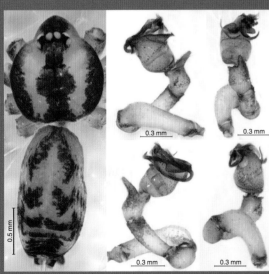

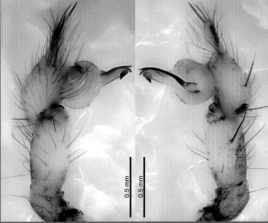

曲足曲胫蛛 *Flexicrum flexicrurum*　　　克氏阿瑟蛛 *Althepus christae*

拟壁钱科

OECOBIIDAE

英文名Dwarf round-headed spiders或Star-legged spiders。台湾称其为埃蛛科。

拟壁钱小到中型，体长3~16 mm。背甲近圆形，宽大于长，边缘光滑。6-8眼，2列，紧凑地排列在头区中央。后中眼在不同亚科中会有相应变化。在壁钱亚科Urocteinae和拟壁钱亚科Oecobiinae中呈圆形或近圆形，而Uroecobiinae亚科中则退化。无中窝。螯牙无槽和齿。雄蛛胸板边缘有特化的片状毛丛，下唇与胸板分离。步足3爪，梳状，几乎无刺。拟壁钱亚科有筛器且分隔。腹部或多或少扁平，卵形至圆形，微于背甲重叠。肛丘长，两部分融合，边缘有2列长毛。靠近纺器有1对书肺开口和气门，气管在腹部覆盖区域较为有限。筛器在拟壁钱亚科中分隔，壁钱亚科和Uroecobiinae亚科无筛器。前侧纺器长；后侧纺器基节短，末节长。

拟壁钱属的种类个体通常微小（<3 mm），体色浅，在房屋内墙角等处结稀疏的小型网，自己藏于其中；壁钱属种类个体则显著大于拟壁钱（8~16 mm），体色深且腹部背面具斑点，喜欢在屋内及周围的墙上、缝隙、石下等处结网，其网致密、圆形、多层，并向四周有放射状丝发出。

本科为小科，全世界已知6属110种，曾经很长时间视为2个科，即拟壁钱科和壁钱科，Lehtinen（1967）将二者合并。中国目前分布有2属7种。

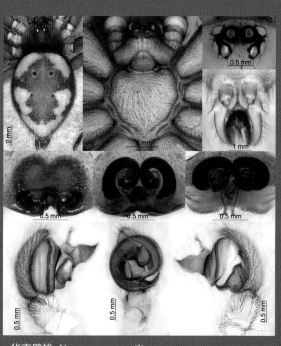

华南壁钱 *Uroctea compactilis*

居室拟壁钱 *Oecobius cellariorum*

【特征识别】雌蛛体长约3 mm。背甲黄色，近圆形，头区至中窝有1个黑色斑，外缘黑色。步足淡黄色，被长毛，有黑色环纹。腹部深褐色，近圆形，被白色长毛，有白色鳞状花纹。【习性】生活于墙壁上。【分布】河北、浙江、山东、湖南、四川、陕西；世界性广布。

居室拟壁钱（雌蛛）｜杨小峰 摄

居室拟壁钱（雌蛛）｜杨小峰 摄

船拟壁钱 *Oecobius navus*

【特征识别】雄蛛体长约2 mm。背甲淡黄褐色,眼区隆起,黑色。步足淡黄褐色,密被毛,关节处色深。腹部卵圆形,背面黄褐色,多毛,具灰黑色斑纹。雌蛛体长约2.5 mm。背甲浅褐色,头区至中窝有1个黑色斑,外缘黑色。步足浅褐色,被长毛,有褐色环。腹部深褐色,近圆形,被白色长毛,有白色鳞状花纹和数对黑斑。【习性】生活于墙壁上。【分布】浙江、湖南、广东、四川、云南、台湾、香港;世界性广布。

船拟壁钱(雄蛛) 王露雨 摄

船拟壁钱(雌蛛) 张志升 摄

华南壁钱 *Uroctea compactilis*

【特征识别】雄蛛体长约6 mm。背甲红褐色,近圆形,中窝深。步足红褐色,多刺。腹部黑色,肌痕2对,被长毛,有5个白斑。雌蛛体长约8 mm。幼体色浅,其余特征与雄蛛相似。【习性】生活于石块下和房屋内。【分布】浙江、福建、湖南、四川、贵州、云南;韩国、日本。

华南壁钱(雄蛛) 王露雨 摄

华南壁钱（卵囊） 王露雨 摄

华南壁钱（雌蛛） 王露雨 摄

华南壁钱（蛛网） 王露雨 摄

北国壁钱 *Uroctea lesserti*

【特征识别】雄蛛体长约10 mm。背甲红褐色，近圆形，中窝深。步足浅褐色，多刺。腹部黑色，肌痕2对，被长毛，有4对白斑。【习性】生活于石块下和房屋内。【分布】北京、河北、辽宁、吉林、黑龙江、江苏、山东、河南、陕西、甘肃；韩国。

北国壁钱（雄蛛）｜王露雨 摄

北国壁钱（雌蛛幼体）｜吴超 摄

卵形蛛科

OONOPIDAE

英文名Goblin spiders。为一类"穿旗袍"的蜘蛛。

卵形蛛小型或微小型（<3 mm），无筛器，身体呈橘色、黄色、绿色或粉色等；一些种没有盾板，呈灰白色。背甲凸起至扁平，前端明显较窄，表皮质地多变；一般平滑有光泽，有时是颗粒状，有细微的条纹或斑点。大部分种类6眼，一些种4眼或无眼。眼睛白色，排列紧密，无中窝。颚叶基部较宽，顶部较窄。步足短，步足末端具2爪；步足无毛丛；一些物种的胫节和第一、二跗节具一系列的锥状突起。腹部卵形，加马蛛属Gamasomorpha的腹部被背板和腹板包裹，卵形蛛属Oonops有柔软的腹部，一些属有肛板。具书肺，但书肺简单。在生殖沟后面，具1对不显著的气门，形成发达的气管。6个纺器，前侧纺器排列紧密，与后侧纺器长度一样。舌状体缺失或者被具刚毛的板替代。雄蛛触肢器小，生殖球插入器形状多样。外雌器有2个骨质化的壳，中有横隔。

须加马蛛 *Gamasomorpha barbifera*

本科是营地面生活的游猎型蜘蛛，目前全世界已知114属1 747种，广泛分布在亚热带和热带地区。中国已知12属58种。中国的卵形蛛由徐亚君（1986）首次记录，但更多的种类由佟艳丰和李枢强近10年发表。

须加马蛛 *Gamasomorpha barbifera*

【特征识别】雄蛛体长约2 mm。背甲深红色，较光滑，中窝不明显。步足深红色，密被毛。腹部近圆形，具硬壳，深红色，多白毛。【习性】生活于落叶层中。【分布】云南。

四面山巨膝蛛 *Opopaea* sp.

【特征识别】雌蛛体长约2.5 mm。背甲深红色，较光滑，中窝不明显，眼区向前伸出。步足深红色，被稀疏毛。腹部近圆形，具硬壳，较为粗糙，深红色，多白毛。【习性】生活于落叶层中。【分布】重庆。

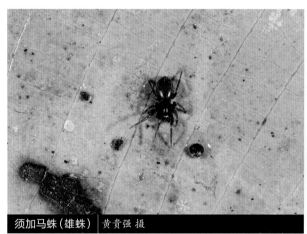

须加马蛛（雄蛛）｜黄贵强 摄

四面山巨膝蛛（雌蛛）｜王露雨 摄

缙云三窝蛛 *Trilacuna jinyun*

【特征识别】雌蛛体长约2 mm。背甲深红色，较光滑，中窝不明显。步足深红色，被密毛。腹部圆筒形，具硬壳，深红色，多白毛。【习性】生活于落叶层中。【分布】重庆。

缙云三窝蛛（雌蛛）｜张志升 摄

猫蛛科

OXYOPIDAE

英文名Lynx spiders。

猫蛛体中至大型（5~23 mm），无筛器。身体颜色多变，从鲜绿色到黑棕色都有发现，多数种类体色鲜艳。背甲前部凸起，向后端倾斜。额高，较平截，有明显的条纹和斑点。表皮覆盖细小的刚毛，有时有闪光的鳞状毛。头区狭窄，稍尖。8眼形成1个紧凑的近环形，2-2-2-2式排列，后眼列强烈前凹，前眼列后凹，前中眼微小。螯肢长，不突出，较锋利；螯牙短，具牙槽或者牙槽不明显。步足相对细长，具黑色壮刺，无毛丛；步足末端具3爪。腹部卵形，向后端逐渐变尖细。纺器短，几乎等长；有小的舌状体。

本科目前全世界已知9属455种，主要分布于热带。中国分布有4属54种。猫蛛为游猎型蜘蛛，主要在植物上生活，见于草地、灌丛和树上。昼行性，视力较好，能迅速发现猎物。它们用足捕捉猎物，经常会跳跃几厘米抓住在空中飞行的昆虫，或者用短跳来追赶猎物。卵囊固定在小枝或者叶子上，或悬挂在1个小的不规则网上。

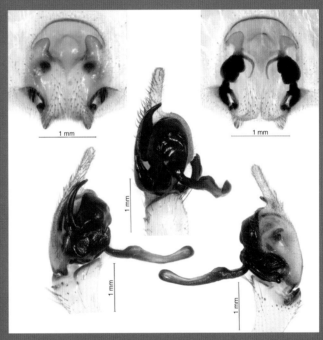

拉蒂松猫蛛 *Peucetia latikae*

象形仙猫蛛 *Hamadruas hieroglyphica*

【特征识别】雄蛛体长约6 mm。背甲橙褐色，有多条黄白色条纹，眼区黑色。步足黄褐色，有长壮刺和白色花纹，较艳丽。腹部筒形，末端尖，黄绿色，腹中部有多对白色纵纹，心脏斑颜色较浅。雌蛛稍大于雄蛛，其余特征与雄蛛相似。【习性】多生活于低矮灌草丛中，行动迅速。【分布】云南；缅甸。

象形仙猫蛛（雄蛛亚成体） 陈尽 摄　　象形仙猫蛛（雌蛛） 雷波 摄

锡金仙猫蛛 *Hamadruas sikkimensis*

【特征识别】雄蛛体长约10 mm。背甲褐色，步足黑色，腹部深绿色，均密布白斑。雌蛛体长约11 mm。体色多变，背甲一般为橙色，中部有1个深色花纹以及多条黄白色条纹。步足黄褐色，有长壮刺和白色花纹，较艳丽。腹部筒形，末端尖，绿色至橙色，腹中部有多对白色条纹。【习性】多生活于低矮灌草丛中，行动迅速。【分布】湖南、广西、贵州、云南；印度。

锡金仙猫蛛（雌蛛） 李若行 摄

锡金仙猫蛛（雄蛛）　张志升 摄

锡金仙猫蛛（雌蛛）　陈尽 摄

锡金仙猫蛛（雌蛛）　李若行 摄

锡金仙猫蛛（雌蛛）　黎志宇 摄

锡金仙猫蛛（雌蛛）　廖东添 摄

锡金仙猫蛛（雌蛛）　廖东添 摄

锡金仙猫蛛（雌蛛）　雷波 摄

锡金仙猫蛛（雌蛛）　廖东添 摄

唇形哈猫蛛 *Hamataliwa labialis*

【特征识别】雌蛛体长约10 mm。背甲橙色，有对称黑斑，外缘褐色，较艳丽。步足橙色，有长壮刺和褐色花纹。腹部橙色，筒形，末端尖，腹中部有多对褐色条纹。【习性】多生活于低矮灌草丛中，行动迅速。【分布】广西、海南、云南。

唇形哈猫蛛（雌蛛） 雷波 摄

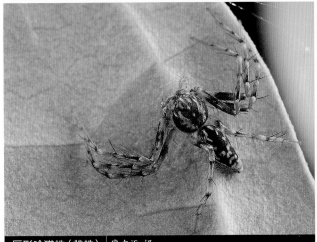

唇形哈猫蛛（雌蛛） 廖东添 摄

唇形哈猫蛛（雌蛛） 李际斌 摄

残哈猫蛛 *Hamataliwa manca*

【特征识别】雌蛛体长约9 mm。背甲褐色,有白色宽纵纹,外缘褐色。步足褐色,有长壮刺,膝节花纹较浅。腹部褐色,筒形,末端尖,背面中间具1个"Y"字形纹,侧面有2对黑斑。【习性】多生活于低矮灌草丛中,行动迅速。【分布】云南、广东。

残哈猫蛛(雌蛛) 雷波 摄

残哈猫蛛(雌蛛) 雷波 摄

五角哈猫蛛 *Hamataliwa pentagona*

【特征识别】雌蛛体长约7 mm。背甲深褐色，有白毛。步足浅褐色，有长壮刺。腹部褐色，筒形，末端尖，背面黑褐色，具金属光泽，侧面有1对大黑斑。【习性】多生活于低矮灌草丛中，行动迅速。【分布】云南、广东。

五角哈猫蛛（雌蛛）　雷波 摄

五角哈猫蛛（雌蛛）　雷波 摄

五角哈猫蛛（雌蛛）　雷波 摄

华南哈猫蛛 *Hamataliwa* sp.1

【特征识别】雌蛛体长约10 mm。背甲橙色，有对称黑斑，外缘褐色，较艳丽。步足橙色，有长壮刺。腹部橙色，筒形，末端尖，腹中部有黑色纵纹。【习性】多生活于低矮灌草丛中，行动迅速。【分布】广东。

黑色哈猫蛛 *Hamataliwa* sp.2

【特征识别】雌蛛体长约8 mm。背甲黑色，具金属光泽，较艳丽。步足黄色，有长壮刺，腿节黑色。腹部黑色，筒形，末端尖，腹侧黄色。【习性】多生活于低矮灌草丛中，行动迅速。【分布】云南。

华南哈猫蛛（雌蛛）｜雷波 摄

黑色哈猫蛛（雌蛛）｜张宏伟 摄

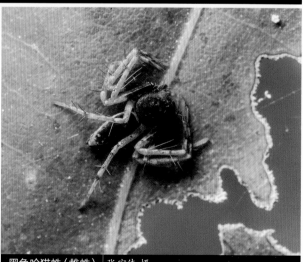

黑色哈猫蛛（雌蛛）｜张宏伟 摄

斑足哈猫蛛 *Hamataliwa* sp.3

【特征识别】雌蛛体长约8 mm。背甲褐色，具少量白斑，较艳丽。步足褐色，有长壮刺，胫节白色。腹部黑色，筒形，末端尖，腹侧褐色，有白斑。【习性】多生活于低矮灌草丛中，行动迅速。【分布】广东。

南岭哈猫蛛 *Hamataliwa* sp.4

【特征识别】雄蛛体长约9 mm。背甲褐色，具金属光泽，较艳丽。步足褐色，有长壮刺，端部色浅。腹部黑色，筒形，末端尖，具金属光泽。【习性】多生活于低矮灌草丛中，行动迅速。【分布】广东。

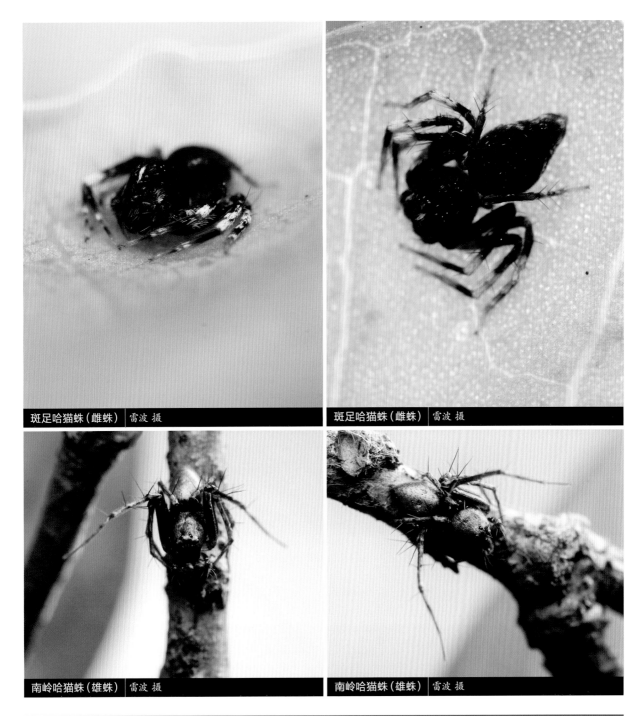

斑足哈猫蛛（雌蛛）　雷波 摄

斑足哈猫蛛（雌蛛）　雷波 摄

南岭哈猫蛛（雄蛛）　雷波 摄

南岭哈猫蛛（雄蛛）　雷波 摄

菜阳河哈猫蛛（雌蛛） 雷波 摄

菜阳河哈猫蛛（雌蛛蜕皮） 张宏伟 摄

锈哈猫蛛（雌蛛） 陈尽 摄

菜阳河哈猫蛛 *Hamataliwa* sp.5

【特征识别】雌蛛体长约8 mm。背甲黑色，具金属光泽，较艳丽。步足黄色，有长壮刺，除第四步足外，其余步足腿节黑色。腹部筒形，黑色，末端尖。【习性】多生活于低矮灌草丛中，行动迅速。【分布】云南。

锈哈猫蛛 *Hamataliwa* sp.6

【特征识别】雌蛛体长约9 mm。背甲铁锈色，较艳丽。步足铁锈色，有长壮刺，腿节基部色浅。腹部锈红色，筒形，末端尖。【习性】多生活于低矮灌草丛中，行动迅速。【分布】云南。

雪花哈猫蛛 *Hamataliwa* sp.7

【特征识别】雄蛛体长约8 mm。背甲褐色，有稀疏白毛，较艳丽。步足褐色，有长壮刺和白色毛，端部色浅。腹部黑色，筒形，有白色毛，末端尖。【习性】多生活于低矮灌草丛中，行动迅速。【分布】广东。

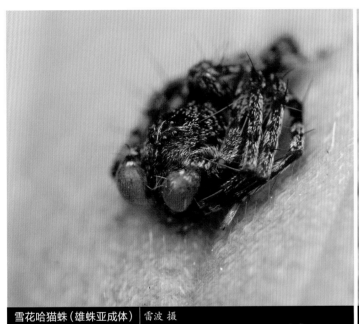

雪花哈猫蛛（雄蛛亚成体）｜雷波 摄

雪花哈猫蛛（雄蛛亚成体）｜雷波 摄

雪花哈猫蛛（雄蛛亚成体）｜雷波 摄

双角猫蛛 *Oxyopes bicorneus*

【特征识别】雌蛛体长约9 mm。背甲褐色，中部有1条白色宽纵斑，较艳丽。步足黄色，有长壮刺和白色毛，腿节绿色。腹部筒形，褐色，覆盖有大面积白毛，末端尖。【习性】多生活于低矮灌草丛中，行动迅速。【分布】云南。

双角猫蛛（雌蛛）｜杨自忠 摄

缅甸猫蛛 *Oxyopes birmanicus*

【特征识别】雄蛛体长约10 mm。背甲橙色。步足绿色，有长壮刺。腹部筒形，褐色，覆盖有大面积白毛，末端尖，心脏斑橙色。雌蛛稍大于雄蛛，背甲绿色，中线两旁有两对纵斑，腹部有1条橙色纵斑。【习性】多生活于低矮灌草丛中，行动迅速。【分布】福建、湖南、海南、云南、西藏；南亚、东南亚。

缅甸猫蛛（雄蛛）｜杨自忠 摄

缅甸猫蛛（雌蛛）｜杨自忠 摄

钳形猫蛛 *Oxyopes forcipiformis*

【特征识别】雌蛛体长约9 mm。背甲橙色，中线两旁有2对白色纵斑。步足橙绿色，有黑色纵纹，有长壮刺，腿节绿色。腹部筒形，褐色，末端尖，腹侧褐色，有3条白斑，心脏斑橙色，周围有大面积白毛。【习性】多生活于低矮灌草丛中，行动迅速。【分布】湖南、广西、云南。

钳形猫蛛（雌蛛）｜倪一农 摄

钳形猫蛛（雌蛛）｜侯勉 摄

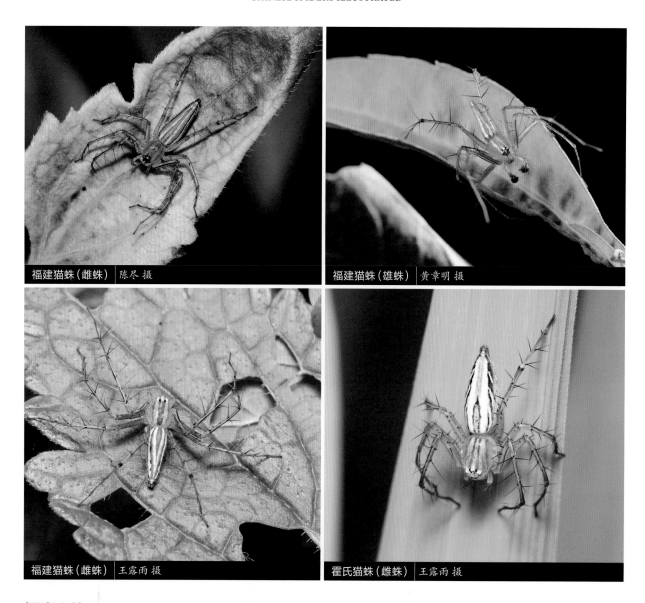

福建猫蛛（雌蛛） 陈尽 摄

福建猫蛛（雄蛛） 黄章明 摄

福建猫蛛（雌蛛） 王露雨 摄

霍氏猫蛛（雌蛛） 王露雨 摄

福建猫蛛 *Oxyopes fujianicus*

【特征识别】雄蛛体长约10 mm。背甲黄褐色，有3条橙色纵斑和1对白色纵条纹。步足橙绿色，多长壮刺，腿节绿色。腹部筒形，末端尖，背面覆盖有大面积白毛，具1对橙色纵条纹，心脏斑橙色，较长。雌蛛稍大于雄蛛，其余特征与雄蛛相似。【习性】多生活于低矮灌草丛中，行动迅速。【分布】福建、贵州、云南。

霍氏猫蛛 *Oxyopes hotingchiehi*

【特征识别】雌蛛体长约11 mm。背甲浅褐色，有4条褐色纵斑和1对白色纵条纹。步足橙绿色，有长壮刺。腹部筒形，褐色，末端尖，心脏斑灰色，周围褐色，腹侧褐色，有3条白斑。【习性】多生活于低矮灌草丛中，行动迅速。【分布】浙江、湖北、福建、湖南、贵州、云南、新疆。

利氏猫蛛 *Oxyopes licenti*

【特征识别】雌蛛体长约10 mm。背甲浅褐色，中部有1条白色纵纹，末端黑色。步足褐色，有长壮刺。腹部筒形，末端尖，褐色，腹侧黑色，有数条白斑，心脏斑褐色，周围灰白色。【习性】多生活于低矮灌草丛中，行动迅速。卵囊附着在草叶上。【分布】河北、山西、山东、河南、四川、西藏、陕西、甘肃、辽宁；韩国、日本、俄罗斯。

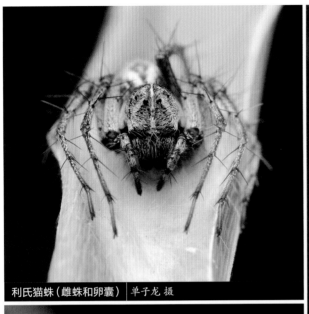

利氏猫蛛（雌蛛和卵囊）｜单子龙 摄

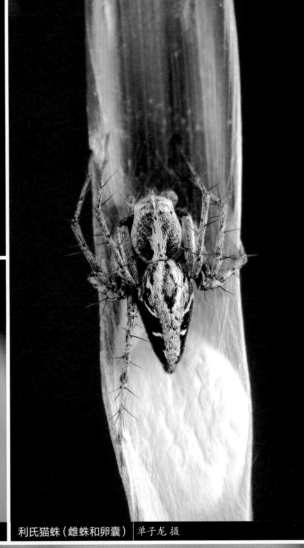

利氏猫蛛（雌蛛）｜单子龙 摄

利氏猫蛛（雌蛛和卵囊）｜单子龙 摄

利氏猫蛛（雌蛛）｜单子龙 摄

线纹猫蛛 *Oxyopes lineatipes*

【特征识别】雌蛛体长约10 mm。背甲绿褐色，中部有数条褐色条纹，眼区黑色，额白色。步足绿褐色，有长壮刺。腹部筒形，末端尖，背面白色，腹侧褐色，有数条白斑，心脏斑灰色。【习性】多生活于低矮灌草丛中，行动迅速。【分布】江苏、浙江、湖南、四川；菲律宾、印度尼西亚。

拟斜纹猫蛛 *Oxyopes sertatoides*

【特征识别】雄蛛体长约9 mm。背甲橙褐色，中部有数条褐色条纹，眼区白色。步足绿褐色，有长壮刺。腹部筒形，末端尖，背面白色，腹侧灰褐色，有数条白斑，心脏斑橙色。【习性】多生活于低矮灌草丛中，行动迅速。【分布】福建、湖南、广东、贵州。

斜纹猫蛛 *Oxyopes sertatus*

【特征识别】雌蛛体长约10 mm。背甲浅褐色，中部有数条橙色条纹，眼区白色。步足绿褐色，有长壮刺。腹部筒形，末端尖，背面橙色，有少许白色斑纹，腹侧橙色，有2条白斑，心脏斑橙色。【习性】多生活于低矮灌草丛中，行动迅速。【分布】江苏、浙江、四川、台湾、广东；韩国、日本。

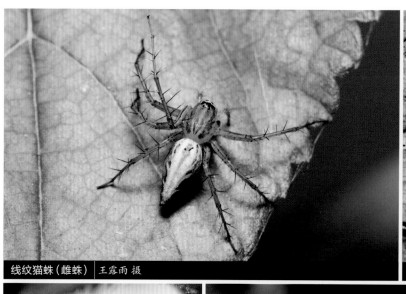

线纹猫蛛（雌蛛）　王露雨 摄

拟斜纹猫蛛（雄蛛）　张志升 摄

斜纹猫蛛（雌蛛蜕皮）　雷波 摄

斜纹猫蛛（雌蛛）　吴可量 摄

锡威特猫蛛(雌蛛) 杨卫列 摄

锡威特猫蛛(雌蛛) 张巍巍 摄

条纹猫蛛(雌蛛) 王露雨 摄

锡威特猫蛛 *Oxyopes shweta*

　　【特征识别】雌蛛体长约11 mm。背甲白色,外缘褐色。眼区黑色。步足橙色,有长壮刺,腿节色浅。腹部筒形,末端尖,背面白色,腹侧黑色。【习性】多生活于低矮灌草丛中,行动迅速。【分布】西藏、云南;印度。

条纹猫蛛 *Oxyopes striagatus*

　　【特征识别】雌蛛体长约10 mm。背甲黄色,沿中线对称分布1对白斑,眼区有1条白色纵纹。步足橙绿色,有长壮刺,腿节色浅。腹部筒形,末端尖,背面白色,腹侧有黑纵纹,心脏斑橙色,延伸至末端。【习性】多生活于低矮灌草丛中,行动迅速。【分布】浙江、安徽、贵州。

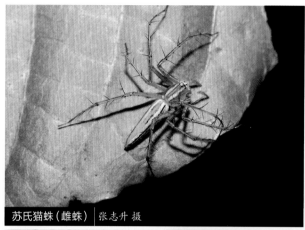

苏氏猫蛛（雌蛛）　张志升 摄

苏氏猫蛛（雌蛛和幼体）　寒枫 摄

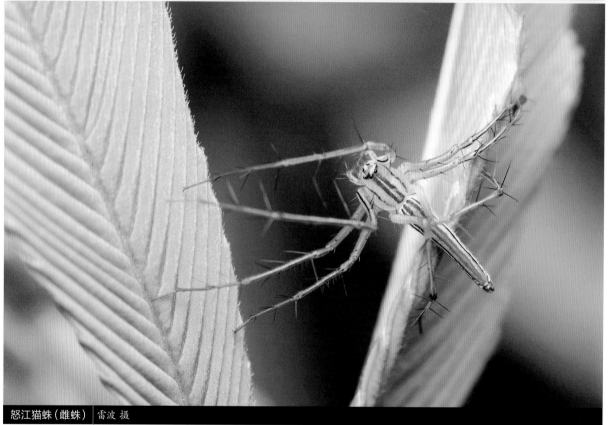

怒江猫蛛（雌蛛）　雷波 摄

苏氏猫蛛 *Oxyopes sushilae*

【特征识别】雌蛛体长约10 mm。背甲浅褐色，有4条橙色纵斑和1对白色纵条纹。步足橙绿色，有长壮刺，腿节绿色。腹部筒形，浅褐色，末端尖，腹侧浅褐色，有黑色纵条纹，心脏斑橙色，周围黑色。【习性】多生活于低矮灌草丛中，行动迅速。【分布】浙江、江西、湖南、广东、海南、贵州；印度。

怒江猫蛛 *Oxyopes* sp.1

【特征识别】雌蛛体长约12 mm。背甲浅褐色，有4条橙色纵斑。步足橙绿色，有长壮刺，腿节绿色，有黑色纵条纹。腹部筒形，浅褐色，末端尖，沿中线对称分布有黑色和橙色斑纹。【习性】多生活于低矮灌草丛中，行动迅速。【分布】云南。

菜阳河猫蛛 *Oxyopes* sp.2

【特征识别】雄蛛体长约9 mm。背甲浅褐色,有黑色纵斑,眼区和外缘褐色。步足绿色,有长壮刺,有黑色环纹。腹部筒形,末端尖,浅绿色,有黑褐色宽纵纹。【习性】多生活于低矮灌草丛中,行动迅速。【分布】云南。

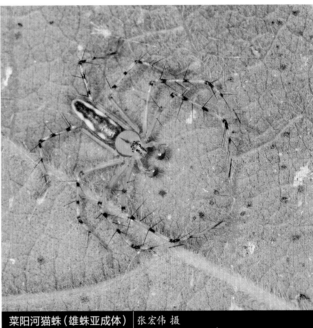

菜阳河猫蛛(雄蛛) 雷波 摄

菜阳河猫蛛(雄蛛亚成体) 张宏伟 摄

亮猫蛛 *Oxyopes* sp.3

【特征识别】雄蛛体长约9 mm。背甲浅褐色,有2对橙色纵斑,眼区黑色。步足绿色,有长壮刺和黑色纵纹。腹部筒形,浅褐色,末端尖,沿中线对称分布有黑色和橙色斑纹,心脏斑黄色。【习性】多生活于低矮灌草丛中,行动迅速。【分布】云南。

荧光猫蛛 *Oxyopes* sp.4

【特征识别】雄蛛体长约9 mm。背甲红褐色,较艳丽,眼区浅褐色。步足红褐色,有长壮刺,腿节有纵条纹。腹部褐色,筒形,末端尖。【习性】多生活于低矮灌草丛中,行动迅速。【分布】云南。

亮猫蛛(雄蛛亚成体) 张宏伟 摄

荧光猫蛛(雄蛛) 张宏伟 摄

台湾松猫蛛 *Peucetia formosensis*

【特征识别】雄蛛体长约15 mm。背甲绿色,有多个黑斑,眼区白色。步足浅黄色,有长壮刺,刺基部有黑斑,关节处黄色,第一步足腿节有红斑。腹部绿色,筒形,末端尖,有1对白色纵斑,心脏斑黄色,十字形。雌蛛稍大于雄蛛,其余特征与雄蛛相似。【习性】多生活于低矮灌草丛中,行动迅速。【分布】台湾。

拉蒂松猫蛛 *Peucetia latikae*

【特征识别】雄蛛体长约14 mm。背甲绿色,有多个黑斑,眼区白色。步足浅黄色,有长壮刺,刺基部有黑斑,关节处黄色,第一步足腿节有红斑。腹部绿色,筒形,末端尖,有1对白色纵斑,心脏斑褐色,十字形。雌蛛稍大于雄蛛,其余特征与雄蛛相似。【习性】多生活于低矮灌草丛中,行动迅速。卵囊球形,【分布】云南、广西;印度。

台湾松猫蛛(雄蛛) 林义祥 摄

台湾松猫蛛(雌蛛) 林义祥 摄

台湾松猫蛛(雌蛛) 林义祥 摄

拉蒂松猫蛛（雌蛛） 张宏伟 摄

拉蒂松猫蛛（雌蛛） 张宏伟 摄

拉蒂松猫蛛（雌蛛和卵囊） 黄珍 摄

拉蒂松猫蛛（雄蛛） 杨自忠 摄

拉蒂松猫蛛（雌蛛） 张宏伟 摄

烁塔猫蛛 *Tapponia micans*

【特征识别】雌蛛体长约6 mm。背甲亮褐色,具金属光泽。步足褐色,具金属光泽,被长壮刺。腹部卵圆形,末端较尖,背面亮褐色,具金属光泽。【习性】多生活于低矮灌草丛中,行动迅速。【分布】云南;马来西亚。

烁塔猫蛛(幼体) 雷波 摄　　　　烁塔猫蛛(幼体) 雷波 摄

烁塔猫蛛(雌蛛) 雷波 摄

二纺蛛科

PALPIMANIDAE

英文名Palp-footed spiders，与其第一步足膨大这个特征有关。中文名指其仅具2个纺器。

二纺蛛体小到中型（3~11 mm），无筛器，2爪或3爪。背甲近卵形，强烈骨化，鲜红色至黑色，前部略窄、短。8眼2列或6眼。螯肢短而粗壮。胸板延伸至步足基节周围，具颗粒状突起。第一步足腿节背部膨大，胫节、后跗节和跗节的内侧具毛丛。纺器退化。腹部浅黄褐色、灰色或紫色，有些种有2个卵形斑点。腹部腹面前端硬化，形成1个环形盾板，向前端背面延伸并包围腹柄。2个书肺。气孔靠近纺器。雄蛛触肢器胫节通常呈球状。外雌器由2个大而透明的囊组成，纳精囊小。

二纺蛛营地表游猎，在石下或缝隙内织1个隐蔽所。通常夜间活动，将第一步足举起，在地上缓慢爬行，遇到猎物时会迅速而有力地出击。

本科目前全世界已知18属142种，主要分布于非洲和南美地区，少数种类分布于南亚和东南亚。

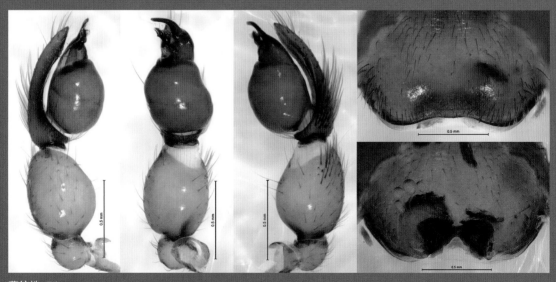

藏纺蛛 *Tibetima* sp.

西藏藏纺蛛（雌蛛） 王露雨 摄

西藏藏纺蛛（雄蛛） 王露雨 摄

西藏藏纺蛛 *Tibetima* sp.

【特征识别】雄蛛体长约5 mm。背甲红褐色，似具硬壳。步足红褐色至黄褐色，第一对步足腿节膨大。腹部卵圆形，红褐色，密被毛。雌蛛体长约7 mm。体色较雄蛛深，其余特征同雄蛛。【习性】生活于落叶层中。【分布】西藏。

逍遥蛛科

PHILODROMIDAE

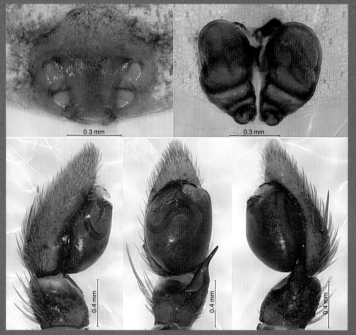

朝鲜狼逍遥蛛 *Thanatus coreanus*

英文名Small huntsman spiders。台湾称其为虾蛛科。

逍遥蛛为小到中型蜘蛛，体长3~16 mm。无筛器。身体由白色到浅黄色、红棕色或灰褐色，具有纵向杂斑或者"人"字形斑纹。背甲较平，具有柔软倾斜的刚毛，长宽相等。8眼2列（4-4排列），无明显眼丘，两眼列后凹，在狼逍遥蛛属*Thanatus*和长逍遥蛛属*Tibellus*中后眼列强烈后凹。螯肢齿堤通常无齿。下唇长稍大于宽。步足左右伸展，第一、三、四步足等长，第二步足较长，第一和第二步足爪下有毛丛。腹部卵圆形或者长方形，心脏斑通常黑色，体表覆盖许多柔软倾斜的刚毛。书肺1对，气孔接近纺器。纺器简单，无舌状体。雄蛛触肢器具有胫节突，插入器有长有短，通常沿着盾片末端弯曲。外雌器小，通常有中隔，交配孔位于中隔两侧，纳精囊一般呈肾形，有的具有皱褶。

逍遥蛛属*Philodromus*的蜘蛛通常生活在灌丛和草丛中。可以在植物上快速移动，将腿伸展伏在植物表面，当猎物经过时，快速捕捉猎物。

本科目前全世界已知有31属542种，主要分布于非洲、欧洲、亚洲和南北美洲。中国已知3属57种，基本分布在北方。

金黄逍遥蛛 *Philodromus aureolus*

【特征识别】雌蛛体长约7 mm。背甲褐色,多毛,具1条黄色纵斑,外缘黄色。步足褐色,密被短毛,腿节色浅。腹部卵圆形,背面黄褐色,具1条不明显深褐色纵斑。【习性】多生活于低矮灌丛中。【分布】内蒙古、辽宁、吉林、四川、宁夏、新疆;古北区。

耳斑逍遥蛛 *Philodromus auricomus*

【特征识别】雄蛛体长约6 mm。背甲正中具1条白色宽纵带,两侧红褐色。步足浅黄褐色,具褐色斑点,隐约可见红褐色环纹。腹部背面灰白色,两侧浅褐色,近末端具黑色斜斑,心脏斑较明显,灰黑色。雌蛛体长约7 mm。颜色较雄蛛浅,其余特征与雄蛛相似。【习性】多生活于低矮灌丛中。【分布】河北、辽宁、山东、河南、湖南、四川;韩国、日本、俄罗斯。

金黄逍遥蛛(雌蛛) 王露雨 摄

耳斑逍遥蛛(雌蛛) 寒枫 摄

耳斑逍遥蛛(雄蛛亚成体) 倪一农 摄

凹缘逍遥蛛（雌蛛） 陆天 摄

草皮逍遥蛛（雌蛛） 陆天 摄

虚逍遥蛛（雌蛛） 陆天 摄

草皮逍遥蛛 *Philodromus cespitum*

【特征识别】雌蛛体长约6 mm。背甲深褐色，密布黄色毛，具1条黄色宽纵斑，外缘黄色。步足黄白色，有壮刺和大量短毛，腿节色浅，为黄绿色。腹部卵圆形，背面浅黄褐色，外缘褐色。【习性】多在低矮灌丛和石块间生活。【分布】河北、内蒙古、辽宁、江苏、河南、陕西、甘肃；全北区。

凹缘逍遥蛛 *Philodromus emarginatus*

【特征识别】雌蛛体长约5 mm。背甲灰褐色，多白色毛，外缘白色。步足灰白色，多黑斑，有壮刺和大量短白毛，腿节色浅，为灰色。腹部卵圆形，背面灰色，具有不规则白斑，多细毛。【习性】多生活于低矮灌丛中。【分布】山西、内蒙古、辽宁、吉林、西藏；古北区。

虚逍遥蛛 *Philodromus fallax*

【特征识别】雌蛛体长约6 mm。背甲灰黑色，密布白色毛，具1条白色宽纵斑，外缘白色。步足灰白色，多黑斑，有壮刺和大量白毛，腿节色浅。腹部卵圆形，背面灰褐色，末端外缘褐色，有数对白斑，心脏斑灰色。【习性】多生活于草丛中。【分布】内蒙古、新疆；古北区。

胡氏逍遥蛛 *Philodromus hui*

【特征识别】雄蛛体长约5 mm。背甲黑褐色，被毛，中央具1个黄褐色大斑。步足灰褐色，多黑斑，有壮刺且被毛，腿节色较浅。腹部卵圆形，末端尖，背面灰褐色，多毛，心脏斑黑褐色。雌蛛体长约6 mm。体色灰黑，其余特征与雄蛛相似。【习性】多生活于低矮灌丛中。【分布】云南。

刺跗逍遥蛛 *Philodromus spinitarsis*

【特征识别】雄蛛体长约5 mm。背甲褐色，被毛，中央色浅。步足褐色，被毛。腹部卵圆形，末端尖，背面灰褐色，多毛，心脏斑黑褐色。雌蛛体长约6 mm。背甲黑褐色，密被毛，有1条白色纵斑。步足灰褐色，具黑色环纹，有壮刺且密被白毛。腹部卵圆形，背面灰褐色，多刺，刺的基部具黑斑，腹部末端白色。【习性】多生活于低矮灌丛中。【分布】北京、河北、山西、内蒙古、辽宁、吉林、黑龙江、浙江、山东、湖北、广东、四川、西藏、陕西、宁夏、新疆、台湾；韩国、日本、俄罗斯。

胡氏逍遥蛛（雄蛛）│杨自忠 摄　　胡氏逍遥蛛（雌蛛）│杨自忠 摄

刺跗逍遥蛛（雄蛛）│杨自忠 摄　　刺跗逍遥蛛（雌蛛）│单子龙 摄

纵斑逍遥蛛 *Philodromus* sp.

【特征识别】雌蛛体长约6 mm。背甲正中具1条灰黑色纵斑，两侧具大量白毛。步足灰白色，密被白毛。腹部卵圆形，背面正中具1条灰黑色纵斑，两侧白色，其中具少量灰色斑。【习性】多生活于低矮灌丛中。【分布】北京。

科狼逍遥蛛 *Thanatus coloradensis*

【特征识别】雌蛛体长约9 mm。背甲黑色，密被白毛，具1条灰褐色宽纵斑，外缘白色。步足黑色，有壮刺和大量白毛。腹部近圆形，背面灰白色，心脏斑明显，黑色，具大量白色毛丛。【习性】多生活于灌草丛中。【分布】内蒙古、辽宁、黑龙江、甘肃、青海；全北区。

纵斑逍遥蛛（雌蛛）｜王瑞卿 摄

科狼逍遥蛛（雌蛛） 陆天 摄

朝鲜狼逍遥蛛（雄蛛） 王露雨 摄

朝鲜狼逍遥蛛（雌蛛） 陆天 摄

朝鲜狼逍遥蛛 *Thanatus coreanus*

【特征识别】雄蛛体长约5 mm。背甲黑色，被白毛，具1条白色宽纵斑。步足褐色，有壮刺，腿节黑色。腹部近圆形，背面前端侧缘有白毛，心脏斑黑色。雌蛛体长约7 mm。背甲灰黑色，被白毛，具1条褐色宽纵斑。步足褐色，被白毛，腿节黑色。腹部近圆形，背面灰白色，心脏斑明显，黑色，具大量白色毛丛。【习性】多生活于灌草丛中，卵囊附着于石壁。【分布】河北、内蒙古、吉林、黑龙江、河南；韩国、俄罗斯。

蒙古狼逍遥蛛 *Thanatus mongolicus*

【特征识别】雄蛛体长约6 mm。背甲黑色，具1条由白毛组成的宽纵斑。步足褐色，有壮刺，腿节黑色。腹部近圆形，白色，心脏斑黑色。【习性】多生活于灌草丛中，卵囊附着于石壁。【分布】内蒙古、新疆；蒙古。

日本长逍遥蛛 *Tibellus japonicus*

【特征识别】雌蛛体长约13 mm。背甲褐色，被白毛，具1条褐色窄纵斑。步足褐色，被密毛。腹部长筒形，背面浅褐色，密被白毛，具1条褐色窄纵斑，近末端有1对黑斑。【习性】多生活于灌草丛中。【分布】河南、湖南、贵州、重庆；日本、俄罗斯。

蒙古狼逍遥蛛（雄蛛）　陆天 摄

日本长逍遥蛛（雌蛛）　张巍巍 摄

娇长逍遥蛛 *Tibellus tenellus*

【特征识别】雌蛛体长约13 mm。背甲浅黄褐色，被白毛，具1条褐色窄纵斑，外缘颜色稍深。步足黄褐色，密被毛。腹部长筒形，背面浅黄褐色，密被白毛，具1条褐色窄纵斑，近末端有1对黑斑。【习性】多生活于灌草丛中。【分布】辽宁、吉林、黑龙江、江西、河南、湖南；俄罗斯、澳大利亚。

娇长逍遥蛛（雌蛛）　王露雨 摄

幽灵蛛科

PHOLCIDAE

英文名Daddy-long-legs spiders。

幽灵蛛体微小到中型，体长2~10 mm。无筛器。背甲短宽，近似圆形。头区隆起，有较深的条纹；胸区有的具有纵向的较深的中窝。额高，有的眼睛下方具有凹面。8眼3组：前中眼小，黑色，形成1组；其余眼睛较大，白色，在头区两侧每3个眼睛形成1组；有的幽灵蛛没有前中眼，6个眼睛形成2组位于头区两侧。螯肢弱小，圆柱形。步足细长，长度至少是体长的4倍，跗节末端具3爪。腹部呈球形或者圆柱形。具有小的舌状体。前侧纺器粗大呈圆柱形，后侧纺器较小，圆锥形。雄蛛有较大且复杂的触肢，膝节非常小，胫节膨大呈椭圆形或者球形，有大的副跗舟；生殖球分为截然不同的两个部分：一部分呈小泡状，另一部分有1个长的突起；跗舟有1个呈球形或者椭圆形的小窝。外雌器腹面骨化。

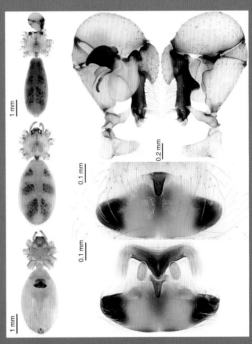

匿幽灵蛛 *Pholcus abstrusus*

幽灵蛛属于结网型蜘蛛，常在中空的树中或者在岩石和房屋的角落结网，网型复杂，大多数幽灵蛛都是头朝下方悬挂。雌蛛具有用螯牙携带卵囊的护卵行为。

本科目前全世界已知80属1 599种，世界性分布。中国已知13属182种。朱明生、张锋和姚志远等对中国的幽灵蛛做了大量研究。

斗箐贝尔蛛 *Belisana douqing*

【特征识别】雄蛛体长约2 mm。背甲淡褐色，较光滑，6眼分为2组。步足细长，浅棕色，密被细毛，关节处颜色较深。腹部近圆形，灰色，有黑斑。【习性】多生活于洞穴内。【分布】贵州。

顺子贝尔蛛 *Belisana junkoae*

【特征识别】雄蛛体长约3 mm。背甲半透明，较光滑，6眼分为2组。步足细长，近乎透明，密被细毛，关节处颜色较深。腹部近圆形，前半部淡黄色，后半部有不明显的淡褐色斑，多细毛。雌蛛稍大于雄蛛，其余特征与雄蛛相似。【习性】多生活于叶背面，雌蛛产数枚卵，用螯牙衔住。【分布】中国台湾；日本。

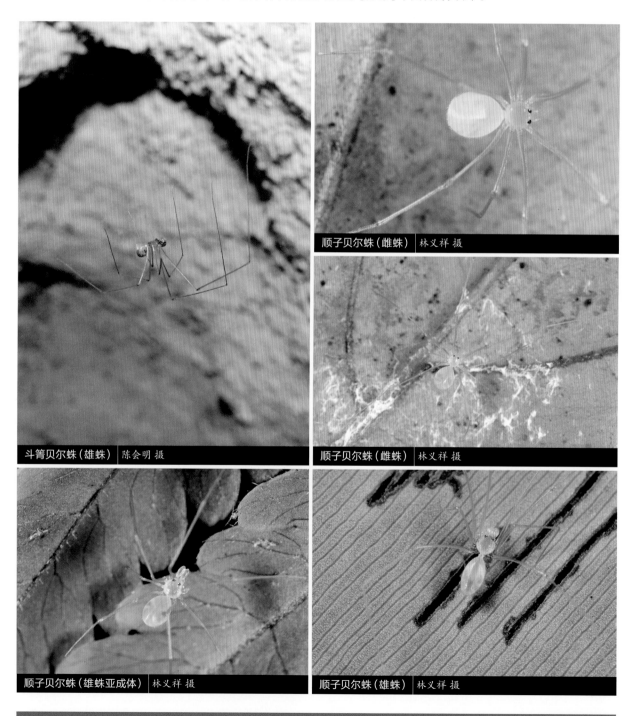

斗箐贝尔蛛（雄蛛）｜陈会明 摄

顺子贝尔蛛（雌蛛）｜林义祥 摄

顺子贝尔蛛（雌蛛）｜林义祥 摄

顺子贝尔蛛（雄蛛亚成体）｜林义祥 摄

顺子贝尔蛛（雄蛛）｜林义祥 摄

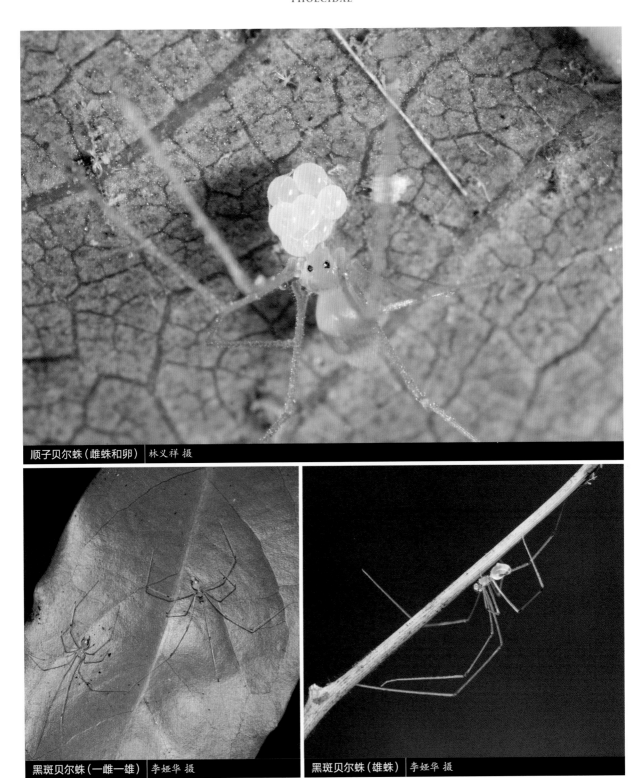

顺子贝尔蛛（雌蛛和卵）｜林义祥 摄

黑斑贝尔蛛（一雌一雄）｜李娅华 摄

黑斑贝尔蛛（雄蛛）｜李娅华 摄

黑斑贝尔蛛 *Belisana* sp.1

【特征识别】雄蛛体长约4 mm。背甲半透明，较光滑，外缘有黑斑，6眼分为2组。步足细长，近乎透明，密被细毛，关节处具黑斑。腹部筒形，前半部淡黄色，后半部有黑色斑，多细毛。雌蛛稍大于雄蛛，其余特征与雄蛛相似。【习性】多生活于叶背面。【分布】云南。

梵净山贝尔蛛 *Belisana* sp.2

【特征识别】雄蛛体长约4 mm。背甲浅黑色，较光滑，6眼分为2组。步足细长，浅褐色，密被细毛，关节处颜色较深。腹部近圆形，淡褐色，有对称褐色斑，多细毛。【习性】多生活于洞穴中。【分布】贵州。

广东贝尔蛛 *Belisana* sp.3

【特征识别】雌蛛体长约3 mm。背甲半透明，较光滑，6眼分为2组。步足细长，近透明，密被细毛，关节处颜色较深。腹部近圆形，末端平截，背面淡褐色，腹侧半透明，多细毛。【习性】多生活于叶背面。【分布】广东。

梵净山贝尔蛛（雄蛛）　王露雨 摄

广东贝尔蛛（雌蛛和卵）　雷波 摄

云南贝尔蛛 *Belisana* sp.4

【特征识别】雌蛛体长约4 mm。背甲半透明，较光滑，6眼分为2组。步足细长，近透明，密被细毛，关节处颜色较深。腹部近圆形，腹面有1个黑斑，多细毛。【习性】多生活于叶背面。【分布】云南。

云南贝尔蛛（雌蛛）　张宏伟 摄

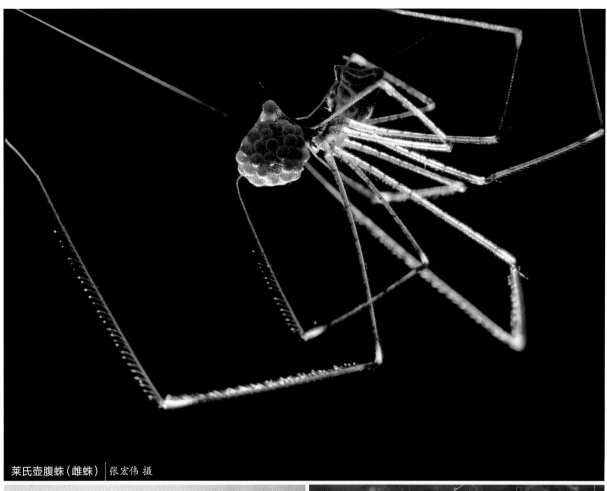

莱氏壶腹蛛（雌蛛） 张宏伟 摄

莱氏壶腹蛛（雄蛛） 黄贵强 摄

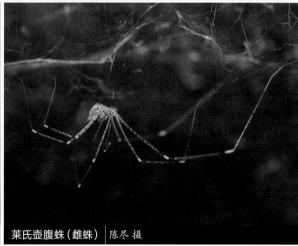

莱氏壶腹蛛（雌蛛） 陈尽 摄

莱氏壶腹蛛 *Crossopriza lyoni*

【特征识别】雄蛛体长约7 mm。背甲半透明，较光滑，有褐色斑。步足细长，密被细毛，多黑色环纹，关节处有黑色和白色环纹。腹部灰褐色，多细毛，有黑斑和白色鳞状斑，末端向上突起，有1个黑斑。雌蛛稍大于雄蛛，其余特征与雄蛛相似。【习性】多生活于屋檐下，雌蛛用螯牙衔住卵囊。【分布】浙江、福建、湖南、广西、海南、云南；世界性广布。

云南呵叻蛛 *Khorata* sp.

【特征识别】雌蛛体长约4 mm。背甲褐色，较光滑。步足细长，密被细毛，多黑色环纹，关节处颜色较深。腹部灰褐色，有数对黑斑。【习性】多生活于岩壁处，雌蛛用螯牙衔住卵囊。【分布】云南。

柄眼瘦幽蛛 *Leptopholcus podophthalmus*

【特征识别】雄蛛体长约4 mm。背甲黄色，半透明，较光滑，6眼分为2组，向上突起。步足细长，近透明，密被细毛，腿节有黑色花纹，关节处颜色较深。腹部黄色长筒形，多细毛，背面有3对黑斑，腹侧黑色。雌蛛稍大于雄蛛，其余特征与雄蛛相似。【习性】多生活于叶背面。【分布】河南、广西、海南；南亚、东南亚。

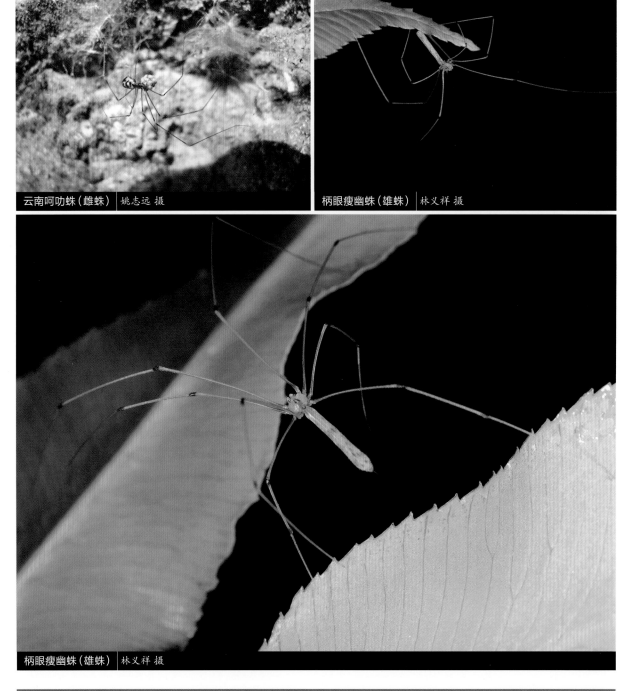

云南呵叻蛛（雌蛛） 姚志远 摄

柄眼瘦幽蛛（雄蛛） 林义祥 摄

柄眼瘦幽蛛（雄蛛） 林义祥 摄

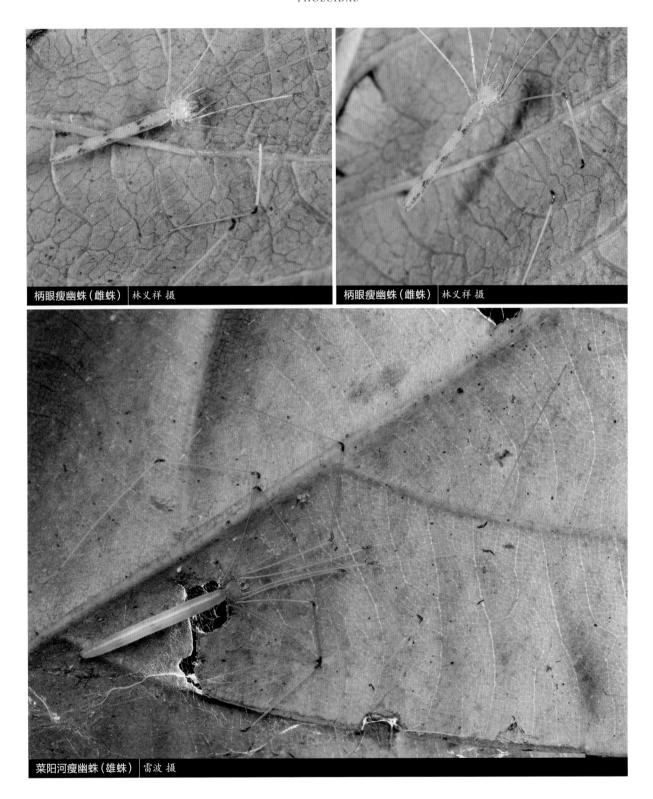

柄眼瘦幽蛛(雌蛛) | 林义祥 摄

柄眼瘦幽蛛(雌蛛) | 林义祥 摄

菜阳河瘦幽蛛(雄蛛) | 雷波 摄

菜阳河瘦幽蛛 *Leptopholcus* sp.

【特征识别】雄蛛体长约5 mm。背甲黄色，半透明，较光滑，6眼分为2组，向上突起。步足细长，近透明，密被细毛，关节处颜色较深。腹部黄色长筒形，多细毛，背面有3个黑环纹。【习性】多生活于叶背面。【分布】云南。

双齿幽灵蛛 *Pholcus bidentatus*

【特征识别】雄蛛体长约6 mm。背甲浅黄褐色，中部具1个青黑色大斑。步足细长，黄褐色，具灰黑色宽环纹。腹部筒形，背面灰白色，具对称分布的黑色斜纹。雌蛛体长约7 mm。体色较雄蛛深，其余特征与雄蛛相似。【习性】多生活于潮湿岩壁凹陷处。【分布】重庆、四川、贵州；老挝。

双齿幽灵蛛（雌蛛）｜张志升 摄

双齿幽灵蛛（雄蛛）｜张志升 摄

长幽灵蛛 *Pholcus elongatus*

【特征识别】雌蛛体长约6 mm。背甲黄色，半透明，从头区至中窝有1条黑纵纹，6眼分为2组。步足细长，近透明，密被细毛，关节处具黑斑。腹部黄色，长筒形，多细毛，有黑色鳞状花纹。【习性】多生活于叶背面，雌蛛用螯牙衔住卵囊。【分布】福建、海南、云南；老挝。

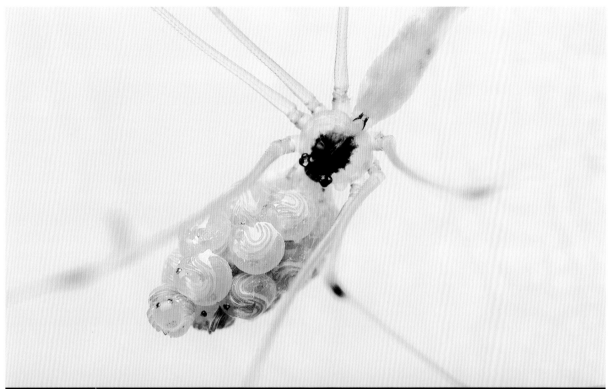

长幽灵蛛（雌蛛）｜雷波 摄

长幽灵蛛（雌蛛）｜张宏伟 摄

曼纽幽灵蛛 *Pholcus manueli*

【特征识别】雌蛛体长约5 mm。背甲黄色，半透明，从头区至中窝有1条黑纵纹，6眼分为2组。步足细长，近透明，密被细毛，关节处具黑斑。腹部近筒形，多细毛，有白色鳞状斑。【习性】多生活于室内。【分布】河北、山西、内蒙古、辽宁、吉林、江苏、浙江、四川、西藏、陕西；韩国、日本、俄罗斯、土库曼斯坦、美国。

兴义幽灵蛛 *Pholcus xingyi*

【特征识别】雄蛛体长约4 mm。背甲褐色。步足细长，褐色，密被细毛，关节处具黑斑。腹部近筒形，多细毛，背面有黑色鳞状斑，腹侧淡黄色，有3对黑斑。雌蛛稍大于雄蛛，其余特征与雄蛛相似。【习性】多生活于洞穴内。【分布】贵州。

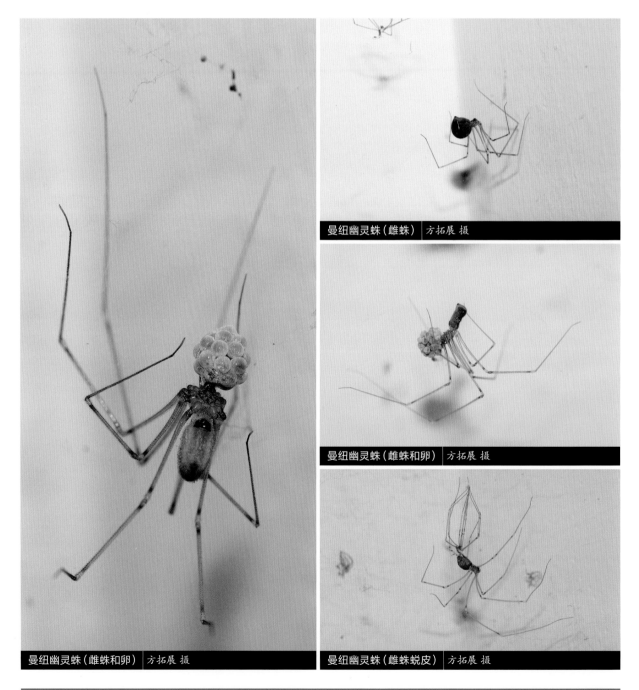

曼纽幽灵蛛（雌蛛）｜*方拓展 摄*

曼纽幽灵蛛（雌蛛和卵）｜*方拓展 摄*

曼纽幽灵蛛（雌蛛和卵）｜*方拓展摄*

曼纽幽灵蛛（雌蛛蜕皮）｜*方拓展 摄*

兴义幽灵蛛（雌蛛） 陈会明 摄

兴义幽灵蛛（雌蛛） 陈会明 摄

兴义幽灵蛛（雄蛛） 陈会明 摄

黑幽灵蛛 *Pholcus* sp.1

【特征识别】雄蛛体长约7 mm。背甲灰白色,较光滑,中窝后部具1个黑斑。步足细长,褐色,密被细毛,关节处黑色。腹部褐色,筒形,多细毛,有黑色鳞状纹和数对银斑。雌蛛体长约8 mm。体色较雄蛛深,腹部较雄蛛肥胖,其余特征与雄蛛相似。【习性】多生活于岩壁凹陷处。【分布】重庆。

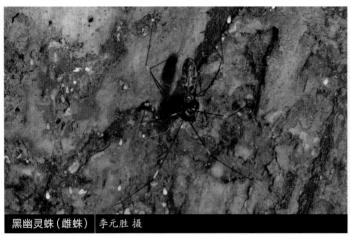 

黑幽灵蛛(雌蛛) 李元胜 摄　　黑幽灵蛛(雄蛛) 李元胜 摄

斑幽灵蛛 *Pholcus* sp.2

【特征识别】雌蛛体长约6 mm。背甲黄色,半透明,从头区至背甲后部有1条黑纵纹。步足细长,近透明,密被细毛,关节处具黑斑。腹部黄色,长筒形,多细毛。【习性】多生活于叶背面,雌蛛用螯牙衔住卵囊。【分布】广东。

苍白拟幽灵蛛 *Smeringopus pallidus*

【特征识别】雄蛛体长约7 mm。背甲灰色,从头区至背甲后部有1条黑纵纹,外缘黑色,8眼分为3组,中间1组2只眼。步足细长,浅黑色,密被细毛,关节处颜色加深。腹部灰色,长筒形,多细毛,具黑斑,心脏斑黑色。雌蛛稍大于雄蛛,其余特征与雄蛛相似。【习性】多生活于叶背面,雌蛛用螯牙衔住卵囊。【分布】湖南、广东、海南、云南、台湾、香港;世界性广布。

斑幽灵蛛(雌蛛) 雷波 摄　　苍白拟幽灵蛛(雌蛛) 林义祥 摄

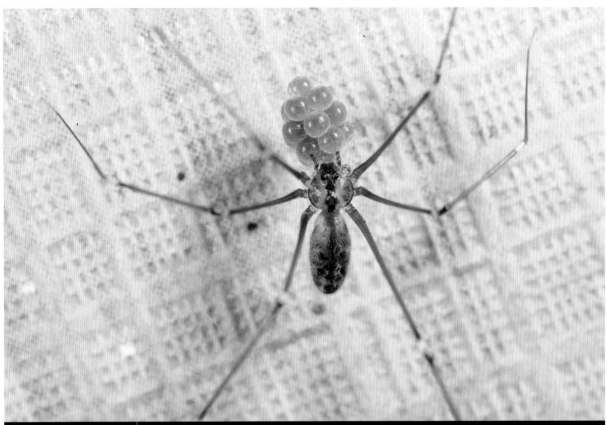

苍白拟幽灵蛛（雌蛛和卵） 林义祥 摄

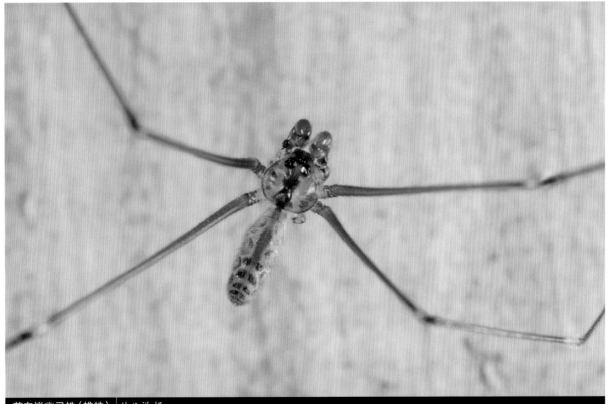

苍白拟幽灵蛛（雄蛛） 林义祥 摄

六眼幽灵蛛 *Spermophora senoculata*

【特征识别】雄蛛体长约2 mm。背甲半透明，较光滑，中窝后部有黑斑，6眼分为2组。步足细长，近乎透明，密被细毛，关节处颜色加深。腹部近圆形，淡黄色，具数对淡黑色斑，多细毛。【习性】多生活于室内。【分布】重庆、四川、浙江、湖南；全北区。

六眼幽灵蛛（雄蛛）│王露雨 摄

刺足蛛科

PHRUROLITHIDAE

中文名因其前2对步足胫节和后跗节具成对腹刺而得名。

刺足蛛体小到中型，体长2~6 mm。无筛器，游猎型蜘蛛。8眼2列，呈4-4式排列。螯肢前侧通常具1对刺。步足末端具2爪。第一、二对步足胫节和后跗节腹面具2行整齐排列的壮刺，后2对步足基本无刺。腹部卵圆形，背面后半部通常具"人"字形斑纹。雄蛛触肢腿节具有瘤状突起，胫节具有不同大小的胫节突，有

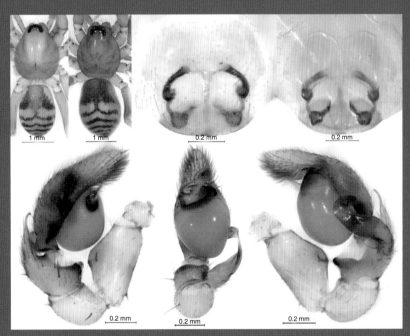

周云刺足蛛 *Phrurolithus zhouyun*

时具有基突和背突。插入器多为钩状、镰刀状或针状；输精管环状。雌蛛插入孔多为2个，背面多为"3通"结构，即交配管分别连接着黏液囊和纳精囊。黏液囊膜质、透明，位于纳精囊的前部；纳精囊位于后部，色深，靠近生殖沟。

Banks（1892）首次以刺足蛛属 *Phrurolithus* 为模式属建立了刺足蛛族 Phrurolithi，Penniman（1985）将其提升为亚科，曾被置于管巢蛛科、圆颚蛛科和光盔蛛科之下，直到2014年，Ramírez在两爪类系统学研究中将其提升为科。

本科目前全世界已知14属218种，主要分布于北半球。中国已知4属69种，主要分布于南方，奥塔蛛属Otacilia和刺足蛛属Phrurolithus在西南地区多样性非常丰富，还有许多种类未被描述。

八木盾球蛛 *Orthobula yaginumai*

【特征识别】雄蛛体长约2 mm。背甲红褐色，较光滑，眼区色深。步足浅黄褐色，具黑褐色斑纹。腹部球形，背面褐色，具盾板，有黑褐色斑。【习性】生活于落叶层中。【分布】重庆、福建、广东、海南。(注：近期研究中，盾球蛛属被移入管蛛科Trachelidae。)

八木盾球蛛（雄蛛） 张志升 摄

钳状奥塔蛛（雌蛛）｜王露雨 摄

钳状奥塔蛛 *Otacilia forcipata*

【特征识别】雌蛛体长约3.5 mm。背甲深褐色，具黑色斑纹，眼区黑色。螯肢黑褐色，前侧面具成对壮刺。步足基节、转节淡黄褐色，腿节前半部淡黄褐色，后半部黑色，内侧面具壮刺，第一、二对步足胫节、后跗节色深，腹面具成对壮刺。腹部卵圆形，背面黑色，后部具多个"人"字形淡黄褐色斑。【习性】生活于落叶层中。【分布】云南。

叉斑奥塔蛛 *Otacilia komurai*

【特征识别】雄蛛体长约3 mm。背甲浅黄褐色，具黑褐色斑。螯肢褐色，前侧面具成对壮刺。步足黄褐色，具褐色纹，第一、二对步足腿节腹内侧具壮刺，胫节和后跗节腹面具成对壮刺。腹部卵圆形，背面黑色，心脏斑较明显，其后具多条黄褐色横纹。【习性】生活于落叶层中。【分布】安徽、重庆、甘肃、贵州、湖北、湖南、陕西、四川、浙江；日本。

长管奥塔蛛 *Otacilia longituba*

【特征识别】雌蛛体长约4 mm。背甲灰黑色，具明显黑色放射状条纹。螯肢灰黑色，前侧面具成对壮刺。步足黄褐色，具褐色纹，第一、二对步足腿节腹内侧具壮刺，胫节和后跗节腹面具成对壮刺。腹部卵圆形，背面灰黑色，后半部具多条黄褐色"人"字形斑纹。【习性】生活于落叶层中。【分布】重庆。

叉斑奥塔蛛（雄蛛）│王露雨 摄

长管奥塔蛛（雌蛛）│王露雨 摄

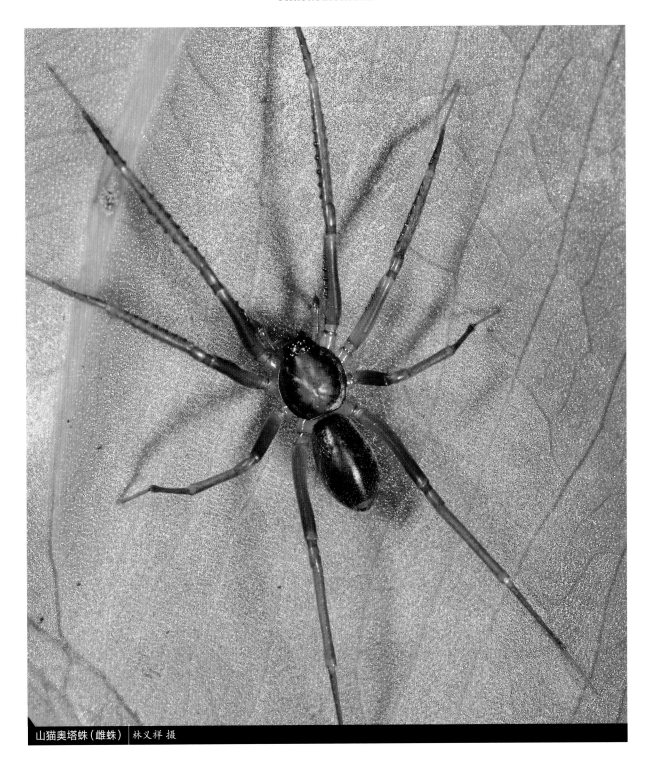

山猫奥塔蛛（雌蛛）│林义祥 摄

山猫奥塔蛛 *Otacilia lynx*

【特征识别】雌蛛体长约5 mm。背甲黄褐色，近外缘具黑褐色纹。螯肢褐色，前侧面具成对壮刺。步足黄褐色，腿节色深，腹内侧面具壮刺，第一、二对步足腿节腹内侧具壮刺，胫节和后跗节腹面具成对壮刺。腹部卵圆形，背面黑褐色，正中具褐色宽纵斑，近末端具1个椭圆形黄褐色斑。【习性】生活于落叶层和草丛中。【分布】中国台湾；日本。

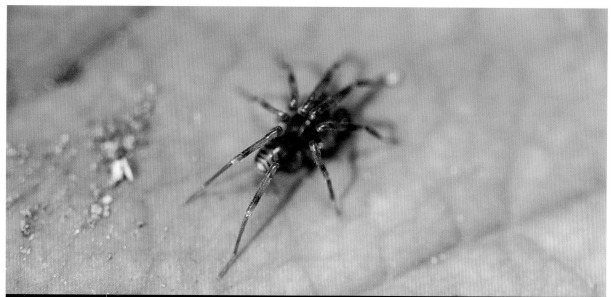

小孔奥塔蛛（雄蛛） 王露雨 摄

肥胖奥塔蛛（雌蛛） 王露雨 摄

小孔奥塔蛛 *Otacilia microstoma*

【特征识别】雄蛛体长约3.5 mm。背甲黄褐色，眼区褐色。螯肢前侧面具成对壮刺。步足黄褐色，具少量黑色环纹，第一、二对步足腿节腹内侧具壮刺，胫节和后跗节腹面具成对壮刺。腹部卵圆形，背面黄褐色，具多条黑色"人"字形纹。【习性】生活于落叶层中。【分布】贵州。

肥胖奥塔蛛 *Otacilia obesa*

【特征识别】雌蛛体长约4 mm。背甲黄褐色，正中纵带宽，黑色。螯肢前侧面具成对刺。步足黄褐色，第一、二对步足腿节腹内侧具壮刺，胫节和后跗节腹面具成对壮刺。腹部卵圆形，背面灰褐色，具不明显褐色纹，靠近末端具1条灰白色纹。【习性】生活于落叶层中。【分布】安徽。

外卷奥塔蛛 *Otacilia revoluta*

　　【特征识别】雄蛛体长约3 mm。背甲深褐色，具黑色纹。螯肢前侧面具成对刺。步足黄褐色，具黑褐色宽环纹，第一、二对步足腿节腹内侧具壮刺，胫节和后跗节腹面具成对壮刺。腹部卵圆形，背面黑褐色，具硬壳。【习性】生活于落叶层中。【分布】云南。

四面山奥塔蛛 *Otacilia simianshan*

　　【特征识别】雄蛛体长约3.5 mm。背甲黄褐色，具少量黑褐色纹，眼区黑色。螯肢褐色，前侧面具成对刺。步足黄褐色具少量黑褐色环纹，第一、二对步足腿节腹内侧具壮刺，胫节和后跗节腹面具成对壮刺。腹部卵圆形，背面灰褐色，心脏斑明显，黄褐色，其后具多条黄褐色"人"字形纹。雌蛛体长约4 mm。体色较雄蛛深，其余特征与雄蛛相似。【习性】生活于落叶层中。【分布】重庆。

外卷奥塔蛛（雄蛛）　李宗煦 摄

四面山奥塔蛛（雌蛛）　王露雨 摄

四面山奥塔蛛（雄蛛）　王露雨 摄

近六盘奥塔蛛 *Otacilia subliupan*

【特征识别】雄蛛体长约4 mm。背甲褐色，眼区黑色。螯肢前侧面具成对刺。步足黄褐色，第一、二对步足腿节腹内侧具壮刺，胫节和后跗节腹面具成对壮刺。腹部卵圆形，背面灰褐色，心脏斑黄褐色，其后具多条黄褐色横纹。雌蛛体长约5 mm。体色较雄蛛深，其余特征与雄蛛相似。【习性】生活于落叶层中。【分布】贵州。

台湾奥塔蛛 *Otacilia taiwanica*

【特征识别】雌蛛体长约5.5 mm。背甲黄褐色，具少量灰黑色纹。步足黄褐色，后跗节色深，第一、二对步足腿节腹内侧具壮刺，胫节和后跗节腹面具成对壮刺。腹部卵圆形，心脏斑较大，椭圆形，黄褐色，周围黑色。近末端具1个椭圆形浅黄褐色斑。【习性】多生活于落叶层中。【分布】重庆、福建、台湾；日本。

近六盘奥塔蛛（雌蛛） 王露雨 摄

近六盘奥塔蛛（雄蛛） 王露雨 摄

台湾奥塔蛛（雌蛛） 张志升 摄

黑腹奥塔蛛 *Otacilia* sp.

【特征识别】雌蛛体长约5 mm。背甲褐色，具少量黑色纹。步足黄褐色，第一、二对步足腿节腹内侧具壮刺，胫节和后跗节腹面具成对壮刺。腹部卵圆形，背面灰黑色，无明显斑纹。【习性】生活于落叶层中。【分布】广东。

环纹刺足蛛 *Phrurolithus annulus*

【特征识别】雄蛛体长约3.5 mm。背甲光滑，黑褐色，正中色浅。步足黄褐色，具黑色环纹，第一、二对步足腿节腹内侧具壮刺，胫节和后跗节腹面具成对壮刺。腹部卵圆形，背面黄褐色，具大量黑色斑。雌蛛体长约4.5 mm。体色较雄蛛稍深，其余特征与雄蛛相似。【习性】生活于落叶层中。【分布】重庆、贵州。

黑腹奥塔蛛（雌蛛）　雷波 摄

环纹刺足蛛（雌蛛）　王露雨 摄

环纹刺足蛛（雄蛛）　王露雨 摄

前孔刺足蛛 *Phrurolithus anticus*

【特征识别】雄蛛体长约3 mm。背甲淡黄褐色,眼区色深。步足淡黄褐色,第一、二对步足腿节腹内侧具壮刺,胫节和后跗节腹面具成对壮刺。腹部卵圆形,背面淡黄褐色,后半部具多条灰黑色横纹。雌蛛体长约4 mm。体色较雄蛛稍深,其余特征与雄蛛相似。【习性】生活于落叶层中。【分布】贵州。

前孔刺足蛛(雌蛛) 王露雨 摄　　　前孔刺足蛛(雄蛛) 王露雨 摄

双突刺足蛛 *Phrurolithus bifidus*

【特征识别】雄蛛体长约4 mm。背甲灰褐色,眼区黑色。步足褐色,腿节具黑色宽环纹,第一、二对步足腿节腹内侧具壮刺,胫节和后跗节腹面具成对壮刺。腹部卵圆形,背面黑褐色,具多条红褐色"人"字形纹。雌蛛体长约5 mm。体色较雄蛛稍浅,其余特征与雄蛛相似。【习性】生活于落叶层中。【分布】云南。

双突刺足蛛(交配) 李宗煦 摄

双突刺足蛛（雄蛛）　李宗煦 摄

梵净山刺足蛛（雄蛛）　王露雨 摄

梵净山刺足蛛（雌蛛）　王露雨 摄

梵净山刺足蛛 *Phrurolithus fanjingshan*

【特征识别】雄蛛体长约2.5 mm。背甲淡黄褐色，无明显斑纹，眼区色深。步足淡黄褐色，第一、二对步足腿节腹内侧具壮刺，胫节和后跗节腹面具成对壮刺。腹部卵圆形，背面淡黄褐色，具多条灰褐色横纹。雌蛛体长约3 mm。体色较雄蛛稍深，其余特征与雄蛛相似。【习性】生活于落叶层中。【分布】贵州。

钩状刺足蛛(雌蛛) 王露雨 摄

钩状刺足蛛(雄蛛) 王露雨 摄

周云刺足蛛(雄蛛) 王露雨 摄

钩状刺足蛛 *Phrurolithus hamatus*

【特征识别】雄蛛体长约2.5 mm。背甲褐色,具少量黑色纹。步足黄褐色,具不明显灰褐色环纹,第一、二对步足腿节腹内侧具壮刺,胫节和后跗节腹面具成对壮刺。腹部卵圆形,背面黄褐色,心脏斑较明显,黄褐色,两侧黑褐色,其后具多条黑褐色"人"字形纹。雌蛛体长约3 mm。体色较雄蛛浅,其余特征与雄蛛相似。【习性】生活于落叶层中。【分布】重庆。

周云刺足蛛 *Phrurolithus zhouyun*

【特征识别】雄蛛体长约3.5 mm。背甲黄褐色,具少量灰褐色纹,眼区黑色。步足黄褐色,具少量灰褐色环纹,第一、二对步足腿节腹内侧具壮刺,胫节和后跗节腹面具成对壮刺。腹部卵圆形,背面黄褐色,心脏斑明显,褐色,两侧黑色,其后具多条黑色"人"字形纹。【习性】生活于落叶层中。【分布】贵州。

宗煦刺足蛛 *Phrurolithus zongxu*

【特征识别】雄蛛体长约2 mm。背甲深黄褐色，较光滑，眼区色深。步足黄褐色，具不明显褐色环纹，第一、二对步足腿节腹内侧具壮刺，胫节和后跗节腹面具成对壮刺。腹部卵圆形，背面前部黑色，其后黄褐色和黑色"人"字纹相间排列。雌蛛体长约3 mm。体色较雄蛛深，其余特征与雄蛛相似。【习性】生活于落叶层中。【分布】重庆。

宗煦刺足蛛（雌蛛）｜王露雨 摄

宗煦刺足蛛（雄蛛）｜王露雨 摄

派模蛛科

PIMOIDAE

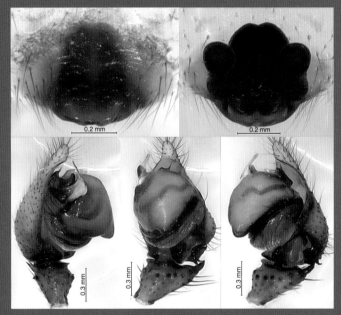

英文名Large hammock-web spiders，来源于其结大型皿网。

派模蛛体中型，体长5~12 mm。无筛器，8眼，3爪。可以由雄蛛触肢上特殊的跗舟外侧骨片（派模跗舟骨片）、跗舟背侧突以及跗舟突起上的齿状小突等加以区分，副跗舟与跗舟紧密相连；雌蛛外雌器具垂体且交配孔位于垂体背侧。夜行性，白天多藏于缝隙内，夜间吊挂在网上等待猎物落网。

本科是1986年由Wunderlich确立的小科，虽然它的建立得到了同行认可，但在精确界定上却依然存在困难。目前的最新研究认为它是皿蛛科

拇指文蛛 *Weintrauboa pollex*

以及最新成立的华模蛛科的近缘类群。目前全世界已知4属40种，主要分布于北美以及东亚等地。中国分布有3属13种，主要发现在西南地区，北京附近也有1种。

棒状派模蛛 *Pimoa clavata*

【特征识别】雌蛛体长约7 mm。背甲浅棕色，较为粗糙，头区稍隆起。步足棕色，具刺和长毛，第一步足腿节膨大。腹部近圆形，棕色，有稀疏鳞状黄斑，具长毛，心脏斑灰色。【习性】多生活于洞穴中。【分布】北京、河北。

| 棒状派模蛛（雌蛛） | 肖永红 摄 | 棒状派模蛛（雌蛛） | 肖永红 摄 |

李恒派模蛛 *Pimoa lihenga*

【特征识别】雄蛛体长约6 mm。背甲深棕色，正中具1条黑褐色宽纵带，头区稍隆起，眼区黑色。步足深棕色，有黑色环纹。腹部近圆形，棕黑色，具3对白色横斑。【习性】多生活于岩壁和落叶层中。【分布】云南。

肾形派模蛛 *Pimoa reniformis*

【特征识别】雌蛛体长约6 mm。背甲浅棕色，正中具1条黑褐色宽纵带，外缘黑色，头区稍隆起，眼区黑色。步足浅棕色，有黑色环纹。腹部近圆形，多毛，浅棕色，有黑色不规则斑纹。【习性】多生活于岩壁和落叶层中。【分布】四川、云南。

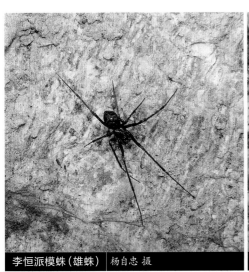
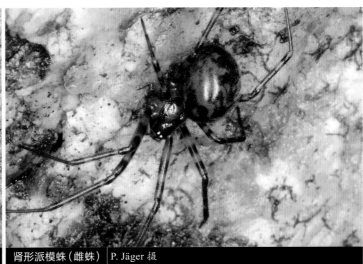

| 李恒派模蛛（雄蛛） | 杨自忠 摄 | 肾形派模蛛（雌蛛） | P. Jäger 摄 |

盗蛛科

PISAURIDAE

英文名Nursery-web spiders或Fish-eating spiders。学名来源于拉丁语*Pisaurum*（意大利一古镇名），在《生物名称和生物学术语的词源》中译为"猛蛛"，中国蛛形学先驱王凤振教授（1963）首次将该类群的中文名确定为"盗蛛"。台湾称其为跑蛛科。

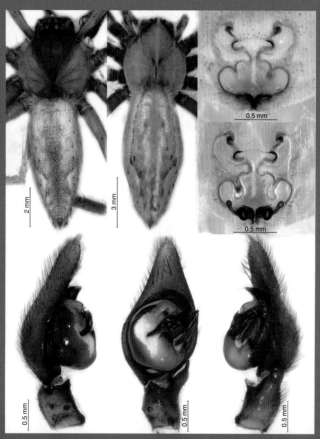

双角盗蛛 *Pisaura bicornis*

盗蛛体中至特大型（8~40 mm）。体形与狼蛛非常相似，无筛器。体色较深，为灰褐色、褐色和黑褐色等，头胸部和腹部背面具明显的纵斑。8眼，后眼列稍后凹或强烈后凹，但强度小于狼蛛，多为3列，呈4-2-2式排列。额前缘平齐，步足具刺，通常第四步足最长，第三步足最短。腹部卵圆形，背面具有斑纹。雄蛛触肢器与狼蛛最大的区别在于有胫节外侧突；雌蛛外雌器相对简单，具中隔。

大部分种类游猎生活，生活在落叶层、溪流旁的草丛、灌木和石壁上，以"守株待兔"的方式捕食，这大概就是盗蛛这个名称的由来了。少数种类亦可结网捕食，如楔盗蛛属*Sphedanus*。生活在水边的类群，如狡蛛属*Dolomedes*和尼蛛属*Nilus*，不但可以在水面上行走，而且还能潜入水中，并可在水底坚持35 min之久，捕食水中过往鱼和两栖类，英文名Fish-eating spiders因此而来。

在繁殖季节，雌蛛常以螯肢携带卵囊，抱于胸板下，并在卵将要孵化时结蚊帐状保育网（nursery-web），因此，国外亦称盗蛛为Nursery-web spiders（保育网蜘蛛）。

本科全世界分布，目前全世界已知47属335种，中国已知11属41种。针对本科的修订性工作较少。国内学者，除前人简单的新种记述外，张俊霞等（2004）对中国盗蛛进行了修订性研究。

宋氏树盗蛛 *Dendrolycosa songi*

【特征识别】雄蛛体长约11 mm。背甲灰白色，中窝处具1个黑斑。步足黑褐色，密被短毛和黄褐色环纹，后跗节和跗节色浅。腹部卵圆形，灰白色，心脏斑黑色，其后具灰黑色叶状斑。【习性】在低矮灌木中活动，喜夜行。【分布】云南。

梨形狡蛛 *Dolomedes chinesus*

【特征识别】雌蛛体长约17 mm。背甲褐色，亚外缘具1对白色纵斑。步足褐色，密被短毛，后跗节和跗节色深。腹部卵圆形，末端稍尖，背面褐色，外缘具1对白色纵斑。【习性】多在水边活动，喜夜行。【分布】江苏、湖北、湖南、广东、贵州、陕西。

宋氏树盗蛛（雄蛛）　李娅华 摄

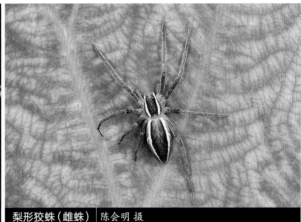

梨形狡蛛（雌蛛）　陈会明 摄

黑脊狡蛛 *Dolomedes horishanus*

【特征识别】雄蛛体长约13 mm。背甲褐色，正中具1条浅褐色细条斑，眼区深褐色，侧眼后方有浅褐色短纵斑。步足褐色，密被短毛，腿节色浅。腹部卵圆形，背面褐色，具数对白色斑点，外缘白色。雌蛛体长约15 mm。背甲绿褐色，正中具1条浅褐色细条纹，两侧具黑褐色宽纵纹，外缘色浅。步足绿褐色，具不明显褐色环纹。腹部卵圆形，背面褐色，具数对白色斑点。【习性】多在水边活动，喜夜行。【分布】中国台湾；日本。

黑脊狡蛛（雌蛛）　林义祥 摄

黑脊狡蛛（雌蛛）　林义祥 摄

黑脊狡蛛（雄蛛） 林义祥 摄

黑脊狡蛛（雄蛛） 林义祥 摄

日本狡蛛 *Dolomedes japonicus*

【特征识别】雌蛛体长约15 mm。背甲黑褐色，具大量白斑。步足黑褐色，散布白斑。腹部卵圆形，背面黑褐色，散布白色斑点，腹侧白色。【习性】多在水边活动，喜夜行。【分布】山西、浙江、湖南、四川；韩国、日本。

褐腹狡蛛 *Dolomedes mizhoanus*

【特征识别】雄蛛体长约15 mm。背甲黑褐色，正中具褐色细纵斑，外缘具细密白斑。步足褐色，散布锯齿状环纹，密被短毛。腹部卵圆形，背面褐色，心脏斑明显，灰白色，其余部位散布不规则灰白色花纹。【习性】多在水边活动，喜夜行。【分布】湖南、广西、海南、云南、台湾；老挝、马来西亚。

日本狡蛛（雌蛛）｜王江 摄

日本狡蛛（雌蛛）｜王江 摄

褐腹狡蛛（雄蛛）｜金黎 摄

黑斑狡蛛 *Dolomedes nigrimaculatus*

【特征识别】雄蛛体长约13 mm。背甲白色，外缘黑色，后部具1对黑斑。步足黑褐色，腿节色深。腹部卵圆形，背面褐色，前端两侧具1对黑斑，中部具白色斑点。雌蛛体长约20 mm。背甲褐色，后部具1对黑斑。步足褐色，密被短毛，后跗节具白斑。腹部卵圆形，背面深褐色，前端两侧具1对黑色斑。【习性】多在水边活动，喜夜行。【分布】河北、四川、浙江、湖南、贵州。

黑斑狡蛛（雌蛛）| 王露雨 摄

黑斑狡蛛（雄蛛）| 王露雨 摄

黑斑狡蛛（雌蛛）| 王露雨 摄

黑斑狡蛛（雌蛛）| 李若行 摄

掠狡蛛 *Dolomedes raptor*

【特征识别】雌蛛体长约25 mm。背甲深褐色，正中具1条褐色细纵斑，两侧黑褐色，外缘浅褐色。步足褐色，密被短毛，具黑色环纹。腹部卵圆形，背面深褐色，心脏斑黑色，近菱形，其后具灰黑色大斑。【习性】多在水边活动，喜夜行。【分布】浙江、河南、贵州、陕西、台湾；俄罗斯、韩国、日本。

掠狡蛛（雌蛛）｜任川 摄

赤条狡蛛 *Dolomedes saganus*

【特征识别】雄蛛体长约20 mm。体色多变，背甲从绿褐色到浅褐色均有，有些个体背甲亚外缘具1对白色纵斑，外缘浅褐色。步足墨绿色至褐色，有些个体散布白斑。腹部卵圆形，亚外缘有时具白纵斑。雌蛛体长约22 mm。其余特征与雄蛛相似。【习性】多在水边活动，喜夜行，用螯牙携带卵囊。【分布】江苏、浙江、山东、河南、湖北、湖南、四川、贵州、台湾；日本。

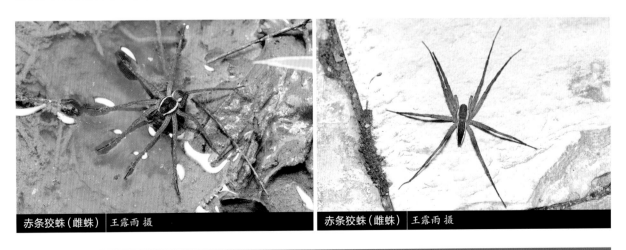

赤条狡蛛（雌蛛）｜王露雨 摄　　　　　赤条狡蛛（雌蛛）｜王露雨 摄

赤条狡蛛（雄蛛）　张志升 摄

赤条狡蛛（雌蛛）　王露雨 摄

赤条狡蛛（雄蛛）　王露雨 摄

老狡蛛（雌蛛捕食）　邱鹭 摄

老狡蛛（雄蛛）　吴超 摄

老狡蛛 *Dolomedes senilis*

　　【特征识别】雄蛛体长约16 mm。背甲褐色，外缘具1对白色纵斑。步足褐色，密被短毛。腹部褐色，卵圆形，背面外缘具白纵斑，旁有数个白色小斑。雌蛛体长约20 mm。体色较雄蛛浅，边缘白斑不明显，其余特征与雄蛛相似。【习性】多在水边活动，喜夜行。【分布】北京、河北、湖南、陕西；俄罗斯。

黄褐狡蛛 *Dolomedes sulfureus*

【特征识别】雌蛛体长约17 mm。背甲红褐色，中部颜色较深。步足红褐色，密被短毛。腹部红褐色，筒形，有不明显"八"字纹，腹侧隐约可见白色斑。【习性】多在水边活动，喜夜行。【分布】浙江、安徽、福建、湖北、湖南、四川、贵州、云南、台湾；俄罗斯、韩国、日本。

白斑狡蛛 *Dolomedes* sp.1

【特征识别】雌蛛体长约18 mm。背甲深褐色，外缘具1对白色纵斑。步足灰褐色，密被短毛，具壮刺。腹部卵圆形，末端稍尖。背面深褐色，前部中线两侧具1对白色小斑，外缘具白纵斑。【习性】多在水边活动，喜夜行。【分布】云南。

黄褐狡蛛（雌蛛）│王露雨 摄

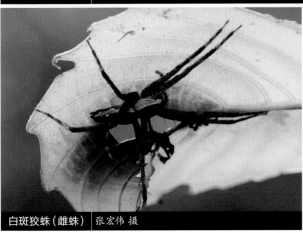

白斑狡蛛（雌蛛）│张宏伟 摄

白斑狡蛛（雌蛛）│张宏伟 摄

四面山狡蛛 *Dolomedes* sp.2

【特征识别】雄蛛体长约15 mm。背甲绿褐色，正中具1条褐色细纵斑，边缘白色。步足褐色，密被短毛，具壮刺，腿节绿色。腹部卵圆形，背面灰绿色，无明显斑纹或具大量黑色斑和白色斑点，边缘白色。雌蛛体长约17 mm。边缘白斑不明显，其余特征与雄蛛相似。【习性】多在水边活动，喜夜行。【分布】重庆。

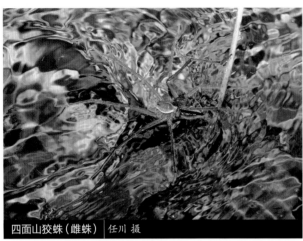

四面山狡蛛（雌蛛）｜任川 摄　　四面山狡蛛（雄蛛）｜任川 摄

密毛狡蛛 *Dolomedes* sp.3

【特征识别】雌蛛体长约15 mm。背甲褐色，正中具1条褐色细纵斑，亚边缘具白色纵纹。步足褐色，具长壮刺。腹部卵圆形，浅褐色，背面具数对白斑，心脏斑浅棕色，腹侧具白毛。【习性】多在水边活动，喜夜行。【分布】云南。

密毛狡蛛（雌蛛）｜雷波 摄

密毛狻蛛（雌蛛） 雷波 摄

密毛狻蛛（雌蛛） 雷波 摄

钟形潮盗蛛（雌蛛） 林业杰 摄

钟形潮盗蛛 *Hygropoda campanulata*

【特征识别】雌蛛体长约11 mm。背甲绿褐色，边缘具白色宽纵纹。步足灰褐色，密被短毛，具壮刺，壮刺基部黑色。腹部筒状，末端稍尖，背面绿褐色，黑色肌斑2对，两侧边缘白色。【习性】多在灌木上活动，喜夜行。【分布】云南；泰国。

长肢潮盗蛛 *Hygropoda higenaga*

【特征识别】雌蛛体长约10 mm。背甲浅褐色，正中具2条灰白色纵纹，两侧为灰褐色宽纵纹。步足绿褐色，密被短毛，具壮刺。腹部筒状，背面灰褐色，心脏斑灰白色，具有1个大型深褐色叶状斑，其边缘白色。【习性】多在灌木上活动，喜夜行。【分布】湖南、广西、云南、台湾；日本。

长肢潮盗蛛（雌蛛） 林义祥 摄

长肢潮盗蛛（雌蛛） 林义祥 摄

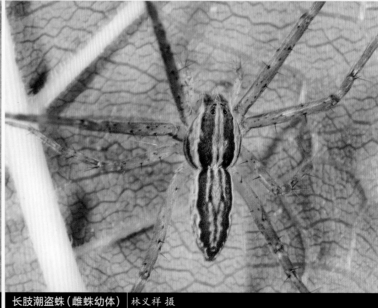

长肢潮盗蛛（雌蛛幼体） 林义祥 摄

勐仑潮盗蛛（雌蛛）｜陈尽 摄　　　云南潮盗蛛（雌蛛）｜杨自忠 摄

勐仑潮盗蛛 *Hygropoda menglun*

　　【特征识别】雌蛛体长约7 mm。背甲褐色，具1对灰褐色细纵斑，纵斑外缘灰褐色。步足橙褐色，密被短毛，关节处色浅。腹部筒状，灰褐色，具有1个大型深褐色叶状斑，边缘白色，心脏斑灰褐色。【习性】多在灌木上活动，喜夜行。【分布】云南。

云南潮盗蛛 *Hygropoda yunnan*

　　【特征识别】雌蛛体长约10 mm。背甲绿褐色，具1对灰褐色细纵斑，纵斑外缘白色。步足绿褐色，密被短毛，关节处色浅。腹部筒状，灰褐色，具有1个大型深褐色叶状斑，边缘白色，心脏斑灰褐色。【习性】多在灌木上活动，喜夜行。【分布】云南；泰国、老挝。

锚盗蛛（雌蛛）　杨南 摄

锚盗蛛（雌蛛）　王露雨 摄

锚盗蛛（雌蛛）　王露雨 摄

锚盗蛛（雌蛛）　付宇 摄

锚盗蛛（雌蛛）　付宇 摄

锚盗蛛 *Pisaura ancora*

【特征识别】雌蛛体长约9 mm。背甲灰色，具1条褐色细纵斑，中窝色深。步足灰褐色，密被短毛，具浅褐色环纹。腹部筒状，灰色，末端尖，具有数条"人"字形褐色斑，有些个体腹部具黑色眼斑。【习性】多生活于草丛中。【分布】北京、河北、山西、内蒙古、吉林、浙江、山东、河南、湖北、湖南、四川、贵州、西藏、陕西、甘肃、宁夏；韩国、俄罗斯。

双角盗蛛 *Pisaura bicornis*

【特征识别】雄蛛体长约8 mm。背甲灰白色，眼区、中窝色深。步足褐色，密被短毛，腿节深褐色。腹部筒状，土褐色，末端尖，有1条褐色纵斑。【习性】多生活于草丛中。【分布】浙江、福建、湖南、贵州；日本。

双角盗蛛（雄蛛）｜陆天 摄

驼盗蛛 *Pisaura lama*

【特征识别】雌蛛体长约10 mm。背甲灰白色，具1对灰褐色纵斑，其外缘灰白色。步足灰褐色，密被短毛。腹部筒状，灰褐色，具1对深褐色纵斑，其外缘灰色，腹侧褐色，心脏斑灰褐色。【习性】多生活于草丛中。【分布】河北、吉林、浙江、河南、湖南、四川、西藏、陕西；韩国、日本、俄罗斯。

驼盗蛛（雌蛛）｜王江 摄

驼盗蛛（雌蛛护幼）｜王江 摄

驼盗蛛（雌蛛）｜刘思阳 摄

奇异盗蛛（雌蛛）｜王露雨 摄

奇异盗蛛 *Pisaura mirabilis*

【特征识别】雌蛛体长约9 mm。背甲灰褐色，具黄色纵斑，其外缘黑褐色。步足灰褐色，密被短毛。腹部筒状，灰褐色，同样具黄色纵斑，其外缘黑色，心脏斑较窄，褐色。【习性】多生活于草丛中。【分布】浙江、西藏、甘肃、新疆；古北区。

南岭盗蛛 *Pisaura* sp.1

【特征识别】雌蛛体长约10 mm。背甲灰白色，正中具褐色纵斑。步足浅褐色，密被短毛。腹部筒状，灰褐色，背面具浅褐色叶状斑，均匀分布黑点，心脏斑较窄，褐色。【习性】多生活于树干上。【分布】广东。

南岭盗蛛（雌蛛）｜雷波 摄

南岭盗蛛（雌蛛）｜雷波 摄

斑点盗蛛 *Pisaura* sp.2

【特征识别】雄蛛体长约6 mm。背甲褐色。步足灰褐色。腹部筒形，末端较尖，腹面灰黑色。雌蛛体长约8 mm。背甲灰色，具黑斑。步足浅褐色，有黑斑。腹部筒状，黄褐色，背面均匀分布黑点，腹面灰白色。【习性】多生活于草丛中。【分布】辽宁。

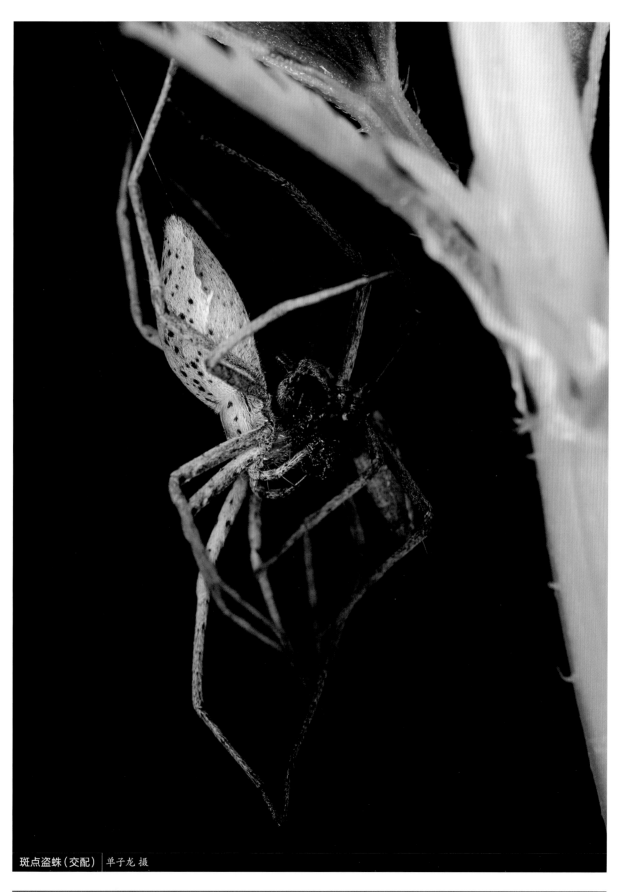

斑点盗蛛(交配) ｜ 单子龙 摄

带形多盗蛛 *Polyboea zonaformis*

【特征识别】雌蛛体长约10 mm。背甲褐色，两侧具1对黄色纵斑。步足黄绿色，有壮刺。腹部筒状，背面褐色，正中具1条灰白色短纵斑，两侧黑色，侧缘具黑色和灰白色纵纹。【习性】多生活于低矮灌木上。【分布】云南；老挝、印度。

陀螺黔舌蛛 *Qianlingula turbinata*

【特征识别】雌蛛体长约20 mm。背甲青黑色，无明显斑纹。螯肢黑色，前侧面被白色密毛。步足粗壮，较长，黑色，隐约可见灰色环纹，后跗节和跗节被密毛。腹部近似五边形，背面灰黑色，正中具黑斑，最后1块黑斑两侧具红斑。【习性】多在水边活动，喜夜行。【分布】广东。

带形多盗蛛（雌蛛） 黄贵强 摄

陀螺黔舌蛛（雌蛛） 吕植桐 摄

版纳楔盗蛛（雌蛛幼体）｜黄贵强 摄

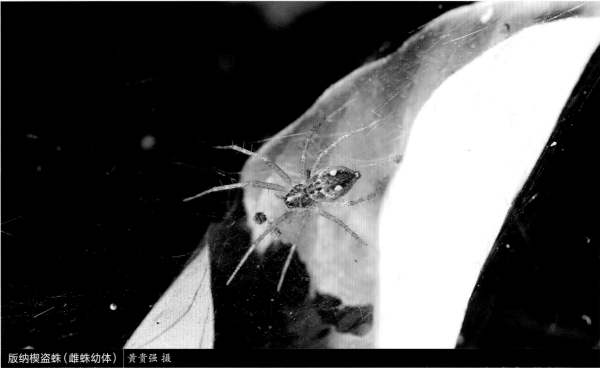

版纳楔盗蛛（雌蛛幼体）｜黄贵强 摄

版纳楔盗蛛 *Sphedanus banna*

【特征识别】雌蛛体长约11 mm。背甲褐色，具不明显白色斑纹。步足黄绿色，具稀疏白毛，有长壮刺和白色环纹。腹部卵圆形，背面前半部正中灰黑色，两侧黄褐色，之后具大型灰褐色叶状斑，侧面黄褐色。【习性】多在低矮灌木上结网。【分布】云南；老挝。

粗螯蛛科

PRODIDOMIDAE

英文名Long-spinnered ground spiders或Prodidomid ground spiders，来源于本科的种类尾部纺管明显长于平腹蛛类蜘蛛，或者源于有些种类螯肢膨大。

粗螯蛛微小至中型，体长1.5~9 mm。2爪，无筛器。螯肢粗壮而前伸，左右向外侧倾斜。背甲椭圆形，较为平坦。有些属中窝缺失。8眼常2列，呈4-4式，在*Brasilomma*属中无眼。前眼列近于平直，后眼列强烈前凹，呈梯形。

本科为夜行性游猎生活的地栖蜘蛛类群，与平腹蛛科亲缘关系最近。全世界已知31属309种，在热带和亚热带地区分布，N.I. Platnick为这个类群的系统学做出了重大贡献。中国仅知1属1种，即红粗螯蛛*Prodidomus rufus*，笔者曾发现该种于室内，猜测它可能喜好人居环境，在中国应为引入物种。

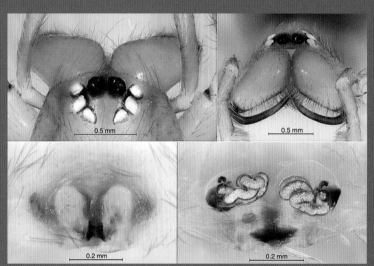

红粗螯蛛 *Prodidomus rufus*

红粗螯蛛 *Prodidomus rufus*

【特征识别】雌蛛体长约5 mm。背甲红褐色，有细毛，前眼列几乎平直，后眼列前曲。螯肢基部膨大，左右向外侧倾斜。步足橙色，多毛，有黑色壮刺，胫节和后跗节有灰色毛。腹部圆形，深褐色，具有长毛。【习性】多生活于室内。【分布】浙江、湖南、四川、重庆；日本、新喀里多尼亚、美国、古巴、阿根廷、智利、英国（圣赫勒拿岛）。

红粗螯蛛（雌蛛） 陆天 摄

红粗螯蛛（雌蛛） 陆天 摄

楼网蛛科

PSECHRIDAE

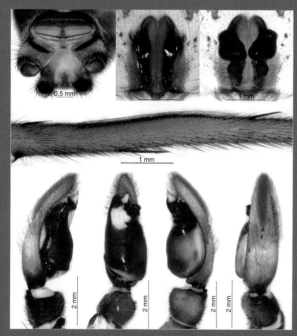

广楼网蛛 *Psechrus senoculatus*

英文名Cribellate sheetweb spiders。

楼网蛛体中到大型，体长8~30 mm。具分隔筛器。8眼同型，排成2列。下唇长。步足细长、多刺，第一、二步足显著长，3爪，有毛丛。腹部呈卵圆形或圆筒状。雄蛛栉器退化。

所有种类均为结网蛛，喜夜间活动。一般喜将网结在较开阔的森林或盘山公路边。便蛛属*Fecenia*结垂直圆网，网中央通常具1枚卷曲的枯叶作为隐蔽所，蜘蛛白天一般躲在枯叶中，仅有猎物落网时才会出来取食。而楼网蛛属*Psechrus*结大型漏斗状网，长宽可达2 m。网下端连接位于石缝或土缝中的管状隐蔽所。蜘蛛多倒挂在网下方，受惊吓后则迅速逃到隐蔽所内，有假死的习性。楼网蛛雌蛛用螯肢携带卵囊。

本科为小科，目前全世界已知2属61种，中国已知2属14种。德国学者Bayer于2011年和2012年对上述2个属进行了修订。尹长民、王新平和杨自忠等对中国的楼网蛛做过研究。

简腹便蛛 *Fecenia cylindrata*

　　【特征识别】雌蛛体长约15 mm。背甲褐色,具黑褐色斑纹。步足褐色,密被短毛,后跗节和跗节具有黑斑。腹部长筒形,背面褐色,多毛,末端具数条"八"字形纹和成对黑斑,心脏斑黑色。【习性】结垂直圆网,中央具1枚卷曲的枯叶,白天或受干扰后躲避到枯叶中。【分布】云南、海南;缅甸、泰国、老挝。

| 简腹便蛛(雌蛛幼体)　黄贵强 摄 | 简腹便蛛(蛛网)　杨自忠 摄 |

长民楼网蛛 *Psechrus changminae*

　　【特征识别】雄蛛体长约16 mm。背甲浅褐色,有1对黑褐色波浪形斑纹。步足褐色,密被短毛,腿节具黑斑,后跗节和跗节黑色。腹部长卵圆形,背面土黄色,具白色绒毛。雌蛛体长约23 mm。背甲浅褐色,有1对不明显黑褐色波浪形斑纹,多毛。步足褐色,具大量蓝黑色斑点和花纹。腹部卵圆形,背面灰褐色,有细小灰白色条纹,心脏斑较明显,披针形。【习性】结大型漏斗状网。【分布】云南。

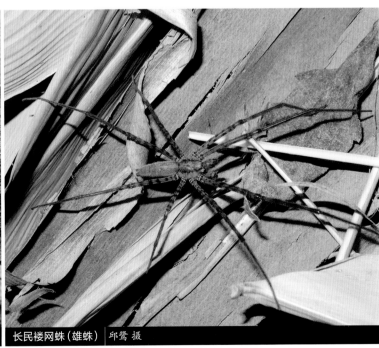

| 长民楼网蛛(雌蛛)　杨自忠 摄 | 长民楼网蛛(雄蛛)　邱鹭 摄 |

盘状楼网蛛（雌蛛）｜杨自忠 摄

盘状楼网蛛 *Psechrus discoideus*

【特征识别】雌蛛体长约20 mm。背甲浅褐色，密被白色短绒毛，中线两侧有1对黑褐色波浪形斑纹。步足褐色，密布长毛，具大量黑色环纹。腹部长卵圆形，背面褐色，前端两侧具不明显大黑斑，后半部具多条横纹。【习性】结大型漏斗状网，雌蛛使用螯牙携带卵囊。【分布】云南。

泰楼网蛛 *Psechrus ghecuanus*

【特征识别】雌蛛体长约17 mm。背甲浅褐色，有1对黑褐色波浪形斑纹。步足褐色，密布长毛，腿节具有黑斑，其余各节具黑色环纹。腹部卵圆形，背面褐色，有白色细条纹。心脏斑灰褐色，披针形。【习性】结大型漏斗状网。【分布】云南；缅甸、泰国、老挝。

泰褛网蛛（雌蛛）｜黄贵强 摄

肿腹楼网蛛（雄蛛）姚忠祎 摄

肿腹楼网蛛（雄蛛）姚忠祎 摄

肿腹楼网蛛（雌蛛）姚忠祎 摄

昆明楼网蛛（雌蛛）杨自忠 摄

肿腹楼网蛛 *Psechrus inflatus*

【特征识别】雄蛛体长约20 mm。背甲褐色，正中具不明显灰褐色宽纵斑。步足褐色，具长毛，关节处有黑色环纹，具壮刺，刺基部有黑点。腹部长卵圆形，背面灰褐色，具不明显黑色斑。雌蛛体长约25 mm。步足黄褐色，具黑褐色环纹。胸甲外缘黄色，正中黑色。腹部腹面具黄色窄纵纹，其两侧黑褐色。【习性】结大型漏斗状网。【分布】云南、西藏。

昆明楼网蛛 *Psechrus kunmingensis*

【特征识别】雌蛛体长约17 mm。背甲绿褐色，外缘白色。步足绿褐色，具黄褐色环纹，关节处颜色较深。腹部卵圆形，末端稍尖，背面浅褐色，有数对白色细纹，腹侧褐色。【习性】结大型漏斗状网。【分布】云南。

广楼网蛛 *Psechrus senoculatus*

【特征识别】雄蛛体长约22 mm。背甲褐色，正中具1条黑褐色宽纵带。步足褐色，被长毛，具黑褐色环纹。腹部长卵圆形，背面灰褐色，外缘有3条黑色短纵斑。雌蛛体长约24 mm。整体颜色较深，腹部背面灰白色为主，心脏斑灰色，腹部近末端有数条"人"字形花纹，其余特征与雄蛛相似。【习性】结大型漏斗状网。【分布】浙江、安徽、云南、湖南、广西、贵州。

广楼网蛛（雌蛛）　王露雨 摄

广楼网蛛（雌蛛）　王露雨 摄

广娄网蛛（雄蛛）　张志升 摄

广娄网蛛（雌蛛）　张志升 摄

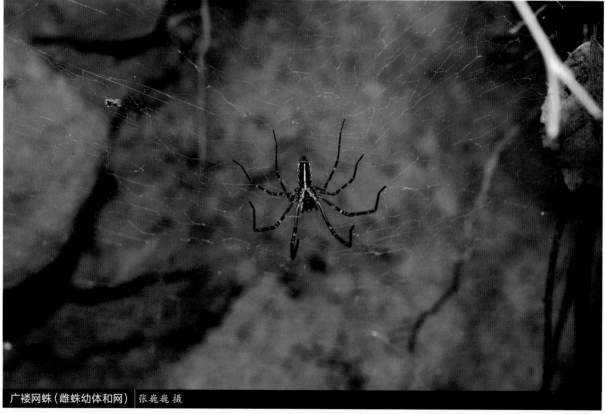

广娄网蛛（雌蛛幼体和网）　张巍巍 摄

抹刀楼网蛛 *Psechrus spatulatus*

【特征识别】雌蛛体长约21 mm。背甲浅褐色,被白毛。步足墨绿色,具长毛和少量壮刺,刺基部有黑点,关节处有灰白色和黑色环纹。腹部长卵圆形,背面灰白色,散布褐色斑点,侧缘黄褐色。【习性】结大型漏斗状网。【分布】云南。

汀坪楼网蛛 *Psechrus tingpingensis*

【特征识别】雌蛛体长约18 mm。背甲褐色,中线两侧具1对黑色纵条纹。步足黑褐色,具长毛,有不明显的暗褐色环纹。腹部长卵圆形,末端钝圆,背面灰褐色,有3条不明显的弧形纹,腹侧黑色。卵囊较大。【习性】结大型漏斗状网。【分布】湖南、广西、四川、贵州。

三角楼网蛛 *Psechrus triangulus*

【特征识别】雌蛛体长约16 mm。背甲褐色,中线两侧具灰褐色纵带。步足具长毛,腿节墨绿色,其余各节黑褐色,有暗黄色环纹。腹部卵圆形,背面褐色,心脏斑明显,灰色,腹侧有白色不规则纹。【习性】结大型漏斗状网。【分布】云南。

抹刀楼网蛛(雌蛛) 杨自忠 摄

汀坪娄网蛛（雌蛛）　王露雨 摄

三角娄网蛛（雌蛛）　杨自忠 摄

跳蛛科

SALTICIDAE

中文名和英文名（Jumping spiders）皆因为它们擅长跳跃。台湾称其为蝇虎科。跳蛛作为知名度最高的一类蜘蛛而为人所熟知。

跳蛛多数为小型蜘蛛，少数中型（3~17 mm）。跳蛛与其他蜘蛛最大的区别在于它们的眼睛——8眼分成3列，前中眼巨大。蝇象*Hyllus* spp.体长甚至可达25 mm。是跳蛛中体型较大的属。头胸部常向上突出；螯肢常常在雄蛛中有延长和特化，用以与雌蛛错开生态位。蚁蛛属*Myrmarachne*中此特点最为明显。身体覆有鳞状毛，雄蛛常比雌蛛更为鲜艳。如澳大利亚分布的孔雀跳蛛*Maratus* spp.雄蛛极其靓丽，而雌蛛则为灰褐色。步足形态多变，雄蛛第一步足较为粗壮，在争夺交配权中常起到重要作用。

作为典型的昼行性游猎蜘蛛，跳蛛的蛛丝大多数情况下被用来建造袋状的隐蔽所，用于蜕皮、产卵、交配以及在不活动时居住。它们依靠极发达的视觉捕捉猎物。极大的眼和复杂的视网膜使它们有独特的分辨本领，这在体型大小相近的动物中是无与伦比的。前中眼可以辨别和区分对象，例如猎物、异性和同性的同种个体。稍小的前侧眼可以检测运动和帮助蜘蛛定位目标。跳蛛通过跟踪、追逐、跳跃和偷袭相结合来检测和追踪猎物。有些专食性跳蛛甚至发展出了攻击性拟态。例如孔蛛属*Portia*在捕猎其他蜘蛛时模拟昆虫震动。

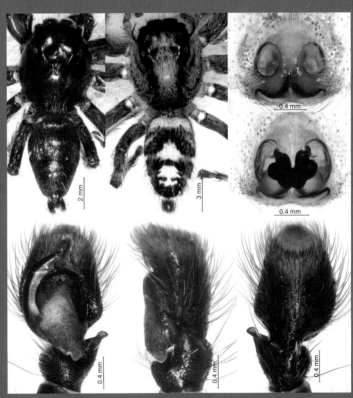

斑腹蝇象 *Hyllus diardi*

由于跳蛛分布极广，适应力较强，甚至还演化出了目前已知唯一的植食性蜘蛛：*Bagheera kiplingi*，它主要以洋槐属*Vachellia* spp.叶上营养丰富的贝尔特体为食，但也偶尔会食用花蜜和蚂蚁幼虫。在跳蛛中甚至还有蚁栖类群。

本科是蜘蛛目中最大的科，世界范围内已知621属5 947种，全世界广泛分布。中国已知95属473种。彭贤锦等对中国的跳蛛进行了大量研究。目前有几个有关跳蛛的数据库可供参考，参见http://salticidae.org/。

四川暗跳蛛 *Asemonea sichuanensis*

【**特征识别**】雄蛛体长约5 mm。背甲黑色，近圆形，眼区褐色。步足白色，具刺，后2对步足胫节末端有黑斑。腹部筒状，浅褐色，具金属光泽。雌蛛体长约5 mm。背甲白色，有1对细纹位于后中眼后部并延伸至背甲末端。步足白色，半透明。腹部浅褐色，被白毛，一些白毛组成白斑。【**习性**】生活于山谷水边草丛中。【**分布**】四川、贵州。

四川暗跳蛛（雌蛛）│ 王露雨 摄

四川暗跳蛛（雄蛛）│ 王露雨 摄

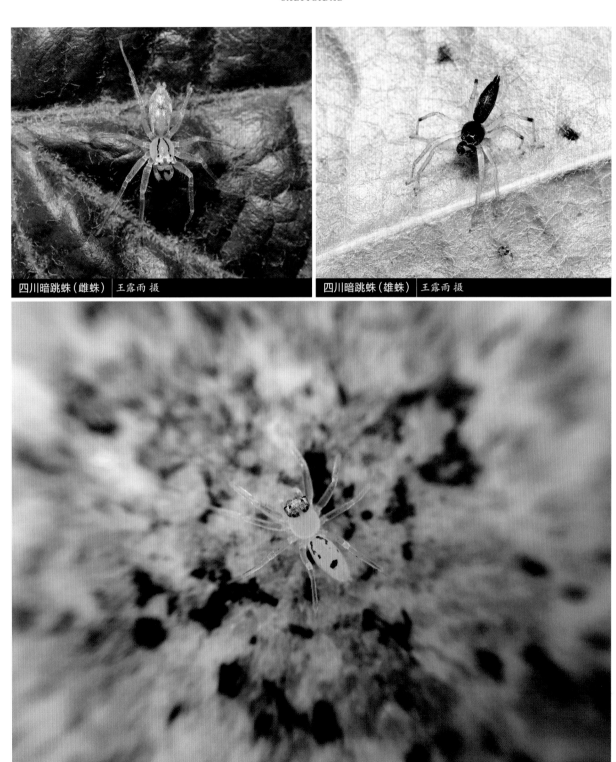

四川暗跳蛛（雌蛛）│王露雨 摄

四川暗跳蛛（雄蛛）│王露雨 摄

黑斑暗跳蛛（雌蛛）│王苇杭 摄

黑斑暗跳蛛 *Asemonea* sp.

【特征识别】雌蛛体长约5 mm。背甲白色，有1对细纹位于后中眼后部并延伸至背甲末端。步足白色，半透明。腹部浅褐色。被白毛，一些白毛组成白斑。【习性】生活于草丛中。【分布】广东。

丽亚蛛 *Asianellus festivus*

【特征识别】雌蛛体长约5 mm。背甲褐色，外缘黑色，额区浅褐色。步足褐色，具有黑色环纹。腹部褐色，沿中线分布有浅褐色与黑色斑。【习性】多生活于草丛中。【分布】北京、河北、山西、吉林、黑龙江、浙江、安徽、山东、湖北、湖南、广西、四川、贵州、西藏、陕西、甘肃；古北区。

丽亚蛛（雌蛛） 王露雨 摄　　　　丽亚蛛（雌蛛） 王露雨 摄

上位蝶蛛 *Nungia epigynalis*

【特征识别】雄蛛体长约4 mm。背甲黑色。第一步足除腿节和胫节黑色外，其余各节和余下各步足褐色。腹部褐色，沿中线分布有橙色纵纹。雌蛛体长约4 mm。背甲黑褐色，眼周围有橙色毛。步足褐色。腹部褐色，具浅褐色纵斑，纵斑两侧分布有黄褐色纵纹。【习性】生活于低矮灌草丛中。【分布】台湾、广东。

上位蝶蛛（雄蛛） 雷波 摄

上位蝶蛛（雄蛛）｜林义祥 摄

上位蝶蛛（雄蛛）｜林义祥 摄

上位蝶蛛（雌蛛）｜林义祥 摄

巨刺布氏蛛 *Bristowia heterospinosa*

【特征识别】雄蛛体长约3 mm。背甲黑色，被毛。第一步足黑色，转节极长，其余步足浅褐色。腹部背面褐色，近末端有黑色"八"字纹，侧缘有白色斑纹。【习性】生活于低矮灌草丛中。【分布】湖南、贵州、云南；印度、越南、韩国、日本、印度尼西亚。

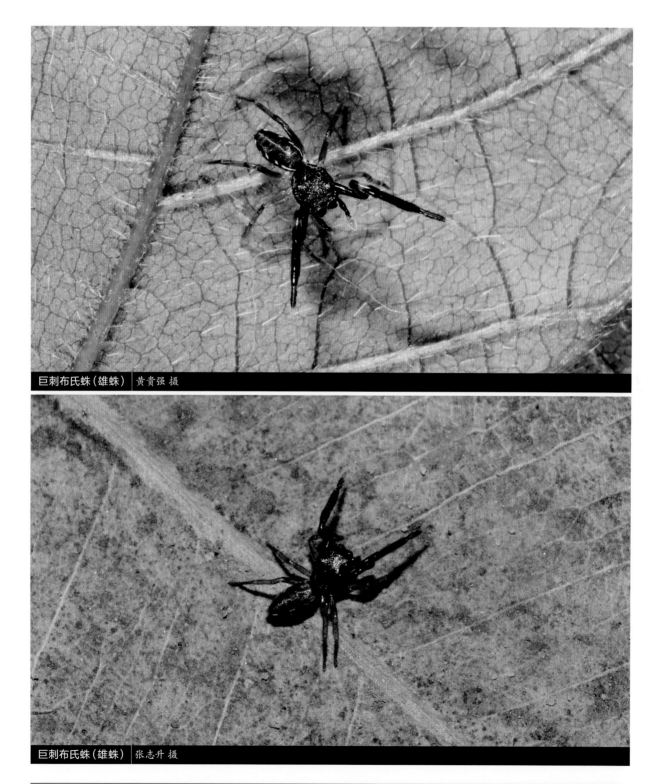

巨刺布氏蛛（雄蛛）｜黄贵强 摄

巨刺布氏蛛（雄蛛）｜张志升 摄

波氏缅蛛 *Burmattus pococki*

【特征识别】雌蛛体长约5 mm。背甲黑色，被毛，有浅黄色斑点。步足黑色，有浅褐色环纹。腹部背面深褐色，有1条浅褐色纵纹，末端有2对白斑。幼体色浅，为橙黄色。【习性】生活于低矮灌草丛中。【分布】湖南、广东、广西、海南、贵州、云南；缅甸、越南、日本。

波氏缅蛛（雌蛛）　林义祥 摄

波氏缅蛛（雌蛛）　王露雨 摄

冠猫跳蛛（雌蛛）｜王露雨 摄

华南缅蛛（雄蛛）｜黄贵强 摄

角猫跳蛛（雄蛛）｜杨自忠 摄

华南缅蛛 *Burmattus sinicus*

【特征识别】雄蛛体长约6 mm。背甲黑色，被毛，有白色斑点，眼周围橙色。步足黑色，有白色环纹，第四步足色浅。腹部背面深褐色，有1条浅褐色纵纹，前部具1条白色宽横纹，末端有2对白斑。【习性】生活于低矮灌草丛中。【分布】云南。

冠猫跳蛛 *Carrhotus coronatus*

【特征识别】雌蛛体长约6 mm。背甲黑色，外缘浅褐色。步足腿节黑色，其余各节褐色，关节处有白色环纹。腹部背面褐色，前部具1条白色横纹。【习性】生活于低矮灌草丛中。【分布】浙江、贵州、云南；东南亚。

角猫跳蛛 *Carrhotus sannio*

【特征识别】雄蛛体长约5 mm。背甲黑色，被毛，外缘黄褐色，眼区后有1条白色横斑。步足黑色，关节处有白色环纹。腹部背面黑色，前部具1条白色弧形纹，中央沿中线分布1对白色短纹。【习性】生活于低矮灌草丛中。【分布】福建、江西、河南、湖南、广东、广西、云南；越南、印度、缅甸、马来西亚。

黑猫跳蛛 *Carrhotus xanthogramma*

【特征识别】雌蛛体长约7 mm。背甲黑色，被毛，外缘黄褐色，眼四周橙色。步足黑色，有黄褐色环纹，关节处有白色环纹。腹部背面黑色，密被橙色毛，前部具1条黄色弧形纹。【习性】生活于低矮灌草丛中。【分布】北京、河北、辽宁、吉林、浙江、福建、江西、山东、河南、湖北、湖南、广东、广西、四川、贵州、西藏、陕西、台湾；保加利亚、越南、印度。

黑猫跳蛛（雌蛛）　*林义祥 摄*

黑猫跳蛛（雌蛛）　林义祥 摄

黑猫跳蛛（雌蛛）　林义祥 摄

黑猫跳蛛（雌蛛）　林义祥 摄

长触螯跳蛛 *Cheliceroides longipalpis*

【特征识别】雄蛛体长约6 mm。背甲黑褐色，被毛，外缘具白色弧形纹，眼四周橙色。步足黑色，腿节有白色环纹，第三、四步足基节、转节和腿节末端黄色。腹部背面黑色，具金属光泽，前部具1条白色弧形纹，腹侧有3对白斑。【习性】生活于低矮灌草丛中。【分布】贵州、湖南、广西、海南；越南。

长触螯跳蛛（雄蛛）　王露雨 摄

长触螯跳蛛（雄蛛）　王露雨 摄

长触螯跳蛛（雄蛛）　王露雨 摄

瓮囡华蛛 *Chinattus wengnanensis*

【特征识别】雄蛛体长约3 mm。背甲黑褐色，被毛，外缘白色，眼四周橙色。步足黑色，有淡黄色环纹，关节处白色。腹部近圆形，背面深褐色，有浅褐色花纹，花纹上有白毛，前部具1条白色弧形纹，腹侧具白斑。【习性】生活于低矮灌草丛中。【分布】云南。

| 瓮囡华蛛（雄蛛）　黄贵强 摄 | 瓮囡华蛛（雄蛛）　黄贵强 摄 |

勐养华斑蛛 *Chinophrys mengyangensis*

【特征识别】雄蛛体长约3 mm。背甲黑褐色，被浅褐色毛。步足黑色，基节淡黄色，有白色环纹。腹部近圆形，背面黑褐色，前部具白色宽弧形纹，近末端有淡黄色横纹。雌蛛稍大于雄蛛，其余特征与雄蛛相似。【习性】生活于低矮灌草丛中。【分布】云南。

针状丽跳蛛 *Chrysilla acerosa*

【特征识别】雄蛛体长约7 mm。背甲黑色，具蓝色鳞状毛，眼区被白色鳞状毛。步足浅黑色，较艳丽，根据反光的不同呈现不同的颜色。腹部圆筒形，背面黑褐色，具白色纵纹，纵纹两侧分布有2对橙斑。雌蛛颜色较鲜艳，体长约6 mm。背甲具青色和橙色毛。步足浅黑色。腹部筒形，黑色，有橙色和青色横纹相间排列，腹侧黄色。【习性】生活于低矮灌草丛中，冬天在竹子里越冬。【分布】四川、重庆。

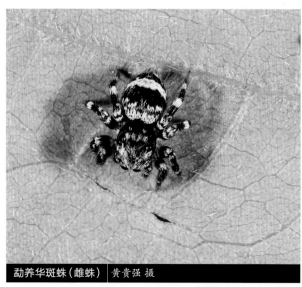 

| 勐养华斑蛛（雌蛛）　黄贵强 摄 | 勐养华斑蛛（雄蛛）　黄贵强 摄 |

针状丽跳蛛（雌蛛）｜王露雨 摄

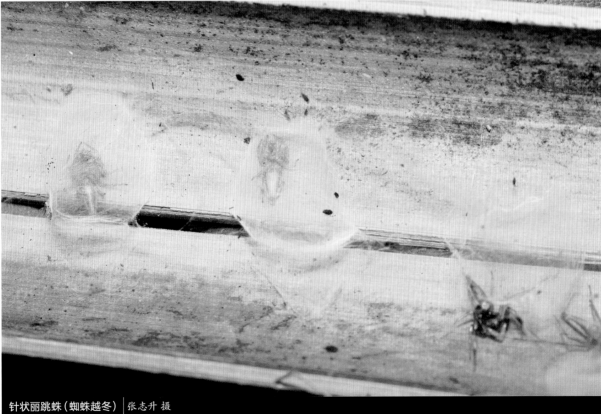

针状丽跳蛛（蜘蛛越冬）｜张志升 摄

针状丽跳蛛（雄蛛）　王露雨 摄

针状丽跳蛛（雌蛛幼体）　王露雨 摄

针状丽跳蛛（雄蛛亚成体）　王露雨 摄

针状丽跳蛛（雌蛛）　王露雨 摄

华美丽跳蛛 *Chrysilla lauta*

【特征识别】雄蛛体长约6 mm。背甲黑色，具蓝色和红色鳞状毛。第一步足黑色，其余步足浅褐色，较艳丽，被紫色反光鳞状毛。腹部圆筒形，背面黑色，具蓝色鳞状纹，有1条白色纵纹贯穿腹部，腹侧浅褐色。雌蛛颜色较鲜艳，体长约6 mm。背甲具白毛，侧缘鲜红色。步足浅褐色，较艳丽，被反光鳞状毛，关节处橙色。腹部筒形，黑色，有蓝色与红色斑纹，近末端有紫色横纹，末端黑色。【习性】生活于低矮灌草丛中。【分布】海南、台湾；缅甸、越南。

华美丽跳蛛（雄蛛）｜林义祥 摄

华美丽跳蛛（雌蛛）　林义祥 摄

华美丽跳蛛（雌蛛）　林义祥 摄

华美丽跳蛛（雌蛛）　林义祥 摄

华美丽跳蛛（雌蛛）　林义祥 摄

拉米宇跳蛛 *Cosmophasis lami*

　　【特征识别】雄蛛体长约5 mm。背甲黑色，具金色鳞状毛。步足黄色，较艳丽，被紫色反光鳞状毛。腹部圆筒形，背面黄褐色，具1对黑褐色宽纵纹，其间亦有紫色鳞状毛。雌蛛体长约6 mm。其余特征与雄蛛相似。【习性】生活于低矮灌草丛中。【分布】中国台湾；塞舌尔、新加坡、日本、菲律宾、斐济。

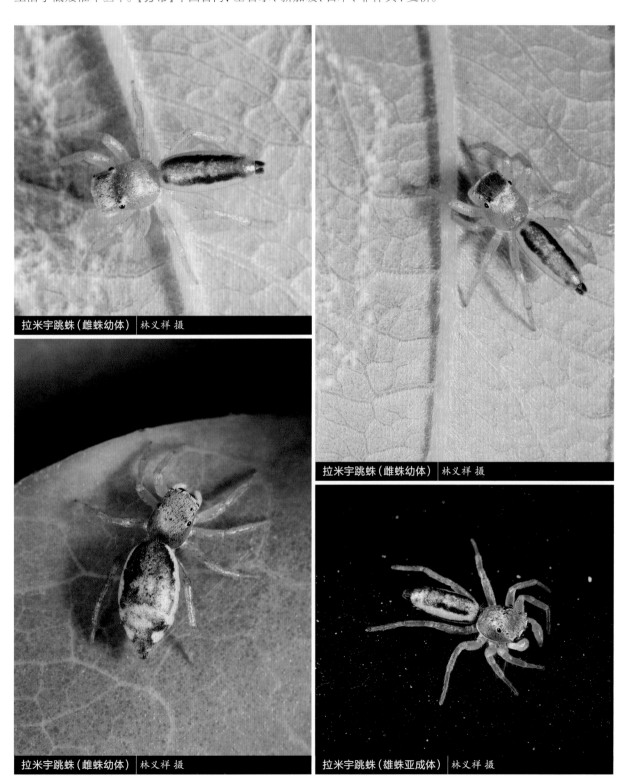

拉米宇跳蛛（雌蛛幼体）｜林义祥 摄

拉米宇跳蛛（雌蛛幼体）｜林义祥 摄

拉米宇跳蛛（雌蛛幼体）｜林义祥 摄

拉米宇跳蛛（雄蛛亚成体）｜林义祥 摄

白斑艾普蛛 *Epeus alboguttatus*

【特征识别】雄蛛体长约7 mm。背甲绿色，眼区有橙色与白色毛。步足绿色，密被白毛。腹部圆筒形，背面绿色，具1对由黄色鳞状斑组成的纵纹，心脏斑绿色。雌蛛体长约8 mm。其余特征与雄蛛相似。【习性】生活于低矮灌草丛中。会在叶背面筑囊状巢，雌蛛在其内产卵，卵为绿色。【分布】浙江、台湾；越南、缅甸。

白斑艾普蛛（卵） 林义祥 摄

白斑艾普蛛（幼体） 林义祥 摄

白斑艾普蛛（雌蛛和卵） 林义祥 摄

白斑艾普蛛（雄蛛亚成体） 林义祥 摄

白斑艾普蛛（雌蛛） 林义祥 摄

双尖艾普蛛（雌蛛）｜王露雨 摄

双尖艾普蛛（雄蛛）｜王露雨 摄

双尖艾普蛛（雄蛛）｜雷波 摄

双尖艾普蛛 *Epeus bicuspidatus*

【特征识别】雄蛛体长约8 mm。背甲黑色，有长毛。步足黑色，腿节浅黄色，第三、四对步足有白色环纹，各步足被长毛。腹部圆筒形，黑色，被长毛。雌蛛体长约9 mm。背甲绿褐色，眼区有褐色与白色毛。步足绿色，有浅褐色环纹。腹部圆筒形，背面绿色，具1条黑色纵纹，纵纹两旁具白色纵斑。【习性】生活于低矮灌草丛中。【分布】重庆、海南、湖南、广西、云南、贵州。

荣艾普蛛 *Epeus glorius*

【特征识别】雄蛛体长约8 mm。背甲橙色，眼区有长毛，后侧眼间长毛突出形成丘。步足黑色，有刺。腹部圆筒形，橙色，被长毛。【习性】生活于低矮灌草丛中。【分布】广东、广西、云南、重庆；越南、马来西亚。

版纳艾普蛛 *Epeus* sp.

【特征识别】雄蛛体长约8 mm。背甲绿色，眼区有白色纵斑，纵斑旁褐色。步足绿色，具长毛，有刺。前2对步足有明显黑色环纹。腹部圆筒形，黄色，有明黄色长断纹，断纹间有黑斑。雌蛛略大于雄蛛。腹部浅褐色，断纹间无黑斑。【习性】生活于低矮灌草丛中。【分布】云南。

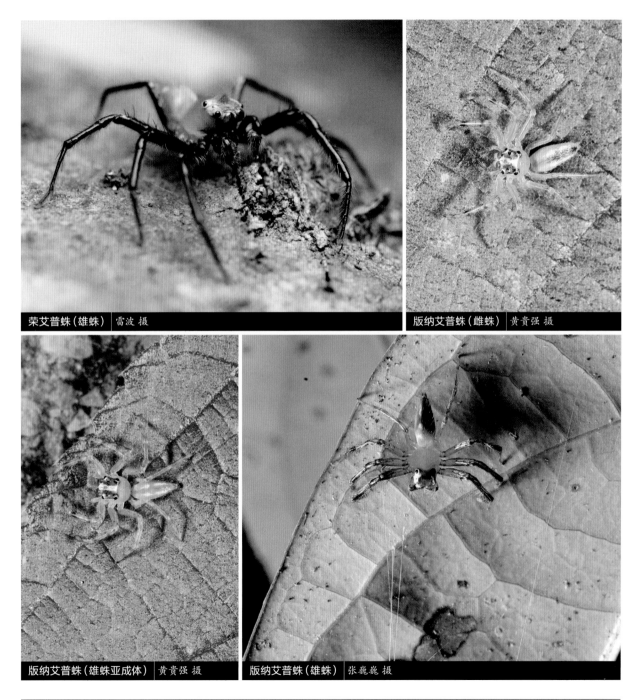

荣艾普蛛（雄蛛） 雷波 摄

版纳艾普蛛（雌蛛） 黄贵强 摄

版纳艾普蛛（雄蛛亚成体） 黄贵强摄

版纳艾普蛛（雄蛛） 张巍巍 摄

锯艳蛛 *Epocilla calcarata*

【特征识别】雄蛛体长约7 mm。背甲褐色，眼区有白色纵斑，外缘白色。步足褐色，第一步足为黑色，有壮刺。腹部圆筒形，末端尖，黄色，其中有1条褐色纵纹。【习性】生活于低矮灌草丛中。【分布】湖南、广东、广西、四川、云南；印度尼西亚、塞舌尔、美国（夏威夷）。

版纳宽跳蛛 *Euryattus* sp.

【特征识别】雄蛛体长约7 mm。背甲褐色，眼区黑色，后有1个白斑，外缘白色。步足褐色，有白环，腿节黄绿色，第一步足颜色最深，有壮刺。腹部圆筒形，褐色，心脏斑浅褐色。【习性】生活于低矮灌草丛中。【分布】云南。

锯艳蛛（雄蛛）　雷波 摄

版纳宽跳蛛（雄蛛）　王露雨 摄

锯艳蛛（雄蛛）　雷波 摄

版纳宽跳蛛（雄蛛）　王露雨 摄

白斑猎蛛（雄蛛） 唐昭阳 摄

白斑猎蛛（雌蛛） 王露雨 摄

白斑猎蛛（雄蛛） 汤亮 摄

白斑猎蛛 *Evarcha albaria*

　　【特征识别】雄蛛体长约7 mm。背甲褐色，前缘白色，中后部具1对黄斑。步足褐色，有浅褐色环，前2对步足颜色最深。腹部圆筒形，黄褐色。雌蛛体长约7 mm。背甲与步足褐色。腹部圆筒形，褐色。【习性】生活于低矮灌草丛中。【分布】河北、山西、辽宁、吉林、江苏、浙江、安徽、福建、山东、河南、湖北、湖南、广东、广西、四川、贵州、云南、陕西、甘肃、新疆；韩国、日本、俄罗斯。

弓拱猎蛛 *Evarcha arcuata*

【特征识别】雄蛛体长约7 mm。背甲褐色，外缘浅褐色。步足黑色，前2对步足颜色最深。腹部圆筒形，背面黑色，有褐色斑。【习性】生活于低矮灌草丛中。【分布】内蒙古、吉林、新疆；古北区。

弓拱猎蛛（雄蛛）　王露雨 摄

弓拱猎蛛（雄蛛）　王露雨 摄

东方猎蛛 *Evarcha orientalis*

【特征识别】雄蛛体长约6 mm。背甲黑色，被浅褐色毛，其中有1个倒三角形无毛区域。步足黑色，被浅褐色毛，前2对步足颜色最深。腹部圆筒形，黄褐色，末端尖，沿中线分布有1对黑色纵纹。雌蛛体长约7 mm。背甲与步足褐色，前2对步足颜色最深。腹部圆筒形，背面褐色，前缘浅褐色。【习性】生活于低矮灌草丛中。【分布】重庆、湖北、四川、贵州。

东方猎蛛（雄蛛）　王露雨 摄

东方猎蛛（雄蛛）　张志升 摄

东方猎蛛（雌蛛）　张志升 摄

鳃蛤莫蛛 *Harmochirus brachiatus*

【特征识别】雌蛛体长约4 mm。背甲黑色，被稀疏浅褐色毛，外缘白色。第一步足黑色，除跗节和后跗节外其余各节较粗壮，其余步足褐色。腹部近圆形，黑色，有黄褐色毛，具白斑。【习性】生活于低矮灌草丛中。【分布】四川、浙江、福建、河南、湖南、广东、广西、贵州、云南、台湾；印度、不丹、印度尼西亚。

鳃蛤莫蛛（雌蛛）| 雷波 摄

鳃蛤莫蛛（雌蛛）| 雷波 摄

螺旋哈蛛 *Hasarina contortospinosa*

【特征识别】雄蛛体长约5 mm。背甲黑色，被浅褐色毛，有黑色和深褐色斑。步足黑色，密被白色毛，有褐色斑。腹部近圆形，褐色，有白色毛。背面中部具2对黑色斑，心脏斑黑色。【习性】生活于低矮灌草丛中。【分布】福建、湖北、湖南、四川、贵州、甘肃。

花蛤沙蛛 *Hasarius adansoni*

【特征识别】雄蛛体长约6 mm。背甲黑色，被浅褐色毛，后部有1条弧形白斑。步足黑色，被深褐色毛，有白色环纹。腹部黄褐色圆筒形，前端有1条白色弧状纹，中后部有1对肾形黑斑和1对白斑。雌蛛体长约6 mm。背甲黑褐色，外缘褐色。步足深褐色。腹部圆筒形，背面褐色，有黑色斑纹，前缘颜色较浅。【习性】多见于室内。【分布】福建、湖南、广东、广西、海南、四川、云南、贵州、甘肃、台湾、香港；非洲、欧洲、南北美和亚洲东部。

螺旋哈蛛（雄蛛）　张志升 摄

花蛤沙蛛（雌蛛）　王露雨 摄

花蛤沙蛛（雄蛛）　王露雨 摄

斑腹蝇象(雌蛛) 黄贵强 摄

斑腹蝇象(雄蛛) 黄贵强 摄

斑腹蝇象(雌蛛) 黄贵强 摄

斑腹蝇象(雌蛛) 王露雨 摄

斑腹蝇象 *Hyllus diardi*

【特征识别】雄蛛体长约15 mm。背甲黑色,具金属光泽。步足黑色,被白色长毛,具金属光泽。腹部黑色圆筒形,具金属光泽。雌蛛体长约16 mm。背甲黑色,密被白毛,侧眼两旁有弯曲长毛。步足黑色,密被白色长毛。腹部圆筒状,背面黑色,密被长白毛,前缘白色,后部有数个三角形白斑。【习性】生活于低矮灌草丛中。【分布】贵州、云南;东南亚。

齐硕蝇象 *Hyllus qishuoi*

【特征识别】雄蛛体长约14 mm。背甲黑色，具金属光泽，外缘被白毛。步足黑色，被稀疏黄色长毛。腹部黑色圆筒形，密被金绿色毛。雌蛛体长约15 mm。背甲黑色，被白毛，前侧眼两旁有弯曲长毛。步足黑色，密被灰白色长毛。腹部圆筒状，末端有1个黑色大斑，背面灰色，腹侧有2对褐斑。【习性】生活于低矮灌草丛中。【分布】西藏。

个旧蝇象 *Hyllus* sp.

【特征识别】雌蛛体长约14 mm。背甲黑色，密被黄毛，前侧眼两旁有弯曲长毛。步足黑色，密被黄色长毛。腹部圆筒状，背面密被黄毛，有2对红斑和1对白斑。【习性】生活于低矮灌草丛中。【分布】云南。

齐硕蝇象（雌蛛）邱鹭 摄　　齐硕蝇象（雄蛛）邱鹭 摄

齐硕蝇象（雄蛛）姚忠祎 摄

个旧蝇象（雌蛛）侯鸣飞 摄　　个旧蝇象（雌蛛）侯鸣飞 摄

个旧蝇象（雌蛛） 侯鸣飞 摄

长螯翘蛛（雄蛛） 王露雨 摄

长螯翘蛛（雌蛛） 王露雨 摄

长螯翘蛛 *Irura longiochelicera*

【特征识别】雄蛛体长约4 mm。背甲黑色，被鳞状毛。步足黑色，有浅褐色环纹。腹部圆筒形，末端尖，黑色，前缘色浅，具金属光泽。雌蛛体长约5 mm。其余特征与雄蛛相似。【习性】生活于低矮灌草丛中。【分布】贵州、福建、湖南、云南。

云南翘蛛 *Irura yunnanensis*

【特征识别】雄蛛体长约3 mm。背甲黑色，较宽，被黄色毛。步足黑色，被黄色毛，有浅褐色环纹，第一步足较粗壮。腹部背面黑色，被黄色毛，有黑色斑点。【习性】生活于低矮灌草丛中。【分布】云南。

云南翘蛛（雄蛛） 王露雨 摄

云南翘蛛（雄蛛） 王露雨 摄

广东翘蛛 *Irura* sp.

【特征识别】雄蛛体长约4 mm。背甲较宽，黑色，被少量褐色毛。第一步足粗壮，黑色，被黄褐色毛，后3对步足黄褐色，具褐色环纹。腹部卵圆形，背面黑色，两侧密被白色毛。雌蛛体长约5 mm。背甲褐色，较宽，被棕褐色毛，有紫色荧光。步足褐色，被黄褐色毛。腹部卵圆形，背面大部分区域被棕褐色毛，中部颜色较深。【习性】生活于低矮灌丛中。【分布】广东。

广东翘蛛（雄蛛） 王苇杭 摄

广东翘蛛（雄蛛） 王苇杭 摄

广东翘蛛（雌蛛） 雷波 摄

不丹兰戈纳蛛 *Langona bhutanica*

【特征识别】雌蛛体长约5 mm。背甲黑色，被褐色毛。步足黑色，被褐色毛，有浅褐色环纹。腹部背面黑色，被褐色毛，有1条浅褐色纵纹，其两侧具1对白色宽横纹。【习性】生活于低矮灌草丛中。【分布】云南、四川；不丹。

不丹兰戈纳蛛（雌蛛）| 杨自忠 摄

横纹蝇狮 *Marpissa pulla*

【特征识别】雄蛛体长约5 mm。背甲黑色，前部被红色毛，后侧眼后方有白斑。步足黑色，第一步足较粗壮，其胫节有红毛，且跗节毛较长。腹部黑褐色，圆筒形，前缘白色，有数条红色"人"字形纹。雌蛛体长约6 mm。第一步足无红毛和跗节长毛，其余特征与雄蛛相似。【习性】生活于低矮灌草丛中，雄蛛会通过第一步足炫耀自己来吸引雌蛛。【分布】吉林、安徽、湖南、广东、台湾；韩国、日本、俄罗斯。

横纹蝇狮（雄蛛）｜崔振英摄

横纹蝇狮（雄蛛）｜崔振英摄

横纹蝇狮（雄蛛）｜崔振英摄

横纹蝇狮（雄蛛）｜崔振英摄

横纹蝇狮（雌蛛）　崔振英 摄

横纹蝇狮（雄蛛）　崔振英 摄

横纹蝇狮（雄蛛）　崔振英 摄

横纹蝇狮（雄蛛） 崔振英 摄

横纹蝇狮（雄蛛） 崔振英 摄

华丽蝇狮 *Marpissa* sp.

【特征识别】雌蛛体长约6 mm。背甲橙色，眼区黑色，外缘黑色。第一步足深褐色，有白色环纹，其余步足橙褐色。腹部黑褐色，圆筒形，有黄色横纹，心脏斑黄褐色，腹侧土褐色，黄色横纹于腹侧变为白色。【习性】生活于低矮灌草丛中。【分布】四川。

纵条门蛛 *Mendoza elongata*

【特征识别】雄蛛体长约8 mm。背甲黑色，有数对白斑，外缘白色。第一步足黑色，较粗壮，其余步足橙褐色。腹部黑色，圆筒形，有白色"八"字形横纹，心脏斑黄褐色。【习性】生活于低矮灌草丛中。【分布】北京、山西、黑龙江、江苏、浙江、福建、湖北、湖南、四川、贵州、陕西、甘肃、台湾；韩国、日本、俄罗斯。

华丽蝇狮（雌蛛）｜李元胜 摄

纵条门蛛（雄蛛亚成体）｜任川 摄

美丽门蛛 *Mendoza pulchra*

【特征识别】雄蛛体长约7 mm。背甲黑色，有2对白斑，外缘白色。第一步足黑色，较粗壮，其余步足橙褐色。腹部黑色，圆筒形，背面具金属光泽，前缘白色，中部至后部有数对白斑。雌蛛体长约8 mm。背甲褐色，密被白色长毛，外缘黑色。第一步足褐色，较粗壮，被白毛，其余步足浅褐色。腹部褐色，圆筒形，密被白长毛，有4对黑斑。【习性】生活于低矮灌草丛中。【分布】内蒙古、吉林、湖南、广西、贵州；韩国、日本、俄罗斯。

美丽门蛛（雌蛛）｜单子龙 摄

美丽门蛛（雌蛛）｜单子龙 摄

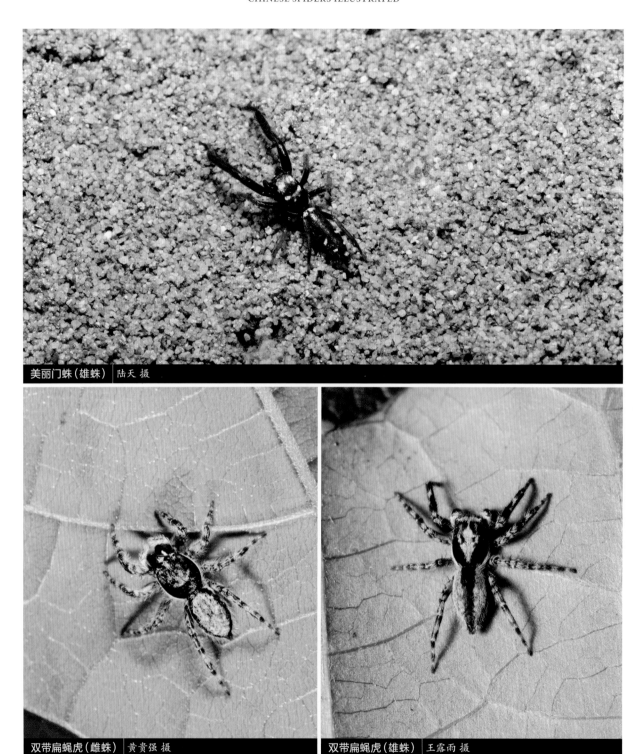

美丽门蛛（雄蛛） 陆天 摄

双带扁蝇虎（雌蛛） 黄贵强 摄

双带扁蝇虎（雄蛛） 王露雨 摄

双带扁蝇虎 *Menemerus bivittatus*

【特征识别】雄蛛体长约6 mm。背甲黑色，较扁平，正中具三角形白斑，背甲边缘白色。步足褐色，有黑色环纹，第一步足黑色区域较大。腹部黑色，圆筒形，末端尖，背面灰色，有1条黑色纵纹贯穿腹部。雌蛛体长约7 mm。背甲黑色，眼区密被白色长毛。步足黑褐色，密被灰白色毛。腹部灰色，被密毛，外缘黑色。【习性】多生活于树干上。【分布】湖南、广东、广西、海南、云南；泛热带地区。

金黄扁蝇虎 *Menemerus fulvus*

【特征识别】雌蛛体长约6 mm。背甲黑色，较扁平，密被灰色长毛，外缘黑色。步足灰褐色，关节处毛稀疏。腹部灰色，被密毛，外缘黑色。【习性】多生活于房屋墙壁上。【分布】北京、河北、江苏、浙江、安徽、福建、江西、河南、湖北、湖南、广西、海南、四川、贵州、云南、台湾；南亚、东南亚、东亚。

黄长颚蚁蛛 *Myrmarachne plataleoides*

【特征识别】体型似蚂蚁。雌蛛体长约8 mm。背甲橙色，较长，中部缢缩，后侧眼处有黑斑。步足橙色，较长。腹柄较长，腹部橙色，较长，有不明显浅色斑。【习性】生活于低矮灌草丛中。【分布】云南；印度、南亚、东南亚。

金黄扁蝇虎（雌蛛）｜王露雨 摄

黄长颚蚁蛛（雌蛛）｜黄贵强 摄

狭蚁蛛 *Myrmarachne angusta*

【特征识别】体型似蚂蚁。雄蛛体长约7 mm。背甲较长，眼区黑色，中部缢缩，后方红色，螯肢长。步足红棕色，较长。腹柄较长，腹部前部红色，后部黑色，较长。【习性】生活于低矮灌草丛中。【分布】广西；越南。

吉蚁蛛 *Myrmarachne gisti*

【特征识别】体型似蚂蚁。雄蛛体长约7 mm。背甲较长，黑色，中部缢缩，螯肢长。前2对步足棕色，后2对步足以黑色为主，较长。腹柄较长，腹部黑色，长筒形，中部缢缩。【习性】生活于低矮灌草丛中。【分布】河北、山西、吉林、江苏、浙江、安徽、福建、山东、河南、湖南、广东、四川、贵州、云南、陕西；越南。

狭蚁蛛（雄蛛）｜吴可量 摄

狭蚁蛛（雄蛛）｜王露雨 摄

吉蚁蛛（雄蛛）｜王露雨 摄

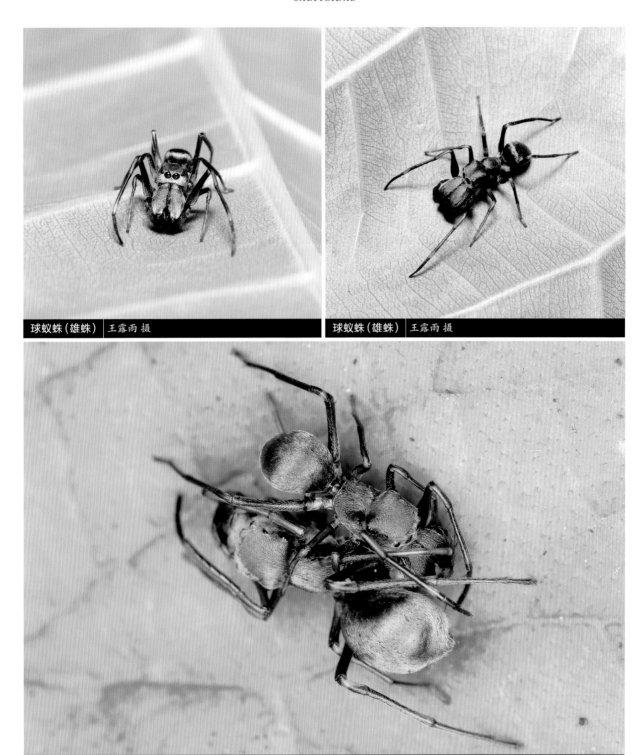

球蚁蛛（雄蛛）｜王露雨 摄

球蚁蛛（雄蛛）｜王露雨 摄

球蚁蛛（交配）｜雷波 摄

球蚁蛛 *Myrmarachne globosa*

　　【特征识别】体型似蚂蚁。雄蛛体长约7 mm。背甲较长，黑色，密被褐色毛，中部缢缩，螯肢长。步足黑色，有浅色环纹。腹柄较长，腹部球形，密被褐色毛。雌蛛体长约8 mm。其余特征与雄蛛相似。【习性】生活于低矮灌草丛中。【分布】云南、湖南、广东、台湾；越南。

无刺蚁蛛 *Myrmarachne inermichelis*

【特征识别】体型似蚂蚁。雄蛛体长约4 mm。背甲红色，眼区具大量褐色毛，中部缢缩。步足红黑相间。腹部筒形，前半部褐色，中部黑色，后部白色。雌蛛体长约5 mm。全身褐色，覆有白毛。【习性】生活于低矮灌草丛中。【分布】中国台湾；韩国、日本、俄罗斯。

无刺蚁蛛（一雌一雄）　林义祥 摄

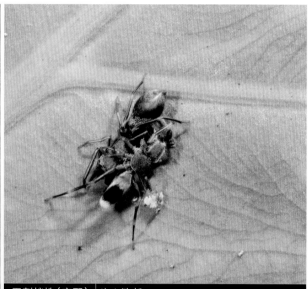
无刺蚁蛛（交配）　林义祥 摄

无刺蚁蛛（求偶）　林义祥 摄

大蚁蛛(雄蛛)｜林义祥 摄

大蚁蛛(雄蛛)｜林义祥 摄

大蚁蛛(雄蛛)｜林义祥 摄

大蚁蛛(雄蛛)｜林义祥 摄

大蚁蛛 *Myrmarachne magna*

【特征识别】体型似蚂蚁。雄蛛体长约9 mm。背甲黑色，密被褐色毛，中部缢缩，螯肢长。除第二步足黄褐色外，其余步足为黑色。腹柄较长，腹部球形，密被褐色毛。【习性】生活于低矮灌草丛中。【分布】台湾。

怒江蚁蛛 *Myrmarachne* sp.1

【特征识别】体型似蚂蚁。雄蛛体长约6 mm。背甲较长，黑色，中部缢缩，螯肢长。除第一步足为黑色外，其余步足为褐色。腹柄较长，腹部筒形，前端与后部有褐色环纹。【习性】生活于低矮灌草丛中。【分布】云南。

怒江蚁蛛（雄蛛）｜雷波 摄

长柄蚁蛛 *Myrmarachne* sp.2

【特征识别】体型似蚂蚁。雌蛛体长约5 mm。背甲较长，黑色，中部缢缩，白色。除第一、二对步足为褐色外，其余步足为黑色。腹柄极长，腹部葫芦形，中部缢缩，具白斑。【习性】生活于低矮灌草丛中。【分布】广东。

长柄蚁蛛（雌蛛）｜雷波 摄

长柄蚁蛛（雌蛛）｜雷波 摄

长柄蚁蛛（雌蛛）｜雷波 摄

双缢蚁蛛 *Myrmarachne* sp.3

【特征识别】体型似蚂蚁。雌蛛体长约4 mm。背甲红褐色，中部缢缩，缩缢处白色。步足浅褐色，有黑环纹。腹部葫芦形，中部缢缩，以缩缢为界，前半部红棕色，后半部黑色，缩缢处有白斑。【习性】生活于低矮灌草丛中。【分布】广东。

亮黑蚁蛛 *Myrmarachne* sp.4

【特征识别】体型似蚂蚁。雄蛛体长约9 mm。背甲亮黑色，密被短毛，中部缢缩，螯肢长。除第二、三对步足为黄褐色外，其余步足为黑色。腹部黑色，卵圆形。【习性】生活于低矮灌草丛中。【分布】广东。

双缢蚁蛛（雌蛛）｜雷波 摄

亮黑蚁蛛（雄蛛）｜雷波 摄

亮黑蚁蛛（雄蛛）｜雷波 摄

亮黑蚁蛛（雄蛛）｜雷波 摄

亮黑蚁蛛（雄蛛）｜雷波 摄

花腹蚁蛛 *Myrmarachne* sp.5

【特征识别】体型似蚂蚁。雌蛛体长约3 mm。背甲红色,眼区黑色,密被短毛。步足黄褐色。腹部卵圆形,末端尖,黑色和橙黄色环纹相间排列。【习性】生活于低矮灌草丛中。【分布】海南。

黑环蚁蛛 *Myrmarachne* sp.6

【特征识别】体型似蚂蚁。雄蛛体长约8 mm。背甲红色,密被短毛,中部缢缩,螯肢长,眼周围黑色。除第一、二对步足为黄褐色外,其余步足为红褐色。腹柄长,腹部红色,较长,中部缢缩,缩缢后有黑斑。【习性】生活于低矮灌草丛中。【分布】广西。

花腹蚁蛛(雌蛛) | 雷波 摄

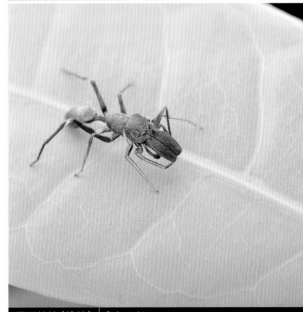

黑环蚁蛛(雄蛛) | 廖东添 摄

黑环蚁蛛(雄蛛) | 廖东添 摄

长蚁蛛（雄蛛）　雷波 摄

长蚁蛛（雄蛛）　雷波 摄

长蚁蛛（一雌一雄）　雷波 摄

长蚁蛛 *Myrmarachne* sp.7

【特征识别】体型似蚂蚁。雄蛛体长约7 mm。背甲密被短毛，中部缢缩，缢缩前为黑色，后为暗红色，螯肢长。步足黄褐色。腹柄长，腹部黑色，较长，被密毛，中部缢缩。雌蛛体长约5 mm。螯肢短，其余特征与雄蛛相似。【习性】生活于低矮灌草丛中。【分布】广东。

葫芦蚁蛛 *Myrmarachne* sp.8

【特征识别】体型似蚂蚁。雌蛛体长约5 mm。背甲黑褐色，中部缢缩，缢缩处白色。前2对步足浅褐色，后2对步足黑色，有浅褐色环纹。腹部葫芦形，中部缢缩，以缢缩为界，前半部红棕色，后半部黑色，缢缩处有白斑。【习性】生活于低矮灌草丛中。【分布】广东。

褐蚁蛛 *Myrmarachne* sp.9

【特征识别】体型似蚂蚁。雌蛛体长约7 mm。背甲黑色，具稀疏白色毛，中部缢缩。除第一、二对步足为黄褐色外，其余步足为黑色。腹柄较长，腹部球形，具由白毛形成的2条白色横斑。【习性】生活于低矮灌草丛中。【分布】广东。

葫芦蚁蛛（雌蛛）｜雷波 摄

褐蚁蛛（雌蛛）｜雷波 摄

白斑蚁蛛 *Myrmarachne* sp.10

【特征识别】体型似蚂蚁。雌蛛体长约6 mm。背甲黑色，具稀疏白色毛，中部缢缩。除第一、二对步足为黄褐色外，其余步足为黑色。腹柄较长，腹部卵圆形，前端红色，中部具2对白斑。【习性】生活于低矮灌草丛中。【分布】广东。

红蚁蛛 *Myrmarachne* sp.11

【特征识别】体型似蚂蚁。雌蛛体长约7 mm。背甲橙色，较长，中部缢缩，眼周围有黑斑。前2对步足浅黄色，后2对步足黑色。腹柄较长，腹部橙色，较长，中部缢缩。【习性】生活于低矮灌草丛中。【分布】广东。

弗勒脊跳蛛 *Ocrisiona frenata*

【特征识别】雌蛛体长约6 mm。背甲黑色，较扁平，被黄色长毛，眼区黑色。第一步足黑色，有黄色长毛，其余步足褐色。腹部褐色，圆筒形，末端尖，背面被棕色毛，有1条黑褐色纵纹贯穿腹部。【习性】生活于树干上。【分布】香港、台湾。

白斑蚁蛛（雌蛛） 雷波 摄

红蚁蛛（雌蛛） 雷波 摄

弗勒脊跳蛛（雌蛛） 林义祥 摄

南岭脊跳蛛（雄蛛） 雷波 摄

粗脚盘蛛（雌蛛） 王露雨 摄

粗脚盘蛛（雄蛛） 张志升 摄

南岭脊跳蛛 *Ocrisiona* sp.

【特征识别】雄蛛体长约6 mm。背甲黑色，较扁平，被黄色长毛，眼区黑色。第一步足黑色，有黄色长毛，其余步足褐色，各个步足皆具浅褐色环纹。腹部褐色，圆筒形，末端尖，背面被棕色毛，有1条黑褐色宽纵纹贯穿腹部。【习性】生活于树干上。【分布】广东。

粗脚盘蛛 *Pancorius crassipes*

【特征识别】雄蛛体长约9 mm。背甲黑色，有红褐色毛，正中具1条白色纵纹。步足红褐色，有黄色长毛，各个步足皆具浅褐色环纹。腹部褐色，圆筒形，末端尖，背面被红棕色毛，有1条浅褐色宽纵纹贯穿腹部。雌蛛体长约10 mm。稍大于雄蛛，其余特征与雄蛛相似。【习性】生活于低矮灌草丛中。【分布】福建、湖南、广西、四川、台湾、重庆、贵州；古北区。

马来昏蛛 *Phaeacius malayensis*

【特征识别】雌蛛体长约12 mm。背甲褐色，密被灰色毛，外缘深褐色。步足褐色，有灰色毛。腹部褐色，近卵圆形，末端尖，背面密被灰色毛，后部具毛簇，外缘深褐色。【习性】生活于树干上。【分布】云南；马来西亚、新加坡、印度尼西亚。

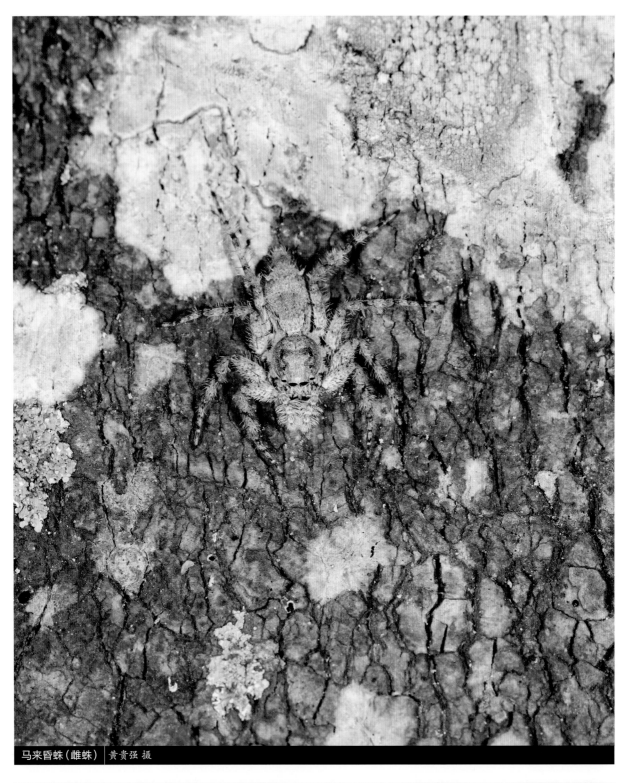

马来昏蛛（雌蛛）│黄贵强 摄

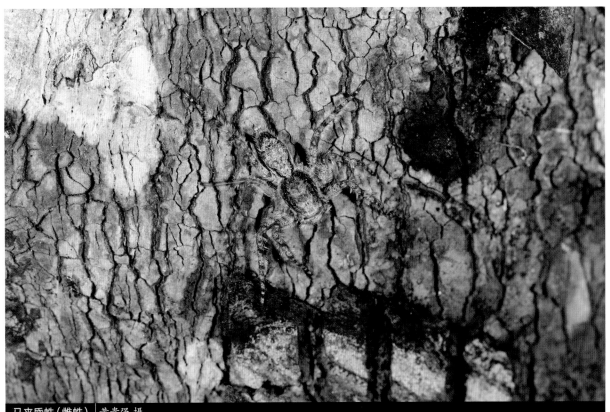

马来昏蛛（雌蛛）│ 黄贵强 摄

马来昏蛛（雌蛛）│ 张宏伟 摄

黑斑蝇狼 *Philaeus chrysops*

【特征识别】雄蛛体长约8 mm。背甲黑色，沿中线分布有1对白纵纹。前2对步足除腿节外其余各节橙色，后2对步足黑色，有少量灰色毛。腹部橙色，近末端有黑色斑。雌蛛体长约9 mm。背甲褐色，沿中线分布有1对浅纵纹。步足褐色，有灰色毛。腹部褐色，近卵圆形，背面被红褐色毛，有1对白斑，白斑中间为黑色。【习性】生活于低矮灌草丛中。【分布】北京、河北、山西、内蒙古、辽宁、吉林、新疆；古北区。

黑斑蝇狼（雌蛛）│王露雨 摄

黑斑蝇狼（雄蛛）│王露雨 摄

花腹金蝉蛛 *Phintella bifurcilinea*

【特征识别】雄蛛体长约3 mm。背甲黑色，有稀疏白色鳞状毛。前2对步足黑色，后2对步足浅褐色，有少量黑色毛。腹部筒形，黑色，具白斑。雌蛛体长约4 mm。不同个体间体色差异极大，背甲黑色至蓝灰色，有白色花纹。步足白色。腹部近卵圆形，不同个体间差异较大，有斑纹。【习性】生活于低矮灌草丛中。【分布】浙江、福建、湖南、广东、四川、贵州、云南；韩国、日本、越南。

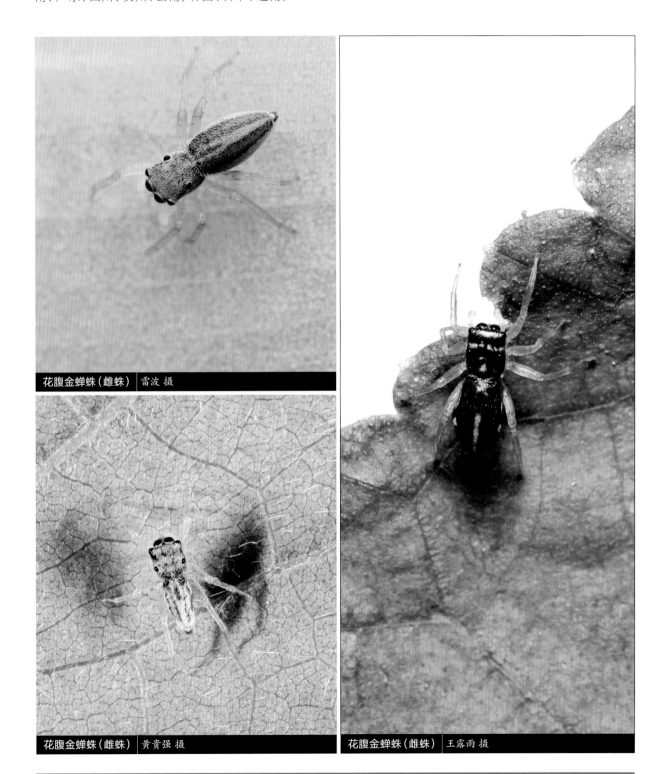

花腹金蝉蛛（雌蛛）　雷波 摄

花腹金蝉蛛（雌蛛）　黄贵强 摄

花腹金蝉蛛（雌蛛）　王露雨 摄

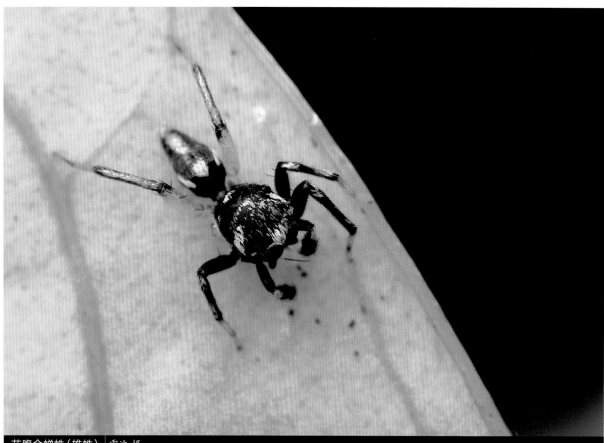

花腹金蝉蛛（雄蛛）│雷波 摄

花腹金蝉蛛（雌蛛）│雷波 摄

卡氏金蝉蛛 *Phintella cavaleriei*

【特征识别】雄蛛体长约4 mm。背甲褐色，有稀疏白色鳞状毛。步足黑褐色，具金属光泽。腹部筒形，褐色，具白色鳞状毛。雌蛛体长约4 mm。背甲黑色，眼区褐色，其后部有白色鳞状毛。步足白色。腹部近卵圆形，有稀疏白毛和黑色波纹状斑。【习性】生活于低矮灌草丛中。【分布】浙江、江西、福建、湖北、湖南、广西、四川、贵州、甘肃；韩国。

卡氏金蝉蛛（雄蛛）｜王露雨 摄

卡氏金蝉蛛（雌蛛）｜王露雨 摄

卡氏金蝉蛛（交配）｜刘振华 摄

代比金蝉蛛 (雄蛛) | 雷波 摄

代比金蝉蛛 *Phintella debilis*

【特征识别】雄蛛体长约3 mm。背甲黑色，有7个由白色鳞状毛组成的白斑。前3对步足黑褐色，有白斑，第四步足浅黄色。腹部筒形，黑色，具白色纵纹。【习性】生活于低矮灌草丛中。【分布】浙江、广东、台湾；日本、印度。

梵净山金蝉蛛 *Phintella fanjingshan*

【特征识别】雄蛛体长约5 mm。背甲褐色，有由白色鳞状毛组成的花纹和黑色斑。步足黑褐色，有白斑，腿节黄色。腹部筒形，浅黄褐色，具白色和黑色横纹。【习性】生活于低矮灌草丛中。【分布】贵州。

梵净山金蝉蛛（雄蛛）　王露雨 摄

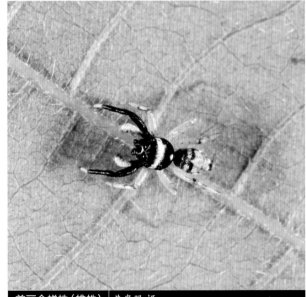

美丽金蝉蛛（雄蛛）　黄贵强 摄

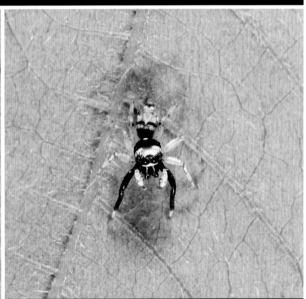

美丽金蝉蛛（雄蛛）　黄贵强 摄

美丽金蝉蛛 *Phintella lepidus*

　　【特征识别】雄蛛体长约4 mm。背甲黑色，有白色弧状纹。第一步足黑色，后跗节白色，后3对步足浅黄色，有白色鳞状毛。腹部筒形，黑色，中后部黄色，具白色斑。【习性】生活于低矮灌草丛中。【分布】云南。

条纹金蝉蛛 *Phintella linea*

【特征识别】雄蛛体长约4 mm。背甲黑色，有1条蓝色横纹，眼区蓝色。步足黑色，有蓝色鳞状毛。腹部筒形，被有蓝色鳞状毛，有黑色横纹。幼体色浅。【习性】生活于低矮灌草丛中。【分布】山西、浙江、湖北、湖南、四川、台湾；韩国、日本、俄罗斯。

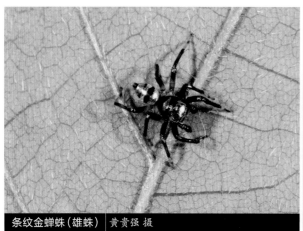 

| 条纹金蝉蛛（雄蛛） 黄贵强 摄 | 条纹金蝉蛛（雄蛛亚成体） 雷波 摄 |

多色金蝉蛛 *Phintella versicolor*

【特征识别】雄蛛体长约5 mm。背甲黑色，具白色斑。前2对步足黑色，具白斑，后2对步足褐色。腹部筒形，两侧黄色，正中黑色。雌蛛体长约5 mm。背甲白色，具灰褐色斑纹。步足黄褐色，亦有白毛，关节处色深。腹部近卵圆形，密被白毛，有黑褐色斑。【习性】生活于低矮灌草丛中。【分布】浙江、安徽、江西、湖北、湖南、广东、广西、四川、贵州、云南、西藏、青海、台湾；韩国、日本、马来西亚、印度尼西亚、美国（夏威夷）。

多色金蝉蛛（雌蛛） 王露雨 摄

多色金蝉蛛(雄蛛) 黄贵强 摄

多色金蝉蛛(雌蛛) 王露雨 摄

多色金蝉蛛(雌蛛) 雷波 摄

悦金蝉蛛 *Phintella vittata*

【特征识别】雌蛛体长约4 mm。背甲黑色，有1条蓝色横纹，眼区蓝色。步足黄色。腹部筒形，被有蓝色鳞状毛，具黑色横纹，近末端金色。【习性】生活于低矮灌草丛中。【分布】云南；南亚、东南亚。

南岭金蝉蛛 *Phintella* sp.

【特征识别】雄蛛体长约4 mm。背甲黑色，有白斑，外缘白色。步足黑色，有白色环纹。腹部近卵圆形，黑色，有2对白色斑。【习性】生活于低矮灌草丛中。【分布】广东。

悦金蝉蛛（雌蛛）　黄贵强 摄　　　南岭金蝉蛛（雄蛛）　雷波 摄

南岭金蝉蛛（雄蛛）　雷波 摄

南岭金蝉蛛（雄蛛） 雷波 摄

盘触拟蝇虎（雄蛛） 李宗煦 摄

盘触拟蝇虎（雌蛛） 张志升 摄

盘触拟蝇虎 *Plexippoides discifer*

【特征识别】雄蛛体长约8 mm。背甲红色，眼区黑色，其中有1个白斑。步足红色，有长白毛。腹部近卵圆形，褐色，前缘被白毛。雌蛛体长约10 mm。背甲黄褐色，沿侧眼有1对红纵纹，纵纹内侧白色，眼区黑色。步足黄褐色，有黑毛。腹部近卵圆形，背面白色，侧缘红褐色。【习性】生活于低矮灌草丛中。【分布】北京、河北、山西、浙江、山东、湖南。

弹簧拟蝇虎 *Plexippoides meniscatus*

【特征识别】雄蛛体长约7 mm。背甲黑色，侧缘白色。步足黑色，有褐色环纹，腿节基部黄色。腹部近卵圆形，背面黑色，侧缘白色。【习性】生活于低矮灌草丛中。【分布】云南。

王拟蝇虎 *Plexippoides regius*

【特征识别】雌蛛体长约7 mm。背甲呈红褐色，沿中线分布有黑色纵纹，眼区黑色。步足橙褐色，有壮刺。腹部近卵圆形，背面红色，有1条浅褐色纵纹，侧缘浅褐色。【习性】生活于低矮灌草丛中。【分布】北京、山西、吉林、浙江、安徽、湖南、四川；韩国、俄罗斯。

条纹蝇虎 *Plexippus setipes*

【特征识别】雄蛛体长约6 mm。背甲黑色，有白色纵纹，侧缘白色。步足黑色，有浅褐色长毛，前2对步足颜色较深。腹部近卵圆形，背面黑色，有1条浅褐色纵纹，侧缘浅褐色。【习性】生活于低矮灌草丛中。【分布】河北、山西、上海、江苏、浙江、安徽、福建、江西、山东、河南、湖北、湖南、广东、广西、四川、云南、陕西、甘肃；土库曼斯坦、韩国、越南。

弹簧拟蝇虎（雄蛛）　杨自忠 摄

条纹蝇虎（雄蛛）　陆天 摄

王拟蝇虎（雌蛛）　李宗煦 摄

条纹蝇虎(雄蛛) 陆天 摄

异形孔蛛(雌蛛) 陈会明 摄

异形孔蛛 *Portia heteroidea*

【特征识别】雌蛛体长约7 mm。背甲褐色，多毛。步足褐色，有深褐色长毛。腹部近卵圆形，背面褐色，被长毛，有数个由浅褐色长毛组成的毛簇。【习性】生活于低矮灌草丛中，多以其他蜘蛛为食。【分布】湖北、湖南、四川、贵州、陕西、甘肃。

唇形孔蛛(雌蛛) 雷波 摄

唇形孔蛛(雌蛛) 雷波 摄

昆孔蛛(雌蛛) 王露雨 摄

昆孔蛛(雌蛛) 王露雨 摄

唇形孔蛛 *Portia labiate*

【特征识别】雌蛛体长约9 mm。背甲深褐色，多毛。步足黑色，密被深褐色长毛，跗节与后跗节较细。腹部近卵圆形，背面深褐色，被长毛，有数个由浅褐色长毛组成的毛簇。【习性】生活于低矮灌草丛中，多以其他蜘蛛为食。【分布】云南；菲律宾、南亚。

昆孔蛛 *Portia quei*

【特征识别】雌蛛体长约7 mm。背甲浅褐色，多深褐色毛。步足黑色，密被黑褐色长毛，跗节与后跗节较细。腹部近卵圆形，背面黑色，被稀疏浅褐色长毛，有数个由浅褐色长毛组成的毛簇。【习性】生活于低矮灌草丛中，多以其他蜘蛛为食。【分布】浙江、湖北、湖南、广西、四川、贵州、云南；越南。

云南孔蛛 *Portia* sp.

【特征识别】雄蛛体长约7 mm。背甲黑色，外缘白色。步足红棕色，腿节黑色。腹部近卵圆形，背面黑色，被稀疏褐色长毛，有1对由白色长毛组成的毛簇。【习性】生活于低矮灌草丛中，多以其他蜘蛛为食。【分布】云南。

云南孔蛛（雄蛛）｜张巍巍 摄

台湾拟伊蛛 *Pseudicius* sp.

【特征识别】雄蛛体长约6 mm。背甲黑色，有白色纵斑，外缘白色。步足深棕色，腿节黑色，第一步足黑色，较为粗壮。腹部筒形，背面黑色，被毛，侧缘白色。【习性】生活于低矮灌草丛中。【分布】台湾。

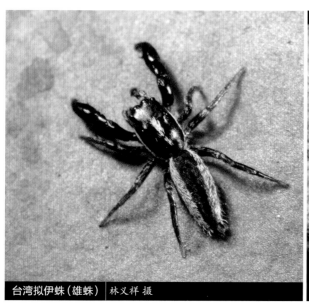

台湾拟伊蛛（雄蛛）｜林义祥 摄

台湾拟伊蛛（雄蛛）｜林义祥 摄

拟韦氏兜跳蛛 *Ptocasius paraweyersi*

【特征识别】雄蛛体长约7 mm。背甲红褐色，前缘黄褐色。步足红褐色，第一、二对步足较为粗壮。腹部筒形，背面浅褐色，侧缘黑色。【习性】生活于低矮灌草丛中。【分布】云南。

毛垛兜跳蛛 *Ptocasius strupifer*

【特征识别】雄蛛体长约8 mm。背甲黑色，前缘橙色。步足黑色。腹部筒形，背面黄褐色，密被毛，侧缘银白色，有些雄蛛腹部黑色，无黄褐色毛。雌蛛略大于雄蛛，腹部黑褐色，前缘和中部有2条横纹。【习性】生活于低矮灌草丛中。【分布】浙江、福建、湖南、广西、云南、台湾、香港；越南。

拟韦氏兜跳蛛（雄蛛） 黄贵强 摄

毛垛兜跳蛛（雌蛛） 王露雨 摄

毛垛兜跳蛛（雄蛛） 王露雨 摄

毛垛兜跳蛛（雄蛛） 王露雨 摄

毛垛兜跳蛛（雌蛛） 李若行 摄

版纳兜跳蛛（雄蛛） 黄贵强 摄

版纳兜跳蛛 *Ptocasius* sp.

【特征识别】雄蛛体长约8 mm。背甲黑色，前缘橙色。步足黑色，被灰色毛。腹部筒形，背面浅褐色，侧缘红褐色。【习性】生活于低矮灌草丛中。【分布】云南。

阿贝宽胸蝇虎(雄蛛) *杨自忠 摄*

阿贝宽胸蝇虎 *Rhene albigera*

【特征识别】雄蛛体长约7 mm。背甲黑色，较宽，近圆形。外缘被浅褐色毛。步足黑色，被灰色毛。腹部卵圆形，背面浅褐色，有不规则黑斑。【习性】生活于低矮灌草丛中。【分布】福建、湖南、广西、云南；南亚、东南亚。

丹尼尔宽胸蝇虎 *Rhene danieli*

【特征识别】雄蛛体长约7 mm。背甲黑色，较宽，近圆形，有黑色横斑，外缘被黄褐色毛。第一步足黑色，较粗壮，其余步足褐色，被黄毛。腹部卵圆形，背面大部分区域被黄褐色毛，中部具1个倒"T"字形黑斑。【习性】生活于低矮灌草丛中。【分布】云南；印度。

丹尼尔宽胸蝇虎（雄蛛） 李娅华 摄

丹尼尔宽胸蝇虎（雄蛛） 雷波 摄

丹尼尔宽胸蝇虎（雄蛛） 雷波 摄

丹尼尔宽胸蝇虎（雄蛛） 雷波 摄

黄宽胸蝇虎 *Rhene flavigera*

【特征识别】雌蛛体长约7 mm。背甲黑色，较宽，近圆形，被灰色毛。第一步足黄褐色，较粗壮，其余步足黑色，有浅褐色环纹。腹部卵圆形，背面灰褐色，有波浪形白斑，末端浅褐色。【习性】生活于低矮灌草丛中。【分布】浙江、福建、湖南、广西、云南；东南亚。

锈宽胸蝇虎 *Rhene rubrigera*

【特征识别】雄蛛体长约5 mm。背甲黑色，较宽，近圆形，外缘被白色长毛，有些个体眼区被红色毛。螯肢具白色横纹。步足黑色，有白色环纹，第一步足较粗壮。腹部卵圆形，黑色，近末端有波浪形白斑，心脏斑周围密被红色毛。雌蛛体长约6 mm。背甲黑色，较宽，近圆形，密被黄色长毛。步足黑色，有浅褐色环纹，第一步足较粗壮。腹部卵圆形，背面黄色，近末端有波浪形白斑，末端黑色，心脏斑处有4对白斑。【习性】生活于低矮灌草丛中。【分布】湖北、湖南、广东、贵州、云南；印度、印度尼西亚、美国（夏威夷）。

黄宽胸蝇虎（雌蛛）| 张志升 摄

锈宽胸蝇虎（雄蛛） 杨卫列 摄

锈宽胸蝇虎（雄蛛） 雷波 摄

锈宽胸蝇虎（雌蛛） 黄贵强 摄

沐川宽胸蝇虎（雄蛛）｜王露雨 摄

沐川宽胸蝇虎（雄蛛）｜王露雨 摄

沐川宽胸蝇虎 *Rhene* sp.

【特征识别】雄蛛体长约6 mm。背甲黑色，较宽，近圆形，有黑色横斑，外缘被黄褐色毛。第一步足黑色，较粗壮，其余步足褐色，被黄毛。腹部卵圆形，背面大部分区域被黄褐色毛，中部具1个倒"T"字形红褐色斑。【习性】生活于低矮灌草丛中。【分布】四川。

科氏翠蛛 *Siler collingwoodi*

【特征识别】雄蛛体长约5 mm。背甲黑色，密被蓝绿色鳞状毛，亚外缘红色，外缘蓝色，眼区后方有1对红色斑点。第一步足棕褐色，较粗壮，腿节和胫节有黑色毛丛，其余步足褐色，被黄色毛。腹部卵圆形，黑色，可反射紫光，背面前半部区域红色，其中有2对蓝绿色斑点，腹侧浅，有2对稍大蓝绿斑。【习性】生活于低矮灌草丛中。【分布】海南、香港；日本。

科氏翠蛛（雄蛛） 吴可量 摄

科氏翠蛛（雄蛛） 吴可量 摄

蓝翠蛛 *Siler cupreus*

【特征识别】雄蛛体长约5 mm。背甲黑色，密被蓝绿色鳞状毛，亚外缘红色，外缘蓝色，眼区后方有1对红色斑点。第一步足较粗壮，颜色艳丽，具蓝色与黑色斑纹，后3对步足较细，黄棕色。腹部卵圆形，蓝色，有黑色横斑，心脏斑处有红斑。雌蛛体长约6 mm。体色较雄蛛暗淡，其余特征与雄蛛相似。【习性】生活于低矮灌草丛中。【分布】山西、江苏、浙江、福建、山东、湖北、湖南、四川、贵州、陕西、台湾；韩国、日本。

蓝翠蛛（雄蛛）　雷波 摄

蓝翠蛛（雄蛛）　王露雨 摄

蓝翠蛛（雌蛛）　王露雨 摄

玉翠蛛 *Siler semiglaucus*

【特征识别】雄蛛体长约5 mm。背甲黑色，密被蓝绿色鳞状毛，亚外缘红色，外缘蓝色，眼区中部和后方有3个红色斑。第一步足棕褐色，较粗壮，腿节和胫节有黑色毛丛，其余步足褐色，被黄色毛。腹部卵圆形，黑色，可反射紫光，背面前半部区域红色，中有1对蓝绿色斑点，腹侧色浅，有2对稍大的蓝绿斑，腹部末端有金属光泽。【习性】生活于低矮灌草丛中。【分布】广东、云南；南亚、东南亚。

玉翠蛛（雄蛛）黄泓桢 摄

玉翠蛛（雄蛛）雷波 摄

玉翠蛛（雄蛛）黄贵强 摄

玉翠蛛（雄蛛亚成体）雷波 摄

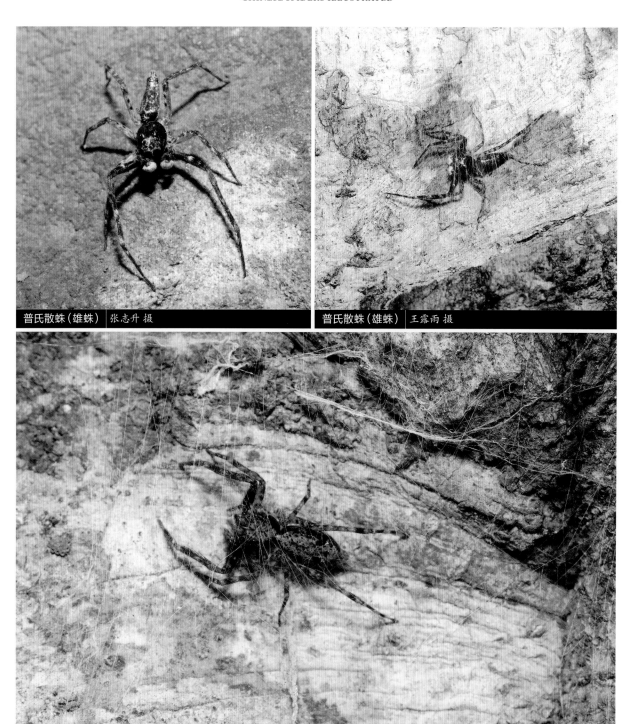

普氏散蛛（雄蛛）　张志升 摄

普氏散蛛（雄蛛）　王露雨 摄

普氏散蛛（雌蛛）　王露雨 摄

普氏散蛛 *Spartaeus platnicki*

　　【特征识别】雄蛛体长约11 mm。背甲黑色。触肢具大量白毛。第一步足棕褐色，其余步足褐色，具浅棕色环纹。腹部长筒形，深褐色。雌蛛体长约12 mm。背甲褐色，外缘黑色。第一步足腿节黑色，其余部分褐色、深褐色。腹部卵圆形，深褐色，上有黑色斑纹，背面外缘黑色。【习性】生活于树皮、岩壁等处，结片网，蜘蛛在片网下方。【分布】湖南、贵州。

泰国散蛛 *Spartaeus thailandicus*

【特征识别】雄蛛体长约10 mm。背甲褐色，眼区黑色，外缘红褐色。步足浅褐色，第一步足颜色较深，具黑褐色环纹。腹部卵圆形，浅褐色，上有红色斑纹，背面外缘红色。【习性】生活于树皮、岩壁等处，结片网，蜘蛛在片网下方。【分布】云南；泰国。

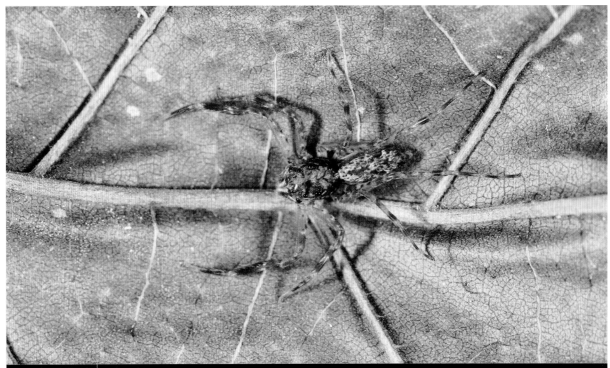

泰国散蛛（雄蛛）｜黄贵强 摄

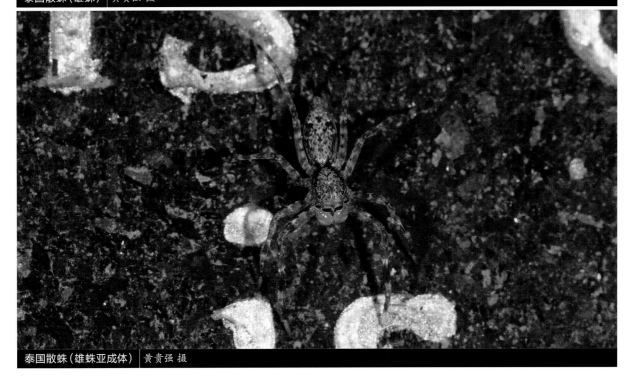

泰国散蛛（雄蛛亚成体）｜黄贵强 摄

安氏合跳蛛 *Synagelides annae*

【特征识别】雌蛛体长约4 mm。背甲红褐色，较为粗糙。步足褐色，第一步足颜色较深，具黑褐色环纹，关节处颜色较浅。腹部卵圆形，橙褐色，上有2对白斑，腹部末端黑色。【习性】生活于落叶层中。【分布】江西、湖北、湖南；日本。

安氏合跳蛛（雄蛛） 王露雨 摄

云南合跳蛛 *Synagelides yunnan*

【特征识别】雄蛛体长约3 mm。背甲红褐色，密被橙色毛。步足浅褐色，关节处颜色较浅，第一步足颜色较深，转节和腿节较长。腹部长卵圆形，橙褐色，上有1对白斑和1个白环，腹部末端黑色。雌蛛稍大于雄蛛，其余特征与雄蛛相似。【习性】生活于落叶层中。【分布】云南。

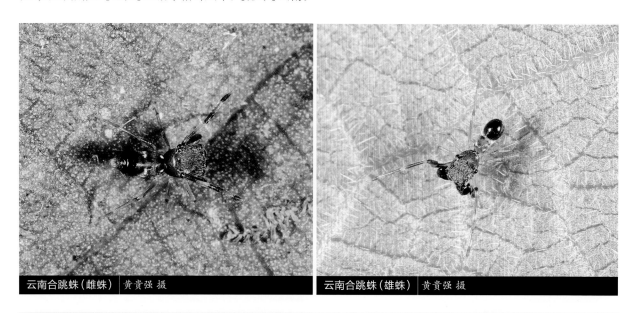

云南合跳蛛（雌蛛） 黄贵强 摄

云南合跳蛛（雄蛛） 黄贵强 摄

贡山合跳蛛 *Synagelides* sp.1

【特征识别】雄蛛体长约4 mm。背甲红褐色，被稀疏毛，眼区黑色。步足浅褐色，关节处颜色较浅，第一步足颜色较深，转节和腿节较长，腿节黑色。腹部长卵圆形，橙褐色，上有2对白斑。雌蛛稍大于雄蛛，其余特征与雄蛛相似。【习性】生活于落叶层中。【分布】云南。

贡山合跳蛛（雄蛛）│王露雨 摄

贡山合跳蛛（雄蛛）│王露雨 摄

贡山合跳蛛（雌蛛）│王露雨 摄

南岭合跳蛛 *Synagelides* sp.2

【特征识别】雄蛛体长约4 mm。背甲褐色,被稀疏毛。步足褐色,关节处颜色较浅,第一步足颜色较深,粗壮,黑色。腹部长卵圆形,黑色。纺器橙色。【习性】多生活于落叶层中。【分布】广东。

| 南岭合跳蛛(雄蛛) | 雷波 摄 | 南岭合跳蛛(雄蛛) | 雷波 摄 |

多彩纽蛛 *Telamonia festiva*

【特征识别】雄蛛体长约7 mm。背甲黑色,侧眼间有红色纵纹,外缘白色。步足褐色,有白色环纹。腹部筒形,黑色,心脏斑白色,有些个体心脏斑后有三角形花纹。雌蛛稍大于雄蛛,背甲黄色,眼区覆盖白毛,有橙色纵纹。步足黄色,有刺。腹部圆筒形,密被白毛,背面前段橙色,向下渐变为黑色,有多个三角形花纹。【习性】生活于低矮灌草丛中。【分布】海南、广西、广东、云南、台湾;东南亚。

| 多彩纽蛛(雌蛛) | 雷波 摄 |

多彩纽蛛（雄蛛）｜黄贵强 摄

多彩纽蛛（雄蛛）｜黄贵强 摄

弗氏纽蛛 *Telamonia vlijmi*

【特征识别】雄蛛体长约6 mm。背甲黑色，眼区白色，外缘白色。步足褐色，有浅棕色花纹。腹部筒形，褐色，中有1条白色纵斑。雌蛛稍大于雄蛛，背甲黄色，外缘白色。步足黄色，有红褐色环纹。腹部筒形，橘褐色，中有1条白色纵斑，腹侧黑色。【习性】生活于低矮灌草丛中。【分布】浙江、安徽、福建、湖南、广西、贵州、台湾；韩国、日本。

弗氏纽蛛（雌蛛）｜王露雨 摄

弗氏纽蛛(雌蛛) 王露雨 摄

弗氏纽蛛(雄蛛) 王露雨 摄

弗氏纽蛛(雌蛛) 王露雨 摄

弗氏纽蛛(雄蛛) 王露雨 摄

弗氏纽蛛(雄蛛) 王露雨 摄

巴莫方胸蛛（雌蛛）｜雷波 摄

巴莫方胸蛛（雌蛛）｜雷波 摄

巴莫方胸蛛（雄蛛）｜雷波 摄

卡氏方胸蛛（雄蛛）｜王禹 摄

巴莫方胸蛛 *Thiania bhamoensis*

【特征识别】雄蛛体长约6 mm。背甲黑色，有蓝色鳞状毛组成的横纹，外缘蓝色。步足黑色至褐色，第一步足颜色最深，黑色，有蓝色鳞状毛。腹部近卵圆形，末端尖，黑褐色，背面前缘有蓝白色花纹，且中部有"八"字形蓝白色花纹。雌蛛体长约8 mm。其余特征与雄蛛相似。【习性】生活于低矮灌草丛中。【分布】广东、云南；南亚、东南亚。

卡氏方胸蛛 *Thiania cavaleriei*

【特征识别】雄蛛体长约7 mm。背甲黑色，眼区后密布蓝色鳞状毛组成的横纹。步足黑色至褐色，第一步足颜色最深，黑色，有蓝色鳞状毛。腹部近卵圆形，末端尖，黑褐色，背面前缘有蓝色毛组成的花纹，且中部外缘有1对蓝色纵纹。【习性】生活于低矮灌草丛中。【分布】甘肃、福建、四川。

细齿方胸蛛 *Thiania suboppressa*

【特征识别】雄蛛体长约8 mm。背甲橙色，眼区黑色，被稀疏蓝色鳞状毛。步足黑色至红褐色，第一步足颜色最深，黑色，有蓝色鳞状毛。腹部近卵圆形，末端尖，浅褐色，背面外缘有蓝色毛组成的斑纹。【习性】生活于低矮灌草丛中。【分布】福建、湖南、广东、台湾；越南、美国（夏威夷）。

细齿方胸蛛（雄蛛） 王露雨 摄

阔莎茵蛛 *Thyene imperialis*

【特征识别】雄蛛体长约6 mm。背甲黑色，外缘灰白色，眼区外围白色。步足黑色，上有白色长毛，第一步足较为粗壮。腹部筒形，末端尖，黑色，前缘有"T"字形白色花纹，背面中部有1对红色纵纹，纵纹中部有白色横斑。雌蛛体长约9 mm。背甲黄褐色，眼区外白色。步足黄褐色，上有白色长毛，第一步足粗壮。腹部筒形，末端尖，红褐色，有黑褐色纵纹，纵纹内有数对白斑。【习性】生活于低矮灌草丛中。【分布】福建、湖北、广东、广西、海南、台湾；亚洲、欧洲、非洲。

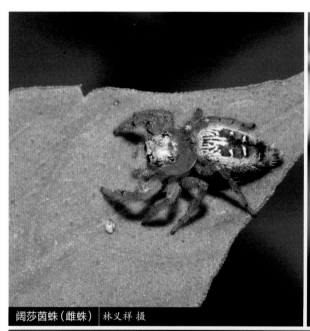

阔莎茵蛛（雌蛛）│林义祥 摄

阔莎茵蛛（雌蛛）│徐瑞娥 摄

阔莎茵蛛（雄蛛）│林义祥 摄

三角莎茵蛛(雄蛛) 杨自忠 摄 　藤氏雅蛛(雄蛛) 杨自忠 摄

三角莎茵蛛 *Thyene triangula*

【特征识别】雄蛛体长约6 mm。背甲黑色,眼区多毛。步足黑色。腹部近卵圆形,末端尖,黑色,背面有1个黄褐色卵圆形大斑。【习性】生活于低矮灌草丛中。【分布】云南。

藤氏雅蛛 *Yaginumaella tenzingi*

【特征识别】雄蛛体长约5 mm。背甲黑色,前缘橙色,中有1条白色纵纹。第一步足黑色,其余各个步足浅褐色。腹部近卵圆形,末端尖,黑色,背面有1条白色纵纹,外缘白色。【习性】生活于低矮灌草丛中。【分布】云南。

花皮蛛科

SCYTODIDAE

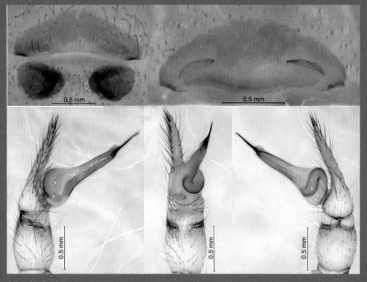

刘氏花皮蛛 *Scytodes liui*

英文名Spitting spiders，来源于它在捕食时会使用腺体喷吐出白色黏液，以黏住猎物。

花皮蛛体小到中型，体长4~9 mm。无筛器。背甲卵圆形，具复杂斑纹。头区低，胸区高，呈圆顶状。无中窝。6眼分3组，在前方和稍后两侧各1组。螯肢基部愈合，螯牙短小。步足细弱，末端具3爪，第四步足两基节间距较宽。腹部球形，舌状体大。护卵时会用螯肢叼住卵囊。

花皮蛛是唯一一类可以用螯肢吐"丝"的蜘蛛，生活环境多样，如人居住的房屋内、灌木丛中、植物叶片背面、天然洞穴内和树皮下等。其形态和行为均较特殊。

本科目前全世界已知5属233种，主要分布于热带和亚热带地区，多数种类分布范围狭窄，有3种为广布种，即暗花皮蛛*Scytodes fusca*（泛热带区）、长花皮蛛*S. longipes*（泛热带区和欧洲）和胸花皮蛛*S. thoracica*（全北区、太平洋岛屿），可能与人类活动有关。中国已知3属14种，其中刘氏花皮蛛*S. liui*也见于人类住所，以室内卫生害虫为食。

暗花皮蛛 *Scytodes fusca*

【特征识别】雌蛛体长约6 mm。背甲灰白色，具大量褐色斑纹，近圆形，胸区隆起，有放射状深褐色斑纹。步足细长，灰白色至浅褐色，有黑色环纹。腹部近圆形，灰白色，具大量不规则褐色斑。【习性】多生活于土坡浅洞或苔藓缝隙中。【分布】海南、云南；古北区。

暗花皮蛛（雌蛛）｜雷波 摄

暗花皮蛛（雌蛛）｜雷波 摄

刘氏花皮蛛 *Scytodes liui*

【特征识别】雌蛛体长约5 mm。背甲浅褐色,近圆形,胸区隆起,有近似波纹状黑斑,亚外缘有不规则黑斑。步足细长,浅褐色,有黑色环纹。腹部近圆形,浅褐色,具黑色波浪状横纹。【习性】多生活于住宅内。【分布】江西、福建。

白色花皮蛛 *Scytodes pallida*

【特征识别】雌蛛体长约5 mm。背甲白色,近圆形,胸区隆起,正中具4条对称分布的黑色细纵纹,背甲边缘具多条黑色短细纵纹和1条黑色细环纹,两侧对称分布。步足细长,白色,有少量黑色环纹。腹部近圆形,白色,有对称的黑色纵纹。【习性】多生活于树叶背面。【分布】重庆、贵州、广东、云南;印度、菲律宾、新几内亚岛。

刘氏花皮蛛(雌蛛) | 王露雨 摄

刘氏花皮蛛(雌蛛) | 王露雨 摄

白色花皮蛛(雌蛛) | 王露雨 摄

白色花皮蛛（雌蛛） 雷波 摄

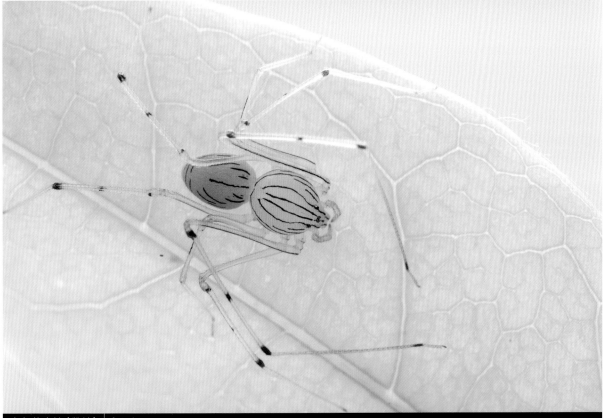

白色花皮蛛（雌蛛） 雷波 摄

黄昏花皮蛛 *Scytodes thoracica*

【**特征识别**】雌蛛体长约5 mm。背甲褐色，近圆形，胸区隆起，眼后有2条深褐色宽纵斑，胸部侧缘有深褐色不规则花纹。步足长，黄褐色，有深褐色环纹。腹部近圆形，褐色多毛，有数条黑色横纹。【**习性**】多生活落叶层中。【**分布**】河北、山西、辽宁、山东、江苏、浙江、安徽、四川、台湾；全北区、太平洋诸岛。

黄昏花皮蛛（雌蛛）｜林义祥 摄

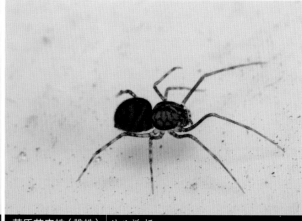

黄昏花皮蛛（雌蛛）｜林义祥 摄

兴文花皮蛛 *Scytodes* sp.1

【**特征识别**】雌蛛体长约4 mm。背甲黑色，近圆形，胸区隆起。步足长，深褐色，腿节及关节处黑色。腹部近圆形，黑褐色，多毛。【**习性**】生活于洞穴中。【**分布**】四川。

兴文花皮蛛（雌蛛）｜蒋玄空 摄

兴文花皮蛛（雌蛛）｜蒋玄空 摄

近白色花皮蛛（雌蛛）｜张宏伟 摄

近白色花皮蛛（雌蛛）｜张宏伟 摄

近白色花皮蛛 *Scytodes* sp.2

【特征识别】雌蛛体长约6 mm。背甲淡黄褐色，近圆形，胸区隆起，中眼后有2条黑色纵斑，侧眼后部有2条细纵斑，其两侧还各有数条黑色纵纹。步足细长，白色，有少量黑色环纹。腹部近圆形，白色，具大量对称分布的黑色纵纹和黑斑。【习性】多生活于树叶背面。【分布】云南。

黑带花皮蛛 *Scytodes* sp.3

【特征识别】雌蛛体长约6 mm。背甲灰白色，近圆形，胸区隆起，中眼后有2条黑色宽纵斑，两侧具黑色细纵纹。步足细长，褐色，具黑斑，关节处具黑色环纹。腹部近圆形，褐色，有大量黑斑。【习性】多生活于树叶背面。【分布】广东。

中山花皮蛛 *Scytodes* sp.4

【特征识别】雄蛛体长约6 mm。背甲近圆形，黄褐色，正中具2条黑色宽纵纹，边缘具黑色宽纹。步足细长，黄褐色，关节处色深。腹部卵圆形，黄褐色，具黑色宽横纹。雌蛛体长约5 mm。背甲近圆形，褐色，黑色宽纵纹不明显，边缘色深。步足细长，较雄蛛色浅。腹部近圆形，褐色，具黑色纹。【习性】多生活于树叶背面。【分布】广东。

黑带花皮蛛（雌蛛）｜ 黄俊球 摄

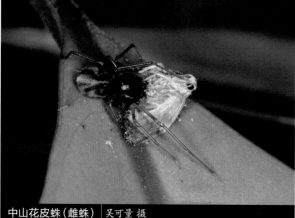

中山花皮蛛（雌蛛）｜ 吴可量 摄

中山花皮蛛（雄蛛）｜ 吴可量 摄

类石蛛科

SEGESTRIIDAE

英文名Tubeweb spiders，源于它所建造的管状网。台湾称其为阎魔蛛科。

类石蛛体小到中型，体长6~15 mm。无筛器。体色通常较暗，6眼2列，前中眼消失，前后侧眼互相靠近，2个后中眼靠近，形成3组。胸板与背甲之间有膜或几丁质板相连，长大于宽。步足多刺，无听毛，末端具3爪。多生活于树皮下、树洞及石缝中，做管状巢，巢两端开口，一端开阔的开口处通常具有放射状丝；类石蛛正常的生活姿态是前3对足向前，第四步足朝后，这与其他多数蜘蛛的2对足朝前、2对足朝后不同。

本科目前全世界已知4属124种，世界性分布。中国已知2属6种，南北均有分布。本科行踪隐秘，较难察觉，因此人们对它的了解甚少。

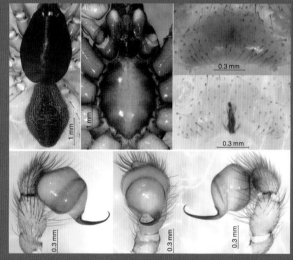

高黎贡山垣蛛 *Ariadna* sp.

敏捷垣蛛 *Ariadna elaphra*

【特征识别】雌蛛体长8~11 mm。背甲漆黑色或棕色，具少量短毛。螯肢黑色，被密毛。步足深褐色至黑褐色，被浓密黑褐色毛，前2对步足毛较长。腹部深棕色，无斑纹，被较长的棕色毛，后部较前部密。【习性】穴居，洞口有放射状丝。【分布】重庆、福建、湖南。

| 敏捷垣蛛（雌蛛）　张志升 摄 | 敏捷垣蛛（洞穴）　张志升 摄 |

黑色垣蛛 *Ariadna pelia*

【特征识别】雌蛛体长约12 mm。背甲黑色，头区具长毛。步足褐色，腿节色深，近黑色，前2对步足毛明显长于后2对。腹部卵圆形，背面亮褐色，无斑纹，被长毛，后部较前部密。【习性】穴居，洞口有放射状丝。【分布】贵州、云南。

黑色垣蛛（雌蛛）　王露雨 摄

九寨沟垣蛛 *Ariadna* sp.

【特征识别】雌蛛体长约11 mm。背甲黑色,具少量短毛。步足黑褐色至红褐色,密布长毛。腹部卵圆形,背面淡红褐色,无斑纹,被长毛,后部较前部密。【习性】穴居,洞口有放射状丝。【分布】四川。

九寨沟垣蛛(洞穴) 王露雨 摄

九寨沟垣蛛(雌蛛) 王露雨 摄

拟扁蛛科

SELENOPIDAE

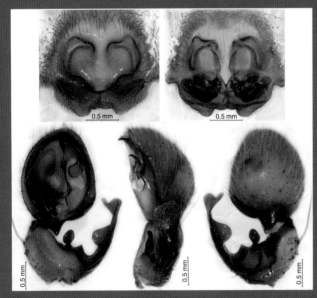

袋拟扁蛛 *Selenops bursarius*

英文名Flatties spiders或Wall spiders，源于这类蜘蛛身体极扁，喜好在墙壁上活动。中文名源于其与扁蛛科（后更名为转蛛科）都具有极扁的身体。

拟扁蛛身体扁平，中到大型，体长6~23 mm。无筛器。头胸部宽大于长。8眼2列，第一列6眼，第二列2眼，相互远离。螯肢无侧结节，前、后齿堤有齿。颚叶的侧缘近乎平行，末端有毛丛。步足横行，步足末端具2爪；第四步足的基节最长；前2对步足的后跗节和跗节的腹面有毛丛。通常在岩石、树皮下或房屋的缝隙中生活，夜行性，不结网。

本科目前全世界已知10属257种，主要分布于非洲、南亚、东南亚和澳大利亚，少数种类分布在南美、中美和其他地区。最大的属：拟扁蛛属*Selenops*的种类多达129种。中国仅已知2属4种，见于南方。

袋拟扁蛛 *Selenops bursarius*

【特征识别】雌蛛体长约10 mm。背甲浅褐色，从中窝为起点有由褐色毛组成的放射状斑纹。螯肢短粗。步足褐色，较扁，有黑色环纹，多壮刺。腹部椭圆形，背中有1条黑褐色纵纹，两侧分布有不规则黑色斑纹。【习性】白天多生活于树皮或岩石隙缝里，夜行性，晚上多见于房屋墙壁。【分布】江苏、浙江、安徽、河南、四川、贵州、台湾；韩国、日本 。

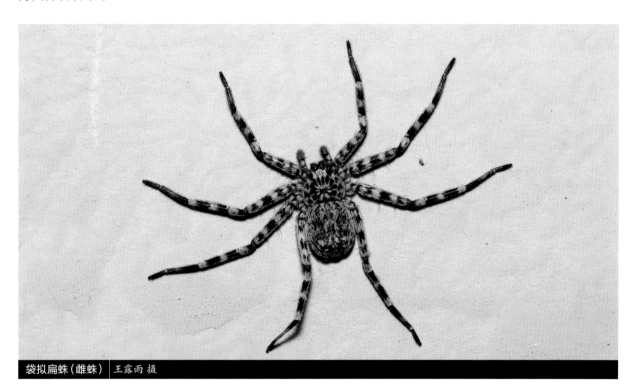

袋拟扁蛛（雌蛛） 王露雨 摄

普洱拟扁蛛 *Selenops* sp.

【特征识别】雌蛛体长约9 mm。背甲浅褐色，从中窝为起点有由褐色毛组成的放射状斑纹，外缘浅褐色。螯肢短粗。步足浅褐色，较扁，有深褐色环纹，多壮刺。腹部椭圆形，背中有1条黑褐色纵纹，两侧分布有不规则黑色斑纹，末端色浅，为浅褐色。【习性】多生活于树皮或岩石隙缝里，夜行性，晚上多见于树干。【分布】云南。

普洱拟扁蛛（雌蛛） 张宏伟 摄

普洱拟扁蛛（雌蛛） 陈尽 摄

普洱拟扁蛛(雌蛛) | 陈尽 摄

深圳拟扁蛛 *Selenops* sp.2

【特征识别】雌蛛体长约7 mm。体型扁平,黄褐色。步足褐色,较扁,有淡褐色毛组成的斑纹,多壮刺。腹部椭圆形,后端弧圆,背面有1条不明显的黑褐色中线,近腹端有1条横向的黑色斑纹。卵囊黄白色平贴于树干上。【习性】多生活于树皮或岩石隙缝里,夜行性。【分布】广东。

深圳拟扁蛛(雌蛛) 严莹 摄

深圳拟扁蛛(雌蛛) 刘成一 摄

刺客蛛科

SICARIIDAE

刺客蛛长时间以来只包括2个属，即刺客蛛属（英文名Assassin spiders）和平甲蛛属（英文名Violin spiders或Recluse spiders）。前者英文名即为刺客的意思，指该属以伏击的方式捕捉猎物；后者的英文名来源于有些成员背甲上会有小提琴状花纹，或者行踪隐秘，常常在人类居住场所内出现。台湾称其为丝蛛科。近期有学者将非洲的刺客蛛属独立出来列于第三个属*Hexophthalma*下。

刺客蛛体中到大型，体长8~19 mm。2爪，无筛器。背甲和腹部革质，具有倒刺。具6眼，2个为1组，呈3组。下唇与胸板愈合。刺客蛛*Sicarius* spp. 生活于荒漠地区，多在沙土中挖1个小坑，将自己埋于坑中，附近有过往猎物时迅速出击。而平甲蛛*Loxosceles* spp. 则更为喜好房屋地窖、储藏室和干热山洞等地方。

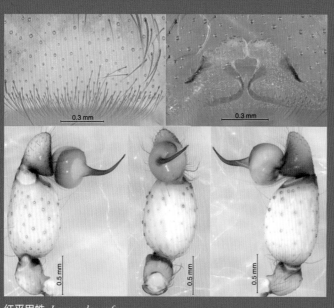

红平甲蛛 *Loxosceles rufescens*

毒性较强，咬伤后很容易发生组织坏死，但一般不会致人死亡。由于平甲蛛常习惯生活在人类聚集处，常会与人不期而遇，近30年仅有7例死亡事件。

本科目前全世界已知3属141种，主要分布于南美，其他区域除中美和北美较多外，非洲、欧洲和亚洲仅有极少数种类。中国记述1属3种，其中红平甲蛛*Loxosceles rufescens*为入侵种，在欧洲等地有本种的咬伤报告，但在中国极少见到，鲜有咬伤案例。中国的其余2种平甲蛛极有可能为红平甲蛛的次异名。

红平甲蛛 *Loxosceles rufescens*

【特征识别】雄蛛体长约6 mm。背甲红褐色，近圆形，多细毛，头区向前突出，稍隆起，颜色深，与中窝后部纵纹一起形成小提琴状花纹。步足较长，褐色，被有黑色密毛。腹部筒状，浅褐色，多黑色毛。雌蛛体长约7 mm。头胸部褐色，其余特征与雄蛛相似。【习性】多生活于废弃房屋、干热山洞内。【分布】重庆、贵州、湖南、江西、江苏、天津、浙江、安徽、四川、台湾；世界性广布。

红平甲蛛（雄蛛） 陈尽 摄

红平甲蛛（雌蛛） 张巍巍 摄

华模蛛科

SINOPIMOIDAE

华模蛛科为李枢强和Wunderlich于2008年发表的1个新科，已知仅1种，发现于云南西双版纳勐仑自然保护区的树冠层。

华模蛛科与派模蛛科、皿蛛科等类群亲缘关系近。其拉丁名由"Sino-"和"Pimoidae"两部分组成，前者意为"中国的"，后者为派模蛛科的拉丁名，指其与派模蛛科亲缘关系近，且为中国特有。

形态特征与派模蛛科相近，但个体较派模蛛小，中窝相对不发达，螯肢具有发声嵴，步足上的毛丛相对较小。雄蛛触肢具有1个几乎与跗舟等大的胫节外侧突，副跗舟简单、尖锐且弯曲，与跗舟愈合成一体，生殖球盾板后端具1个极大的突起，一直向后延伸至膝节顶端。外雌器有1个大且呈半圆形的垂体。

本科目前仅知1属1种：双色华模蛛，其生活环境为极特殊的树冠层。

双色华模蛛 *Sinopimoa bicolor*

【特征识别】雌蛛体长约1.3 mm。背甲淡黄褐色，眼区和两侧为灰褐色宽纹，正中为1条淡黄褐色"T"字形纹。步足黄褐色，具黑褐色环纹，后蹠节和跗节被密毛。腹部卵圆形，背面淡黄褐色，具大量浅灰黑色纹。【习性】生活于热带雨林树冠层。【分布】云南。

双色华模蛛（雌蛛）│ 李枢强 摄

巨蟹蛛科

SPARASSIDAE

英文名Huntsman spiders或Giant crab spiders。称其Huntsman spiders是因为它具有较强的捕食性。又因为个体较大，步足长，左右伸展，似蟹蛛，因而又得名Giant crab spiders。台湾称其为高脚蛛科。

巨蟹蛛体中到特大型，体长6~40 mm。无筛器。头胸部卵圆形，前部较窄。8眼2列，眼的大小、间距和2眼列的凹曲，随亚科和属而异。螯肢有侧结节。步足一般长而粗壮，左右伸展，后跗节和跗节下方有毛丛，跗节具2爪，爪下有毛簇。腹部大多卵圆形，背面多数具斑纹，通常中部有黑色心形斑。书肺2个；腹部末端具3对纺器。本科不同于其他横行类的明显鉴别特征是步足后跗节的关节末端具三裂片膜。

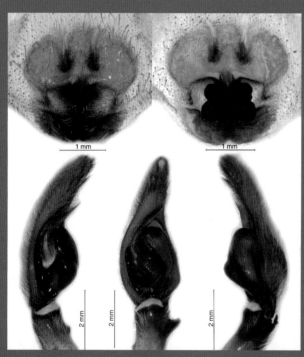

白额巨蟹蛛 *Heteropoda venatoria*

巨蟹蛛是夜行性捕食者，行动敏捷，善走易遁，其速度能够超过沙子滑落的速度，并能以惊人的速度跳过石块或树皮。巨蟹蛛具有强有力的捕食器官，是干旱环境中占优势地位的肉食节肢动物，如异足蛛属*Sparassus*是沙漠中仅次于避日的第二大肉食节肢动物，而非干旱环境中的种类主要捕食蝇类、蚊类、蟑螂等卫生害虫，有时亦在村庄附近稻田中捕食，对林农生态系统有重要影响。有一些巨蟹蛛还具有与众不同的习性，如马达加斯加岛的奥利蛛*Olios coenobita*会使用当地的法万尼红蜗牛*Leucotaenius favannii*的空壳悬挂在树枝间作为躲避处、沙漠中的雷氏塞布蛛*Cebrennus rechenbergi*还可使用空翻来威吓捕食者。

本科目前全世界共记载了87属1 215种，主要分布于南北纬40度之间，大部分为狭窄分布，个别种类，如白额巨蟹蛛*Heteropoda venatoria*，随着人类活动而扩散到世界各地。德国学者P. Jäger在该类群的系统学方面作出了重大贡献。中国目前记述了11属114种，张锋、张宝石和刘杰等学者对中国的巨蟹蛛进行了大量研究。

萨氏重蛛 *Barylestis saaristoi*

【特征识别】雌蛛体长约20 mm。背甲灰白色，宽大于长，密布白毛，头区黑色。步足白色，腹面密布白色长毛，腿节上有数个黑壮刺，各节有黄色环纹，跗节褐色。腹部灰白色，较短，方形具长毛，有灰色模糊"八"字形纹，末端平截，褐色，有褐色长毛。【习性】生活于布满苔藓的树干上，喜夜行。【分布】云南。

萨氏重蛛（雌蛛）│ 林业杰 摄

宽大布丹蛛 *Bhutaniella latissima*

【特征识别】雌蛛体长约11 mm。背甲浅棕色，梨形，具有稀疏棕色毛，有1条灰色纵纹贯穿头胸部，外缘及亚外缘有稀疏黑点。步足浅棕色，密布长毛，具刺，刺的基部有黑斑。腹部筒状，较长，棕褐色，有1条灰色纵纹贯穿整个腹部，纵纹两旁有数对黑斑，腹侧白色，有黑斑。【习性】生活于树叶上，喜夜行。【分布】台湾。

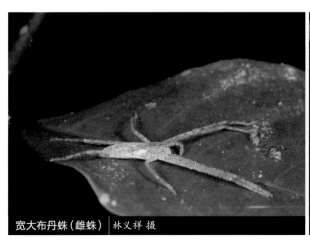

宽大布丹蛛（雌蛛）│ 林义祥 摄

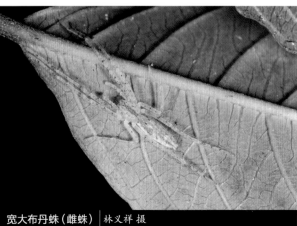

宽大布丹蛛（雌蛛）│ 林义祥 摄

宽大布丹蛛（雌蛛） 林义祥 摄

宽大布丹蛛（雌蛛） 林义祥 摄

台湾颚突蛛（雌蛛） 陈尽 摄

台湾颚突蛛（雌蛛） 陈尽 摄

台湾颚突蛛 *Gnathopalystes taiwanensis*

【特征识别】雌蛛体长约10 mm。背甲灰绿色，梨形，具有稀疏白毛，头区红色，有1条灰色纵纹自头区延伸至中窝。步足橙色，密布长毛，有黑色壮刺，胫节和后跗节有灰色毛。腹部长圆形，黄绿色，心脏斑灰色，心脏斑后有1条黑色纵纹至腹部末端，两旁有不明显"八"字形花纹。【习性】生活于树叶上，会将叶子卷起包裹成巢状，喜夜行。【分布】台湾、云南。

对巨蟹蛛 *Heteropoda amphora*

【特征识别】雌蛛体长约13 mm。背甲棕色，梨形，末端颜色加深为黑色，有1条土黄色横纹在背甲末端外缘，中窝明显，纵向。步足深褐色，腿节颜色较浅，为褐色，有黑色壮刺，刺基部有土黄色斑，外侧有黑色空心圆形斑，步足其余各节深褐色，密被短毛。腹部筒形，褐色，心脏斑土黄色，心脏斑后有2条土黄色断横纹，腹部末端颜色较浅。卵囊白色，饼状。【习性】喜夜行。【分布】贵州、浙江、广西、四川、香港。

壶瓶巨蟹蛛 *Heteropoda hupingensis*

【特征识别】雌蛛体长约10 mm。背甲棕色，梨形，末端颜色加深为黑色，有1条灰白色横纹在背甲末端外缘，中窝明显，纵向。步足深褐色，腿节颜色较浅，为灰白色，有黑色壮刺，刺基部有灰白色斑，外侧有黑色空心圆形斑，步足其余各节深褐色，密被短毛。腹部筒形，褐色，心脏斑灰白色，心脏斑后有2条灰白色断横纹，腹部末端颜色较浅。【习性】喜夜行。【分布】贵州、湖南。

对巨蟹蛛（雌蛛）| 王露雨 摄

壶瓶巨蟹蛛（雌蛛）| 王露雨 摄

屏东巨蟹蛛 *Heteropoda pingtungensis*

【特征识别】雄蛛体长约15 mm。背甲灰褐色，梨形，有1条黑褐色纵纹贯穿头胸部。步足灰褐色，密被短毛，有黑色壮刺，刺基部有黑色大斑。腹部灰褐色，末端有1个倒三角形白斑，心脏斑褐色。雌蛛体长约13 mm。背甲黄褐色，梨形，有1条褐色纵纹贯穿头胸部。步足黄褐色，密被短毛，有黑色壮刺，刺基部有灰白色斑。腹部黄褐色，末端有1个倒三角形白斑，心脏斑褐色。【习性】喜夜行。【分布】云南、贵州、广东、广西、台湾。

屏东巨蟹蛛（雌蛛） 黄鑫磊 摄

屏东巨蟹蛛（雄蛛） 黄宝平 摄

屏东巨蟹蛛（雌蛛幼体） 黄贵强 摄

狂放巨蟹蛛（雌蛛） 黄贵强 摄

狂放巨蟹蛛（雄蛛） 陈尽 摄

狂放巨蟹蛛（雌蛛） 黄贵强 摄

狂放巨蟹蛛（雄蛛） 黄贵强 摄

狂放巨蟹蛛 *Heteropoda tetrica*

【特征识别】雄蛛体长约15 mm。体色多变，背甲黄褐色，梨形，有数对黑色大斑位于头胸部。步足黄褐色，密被短毛，腿节末端黑色，中部有黑色壮刺，刺基部有黑色大斑。腹部黄褐色，中部有数对黑色斑，心脏斑黑色。雌蛛体长约18 mm。背甲褐色，末端颜色加深为黑色，有1条土黄色横纹在背甲末端外缘，中窝明显。步足褐色，密被短毛，腿节有黑色壮刺，刺基部有土黄色斑。腹部褐色，心脏斑土黄色。【习性】喜夜行。【分布】广西、云南；印度尼西亚。

白额巨蟹蛛(雄蛛) 张志升 摄

白额巨蟹蛛(雌蛛) 任川 摄

白额巨蟹蛛(雌蛛) 陈尽摄

白额巨蟹蛛(雌蛛) 倪一农 摄

白额巨蟹蛛 *Heteropoda venatoria*

【特征识别】雄蛛体长约20 mm。背甲灰黄色,有2对大黑斑,额部具有1条白色横斑,中窝明显。步足灰黄色,密被短毛,腿节有黑色壮刺,刺基部有灰白色斑,外侧有黑色空心圆形斑。腹部褐色,有数对黑斑,心脏斑黑色,腹部末端有1个褐色斑。雌蛛体长约20 mm。背甲灰色,梨形,额部具有1条白色横斑,末端颜色加深为黑色,有1条土黄色横纹在背甲末端外缘,中窝明显。步足灰色,密被短毛,腿节灰色,中部有黑色壮刺,刺基部有黑色大斑。腹部黄褐色,中部有数对黑色斑,心脏斑黑色。【习性】喜夜行,常在室内出现。【分布】浙江、安徽、江西、湖北、湖南、广东、四川、云南、西藏、台湾;泛热带地区。

密毛巨蟹蛛 *Heteropoda* sp.

【特征识别】雌蛛体长约17 mm。背甲黄白色,梨形,有1条黑褐色纵纹贯穿头胸部。步足灰色,密被短毛和黑色壮刺,步足腹面有橙色斑。腹部灰色,心脏斑颜色较深,密布黄色毛。【习性】喜夜行。【分布】湖南。

微绿小遁蛛 *Micrommata virescens*

【特征识别】雌蛛体长约10 mm。背甲绿色,梨形,外缘黄色。步足绿色,密被短毛和黑色壮刺,步足后跗节和跗节褐色,具有毛丛。腹部绿色,前端黄色,多灰色毛,心脏斑颜色较深。【习性】多生活于低矮灌丛中。【分布】内蒙古、新疆;古北区。

密毛巨蟹蛛(雌蛛) 王苇杭 摄

微绿小遁蛛(雌蛛) 王露雨 摄

淡黄奥利蛛 *Olios flavidus*

【特征识别】雌蛛体长约12 mm。背甲黄褐色，梨形，多白色毛。步足黄褐色，密被短毛和黑色壮刺，步足后跗节和跗节灰褐色，具有毛丛。腹部褐色，有数对"人"字形花纹。【习性】喜夜行。【分布】新疆。

勐海奥利蛛 *Olios menghaiensis*

【特征识别】雄蛛体长约17 mm。背甲黄褐色，有密毛，头区黑色。步足黄褐色，关节处颜色加深，后跗节和跗节棕褐色，内侧有浓密的棕色毛丛。腹部背面浅棕色，前部两侧有黑色斑，心脏斑黄褐色，后部有黑色不规则状斑，末端侧缘黑色。雌蛛体长约16 mm。背甲灰黄色，梨形，头区黑色。步足黑色，密被短毛，膝节和胫节有灰色环纹和黑斑。腹部黄褐色，斑纹分布与雄蛛类似。【习性】喜夜行。【分布】广西、云南。

淡黄奥利蛛（雌蛛）　张磊 摄

勐海奥利蛛（雄蛛）　凌瀚琨 摄

勐海奥利蛛（雌蛛）　张宏伟 摄

勐海奥利蛛（雄蛛） 凌瀚琨 摄

勐海奥利蛛（雌蛛） 张宏伟 摄

勐海奥利蛛（雄蛛蜕皮） 凌瀚琨 摄

勐海奥利蛛（雄蛛） 凌瀚琨 摄

南宁奥利蛛 *Olios nanningensis*

【特征识别】雄蛛亚成体体长约9 mm。背甲橙黄色，有密毛。步足橙黄色，有壮刺和密毛，后跗节和跗节黄褐色。腹部背面黄色，有黑色斑点，心脏斑褐色。【习性】喜夜行。【分布】湖南、广西、云南。

雕刻奥利蛛 *Olios sculptor*

【特征识别】雌蛛体长约8 mm。背甲绿色，有密毛，头区颜色较浅。步足黄绿色，有密毛和黑色壮刺，后跗节和跗节颜色较深。腹部背面浅黄色，有密毛，心脏斑绿色。【习性】喜夜行。【分布】台湾。

南宁奥利蛛（雄蛛）｜廖东添 摄

雕刻奥利蛛（雌蛛幼体）｜林义祥 摄

天童奥利蛛（雄蛛）｜林业杰 摄

褐腹奥利蛛（雌蛛）｜范毅 摄

褐腹奥利蛛（雌蛛）｜范毅 摄

天童奥利蛛 *Olios tiantongensis*

【特征识别】雄蛛体长约9 mm。背甲橙黄色，有密毛，头区色深。步足橙黄色，有壮刺和密毛，后跗节和跗节黑褐色。腹部背面黄褐色，有2对黑色斑点，有1条褐色纵纹贯穿腹部，后部具数条褐色"人"字形纹，心脏斑褐色。【习性】喜夜行。【分布】江苏、浙江、湖南。

褐腹奥利蛛 *Olios* sp.

【特征识别】雌蛛体长约15 mm。背甲紫色，有密毛，头区色浅。步足褐色，有壮刺和密毛，腿节色深，后跗节和跗节黑褐色，具毛丛。腹部背面紫褐色，具黑色斑纹，腹侧黑色，心脏斑不明显。【习性】喜夜行。【分布】云南。

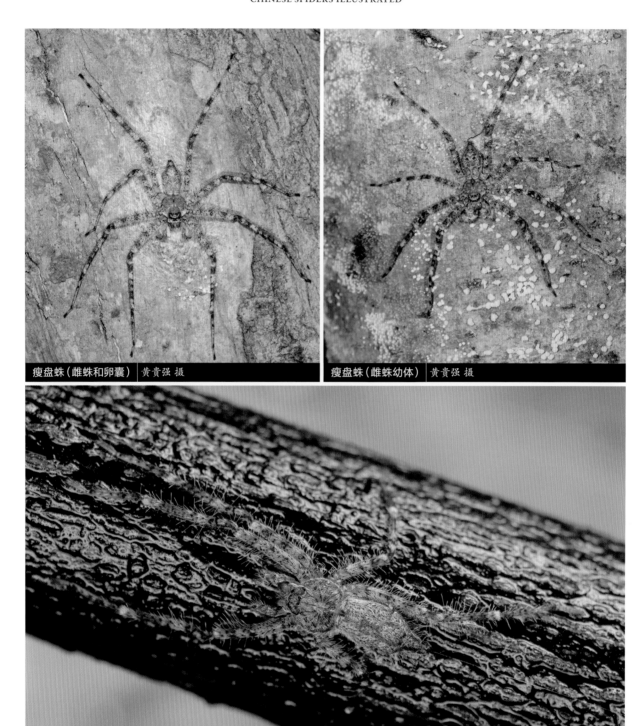

瘦盘蛛（雌蛛和卵囊）│ 黄贵强 摄

瘦盘蛛（雌蛛幼体）│ 黄贵强 摄

瘦盘蛛（雌蛛）│ 雷波 摄

瘦盘蛛 *Pandercetes* sp.1

【特征识别】雌蛛体长约16 mm。背甲绿色，有密毛，上有数对月形褐色花纹，头区色浅，褐色。步足灰绿色，多分布有黑斑，腿节有壮刺和长白毛，各节均有黄白色环纹，后跗节和跗节具毛丛。腹部背面绿色，具褐色不规则斑纹，腹侧褐色。卵囊褐色，紧贴树干。【习性】生活于树干上，喜夜行。【分布】云南。

胖盘蛛 *Pandercetes* sp.2

【特征识别】雌蛛体长约20 mm。背甲绿色，有密毛，中部有1条黑色纵纹，头区色浅，褐色。步足灰绿色，具长毛，有壮刺，壮刺基部具白斑，各节有褐色环纹，后跗节和跗节具毛丛。腹部近梯形，背面绿色，后部具数条褐色"人"字形纹，心脏斑灰色。【习性】生活于树干上，喜夜行。【分布】云南。

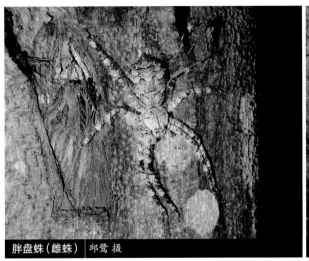
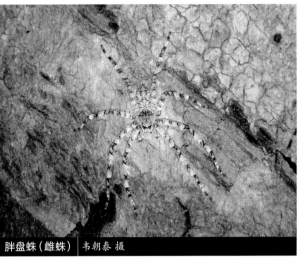

胖盘蛛（雌蛛）｜邱鹭 摄　　胖盘蛛（雌蛛）｜韦朝泰 摄

苍山伪遁蛛 *Pseudopoda cangschana*

【特征识别】雌蛛体长约8 mm。背甲褐色，有密毛，中部有1条白色宽纵纹，纵纹两旁色深，分布有黑斑。步足褐色，具小黑斑，有壮刺。腹部褐色，后部有"人"字形白纹，心脏斑深褐色，周围黄褐色。【习性】喜夜行。【分布】云南。

苍山伪遁蛛（雌蛛）｜杨自忠 摄

粗伪遁蛛 *Pseudopoda robusta*

【特征识别】雄蛛体长约6 mm。背甲黄褐色，头区深褐色，中窝附近有1条褐色纵纹，放射沟上有数个小黑斑。步足褐色，有壮刺，壮刺基部有褐斑。腹部黄褐色，后端有1对纵斑与"人"字形白色纹，具长毛，心脏斑深褐色。【习性】喜夜行。【分布】重庆。

粗伪遁蛛(雄蛛) | 王露雨 摄

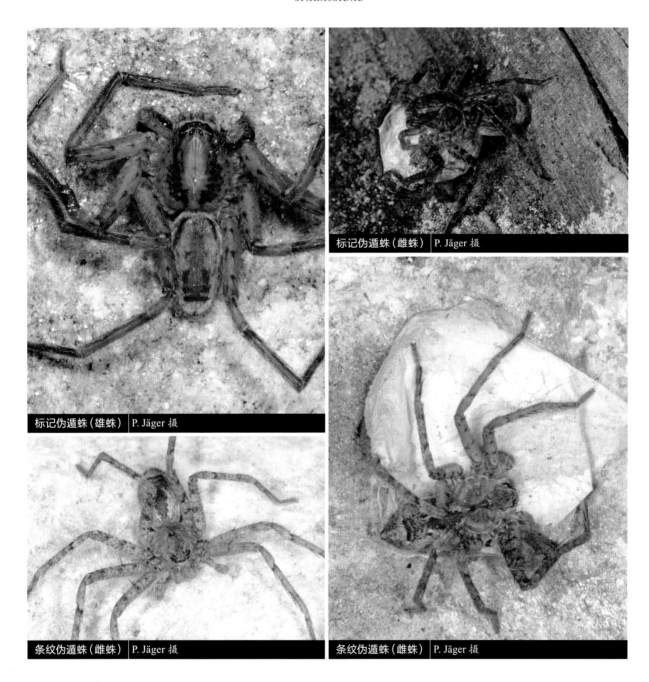

标记伪遁蛛（雌蛛）　P. Jäger 摄

标记伪遁蛛（雄蛛）　P. Jäger 摄

条纹伪遁蛛（雌蛛）　P. Jäger 摄

条纹伪遁蛛（雌蛛）　P. Jäger 摄

标记伪遁蛛 *Pseudopoda signata*

【特征识别】雄蛛体长约9 mm。背甲黄褐色，中窝附近有1条灰褐色纵纹，纵纹两旁色深，背甲亚外缘上有数个小黑斑。步足黄褐色，有壮刺，壮刺基部有褐斑，关节末端褐色。腹部黄褐色，心脏斑褐色，两侧外缘黑褐色，后部有1个黑褐色大斑。雌蛛体长约9 mm。颜色较深，其余特征与雄蛛相似。卵囊灰色，较大。【习性】喜夜行。【分布】西藏、四川。

条纹伪遁蛛 *Pseudopoda virgata*

【特征识别】雌蛛体长约10 mm。背甲灰褐色，头区色深，亚外缘色浅。步足灰褐色，有壮刺，壮刺基部有褐斑。腹部褐色，心脏斑深褐色，后端有数个"人"字形花纹组成的黑褐色大斑。卵囊白色，较大，附着在石上。【习性】喜夜行。【分布】西藏、四川。

云南伪遁蛛 *Pseudopoda yunnanensis*

【特征识别】雄蛛体长约9 mm。背甲褐色,中窝附近有1条黄褐色纵纹,纵纹两旁色深,为深褐色,背甲外缘黑色,亚外缘上有数个小黑斑。步足褐色,有壮刺,壮刺基部有黑斑,关节末端黑褐色。腹部褐色,心脏斑黑色,前端两侧外缘黑色,后端有1个"W"字形白斑,末端黑色。【习性】喜夜行。【分布】云南。

瘦莱提蛛 *Rhitymna macilenta*

【特征识别】雄蛛体长约9 mm。背甲绿色,多细毛,中窝有紫红色纵斑,外缘有紫红色斑纹。步足极长,绿色,有壮刺,壮刺基部有紫红色斑。腹部绿色,有1条紫红色断纹位于腹部中央,心脏斑色深,腹侧绿色。雌蛛体长约10 mm。背甲绿色,多细毛,中窝黑色。步足极长,绿色,有壮刺。腹部绿色,有黄色鳞状纹,腹侧绿色。【习性】喜夜行。【分布】海南、广东。

云南伪遁蛛(雄蛛) 杨自忠 摄

瘦莱提蛛(雄蛛亚成体) 王苇杭 摄

瘦莱提蛛(雌蛛) 雷波 摄

瘦莱提蛛（雄蛛亚成体） 张巍巍 摄

唐氏莱提蛛 *Rhitymna tangi*

【特征识别】雌蛛体长约15 mm。背甲黑褐色，多黄毛。步足粗壮多毛，腿节黄色，其余各节深褐色，腿节有壮刺，壮刺基部有黑斑。腹部土黄色，具极多黑点，有1条深褐色纵斑位于腹部中央。【习性】喜夜行。【分布】海南。

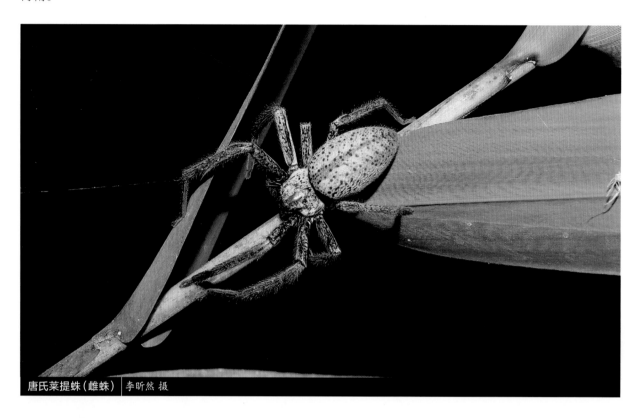

唐氏莱提蛛（雌蛛）│李昕然 摄

多疣莱提蛛 *Rhitymna verruca*

【特征识别】雄蛛体长约17 mm。背甲黑褐色，多黄褐色毛，头区黑色。步足粗壮多毛，黄褐色，前2对步足腹面有黑黄相间的斑纹。腹部土黄色，多毛，具数对"八"字形白斑。雌蛛体长约21 mm。其余特征与雄蛛相似。【习性】喜夜行。【分布】云南。

多疣莱提蛛（雌蛛）│李娅华 摄

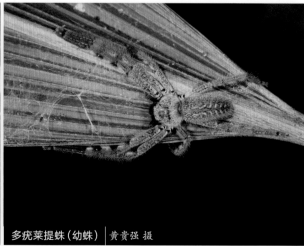

多疣莱提蛛（幼蛛）│黄贵强 摄

多疣莱提蛛（雄蛛） 赵俊军 摄

簇华遁蛛（雌蛛） 刘杰 摄

簇华遁蛛 *Sinopoda fasciculata*

【特征识别】雌蛛体长约11 mm。背甲黄褐色，梨形，末端颜色加深为黑色，有1条土黄色横纹在背甲末端外缘，中窝明显，纵向。步足黄褐色，密被短毛，腿节颜色较浅，为黄褐色，有黑色壮刺，刺基部有灰白色斑。腹部黄褐色，顶端有1个白斑，背侧有数对黑色斑。【习性】喜夜行。【分布】贵州、重庆。

钳状华遁蛛 *Sinopoda forcipata*

【特征识别】雄蛛体长约19 mm。背甲灰褐色，梨形，末端颜色加深为黑色，有1条灰白色横纹在背甲末端外缘，中窝明显，纵向。步足灰褐色，腿节颜色较浅，为灰白色，有黑色壮刺，刺基部有灰白色斑，密被短毛。腹部灰褐色，有数对灰白色斑纹，除前2对呈点状外，其余白斑呈"八"字形。雌蛛体长约19 mm。颜色较深，其余特征与雄蛛相似。【习性】喜夜行。【分布】四川、云南、台湾；日本。

钳状华遁蛛（雌蛛）｜杨自忠 摄

钳状华遁蛛（雄蛛）｜杨自忠 摄

北华遁蛛 *Sinopoda licenti*

【特征识别】雌蛛体长约11 mm。背甲浅棕色，梨形，外缘具黑斑，末端颜色加深为黑色，中窝明显，纵向。步足浅褐色，腿节颜色较浅，有黑色壮刺，刺基部有黑色斑，其余各节深褐色，密被短毛。腹部褐色，心脏斑灰褐色，心脏斑后有2对褐色肌痕，腹部末端有1个倒三角形黑斑。【习性】喜夜行。【分布】辽宁、山东。

北华遁蛛（雌蛛）｜林业杰 摄

龙山华遁蛛 *Sinopoda longshan*

【特征识别】雌蛛体长约12 mm。背甲深棕色，梨形，中间有1条白色纵斑，末端颜色加深为黑色，有1条灰白色横纹在背甲末端外缘，中窝明显，纵向。步足深褐色，有黑色壮刺，刺基部有灰白色斑，密被短毛。腹部褐色卵形，前缘有1对黑斑，心脏斑浅褐色，心脏斑后有1对灰白色斑，腹部近末端具1个白色斑。【习性】喜夜行。【分布】湖南。

龙山华遁蛛（雌蛛）│刘杰 摄

岷山华遁蛛（雄蛛）｜陈会明 摄

彭氏华遁蛛（雌蛛）｜刘杰 摄

离塞蛛（雄蛛）｜吴可量 摄

岷山华遁蛛 *Sinopoda minschana*

【特征识别】雄蛛体长约15 mm。背甲深褐色，梨形，中窝明显，纵向。步足深褐色，腿节颜色较浅，为红褐色，有黑色壮刺，刺基部有白斑，其余各节深褐色，密被短毛。腹部褐色，无明显斑纹。【习性】喜夜行。【分布】湖南、四川、贵州。

彭氏华遁蛛 *Sinopoda pengi*

【特征识别】雌蛛体长约14 mm。背甲灰色，梨形，近末端颜色加深为黑色，中窝明显，纵向。步足灰褐色，腿节颜色较浅，为灰白色，有黑色壮刺，刺基部有灰白色斑，斑纹外有黑色空心圆斑。腹部灰褐色，有数对黑色肌痕。【习性】喜夜行。【分布】云南、新疆。

离塞蛛 *Thelcticopis severa*

【特征识别】雄蛛体长约13 mm。背甲黑色，密被棕黄色毛，梨形。步足黄褐色，腿节红褐色，有黑色壮刺。腹部褐色，被黄褐色毛，腹部后部有数对黑色"人"字形纹。【习性】喜夜行。【分布】浙江、湖南、广西、广东、海南、云南、台湾、香港；韩国、日本、老挝。

缙云塞蛛 *Thelcticopis* sp.

【特征识别】雌蛛体长约12 mm。背甲黑色，被棕黄色毛，梨形。步足黄褐色，有黑色壮刺。腹部近圆形，黄褐色，后端有数对不明显黑色"人"字形纹。【习性】冬季在竹子中越冬。【分布】重庆。

缙云塞蛛（雌蛛）│张志升 摄

斯坦蛛科

STENOCHILIDAE

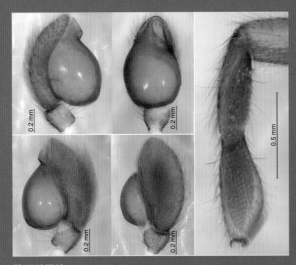

莱氏科罗蛛 *Colopea lehtineni*

英文名Diamond-shaped spiders，来源于它极具特色的菱形头胸部背甲。中文名为音译。

斯坦蛛中等体型，体长5~10 mm。无筛器。背甲菱形，具极多小瘤突。8眼，4-4式排列。下唇与胸板愈合。步足末端具2爪，前两对步足膨大，后跗节与跗节具叶状毛丛，只有2个发达纺器。多生活于树皮下和落叶层中。

本科为小科，全世界仅知2属13种，发现于东南亚、新几内亚和澳大利亚北部。中国仅知1属1种：莱氏科罗蛛*Colopea lehtineni*，由郑国、李枢强和Marusik于2009年发表。

莱氏科罗蛛 *Colopea lehtineni*

【特征识别】雄蛛体长约7 mm。背甲红褐色，多细毛，具大量小瘤突，近菱形，头区稍隆起。步足褐色，密被黄色毛，前2对步足腿节膨大，跗节呈桨状，后跗节与跗节分布有叶状毛丛。腹部筒状，浅褐色，多黄色细毛，背面具1个褐色放射状斑。【习性】生活于落叶层中。【分布】云南。

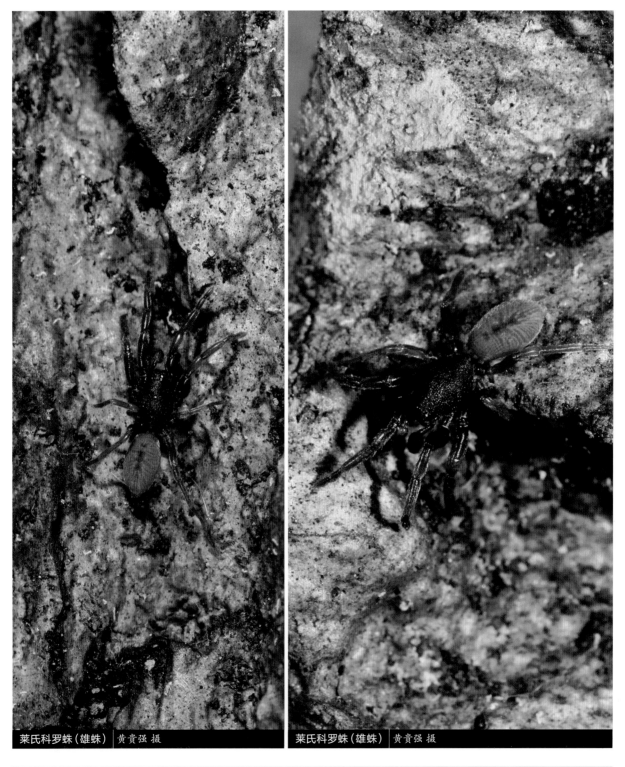

莱氏科罗蛛（雄蛛）│黄贵强 摄　　　莱氏科罗蛛（雄蛛）│黄贵强 摄

合螯蛛科

SYMPHYTOGNATHIDAE

英文名Dwarf orb-weavers，指其为圆网蛛类中最小的类群之一。

合螯蛛体微小（<2 mm），无筛器。额区和头区较高，无中窝。4眼或6眼，前中眼缺失，眼2个1组。螯肢基部或多或少左右愈合，螯牙短，前齿堤有突起、具齿；下唇在有些种类中和胸板愈合。胸板宽阔，后端平截。步足末端具3爪，无刺，雌蛛触肢极度退化缺失或退化为一无分隔的突起。腹部球形，无盾片，通常有长刚毛，无书肺，由1对筛状气管所代替。纺器简单，舌状体小或缺失。

本科喜好于落叶层中结圆网。较难发现，因此鲜少有人进行相关研究。世界目前已记述8属71种，主要分布于热带。中国共有3属18种，李枢强、佟艳丰、林玉成对该科分类做了大量工作。

二头糙胸蛛 *Crassignatha ertou*

【特征识别】雌蛛体长约0.9 mm。背甲深褐色，头区隆起，放射沟不明显。步足浅褐色。腹部球形，黑色，具长毛，长毛基部有浅色斑，腹部近末端有1对突起。【习性】在落叶间结圆网。【分布】云南。

龙头糙胸蛛 *Crassignatha longtou*

【特征识别】雌蛛体长约1 mm。背甲黑褐色，头区隆起，放射沟不明显。步足浅褐色。腹部球形，黑褐色，具长毛，长毛基部有浅色斑，腹部背面有1条白色宽纵纹，纵纹两侧有1对白色大斑。【习性】在落叶间结圆网。【分布】云南。

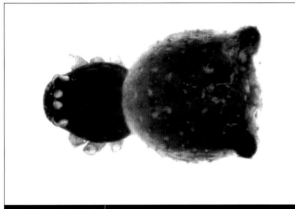

二头糙胸蛛（雌蛛） | J. Miller 摄

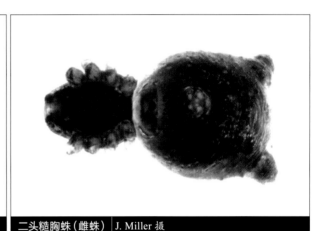

二头糙胸蛛（雌蛛） | J. Miller 摄

二头糙胸蛛（雌蛛） | J. Miller 摄

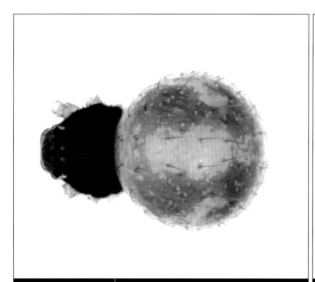

龙头糙胸蛛（雌蛛） | J. Miller 摄

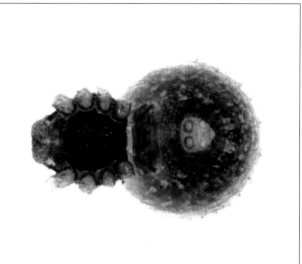

龙头糙胸蛛（雌蛛） | J. Miller 摄

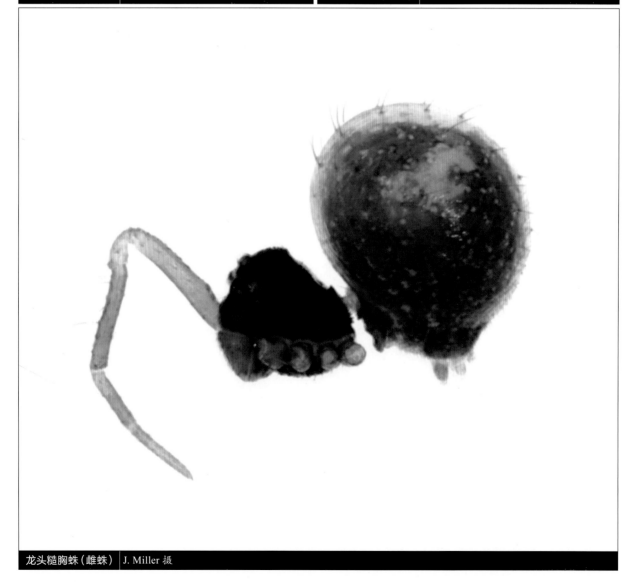

龙头糙胸蛛（雌蛛） | J. Miller 摄

片马糙胸蛛 *Crassignatha pianma*

【特征识别】雄蛛体长约0.9 mm。背甲深褐色，头区隆起，放射沟不明显。步足浅褐色。腹部球形，黑褐色，具长毛，长毛基部有浅色斑，腹侧有褐色硬壳。雌蛛体长约1 mm。腹部长毛基部有褐色骨质斑，其余特征与雄蛛相似。【习性】在落叶间结圆网。【分布】云南。

片马糙胸蛛（雌蛛） | J. Miller 摄

片马糙胸蛛（雌蛛） | J. Miller 摄

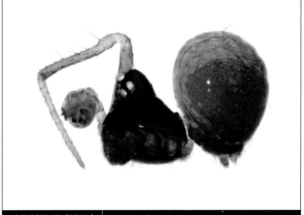

片马糙胸蛛（雄蛛） | J. Miller 摄

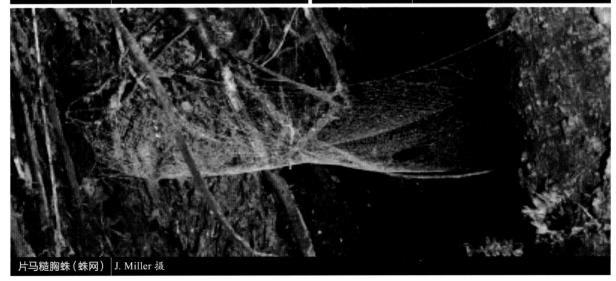

片马糙胸蛛（蛛网） | J. Miller 摄

缤直糙胸蛛 *Crassignatha yinzhi*

【特征识别】雄蛛体长约0.9 mm。背甲黑褐色，头区隆起，放射沟不明显。步足浅褐色。腹部球形，黑色，具长毛，长毛基部有浅色斑，腹侧有褐色硬壳。雌蛛体长约1 mm。腹部较高，长毛基部有褐色骨质斑，其余特征与雄蛛相似。【习性】在落叶间结圆网。【分布】云南。

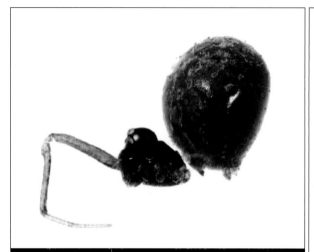

缤直糙胸蛛（雌蛛） J. Miller 摄

缤直糙胸蛛（雌蛛） J. Miller 摄

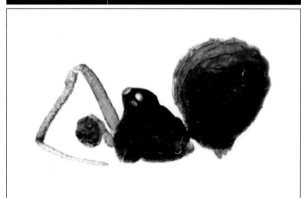

缤直糙胸蛛（雄蛛） J. Miller 摄

缤直糙胸蛛（雌蛛） J. Miller 摄

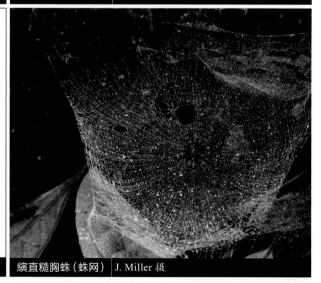

缤直糙胸蛛（蛛网） J. Miller 摄

护卵帕图蛛 *Patu jidanweishi*

【特征识别】雄蛛体长约0.7 mm。背甲褐色圆锥形，头区隆起，眼后达到最高点，放射沟不明显。步足褐色。腹部球形，褐色，被密毛。雌蛛体长约1 mm。其余特征与雄蛛相似。【习性】在落叶间结圆网。【分布】云南。

护卵帕图蛛（雌蛛） | J. Miller 摄

护卵帕图蛛（雌蛛） | J. Miller 摄

护卵帕图蛛（雌蛛） | J. Miller 摄

护卵帕图蛛（雄蛛） | J. Miller 摄

泰莱蛛科

TELEMIDAE

英文名Long-Legged cave spiders。中文名为拉丁名的音译。

泰莱蛛为微小型（<2 mm）、无筛器。其最显著的特征是腹部前背侧具有1个"Z"字形的骨化板。背甲宽稍大于长。6眼分为3组，或无眼。螯肢齿堤具齿，下唇增厚。胸板与下唇愈合。步足细长，跗节3爪，无听毛。腹部稍长，雄蛛更为明显。

本科为一小科，目前全世界仅已知9属66种，主要分布于非洲、东亚、东南亚、北美和欧洲南部等地。中国物种最多，目前记述3属33种。泰莱蛛喜欢潮湿的环境，分布于落叶层、石下和洞穴中。由于个体小，有关其生物学了解甚少。国内学者李枢强、佟艳丰、林玉成、王春霞和陈会明等对本科进行了分类研究。

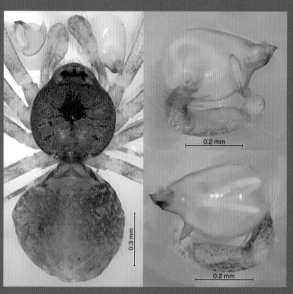

新平塞舌蛛 *Seychellia xinpingi*

白龙平莱蛛 *Pinelema bailongensis*

【特征识别】雄蛛体长约1 mm。背甲橙黄色，圆形。步足褐色，细长，具长毛。腹部黄褐色，球形，末端颜色加深。雌蛛稍大于雄蛛，其余特征与雄蛛相似。【习性】结不规则片网，蜘蛛多倒挂其上。【分布】广西。

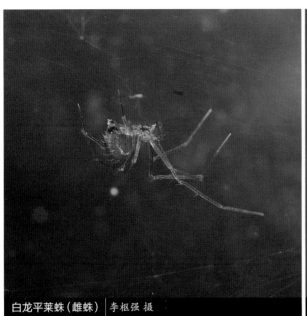

白龙平莱蛛（雌蛛）｜李枢强 摄

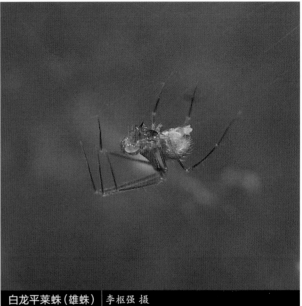

白龙平莱蛛（雄蛛）｜李枢强 摄

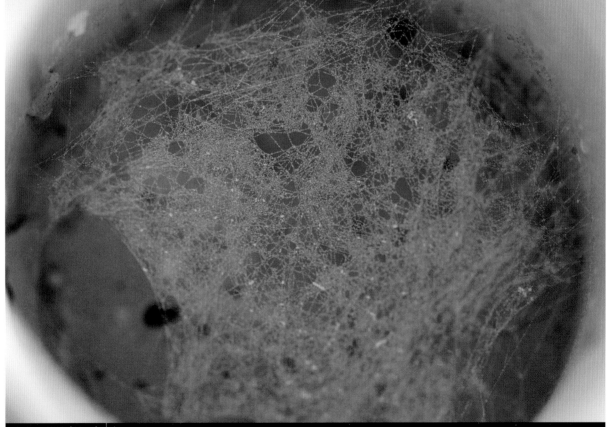

白龙平莱蛛（蛛网）｜李枢强 摄

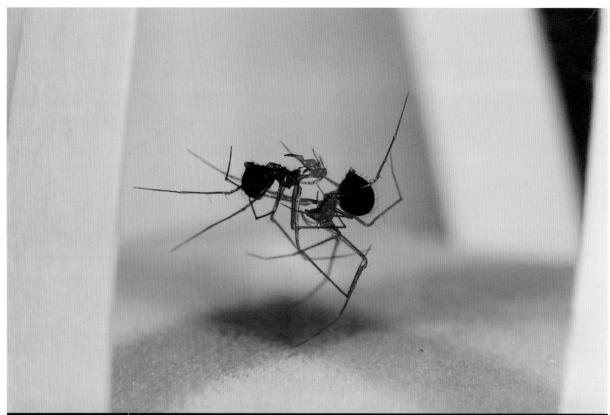

白龙平莱蛛（一雌一雄）｜李枢强 摄

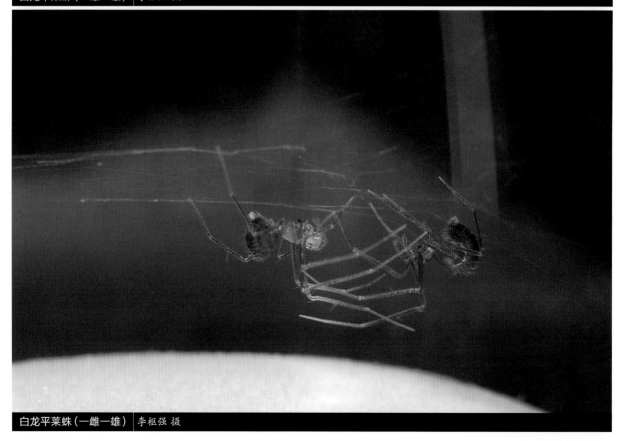

白龙平莱蛛（一雌一雄）｜李枢强 摄

飞龙泰莱蛛 *Telema feilong*

【特征识别】雌蛛体长约1 mm。背甲淡褐色，无眼。步足浅褐色，极长，密被长毛。腹部褐色，具长毛。【习性】结不规则片网，蜘蛛多倒挂其上。【分布】贵州。

飞龙泰莱蛛（雌蛛） 陈会明 摄

飞龙泰莱蛛（雌蛛） 陈会明 摄

四盾蛛科

TETRABLEMMIDAE

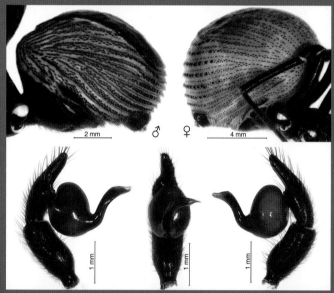

壮皮蛛 *Perania robusta*

英文名Armoured spiders，四盾蛛科因为腹部覆盖着复杂的盾板，英文名由此而来。

四盾蛛体微小至中型，体长1~15 mm。无筛器。雌蛛背甲梨形、卵圆形或圆形；雄蛛背甲特化。眼变化大，从6眼至无眼，若6眼，分3组或集中在一起；有些种类第一步足具特化的刺，其他步足无刺，步足末端具3爪；腹部具4个盾板，1个大的背面盾板，3~4个腹面盾板和侧面盾板，其中雄蛛盾板各异。

大多数四盾蛛生活在落叶层或苔藓中；少数种类生活在洞穴中或树皮下；赛尔蛛属*Shearella*中的1个种生活在海岸附近的干燥沙丘中。四盾蛛的行为研究很少，寻常博格蛛*Brignoliella vulgaris*在干燥的叶面下建密的皿网，卵囊被吊在网中央。

本科目前全世界已知有31属166种，主要分布于东南亚和南亚，在南美洲、非洲也有一些种类分布。中国的四盾蛛由佟艳丰和李枢强（2008）首次发现于海南（4属5种），随后林玉成和李枢强（2010，2014）又先后发表了数个新种，目前中国共有四盾蛛8属16种，除壮皮蛛*Perania robusta*分布于云南、西藏和泰国之外，其余均为中国特有种。(注：壮皮蛛*Perania robusta*在近期研究中被移入帕蛛科Pacullidae。)

壮皮蛛 *Perania robusta*

【特征识别】雄蛛体长约12 mm。背甲黑色，头区强烈隆起，粗糙。步足亮黑色，被短毛，第一步足腿节膨大，弯曲。腹部近圆形，背面具1个黑色骨质化板，腹侧具黑色骨质化条纹。雌蛛体长约13 mm。腹部骨质化较弱，其余特征与雄蛛相似。【习性】多于树洞石缝间结不规则网。【分布】云南、西藏；泰国。

壮皮蛛（雄蛛）│ 吴超 摄

壮皮蛛（雌蛛）│ 杨自忠 摄

肖蛸科

TETRAGNATHIDAE

英文名Water Orb-weavers，意为在水边结圆网的蜘蛛。中文名则来自春秋时期的《诗经·国风·豳风·东山》："蟏蛸在室，蠨蛸在户"。台湾称之为长脚蛛科。

肖蛸小到大型，体长3~25 mm。无筛器。绝大多数具8眼，4-4式排列成2行，少数6眼，后中眼缺失。下唇长明显大于宽，肖蛸属*Tetragnatha*螯肢显著长，螯肢上的齿数量及大小是种间的重要特征；下唇前缘增厚。步足细长，末端具3爪。雄蛛触肢器相对简单，插入器和引导器位于生殖球前端，跗舟相对小于生殖球，有副跗舟。雌蛛外雌器腹面仅见2道裂缝，背面具2个透明的大囊。

肖蛸常见于水田、溪流、河岸等生境的植物上，通常结水平或稍斜的圆网。身体细长，有些种类如肖蛸属*Tetragnatha*会在停息时合拢步足，模拟树枝。

本科全世界分布，已知48属987种。中国已知19属137种。朱明生、宋大祥和张俊霞（2003）出版了《中国动物志 肖蛸科》，是中国肖蛸最重要的参考资料。

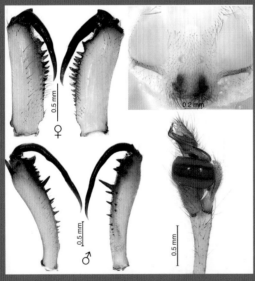 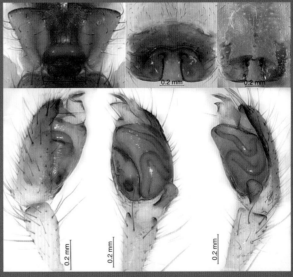

前齿肖蛸 *Tetragnatha praedonia*　　　西里银鳞蛛 *Leucauge celebesiana*

西里银鳞蛛 *Leucauge celebesiana*

　　【特征识别】雄蛛体长4~6 mm。背甲黄褐色，外缘浅黑色，颈沟明显。步足黄绿色，关节处色浅，腿节上有稀疏黑刺。腹部银色，中部有1条黑色细纹，侧缘有黄纵纹，黄纹内侧有黑边。雌蛛体长约10 mm。背甲黄灰色，中窝浅，周围绿色，外缘绿色。步足绿色，关节处颜色转为黄褐色，有黑环。腹部银色，中部有1条黑色具分支的细纹，侧缘有2对黄纵纹，黄纹内有黑色纵纹。【习性】多在潮湿灌草丛中结圆网。【分布】吉林、浙江、安徽、福建、江西、山东、河南、湖北、湖南、广西、海南、四川、贵州、云南、西藏、陕西、台湾；印度、老挝、印度尼西亚、新几内亚岛、日本。

西里银鳞蛛（雄蛛）　张志升 摄

西里银鳞蛛（雌蛛）　赵岩岩 摄

西里银鳞蛛（雌蛛）　王锋 摄

西里银鳞蛛（交配） 雷波 摄

尖尾银鳞蛛（雄蛛亚成体） 林义祥 摄

近肩斑银鳞蛛（雌蛛） 王露雨 摄

尖尾银鳞蛛 *Leucauge decorata*

【特征识别】雄蛛体长约7 mm。背甲黄灰色，中窝浅，头区绿色，外缘绿色。步足绿色，关节处颜色过渡为黄褐色。腹部银色，中部有1条橙色具分支的细纹，两边有1对橙色纵纹，连接中间纵纹的分支。侧缘有1对黄纵纹，黄纵纹旁有橙色与黑色纵纹。【习性】多在潮湿灌草丛中结圆网。【分布】湖南、台湾；泛热带地区。

近肩斑银鳞蛛 *Leucauge subblanda*

【特征识别】雌蛛体长约6 mm。背甲黄灰色，中窝浅，头区绿色，外缘绿色。步足腿节绿色，其余各节褐色，关节处黑色。腹部银色，侧缘有2对黄纵纹，黄纵纹旁有绿色纵纹，腹面有1对绿色纵纹。【习性】多在潮湿灌草丛中结圆网。【分布】云南、台湾、贵州；韩国、日本。

近蕾银鳞蛛 *Leucauge subgemmea*

【特征识别】雌蛛体长约7 mm。背甲黄灰色，中窝浅，外缘灰色。步足黄褐色，关节处颜色较深。腹部褐色，布满不规则金色鳞状斑，背面中央的鳞状斑隐约形成1道纵纹。【习性】多在潮湿灌草丛中结圆网。【分布】吉林、湖北、湖南、贵州、陕西；韩国、日本、俄罗斯。

拟方格银鳞蛛 *Leucauge subtessellata*

【特征识别】雌蛛体长约8 mm。背甲黄灰色，中窝浅，头区灰色，外缘黑色。步足绿色，关节处颜色转为黄褐色，第四步足胫节黑环大，并覆有长黑毛。腹部银色，中部有1条黑色具分支的细纹，两边有3对黑斑，连接中间纵纹的分支，侧缘有3对黑横纹延伸至腹侧，腹侧黄色。【习性】多在潮湿灌草丛中结圆网。【分布】台湾。

近蕾银鳞蛛（雌蛛）｜陈会明 摄

拟方格银鳞蛛（雌蛛）｜杨自忠 摄

方格银鳞蛛 *Leucauge tessellata*

【特征识别】雌蛛体长约9 mm。背甲黑色，有1个黄灰色"V"字形斑。步足黑色，关节处颜色变淡，第四步足胫节黑环大，并覆有长黑毛。腹部银色，中部有1条黑色具分支的细纹，两边有3对相互连接的黑斑，连接中间纵纹的分支，侧缘有4对黑横纹延伸至腹侧，腹侧黄色。【习性】多在潮湿灌草丛中结圆网。【分布】福建、湖北、海南、贵州、云南、台湾；印度、老挝、马来西亚。

武陵银鳞蛛 *Leucauge wulingensis*

【特征识别】雄蛛体长约6 mm。背甲橙色。步足橙色，关节处颜色变深，有黑色环纹，第四步足胫节具黑环。腹部橙色，覆盖有细毛，腹侧有黄色鳞状斑，腹部末端偏黑色。【习性】多在潮湿灌草丛中结圆网。【分布】湖北、湖南、四川、贵州、云南、陕西。

方格银鳞蛛（雌蛛）　廖东添 摄

武陵银鳞蛛（雄蛛）　张巍巍 摄

武陵银鳞蛛（雄蛛）　张巍巍 摄

海南银鳞蛛 *Leucauge* sp.

【特征识别】雌蛛体长约10 mm。背甲红褐色，中窝浅，头区绿色，外缘绿色。步足黑色，腿节绿色，关节处颜色变淡，第四步足胫节黑环大，并覆有长黑毛。腹部银色，中部有1条黑色具分支的细纹，侧缘有4对黑横纹延伸至腹侧，腹侧黄色，腹部末端有1对大黑斑。【习性】多在潮湿灌草丛中结圆网。【分布】海南。

海南银鳞蛛（雌蛛）｜黄贵强 摄

美丽麦蛛 *Menosira ornata*

【特征识别】雌蛛体长约9 mm。背甲暗黄色，中央具1条浅灰褐色宽纵带，自胸区后端中央向前延伸，前端沿颈沟和头区两侧边缘一直延伸至前端两侧，形成"Y"字形，眼丘近黑色。步足暗黄色，长且具刺。腹部长卵圆形，近浅棕褐色，背面中央具2块大的白斑，白斑边缘红色。【习性】多在潮湿灌草丛中结圆网。【分布】湖北、贵州、辽宁、广东；韩国、日本。

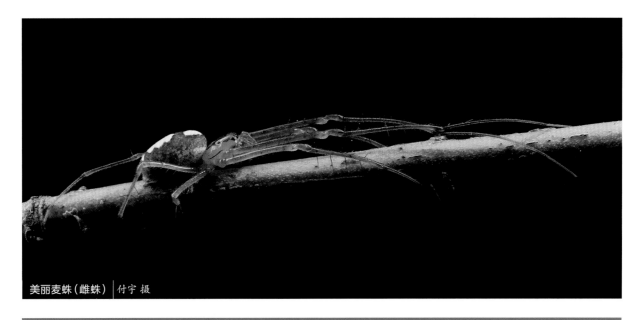

美丽麦蛛（雌蛛）｜付宇 摄

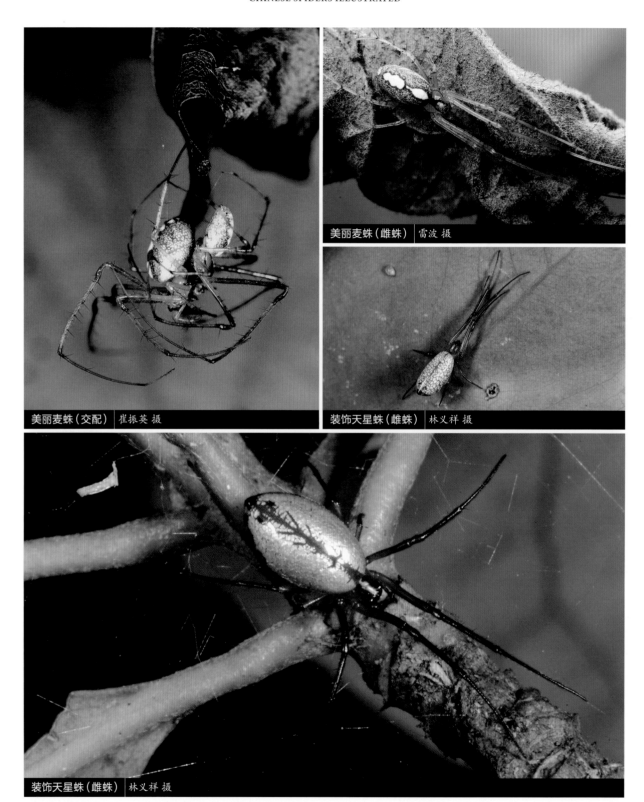

美丽麦蛛（雌蛛）｜雷波 摄

美丽麦蛛（交配）｜崔振英 摄

装饰天星蛛（雌蛛）｜林义祥 摄

装饰天星蛛（雌蛛）｜林义祥 摄

装饰天星蛛 *Mesida gemmea*

【特征识别】雌蛛体长约4 mm。背甲暗黄色，头区颜色较深。步足黄绿色，长且具刺。腹部长卵圆形，银色，多细毛，中有1条棕褐色具分支的纵斑，末端黑色。【习性】多在潮湿灌草丛中结网。【分布】中国台湾；东南亚。

漾濞天星蛛 *Mesida yangbi*

【特征识别】雌蛛体长约4 mm。背甲褐色，梨形。步足黄绿色，长且具刺，关节处有黑环。腹部长卵圆形，有银色鳞状斑，多细毛，中央有1条褐色纵斑，腹后部有3对黑斑。【习性】多在潮湿灌草丛中结圆网。【分布】云南。

漾濞天星蛛（雌蛛）｜杨自忠 摄

台湾天星蛛 *Mesida* sp.

【特征识别】雌蛛体长约4 mm。背甲橙色，梨形。步足黄绿色，长且具刺，关节处有黑环。腹部长卵圆形，有金色鳞状斑，多细毛，中央有1条橙褐色纵斑，自腹中后变为1对，末端有1对黑斑，腹侧棕色。【习性】多在潮湿灌草丛中结圆网。【分布】台湾。

台湾天星蛛（雌蛛）｜林义祥 摄

台湾天星蛛（雌蛛）｜林义祥 摄

千国后鳞蛛 *Metleucauge chikunii*

【特征识别】雌蛛体长约9 mm。背甲褐色，梨形，从头区至末端有1条褐色纵纹，纵纹内有橙褐色细纵纹。步足褐色，具刺，腿节色浅，有黑斑。腹部背面观长卵圆形，多细毛，有非常明显的褐色叶状斑，叶状斑内部有白色纵纹，腹侧褐色，有白色鳞状斑。【习性】多在溪流附近结大型圆网。【分布】福建、贵州、台湾；韩国、日本。

大卫后鳞蛛 *Metleucauge davidi*

【特征识别】雌蛛体长约9 mm。背甲褐色，梨形，从头区至末端有1个褐色倒三角形纹，纹内有1对褐色斑，外缘有黑色波浪形纹。步足褐色，具环纹与刺，刺的基部有黑斑。腹部背面观长卵圆形，多细毛，有非常明显的褐色叶状斑，叶状斑内部有白色纵纹，腹侧褐色，有白色鳞状斑。【习性】多在溪流附近结大型圆网。【分布】浙江、湖北、贵州、陕西、台湾。

千国后鳞蛛（雌蛛）｜林义祥 摄

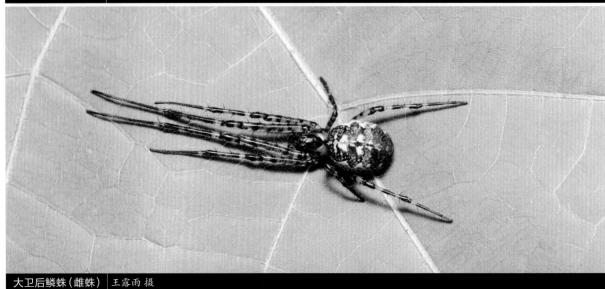

大卫后鳞蛛（雌蛛）｜王露雨 摄

佐贺后鳞蛛 *Metleucauge kompirensis*

【特征识别】雌蛛体长约12 mm。背甲褐色，从头区至末端有1条不明显黑褐色纵纹。步足褐色，具刺，刺的基部有黑斑。腹部长卵圆形，黄色，多细毛，肌痕黑色，近末端有隐约的"八"字形纹。【习性】多在溪流附近结大型圆网。【分布】河北、浙江、河南、湖南、四川、贵州、云南、台湾；韩国、日本、俄罗斯。

镜斑后鳞蛛 *Metleucauge yunohamensis*

【特征识别】雌蛛体长约9 mm。背甲浅褐色，梨形，从头区至末端有1个褐色倒三角形纹，外缘有黑色波浪形纹。步足褐色，具刺，刺的基部有黑斑，关节处有环纹。腹部背面观长卵圆形，多细毛，有非常明显的浅褐色叶状斑，叶状斑内部有白色纵纹，腹侧褐色，有白色鳞状斑。【习性】多在溪流附近结大型圆网。【分布】浙江、湖北、贵州、陕西、台湾。

佐贺后鳞蛛（雌蛛） 张志升 摄

佐贺后鳞蛛（雌蛛） 张志升 摄

镜斑后鳞蛛（雌蛛） 张志升 摄

举腹随蛛 *Opadometa fastigata*

【特征识别】雌蛛体长约7 mm。背甲橙褐色，梨形，外缘黑色。步足褐色，具黑色环纹，第四步足胫节环状纹较大，上有黑色长毛。腹部前端向上突出，形成塔状的结构，顶端黑色，腹部背面有黑色具分支的纵纹，腹侧白色，有橙色与黑色斑纹，腹部末端有1个黑色大斑。【习性】多在树枝间结大型圆网。【分布】海南、云南；南亚、东南亚。

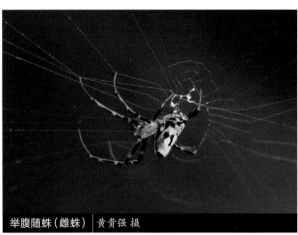
举腹随蛛（雌蛛）｜黄贵强 摄

举腹随蛛（雌蛛）｜黄贵强 摄

凤振粗螯蛛 *Pachygnatha fengzhen*

【特征识别】雄蛛体长约3 mm。背甲黑色，梨形，有1对褐色纵带从头区至中窝附近。螯肢膨大。步足浅褐色，被密毛，关节处颜色变深。腹部球形，褐色，背面具有黑色叶状大斑，斑纹内部有白斑，腹侧褐色。【习性】多生活在落叶层中。【分布】湖北、贵州。

凤振粗螯蛛（雄蛛）｜王露雨 摄

凤振粗螯蛛（雄蛛）｜王露雨 摄

版纳长螯蛛 *Prolochus bannaensis*

【特征识别】雄蛛体长约7 mm。背甲褐色，有黑斑，6眼，后中眼缺失。步足整体为褐色，多毛，有黑壮刺。腹部棕色，覆盖有白色细毛，心脏斑白色，心脏斑后有白色"王"字形花纹。雌蛛体长约12 mm。背甲棕褐色，外缘黑色，头区隆起，黑色。步足黄褐色，具黑色环纹，多刺。腹部浅棕色，覆盖有白色鳞状纹，腹面有黑色花纹。【习性】多生活于树干上。【分布】云南。

版纳长螯蛛（雌蛛）| 黄贵强 摄

版纳长螯蛛（雄蛛）| 黄贵强 摄

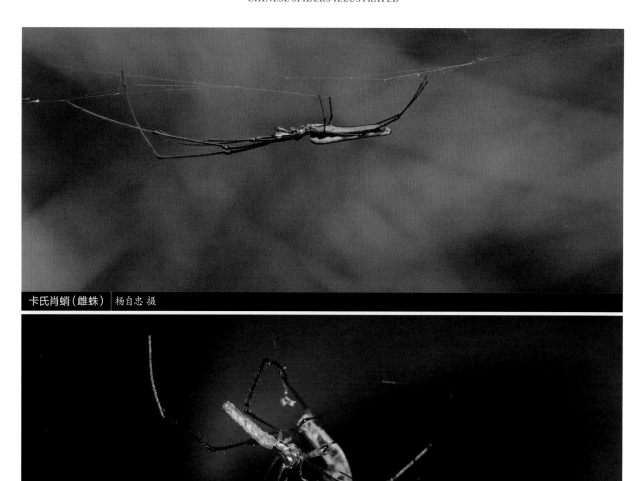

卡氏肖蛸（雌蛛）｜杨自忠 摄

卡氏肖蛸（交配）｜陈建 摄

卡氏肖蛸 *Tetragnatha cavaleriei*

【特征识别】雄蛛体长约6 mm。背甲褐色，梨形，外缘黑色。螯肢膨大。步足浅褐色，上分布有密毛，关节处颜色变深。腹部筒形，浅褐色，具鳞状白斑，腹侧褐色。雌蛛体长约8 mm。背甲浅黑色，梨形，外缘黑色。螯肢膨大。步足黑色，被密毛，关节处颜色变浅。腹部筒形，腹侧褐色。【习性】多在水边结中型圆网。【分布】湖北、甘肃、云南。

哈氏肖蛸 *Tetragnatha hasselti*

【特征识别】雄蛛体长约9 mm。背甲黄褐色，梨形。螯肢膨大。步足浅褐色，被密毛，关节处颜色变深。腹部筒形，多毛，浅褐色，背面有鳞状黄斑，腹侧褐色，末端有1对小黑斑。【习性】多在水边结中型圆网。【分布】海南、广西、广东、云南；孟加拉、印度尼西亚。

牧原肖蛸 *Tetragnatha hiroshii*

【特征识别】雄蛛体长约8 mm。背甲黄褐色，中有1条绿色纵纹，梨形。螯肢膨大。步足绿色，被密毛，关节处颜色变为黄色。腹部筒形，多毛，褐色，背面有鳞状黄斑，腹侧黄绿色。【习性】多在水边结中型圆网。【分布】台湾。

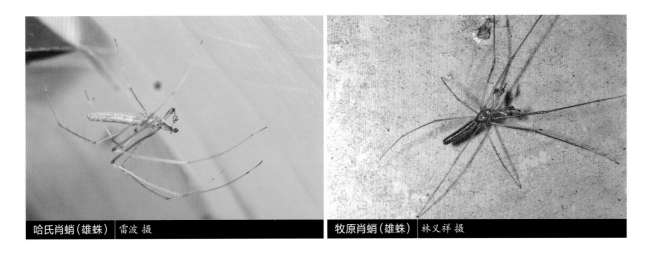

哈氏肖蛸（雄蛛）｜雷波 摄　　牧原肖蛸（雄蛛）｜林义祥 摄

爪哇肖蛸 *Tetragnatha javana*

【特征识别】雌蛛体长约16 mm。背甲褐色，外缘黑色，梨形。螯肢膨大。步足褐色，有白色环纹。腹部筒形，多毛，褐色，背面有鳞状斑，腹侧褐色，末端尖。【习性】多在水边结中型圆网。【分布】浙江、江西、湖北、湖南、广东、广西、海南、四川、贵州、云南、西藏、台湾、香港；东亚、东南亚、非洲。

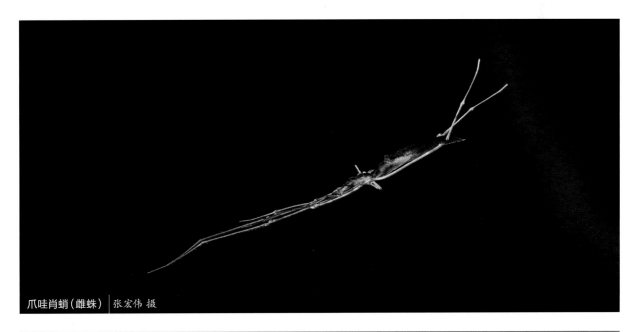

爪哇肖蛸（雌蛛）｜张宏伟 摄

长螯肖蛸 *Tetragnatha mandibulata*

【特征识别】雄蛛体长约10 mm。背甲橙褐色，头区颜色较深。螯肢膨大。步足褐色，被密毛。腹部筒形，多毛，橙色，背面有橙黄色鳞状斑，心脏斑色浅，腹侧橙色。雌蛛体长约11 mm。背甲褐色，有1条黑色纵纹贯穿头胸部，中窝较深，外缘黑色。螯肢膨大。步足褐色，有刺，刺基部有黑斑，关节处颜色变深。腹部筒形，前中部稍微突起，具数对黑斑，腹侧褐色，腹面褐色。【习性】多在水边结中型圆网。【分布】江苏、浙江、广东、广西、海南、四川、贵州、云南、西藏、台湾；西非、南亚、东南亚、澳大利亚。

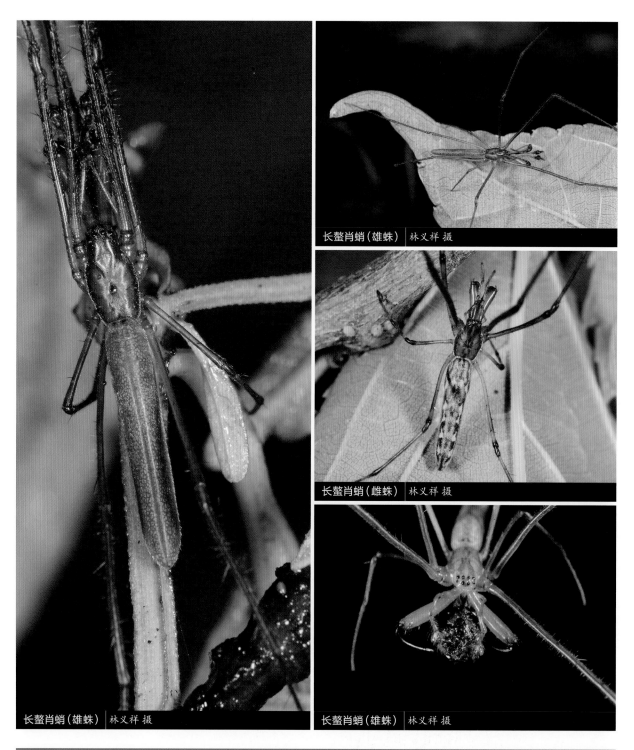

长螯肖蛸（雄蛛） 林义祥 摄

长螯肖蛸（雌蛛） 林义祥 摄

长螯肖蛸（雄蛛） 林义祥 摄

长螯肖蛸（雄蛛） 林义祥 摄

锥腹肖蛸（雄蛛）｜王露雨 摄

锥腹肖蛸（雌蛛）｜王露雨 摄

锥腹肖蛸 *Tetragnatha maxillosa*

【特征识别】雄蛛体长约7 mm。背甲褐色，菱形。螯肢膨大。步足褐色，被密毛，关节处颜色加深。腹部筒形，多毛，橙黄色，背面有白色鳞状斑，心脏斑色浅，腹侧橙色。雌蛛体长约11 mm。背甲褐色，中窝较深。螯肢膨大。步足褐色，关节处颜色变深。腹部筒形，褐色，有白色鳞状纹，背面有1条浅褐色纵纹，末端稍微突出，腹侧白色，腹面褐色。【习性】多在水边结中型圆网。【分布】河北、山西、辽宁、江苏、浙江、安徽、福建、江西、山东、河南、湖北、湖南、广东、广西、海南、四川、贵州、云南、西藏、陕西、新疆、台湾；南非、孟加拉、东南亚、瓦努阿图。

华丽肖蛸 *Tetragnatha nitens*

【特征识别】雄蛛体长约8 mm。背甲黄色，菱形。螯肢膨大。步足黄褐色，被密毛。腹部筒形，多毛，橙黄色，背面有黄色鳞状斑，腹侧橙色。雌蛛体长约11 mm。背甲褐色，中窝较深。螯肢膨大。步足黄褐色，关节处有褐色环。腹部筒形，有1对褐色纵纹，纵纹末端颜色加深，腹侧白色。【习性】多在水边结中型圆网。【分布】河北、浙江、江西、河南、湖北、湖南、广东、广西、四川、贵州、云南、陕西、新疆、台湾；亚洲，南北美，欧洲，新西兰，马达加斯加。

华丽肖蛸（雄蛛）｜ 杨自忠 摄

华丽肖蛸(雌蛛) 王露雨 摄

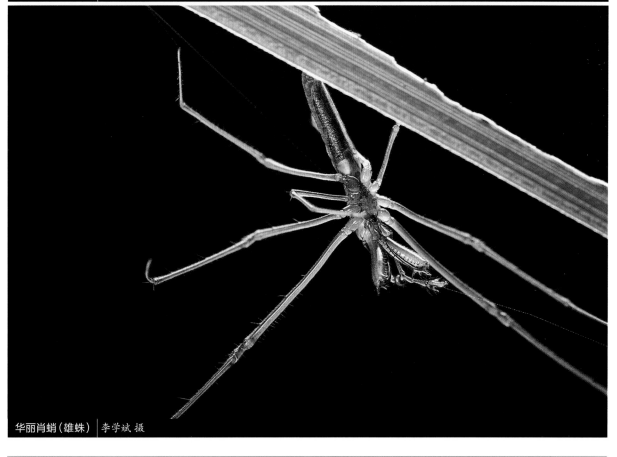

华丽肖蛸(雄蛛) 李学斌 摄

羽斑肖蛸 *Tetragnatha pinicola*

　　【特征识别】雄蛛体长约6 mm。背甲黄色，菱形。螯肢膨大。步足黄褐色，被密毛，关节处颜色加深。腹部筒形，多毛，橙黄色，背面有黄色鳞状斑和1条浅褐色纵纹，腹侧橙色。雌蛛体长约8 mm。背甲褐色，中窝较浅。螯肢膨大。步足褐色，关节处颜色较深。腹部筒形黄色，有1对褐色纵纹，纵纹之间颜色较浅，纵纹末端颜色加深，腹侧黄色。【习性】多在水边结中型圆网。【分布】河北、山西、内蒙古、吉林、湖北、海南、四川、贵州、西藏、陕西、新疆；古北区。

羽斑肖蛸（雄蛛亚成体） 王露雨 摄　　　　羽斑肖蛸（雌蛛） 王露雨 摄

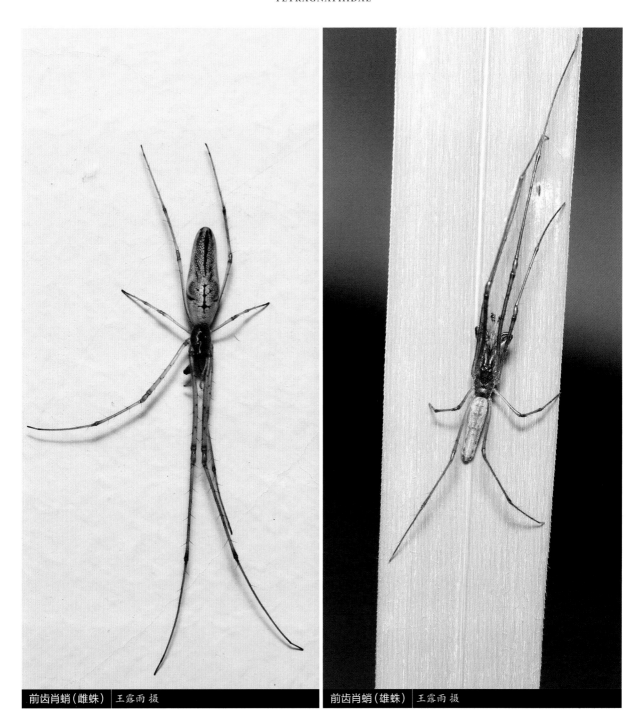

前齿肖蛸(雌蛛) | 王露雨 摄   前齿肖蛸(雄蛛) | 王露雨 摄

前齿肖蛸 *Tetragnatha praedonia*

【特征识别】雄蛛体长约6 mm。背甲黄色多毛，菱形，有1对褐色纵带从头区至末端，外缘褐色。螯肢膨大。步足黄褐色，被密毛，关节处颜色加深。腹部筒形，多毛，黄褐色，背面有黄色鳞状斑和1条浅褐色纵纹，腹侧橙色。雌蛛体长约8 mm。背甲褐色，中窝较浅，有1对褐色纵带从头区至末端。螯肢膨大。步足褐色，具刺，且刺的基部有黑斑，关节处颜色较深。腹部近筒形，有白色鳞状斑，心脏斑褐色，具分支，末端有1条褐色纵纹，腹侧白色。【习性】多在水边结中型圆网。【分布】河北、山西、江苏、安徽、福建、江西、河南、湖北、湖南、广东、广西、四川、贵州、云南、西藏、台湾；韩国、日本、老挝、俄罗斯。

邱氏肖蛸 *Tetragnatha qiuae*

【特征识别】雌蛛体长约8 mm。背甲褐色，中窝较浅，有1对褐色纵带从头区至延伸末端。螯肢膨大。步足褐色，关节处颜色较深。腹部近筒形，有白色鳞状斑及1对褐色纵纹，腹侧白色，腹面褐色。【习性】多在水边结中型圆网。【分布】青海、西藏。

邱氏肖蛸（雌蛛） 张巍巍 摄

鳞纹肖蛸 *Tetragnatha squamata*

【特征识别】雄蛛体长约5 mm。背甲黄绿色。螯肢膨大。步足黄绿色，有刺，关节处黄色。腹部筒形，多毛，黄褐色，背面有黄色鳞状斑和1条浅褐色纵纹，腹侧黄色。雌蛛体长约5 mm。背甲绿色，中窝较深。螯肢膨大。步足绿色，具刺。腹部近筒形，有绿色鳞状斑，有时在腹部的前端和后端会有红斑，腹侧绿色。卵绿色，由丝包裹黏合在叶子上。【习性】多在潮湿草丛中结中型圆网。【分布】河北、江苏、安徽、福建、江西、河南、湖北、湖南、广东、广西、海南、四川、贵州、云南、陕西、台湾；韩国、日本、俄罗斯。

鳞纹肖蛸（雄蛛） 杨小峰 摄

鳞纹肖蛸（雌蛛和卵囊） 杨小峰 摄

鳞纹肖蛸（雌蛛）　杨小峰 摄

鳞纹肖蛸（雄蛛）　杨小峰 摄

鳞纹肖蛸（雄蛛亚成体）　黄俊球 摄

鳞纹肖蛸（雄蛛）　杨小峰 摄

筒隆背蛛 *Tylorida cylindrata*

【特征识别】雄蛛体长约10 mm。背甲褐色，梨形，有1条褐色纵带从头区至末端，外缘褐色。步足褐色。腹部筒形，多毛，黄褐色，背面有黄色鳞状斑和数对褐色斑。雌蛛体长约13 mm。背甲褐色，梨形，有1条褐色纵带从头区至末端，外缘褐色。步足褐色，有黄色环纹。腹部褐色隆起，有黄色鳞状斑和数对黑斑。【习性】多在潮湿的低矮灌丛中结中型圆网。【分布】湖南、贵州。

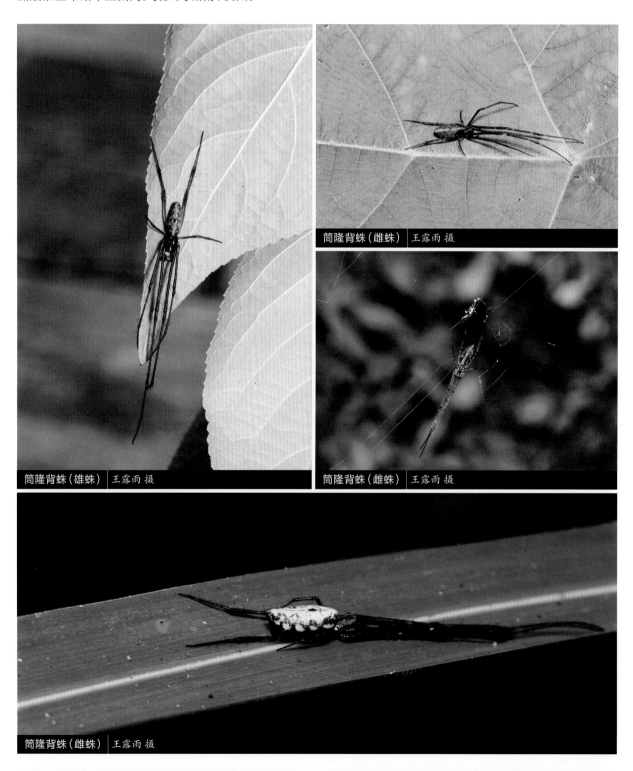

筒隆背蛛（雌蛛）｜王露雨 摄

筒隆背蛛（雄蛛）｜王露雨 摄

筒隆背蛛（雌蛛）｜王露雨 摄

筒隆背蛛（雌蛛）｜王露雨 摄

条纹隆背蛛 *Tylorida striata*

【特征识别】雄蛛体长约5 mm。背甲黄褐色，梨形，有1条黑色纵带从头区至末端，外缘黑色。步足黄色，有黑斑。腹部黄色，多毛，有数个纵条纹。雌蛛其余特征与雄蛛相似。【习性】多在潮湿的低矮灌丛中结中型圆网。【分布】浙江、湖北、湖南、广西、海南、四川、贵州、云南、西藏、台湾；澳大利亚。

条纹隆背蛛（交配）｜雷波 摄

横纹隆背蛛 *Tylorida ventralis*

【特征识别】雄蛛体长约6 mm。背甲褐色，梨形，有1条褐色纵带从头区延伸至末端，外缘褐色。步足褐色具刺，刺的基部有1个黑点。腹部筒形，褐色多毛，背面有白色鳞状斑，背面末端向上突起。雌蛛体长约7 mm。背甲褐色，梨形，有1条褐色纵带从头区延伸至末端，外缘褐色。步足褐色具刺，刺的基部末端有1个黑点。腹部筒形，褐色多毛，背面有大片白色鳞状斑，背中有1条黑色纵纹，背面末端向上突起。【习性】多在潮湿的低矮灌丛中和墙壁上结中型圆网。【分布】湖南、贵州、云南、广东、台湾、香港；印度、新几内亚岛、日本。

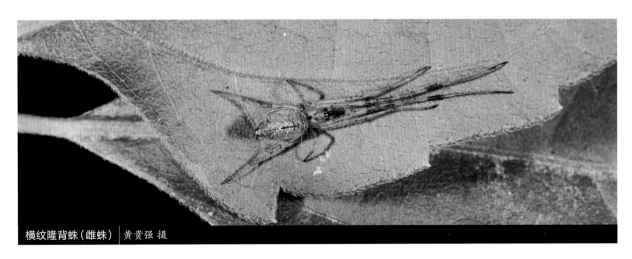

横纹隆背蛛（雌蛛）｜黄贵强 摄

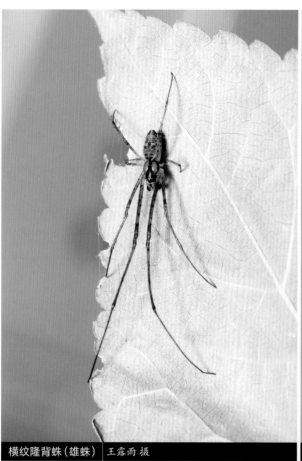

横纹隆背蛛（雄蛛） 王露雨 摄

横纹隆背蛛（雌蛛） 王露雨 摄

横纹隆背蛛（交配） 黄章明 摄

捕鸟蛛科

THERAPHOSIDAE

英文名Tarantula spiders（塔兰图拉毒蛛）。相传中世纪的意大利，一名为塔兰图拉的小镇分布有1种毒蛛，被该蛛咬伤后必须通过狂热的舞蹈才可解毒。此外，亦有人称此类群为Bird-eating spiders，中文名译于此。部分捕鸟蛛种类生活于树上，且可捕食幼鸟。早年源于Baboon spiders一词，国内曾将此科译为"狒蛛科"，源于本科拉丁名的原意，但欧美学界中此词仅作为分布于非洲到中东捕鸟蛛种类的俗名，故本书沿用捕鸟蛛科之名。

海南塞勒蛛 *Cyriopagopus hainanus*

捕鸟蛛体中到特大型，体长15~130 mm。全身被浓密毛，因而体色多变。头区微隆起。8眼集于1丘，着生于背甲前端。中窝横向。螯肢粗壮，无螯耙，多数种类具发声器。步足粗壮，末端具3爪，具毛丛和毛簇。腹部多为卵圆形，有花纹或无花纹。末端具4枚纺器。触肢器形态通常简单，部分种类形状变化较大，但无复杂结构。雌蛛生殖沟内纳精囊排列方式多变，因种而异。成熟时间多变，因种而异。

本科为原蛛下目最大科，目前全世界已知143属900余种。

早年由于种类繁多，标本稀有，捕鸟蛛科并未得到充分的研究，分类阶元大多零散、混乱。近年捕鸟蛛科的分类学在欧美逐渐升温。2016年von Wirth等人对亚洲捕鸟蛛进行了系统的分类整理。

广西缨毛蛛 *Chilobrachys guangxiensis*

【特征识别】雌蛛体长60~90 mm。背甲椭圆形，被大量黄褐色或青灰色绒毛，眼丘靠近背甲前缘。步足粗长，整体呈灰黄色或浅灰黑色。腹部灰黄色，后侧纺器末端指状。【习性】偏好于石缝中营穴居，8—10月成熟。【分布】广西、海南。

云南缨毛蛛 *Chilobrachys* sp.

【特征识别】雌蛛体长60~90 mm。背甲椭圆形，被大量灰黑色绒毛，眼丘靠近背甲前缘。步足粗长，整体呈深灰黑色。腹部黑灰色，后侧纺器末端指状，无斑纹。【习性】偏好于石缝中营穴居。【分布】云南。

广西缨毛蛛（雌蛛） 黄鑫磊 摄　　云南缨毛蛛（雌蛛） 赵俊军 摄

海南塞勒蛛 *Cyriopagopus hainanus*

【特征识别】雄蛛体长50~90 mm。背甲多毛，呈黄黑色，头区微隆起。步足细长，整体黑灰色，转节呈土黄色。腹部卵圆形，黑灰色，背面具成对的块状斑纹。雌蛛体长60~95 mm。背甲呈黑灰色、银灰色或黄褐色，多绒毛，眼丘靠近背甲前缘。螯肢粗壮，外侧上方具1列白色毛。步足粗壮，整体黑灰色。腹部黄灰色或黑灰色，背面具数对对称的块状斑纹。【习性】于土坡处营造洞穴，洞口由落叶和枯枝编织而成，通常高于地面，9—12月成熟。【分布】海南。

海南塞勒蛛（雌蛛） 黄鑫磊 摄　　海南塞勒蛛（雄蛛） 黄贵强 摄

施氏塞勒蛛（雌蛛）| 陆天 摄

施氏塞勒蛛（雄蛛）| 陆天 摄

波氏焰美蛛（雄蛛）| 余锟 摄

施氏塞勒蛛 *Cyriopagopus schmidti*

【特征识别】雄蛛体长50~90 mm。背甲多毛，呈黄灰色，头区微隆起。步足细长，整体灰黄色。腹部卵圆形，黄灰色，背面具成对的虎纹状斑纹。雌蛛体长60~95 mm。背甲多呈黄褐色，多绒毛，眼丘靠近背甲前缘。步足粗壮，整体黄灰色或青灰色。螯肢粗壮，外侧上方具1列白色毛。腹部黄灰色，背面具数对对称的虎纹状斑纹。【习性】于土坡处营造洞穴，洞口由落叶和枯枝编织而成，通常高于地面，9—12月成熟。【分布】广西；越南。

波氏焰美蛛 *Phlogiellus bogadeki*

【特征识别】雌蛛体长15~21 mm。背甲红棕色，被大量细密绒毛。眼区靠近背甲前缘。步足细长，整体红褐色。腹部卵圆形，后侧纺器末端指状，无斑纹。【习性】偏好于石下营穴居，8—10月成熟。【分布】香港。

渡濑焰美蛛 *Phlogiellus watasei*

【特征识别】雄蛛体长17~22 mm。背甲椭圆形,被大量青灰色绒毛,眼丘靠近背甲前缘。步足粗长,整体呈黄棕色或银灰色。腹部灰黄色,后侧纺器末端指状,无斑纹。【习性】偏好于石下营穴居,8—10月成熟。【分布】广东、香港、台湾。

渡濑焰美蛛(雌蛛和网) 萧昀 摄

渡濑焰美蛛(雌蛛) 萧昀 摄

海南焰美蛛（雄蛛）｜金池 摄

海南焰美蛛 *Phlogiellus* sp.1

【特征识别】雄蛛体长17~22 mm。背甲银灰色，被大量细密绒毛。步足细长，整体银灰色。腹部卵圆形，后侧纺器末端指状，无斑纹。【习性】偏好于石下营穴居，8—10月成熟。【分布】海南。

南宁焰美蛛 *Phlogiellus* sp.2

【特征识别】雄蛛体长15~21 mm。背甲银灰色，被大量细密绒毛。步足细长，整体银灰色。腹部卵圆形，后侧纺器末端指状。雌蛛体长18~22 mm。背甲椭圆形，被大量青灰色绒毛，眼丘靠近背甲前缘。步足粗长，整体呈银灰色。腹部灰色，后侧纺器末端指状，无斑纹。【习性】偏好于石下或土缝中营穴居，8—11月成熟。【分布】广西。

南宁焰美蛛（雌蛛） 余锟 摄　南宁焰美蛛（雄蛛） 余锟 摄

家福棒刺蛛 *Selenocosmia jiafu*

【特征识别】雄蛛体长25~35 mm。背甲被大量银灰色绒毛。螯肢粗壮，银灰色。步足粗长，腿节灰黑色，腿节以外的其他节覆有大量银灰色绒毛。腹部灰黑色，无斑纹。【习性】在石缝或土缝间营穴居，6—9月成熟。【分布】云南；老挝。

家福棒刺蛛（雄蛛） 金黎 摄

科氏棒刺蛛 *Selenocosmia kovariki*

【特征识别】雌蛛体长45~65 mm。背甲棕黑色，头区隆起，眼丘紧贴背甲前缘。步足粗短，黑褐色，各节末端有少许黄色毛。腹部卵圆形，棕黑色，无斑纹。【习性】幼蛛在石缝或土缝间营穴居，成蛛在植被茂密处的落叶层间或朽木根处做巢，6—8月成熟。【分布】广西、广东；越南。

新华棒刺蛛 *Selenocosmia xinhuaensis*

【特征识别】雄蛛体长25~33 mm。背甲被大量银灰色绒毛。螯肢粗壮，银黑色。步足粗长，整体灰黑色，转节呈银灰色，布满浓密绒毛。腹部灰黑色，无斑纹。雌蛛体长30~45 mm。背甲棕灰色，头区隆起，眼丘紧贴背甲前缘。步足粗短，棕黑色。腹部棕黑色，无斑纹。【习性】在石缝或土缝间营穴居，7—9月成熟。【分布】云南。

科氏棒刺蛛（雌蛛） 王露雨 摄

新华棒刺蛛（雌蛛） 陆天 摄

新华棒刺蛛（雄蛛） 陆天 摄

版纳棒刺蛛 *Selenocosmia* sp.1

【特征识别】雌蛛体长35~45 mm。背甲黄棕色，头区隆起。步足粗短，黄褐色，被大量黄色毛。腹部卵圆形，黄棕色，无斑纹。【习性】在石缝或土缝间穴居，或于朽木根处做巢。【分布】云南。

版纳棒刺蛛（雌蛛和洞穴）│黄贵强 摄

版纳棒刺蛛（雌蛛）│王露雨 摄

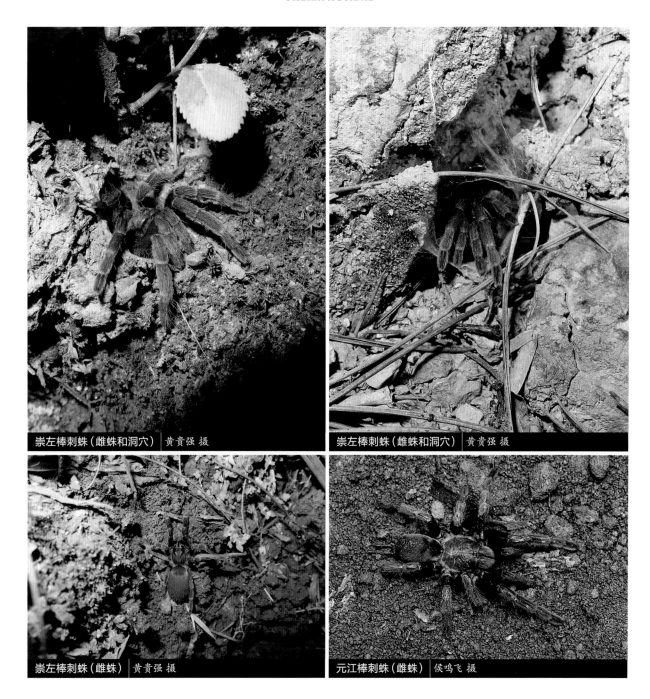

崇左棒刺蛛（雌蛛和洞穴）｜黄贵强 摄

崇左棒刺蛛（雌蛛和洞穴）｜黄贵强 摄

崇左棒刺蛛（雌蛛）｜黄贵强 摄

元江棒刺蛛（雌蛛）｜侯鸣飞 摄

崇左棒刺蛛 *Selenocosmia* sp.2

【特征识别】雌蛛体长20~30 mm。背甲近椭圆形，呈棕黄色，头区微隆起，眼丘紧贴背甲前缘。螯肢棕黄色。步足粗壮，整体呈红褐色，各节末端具少量黄色毛。腹部卵圆形，棕黄色，无斑纹。后侧纺器长。【习性】在石缝、土坡处营穴居。【分布】广西。

元江棒刺蛛 *Selenocosmia* sp.3

【特征识别】雌蛛体长45~65 mm。背甲棕黄色，外缘生1圈黄色毛，头区隆起，眼丘紧贴背甲前缘。螯肢棕黑色。步足粗短，腿节黑褐色，腿节以外的其他节红灰色。腹部卵圆形，棕黑色，无斑纹。后侧纺器长。【习性】在石缝、植被茂密处的落叶层间或朽木根处做巢。【分布】云南。

云南棒刺蛛 *Selenocosmia* sp.4

【特征识别】雌蛛体长30~40 mm。背甲椭圆形，呈青灰色。螯肢粗壮，棕灰色。步足粗长，整体黄灰色，布满浓密绒毛。第四步足各节末端具有少量黄色毛。腹部棕黑色，无斑纹。纺器黑色。【习性】在石缝或土缝间营穴居。【分布】云南。

云南棒刺蛛（雌蛛）｜吴超 摄

球蛛科

THERIDIIDAE

英文名为Comb-foot spiders，源于第四步足跗节末端具有的锯齿状毛。中文名源于其成员大部分具有球形且较大的腹部。拉丁科名Theridiidae来源于挪威语Theridion，为"球腹"之意。台湾称其为姬蛛科。世界上毒性较强的一类蜘蛛——黑寡妇，即寇蛛*Latrodectus* spp.便属于此科，在相应分布地区每年都有被咬伤的案例。2003年美国被寇蛛咬伤需要救治的人数就达2 720，但无一死亡。

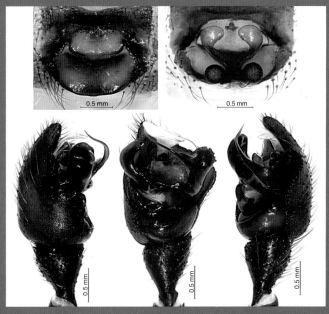

怪肥腹蛛 *Steatoda terastiosa*

球蛛微小到中型蛛，体长2~15 mm。多数具8眼，以4-4式排列成2行，各眼几乎等大。第四步足跗节有锯齿状毛，用以梳理纺器纺出来的丝，更易于包裹猎物。步足末端具3爪，无毛簇。腹部近球形，少数如蚓腹阿里蛛*Ariamnes cylindrogaster*等腹部特化。球蛛在植物间结球形网，捕捉过往飞虫。但有些种类像银斑蛛*Argyrodes* spp.却寄居于大型蛛网上，营寄生生活。球蛛生殖器一般具有跗舟钩（即球蛛志里的"副跗舟"），易与其他蜘蛛区分开。此外，部分球蛛在雄蛛触肢器中突附近还具1个特殊突起，被称为球蛛突（I. Agnarsson将它作为科级特征，部分种类该结构退化）。球蛛适应力极强，从洞穴至苔原均有发现，幼蛛可借助丝飞航。其中温室拟肥腹蛛*Parasteatoda tepidariorum*为世界分布，是为数不多有着广泛适应性的蜘蛛。

本科目前全世界已知124属2 475种，是蜘蛛目第四大科，全世界分布。中国现已知54属389种。对于球蛛科的研究，朱明生和宋大祥于1998年出版的《中国动物志 球蛛科》中记载了27属223种球蛛，是研究中国球蛛最重要的参考资料。

台湾粗脚蛛 *Anelosimus taiwanicus*

【特征识别】雄蛛体长约2 mm。背甲红褐色，中央有1条黑色纵纹。第一步足腿节膨大，基部红色，向上渐变为黑色，其余各节和后3对步足红褐色。腹部浅黄色，背面中央有浅黑色纵带。雌蛛略大于雄蛛，雌蛛背甲浅黄褐色，头区颜色较深，第一步足腿节基部浅黄褐色，向上渐变为黑色。其余特征与雄蛛相似。【习性】在叶背或叶基处结不规则网。【分布】中国台湾；印度尼西亚。

台湾粗脚蛛（雌蛛）　林义祥 摄

台湾粗脚蛛（雌蛛）　林义祥 摄

台湾粗脚蛛（雄蛛）　林义祥 摄

台湾粗脚蛛（雄蛛）　林义祥 摄

台湾粗脚蛛（雄蛛）林义祥 摄

白银斑蛛（雌蛛）王紫辰 摄

白银斑蛛 *Argyrodes bonadea*

【特征识别】雌蛛体长约3 mm。背甲黄褐色，头区稍隆起。步足浅褐色至暗褐色。腹部银白色，呈驼峰状，中央有1条黑色纵纹，末端有1个黑色斑，腹面黑色，有黄斑。【习性】寄生于络新妇与金蛛网上。【分布】浙江、安徽、福建、湖北、湖南、广西、四川、贵州、云南、台湾；韩国、日本、菲律宾。

筒腹银斑蛛 *Argyrodes cylindratus*

【特征识别】雌蛛体长约4 mm。背甲褐色。步足基部浅黄色，末端黄褐色。腹部褐色被长毛，圆筒状有深褐色条纹，近末端侧面有1个褐色斑，末端尖，腹面浅褐色。【习性】寄生于金蛛网上。【分布】重庆、云南；东南亚、日本。

筒腹银斑蛛（雌蛛） 王露雨 摄

筒腹银斑蛛（雌蛛） 王露雨 摄

裂额银斑蛛 *Argyrodes fissifrons*

【特征识别】雄蛛体长3~7 mm。整体呈黄色，腹部筒状并有白色花纹。雌蛛略大于雄蛛，雌蛛背甲黑色。步足黑褐色，各节均有浅棕色环。腹部锥状，有时向前方弯曲，具不规则银白色与褐色斑纹。【习性】寄生于云斑蛛和络新妇等大型蛛网上。【分布】福建、湖南、海南、广东、贵州、云南、台湾、香港；斯里兰卡、澳大利亚。

裂额银斑蛛（雌蛛和卵囊） 雷波 摄

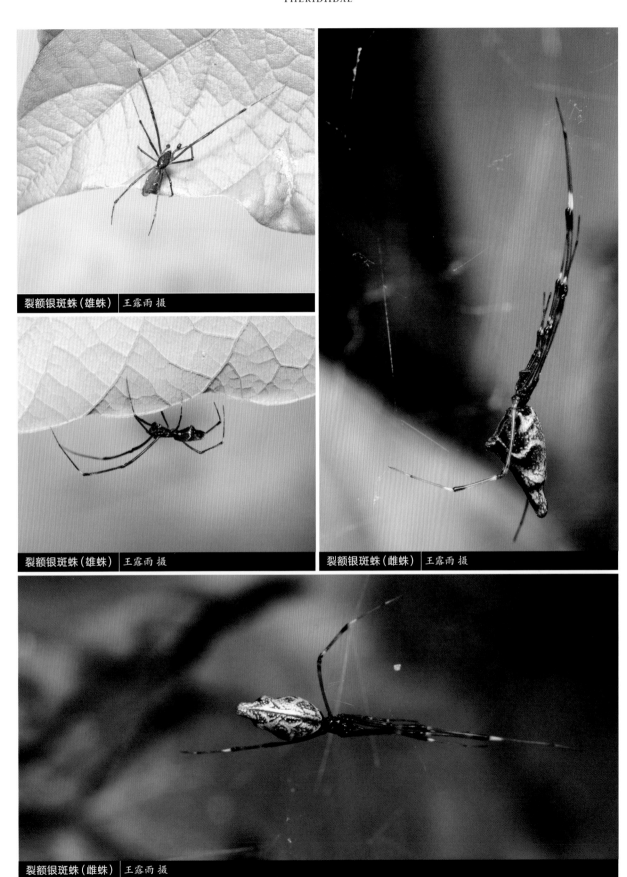

裂额银斑蛛（雄蛛）｜王露雨 摄

裂额银斑蛛（雄蛛）｜王露雨 摄

裂额银斑蛛（雌蛛）｜王露雨 摄

裂额银斑蛛（雌蛛）｜王露雨摄

黄银斑蛛 *Argyrodes flavescens*

【特征识别】雌蛛体长3~5 mm。背甲橘黄色，头区稍隆起呈丘形。步足黑色，各步足腿节均有1个黄色环。腹部橘黄色，后端向上方突起，末端有1个黑色斑，侧面有4个银白色斑。【习性】寄生于络新妇网上。【分布】福建、湖南、贵州、云南、香港、台湾；东亚、东南亚、南亚。

拟红银斑蛛 *Argyrodes miltosus*

【特征识别】雄蛛体长4~6 mm。背甲红色。步足腿节橙黄色，向端部渐变为黑色，跗节黄色。腹部背面向上突起，中部缢缩，腹部末端有1个黑斑。纺器后部也有1个黑斑。雌蛛略大于雄蛛，背甲红褐色，步足黑褐色。腹部其余特征与雄蛛相似。【习性】寄生于金蛛网上。【分布】浙江、重庆、贵州、湖北、湖南。

黄银斑蛛（雌蛛）｜Alan Yip 摄

拟红银斑蛛（雌蛛）｜寒枫 摄

拟红银斑蛛（雌蛛）　寒枫 摄

拟红银斑蛛（求偶）　王紫辰 摄

拟红银斑蛛（雄蛛）　张志升 摄

拟红银斑蛛（雌蛛）　杨小峰 摄

云南银斑蛛 *Argyrodes* sp.1

【特征识别】雌蛛体长约4 mm。背甲红褐色。步足黑色,跗节黄色。腹部两侧具银色鳞状斑,背面向上方突起,具褐色大型叶状斑,腹部末端有1个黑斑。【习性】寄生于大型蜘蛛的网上。【分布】云南。

云南银斑蛛(雌蛛) 邱鹭 摄

寄居银斑蛛 *Argyrodes* sp.2

【特征识别】雌蛛体长约3 mm。背甲黑色。步足黑色,胫节基部有黄色环纹。腹部黑色,两侧具黄色鳞状斑,基部有白纹,向上渐变为白色,背面向上方突起,顶部褐色。【习性】寄生于大型蜘蛛的网上。【分布】台湾。

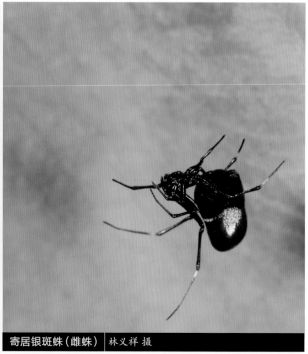

寄居银斑蛛(雌蛛) 林义祥 摄　　寄居银斑蛛(雌蛛) 林义祥 摄

蚓腹阿里蛛 *Ariamnes cylindrogaster*

【特征识别】雌蛛体长21~27 mm，细长。体色多变，绿色至深褐色。腹部细长，侧面具浅色鳞状斑。静息时步足双双合拢贴紧身体拟态细枝。【习性】多生活于潮湿环境中，常拉1~2根丝至枝叶间，隐蔽其中。【分布】浙江、福建、河南、湖北、湖南、海南、四川、贵州、云南、甘肃、台湾；韩国、日本、老挝。

蚓腹阿里蛛（雌蛛和卵囊）｜张巍巍 摄

蚓腹阿里蛛（雌蛛捕食）｜雷波 摄

蚓腹阿里蛛（雌蛛）｜张志升 摄

钟巢钟蛛 *Campanicola campanulata*

【特征识别】雌蛛体长2~3 mm。背甲红色，头区稍突出。步足布密毛，基节与转节浅黄色，腿节末端颜色加深，膝节与胫节有均匀分布的黑环斑，后跗节和跗节褐色。腹部黑色，被白毛，心脏斑处颜色较浅，为褐色，之后有1对黄白色鳞状斑组成的白斑，腹部正中也有1对"八"字形白斑，心脏斑末端亦有白斑，腹侧浅褐色。【习性】利用土粒搭成钟形巢，藏身于其中。【分布】浙江、湖北、贵州。

钟巢钟蛛（雌蛛）李元胜 摄

钟巢钟蛛（雌蛛）李若行 摄

钟巢钟蛛（钟巢）李元胜 摄

钟巢钟蛛（钟巢）范智强 摄

白足千国蛛 *Chikunia albipes*

【特征识别】雌蛛体长2~3 mm。背甲黑色。步足浅黄色，具浅褐色斑纹。腹部三角形，末端钝圆，黑色被稀疏白毛。【习性】在草丛和灌丛叶背面结不规则网。【分布】辽宁、浙江、安徽、福建、湖南、四川、陕西、台湾；韩国、日本、俄罗斯。

白足千国蛛（雌蛛） 王露雨 摄

黑色千国蛛 *Chikunia nigra*

【特征识别】雄蛛体长2~3 mm。背甲黑色。步足基节、转节与腿节基部浅黄色，其余各节黑色。腹部黑色锥形，末端向上突出，较尖。雌蛛略大于雄蛛，步足浅黄色。腹部三角形，黑色或深褐色，末端黑色，较尖，其余特征与雄蛛相似。【习性】在草丛和灌丛叶背面结不规则网，常成群生活。【分布】湖南、广西、广东、海南、云南、台湾；南亚、东南亚。

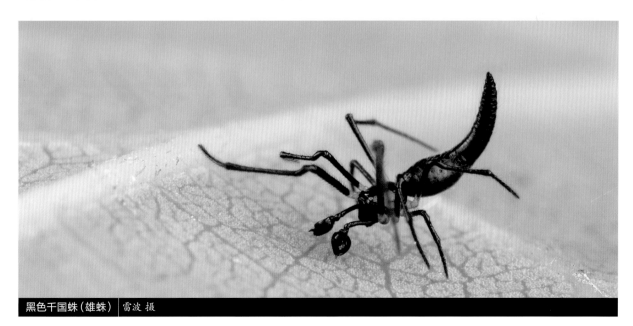

黑色千国蛛（雄蛛） 雷波 摄

黑色千国蛛（雄蛛）　雷波 摄

黑色千国蛛（雄蛛）　雷波 摄

黑色千国蛛（雌蛛）　雷波 摄

黑色千国蛛（雌蛛）　雷波 摄

黑色千国蛛（雌蛛）　雷波 摄

黑色千国蛛（雌蛛）　雷波 摄

黑色千国蛛（群居）｜黄贵强 摄

尖腹丽蛛（雌蛛）｜林义祥 摄　　　尖腹丽蛛（雌蛛）｜林义祥 摄

尖腹丽蛛 *Chrysso argyrodiformis*

【特征识别】雌蛛体长约5 mm。背甲浅褐色，有1条黑色细纹贯穿背甲。步足浅黄色，有黑色环纹。中央有1条白色纵条纹，条纹两旁有黑色细纹。腹部前端两侧橙色，末端具刺，较尖，向上强烈突起。【习性】在叶间结不规则网，有护幼行为。【分布】湖南、台湾；日本、菲律宾。

斑点丽蛛 *Chrysso foliata*

【特征识别】雄蛛体长约4 mm。背甲绿色，有小黑斑。步足浅绿色，第一步足胫节与后跗节末端有黑色环纹。腹部绿色，有数对黑斑。雌蛛稍大于雄蛛，其余特征与雄蛛相似。【习性】在叶背面结不规则网。【分布】浙江、湖南、台湾；韩国、日本、俄罗斯。

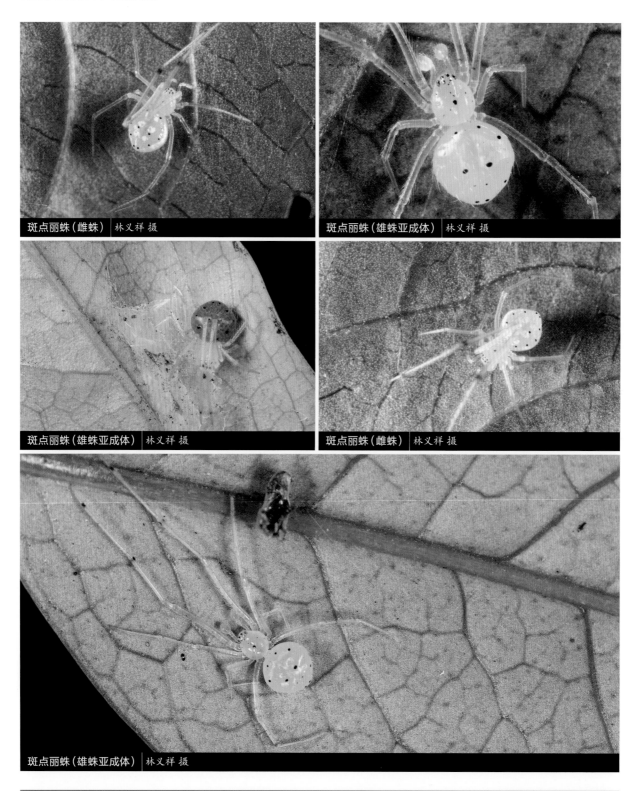

斑点丽蛛（雌蛛）｜林义祥 摄

斑点丽蛛（雄蛛亚成体）｜林义祥 摄

斑点丽蛛（雄蛛亚成体）｜林义祥 摄

斑点丽蛛（雌蛛）｜林义祥 摄

斑点丽蛛（雄蛛亚成体）｜林义祥 摄

吉田丽蛛（雌蛛）｜黄贵强 摄

吉田丽蛛（幼蛛）｜黄贵强 摄

吉田丽蛛（雌蛛）｜黄贵强 摄

吉田丽蛛 *Chrysso hyoshidai*

【特征识别】雌蛛体长约5 mm。背甲浅褐色，有鲜红色花纹。步足浅黄色，除基节与转节外各节末端红褐色并具刺。腹部有不规则亮黄色、黑色、红色花纹，腹面半透明，末端钝圆具刺，向上强烈突出且与纺器后部有1条白色纵纹连接。【习性】在叶间结不规则网，有护幼行为。【分布】云南、海南。

灵川丽蛛 *Chrysso lingchuanensis*

【特征识别】雌蛛体长2~3 mm。背甲浅黄色，头区附近有红褐色斑纹，中央具1条黑色纵带。步足浅黄色，具刺且有黑色环纹。腹部浅黄色，有白色鳞状斑和数对"八"字形红褐色斑，腹面半透明，末端稍突出，具2~3对刺。【习性】在叶背面结不规则网，有护幼行为。【分布】广东、广西、云南。

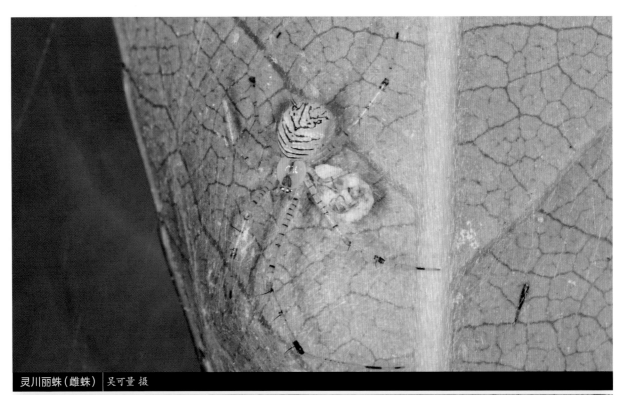

灵川丽蛛（雌蛛） 吴可量 摄

灵川丽蛛（雌蛛） 吴可量 摄

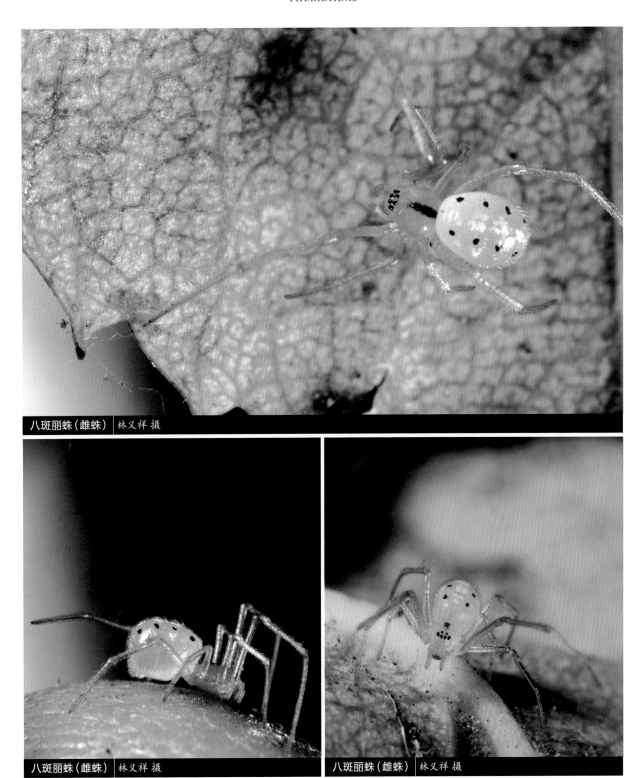

八斑丽蛛（雌蛛） 林义祥 摄

八斑丽蛛（雌蛛） 林义祥 摄

八斑丽蛛（雌蛛） 林义祥 摄

八斑丽蛛 *Chrysso octomaculata*

【特征识别】雌蛛体长2~3 mm。背甲浅黄色，中央具1条黑色纵带。步足浅黄色。腹部浅黄色，有4对黑色点状斑。【习性】在叶背面结不规则网。【分布】河北、山西、江苏、浙江、安徽、福建、山东、河南、湖北、湖南、广东、广西、四川、西藏、陕西、台湾；韩国、日本。

漂亮丽蛛 *Chrysso pulcherrima*

【特征识别】雌蛛体长2~3 mm。背甲浅黄色，中央具1条黄褐色纵带。步足浅黄褐色，具黑色环纹，关节处为黄褐色。腹部黄褐色，分布有白色鳞状斑，侧面有3对黑色斑点，腹面半透明，末端向上突出，具刺。【习性】在叶背面结不规则网。【分布】浙江、福建、广西、海南、台湾；泛热带地区。

漂亮丽蛛（雌蛛） 雷波 摄

闪光丽蛛 *Chrysso scintillans*

【特征识别】雄蛛体长约5 mm。背甲浅褐色，头区颜色较深。步足浅黄褐色，多毛，各节末端具黑色环纹。腹部黄绿色，近似三角形，中央有黄色鳞状斑组成的大块纵斑，旁具4对黑色横纹，侧面亦有黄色鳞状斑。雌蛛略大于雄蛛，其余特征与雄蛛相似。【习性】在叶背面结不规则网。【分布】浙江、福建、湖北、湖南、海南、四川、贵州、云南、台湾；缅甸、菲律宾、韩国、日本。

闪光丽蛛（雌蛛） 雷波 摄

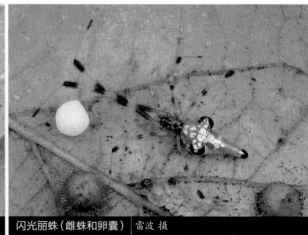

闪光丽蛛（雌蛛和卵囊） 雷波 摄

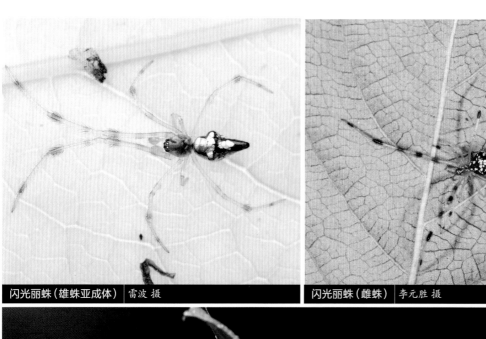

闪光丽蛛（雄蛛亚成体）｜雷波 摄

闪光丽蛛（雌蛛）｜李元胜 摄

闪光丽蛛（雌蛛）｜王露雨 摄

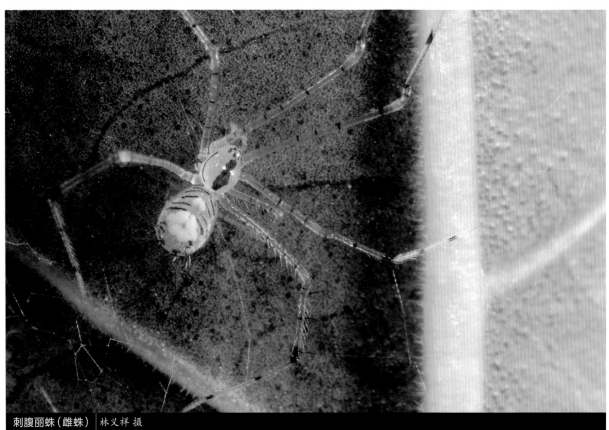

刺腹丽蛛（雌蛛）｜林义祥 摄

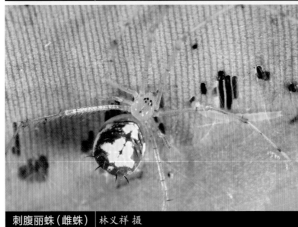

刺腹丽蛛（雌蛛）｜林义祥 摄

刺腹丽蛛（雌蛛）｜林义祥 摄

刺腹丽蛛 *Chrysso spiniventris*

【特征识别】雌蛛体长2~3 mm。背甲黄色。步足浅绿色，各节末端有深黄色环纹。腹部颜色多样，大多呈浅黄色，小部分呈褐色，前部有数对"八"字形黑斑，中部具2对黄斑，侧面浅黄色。【习性】在叶背面结不规则网。【分布】广西、台湾；东亚、东南亚、欧洲。

三斑丽蛛 *Chrysso trimaculata*

【特征识别】雄蛛体长约4 mm。眼区稍隆起，背甲橙黄色。步足橘红色至黑色。腹部菱形，橘红色，后端稍突出，背面中央两侧缘及后缘各有1个圆形黑色斑，腹部腹面黄色。纺器橙黄色。雌蛛稍大于雄蛛，其余特征与雄蛛相似。【习性】在叶背面结不规则网。【分布】福建、湖南、海南、贵州、台湾；泰国。

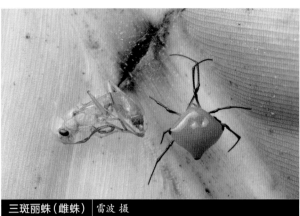

三斑丽蛛（雌蛛）｜雷波 摄

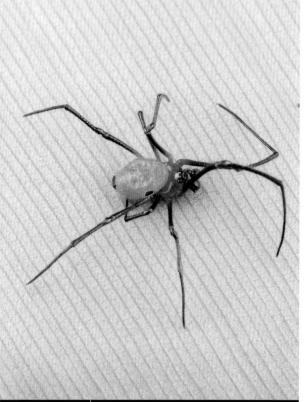

三斑丽蛛（雌蛛）｜雷波 摄

三斑丽蛛（一雌一雄）｜雷波 摄

三斑丽蛛（母与子）｜雷波 摄

乌尔丽蛛 *Chrysso urbasae*

【特征识别】雌蛛体长约3 mm。背甲红色。步足基节与转节黄色，腿节末端关节处有黑色环纹，膝节棕色，胫节具黑色宽环纹，长度大约为总长的1/2，后跗节与跗节的末端也有此结构。腹部黄色，背面前端有2处水滴形大斑，后半部有2处雨伞形纹，中有1条纵纹连接，在伞形纹的最低处亦有1对水滴形斑纹。【习性】在叶背面结不规则网，有护幼行为。【分布】云南；印度。

截腹丽蛛 *Chrysso* sp.1

【特征识别】雌蛛体长约6 mm。背甲浅褐色，中央具1条黄褐色纵带。步足浅黄褐色，各节末端具黑色环纹。腹部黄褐色，分布有大块亮黄色鳞状斑，侧面亦有黄色鳞状斑。【习性】在叶背间结不规则网。【分布】广东。

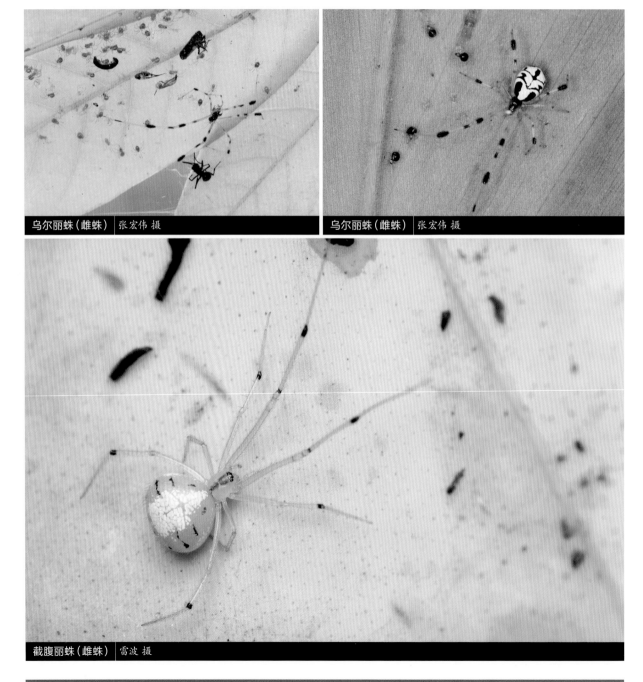

乌尔丽蛛（雌蛛）　张宏伟 摄

乌尔丽蛛（雌蛛）　张宏伟 摄

截腹丽蛛（雌蛛）　雷波 摄

黑斑丽蛛 *Chrysso* sp.2

【特征识别】雄蛛体长约5 mm。背甲橙红色。步足橙色，各节末端浅黄褐色。腹部黄褐色，有3对黑斑。【习性】在植物茎间结不规则网。【分布】广东。

黑斑丽蛛（雄蛛）｜雷波 摄

中山丽蛛 *Chrysso* sp.3

【特征识别】雌蛛体长约4 mm。背甲浅黄色，中央具1条黑色纵带。步足浅黄色，具刺且关节处有鹅黄色环纹。腹部浅黄色，前端有1对"八"字形斑纹，中部具1个黑红色大斑，腹面半透明，末端稍突起，具2~3对刺。【习性】在叶背面结不规则网。【分布】广东。

中山丽蛛（雌蛛）｜雷波 摄

版纳丽蛛 *Chrysso* sp.4

【特征识别】雌蛛体长约4 mm。背甲浅黄色，中央具1条黑色纵带。步足浅黄色，具刺且关节处有黑色环纹。腹部浅黄色，前端具4对"八"字形黑色斑和1对黄色斑点，中部有两对"爪"字形斑纹围住2对黄斑，末端具4对刺。【习性】在叶背面结不规则网。【分布】云南。

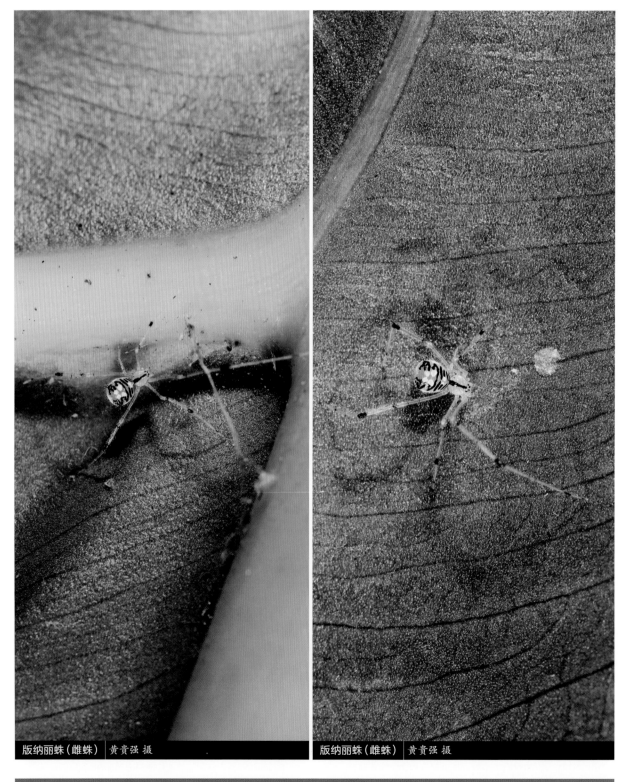

版纳丽蛛（雌蛛） 黄贵强 摄　　　　　版纳丽蛛（雌蛛） 黄贵强 摄

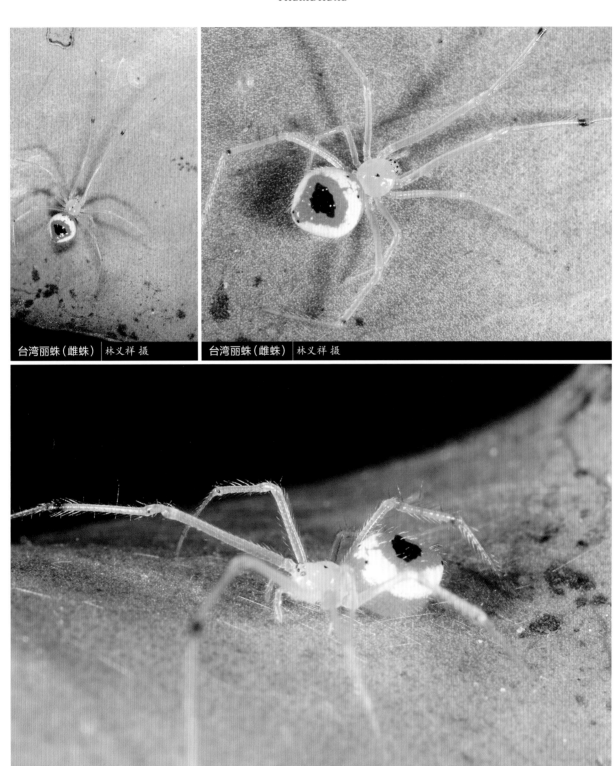

台湾丽蛛（雌蛛） 林义祥 摄

台湾丽蛛（雌蛛） 林义祥 摄

台湾丽蛛（雌蛛） 林义祥 摄

台湾丽蛛 *Chrysso* sp.5

【特征识别】雌蛛体长约5 mm。背甲绿色。步足浅绿色，胫节末端有黑色环纹。腹部前部与后部均有1对黑斑，中央有1个黑红色大斑，亚外缘浅褐色，外缘浅黄色。【习性】在叶背面结不规则网。【分布】台湾。

菱纹丽蛛 *Chrysso* sp.6

【特征识别】雌蛛体长约4 mm。背甲绿色。步足浅绿色，胫节末端有黑色环纹。腹部绿色，外缘有1圈黑色条斑，围成菱形，菱形内部有1对黑斑。【习性】在叶背面结不规则网。【分布】台湾。

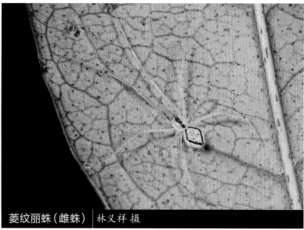

菱纹丽蛛（雌蛛）| 林义祥 摄

菱纹丽蛛（雌蛛）| 林义祥 摄

宽腹绿丽蛛 *Chrysso* sp.7

【特征识别】雄蛛体长约5 mm。背甲绿色，有1条黑色纵纹从背甲前端延伸至末端。步足浅绿色，胫节末端有黑色环纹。腹部前部与后部均有1对黑斑，中央有1个黑色大斑，顶端有1对红斑。【习性】在叶背面结不规则网。【分布】台湾。

宽腹绿丽蛛（雄蛛）| 林义祥 摄

纵带丽蛛 *Chrysso* sp.8

　　【特征识别】雌蛛体长约5 mm。背甲浅黄色。步足浅黄色，胫节末端有黑色环纹。腹部卵形，淡红色，有1条黑色纵条纹贯穿腹部中央，腹侧有黄色鳞状斑。【习性】在叶背面结不规则网。【分布】台湾。

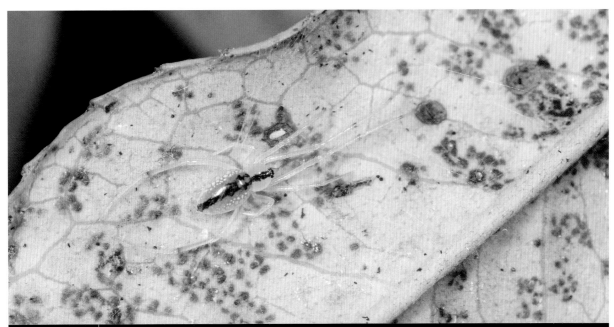

纵带丽蛛（雌蛛）| 林义祥 摄

纵带丽蛛（雌蛛）| 林义祥 摄

滑鞘腹蛛 *Coleosoma blandum*

【特征识别】雄蛛体长约3 mm。背甲红色，较为光滑。步足黄褐色，第一步足腿节内侧黑色，后2对步足胫节与后跗节关节处黑色。腹部近圆形，前端1/4处较细，红棕色，为后部宽度的1/4，后部1/4处有1条红棕色横纹，心脏斑红褐色。【习性】在叶间结不规则网。【分布】浙江、湖南、广东、广西、海南、四川、西藏、台湾；世界性广布。

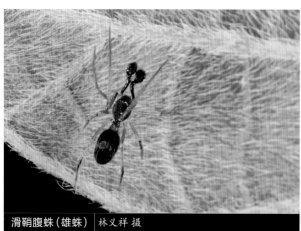

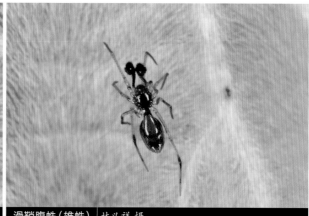

滑鞘腹蛛（雄蛛）｜林义祥 摄

滑鞘腹蛛（雄蛛）｜林义祥 摄

拟黄圆腹蛛 *Dipoena submustelina*

【特征识别】雌蛛体长约4 mm。背甲浅黄褐色，头区颜色较深，一直延伸至中窝，形成类似三角形的暗色区域。步足基节、转节与膝节浅黄褐色，腿节基部亦为浅黄色，末端有黑褐色环，胫节有两个黑色环，面积较大，占胫节的3/4，后跗节与跗节浅黄褐色。腹部近圆形，黄褐色，覆有白色长毛，具数对黑色"八"字形花纹，侧面黑色。纺器末端黑色。【习性】在叶背面结不规则网。【分布】海南、重庆、贵州。

拟黄圆腹蛛（雌蛛）｜王露雨 摄

拟黄圆腹蛛（雌蛛）｜王露雨 摄

塔圆腹蛛 *Dipoena turriceps*

【特征识别】雄蛛体长约3 mm。背甲浅黄色，中央具1个黑色"丫"形纵带。步足浅黄色，多毛，腿节有1个褐色环，膝节颜色较深。腹部近圆形，橙色并有红色鳞状斑，多白色长毛，前部有1对黑斑，中部与后部有2对等大空心圆斑，圆斑内有黑色长刚毛，此刚毛长度较白刚毛更长。【习性】在叶背面结不规则网。【分布】湖南、广西、海南、四川、云南；老挝。

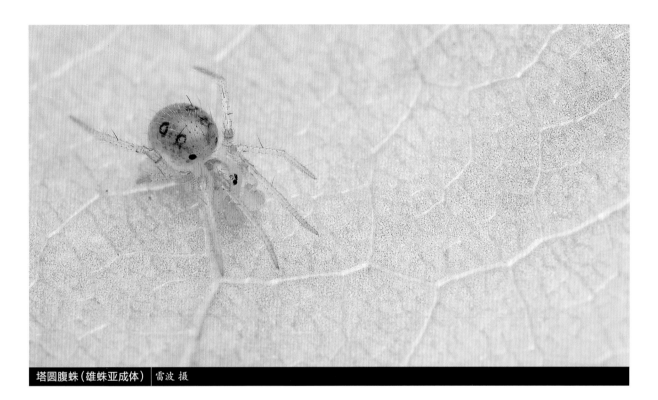

塔圆腹蛛（雄蛛亚成体）｜雷波 摄

浅斑圆腹蛛 *Dipoena* sp.

【特征识别】雌蛛体长约4 mm。背甲浅黄色，中央具1条黑色纵带从背甲前端延伸至末端，宽度大约为头胸部宽度的1/2。步足浅黄色，胫节有黑环，跗节深黄色。腹部圆形，覆有长毛，浅黄色或褐色，分布有方向各异的黑色条纹，中间心脏斑位置无条纹覆盖。【习性】在叶背面结不规则网。【分布】广东。

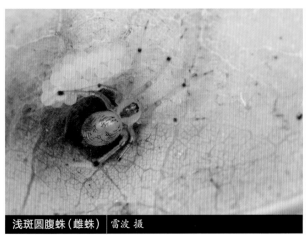

浅斑圆腹蛛（雌蛛）｜雷波 摄

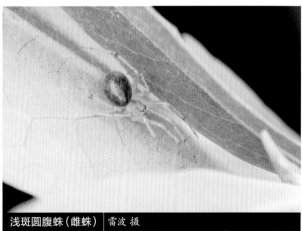

浅斑圆腹蛛（雌蛛）｜雷波 摄

浅斑圆腹蛛（雌蛛）｜雷波 摄

陡齿螯蛛 *Enoplognatha abrupta*

【特征识别】雌蛛体长约6 mm。背甲褐色，头区颜色较深，中窝及放射沟都不明显。步足基节与转节均为褐色，腿节的基部与胫节有黑褐色环，后跗节与跗节褐色。腹部褐色，有浅褐色鳞状花纹，密被短毛，边缘有数对黑斑，中央心脏斑黑色叶状，长度占腹部的2/3。【习性】在石头下结不规则网。【分布】山西、浙江；韩国、日本、俄罗斯。

陡齿螯蛛（雌蛛和卵囊） 寒枫 摄

珍珠齿螯蛛 *Enoplognatha margarita*

【特征识别】雌蛛体长约7 mm。背甲褐色，中窝浅，中央具1条黑色纵带，外缘黑色。步足基节与转节浅褐色，膝节颜色加深，胫节有黑褐色环，后跗节与跗节浅褐色。腹部黄色，被短毛，心脏斑处黑色，四周分布有3对肌痕，腹侧有4对黑斑，其中前2对为点状，后2对为弧形，最后1对色斑最大，末端有1个暗红色大斑。【习性】在叶间结不规则网。【分布】山西、辽宁、河南、陕西、甘肃、新疆、内蒙古；韩国、日本、俄罗斯。

珍珠齿螯蛛（雌蛛和卵囊） 王露雨 摄

邱氏齿螯蛛 *Enoplognatha qiuae*

【特征识别】雌蛛体长约5 mm。背甲红褐色，中央具1条从头区延伸至头胸部末端的黑色纵带，纵带宽为头胸部最宽处的1/2左右。步足基节、转节与膝节浅褐色，胫节及后跗节有黑褐色环。腹部白色，有1条黑色锯齿形纵斑贯穿腹部，腹面黑色。【习性】在叶间结不规则网。【分布】四川、甘肃。

拟珍珠齿螯蛛 *Enoplognatha submargarita*

【特征识别】雌蛛体长约7 mm。背甲褐色，中窝浅，中央具1条黑色纵带，外缘黑色。步足基节与转节浅褐色，膝节颜色加深，胫节有黑褐色环，后跗节与跗节浅褐色。腹部黄色，被短毛，腹侧有4对黑斑，其中前2对为点状，后2对为弧形，最后1对色斑最大，末端有1个暗红色大斑。【习性】在叶间结不规则网。【分布】山西、辽宁、河南、陕西、甘肃、新疆；韩国、日本、俄罗斯。

邱氏齿螯蛛（雌蛛） 张志升 摄

拟珍珠齿螯蛛（母与子） 单子龙 摄

近亲丘腹蛛 *Episinus affinis*

【特征识别】雌蛛体长约6 mm。背甲褐色，中央具1个"丫"字形纵带，外缘黑色，亚外缘有黑色带状斑，中窝较深。步足基节与转节浅黄色，腿节上有黑褐色环，膝节深棕色，腿节后半部分有不规则黑色斑，后跗节与跗节黑色。腹部灰绿色，有红褐色叶状斑纹，以心脏斑为中轴线左右对称，似人肺，外缘白色，末端有黑色"八"字形纹。【习性】在枝干间结不规则网。【分布】四川、贵州、台湾；韩国、日本、俄罗斯。

驼背丘腹蛛 *Episinus gibbus*

【特征识别】雌蛛体长约4 mm。背甲深褐色，中窝较浅，覆有黄色毛，颈沟处黄毛最多。前2对步足基节与转节黑色，后2对步足的基节与转节为浅黄色，膝节黑色，胫节和后跗节的末端亦为黑色，跗节黄色。腹部深褐色，密被白毛，有不规则的浅褐色斑，腹部前端突起至背甲中窝处，末端有1个白斑。【习性】多在枝干间结不规则网。【分布】湖南、海南、广东。

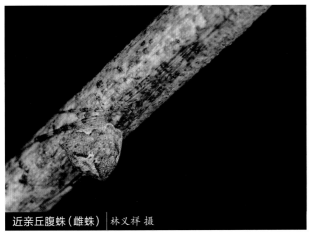
近亲丘腹蛛（雌蛛） 林义祥 摄

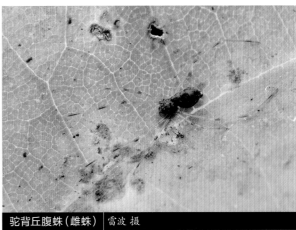
驼背丘腹蛛（雌蛛） 雷波 摄

牧原丘腹蛛 *Episinus makiharai*

【特征识别】雌蛛体长约5 mm。背甲深褐色，头区红色，中窝较浅，覆有褐色毛，从背甲外缘中段至末端有1对橙色弧形纹。步足覆有长白毛，基节和转节浅褐色，腿节、膝节、胫节、后跗节为浅褐色，有不规则深褐色条纹，跗节深褐色。腹部褐色，具叶状斑，叶状斑内部有不规则黑色与褐色斑纹，侧面有1对角状突起，顶端颜色加深，腹部末端向后延伸。【习性】在叶间结不规则网。【分布】香港、台湾。

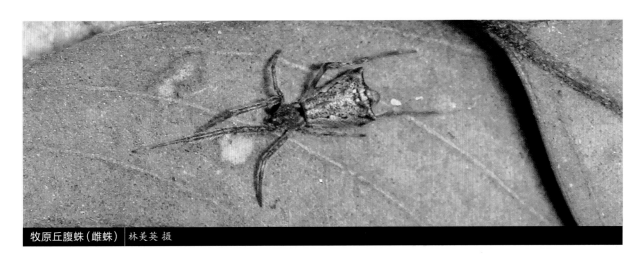
牧原丘腹蛛（雌蛛） 林美英 摄

云斑丘腹蛛 *Episinus nubilus*

【特征识别】雌蛛体长约5 mm。背甲深褐色，头区红色，中窝较浅。步足基节与转节浅褐色，腿节基部浅褐色，端部深褐色，膝节与胫节深褐色，后跗节与跗节浅褐色。腹部五边形，具大量黑色和白色斑。【习性】在叶间结不规则网。【分布】浙江、福建、河南、湖北、湖南、贵州、陕西、台湾；韩国、日本。

云斑丘腹蛛（雌蛛）　汤亮 摄

版纳丘腹蛛 *Episinus* sp.1

【特征识别】雄蛛体长约5 mm。背甲中央有1条黑色纵纹，外侧浅黄色，背甲外缘浅黄色，亚外缘褐色，有3对深棕色斑点，头区红色。步足基节与转节浅褐色，腿节浅褐色，有深褐色环纹，膝节深褐色，胫节与后跗节亦有黑色环纹，跗节浅褐色。腹部菱形，浅褐色，有深褐色斑点，心脏斑上覆有白毛，腹部后半部深褐色，具不规则黑色斑纹，腹部隆起的最高点具黑斑。【习性】在叶间结不规则网。【分布】云南。

版纳丘腹蛛（雄蛛）　黄贵强 摄

梵净山丘腹蛛（雌蛛）｜王露雨 摄

梵净山丘腹蛛 *Episinus* sp.2

【特征识别】雌蛛体长约5 mm。背甲深褐色，头区红色。步足基节与转节浅褐色，腿节基部浅褐色，端部深褐色，膝节与胫节深褐色，后跗节具白色环纹，跗节黑色。腹部五边形，前半部分呈褐色梯形，有半透明波浪纹，后半部分红棕色，具不规则黑色斑纹。【习性】在叶间结不规则网。【分布】贵州。

华美寇蛛 *Latrodectus elegans*

【特征识别】雌蛛体长约10 mm。背甲黑色，上有小突起，中窝深，颈沟明显。步足黑色，覆有细毛。腹部黑色，前部具有3个红色细横纹，不易观察到，中部有1条较粗红横纹，宽度大约为细横纹的3倍，还有数个红色近三角形条纹，条纹指向身体前方，腹侧黑色。卵囊圆形，上具大量小疣突。【习性】在石块间结不规则网。【分布】海南、四川、云南、台湾；印度、缅甸、日本。

华美寇蛛（雌蛛）　山山 摄

华美寇蛛（卵囊）　山山 摄

华美寇蛛（雌蛛和卵囊）　山山 摄

间斑寇蛛（雌蛛） 王瑞 摄

尾短蹒蛛（雌蛛） 王露雨 摄

间斑寇蛛 *Latrodectus tredecimguttatus*

【特征识别】雌蛛体长约11 mm。背甲黑色，中窝较深，放射沟不明显。步足黑色，覆有细毛。腹部球形，黑色，有些个体可能会有白色环状花纹。【习性】在石块间结不规则网。【分布】新疆；地中海区域。

尾短蹒蛛 *Moneta caudifera*

【特征识别】雌蛛体长约6 mm。背甲暗绿色，中窝附近的放射纹颜色较浅，偏白色，眼红色。步足覆白毛，基节与转节黄褐色，腿节中部颜色偏深，端部变白，膝节近黑色，胫节与后蹒节连接处黑色，蹒节极短，为后蹒节的1/15左右。腹部墨绿色，近似为拉长的五边形，中部有不规则的白色花纹，白色花纹外缘有黑色边，肌痕较大，"八"字形在腹部中段，尾部较窄，为腹部中段1/2左右。【习性】在灌丛上结不规则网。【分布】山西、江西、河南、贵州；韩国、日本。

奇异短跗蛛 *Moneta mirabilis*

【特征识别】雌蛛体长约5 mm。背甲浅墨绿色，中窝与放射沟均不明显，外缘暗绿色，中央有1条墨绿色条纹贯穿头区，直到背甲末端，眼红色。步足多毛，基节与转节黄褐色，腿节后部有1个黑环，端部变白，除第三步足为全黑色外，其余各步足膝节近黑色，胫节有两处大黑环，与后跗节连接处黑色，第一步足跗节极短，为后跗节的1/15左右。腹部墨绿色，近似为宝瓶形，有白色鳞状斑，围绕着肌痕有半圆形红色空心圆花纹，空心圆内有墨绿色鳞状斑，尾部较窄，末端黑色，为腹部中段长度的1/3。【习性】在灌丛上结不规则网。【分布】湖南、云南、台湾；韩国、日本、老挝、马来西亚。

刺短跗蛛 *Moneta spinigera*

【特征识别】雄蛛体长约6 mm。背甲墨绿色，中窝与放射沟不明显，外缘暗绿色，中央有1条墨绿色条纹贯穿头区，至背甲末端，眼红色。步足多毛，基节与转节黄褐色，腿节后部颜色加深，膝节棕褐色，胫节中部颜色加深，与后跗节连接处黑色，第一步足跗节极短，为后跗节的1/15左右。腹部黄棕色，较长，有白色长毛覆盖，腹侧有黑色条带。【习性】在灌丛上结不规则网。【分布】浙江、福建、云南、广东、台湾；南亚、东南亚、非洲。

钩刺短跗蛛 *Moneta uncinata*

【特征识别】雄蛛体长约6 mm。背甲浅棕色，中窝与放射沟均不明显，外缘暗绿色，眼红色。步足多毛，基节与转节黄褐色，腿节后部颜色加深，膝节浅褐色，胫节、后跗节与跗节浅黄色，第一步足跗节极短，为后跗节的1/15左右。腹部黄棕色，较长，有白色长毛覆盖，围绕着肌痕有橙色空心圆花纹，尾部较窄，末端黑色。【习性】在灌丛上结不规则网。【分布】广东、海南。

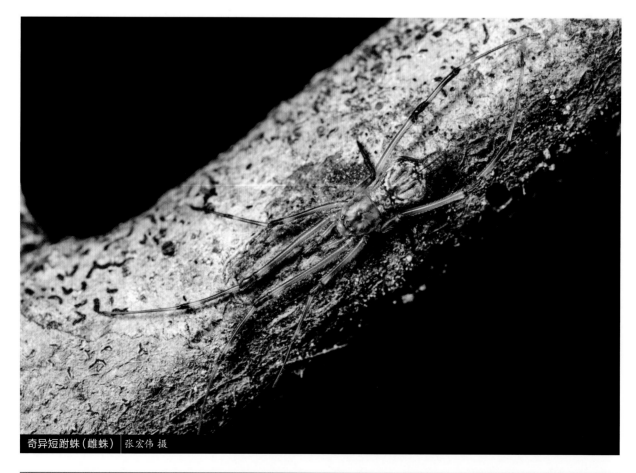

奇异短跗蛛（雌蛛） 张宏伟 摄

刺短跗蛛（雄蛛）｜雷波 摄

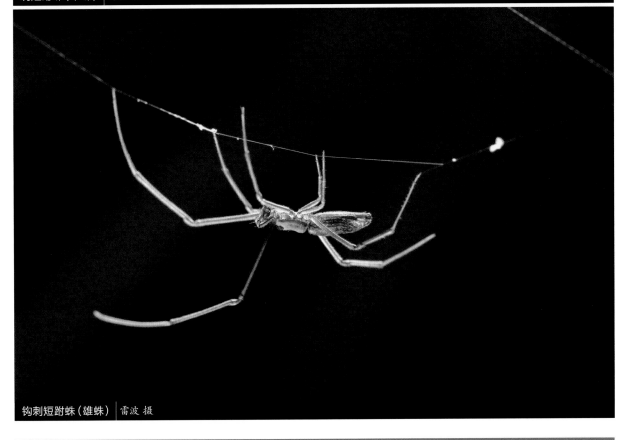

钩刺短跗蛛（雄蛛）｜雷波 摄

双斑新土蛛 *Neottiura bimaculata*

【特征识别】雌蛛体长2~3 mm。背甲红色。步足浅黄色，在关节处颜色适当加深。腹部浅白色，有1对红色纵条纹从腹部前端延伸至末端，有4条红色横斑连接纵斑，其中第1条横斑连接处扩大为点状，后3条横斑不甚明显，侧面下部红色。卵囊白色，表面较为光滑。【习性】在叶背面结不规则网。【分布】内蒙古、吉林、新疆；全北区。

双斑新土蛛（雌蛛） 王露雨 摄

翘腹拟肥腹蛛 *Parasteatoda celsabdomina*

【特征识别】雄蛛体长2~5 mm。背甲红褐色，头区稍突出。步足布密毛，基节、转节与腿节浅黄色，膝节与胫节的端部颜色加深，后跗节和跗节褐色。腹部褐色，被白毛，白色斑纹围绕心脏斑，之后有数对白斑，在腹部后侧呈"八"字形，腹侧浅褐色。雌蛛略大于雄蛛。背甲棕色，头区稍突起，侧边黑色。步足布密毛，基节与转节浅黄色，腿节黑色，正中央有1条棕色环纹，膝节棕色，胫节、后跗节和跗节有均匀分布的黑环斑。腹部棕色，有大片黄色鳞状斑和黑白相间的波浪形花纹。纺器周围被白色鳞状斑所包围，背侧最高处隆起呈丘形，顶端黑色。【习性】在叶间织球状网。【分布】云南、海南；泰国、老挝。

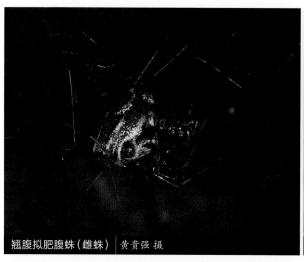

翘腹拟肥腹蛛（雌蛛） 黄贵强 摄

翘腹拟肥腹蛛（雄蛛） 黄贵强 摄

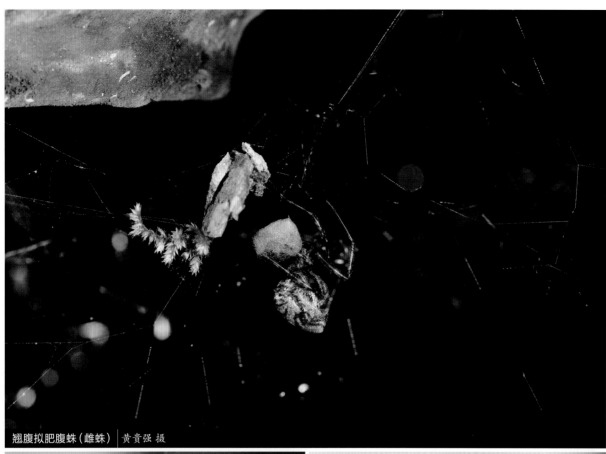

翘腹拟肥腹蛛（雌蛛）｜黄贵强 摄

日本拟肥腹蛛（雌蛛）｜王露雨 摄

日本拟肥腹蛛（雌蛛）｜王露雨 摄

日本拟肥腹蛛 *Parasteatoda japonica*

【特征识别】雌蛛体长2~5 mm。背甲红棕色，头区稍突起，黑色。步足基节、转节与腿节红棕色，其中腿节近膝节处有1个黑色环纹，正中央有1个棕色环纹，膝节黑色，胫节、后跗节和跗节均为黑色。腹部红棕色，心脏斑被白色鳞状斑所环绕，心脏斑末端有1个黑斑，腹部中段至后段有3对"八"字形斑纹，其中第一对斑纹为白色，上方有1对黑斑，后2对斑纹为黑色。纺器后部有1个黑斑。【习性】在叶间织球状网，网中常有1片落叶，在落叶里藏身。【分布】浙江、河南、湖南、广西、海南、四川、贵州、云南、台湾；老挝、韩国、日本。

景洪拟肥腹蛛 *Parasteatoda jinghongensis*

【特征识别】雌蛛体长约7 mm。背甲红棕色，头区稍突起，颜色加深，中窝不明显。步足基节、转节与腿节红棕色，其中腿节近膝节处有1个黑色环纹，正中央有1个棕色环纹，膝节黑色，胫节、后跗节和跗节均为黑色。腹部红棕色，两侧具黑色大斑。【习性】在叶间织球状网，网中常有1片落叶，在落叶里藏身。【分布】云南。

佐贺拟肥腹蛛 *Parasteatoda kompirensis*

【特征识别】雌蛛体长约4 mm。背甲红棕色，头区稍突起，颜色加深，中窝不明显。步足基节、转节与腿节红棕色，腿节近膝节的区域颜色加深，膝节深红色，胫节、后跗节和跗节均为黑色。腹部红棕色，心脏斑被白色鳞状斑所环绕，中段至后段有1个大黑斑，黑斑下方有2对小黑斑，其中第一对面积较小，为第二对面积的1/3。纺器橙色。【习性】在叶间织球状网，网中常有1片落叶，在落叶里藏身。【分布】浙江、山东、湖北、湖南、四川、云南、台湾；韩国、日本。

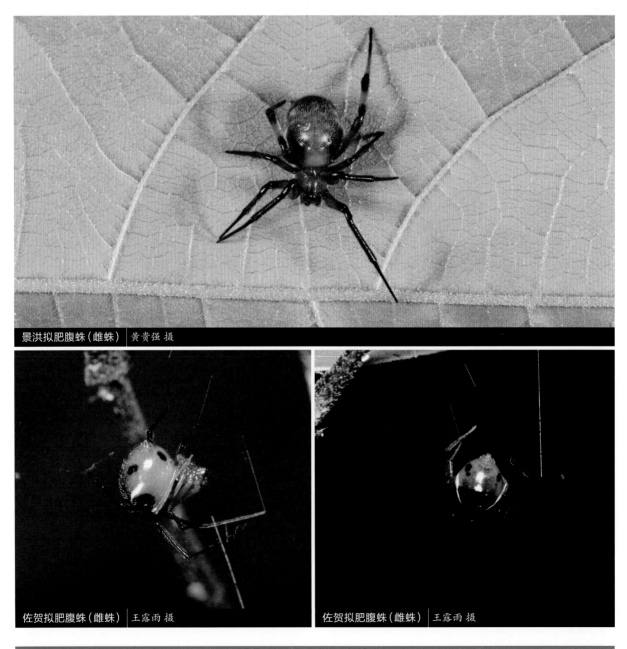

景洪拟肥腹蛛（雌蛛）│黄贵强 摄

佐贺拟肥腹蛛（雌蛛）│王露雨 摄

佐贺拟肥腹蛛（雌蛛）│王露雨 摄

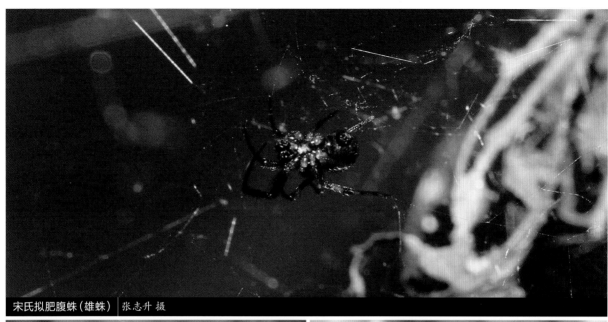

宋氏拟肥腹蛛（雄蛛）　张志升 摄

温室拟肥腹蛛（雄蛛）　李元胜 摄

温室拟肥腹蛛（雌蛛）　李元胜 摄

宋氏拟肥腹蛛 *Parasteatoda songi*

【特征识别】雄蛛体长2~3 mm。背甲棕色，头区颜色加深。步足基节、转节与腿节红棕色，腿节近膝节的区域颜色加深，膝节、胫节、后跗节和跗节均为深红色，具黑色环纹。腹部红棕色，有不规则黑色斑纹。【习性】在树枝间织球状网，网中常有1片落叶，在落叶里藏身。【分布】四川、河南、湖北、湖南。

温室拟肥腹蛛 *Parasteatoda tepidariorum*

【特征识别】雄蛛体长3~8 mm。背甲褐色。步足整体为褐色，腿节、胫节与后跗节末端有1个黑色环纹。腹部棕色，覆盖有棕色长毛，心脏斑颜色深，有多种颜色的不规则花纹。雌蛛略大于雄蛛。背甲棕褐色。步足基节与转节浅褐色，腿节黑色，中有1个黄色环纹，膝节深褐色，胫节浅褐色，端部黑色，中间褐色，后跗节和跗节均为棕色，具黑色环纹。腹部棕色，覆盖有棕色毛，心脏斑颜色深，有数对白色"八"字形花纹沿心脏斑对称，腹侧有不规则黑色斑纹。【习性】在树枝间织球状网。【分布】北京、天津、河北、山西、辽宁、吉林、上海、江苏、浙江、安徽、福建、江西、山东、河南、湖北、湖南、广东、广西、四川、贵州、云南、西藏、陕西、甘肃、青海、宁夏、新疆、台湾；世界性广布。

褐拟肥腹蛛 *Parasteatoda* sp.

【特征识别】雄蛛体长2~3 mm。背甲棕色，头区稍突起。步足基节、转节与腿节红棕色，腿节近膝节的区域颜色加深，有黑色环纹，膝节、胫节和后跗节均为棕色，端部具黑色环纹，跗节棕色。腹部红棕色，有不规则黑色斑纹。前侧纺器黑色，后侧纺器与后中纺器褐色。【习性】在树枝间织球状网，网中常有1片落叶，在落叶里藏身。【分布】广东。

琉球突头蛛 *Phoroncidia ryukyuensis*

【特征识别】雌蛛体长约2 mm。背甲棕褐色，头区向前突出。步足褐色，关节处具黑色环纹。腹部前窄后宽，背面密布疣突，两边各3对，中央有3~5个红色疣突。【习性】生活于低矮的枝叶间。【分布】中国台湾；日本。

褐拟肥腹蛛（雄蛛） | 雷波 摄

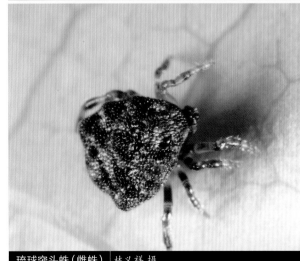

琉球突头蛛（雌蛛） | 林义祥 摄

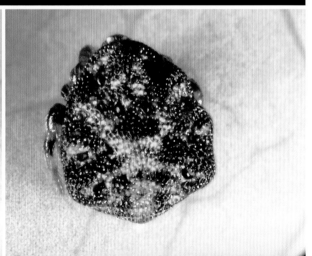

琉球突头蛛（雌蛛） | 林义祥 摄

琉球突头蛛（雌蛛） 林义祥 摄

四面山突头蛛（雌蛛） 王露雨 摄

四面山突头蛛（雌蛛） 王露雨 摄

四面山突头蛛 *Phoroncidia* sp.

　　【**特征识别**】雌蛛体长约2 mm。背甲棕褐色，头区向前突出。步足褐色，关节处具黑色环纹。腹部前窄后宽，中央有暗红色大斑，背面密布疣突，分为4行，各有2，4，5，5个疣突。【**习性**】在落叶层中结小型网捕食。【**分布**】重庆。

指状藻蛛 *Phycosoma digitula*

【特征识别】雄蛛体长约3 mm。背甲肥厚，乳白色。头区向前突出，有1条黑色纵带自头区延伸至背甲末端。步足乳白色，膝节、胫节、后跗节和跗节颜色较深。腹部卵形，乳白色，有3对黑色斑。第一对斑最大，占腹部的1/3左右，后2对斑较小，呈点状。【习性】夜间常在叶背处用丝悬挂休息。【分布】云南、海南。

指状藻蛛（雄蛛）｜黄贵强 摄

刻纹叶球蛛 *Phylloneta impressa*

【特征识别】雌蛛体长3~5 mm。背甲褐色，外缘深褐色，有1条黑色纵带自头区延伸至背甲末端，中窝浅。步足基节与转节褐色，腿节褐色，有深褐色斑纹，近膝节处变深，膝节、胫节、后跗节和跗节褐色，关节处颜色加深。腹部球形，褐色多毛，心脏斑处白色，往下延伸有数个扇形白纹，扇形的狭窄处有1条白色横纹延伸至腹侧，白色横纹上方具黑斑，腹侧褐色，有白色花纹。【习性】在叶间织球状巢，有护幼行为。【分布】内蒙古、西藏；全北区。

刻纹叶球蛛（雌蛛）｜王露雨 摄

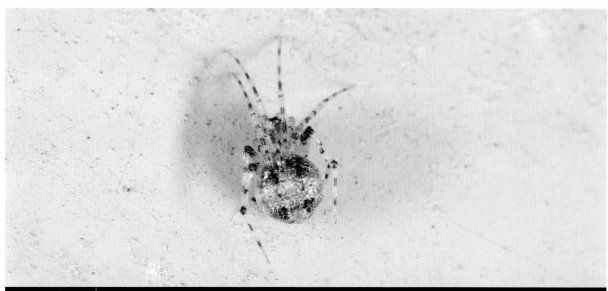

脉普克蛛(雌蛛) 林义祥 摄

角双刃蛛(雌蛛) 雷波 摄

脉普克蛛 *Platnickina mneon*

【特征识别】雌蛛体长5~6 mm。背甲浅褐色。步足各节具深褐色环纹。腹部球形,淡褐色且密布鱼鳞纹,腹背近基部及腹端各有1个模糊的大黑斑,腹部隐约可见橙红色斑。【习性】在树枝间织球状巢。【分布】江苏、湖南、四川、云南、台湾;泛热带区。

角双刃蛛 *Rhomphaea ceraosus*

【特征识别】雌蛛体长6~11 mm。背甲浅褐色,有不规则棕色斑纹沿放射沟排列。步足较长,浅褐色,不规则散布着褐色斑点。腹部长三角形,具白色短绒毛,密布银色大鳞状斑。【习性】在叶间织球状巢。【分布】广东、海南。

唇双刃蛛 *Rhomphaea labiata*

【特征识别】雄蛛体长约5 mm。背甲浅褐色,有不规则棕色斑纹,后部隆起。步足长,半透明,腿节、胫节和后跗节有褐色环纹。腹部指形,散布不规则白色鳞纹和黑斑。雌蛛体长4~10 mm。背甲浅褐色,后部隆起。步足较长,基节、转节、膝节与跗节褐色,腿节、胫节和后跗节褐色加深。腹部纺锤形,褐色,具白色短绒毛,心脏斑褐色。【习性】在叶间织球状巢。【分布】福建、湖南、广西、贵州、云南;老挝、日本。

唇双刃蛛(雌蛛) 雷波 摄

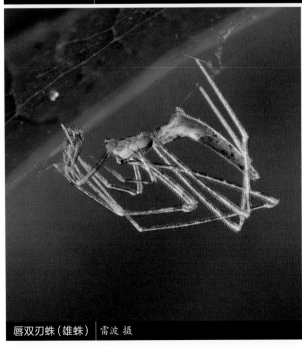

唇双刃蛛(雄蛛) 雷波 摄

唇双刃蛛(雌蛛和卵囊) 王露雨 摄

南昆山双刃蛛 *Rhomphaea* sp.

【特征识别】雄蛛体长4~10 mm。背甲浅褐色，有不规则棕色斑纹，后部隆起。步足长，基节、转节和跗节浅褐色，腿节、胫节和后跗节有褐色环纹。腹部指形，散布不规则白色和黑色斑纹。纺器周围黑色。【习性】在叶间织球状巢。【分布】广东。

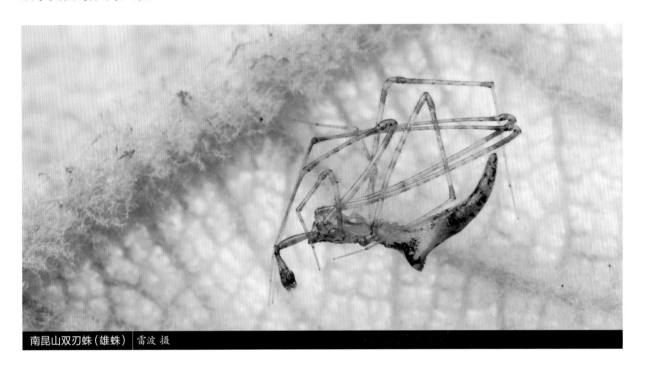

南昆山双刃蛛（雄蛛） 雷波 摄

白斑肥腹蛛 *Steatoda albomaculata*

【特征识别】雌蛛体长5~7 mm。背甲黑色，梨形，放射沟明显。步足基节与转节黑色，腿节基部浅褐色，端部黑色，膝节与胫节黑褐色，后跗节与跗节端部有黑色环纹。腹部卵圆形，散布叶状黑斑，黑斑内部有4对近"八"字形花纹，叶状斑外部白色，腹侧黑色。【习性】在石块下织球状巢。【分布】河北、内蒙古、辽宁、吉林、西藏、甘肃、青海、宁夏、新疆；世界性广布。

白斑肥腹蛛（雌蛛） 王露雨 摄

半月肥腹蛛 *Steatoda cingulata*

【特征识别】雌蛛体长5~7 mm。背甲黑色,梨形,放射沟明显,中窝较深。除第三、四步足外,其余步足为黑色,第三、四对步足腿节与胫节有暗红色环纹,其余部分黑色。腹部卵圆形,黑色,前端有1个黄色月形斑纹。【习性】在石块下织球状巢。【分布】浙江、安徽、湖南、广东、广西、四川、贵州、甘肃、台湾;韩国、日本、老挝、印度尼西亚。

半月肥腹蛛(雌蛛) 周谷春 摄

盔肥腹蛛 *Steatoda craniformis*

【特征识别】雌蛛体长约8 mm。背甲红褐色,梨形,中窝较深。步足布白毛,基节与转节红褐色,其余各节黑色。腹部球形黑色,布白色长毛,前端有1个橘红色月形斑纹,中部有1条红色较宽横纹贯穿腹部背面,末端有葫芦形橘红色纹。【习性】在石块下织球状巢。【分布】湖北、四川。

盔肥腹蛛(雌蛛) 王露雨 摄

七斑肥腹蛛 *Steatoda erigoniformis*

【特征识别】雌蛛体长2~3 mm。背甲褐色，梨形，放射沟不明显。步足基节与转节黄色，腿节基部浅褐色，其余各节褐色。腹部球形褐色，布白色长毛，背面前端有1个白斑，腹侧有2对相似大小白斑，末端有白色纵条纹延伸至纺器，腹面浅褐色。【习性】在石块下织球状巢。【分布】浙江、福建、湖南、四川、台湾；泛热带区。

米林肥腹蛛 *Steatoda mainlingensis*

【特征识别】雄蛛体长约8 mm。背甲黑色，梨形，放射沟明显。步足基节与转节黑色，腿节基部浅褐色，端部黑色，余下部分黑色。腹部近球形，有白色短毛，中央有1个白色叶脉形鳞状花纹，腹侧有白色横条纹，黑色。雌蛛体长约11 mm。除步足较雄蛛短外，其余特征与雄蛛相似。【习性】在石块下和树洞中织球状巢。【分布】西藏、新疆。

七斑肥腹蛛（雌蛛）　张巍巍 摄　　　　七斑肥腹蛛（雌蛛）　张巍巍 摄

米林肥腹蛛（一雌一雄）　杨自忠 摄

齿肥腹蛛 *Steatoda ngipina*

【特征识别】雌蛛体长5~7 mm。背甲黑色，梨形，放射沟明显，中窝较深。除第四对步足外，其余步足为黑色，第四对步足腿节、胫节和后跗节有暗红色环纹，其余部分黑色。腹部卵圆形，黑色，前端有1个黄色月形斑纹，斑纹内有黑色细横纹，其后具"中"字形黄色纹。【习性】在石块下织球状巢。【分布】云南；菲律宾。

黑斑肥腹蛛 *Steatoda nigrimaculata*

【特征识别】雌蛛体长约8 mm。背甲黑色，梨形，中窝较深。第一对步足黑褐色，其余各个步足的腿节、胫节和跗节中央颜色变浅，第四对步足颜色最浅。腹部卵圆形，白色，有3对黑色大斑位于腹部的中后部，心脏斑黑色，一直延伸到腹部的中段，腹侧黑色。【习性】在石块下织球状巢。【分布】云南、贵州。

齿肥腹蛛（雌蛛）｜赵俊军 摄

黑斑肥腹蛛（雌蛛）｜王露雨 摄

怪肥腹蛛(雄蛛)｜王露雨 摄

怪肥腹蛛(雌蛛)｜王露雨 摄

怪肥腹蛛(雄蛛)｜杨自忠 摄

三角肥腹蛛(雌蛛)｜杨南 摄

怪肥腹蛛 *Steatoda terastiosa*

【特征识别】雄蛛体长5~6 mm。背甲梨形，上布粗糙的刻点，颜色多变，从红褐色至黑色均有发现。步足黑色。腹部球形，黑色，花纹多变，有些个体腹面仅有几个纵向排列橘色斑，腹侧有1对橘色斑，还有些个体腹部前端有1个橘红色月形斑纹，中部有1条红色较宽横纹贯穿腹部背面，末端有葫芦形橘红色纹，类似盔肥腹蛛。雌蛛体长8~15 mm。腹部腹面有1个红斑，其余特征类似雄蛛。【习性】在石缝中织球状巢。【分布】四川、湖南、广西、云南。

三角肥腹蛛 *Steatoda triangulosa*

【特征识别】雌蛛体长3~5 mm。背甲褐色，外缘深褐色，有1条黑色纵带自中窝延伸至背甲末端，中窝浅。步足基节与转节浅褐色，其余各节具有黑色环纹。腹部球形，有1对不规则叶状黑斑，黑斑中有显色区域，褐色多毛，心脏斑处白色，往下延伸有数个横白纹。【习性】在石缝中织球状巢。【分布】河北、山西、四川、西藏、甘肃；世界性广布。

墨脱肥腹蛛 *Steatoda* sp.1

【特征识别】雌蛛体长约13 mm。背甲黑色，梨形，放射沟明显，中窝较深。步足除第一、四对步足胫节有暗红色环纹外，其余为黑色，各个步足后跗节和跗节为暗红色。腹部卵圆形，棕色。腹部前端有1个黄色月形斑纹，斑纹内有黑色细横纹，后有1个黄色斑，有1条黄色横带位于腹部中央，中后部亦有1条不太明显的黄斑，从此黄斑中央延伸1条纵纹至纺器。【习性】在石块下织球状巢。【分布】西藏。

娘欧肥腹蛛 *Steatoda* sp.2

【特征识别】雌蛛体长约7 mm。背甲红褐色，头区稍隆起，中窝较深。步足褐色，覆盖有黑色长毛。腹部卵圆形，褐色，具白色短绒毛，前端有1条白色横纹，中部有1条白色纵纹至腹部末端。卵囊圆形，白色，有丝包裹。【习性】在树皮下织管状巢。【分布】西藏。

墨脱肥腹蛛（雌蛛）｜王建赟 摄

娘欧肥腹蛛（雌蛛）｜张巍巍 摄

娘欧肥腹蛛（雌蛛和卵囊）｜张巍巍 摄

川西肥腹蛛（雄蛛）｜陆天 摄

日斯坦蛛（雄蛛）｜黄贵强 摄

川西肥腹蛛 *Steatoda* sp.3

【特征识别】雄蛛体长约4 mm。背甲红褐色，头区稍隆起。步足基节与转节红色，腿节颜色变浅，膝节、胫节、后跗节与跗节浅褐色，有黑色环纹。腹部卵圆形，褐色，具白色短绒毛，中有1条白色纵纹，腹侧有1对白色较宽纵纹。【习性】在树皮下织管状巢。【分布】四川。

日斯坦蛛 *Stemmops nipponicus*

【特征识别】雄蛛体长3～5 mm。背甲黑色，中窝浅。步足基节与转节浅褐色，其余各节具有黑色环纹，其中第一步足胫节的环纹最大。腹部卵形，亮黑色，有5对白斑均匀分布，其中第一对白斑位于腹部最前端，与其余4对斑相对较远。【习性】生活在落叶层中。【分布】河北、浙江、河南、湖南、云南；韩国、日本。

高汤高汤蛛 *Takayus takayensis*

【特征识别】雌蛛体长3~5 mm。背甲褐色，中窝较深，外缘浅褐色。步足基节、转节与腿节基部浅褐色，腿节端部与膝节深褐色，胫节、后跗节与跗节关节处黑色。腹部卵形，红色，中央有1个纺锤形白斑，白斑内部有橘红色斑，白斑末端有2对小黑斑，腹侧粉红色。【习性】生活在落叶层中。【分布】浙江、贵州、陕西、甘肃；韩国、日本。

辽源球蛛 *Theridion liaoyuanense*

【特征识别】雌蛛体长3~4 mm。背甲褐色，中窝较浅，外缘黑色，有1条黑色纵带自中窝延伸至背甲末端。步足基节、转节与腿节浅褐色，胫节、后跗节端部有深褐色环，跗节深褐色。腹部卵形，白色，中央有1个叶状褐色斑延伸至腹部突起最高处，从腹部突起最高处有3条浅色纵带延伸至纺器，腹侧具褐色斑。【习性】在低矮灌草丛中结网捕食。【分布】吉林、内蒙古、山西。

高汤高汤蛛（雌蛛）｜王露雨 摄

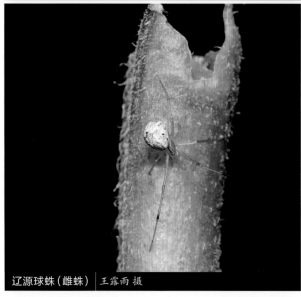

辽源球蛛（雌蛛）｜王露雨 摄

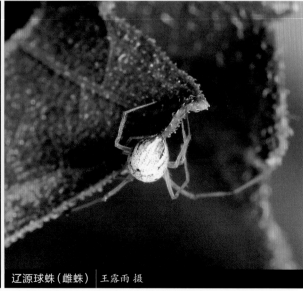

辽源球蛛（雌蛛）｜王露雨 摄

条斑球蛛 *Theridion zebrinum*

【特征识别】雌蛛体长3~4 mm。头胸部背甲褐色，头区突出，中窝较浅。步足黄绿色，具黑色环纹。腹部球形，具白色毛，多个白色"八"字形和黑色"八"字形条纹相间排列，末端具1条黄白色椭圆形纹。【习性】在叶片间结网捕食。【分布】云南。

条斑球蛛（雌蛛） 黄贵强 摄

南岭球蛛 *Theridion* sp.1

【特征识别】雌蛛体长3~4 mm。背甲白色，中窝较浅。步足乳白色，较为多毛，跗节颜色深。腹部具有白色片状斑，腹侧半透明，有数条纵向黑斑。卵囊白色，近似球形，上有暗色条纹。【习性】在叶片间结网捕食。【分布】广东。

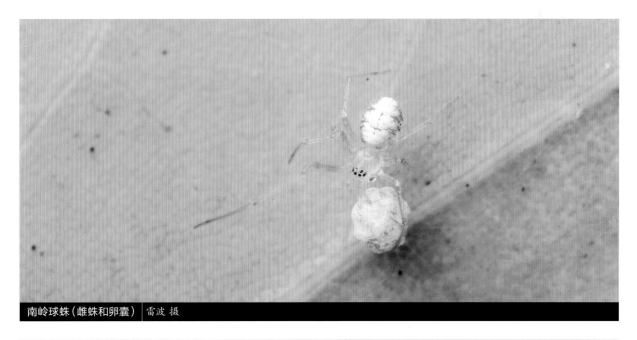

南岭球蛛（雌蛛和卵囊） 雷波 摄

眼斑球蛛 *Theridion* sp.2

【特征识别】雌蛛体长4~5 mm。背甲浅褐色，中窝较深，从头区至中窝有1个颜色较深区域。步足浅褐色，较为多毛，关节处颜色较深。腹部心脏斑和腹侧具有白色片状斑，尾端有2对黑斑，下端的黑斑较大。【习性】在叶片间结网捕食。【分布】吉林。

眼斑球蛛（雌蛛）｜崔振英 摄

鳞斑球蛛 *Theridion* sp.3

【特征识别】雌蛛体长约5 mm。背甲淡黄褐色，眼黑色。步足黄褐色，具黑色环纹。腹部近似球形，背面具大量银白色鳞状斑，正中叶状斑不明显。【习性】在叶片间结网捕食。【分布】云南。

鳞斑球蛛（雌蛛）｜李娅华 摄

花腹球蛛 *Theridion* sp.4

【特征识别】雌蛛体长约4 mm。背甲深褐色，头区颜色较浅。步足褐色，具红棕色与黄色环纹。腹部褐色，有白色鳞状斑，心脏斑处粉红色，有数道"八"字形黑斑。【习性】在石缝间结网捕食。【分布】重庆。

版纳宽腹蛛 *Theridula* sp.

【特征识别】雌蛛体长约3 mm。背甲橙黄色。步足橙色，第一步足胫节与后跗节颜色较淡。腹部五边形，淡绿色，有4个突起，突起顶端有黑点，四周橙色。【习性】在叶片间结网捕食。【分布】云南。

花腹球蛛（雌蛛）｜寒枫 摄

版纳宽腹蛛（雌蛛）｜陈尽 摄

圆尾银板蛛 *Thwaitesia glabicauda*

【特征识别】雄蛛体长3~4 mm。背甲梨形,浅褐色,从中窝至末端有1条黑色纵斑。步足黄褐色,多毛。腹部球形,银白色,正中具褐色纹。雌蛛体长4~6 mm。头胸部背甲浅褐色,从头区至末端有1条黑色纵斑。步足浅棕色,仅第一、四对步足胫节有黑斑。腹部腹面有1对红色纵条纹连接4对黑斑,其余特征类似雄蛛。【习性】在叶间织球状巢。【分布】湖南、海南、四川、贵州。

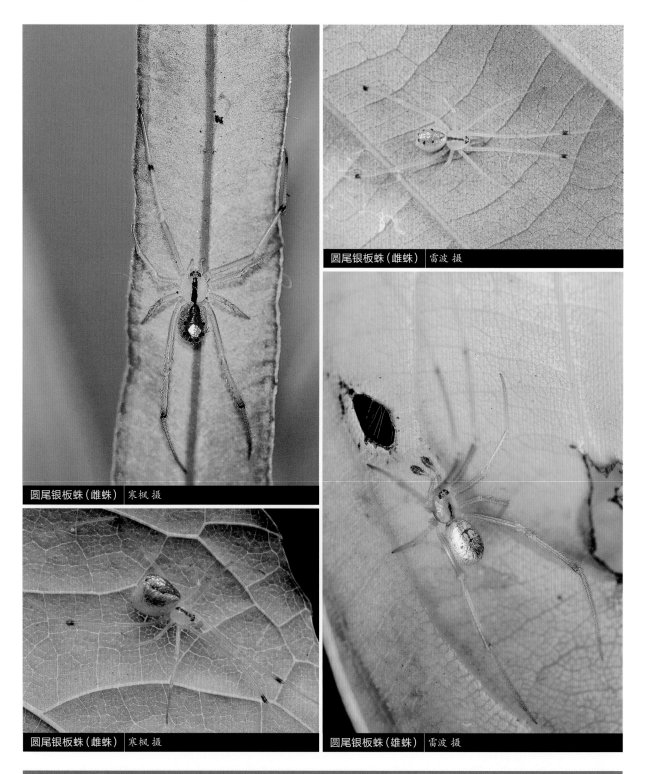

圆尾银板蛛(雌蛛)雷波 摄

圆尾银板蛛(雌蛛)寒枫 摄

圆尾银板蛛(雌蛛)寒枫 摄

圆尾银板蛛(雄蛛)雷波 摄

珍珠银板蛛 *Thwaitesia margaritifera*

【特征识别】雄蛛体长约3 mm。背甲梨形，乳黄色，从中窝至头区有1条黑色纵斑，背甲后侧缘具1对黑色斑。步足较长，乳黄色，多毛，具黑色环斑，触肢较长。腹部球形，上有白色长毛，具黄色鳞状斑，腹中央有1个红褐色大斑和1个黑色小斑。雌蛛体长4～6 mm。与雄蛛差异较大，腹部近似锥形，黄褐色，具大量黄白色鳞状斑。【习性】在叶间织球状巢。【分布】四川、云南、广东；越南、斯里兰卡。

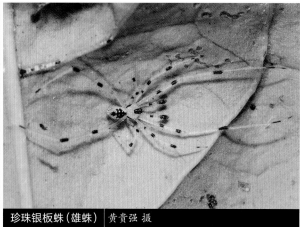

珍珠银板蛛（雌蛛）| 吴可量 摄

珍珠银板蛛（雄蛛）| 黄贵强 摄

菜阳河灵蛛 *Thymoites* sp.

【特征识别】雄蛛体长约3 mm。背甲白色。眼在头区两侧，有1对刺向前伸出，长度大约为胸甲的1/2。步足白色，第一步足较长。腹部卵圆形，淡黄色，前缘黑色，侧边有5对黑斑，中央有沙漏形花纹。【习性】在叶片间结网捕食。【分布】云南。

菜阳河灵蛛（雄蛛）| 雷波 摄

球体蛛科

THERIDIOSOMATIDAE

拉丁科名为"球腹"+"身体"的复合词，因其腹部类似球蛛，但又有所区别而得名。英文名Ray spiders，与网的形状有关。

球体蛛为小型蜘蛛，多数体长仅约2 mm。多数具8眼，以4-4式排列成2行。感知器官较灵敏，胸甲具听毛，下唇基端两侧的胸板前缘具凹陷的裂隙感受器。4对步足皆有听毛，第三、四步足胫节听毛较多。腹部颜色较单一，有些个体具白纹和红斑。卵囊圆形，浅褐色，由1根丝吊起。

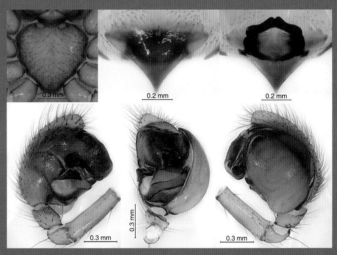

上扬子喀蛛 *Karstia upperyangtzica*

球体蛛在热带地区分布较多，多数种类生活在洞穴中，结不规则放射状网。

本科目前全世界已知18属111种，主要分布在南美、澳大利亚、东南亚和南亚等地区。中国已知10属26种，主要研究者包括李枢强和陈会明等。

上扬子喀蛛 *Karstia upperyangtzica*

【特征识别】雌蛛体长约3 mm。背甲黄褐色。步足深褐色。腹部球形，棕色，覆短毛，无明显斑纹。卵囊圆形，褐色，由丝吊起。【习性】生活于洞穴弱光区。【分布】贵州。

上扬子喀蛛（卵囊）｜陈会明 摄

上扬子喀蛛（雌蛛）｜陈会明 摄

贵州喀蛛 *Karstia* sp.

【特征识别】雄蛛体长约2.5 mm。背甲褐色。步足深褐色。腹部球形，深棕色，覆短毛，具浅褐色斑。卵囊圆形，褐色，由丝吊起。【习性】生活于洞穴弱光区。【分布】贵州。

贵州喀蛛（雄蛛） 王露雨 摄

贵州喀蛛（雄蛛） 王露雨 摄

贵州喀蛛（卵囊） 王露雨 摄

蟹蛛科

THOMISIDAE

英文名Crab spiders。因其行动时似螃蟹样横向行进，且前2对步足较长，威吓时举起，似蟹螯，由此得名。

蟹蛛微小到大型，体长2~23 mm。无筛器。多数种类8眼2列，形成4-4的眼式，各眼均生于眼丘上，中眼域宽。大多数蟹蛛前2对步足显著长于后2对步足（区别于逍遥蛛科）。多数蟹蛛前2对步足有壮刺，用以在攻击时防止猎物逃脱。

蟹蛛为游猎型蜘蛛，见于地面、落叶层、草丛、灌木丛、树冠层等各种生境，多数种类具有很好的拟态行为，如瘤蟹蛛 *Phrynarachne* spp.会模拟鸟粪，迷惑鸟或蜂等捕食者；蟹蛛 *Thomisus* spp.具有鲜艳的体色，会守在花上，狩猎访花昆虫；蚁蟹蛛 *Amyciaea* spp.模仿蚂蚁的外形，有的还会模仿绿叶、树枝等；也有些蟹蛛有着奇特的习性，如蚁栖壮蟹蛛 *Stiphropus myrmecophilus*，会集群生活于蚁巢内，捕食蚂蚁幼虫。蟹蛛通常行动缓慢，但捕食能力极强。

本科目前全世界已知174属2 159种，中国已知47属288种。宋大祥和朱明生于1997年出版了《中国动物志 蟹蛛科和逍遥蛛科》，是中国蟹蛛重要的参考资料，近年来，唐果又做了大量的研究。

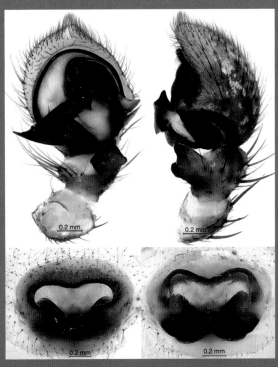

波纹花蟹蛛 *Xysticus croceus*

缘弓蟹蛛 *Alcimochthes limbatus*

【特征识别】雌蛛体长2~3 mm。背甲灰绿色，头区隆起，眼区橙色。步足白色，腿节腹侧有紫色模糊斑点。腹部褐色，前缘向头胸部突出，长卵形，中央有1个叶状褐色斑延伸至腹部突起最高处，心脏斑处黑色，外缘白色延伸至腹侧，形成3列白条纹，腹部末端褐色，有白色花纹。【习性】多在草丛间游猎捕食。【分布】浙江、湖南、海南、四川、广东、台湾；日本、越南、新加坡。

缘弓蟹蛛（雌蛛） 雷波 摄

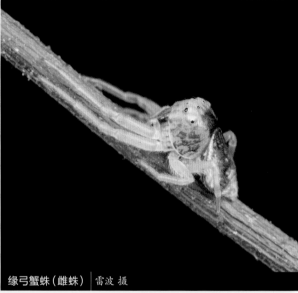

缘弓蟹蛛（雌蛛） 雷波 摄

缘弓蟹蛛（雌蛛） 雷波 摄

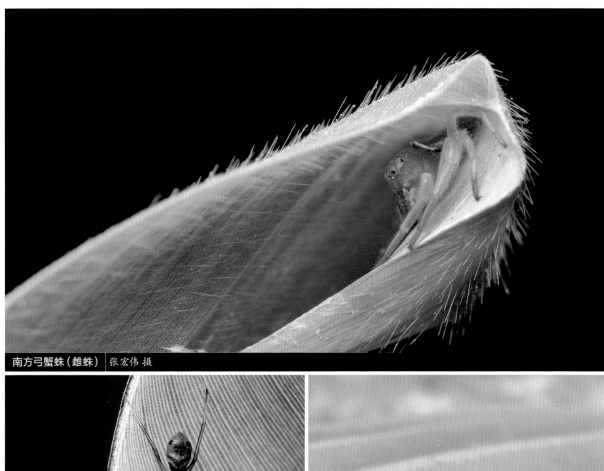

南方弓蟹蛛（雌蛛）｜张宏伟 摄

大头蚁蟹蛛（雌蛛）｜黄泓桢 摄

大头蚁蟹蛛（雄蛛）｜王露雨 摄

南方弓蟹蛛 *Alcimochthes meridionalis*

【特征识别】雌蛛体长约3 mm。背甲绿色，头区隆起，眼区黄色。步足白色，跗节颜色加深。腹部褐色长卵形，前缘向头胸部突出，外缘黄色，中央有1个叶状褐色斑延伸至腹部突起最高处，心脏斑处黑色，外缘白色延至腹侧，形成3列白色条纹，末端褐色，有白色花纹。【习性】多在草丛间游猎捕食，会将草叶卷起产卵。【分布】海南、云南。

大头蚁蟹蛛 *Amyciaea forticeps*

【特征识别】雄蛛体长约3 mm。背甲黄色，头区稍隆起，双眼列强烈后凹。步足橙色，腿节基部绿色，至端部渐变为黄色。腹部黄色长卵形，前缘褐色，下方有1对"八"字形褐斑，中后部有1个褐色斑点，末端钝圆，有1对黑斑。雌蛛略大于雄蛛，其余特征与雄蛛相似。【习性】拟态并捕食黄猄蚁。【分布】海南、云南；南亚、东南亚。

菱带安格蛛 *Angaeus rhombifer*

【特征识别】雌蛛体长约12 mm。背甲褐色，头胸部有白色长毛，眼区至头胸部末端具由白色毛组成的白斑。前2对步足褐色，后2对浅褐色，覆盖长毛，具白色小毛簇。腹部菱形具长毛，具1对突起，突起前端黄褐色，后端有黑色菱形斑，腹侧褐色，有长毛。【习性】多在低矮灌草丛中游猎捕食。【分布】云南、广东；缅甸、越南、马来西亚、印度尼西亚、新加坡、婆罗洲。

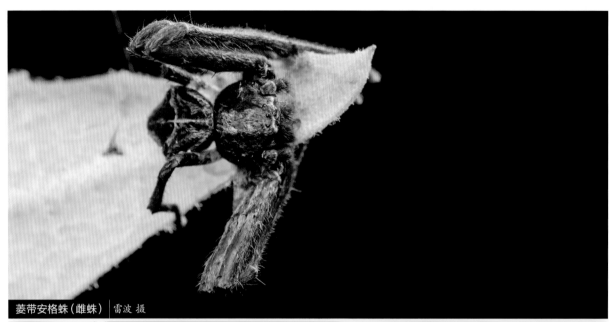

菱带安格蛛（雌蛛）雷波 摄

菱带安格蛛（雌蛛）雷波 摄

郑氏安格蛛（雄蛛）｜张宏伟 摄

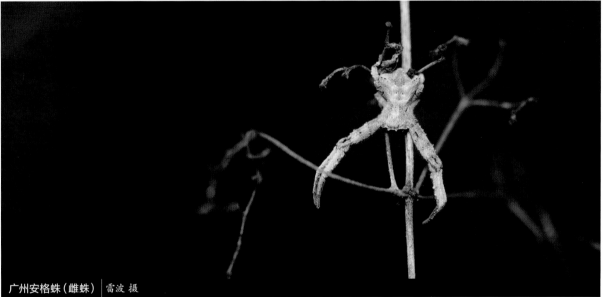

广州安格蛛（雌蛛）｜雷波 摄

郑氏安格蛛 *Angaeus zhengi*

【特征识别】雄蛛体长约14 mm。背甲褐色，中后部黑色，中央有1个黄色斑。步足褐色，腿节有瘤突。腹部菱形具黄褐色长毛，心脏斑处有1对黑色纵纹，外缘黑色，具1对突起，突起后端浅褐色，腹侧褐色。【习性】多在低矮灌草丛中游猎捕食。【分布】云南。

广州安格蛛 *Angaeus* sp.1

【特征识别】雌蛛体长约13 mm。背甲淡褐色，头胸部有白色长毛。步足除膝节和跗节为褐色外，其余各个部分均为浅棕色，覆盖长毛，腿节具白色小毛簇。腹部菱形具长毛，具1对突起，突起前端黄褐色，后端浅褐色，腹侧褐色，有长毛。【习性】多在低矮灌草丛中游猎捕食。【分布】广东。

缘巴蟹蛛 *Bassaniana ora*

【特征识别】雄蛛体长约10 mm。背甲黑色，有黑色长毛。步足后跗节和跗节为褐色，上有1条浅色条带，其余各个部分为黑色，第一、二对步足胫节和后跗节上有壮刺。腹部近圆形，外缘褐色，末端有1条白色横纹。【习性】在草丛中游猎捕食。【分布】内蒙古；韩国。

瘤疣蟹蛛 *Boliscus tuberculatus*

【特征识别】雌蛛体长2~5 mm。背甲暗褐色。步足黄褐色，腿节色深，跗节和后跗节基部色浅。腹部暗褐色，具大小不等的疣突，末端凹陷，有些个体腹部有"八"字形黑斑。【习性】在草丛中游猎捕食。【分布】海南、贵州、广东、台湾；东南亚、东亚。

缘巴蟹蛛（雄蛛）　王露雨 摄

瘤疣蟹蛛（雌蛛）　雷波 摄

瘤疣蟹蛛（雌蛛幼体）　雷波 摄

无齿泥蟹蛛 *Borboropactus edentatus*

【特征识别】雌蛛体长约7 mm。背甲灰白色,头区突出,褐色,覆细密毛,有少许绿色斑。步足褐色,腿节有棱,腹面有壮刺,具疣突,膝节的前部分与胫节灰白色,第一步足腿节最为粗壮。腹部灰白色,具由毛聚集成的疣突,末端凹陷,腹部末端褐色。【习性】在落叶层和朽木中捕食。【分布】海南、广东。

江永泥蟹蛛 *Borboropactus jiangyong*

【特征识别】雌蛛体长约9 mm。背甲灰白色,头区突出,覆细密毛,头胸部末端黄褐色。步足褐色,腿节具疣突,腹面有壮刺,膝节的前部分与胫节灰白色,第一步足腿节最为粗壮。腹部褐色,五边形,具由毛聚集成的疣突,心脏斑处有纵条纹,黄褐色,腹部末端稍突出。【习性】在落叶层和朽木中捕食。【分布】湖南、重庆。

无齿泥蟹蛛(雌蛛) | 雷波 摄

江永泥蟹蛛(雌蛛) | 王露雨 摄

车八岭泥蟹蛛 *Borboropactus* sp.1

【特征识别】雌蛛体长7~8 mm。背甲褐色且凹凸不平，头区突出，覆细密毛。步足褐色，腿节具疣突，腹面有壮刺，关节处膜质黑色，第一步足腿节最为粗壮。腹部褐色，五边形，具由毛聚集成的疣突，末端稍突出。卵囊似土丘，由丝包裹在树皮上。【习性】在落叶层和朽木中捕食。【分布】广东。

台湾泥蟹蛛 *Borboropactus* sp.2

【特征识别】雌蛛体长8~9 mm。背甲褐色且凹凸不平，头区突出，覆细密毛。步足褐色，膝节和后跗节有浅褐色环纹，腿节具疣突，腹面有壮刺，关节处膜质黑色，第一步足腿节最为粗壮。腹部褐色，心脏斑处有纵条纹，黄褐色，五边形，具由毛聚集成的疣突，末端多壮毛。【习性】多生活于落叶层和朽木中，卵囊多产于叶表面，白色，与蜘蛛等大。【分布】台湾。

美丽顶蟹蛛 *Camaricus formosus*

【特征识别】雄蛛体长约6 mm。背甲红色，稍隆起，上有直立细长毛，头胸部长宽近似相等，背面观似正方形，螯肢黑色。步足白色，个体不同腿节所分布的黑斑面积也不同。腹部背面黑褐色，具由黄白色的斑纹组成1个"十"字形图案，腹部前外缘有黄白色边缘，背面有稀疏黑毛，腹侧部黑褐色，与背面黑褐色相连，末端有1个红斑。雌蛛稍大于雄蛛，其余特征与雄蛛相似。【习性】多生活于低矮灌丛中。【分布】海南、云南；南亚、东南亚。

车八岭泥蟹蛛（雌蛛）｜雷波 摄

台湾泥蟹蛛（雌蛛）｜林义祥 摄

美丽顶蟹蛛（雌蛛）｜雷波 摄

美丽顶蟹蛛（雄蛛）｜雷波 摄

美丽顶蟹蛛（雌蛛） 廖东添 摄　美丽顶蟹蛛（雌蛛） 廖东添 摄

台湾顶蟹蛛 *Camaricus* sp.

【特征识别】雄蛛体长约5 mm。背甲黑色，上有直立细长毛，头胸部长宽近似相等，背面观似正方形。步足白色，个体不同腿节所分布的黑斑面积也不同。腹部背面黑褐色，具1个白斑，腹侧具1对白斑，背面有稀疏黑毛，腹侧部黑褐色，与背面黑褐色相连。雌蛛稍大于雄蛛，腹部背面黑褐色，具由黄白色的斑纹组成1个"十"字形图案，前外缘有黄白色边缘，背面有稀疏的黑毛，腹侧部黑褐色，与背面黑褐色相连，末端有1个红斑。其余特征与雄蛛相似。【习性】多生活于低矮灌丛中。【分布】台湾。

台湾顶蟹蛛（雄蛛） 林义祥 摄　台湾顶蟹蛛（雌蛛） 林义祥 摄

皱希蟹蛛 *Cebrenninus rugosus*

【特征识别】雄蛛体长约5 mm。背甲黑色，头区稍隆起，上布细毛，头胸部梨形。步足红黑色，第一步足颜色最深。腹部黑褐色，心脏斑处颜色较浅，心脏斑四周分布着不规则浅褐色花纹，上有细毛。雌蛛体长约7 mm。其余特征与雄蛛相似。【习性】生活于树干上，结不规则网。【分布】海南、云南；泰国、马来西亚、印度尼西亚、婆罗洲、菲律宾。

皱希蟹蛛（雄蛛） 黄贵强 摄

皱希蟹蛛（雌蛛） 黄贵强 摄

陷狩蛛 *Diaea subdola*

【特征识别】雌蛛体长3~8 mm。背甲颜色多变，黄色至绿色均有，头区稍隆起，眼周围白色，上布少许黑色细毛。步足与头胸部颜色一致，后跗节与跗节白色，后跗节较弯曲，上有成排壮刺。腹部白色，具黄色斑点，有3对明显黑斑，心脏斑处颜色半透明，心脏斑下方有2条半透明横纹。【习性】多生活于低矮灌草丛中。【分布】山西、浙江、山东、河南、湖南、海南、四川、贵州、陕西、台湾；印度、东亚、南亚、俄罗斯。

陷狩蛛（雌蛛）| 雷波 摄

陷狩蛛（雌蛛）| 雷波 摄

陷狩蛛（雌蛛）| 王露雨 摄

伪弓足伊氏蛛(雌蛛) 林义祥 摄

伪弓足伊氏蛛(雌蛛) 林义祥 摄

伪弓足伊氏蛛(雌蛛) 林义祥 摄

三突伊氏蛛(雌蛛) 单子龙 摄

伪弓足伊氏蛛 *Ebrechtella pseudovatia*

【特征识别】雌蛛体长约6 mm。背甲颜色多变,白色至绿色均有,亚外缘具1对黑色纵纹。步足与头胸部颜色一致,具黑色细毛,后跗节较弯曲,上有成排壮刺。腹部白色至黄灰色,具白色鳞状纹,背面侧外缘有2道紫色斑纹自前端到达末端。【习性】多生活于低矮灌丛中,在花上守候猎物。【分布】河北、山西、河南、甘肃、台湾;不丹。

三突伊氏蛛 *Ebrechtella tricuspidata*

【特征识别】雄蛛体长3~4 mm。背甲颜色多变,以绿色居多,亚外缘具2条黑色纵纹,头区黄色。步足绿色,具黑刺,后跗节较弯曲,上有成排壮刺,从腿节至跗节有褐色环纹。腹部背面绿色,外缘黄色,中后部具1对黑斑,腹侧褐色。雌蛛稍大于雄蛛。背甲绿色,外缘白色,头区黄色。步足绿色,具黑刺,后跗节较弯曲,上有成排壮刺。腹部背面黄色,有白色鳞状斑及黄色鳞状斑纹,心脏斑处褐色。【习性】多生活于低矮灌草丛中。【分布】北京、天津、河北、山西、内蒙古、辽宁、吉林、黑龙江、江苏、浙江、安徽、福建、江西、山东、河南、湖南、海南、四川、贵州、云南、陕西、甘肃、青海、宁夏、新疆、台湾;古北区。

三突伊氏蛛（雄蛛） | 单子龙 摄

三突伊氏蛛（雌蛛） | 单子龙 摄

三突伊氏蛛（雌蛛） | 单子龙 摄

梅氏毛蟹蛛 *Heriaeus mellotteei*

【特征识别】雄蛛体长约5 mm。背甲绿色，头区高，白色，有1条纵纹从眼区直到背甲基部。步足较长，绿色，具黑色长毛。腹部背面浅绿色，多白色毛，有3条白色纵纹，具1对明显肌斑，腹侧绿色。雌蛛体长约6 mm。新疆的雌蛛白毛更多，使得个体偏白色。腹部呈扁圆形，中央白斑较短，腹侧有黑斑。其余特征与雄蛛相似。【习性】多生活于低矮灌草丛中。【分布】河北、山西、内蒙古、黑龙江、山东、河南、湖北、西藏、陕西、甘肃；韩国、日本。

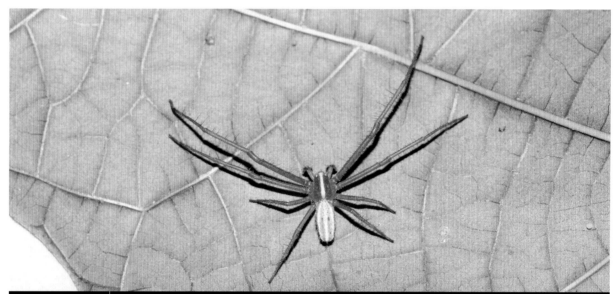

梅氏毛蟹蛛（雄蛛） 王露雨 摄

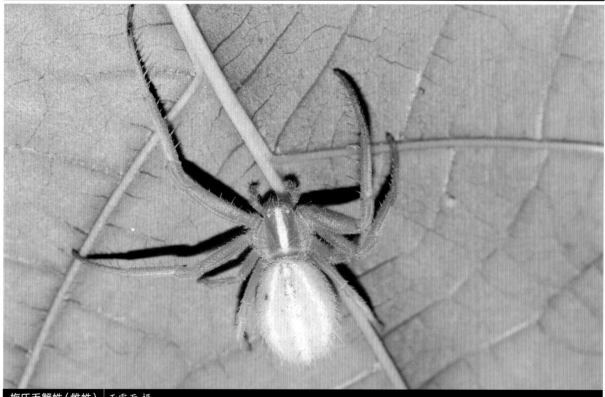

梅氏毛蟹蛛（雌蛛） 王露雨 摄

大卫微蟹蛛 *Lysiteles davidi*

【特征识别】雌蛛体长约3 mm。背甲褐色，眼周围橘色，背甲外缘黑色。前2对步足与头胸部颜色一致，具黑色刺，后跗节上有成排壮刺，后2对步足较短，绿色。腹部白色，前部分具褐色鳞状纹，腹中央有黑色叶状斑，自前端到达底部。【习性】多生活于低矮灌草丛中。【分布】云南、西藏。

大卫微蟹蛛（雌蛛）｜雷波 摄

膨胀微蟹蛛 *Lysiteles inflatus*

【特征识别】雌蛛体长约3 mm。背甲黄褐色，眼周围橘色，有2条褐色纵斑位于眼区两侧，向下延伸直至头胸部近后端。前2对步足褐色，具黑色刺，关节处颜色加深，后2对步足色浅，近透明。腹部浅褐色，有1对褐色波状纹，自前端到达底部。【习性】多生活于低矮灌草丛中。【分布】湖北、湖南、海南、贵州。

膨胀微蟹蛛（雌蛛）｜王露雨 摄

森林微蟹蛛 *Lysiteles silvanus*

【特征识别】雌蛛体长约3 mm。背甲黄褐色，眼周围橘色，有2条褐色宽纵斑位于眼区两侧，向下延伸直到头胸部近末端。步足褐色，具黑色刺。腹部浅褐色，有1对褐色波状纹，自前端到达底部，腹侧褐色。【习性】多生活于低矮灌草丛中。【分布】湖北、湖南、广东、台湾。

旋扭微蟹蛛 *Lysiteles torsivus*

【特征识别】雌蛛体长约2 mm。背甲白色，眼周围紫色，有2条紫色纵斑位于眼区两侧，向上至螯肢端部，向下延伸至头胸部近末端。步足紫色，具黑色刺，腿节基部白色。腹部浅褐色，有数对黑色不规则纹，心脏斑不明显，腹部亚外缘有数对白色鳞状斑。【习性】多生活于低矮灌草丛中。【分布】云南、台湾。

森林微蟹蛛（雌蛛）｜雷波 摄

旋扭微蟹蛛（雌蛛）｜雷波 摄

广州微蟹蛛 *Lysiteles* sp.1

【特征识别】雄蛛体长约2 mm。背甲绿色，眼周围褐色，有2条绿褐色波浪状斑位于眼区两侧，向下延伸直到头胸部近末端。步足绿色，具黑色刺。腹部浅褐色，有数对小黑斑，腹侧褐色，近腹面有数对黑色斑。【习性】多生活于低矮灌草丛中。【分布】广东。

黑斑微蟹蛛 *Lysiteles* sp.2

【特征识别】雄蛛体长约3 mm。背甲黑色，上有白色短毛，眼列强烈后凹，眼周围灰色。步足褐色，具黑色刺，后2对步足偏绿色，颜色较浅。腹部浅褐色，有3对黑色斑纹，第一对斑纹最小，依次变大。雌蛛稍大于雄蛛，其余特征与雄蛛相似。【习性】多生活于低矮灌草丛中。【分布】台湾。

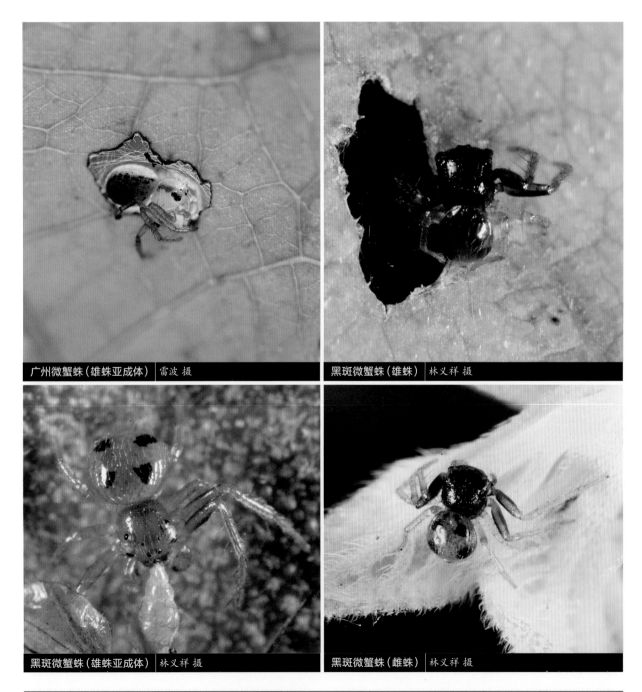

广州微蟹蛛（雄蛛亚成体） 雷波 摄

黑斑微蟹蛛（雄蛛） 林义祥 摄

黑斑微蟹蛛（雄蛛亚成体） 林义祥 摄

黑斑微蟹蛛（雌蛛） 林义祥 摄

台湾微蟹蛛 *Lysiteles* sp.3

【特征识别】雄蛛体长约2 mm。背甲黑褐色。步足浅褐色,具黑色刺,腿节腹侧黑色,第三、四对步足黑斑逐渐消失。腹部褐色,背面前缘白色,心脏斑褐色,斑纹延伸至腹部末端,旁有1对黑色纵条纹。【习性】多生活于低矮灌草丛中。【分布】台湾。

角块蟹蛛 *Massuria angulata*

【特征识别】雌蛛体长约6 mm。背甲绿色,具极多小瘤突,头区褐色,突起呈现角状。步足黄绿色,具大量小瘤突,第一、二对后跗节较短,有黑色壮刺,第三、四对步足绿色。腹部褐色,有细小毛,梯形,有黑色点状角质化斑,外缘黄色,心脏斑黑褐色。【习性】多生活于低矮灌草丛中,在叶子上守候猎物。【分布】云南。

台湾微蟹蛛(雄蛛) | 林义祥 摄

台湾微蟹蛛(雄蛛) | 林义祥 摄

角块蟹蛛(雌蛛) | 张宏伟 摄

斑点块蟹蛛（雄蛛）　雷波 摄

斑点块蟹蛛 *Massuria bandian*

【特征识别】雄蛛体长约6 mm。背甲橘色，具大量黑斑，多刺，眼周围淡黄色。步足浅褐色，腿节有黑斑与黑刺，胫节、后跗节和跗节有红色环纹。腹部白色，近似五边形，有黑刺，黑刺基部有黄色斑，自腹部前端至末端有1对红纹，呈菱形，红纹末端呈断纹状。【习性】多生活于低矮灌草丛中，在叶子上守候猎物。【分布】云南。

美丽块蟹蛛 *Massuria bellula*

【特征识别】雌蛛体长约6 mm。背甲白色,具极多绿斑,绿斑至背甲末端消失。步足半透明,多白色毛,后跗节有成对壮刺。腹部黄白色,凹凸不平,近似五边形,中央有1个梯形斑纹,斑纹内部有3行肌痕和红斑,腹侧黄色。【习性】多生活于低矮灌草丛中,在叶子上守候猎物。【分布】云南、香港。

红点块蟹蛛 *Massuria* sp.

【特征识别】雌蛛体长约5 mm。背甲白色,具大量绿斑,有些绿斑上具刺,绿斑至背甲末端消失,眼周围淡黄色。步足半透明,多白色毛,膝节、胫节、后跗节与跗节有黄环,后跗节上有成对壮刺。腹部黄白色,凹凸不平,有白色鳞状斑,具黑刺,黑刺基部有红色或黄色斑点。【习性】多生活于低矮灌草丛中,在叶子上守候猎物。【分布】云南。

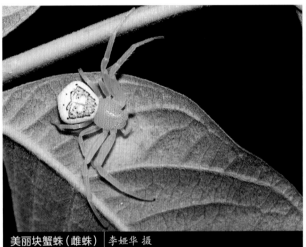

美丽块蟹蛛(雌蛛) 李娅华 摄

红点块蟹蛛(雌蛛) 雷波 摄

红点块蟹蛛(雌蛛) 雷波 摄

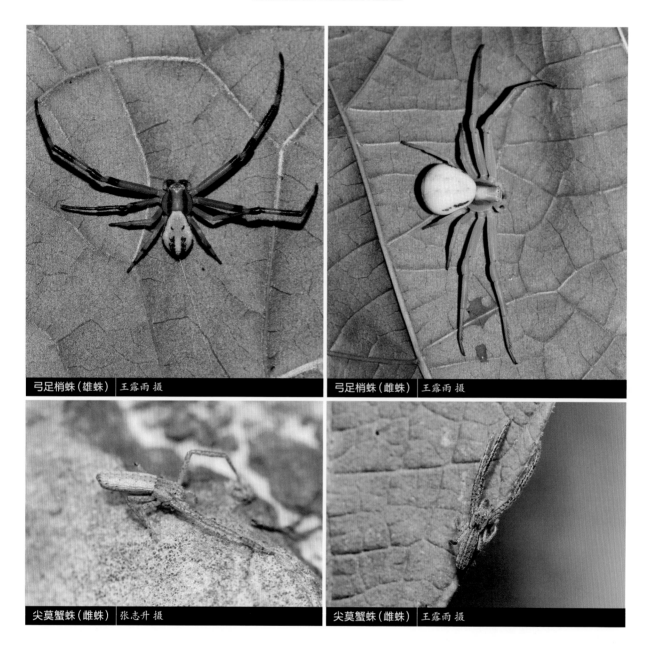

弓足梢蛛(雄蛛)　王露雨 摄

弓足梢蛛(雌蛛)　王露雨 摄

尖莫蟹蛛(雌蛛)　张志升 摄

尖莫蟹蛛(雌蛛)　王露雨 摄

弓足梢蛛 *Misumena vatia*

　　【特征识别】雄蛛体长约5 mm。背甲黄绿色，有1对墨绿色纵纹延伸至头胸部末端，中窝周围色浅，眼周围黄色。步足与头胸部颜色一致，关节处有红褐色花纹。腹部浅黄色，分布紫色纵纹，腹侧具紫色不规则斑纹。雌蛛体长约6 mm。头胸部其余特征与雄蛛相似。步足与头胸部颜色一致，具黑色细毛，后跗节较弯曲，上有成排壮刺。腹部黄灰色，具稀疏黑色毛，腹侧有1对紫色不规则斑纹。【习性】多生活于低矮灌草丛中，在花上守候猎物。【分布】河北、山西、内蒙古、吉林、黑龙江、河南、陕西、甘肃；全北区。

尖莫蟹蛛 *Monaeses aciculus*

　　【特征识别】雌蛛体长约7 mm。背甲灰褐色，近似长方形，中窝后部黑色。步足与头胸部颜色一致，具黑点和白色细毛，后跗节较弯曲，上有成排壮刺。腹部灰褐色，长筒形，中有1条灰色条纹从腹部前端延伸至末端，腹侧灰白色。【习性】多生活于低矮灌草丛中。【分布】福建、湖南、台湾；东亚、东南亚、南亚。

以色列莫蟹蛛 *Monaeses israeliensis*

【特征识别】雌蛛体长约8 mm。背甲黑褐色，具不规则浅褐色纹，近似正方形。步足与头胸部颜色一致，多毛，具墨绿色斑和白色细毛，后跗节较弯曲，上有成排壮刺。腹部黑褐色，中有1条不明显黑褐色条纹从腹部前端至末端，末端具褶皱，渐尖，可弯曲，多毛。【习性】多生活于低矮灌草丛中。【分布】新疆。

不丹绿蟹蛛 *Oxytate bhutanica*

【特征识别】雄蛛体长约6 mm。背甲绿色，外缘有翠绿色波状纹，中央有1条翠绿纵带，眼周围橙色。步足翠绿色，前2对步足、膝节和后跗节末端红色，其余各节和步足绿色。腹部长，绿色，有2对红色斑点。【习性】多生活于低矮灌草丛中。【分布】广东、云南；不丹。

钳绿蟹蛛 *Oxytate forcipata*

【特征识别】雄蛛体长约7 mm。背甲浅黄褐色，外缘色深，头区向前突出，眼周围橙色，中窝前方有1对黑色斑点。步足颜色差异较大，前2对步足、基节、转节与腿节深红色，其余部分黄褐色，后2对步足基节、转节与腿节绿色，其余部分黄褐色。腹部长，褐色，末端色浅，有环纹。【习性】多生活于低矮灌草丛中。【分布】广东、海南。

以色列莫蟹蛛（雌蛛） 苏杰 摄

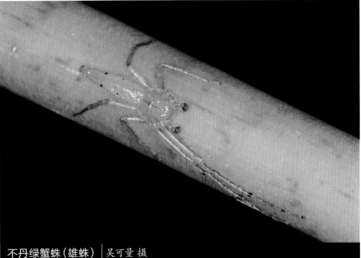

不丹绿蟹蛛（雄蛛） 吴可量 摄

钳绿蟹蛛（雄蛛） 雷波 摄

平行绿蟹蛛(雌蛛) | 岳逸松 摄

条纹绿蟹蛛(雌蛛) | 王露雨 摄

平行绿蟹蛛 *Oxytate parallela*

【特征识别】雌蛛体长约5 mm。背甲浅绿色,有翠绿色纵纹和放射纹,头区向前突出,眼周围橙色。步足翠绿色,后跗节较弯曲,上有成排壮刺。腹部绿色,上有绿色鳞状纹,均匀分布褐色斑点,心脏斑色淡,腹部末端黄色,具长毛。【习性】多生活于低矮灌草丛中。【分布】河北、河南、陕西;韩国。

条纹绿蟹蛛 *Oxytate striatipes*

【特征识别】雌蛛体长8~12 mm。背甲翠绿色,头区向前突出,眼周围橙色,中窝前方有1对红色斑点。步足翠绿色,胫节与后跗节较弯曲,上有成排壮刺。腹部绿色,前缘黄色,背面有3条白色点状纵纹,纵纹旁均匀分布黑刺,心脏斑色淡,腹侧具褶皱,末端钝圆。【习性】多生活于低矮灌草丛中。【分布】辽宁、吉林、浙江、江西、山东、河南、湖南、陕西、台湾;韩国、日本、俄罗斯。

梵净山绿蟹蛛 *Oxytate* sp.1

【特征识别】雌蛛体长约7 mm。背甲浅绿色，有翠绿色纵纹和放射纹，头区向前突出，眼周围黄色。步足翠绿色，胫节与后跗节较弯曲，上有成排壮刺。腹部绿色半透明，上有1对绿色纵纹，纵纹末端呈点状，每个点上均有1对刺，腹部末端有1对黑点。【习性】多生活于低矮灌草丛中。【分布】贵州。

异羽蛛 *Ozyptila inaequalis*

【特征识别】雌蛛体长约6 mm。背甲褐色，有瘤突，十分粗糙，头区稍突出，前端具羽状毛。步足褐色，粗糙不平，胫节与后跗节上有成排壮刺。腹部土褐色，上有不明显褐色横纹，背面多羽状毛。【习性】多在草丛和落叶层中游猎。【分布】河北、内蒙古、山东、河南、甘肃；蒙古、哈萨克斯坦、俄罗斯。

梵净山绿蟹蛛（雌蛛）｜王露雨 摄

异羽蛛（雌蛛）｜王露雨 摄

甘肃羽蛛 *Ozyptila kansuensis*

【特征识别】雄蛛体长约5 mm。背甲黑色，中央有1条褐色纵纹，外缘淡褐色，头区稍突出，多毛，前端具羽状毛。步足褐色，多毛，粗糙不平，腿节颜色最深，胫节与后跗节上有成排壮刺。腹部褐色，上有不明显浅褐色斑纹，背面多羽状毛。雌蛛体长约7 mm。体色较雄蛛浅，其余特征与雄蛛相似。【习性】多在草丛和落叶层中游猎。【分布】湖南、甘肃。

甘肃羽蛛（雄蛛）｜王露雨 摄　　　甘肃羽蛛（雌蛛）｜王露雨 摄

日本羽蛛 *Ozyptila nipponica*

【特征识别】雄蛛体长约2 mm。背甲黑色，中央有1条褐色纵纹，外缘淡褐色，前端具羽状毛。步足褐色，多毛，粗糙不平，腿节颜色最深，胫节与后跗节上有成排壮刺。腹部浅褐色，背面多羽状毛。【习性】多在草丛和落叶层中游猎。【分布】安徽、重庆；韩国、日本。

日本羽蛛（雄蛛）｜黄贵强 摄

短须范蟹蛛（雌蛛）　林义祥 摄

短须范蟹蛛（雌蛛）　林义祥 摄

短瘤蟹蛛（雄蛛亚成体）　雷波 摄

短须范蟹蛛 *Pharta brevipalpus*

【特征识别】雌蛛体长约5 mm。背甲黄色，外缘白色，有黑褐色斑纹，颈沟深色。步足褐色，多毛，有黑色斑点、膝节、胫节与后跗节颜色最深，胫节与后跗节上有成排壮刺。腹部浅褐色，有白色和黑色的鳞状斑，中后部有1对黑色大斑，心脏斑色深。【习性】多在草丛和落叶层中游猎。【分布】云南、台湾；越南、日本。

短瘤蟹蛛 *Phrynarachne brevis*

【特征识别】雄蛛体长约3 mm。背甲黄褐色，较粗糙，后侧眼隆起。步足褐色，多刺，刺的基部有瘤突，腿节弯曲，胫节与后跗节上有成排壮刺，后2对步足色深。腹部浅褐色，梯形，有瘤突，背面颜色较深。【习性】多在叶片上模拟鸟粪。【分布】云南、广东。

锡兰瘤蟹蛛（雌蛛） 张巍巍 摄

锡兰瘤蟹蛛（雌蛛） 余晨沐 摄

锡兰瘤蟹蛛 *Phrynarachne ceylonica*

【特征识别】雌蛛体长约12 mm。背甲褐色，放射沟与外缘白色，头区前部乳黄色。前2对步足粗壮，膝节与腿节前半部分白色，其余区域黑色，胫节与后跗节上有成排壮刺，后跗节弯曲，后2对步足色深，较短。腹部褐色，梯形，有大瘤突，前端色深。【习性】多在叶片上模拟鸟粪。【分布】广西、云南、台湾；斯里兰卡、日本。

诈瘤蟹蛛 *Phrynarachne decipiens*

【特征识别】雌蛛体长约18 mm。背甲白色，头区色深。步足灰色，有白色与黑色斑纹，后跗节弯曲，胫节与后跗节上有成排壮刺，后2对步足较短。腹部白色，梯形，有模糊黑色斑，腹部末端有4对红色大瘤突。【习性】多在叶片上模拟鸟粪。【分布】云南；斯里兰卡。

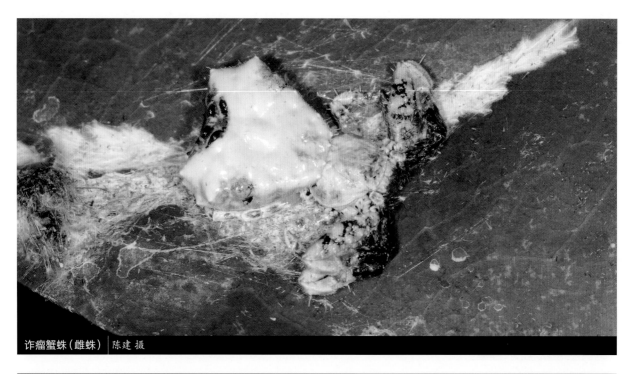

诈瘤蟹蛛（雌蛛） 陈建 摄

矛瘤蟹蛛 *Phrynarachne lancea*

【特征识别】雌蛛体长约10 mm。背甲灰色,有白色与绿色斑点,头区绿色。步足半透明,灰色,有绿色斑纹,前2对步足腿节与后跗节弯曲,胫节与后跗节上有成排壮刺,后跗节与跗节黑色,后2对步足较短。腹部绿色,梯形,稀疏分布黑色斑点,有1条纵细纹,细条纹两旁有模糊黑色斑,腹部末端有瘤突,上有刺。【习性】多在叶片上模拟鸟粪。【分布】云南。

乳突瘤蟹蛛 *Phrynarachne mammillata*

【特征识别】雌蛛体长约13 mm。背甲黄褐色,头区具嵴,嵴上有一大一小两个瘤突。步足褐色,膝节色浅,前2对步足较为粗壮,胫节与后跗节上有成排壮刺,后2对步足较短。腹部颜色多变,一般为褐色,稀疏分布黑褐色壳状斑点,心脏斑处有1条纵细纹,纵条纹两旁的褐色斑点最大,近腹部有2对长条状硬质横斑,腹侧颜色较浅。【习性】多在叶片上模拟鸟粪。【分布】云南。

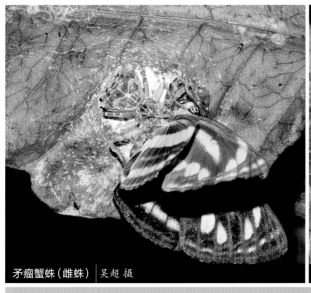
矛瘤蟹蛛(雌蛛)│吴超 摄

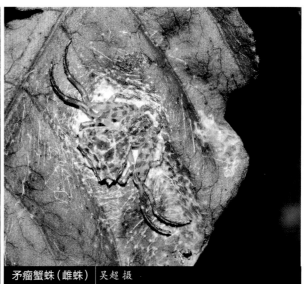
矛瘤蟹蛛(雌蛛)│吴超 摄

乳突瘤蟹蛛(雌蛛)│张宏伟 摄

乳突瘤蟹蛛（雌蛛） 李际斌 摄

乳突瘤蟹蛛（雌蛛） 张宏伟 摄

乳突瘤蟹蛛（雌蛛） 李际斌 摄

黑褐瘤蟹蛛（雌蛛） 雷波 摄

黑褐瘤蟹蛛 *Phrynarachne* sp.1

【特征识别】雌蛛体长约6 mm。背甲黑褐色，多突起，中窝浅，附近有浅褐色放射纹，后侧眼隆起。步足褐色，多刺，刺的基部有瘤突，胫节、后跗节与跗节颜色最深，胫节与后跗节弯曲并有成排壮刺，后2对步足色深。腹部黑褐色，梯形，有瘤突。【习性】多在叶片上模拟鸟粪。【分布】广东。

四面山瘤蟹蛛 *Phrynarachne* sp.2

【特征识别】雌蛛体长约7 mm。背甲黑褐色，多突起，中窝浅，附近有浅褐色放射纹，外缘浅褐色。步足褐色，多瘤突，胫节与后跗节弯曲并有成排壮刺，后2对步足色较浅。腹部灰白色，梯形，心脏斑处有1条纵细纹，纵条纹两旁的褐色壳状斑点最大，近腹部有2对硬质暗红色横斑，腹侧颜色较浅。【习性】多在叶片上模拟鸟粪。【分布】重庆。

黑瘤蟹蛛 *Phrynarachne* sp.3

【特征识别】雌蛛体长约5 mm。背甲黑色，多突起，中窝浅，后侧眼隆起。步足黑色，多刺，刺的基部有瘤突，胫节与后跗节弯曲并有成排壮刺。腹部亮黑色，梯形，有瘤突，多刺，刺的基部有黑色骨质化壳。【习性】多在叶片上模拟鸟粪。【分布】广东。

四面山瘤蟹蛛（雌蛛）｜张巍巍 摄

黑瘤蟹蛛（雌蛛）｜雷波 摄

版纳瘤蟹蛛 *Phrynarachne* sp.4

【特征识别】雌蛛体长约21 mm。背甲褐色，多乳状突起，中窝浅，有浅褐色放射纹，后侧眼隆起。步足黄色，前2对步足腿节淡褐色，多细毛，刺的基部有瘤突，胫节、后跗节与跗节颜色最深，胫节与后跗节弯曲并有成排壮刺，后2对步足色浅，半透明区域多。腹部浅褐色，梯形，心脏斑白色，具瘤突，其中腹部末端两侧的瘤突强烈突出，呈棘状。【习性】多在叶片上模拟鸟粪。【分布】云南。

波状截腹蛛 *Pistius undulatus*

【特征识别】雄蛛体长约7 mm。背甲黑褐色，粗糙，头区前缘黄色，后侧眼隆起，中窝浅。步足黄色，前2对步足腿节、膝节与胫节褐色，后跗节与跗节颜色浅褐色，后跗节有成排壮刺，后2对步足色浅，短。腹部浅褐色，近似梯形，有5个肌痕，中央具1条黑色纵纹，腹部末端平截。【习性】多在草丛间捕食。【分布】河北、山西、内蒙古、辽宁、吉林、黑龙江、浙江、山东、河南、陕西；韩国、日本、俄罗斯、哈萨克斯坦。

版纳瘤蟹蛛（雌蛛）　吴超 摄

版纳瘤蟹蛛（雌蛛）　韦朝泰 摄

波状截腹蛛（雄蛛）　王露雨 摄

先导板蟹蛛（雌蛛） 韦朝泰 摄

近缘锯足蛛（雌蛛） 林义祥 摄

近缘锯足蛛（雌蛛） 林义祥 摄

先导板蟹蛛 *Platythomisus xiandao*

【特征识别】雌蛛体长约16 mm。背甲橙黄色，有2对黑斑，其中第一对位于侧眼处。步足基节、转节、腿节和膝节黄色，胫节、后跗节和跗节黑色。腹部黄色，有7个黑斑，其中第一个最大，腹侧具褶皱。【习性】多在灌草丛中游猎捕食。【分布】云南；印度、东南亚。

近缘锯足蛛 *Runcinia affinis*

【特征识别】雌蛛体长5~7 mm。背甲长宽近似相等，正中纵带乳白色，两侧具红褐色纵斑，中窝纵向，红色。步足黄褐色，腿节具疣突，前2对步足极长，是后2对的2倍以上。腹部长卵圆形，背面红褐色，具2条白色纵带。【习性】多在草丛间捕食。【分布】浙江、安徽、福建、江西、山东、湖北、湖南、广东、四川、贵州、陕西、台湾；南亚、东南亚、日本、非洲。

亚洲长瘤蛛 *Simorcus asiaticus*

【特征识别】雌蛛体长约7 mm。背甲褐色且凹凸不平,头区突出,浅褐色。步足深褐色,具棱,后2对步足色浅。腹部褐色,多瘤突。【习性】多生活于低矮灌木上。【分布】浙江、湖南、广东、海南。

亚洲长瘤蛛(雌蛛) │ 严莹 摄

李氏华蟹蛛(雌蛛) | 黄贵强 摄

李氏华蟹蛛 *Sinothomisus liae*

【特征识别】雌蛛体长约4 mm。背甲近圆形,黑色,中有1个浅褐色"V"字形斑,头区前缘红色。步足褐色,多细毛,前2对步足色深,后2对步足腿节基部色浅。腹部卵圆形,褐色,多毛,背面有1个"土"字形浅褐色花纹。【习性】多在落叶层上捕食。【分布】云南。

壶瓶冥蟹蛛 *Smodicinodes hupingensis*

【特征识别】雄蛛体长约3 mm。背甲红褐色，多疣突，头区前缘突出，后侧眼突出，头胸部末端有2对角状突起，第二对叉状，每个突起的顶端都有壮刺。步足褐色，多细毛，前2对步足色深，胫节与后跗节颜色最深，腿节基部浅黄色，有斑纹，后2对步足腿节色浅。腹部卵圆形，有2对白斑位于腹中，以斑纹为分隔，前半部褐色，后半部黑色。【习性】多在落叶层上捕食。【分布】湖南、广东。

壶瓶冥蟹蛛（雄蛛） 雷波 摄

壶瓶冥蟹蛛（雄蛛） 刘彦鸣 摄

壶瓶冥蟹蛛（雄蛛） 刘彦鸣 摄

蚁栖壮蟹蛛（雄蛛） 王露雨 摄

蚁栖壮蟹蛛（雌蛛） 王露雨 摄

贵州耙蟹蛛（雌蛛） 雷波 摄

蚁栖壮蟹蛛 *Stiphropus myrmecophilus*

【特征识别】雄蛛体长约2 mm。背甲褐色，近正方形。步足褐色，多细毛，前2对步足粗壮，后蹠节和跗节有细毛，后2对步足色浅。腹部卵圆形，褐色。雌蛛体长约3 mm。腹部卵圆形，灰褐色，密被毛，肌痕大，褐色。其余特征与雄蛛相似。【习性】生活于蚁巢内，和蚂蚁共生。【分布】广东。

贵州耙蟹蛛 *Strigoplus guizhouensis*

【特征识别】雌蛛体长6~8 mm。背甲褐色，具不明显的黑色斑，眼丘褐色，额前端弯曲成弧形且具耙状齿突。前2对步足呈褐色，腹面呈黑色，腿节背面和胫节基部具白斑，后2对步足色浅，腿节前端、膝节、胫节前端、后蹠节和跗节呈褐色。腹部背面中前端具黑褐色斑纹，前端具1个弧形浅黄色斑，中部两侧具1对"一"字形浅黄色斑，后端黄色，黑色斑和黄色斑结合部最宽。【习性】多在草丛中捕食。【分布】福建、湖南、广西、贵州、云南、广东。

圆花叶蛛 *Synema globosum*

【特征识别】雄蛛体长3~4 mm。背甲红褐色，头区前部色淡，胸板黑褐色。腹部卵圆形，黑色有白斑。雌蛛体长4~8 mm。背甲黑色，胸板盾形，黑色。步足深棕色，第一、二对步足显著长于后2对。腹部球形，背面黄色，有棕色斑纹，个体差异变化很大，腹面棕色，有的个体在腹部中部有1个黄色区。【习性】多在草丛中捕食。【分布】河北、山西、内蒙古、辽宁、吉林、黑龙江、江苏、浙江、安徽、江西、山东、河南、湖北、湖南、甘肃；古北区。

圆花叶蛛（雌蛛）｜单子龙 摄

圆花叶蛛（雄蛛）｜单子龙 摄

圆花叶蛛（一雌一雄）｜单子龙 摄

圆花叶蛛（雌蛛）｜单子龙 摄

南国花叶蛛 *Synema nangoku*

【特征识别】雌蛛体长约6 mm。背甲褐色，有1对黑褐色纵纹从头区两侧至背甲末端。步足棕色，有环纹，第一、二对步足显著长于后2对。腹部球形，背面褐色，多黑色纵条纹，纵条纹上具白毛，心脏斑色浅，在心脏斑两旁有数个三角形花纹。【习性】多在草丛中捕食。【分布】云南、广东；日本。

南国花叶蛛（雌蛛）｜雷波 摄

带花叶蛛 *Synema zonatum*

【特征识别】雌蛛体长8~9 mm。背甲光滑，中央橙色，两侧黑褐色，外缘黄褐色，眼区及其周围褐色，背面有许多细长毛。步足暗黄色或橙色，前2对步足粗壮。腹部橙褐色，圆形，长稍大于宽。背面密被长毛，具白色斑纹，中央前方有1个倒"八"字形白色矛形斑，心脏斑色浅。【习性】多在草丛中捕食。【分布】贵州、重庆、河南、湖南。

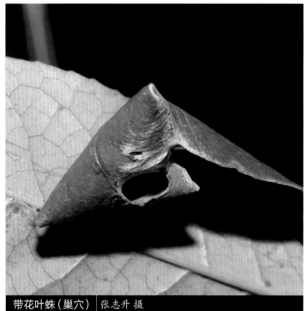

带花叶蛛(巢穴) 张志升 摄

带花叶蛛(雌蛛) 王露雨 摄

带花叶蛛(雌蛛) 张志升 摄

沟裂怜蛛(雌蛛)│雷波 摄

剑状怜蛛(雄蛛)│黄贵强 摄

沟裂怜蛛 *Talaus sulcus*

【特征识别】雌蛛体长2~3 mm。背甲黑色,球形,眼四周浅黄褐色,颈沟与放射沟不明显。步足具刺,前2对步足基节、转节和腿节黑褐色,其余各节浅灰色,后2对步足浅灰色。腹部黑褐色,呈球形,被稀疏毛,有不明显的褐色花纹。【习性】多在草丛中捕食。【分布】云南。

剑状怜蛛 *Talaus xiphosus*

【特征识别】雄蛛体长2~3 mm。背甲黑色,球形,眼丘褐色,颈沟与放射沟不明显。步足具刺,前2对步足基节、转节和腿节黑褐色,胫节褐色,其余各节浅灰色,后2对步足浅绿色。腹部黑色,呈球形,被稀疏毛。【习性】多在草丛中捕食。【分布】云南。

略突蟹蛛 *Thomisus eminulus*

【特征识别】雄蛛体长2~3 mm。背甲红褐色，具小瘤突，后中眼突起。步足红褐色。腹部棕黄色。雌蛛体长约8 mm。背甲长宽相当，白色，头区红棕色，后侧眼突起，呈角状。步足白色，第一、二对步足强壮，胫节与后跗节具刺。腹部白色，近似梯形，覆盖有白色毛。【习性】多生活于低矮灌草丛中。【分布】海南、云南、广东。

略突蟹蛛（雄蛛）黄俊球 摄

略突蟹蛛（一雌一雄）黄俊球 摄

略突蟹蛛（雄蛛）黄俊球 摄

角红蟹蛛（雄蛛）　雷波 摄

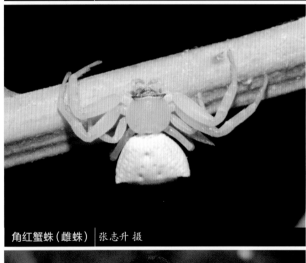

角红蟹蛛（雌蛛）　张志升 摄

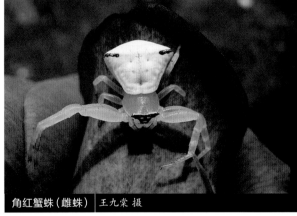

角红蟹蛛（雌蛛）　王九棠 摄

角红蟹蛛（捕食）　吴可量 摄

角红蟹蛛 *Thomisus labefactus*

　　【特征识别】雄蛛体长约3 mm。背甲红褐色，具小瘤突。步足除后跗节和跗节橙黄色外，其余各节黑褐色，腹部棕黄色。雌蛛体长6~9 mm。背甲长宽相当，白色、黄色或浅绿色，头区和额部白色，胸板长宽相等或长稍大于宽。第一、二对步足的长度相当，长于第三、四对步足。腹部近似梯形，白色或黄色。【习性】多生活于低矮灌草丛中。【分布】河北、山西、浙江、安徽、福建、山东、河南、湖北、湖南、广东、海南、四川、贵州、云南、甘肃、新疆、台湾；韩国、日本。

叶蟹蛛 *Thomisus lobosus*

【特征识别】雌蛛体长约8 mm。背甲长宽相当，白色，头区红棕色，后部褐色，有1对桨状斑位于背甲的亚外缘，后侧眼突起，呈角状。步足白色，第一、二对步足强壮，有褐色环纹，胫节与后跗节具刺。腹部白色，近似梯形，覆白毛，心脏斑位置有1个箭形花纹，背面外缘有3对褐色条斑。【习性】多生活于低矮灌草丛中。【分布】浙江；印度。

叶蟹蛛（雌蛛） 金永强 摄

叶蟹蛛（雌蛛） 金永强 摄

叶蟹蛛（雌蛛） 金永强 摄

冲绳蟹蛛 *Thomisus okinawensis*

【特征识别】雌蛛体长约7 mm。背甲长宽相当，白色，头区白色，有棕色线形花纹，后侧眼突起，呈角状，正前方呈"工"字形。步足半透明，第一、二对步足强壮，有白色环纹，胫节与后蹠节具刺。腹部白色，近似梯形，覆白毛。【习性】多生活于低矮灌草丛中。【分布】香港、台湾；日本、泰国、印度尼西亚、菲律宾。

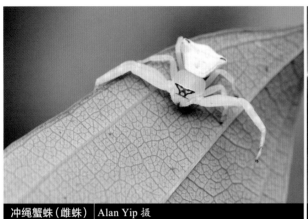

冲绳蟹蛛（雌蛛）｜Alan Yip 摄　　　冲绳蟹蛛（雌蛛）｜Alan Yip 摄

满蟹蛛 *Thomisus onustus*

【特征识别】雌蛛体长约7 mm。背甲长宽相当，黄色，有1条浅黄色宽纵纹贯穿背甲，后侧眼稍突起，呈现角状。步足黄色，具细毛，第一、二对步足强壮，胫节与后蹠节具刺。腹部黄色，近似梯形，肌痕5个，覆盖有细毛。【习性】多生活于低矮灌草丛中。【分布】河北、山西、内蒙古、吉林、浙江、河南、湖北、黑龙江、广东、四川、甘肃、新疆；古北区。

满蟹蛛（雌蛛）｜杨成 摄

眉县蟹蛛 *Thomisus* sp.1

【特征识别】雌蛛体长约6 mm。背甲长宽相当，白色，有1对绿色纵纹贯穿背甲，纵纹内有白色小瘤突，眼区黄色，后侧眼稍突起，呈角状。步足白色，跗节黄色，布细毛，第一、二对步足强壮，胫节与后跗节具刺。腹部白色，近似梯形，后部突出，腹侧外缘有红色条纹，覆盖有细毛。【习性】多生活于低矮灌草丛中。【分布】陕西。

褐斑蟹蛛 *Thomisus* sp.2

【特征识别】雌蛛体长约8 mm。背甲长宽相当，白色，两侧具红褐色纵条纹，头区具有红褐色横纹，后侧眼突起，呈角状。步足白色，第一、二对步足强壮，明显长于后2对，后3节有褐色环纹，胫节与后跗节具刺。腹部白色，近似梯形，中部具侧角，侧角背面具黑斑。【习性】多藏于花背面捕食。【分布】云南。

眉县蟹蛛（雌蛛）｜王吉申 摄　　眉县蟹蛛（雌蛛）｜王吉申 摄

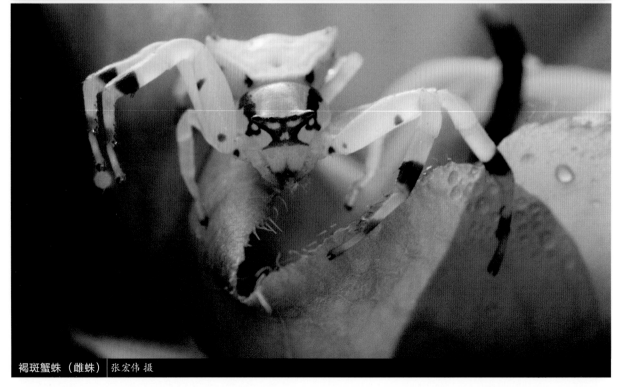

褐斑蟹蛛（雌蛛）｜张宏伟 摄

褐斑蟹蛛（雌蛛）｜张宏伟 摄

工形蟹蛛（雌蛛）｜雷波 摄

工形蟹蛛 *Thomisus* sp.3

【特征识别】雌蛛体长约7 mm。背甲白色，长宽相当，额区红色，头区具有红褐色横纹，后侧眼突起，呈角状，边缘黑色。步足白色半透明，第一、二对步足强壮，明显长于后2对步足，胫节、跗节和后跗节有白色环纹，其中胫节与后跗节具刺。腹部白色，近似梯形，中部具突起。【习性】多藏于花背面捕食。【分布】广东。

太白山蟹蛛 *Thomisus* sp.4

【特征识别】雌蛛体长约8 mm。背甲长宽相当，白色，有1对墨绿色纵纹贯穿背甲，纵纹内有白色小瘤突，眼区黄绿色。步足白色，跗节黄色，布细毛，第一、二对步足强壮，胫节与后跗节具刺。腹部白色，近似梯形，有1个巨大的"八"字形粉色斑纹。【习性】多生活于低矮灌草丛中。【分布】陕西。

香港蟹蛛 *Thomisus* sp.5

【特征识别】雌蛛体长约7 mm。背甲长宽相当，绿色，有1对褐色不规则纵纹贯穿背甲，眼区褐色。步足绿色，布细毛，第一、二对步足强壮，胫节与后跗节具刺。腹部绿色，近似梯形，背面中央两侧有突起，突起顶端黑色。【习性】多生活于低矮灌草丛中。【分布】香港。

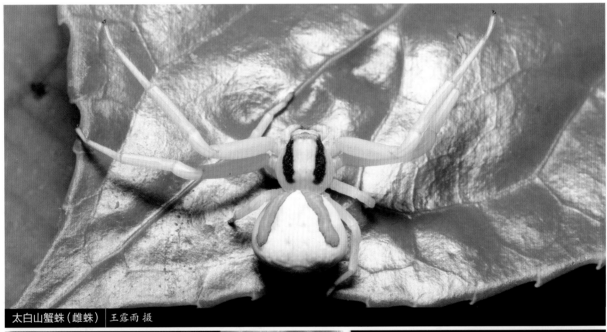

太白山蟹蛛（雌蛛）| 王露雨 摄

香港蟹蛛（雌蛛）| Alan Yip 摄

东方峭腹蛛（雄蛛） 寒枫 摄

东方峭腹蛛（雄蛛亚成体） 单子龙 摄

岭南峭腹蛛（雌蛛） 雷波 摄

岭南峭腹蛛（雄蛛亚成体） 雷波 摄

东方峭腹蛛 *Tmarus orientalis*

【特征识别】雄蛛体长4~5 mm。背甲灰色，具浅黑色斑，眼丘灰色。步足暗灰色，腿节具少量黑斑，其余各节具黑褐色斑及一些小突起。腹部灰白色，中部最宽，后端向背侧突出，背侧前端边缘弧形，中后端具3对"一"字斑，后端浅褐色。【习性】多生活于低矮灌草丛中。【分布】河北、山西、山东、河南、陕西；韩国。

岭南峭腹蛛 *Tmarus* sp.1

【特征识别】雄蛛体长4~5 mm。背甲暗褐色，眼丘棕黄色。步足浅灰色，具黑色斑点。腹部暗黄色，中后部最宽，后端稍尖，背侧具多个黑色斑点，黑斑周围呈黄白色，中后端的黑斑排列成行，后端具白色斑纹。雌蛛稍大于雄蛛，体色较雄蛛深，其于特征与雄蛛相似。【习性】多生活于低矮灌草丛中。【分布】广东。

南昆山峭腹蛛 *Tmarus* sp.2

【特征识别】雌蛛体长约6 mm。背甲暗褐色，眼丘灰色。步足浅灰色，多毛，具黑色斑点。腹部灰色，中后部最宽，有1个突起向上突出，后端稍尖，背侧具多个黑色斑点，后端具白色斑纹。【习性】多生活于低矮灌草丛中。【分布】广东。

南昆山峭腹蛛（雌蛛）｜雷波 摄

波纹花蟹蛛 *Xysticus croceus*

【特征识别】雄蛛体长3~7 mm。背甲黑色，中窝附近颜色较浅，眼区黄色。第一、二对步足基节、转节、腿节与膝节黑色，胫节与后跗节黄褐色具刺，后2对步足黄褐色，关节处黑色。腹部褐色，后半部较前半部宽，具白色横纹。雌蛛体长5~10 mm。背甲中央色泽较淡，两侧各有1条深棕色宽带，眼区黄色，颈沟及放射沟不明显。步足黄色，布黑色细毛，第一、二对步足强壮，胫节与后跗节具刺。腹部后半部较前半部宽，背面棕褐色，腹侧淡黄色。【习性】多生活于低矮灌草丛中。【分布】山西、浙江、安徽、福建、江西、山东、河南、湖北、湖南、广东、四川、贵州、云南、陕西、台湾；印度、尼泊尔、不丹、韩国、日本。

波纹花蟹蛛（雄蛛）｜王露雨 摄　　　　波纹花蟹蛛（雌蛛）｜王露雨 摄

埃氏花蟹蛛 *Xysticus emertoni*

【特征识别】雄蛛体长约6 mm。背甲黑色，头区至中窝有浅褐色宽纵纹，眼区黄色。步足黑色，胫节与后跗节具黄褐色纵纹且有刺。腹部黑色，后半部较前半部宽，具3条黄色横纹，腹侧浅褐色。雌蛛稍大于雄蛛，颜色较浅，其余特征与雄蛛相似。【习性】多生活于低矮灌草丛中。【分布】内蒙古、吉林、河南、新疆；斯洛伐克、加拿大、美国。

埃氏花蟹蛛（雄蛛）｜王露雨 摄

埃氏花蟹蛛（雌蛛）｜王露雨 摄

鞍形花蟹蛛 *Xysticus ephippiatus*

【特征识别】雄蛛体长5~7 mm。背甲暗灰黄色，两侧具黑斑，中窝明显，其前端具1条褐色纵斑，眼丘白色。胸区两侧边缘黑色。步足暗灰色，具许多黑色斑纹和斑点。腹部鞍形，背侧黄色，具黑色斑点，肌斑2对，中后端具1对较大的黑斑，黑色斑纹在两侧和后端形成黑色环纹，有些个体身体呈暗灰褐色，斑纹不甚明显。雌蛛稍大于雄蛛，颜色较浅，其余特征与雄蛛相似。有些雌蛛整体色暗。【习性】在草丛和落叶层间游猎。【分布】北京、天津、河北、山西、内蒙古、辽宁、吉林、江苏、浙江、安徽、江西、山东、河南、湖北、湖南、西藏、陕西、甘肃、新疆；韩国、日本、蒙古、俄罗斯、中亚。

鞍形花蟹蛛（母与子）│张巍巍 摄

鞍形花蟹蛛（雌蛛）│风之子 摄

鞍形花蟹蛛（雄蛛亚成体）│风之子 摄

赫氏花蟹蛛（雌蛛）｜陆天 摄

岛民花蟹蛛（雌蛛）｜王露雨 摄

赫氏花蟹蛛 *Xysticus hedini*

【特征识别】雌蛛体长约7 mm。背甲黄灰色，两侧具黑斑，中窝明显，眼丘黄色。步足褐色，具黑毛，有黄色环纹，第一、二对步足胫节与后跗节具黄褐色纵纹且有刺。腹部近梯形，背侧黄褐色，具黑色斑点，黑色斑纹在两侧和后端形成黑色环纹，腹侧浅褐色。【习性】多生活于低矮灌草丛中。【分布】河北、山西、内蒙古、辽宁、吉林、黑龙江、浙江、山东、河南、湖南、新疆；蒙古、韩国、日本、俄罗斯。

岛民花蟹蛛 *Xysticus insulicola*

【特征识别】雌蛛体长约7 mm。背甲中央上部色泽较淡，两侧各有1条不甚明显的棕色宽带，眼区黄色，颈沟及放射沟不明显。步足褐色，第一、二对步足强壮，胫节与后跗节具刺。腹部后半部较前半部宽，背面棕褐色，有2个"八"字形黄斑，心脏斑黄色，腹侧淡黄色。卵囊白色。【习性】多生活于低矮灌草丛中。【分布】内蒙古、辽宁、吉林、黑龙江、湖南；韩国、日本。

千岛花蟹蛛 *Xysticus kurilensis*

【特征识别】雄蛛体长约6 mm。背甲黑色，中窝附近颜色较浅，眼区橙黄色。第一、二对步足基节、转节、腿节与膝节黑色，胫节与后跗节黄色具刺，后2对步足黄褐色，有黑色斑点，关节处黑色。腹部黑色，后半部较前半部宽，前缘与侧缘白色，腹部中下部具1条白色横纹。【习性】多生活于低矮灌草丛中。【分布】浙江、福建、湖南、四川、贵州、甘肃；韩国、日本、俄罗斯。

条纹花蟹蛛 *Xysticus striatipes*

【特征识别】雌蛛体长约4 mm。背甲黄灰色，两侧具黑斑，中窝明显，上方至头区颜色较深。步足褐色，具黑毛，有黄色纵纹，第一、二对步足胫节与后跗节具黄褐色纵纹且有刺。腹部浅棕色，近梯形，两侧具棕色斑，外缘具黑色斑点，心脏斑色浅。【习性】多生活于低矮灌草丛中。【分布】河北、山西、内蒙古、黑龙江、河南、四川、甘肃、宁夏、新疆；古北区。

蹄形扎蟹蛛 *Zametopina calceata*

【特征识别】雌蛛体长2~3 mm。背甲亮黑色，球形。步足具稀疏长毛，第一步足全黑，后3对步足腿节具大面积半透明黄色环纹，其余各节黑色。腹部呈球形，背面黑色，具稀疏长毛，中部有1对白色横纹，前具7个白色小斑，肌痕稍明显。【习性】多生活于低矮灌草丛中。【分布】云南。

千岛花蟹蛛（雄蛛）｜王露雨 摄

条纹花蟹蛛（雌蛛）｜王露雨 摄

蹄形扎蟹蛛（雌蛛）｜雷波 摄

隐石蛛科

TITANOECIDAE

英文名Rock weavers，源于其中有些物种会在岩石间结漏斗状乱网。台湾称其为崖地蛛科。

隐石蛛与漏斗蛛和暗蛛体型相似，但体色为单一的暗灰或黑褐色。本科为小到中型蜘蛛，体长3~12 mm。背甲近似矩形，前缘平直，中窝浅，8眼2列，稍前凹，后眼列宽于前眼列，后列眼具舟状色素层。螯肢前后齿堤均具2~3齿。步足末端具3爪，第四步足后跗节具长的栉器。腹部卵圆形，有分隔筛器。雄蛛触肢器复杂，胫节内侧和外侧具复杂的突起。外雌器腹面通常具有一对裂缝状的交配孔，纳精囊呈球形。

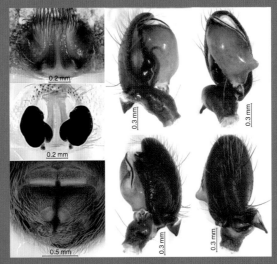

白斑隐蛛 *Nurscia albofasciata*

大部分种类分布于欧洲、亚洲和美洲地区，少数种类分布于非洲、马达加斯加和新几内亚地区，全部为有筛器类。古北区多生活于石块下，热带区多生活于洞穴中、树皮下和落叶层中。

本科目前全世界已知5属53种，中国已知3属17种。

白斑隐蛛 *Nurscia albofasciata*

【特征识别】雄蛛体长5~7 mm。背甲黑色，头区隆起，有黄色毛。步足色暗，密被短毛，基节、转节和腿节黑色，其余各节红褐色。腹部黑色，前缘有1对大白斑，腹中至腹部末端有4对白斑，后2对白斑愈合，形成2个白色横纹。【习性】在石块间结乱网。【分布】北京、河北、辽宁、吉林、浙江、山东、河南、湖北、湖南、广东、四川、台湾；韩国、日本、俄罗斯。

白斑隐蛛（雄蛛）　汤亮 摄

白斑隐蛛（雄蛛）　李若行 摄

版纳曲隐蛛 *Pandava* sp.

【特征识别】雄蛛体长约5 mm。背甲亮褐色，头区隆起，有长毛。步足浅褐色，密被短毛。腹部褐色，心脏斑色稍深，腹侧分布有不规则浅褐色斑纹，末端灰色。雌蛛体长约7 mm。背甲灰色，头区隆起，有长毛。步足浅灰色，密被短毛，腿节色深，其余各节色浅。腹部褐色，心脏斑色深，腹侧分布有不规则浅褐色斑纹，末端灰色。【习性】生活于落叶层中和树皮下。【分布】云南。

版纳曲隐蛛（雌蛛）　黄贵强 摄

版纳曲隐蛛（雄蛛）　黄贵强 摄

异隐石蛛 *Titanoeca asimilis*

【特征识别】雌蛛体长约5 mm。背甲褐色,头区隆起,有长毛。步足褐色,密被短毛。腹部灰褐色,卵形。卵囊黄色。【习性】生活于石块下。【分布】四川、山西、西藏、青海;蒙古、俄罗斯。

申氏隐石蛛 *Titanoeca schineri*

【特征识别】雄蛛体长约10 mm。背甲红褐色,较圆,头区隆起,色深。步足红褐色,后3节色深,除腿节外其余各节均密被短毛。腹部黑色,密布短毛,中央有1对白斑。雌蛛体长约12 mm。背甲红褐色。步足灰褐色,密被毛。腹部卵圆形,背面灰黑色,密被短绒毛,无斑纹。【习性】生活于石块下。【分布】新疆;古北区。

异隐石蛛(雌蛛和孵化的幼蛛) 杨自忠 摄

申氏隐石蛛(雄蛛) 王露雨 摄

申氏隐石蛛（雌蛛） | 王露雨 摄

太白山隐石蛛（雄蛛亚成体） | 王露雨 摄

太白山隐石蛛 *Titanoeca* sp.

　　【特征识别】雄蛛体长约6 mm。背甲黑色，头区隆起，密被短毛。步足黑色，被短毛。腹部黑色卵形，多毛，中央有1个灰白色"八"字形斑。【习性】在石块和落叶层中结乱网。【分布】陕西。

管蛛科

TRACHELIDAE

管蛛科之前一直作为圆颚蛛科Corinnidae的1个亚科, Ramírez (2014) 把它提升为科。

管蛛体小到中型, 体长3~7 mm。背甲亮橙褐色至暗红色, 背面观卵圆形, 背甲有时具有细小的几丁质突起颗粒或缺刻。头区隆起, 侧缘不凹陷。颈沟与后眼列之间最高; 中窝浅, 较清晰。眼中等大小, 几乎相等, 前眼列稍后凹。颚叶宽大于长。胸板红褐色, 密布细小颗粒突起。步足无刺, 具疣突, 前2对步足较为粗壮, 爪具毛簇。腹部卵圆形, 黄褐色至暗灰色, 有或无背盾。管蛛常生活于地表枯枝落叶层中。

本科目前全世界已知16属208种, 主要分布于非洲、南美、东亚、南亚等地。中国目前已知4属 (彩蛛属Cetonana、管蛛属Trachelas、侧管蛛属Paratrachelas和突头蛛属Utivarachna) 13种。张锋等对管蛛进行了分类研究。

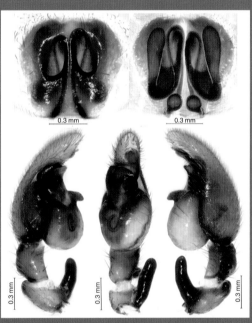

中华管蛛 *Trachelas sinensis*

高山管蛛 *Trachelas alticolus*

【特征识别】雌蛛体长约5 mm。背甲圆形，红褐色，背面密布细小突起，两侧可见不明显的黑色条纹。步足黄色且粗壮，分节明显，具黑色横纹。腹部椭圆形，灰褐色，背面具黑色横纹，心脏斑颜色较深。【习性】生活于落叶层中。【分布】云南、西藏。

高黎贡山管蛛 *Trachelas gaoligongensis*

【特征识别】雌蛛体长约4 mm。背甲圆形，深红褐色，背面密布细小突起，两侧可见不明显的黑色条纹。步足黄褐色且粗壮，具黑色横纹。腹部椭圆形，浅黄褐色，背面具青黑色横纹，心脏斑颜色较深，与周围横纹相连。【习性】生活于落叶层中。【分布】云南。

高山管蛛（雌蛛） 杨自忠 摄

高黎贡山管蛛（雌蛛） 王露雨 摄

中华管蛛 *Trachelas sinensis*

【特征识别】雌蛛体长约4 mm。背甲圆形，浅红褐色，密布细小突起。步足黄色且粗壮，具浅黑色横纹。腹部椭圆形，黄褐色，背面具青黑色横纹，心脏斑颜色较深，与周围横纹相连。【习性】生活于落叶层中。【分布】江西、湖北、贵州。

朱氏管蛛 *Trachelas zhui*

【特征识别】雌蛛体长约3 mm。背甲圆形，浅褐色，具浅青色斑纹，眼区红褐色。步足浅褐色，具浅黑色横纹。腹部椭圆形，黄褐色，背面具青黑色横纹，心脏斑颜色较深，与周围横纹相连。【习性】生活于落叶层中。【分布】贵州。

中华管蛛（雌蛛）　王露雨 摄

朱氏管蛛（雌蛛）　王露雨 摄

豆突头蛛 *Utivarachna fabaria*

【特征识别】雌蛛体长约4 mm。背甲圆形，深红褐色，头区隆起，密布缺刻。步足红褐色，较光亮。腹部椭圆形，红褐色，无斑纹，心脏斑不明显，肌痕明显。【习性】生活于落叶层中。【分布】云南。

豆突头蛛（雌蛛）李宗煦 摄

宽突头蛛 *Utivarachna lata*

【特征识别】雌蛛体长约5 mm。背甲圆形，黑褐色，头区隆起，后中眼白色，其余眼黑色。背甲密布细小缺刻。步足红褐色，较光亮，每节末端颜色变浅。腹部椭圆形，灰红褐色，无斑纹，心脏斑不明显，肌痕明显。【习性】生活于落叶层中。【分布】贵州、重庆。

宽突头蛛（雌蛛）王露雨 摄

转蛛科

TROCHANTERIIDAE

英文名Scorpion spiders，本科蜘蛛中有些类群在静息时腿部向腹部折叠类似蝎子，英文名也由此而来。

转蛛体小至中型，体长4~9 mm，具8眼，眼式为4-4，眼列平直。步足的转节较长，与其他科的蜘蛛差异较大，可以借此区分，科名也由此而来。身体极扁，常生活于树皮下以及砖缝残瓦之间，在老房子中常常会见到。背甲极扁，长大于宽，第二、三对步足间为最宽处。胸板长大于宽，下唇前缘膨大且增厚。8眼呈4-4式排列，2个眼列均强烈后曲，后眼列长于前眼列，眼列几乎平直。后中眼较扁，除后中眼外，所有眼均有黑色素。螯肢膨大，基部收缩，向两侧伸出。有长且弯曲的螯牙。下唇长宽相等，额叶狭窄，相互靠近。腹部极扁，卵圆形。

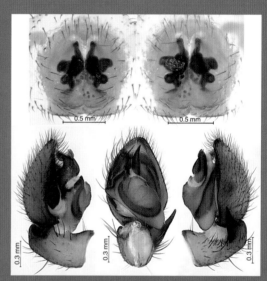

齿状扁蛛 *Plator serratus*

本科目前全世界已知19属153种，主要分布在澳大利亚，全世界超过90%的种类由N. I. Platnick所研究。中国仅分布扁蛛属*Plator* 1属8种，朱明生（2006）对中国的6种扁蛛进行了修订。

波密扁蛛 *Plator bowo*

【特征识别】雌蛛体长约6 mm。背甲红色，头区颜色较深，中窝较浅，放射沟明显。步足红褐色，后2对步足颜色较深，第一步足具壮刺。腹部卵圆形，极扁，褐色，密布绒毛，中央具嵴，腹部末端颜色加深。【习性】在树皮下和石缝中游猎捕食。【分布】四川、西藏。

珍奇扁蛛 *Plator insolens*

【特征识别】雄蛛体长约7 mm。背甲红色，头区颜色较深，中窝较浅，放射沟明显。步足红褐色，后2对步足颜色较深，第一步足具壮刺。腹部卵圆形，极扁，浅褐色，密布绒毛，中央具嵴，颜色较深，腹部末端颜色加深。【习性】在树皮下和石缝中游猎捕食。【分布】北京、天津、山西、河北、江苏、辽宁。

波密扁蛛（雌蛛）｜陆天 摄

珍奇扁蛛（雌蛛）｜倪一农 摄

翼形扁蛛 *Plator pennatus*

【特征识别】雌蛛体长约8 mm。背甲红色，头区颜色较深，中窝较浅，放射沟明显，外缘色深。步足红褐色，膝节、胫节、后跗节与跗节黑褐色，后2对步足黑褐色区域颜色较深，第一步足具壮刺。腹部卵圆形，极扁，褐色，密布绒毛，中央具嵴，腹部末端颜色加深。【习性】在树皮下和石缝中游猎捕食。【分布】四川、西藏。

齿状扁蛛 *Plator serratus*

【特征识别】雄蛛体长约8 mm。背甲红色，头区颜色较深，中窝较浅，放射沟明显。步足红褐色，后2对步足颜色较深，第一步足具壮刺。腹部卵圆形，极扁，褐色，密布绒毛，中央具嵴，腹部末端颜色加深。雌蛛稍大于雄蛛，其余特征与雄蛛相似。【习性】在树皮下和石缝中游猎捕食。【分布】四川、重庆。

翼形扁蛛（雌蛛）｜严莹 摄

齿状扁蛛（雌蛛）｜王露雨 摄

齿状扁蛛（雄蛛）│王露雨 摄

中华扁蛛（雌蛛）│余锟 摄

巨扁蛛（雌蛛）│陆天 摄

中华扁蛛 *Plator sinicus*

【特征识别】雌蛛体长约7 mm。背甲红色，头区颜色较深，中窝较浅，放射沟明显。步足红褐色，膝节、胫节、后跗节与跗节黑褐色，后2对步足黑褐色区域颜色较深，第一步足具壮刺。腹部卵圆形，极扁，浅褐色，密布绒毛，中央具嵴，颜色较深，腹部末端颜色加深。【习性】在树皮下和石缝中游猎捕食。【分布】山东、陕西、北京、天津。

巨扁蛛 *Plator* sp.

【特征识别】雌蛛体长约14 mm。背甲红色，头区颜色较深，中窝较浅，放射沟明显。步足红褐色，膝节、胫节、后跗节与跗节黑褐色，后2对步足黑褐色区域颜色较深，第一步足具壮刺。腹部卵圆形，极扁，褐色，密布绒毛，中央具嵴，腹部末端颜色加深。【习性】在树皮下和石缝中游猎捕食。【分布】四川。

妩蛛科

ULOBORIDAE

英文名Hackled-orb web spiders、Triangle-web spiders或Single-line web spiders。台湾称之为涡蛛科。

妩蛛体小到中型,体长3~10 mm,属圆网蛛类。8眼2列,排列成4-4式。有未分隔筛器和栉器,雄蛛栉器退化。背甲形状属间差异明显,如长妩蛛属*Miagrammopes*背甲近方形。多数种类结水平圆网,网上通常具匿带,因此亦被称为Hackled-orb Web Spiders。有的属则织简化圆网,如扇妩蛛*Hyptiotes*结三角网。在繁殖季节,雌蛛将卵囊悬于网上,自己躲在一侧或悬于卵囊上方。与其他蜘蛛不同的是本科蜘蛛无毒腺。

本科世界性分布,全世界目前已知18属281种,中国已知6属48种。董少杰和朱明生等(2005)对中国大部分妩蛛进行了修订。

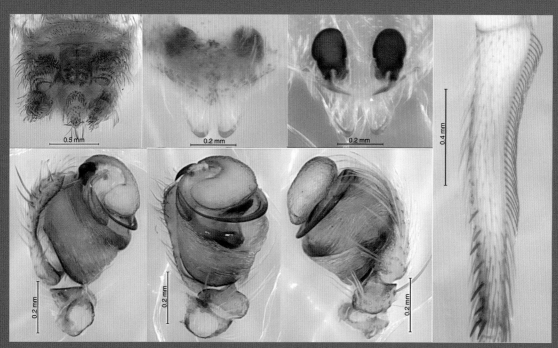

广西妩蛛 *Uloborus guangxiensis*

椭圆长妩蛛 *Miagrammopes oblongus*

【特征识别】雌蛛体长5~6 mm。背甲绿色,近似方形。步足绿色,第二步足最长,胫节、后跗节和跗节被金色毛,后跗节金色,多羽状毛。腹部筒形,绿色,有金色短毛。【习性】在叶间结1根丝,在丝上待捕食。【分布】中国台湾;日本。

椭圆长妩蛛(雌蛛幼体) 林义祥 摄

东方长妩蛛 *Miagrammopes orientalis*

【特征识别】雄蛛体长约5 mm。背甲褐色,近似方形。步足褐色,后跗节和跗节被长毛,第二步足长且粗壮,第三步足最短,第四步足跗节上多毛。腹部筒形,褐色,前端向前伸长,盖住一部分头胸部,末端向上突起。雌蛛稍大于雄蛛,其余特征与雄蛛相似。【习性】在叶间结1根丝,在丝上待捕食。【分布】山西、浙江、河南、湖南、台湾、广东;韩国、日本。

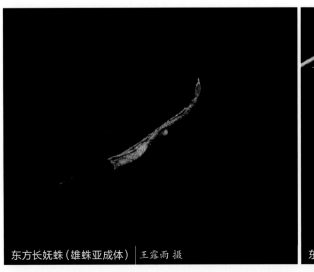

东方长妩蛛(雄蛛亚成体) 王露雨 摄

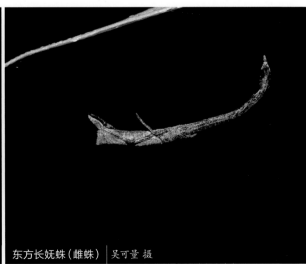

东方长妩蛛(雌蛛) 吴可量 摄

拟东方长妖蛛 *Miagrammopes paraorientalis*

【特征识别】雄蛛体长约6 mm。背甲褐色，近似方形。步足褐色，后跗节和跗节被长毛，第二步足长且粗壮，第三步足最短，第四步足跗节上多毛。腹部筒形，褐色，有6对黑斑，盖住一部分头胸部，腹部末端向上突起。雌蛛稍大于雄蛛，其余特征与雄蛛相似。【习性】在叶间结1根丝，在丝上待捕食。【分布】广西、广东。

拟东方长妖蛛（雌蛛）｜雷波 摄

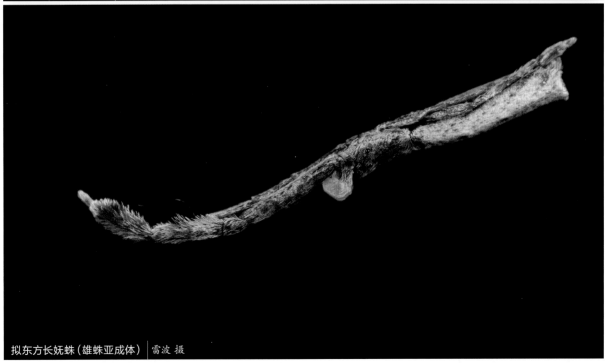

拟东方长妖蛛（雄蛛亚成体）｜雷波 摄

变异涡蛛 *Octonoba varians*

【特征识别】雌蛛体长约3 mm。背甲黑色，被金色毛，中央有1条白色纵纹，外缘白色，头区黄色。步足褐色，有白毛和半透明浅灰色环纹，第一步足最长。腹部灰褐色，多毛，背面有3对白斑，心脏斑灰色，两旁有白色纵条纹，腹侧有白斑。卵囊褐色，纺锤形。【习性】在树枝间结圆网，网中央有旋涡状丝带。【分布】山西、浙江、湖南、四川、台湾；韩国、日本。

变异涡蛛（雌蛛）│ 林义祥 摄

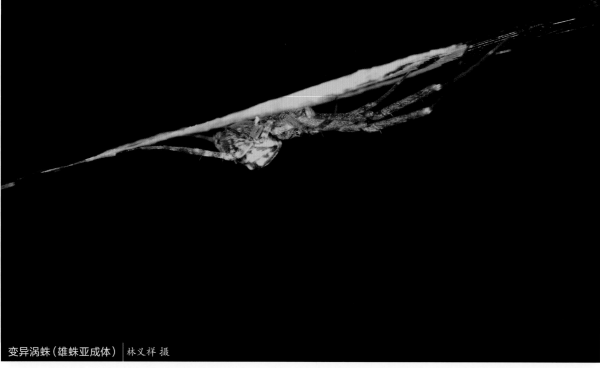

变异涡蛛（雄蛛亚成体）│ 林义祥 摄

变异涡蛛（雄蛛亚成体和蛛网） 林义祥 摄

崇左涡蛛（雌蛛） 凌瀚琨 摄

崇左涡蛛 *Octonoba* sp.1

　　【特征识别】雌蛛体长约5 mm。背甲黑色，外缘白色。步足褐色，有白毛和半透明浅灰色环纹，跗节灰色，第一步足最长。腹部灰褐色，多毛，有白色条纹，腹面有1个黑色漏斗状纹。卵囊褐色，纺锤形。【习性】生活于洞穴，结圆网，网中央有旋涡状丝带。【分布】广西。

双肩涡蛛 *Octonoba* sp.2

【特征识别】雌蛛体长约5 mm。背甲褐色,被白色毛。步足灰褐色,有白毛和半透明浅灰色环纹,第一步足最长。腹部黄褐色,多毛,背面近中部具一对角突,突起后方有3对黄色长毛形成的斑点,多刺。【习性】在树枝间结圆网,网中央有旋涡状丝带。【分布】广东。

银瓶山涡蛛 *Octonoba* sp.3

【特征识别】雌蛛体长约4 mm。背甲黑色,中央有1条白色毛组成的纵纹,外缘白色。除第一步足胫节、膝节、腿节、转节和基节为黑色外,其余部分和后3对步足为白色,第一步足最长。腹部褐色多毛,背面有1对肩角突起,突起后侧方为白色。【习性】在树枝间结圆网,网中央有旋涡状丝带。【分布】广东。

双肩涡蛛(雌蛛) 雷波 摄

银瓶山涡蛛(雌蛛) 雷波 摄

翼喜妖蛛 *Philoponella alata*

　　【特征识别】雄蛛体长约4 mm。背甲橙色，被白色毛，头区偏白色。步足橙褐色，覆有白色细毛，末端偏橙色，第一步足最长。腹部筒状，橙色多毛，末端黑色。雌蛛体长约5 mm。背甲橙褐色，外缘白色，被白色短毛，头区橙色。步足橙褐色，覆有白色细毛，第一步足最长。腹部筒状，橙色，背面有3条白色纵纹。卵囊牙签形，细长，长度约为雌蛛体长的6倍。【习性】大量蜘蛛聚集于低矮灌丛上结可达数米的乱网，集群捕食。【分布】云南。

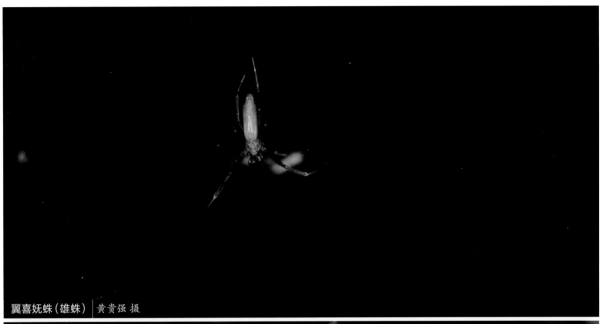

翼喜妖蛛（雄蛛）｜黄贵强 摄

翼喜妖蛛（社会性）｜陈建 摄

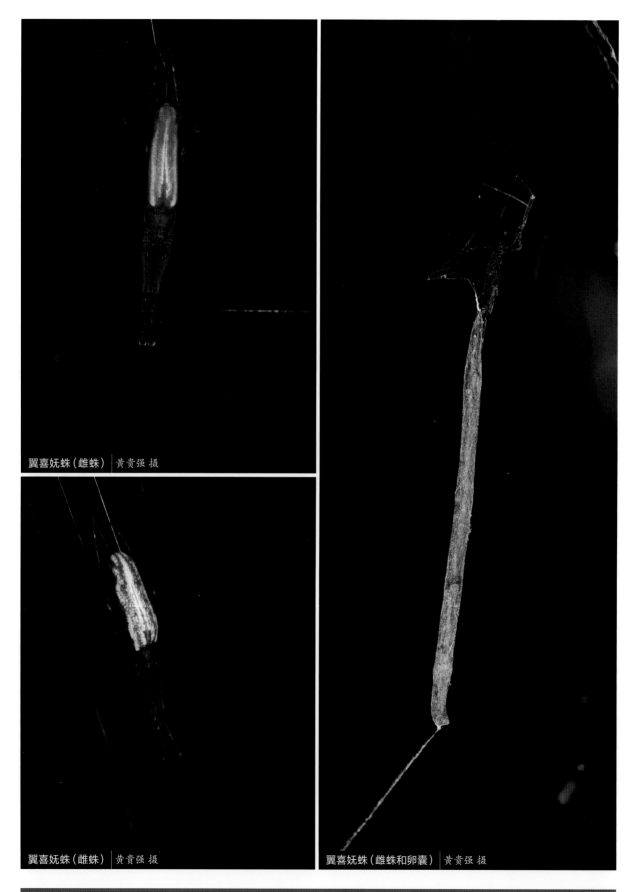

翼喜妩蛛（雌蛛）｜黄贵强 摄

翼喜妩蛛（雌蛛）｜黄贵强 摄

翼喜妩蛛（雌蛛和卵囊）｜黄贵强 摄

鼻状喜妩蛛 *Philoponella nasuta*

【特征识别】雄蛛体长约3 mm。背甲黑色，被白色密毛。步足橙色，覆有白毛，第一步足最长，上有长毛。腹部卵圆形，多毛，有白斑。雌蛛体长约4 mm。背甲黑色，被白色密毛。步足灰褐色，覆有白毛，有黑色和白色环纹，腿节上有长毛，第一步足最长。腹部卵圆形，背面两侧具角突。【习性】在树枝间结小型圆网。【分布】浙江、湖南、四川、贵州；缅甸。

鼻状喜妩蛛（雌蛛）| 王露雨 摄

鼻状喜妩蛛（雌蛛和卵囊）| 张志升 摄

鼻状喜妩蛛（雄蛛）| 张志升 摄

鼻状喜妩蛛（雌蛛）| 王露雨 摄

广西妩蛛 *Uloborus guangxiensis*

【特征识别】雄蛛体长约3 mm。背甲褐色,被白色毛。步足黄褐色,有白毛和半透明浅灰色环纹,胫节多毛,第一步足最长。腹部黄褐色,多毛,背面有1对肩角突起,突起后方有3对黄色长毛形成的斑点。雌蛛稍大于雄蛛,其余特征与雄蛛相似。【习性】多在房屋内结圆网,网中央有不规则圆形丝带,多在此处等待猎物。【分布】广东、重庆、广西、海南、四川、云南。

广西妩蛛(雌蛛) 张志升 摄

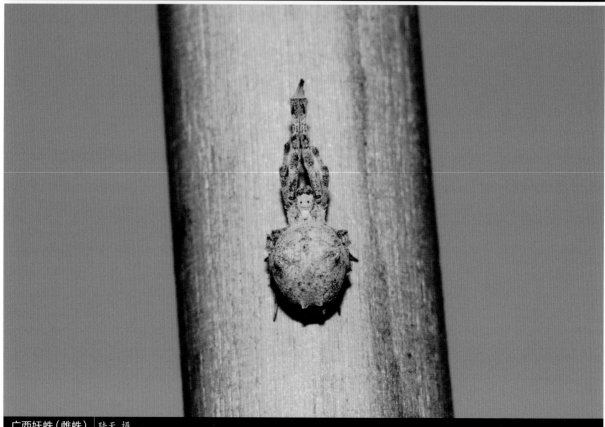

广西妩蛛(雌蛛) 陆天 摄

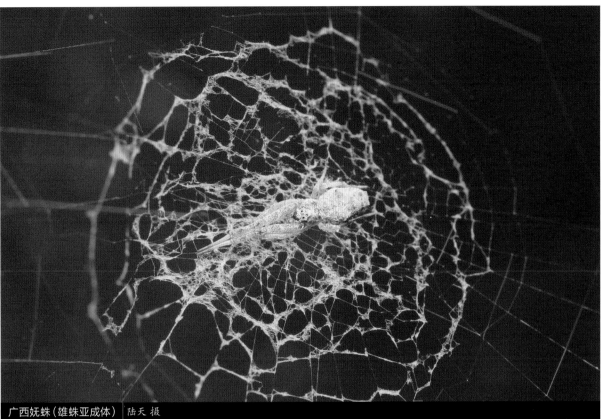

广西妖蛛（雄蛛亚成体）陆天 摄

广西妖蛛（雌蛛）黄贵强 摄

类细毛妩蛛 *Uloborus penicillatoides*

【特征识别】雌蛛体长约4 mm。背甲褐色，被白色毛，中央有1条白色纵斑。步足灰褐色，有白毛和半透明浅灰色环纹，第一步足最长。腹部黄褐色，多毛，背面有1对肩角，上有黄色毛簇，腹部腹面有1个黑色大斑。【习性】多在灌木间结扇形圆网。【分布】湖南、台湾。

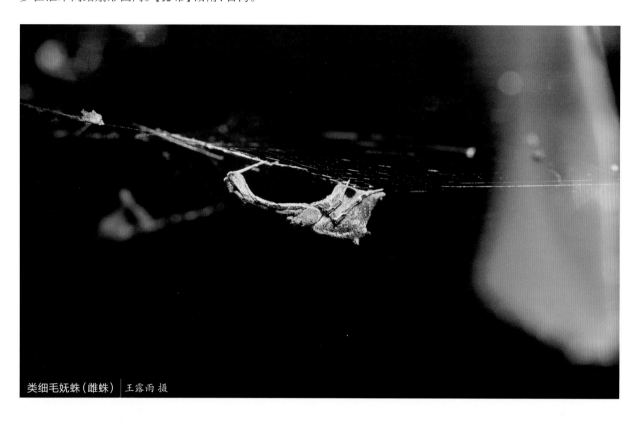

类细毛妩蛛（雌蛛）│王露雨 摄

台湾妩蛛 *Uloborus* sp.

【特征识别】雌蛛体长约5 mm。背甲褐色，被蓝色毛，中央有1条白色纵斑。步足褐色，胫节多毛，第一步足长且壮。腹部褐色，多毛，背面有1对肩角，上有黄色毛簇，心脏斑色暗，旁有1对白色纵条纹。【习性】多在灌木间结小型圆网。【分布】台湾。

台湾妩蛛（雌蛛）│林义祥 摄

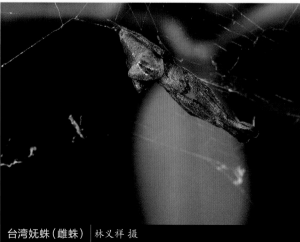

台湾妩蛛（雌蛛）│林义祥 摄

结突腰妖蛛 *Zosis geniculata*

【特征识别】雌蛛体长约6 mm。背甲褐色，被白色密毛，头区白色。步足灰褐色，覆有白毛，有黑色斑和浅灰色环纹，第一步足最长。腹部卵圆形，灰色多毛，背面有5对白斑，心脏斑色暗。【习性】在树枝间结小型圆网，网上具丝带。【分布】福建、云南、台湾；泛热带区。

结突腰妖蛛（雌蛛）｜林义祥 摄

结突腰妖蛛（雌蛛）｜林义祥 摄

拟平腹蛛科

ZODARIIDAE

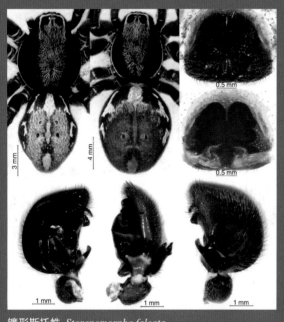

镰形斯托蛛 *Storenomorpha falcata*

英文名Burrowing spiders，源于有些种类会挖洞。本科蜘蛛还有一大特征是其中的许多种类仅以蚂蚁为食，故另外一个英文名为Ant-eating spiders。例如分布在欧洲和新北区的 *Zodarion rubidium*，演化出了腺体，用其分泌物来吸引蚂蚁。台湾称为法师蛛科。

拟平腹微小到大型，体长2~21 mm。头区隆起圆滑，具有8眼，少数种类有6眼，眼式一般3列呈2-4-2、2-2-4或2列呈4-4排列。步足末端具3爪，少数如 *Hermippus* sp. 却有2爪。

本科蜘蛛行踪隐秘，夜行性。在热带和亚热带地区分布较多，少数种类分布在古北区。全球目前已知84属1 123种，中国已知9属44种。

版纳宽距蛛 *Euryeidon* sp.

【特征识别】雄蛛体长约10 mm。背甲亮黑色，无明显斑纹，头区隆起，钝圆，有白色短毛，侧眼远离中眼域。步足红褐色，密被短毛，关节处色浅。腹部黑色，被白毛，较硬，后部有1个灰色倒三角斑。【习性】生活于落叶层中，喜夜行。【分布】云南。

版纳宽距蛛（雄蛛）　黄贵强 摄

长圆螺蛛 *Heliconilla oblonga*

【特征识别】雄蛛体长约11 mm。背甲黑色，中央有1条隐约可见的黄色纵斑，头区隆起，钝圆。步足较短，腿节黑色，胫节、后跗节和跗节红褐色，密被短毛。腹部黑色，被毛，有1条黄褐色纵纹贯穿腹部，纵条纹中有黑色细横纹。【习性】喜夜行。【分布】广西、海南、云南；泰国。

长圆螺蛛（雄蛛）　吴可量 摄

长圆螺蛛（雄蛛）　吴可量 摄

天堂赫拉蛛 *Heradion paradiseum*

【特征识别】雄蛛体长约7 mm。背甲亮红色，头区隆起，钝圆，光滑，几乎无毛。步足黄褐色，有稀疏短毛，腿节、转节和基节色深，呈深红色。腹部黑色，被稀疏白毛，有5对黄褐色斑，腹侧黄褐色。【习性】生活于落叶层中。【分布】云南；越南。

二叉马利蛛 *Mallinella bifurcata*

【特征识别】雄蛛体长约9 mm。背甲暗黑色，头区稍隆起，钝圆，覆有短白毛。步足红褐色，有稀疏短毛，腿节、转节和基节色深，呈深红色。腹部黑色，被稀疏白毛，有2对黄色"八"字形斑和2个黄色横斑，腹侧黑色。雌蛛体长约10 mm。步足除腿节红褐色之外，其余各节褐色。其余特征与雄蛛相似。【习性】生活于落叶层中。【分布】云南。

天堂赫拉蛛（雄蛛）　黄贵强 摄

二叉马利蛛（雌蛛）　杨自忠 摄

二叉马利蛛（雄蛛）　杨自忠 摄

船形马利蛛 *Mallinella cymbiforma*

【特征识别】雌蛛体长约8 mm。背甲黑色，头区稍隆起，钝圆，光滑，覆有稀疏短毛。步足褐色，有稀疏短毛，腿节色深，为黑色，膝节和胫节浅褐色。腹部黑色，被稀疏白毛，有2对黄色"八"字形大斑和2个黄色横斑，末端黄色，腹侧黑色。【习性】生活于落叶层中，喜夜行。【分布】贵州、云南。

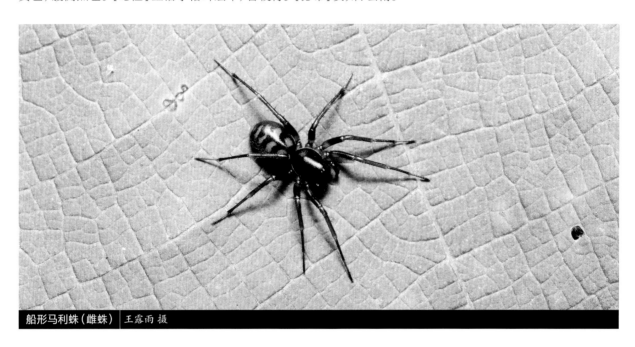

船形马利蛛（雌蛛）｜王露雨 摄

指形马利蛛 *Mallinella digitata*

【特征识别】雄蛛体长约9 mm。背甲暗黑色，头区稍隆起，钝圆，覆有短白毛。步足红褐色，有稀疏短毛，腿节、转节和基节色深，呈黑色，其余各节红色，有壮刺。腹部黑色，被稀疏白毛，有硬壳，硬壳下部有2个黄色横斑，腹部末端黄色，腹侧黑色。雌蛛体长约10 mm。腿节色深，为黑色，膝节和胫节浅褐色。腹部黑色，被稀疏白毛，有4对黄色"八"字形斑，末端黄色，腹侧黑色。其余特征和雄蛛类似。【习性】生活于落叶层中。【分布】云南、海南、广东。

指形马利蛛（雄蛛）｜吴可量 摄

指形马利蛛（雌蛛） 吴可量 摄

指形马利蛛（雄蛛） 陆天 摄

朱氏马利蛛 *Mallinella zhui*

【特征识别】雄蛛体长约9 mm。背甲褐色，头区稍隆起，钝圆，覆有稀疏短白毛。步足腿节色深，为深褐色，其余各节色浅。腹部黑色，被稀疏白毛，有3对黄色"八"字形斑，中间黄斑最大，其余2对黄斑较小。【习性】生活于落叶层中。【分布】广西、四川、贵州。

光头马利蛛 *Mallinella* sp.1

【特征识别】雌蛛体长约9 mm。背甲墨绿色，头区稍隆起，钝圆，覆有稀疏短白毛。步足具壮刺，腿节色深，为深墨绿色，其余各节色浅，关节处颜色更浅。腹部红褐色，被稀疏白毛，有4对黄斑。【习性】多生活于落叶层中。【分布】广东。

朱氏马利蛛（雄蛛亚成体）｜林业杰 摄

光头马利蛛（雌蛛）｜雷波 摄

版纳马利蛛（雌蛛）｜黄贵强 摄

版纳马利蛛 *Mallinella* sp.2

【特征识别】雌蛛体长约7 mm。背甲黑色，头区稍隆起，钝圆，覆有稀疏短白毛。步足具壮刺，腿节色深，褐色，基部黄色，膝节和胫节深黄色，后跗节和跗节深褐色，关节处颜色浅。腹部黑色，被稀疏白毛，有5个"八"字形黄斑，第一个黄斑最大，腹部末端黄色。【习性】生活于落叶层中，喜夜行。【分布】云南。

阿氏斯托蛛 *Storenomorpha arboccoae*

【特征识别】雄蛛体长约13 mm。背甲黑色，头区稍隆起，钝圆，覆有稀疏短白毛，外缘白色，有1条白色宽纵纹从背甲前端延伸至末端。步足粗，覆盖有白毛，除基节、转节和腿节黑色之外，其余各节红褐色。腹部黑色，被白毛，外缘白色，背面有1条白色纵纹从前端延伸至末端，末端变细，纵纹后方有1个近方形大白斑。纺器红褐色。【习性】在低矮灌丛中游猎捕食。【分布】广西；缅甸。

阿氏斯托蛛（雄蛛） 廖东添 摄

阿氏斯托蛛（雄蛛） 廖东添 摄

德江斯托蛛 *Storenomorpha dejiangensis*

【特征识别】雄蛛体长约13 mm。背甲黑色，头区稍隆起，钝圆，覆有稀疏短白毛，有1条白色宽纵纹从背甲前端延伸至末端。步足粗，覆盖有白毛，除腿节为黑色且有黄环纹外，其余各节红褐色，有黑色环纹。腹部褐色，密被白毛，外缘白色，背面有1条白色纵纹从前端延伸至末端，末端变细，纵纹后方有1个三角形大白斑，腹侧黑色。纺器红褐色。雌蛛体长约15 mm。其余特征与雄蛛相似。【习性】在低矮灌丛中游猎捕食。【分布】贵州、云南。

德江斯托蛛（雄蛛）｜陈会名 摄

德江斯托蛛（雌蛛）｜张宏伟 摄

镰形斯托蛛 *Storenomorpha falcata*

【特征识别】雄蛛体长约12 mm。背甲黑色，头区稍隆起，钝圆，覆有稀疏短白毛，外缘白色，有1条白色宽纵纹从背甲前端延伸至末端。步足粗，覆盖有白毛，除腿节为黑色外，其余各节红褐色，关节处有黄色环纹。腹部灰色，密被白毛，外缘具4对白点，背面有1条白色纵纹从前端延伸至中部，纵纹后方有1个纺锤形大白斑延伸至腹部末端，腹侧黑色。雌蛛体长约14 mm。其余特征与雄蛛相似。【习性】在低矮灌丛中游猎捕食。【分布】广西。

镰形斯托蛛（交配）| 金池 摄

云南斯托蛛 *Storenomorpha yunnan*

【特征识别】雌蛛体长约14 mm。背甲红色,头区稍隆起,外缘黄色,有1条黄色宽纵纹从背甲前端延伸至末端。步足粗,覆盖有白毛,红褐色,有黄色环纹。腹部黑色,密被白毛,外缘具黄色断纹,背面有1条纵纹从前端至中后部,纵纹后方有1个倒三角形大黄褐色斑,腹侧黑色。【习性】在低矮灌丛中游猎捕食。【分布】云南。

梵净山斯托蛛 *Storenomorpha* sp.

【特征识别】雄蛛体长约12 mm。背甲黑色,头区稍隆起,有1对黑斑,钝圆,覆有稀疏短白毛,外缘黄色,有1条黄色宽纵纹从背甲前端延伸至末端。步足粗,覆盖有白毛,褐色。腹部灰色,密被白毛,外缘具3对白斑,背面有1条纵纹从前端延伸至中部,纵纹后方有1个倒三角形大白斑,腹侧黑色。雌蛛体长约14 mm。其余特征与雄蛛相似。【习性】在低矮灌丛中游猎捕食,夜行性。【分布】贵州。

秃头拟平腹蛛 *Zodariidae* sp.1

【特征识别】雌蛛体长约12 mm。背甲黑色,头区稍隆起,钝圆,覆有短白毛。步足黑色具壮刺。腹部卵形,暗红色,被浓密白毛。【习性】多生活于落叶层上。【分布】广东。

云南斯托蛛(雌蛛幼体) 侯勉 摄

梵净山斯托蛛（雌蛛） 王露雨 摄

梵净山斯托蛛（雄蛛） 王露雨 摄

秃头拟平腹蛛（雌蛛） 雷波 摄

秃头拟平腹蛛（雌蛛）　雷波 摄

红腹拟平腹蛛（雄蛛）　李际斌 摄

大围山拟平腹蛛（雄蛛）　黄贵强 摄

红腹拟平腹蛛 Zodariidae sp.2

【特征识别】雄蛛体长约10 mm。背甲隆起，亮黑色，无明显斑纹，密被白色短绒毛。步足细长，黑色，无斑纹。腹部近圆形，红褐色，无明显斑纹。【习性】多生活于落叶层上。【分布】福建。

大围山拟平腹蛛 Zodariidae sp.3

【特征识别】雄蛛体长约7 mm。背甲黑色，放射沟有黄毛着生，头区稍隆起，钝圆，有白色短毛。步足胫节和腿节黑色，有黄毛，其余各节红色。腹部黑色，被白毛，有3对黄色斑，第一对斑为纵斑，较大，腹部末端有1个较大黄斑。【习性】生活于落叶层上。【分布】云南。

逸蛛科

ZOROPSIDAE

英文名Ground spiders，可能与它喜好在地面隐蔽处躲藏筑巢的习性有关。

逸蛛体小到大型，体长2~21 mm，外形与狼蛛及栉足蛛类似，筛器分隔或无筛器，栉器短，呈椭圆形排布。8眼呈4-4式排列，后眼列后凹，步足跗节末端具2爪，有或无毛丛。雄蛛触肢跗舟具有浓密的毛丛。

逸蛛在半干旱地区的石下织密的筛器网。而澳大利亚的无筛器逸蛛则发现于热带雨林的落叶层中。

本科目前全世界已知26属178种，主要分布于非洲、地中海沿岸、澳大利亚、南美洲等地。中国已知2属4种。其中塔逸蛛属*Takeoa*的2种分布于南方，而逸蛛属*Zoropsis*的2种分布于中国北方。

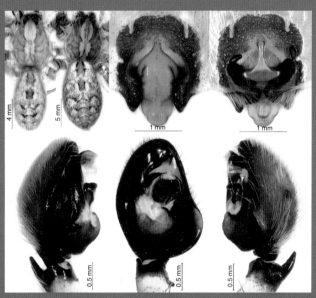

唐氏逸蛛 *Zoropsis tangi*

西川塔逸蛛 *Takeoa nishimurai*

【特征识别】雌蛛体长约12 mm。背甲黄褐色，头区两旁具大黑斑，中窝周围色浅，有黑斑。步足黄褐色，腿节上有大量黑斑，其余各节有黑色环纹。腹部黄褐色，有灰色模糊"八"字形纹，心脏斑灰褐色，周围有黑斑。【习性】游猎捕食。【分布】浙江、湖南；韩国、日本。

北京逸蛛 *Zoropsis pekingensis*

【特征识别】雄蛛体长约10 mm。背甲褐色，有1条浅褐色纵斑贯穿背甲，色斑两旁颜色较暗，头区色深。步足黄褐色，有稀疏黑斑。腹部黄褐色，心脏斑黑色，后部有3个黑色"一"字纹。雌蛛体长约12 mm。背甲褐色，头区色浅，有1条浅褐色纵斑贯穿背甲，中部缢缩，纵斑两旁颜色较暗。步足黄褐色，有黑色环纹。腹部黄褐色，心脏斑黑色，后部有3个黑色"八"字纹。【习性】游猎捕食，白天多藏于朽木或石块下。【分布】北京。

西川塔逸蛛（雌蛛）│王露雨 摄

北京逸蛛（雌蛛）｜杨南 摄

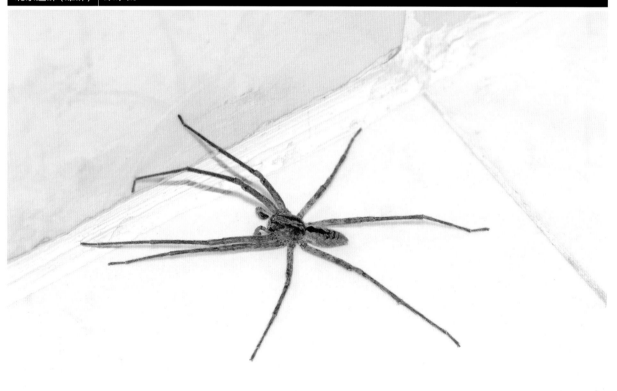

北京逸蛛（雄蛛）｜杨南 摄

唐氏逸蛛 *Zoropsis tangi*

【特征识别】雄蛛体长约12 mm。背甲黄褐色，有1条浅褐色纵斑贯穿背甲，色斑两旁颜色较暗，多白毛。步足黄褐色，后跗节和跗节颜色较深。腹部黄褐色，心脏斑灰色，后部有3个黑色"一"字纹。雌蛛体长约17 mm。背甲褐色，头区色浅，有1条浅褐色纵斑贯穿背甲，中部缢缩，纵斑两旁颜色较暗。步足黄褐色，有黑色环纹。腹部黄褐色，心脏斑灰色，后部有3个黑色"八"字纹。【习性】游猎捕食，白天多藏于朽木或石块下。【分布】宁夏、内蒙古。

唐氏逸蛛（雄蛛）│ 王露雨 摄

唐氏逸蛛（雌蛛）│ 王露雨 摄

主要参考文献
REFERENCES

[1] 陈樟福, 张贞华. 浙江动物志: 蜘蛛类[M]. 杭州: 浙江科学技术出版社, 1991.

[2] 冯萍. 云南褛网蛛科 Psechridae 蜘蛛分类研究(蛛形纲:蜘蛛目)[D]. 昆明: 西南林业大学, 2013.

[3] 冯钟琪. 中国蜘蛛原色图鉴[M]. 长沙: 湖南科学技术出版社, 1990.

[4] 付建英. 中国圆颚蛛科和光盔蛛科的分类研究(蛛形纲: 蜘蛛目)[D]. 保定: 河北大学, 2010.

[5] 胡金林, 李爱华, 张涪平. 青藏高原蜘蛛[M]. 郑州: 河南科学技术出版社, 2001.

[6] 胡金林, 吴文贵. 新疆农区蜘蛛[M]. 济南: 山东大学出版社, 1989.

[7] 李枢强, 林玉成. 中国生物物种名录 第二卷 动物 无脊椎动物Ⅰ 蛛形纲 蜘蛛目[M]. 北京: 科学出版社, 2007.

[8] 李枢强. 华模蛛科——采自中国的蜘蛛目一新科(蛛形纲, 蜘蛛目)[J]. 动物分类学报, 2008, 33(1): 1-6.

[9] 彭贤锦, 谢莉萍, 肖小芹. 中国跳蛛[M]. 长沙: 湖南师范大学出版社, 1993.

[10] 宋大祥, 朱明生, 陈军, 等. 河北动物志: 蜘蛛类[M]. 石家庄: 河北科学技术出版社, 2001.

[11] 宋大祥, 朱明生, 张锋. 中国动物志 蛛形纲 蜘蛛目 平腹蛛科[M]. 北京: 科学出版社, 2004.

[12] 宋大祥, 朱明生. 中国动物志 蛛形纲 蜘蛛目 蟹蛛科和逍遥蛛科[M]. 北京: 科学出版社, 1997.

[13] 宋大祥. 中国农区蜘蛛[M]. 北京: 农业出版社, 1987.

[14] 佟艳丰. 海南简单生殖器类蜘蛛[M]. 北京: 科学出版社, 2013.

[15] 韦晓. 广西洞穴蜘蛛分类学研究 (蛛形纲: 蜘蛛目)[D]. 长沙: 湖南师范大学, 2012.

[16] 尹长民, 彭贤锦, 谢莉萍. 中国狼蛛[M]. 长沙: 湖南师范大学出版社, 1997.

[17] 尹长民, 彭贤锦, 颜亨梅. 湖南动物志 蜘蛛类(上下册)[M]. 长沙: 湖南科学技术出版社, 2012.

[18] 尹长民, 王家福, 朱明生. 中国动物志 蛛形纲 蜘蛛目 园蛛科[M]. 北京: 科学出版社, 1997.

[19] 尹长民. 中国蜘蛛: 园蛛科和漏斗蛛科新种及新记录种 100 种 (蛛形纲: 蜘蛛目)[M]. 长沙: 湖南师范大学出版社, 1990.

[20] 赵壹. 高黎贡山光盔蛛科圆颚蛛科蜘蛛分类学研究[D]. 长沙: 湖南师范大学, 2012.

[21] 朱明生, 石建国. 山西农田蜘蛛[M]. 太原: 山西科技出版社, 1983.

[22] 朱明生, 宋大祥, 张俊霞. 中国动物志 蛛形纲 蜘蛛目 肖蛸科[M]. 北京: 科学出版社, 2003.

[23] 朱明生, 张保石. 河南蜘蛛志(蛛形纲: 蜘蛛目)[M]. 北京: 科学出版社, 2011.

[24] 朱明生. 中国动物志 蛛形纲 蜘蛛目 球蛛科[M]. 北京: 科学出版社, 1998.

[25] AGNARSSON I. Morphological phylogeny of cobweb spiders and their relatives (Araneae, Araneoidea, Theridiidae)[J]. Zoological journal of the Linnean Society, 2004, 141(4): 447-626.

[26] ALMQUIST S. Swedish Araneae, part. 1 families Atypidae to Hahniidae (Linyphiidae excluded)[J]. Entomologica Scandinavica Supplementum, 2005, 62: 1-284.

[27] AZARKINA G N, TRILIKAUSKAS L A. Spider fauna (Aranei) of the Russian Altai, part Ⅰ: families Agelenidae, Araneidae, Clubionidae, Corinnidae, Dictynidae and Eresidae[J]. Eurasian Entomological Journal, 2012, 11: 199-208, 212.

[28] BAEHR M. The Hersiliidae of the Oriental Region including New Guinea, Taxonomy, phylogeny, zoogeography (Arachnida, Araneae)[J]. Spixiana, 1993, 19: 1-96.

[29] BAYER S. Revision of the pseudo-orbweavers of the genus *Fecenia* Simon, 1887 (Araneae, Psechridae), with emphasis on their pre-epigyne[J]. ZooKeys, 2011, 153: 1-56.

[30] BAYER S. Seven new species of *Psechrus* and additional taxonomic contributions to the knowledge of the spider family Psechridae (Araneae)[J]. Zootaxa, 2014, 3826(1): 1-54.

[31] CAO Q, LI S Q, ŻABKA M. The jumping spiders from Xishuangbanna, Yunnan, China (Araneae, Salticidae)[J]. ZooKeys, 2016, 630: 43-104.

[32] CODDINGTON J A, KUNTNER M. & OPELL B D. Systematics of the spider family Deinopidae, with a revision of the

genus *Menneus*[J]. Smithsonian Contributions to Zoology, 2012, 636: 1-61.

[33] CREWS S C, HARVEY M S. The spider family Selenopidae (Arachnida, Araneae) in Australasia and the Oriental Region[J], ZooKeys, 2011, 99: 1-103.

[34] DEELEMAN-REINHOLD C L. Forest Spiders of South East Asia: With a Revision of the Sac and Ground Spiders (Araneae: Clubionidae, Corinnidae, Liocranidae, Gnaphosidae, Prodidomidae, and Trochanterriidae)[M]. Boston: Brill, Leoder, 2001.

[35] DEELEMAN-REINHOLD C L. The Ochyroceratidae of the Indo-Pacific region (Araneae)[J]. Raffles Bulletin of Zoology, 1995, 2: 1-103.

[36] DIMITROV D, HORMIGA G. Revision and cladistic analysis of the orbweaving spider genus *Cyrtognatha* Keyserling, 1881 (Araneae, Tetragnathidae)[J]. Bulletin of the American Museum of Natural History, 2009, 317: 1-140.

[37] FORESTER R R. A review of the spider superfamilies Hypochiloidea and Austrochiloidea (Araneae, Araneomorphae)[J]. Bulletin of the American Museum of Natural History (USA), 1987, 185: 1-116.

[38] FORSTER R R. The spiders of New Zealand. Part III[J]. Otago Museum Bulletin, 1970, 3: 1-184.

[39] GAJBE U A. Fauna of India and the adjacent countries: Spider (Arachnida: Araneae: Oxyopidae)[J]. Zoological Survey of India, 2008, 3: 1-117.

[40] JÄGER P. Revision of the huntsman spider genus *Heteropoda* Latreille 1804: species with exceptional male palpal conformations (Araneae: Sparassidae: Heteropodinae)[J]. Senckenbergiana Biologica, 2008, 88(2): 239-310.

[41] JÄGER P. *Rhitymna* Simon 1897: an Asian, not an African spider genus. Generic limits and description of new species (Arachnida, Araneae, Sparassidae)[J]. Senckenbergiana Biologica, 2003, 82(1): 99-125.

[42] JOCQUÉ R, DIPPENAAR-SCHOEMAN A S. Spider families of the world[M]. Tervuren: Royal Museum for Central Africa, 2006.

[43] JOCQUÉ R. A generic revision of the spider family Zodariidae (Araneae)[J]. Bulletin of the American Museum of Natural History, 1991, 201: 1-153.

[44] KRONESTEDT T, MARUSIK Y M, OMELKO M M. Studies on species of Holarctic *Pardosa* groups (Araneae, Lycosidae). VIII. The Palearctic species of the *Pardosa nigra*-group[J]. Zootaxa, 2014, 3894(1): 33-60.

[45] KRONESTEDT T, MARUSIK Y M. Studies on species of Holarctic *Pardosa* groups (Araneae, Lycosidae). VII. The *Pardosa tesquorum* group[J]. Zootaxa, 2011, 3131(1): 1-34.

[46] KUNTNER M. A revision of *Herennia* (Araneae: Nephilidae: Nephilinae), the Australasian 'coin spiders'[J]. Invertebrate Systematics, 2005, 19(5): 391-436.

[47] LEVI H W. Orb-weaving spiders *Actinosoma*, *Spilasma*, *Micrepeira*, *Pronous*, and four new genera (Araneae: Araneidae)[J]. Bulletin of the Museum of Comparative Zoology, 1995, 154(3): 153-213.

[48] LEVI H W. The genera of the spider family Theridiidae[J]. Bulletin of the Museum of Comparative Zoology, 1962, 127: 3-71.

[49] LIN Y C, BALLARIN F, LI S Q. A survey of the spider family Nesticidae (Arachnida, Araneae) in Asia and Madagascar, with the description of forty-three new species[J]. ZooKeys, 2016, 627: 1-168.

[50] LIN Y C, LI S Q. Five new minute orb-weaving spiders of the family Mysmenidae from China (Araneae)[J]. Zootaxa, 2013, 3670(4): 449-481.

[51] LIN Y C, LI S Q. Mysmenid spiders of China (Araneae: Mysmenidae)[J]. Annales Zoologici, 2008, 58(3): 487-520.

[52] LIN Y C, LI S Q. New cave-dwelling armored spiders (Araneae, Tetrablemmidae) from Southwest China[J]. ZooKeys, 2014, 388: 35-67.

[53] LOPARDO L, HORMIGA G. Out of the twilight zone: phylogeny and evolutionary morphology of the orb-weaving spider family Mysmenidae, with a focus on spinneret spigot morphology in Symphytognathoids (Araneae, Araneoidea)[J]. Zoological Journal of the Linnean Society, 2015, 173(3): 527-786.

[54] MI X Q, PENG X J, YIN C M. The orb-weaving spider genus *Eriovixia* (Araneae: Araneidae) in the Gaoligong mountains, China[J]. Zootaxa, 2010, 2488(1): 39-51.

[55] MILLER J A, GRISWOLD C E. & YIN C M. The symphytognathoid spiders of the Gaoligongshan, Yunnan, China (Araneae: Araneoidea): Systematics and diversity of micro-orbweavers[J]. ZooKeys, 2009, 11: 9-195.

[56] OLSON D M, DINERSTEIN E, WIKRAMANAYAKE E D, et al. Terrestrial Ecoregions of the World: A New Map of Life on Earth[J]. BioScience, 2004, 51(11): 933-938.

[57] ROY T K, SAHA S, RAYCHAUDHURI D A. Treatise on the Jumping Spiders (Araneae: Salticidae) of Tea Ecosystem of Dooars, West Bengal, India[J]. World Scientific News, 2016, 53(1): 1-66.

[58] SAITO S. Arachnida of Jehol[J]. Araneida. Report of the first scientific expedition to Manchoukuo. Section, 1936, 5: 1-88.

[59] SELDEN P A, SHEAR W A, SUTTON M D. Fossil evidence for the origin of spider spinnerets, and a proposed arachnid order[J]. Proceedings of the National Academy of Sciences of the United States of America, 105(52): 2008, 20781-20785.

[60] SETHI V D, TIKADER B K. Studies on some giant spiders of the family Heteropodidae from India[J]. Zoological Survey of India, 1988, 93: 1-94.

[61] SHELFORDII M. The Attidae of Borneo [J]. Transactions of the Wisconsin Academy of Sciences, Arts, and Letters, 1907, 15: 603-653.

[62] Song D X, Zhu M S, Chen J. The spiders of China[M]. Shijiazhuang: Hebei Science and Technology Publishing House, 1999.

[63] SZITA E, LOGUNOV D V. A review of the histrio group of the spider genus *Philodromus* Walckenaer, 1826 (Araneae, Philodromidae) of the eastern Palaearctic region[J]. Acta Zoologica Academiae Scientiarum Hungaricae, 2008, 54(1): 23-73.

[64] TANG G, LI S Q. Crab spiders from Hainan Island, China (Araneae, Thomisidae)[J]. Zootaxa, 2010, 2369: 1-68.

[65] TANG G, LI S Q. Lynx spiders from Xishuangbanna, Yunnan, China (Araneae: Oxyopidae)[J]. Zootaxa, 2012, 3362: 1-42.

[66] TANG G, YIN C M, PENG X J, et al. The crab spiders of the genus *Lysiteles* from Yunnan Province, China (Araneae: Thomisidae)[J]. Zootaxa, 2008, 1742: 1-41.

[67] VOGEL B R. A review of the spider genera *Pardosa* and *Acantholycosa* (Araneae, Lycosidae) of the 48 contiguous United States[J]. Journal of Arachnology, 2004, 32(1): 55-108.

[68] WAN J L, PENG X J. The spiders of the genus *Wolongia* Zhu, Kim & Song, 1997 from China (Araneae: Tetragnathidae)[J]. Zootaxa, 2013, 3691(1): 87-134.

[69] WANG C X, LI S Q. Four new species of the subfamily Psilodercinae (Araneae: Ochyroceratidae) from Southwest China[J]. Zootaxa, 2013, 3718(1): 39-57.

[70] YAO Z Y, LI S Q. New and little known pholcid spiders (Araneae: Pholcidae) from Laos[J]. Zootaxa, 2012, 3709(1): 1-51.

[71] YAO Z Y, LI S Q. New species of the spider genus *Pholcus* (Araneae: Pholcidae) from China[J]. Zootaxa, 2012, 3289(1): 1-271.

[72] ŻABKA M. Systematic and zoogeographic study on the family Salticidae (Araneae) from Vietnam[J]. Annales Zoologici, 1985, 39(11): 197-485.

[73] ZHANG F, ZHU M S. A review of the genus *Pholcus* (Araneae: Pholcidae) from China[J]. Zootaxa, 2009, 2037: 1-114.

[74] ZHANG J X, ZHU M S, SONG D X. A review of the Chinese nursery-web spiders (Araneae, Pisauridae)[J]. Journal of Arachnology, 2004, 32(3): 353-417.

[75] ZHANG J X, MADDISON W P. Genera of euophryine jumping spiders (Araneae: Salticidae), with a combined molecular-morphological phylogeny[J]. Zootaxa, 2014, 3938(1): 1-147.

中文索引
INDEX OF THE CHINESE NAME

英文索引
INDEX OF THE ENGLISH NAME

学名索引
INDEX OF THE SCIENTIFIC NAME

A

Acantholycosa baltoroi 鲍氏刺狼蛛/345

Aculepeira luosangensis 洛桑尖蛛/69

Aculepeira packardi 帕氏尖蛛/69

Acusilas coccineus 褐吊叶蛛/70

Acusilas malaccensis 马六甲吊叶蛛/71

Aetius sp. 孟连龄蛛/209

Agelena silvatica 森林漏斗蛛/26

Agelena tungchis 黑背漏斗蛛/27

Agelenidae 漏斗蛛科/25

Ageleninae 漏斗蛛亚科/25

Ageleradix sp. 大围山盾漏斗蛛/27

Agroeca mongolica 蒙古田野蛛/334, 335

Ajmonia capucina 巾阿卷叶蛛/245, 246

Ajmonia nervifera 脉纹阿卷叶蛛/247

Alcimochthes limbatus 缘弓蟹蛛/830

Alcimochthes meridionalis 南方弓蟹蛛/831

Allagelena bistriata 双纹异漏斗蛛/28

Allagelena difficilis 机敏异漏斗蛛/28

Allotrochosina huangi 黄氏异獾蛛/346

Alopecosa aculeata 刺舞蛛/346

Alopecosa albostriata 白纹舞蛛/347

Alopecosa auripilosa 耳毛舞蛛/348

Alopecosa cinnameopilosa 细纹舞蛛/348

Alopecosa cuneata 楔形舞蛛/349

Alopecosa cursor 疾行舞蛛/350

Alopecosa iliensis 伊犁舞蛛/350

Alopecosa lessertiana 莱塞舞蛛/351

Alopecosa licenti 利氏舞蛛/351

Alopecosa linzhan 林站舞蛛/352

Alopecosa orbisaca 圆囊舞蛛/352

Alopecosa qagchengensis 乡城舞蛛/353

Alopecosa solivaga 独行舞蛛/354

Alopecosa spinata 针舞蛛/354

Alopecosa subxinjiangensis 近新疆舞蛛/355

Alopecosa xinjiangensis 新疆舞蛛/356

Althepus christae 克氏阿瑟蛛/489

Amaurobiidae 暗蛛科/52

Amaurobius songi 宋氏暗蛛/52, 53

Amaurobius 暗蛛属/52

Amyciaea forticeps 大头蚁蟹蛛/831

Amyciaea 蚁蟹蛛属/829

Anahita fauna 田野阿纳蛛/217

Anahita jianfengensis 尖峰阿纳蛛/217

Anahita maolan 茂兰阿纳蛛/218

Anahita sp. 圭峰山阿纳蛛/218

Anapidae 安蛛科/60

Anelosimus taiwanicus 台湾粗脚蛛/766

Anepsion depressum 扁秃头蛛/72

Angaeus rhombifer 菱带安格蛛/832

Angaeus sp.1 广州安格蛛/833

Angaeus zhengi 郑氏安格蛛/833

Anyphaena mogan 莫干近管蛛/64

Anyphaena rhynchophysa 鸟喙近管蛛/64

Anyphaena sp.1 大近管蛛/67

Anyphaena sp.2 古田山近管蛛/67

Anyphaena taiwanensis 台湾近管蛛/65

Anyphaena wuyi 武夷近管蛛/63, 66

Anyphaena 近管蛛属/63

Anyphaenidae 近管蛛科/63

Arachnura heptotubercula 七瘤尾园蛛/73

Arachnura melanura 黄尾园蛛/74

Araneidae sp.1 白斑园蛛/182

Araneidae sp.2 台湾园蛛/183

Araneidae 园蛛科/68

Araneus chunhuaia 春花园蛛/76

Araneus diadematus 十字园蛛/77

Araneus ejusmodi 黄斑园蛛/78

Araneus khingan 兴安园蛛/78

Araneus marmoreus 花岗园蛛/79

Araneus mitificus 黑斑园蛛/80

Araneus pentagrammicus 五纹园蛛/81

好奇心书系

图鉴系列 ·················

中国昆虫生态大图鉴（第2版）	张巍巍	李元胜
中国鸟类生态大图鉴	郭冬生	张正旺
中国蜘蛛生态大图鉴	张志升	王露雨
中国蜻蜓大图鉴	张浩淼	
青藏高原野花大图鉴	牛洋 王辰	
	彭建生	

中国蝴蝶生活史图鉴	朱建青	谷宇
	陈志兵	陈嘉霖
常见园林植物识别图鉴（第2版）	吴棣飞	尤志勉
药用植物生态图鉴	赵素云	
凝固的时空——琥珀中的昆虫及其他无脊椎动物	张巍巍	

野外识别手册系列 ···········

常见昆虫野外识别手册	张巍巍	
常见鸟类野外识别手册（第2版）	郭冬生	
常见植物野外识别手册	刘全儒	王辰
常见蝴蝶野外识别手册	黄灏	张巍巍
常见蘑菇野外识别手册	肖波	范宇光
常见蜘蛛野外识别手册（第2版）	王露雨	张志升
常见南方野花识别手册	江珊	
常见天牛野外识别手册	林美英	
常见蜗牛野外识别手册	吴岷	
常见海滨动物野外识别手册	刘文亮	严莹
常见爬行动物野外识别手册	齐硕	
常见蜻蜓野外识别手册	张浩淼	
常见螽斯蟋蟀野外识别手册	何祝清	
常见两栖动物野外识别手册	史静耸	
常见椿象野外识别手册	王建赟	陈卓
常见海贝野外识别手册	陈志云	
常见螳螂野外识别手册	吴超	

中国植物园图鉴系列 ···········

华南植物园导赏图鉴	徐晔春	龚理	杨凤玺

自然观察手册系列 ···········

云与大气现象	张超	王燕平	王辰
天体与天象	朱江		
中国常见古生物化石	唐永刚	邢立达	
矿物与宝石	朱江		
岩石与地貌	朱江		

好奇心单本 ···········

昆虫之美：精灵物语（第4版）	李元胜		
昆虫之美：雨林秘境（第2版）	李元胜		
昆虫之美：勐海寻虫记	李元胜		
昆虫家谱	张巍巍		
与万物同行	李元胜		
旷野的诗意：李元胜博物旅行笔记	李元胜		
夜色中的精灵	钟茗	奚劲梅	
蜜蜂邮花	王荫长	张巍巍	缪晓青
嘎嘎老师的昆虫观察记	林义祥（嘎嘎）		
尊贵的雪花	王燕平	张超